陕西省西安市 陕西省社会科学院哲学所

胡义成同志：

一月十二日信收到。

我对灵感思维学的看法是一个搞自然科学工程技术的人的看法：现在条件还不成熟，连形象（直感）思维都没有搞清，怎能研究灵感思维？您是哲学家，与我们这些人不同，但也说明我是不能评议您的论文的。因此大作已转哈尔滨黑龙江省委党校领导科学研究室刘奎林同志，他研究灵感思维，请他看看。刘奎林同志会答复您的。

此致

敬礼！

钱学森
1987.1.19

钱学森院士1987年给作者的信（详见本书《跋》）

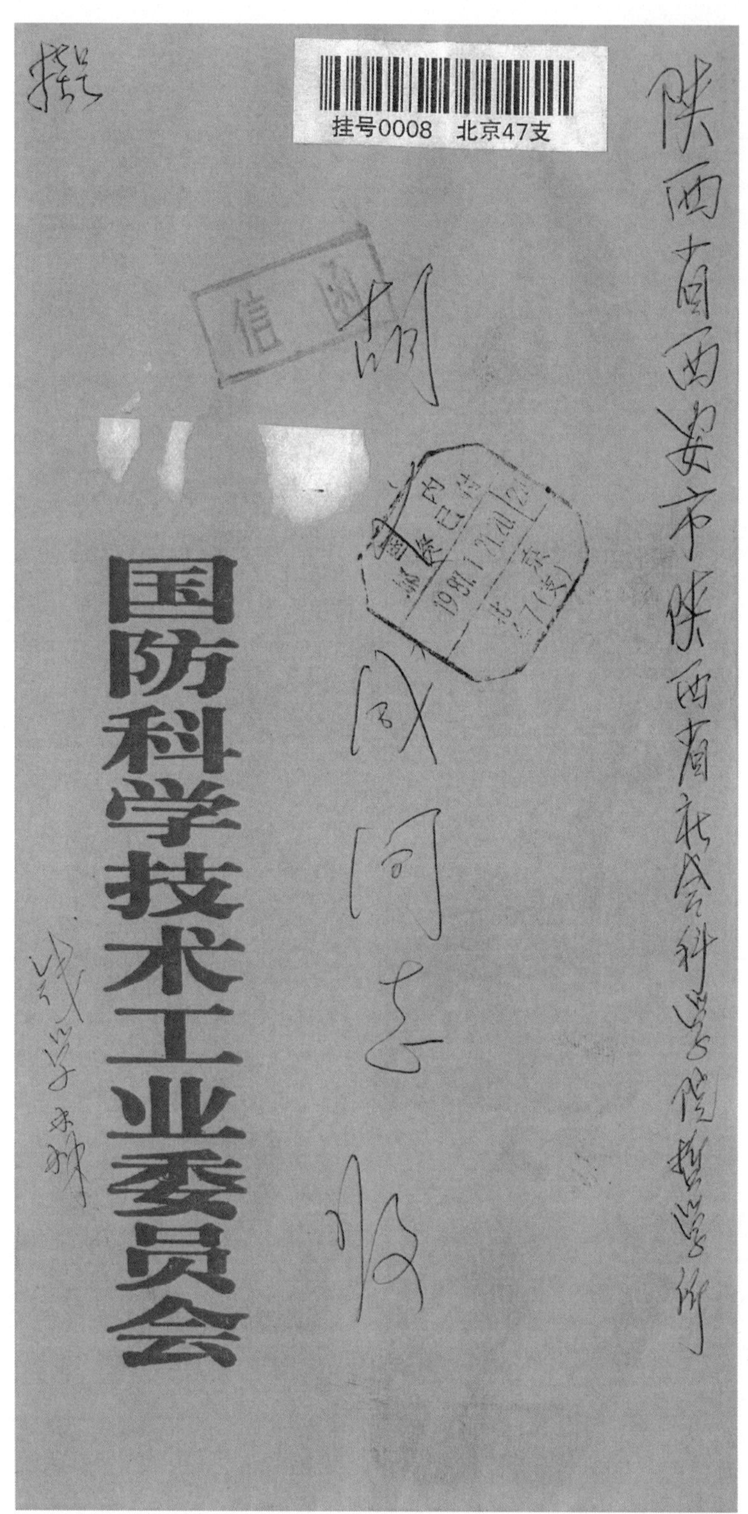

钱学森院士1987年给作者信的信封（详见本书《跋》）

本书为教育部人文社科规划基金项目“风水与中国现代环境艺术设计”
（11YJAZH035）最终成果
陕西省人文社会科学文库

“NOSTALGIA” PROTOTYPE
—Study on Chinese Human Settlements Theory

“乡愁”原型
——中国人居理论研究

胡义成 著

科学出版社
北京

内 容 简 介

中国古代也有自己的科学技术体系，不仅含农、医、天、算等，而且含人居科技。本书针对国内长期盛行的西方人居科技一元论，吸取钱学森、吴良镛院士的相关成果，提出中国人居科技的哲学“范式”即“天人感应论”大异西方，已被量子力学等所验证，是中国人居科技具有科学性的核心要素，且依钱学森独创的“人体功能态”假设，从历史与理论两方面，提出中国人居科技及其理论聚焦居者“人居功能态”优化，与西方只关注居住主客体自然功能适应大不相同。这种思路具有一定原创性。

本书适合高校和企事业单位相关专业的师生和从业者参阅，也可作为中国传统科技文化类、哲学类读物。

图书在版编目（CIP）数据

“乡愁”原型：中国人居理论研究 / 胡义成著. —北京：科学出版社. 2017. 4

ISBN 978-7-03-049927-1

I. ①乡… II. ①胡… III. ①居住环境-研究-中国 IV. ①X21

中国版本图书馆CIP数据核字（2016）第220778号

责任编辑：付 艳 苏利德 高丽丽 / 责任校对：赵桂芬 张凤琴

责任印制：张 伟 / 整体设计：铭轩堂

编辑部电话：010-64033934

E-mail：edu-psy@mail.sciencep.com

科学出版社 出版

北京东黄城根北街16号

邮政编码：100717

http://www.sciencep.com

北京京华虎彩印刷有限公司印刷

科学出版社发行 各地新华书店经销

*

2017年4月第 一 版 开本：787×1092 1/16

2017年4月第一次印刷 印张：31 插页：1

字数：730 000

定价：148.00元

（如有印装质量问题，我社负责调换）

凡　例

第一，本书是一本探索中国人居理论哲学范式、基本科学原理及其历史呈现等相关问题的学术著作，所以，未按教科书模式设计，而是按探索内容设置章节和选择表述方式。第一章注重对中国人居理论研究状况的扫描。第二、三章进入对本书创新之处的论证，第二章引用钱学森院士所创现代系统科学，主要论证中国人居理论“天人感应论”哲学范式的确立；第三章则在阐述钱学森人体科学中“人体功能态”假设的前提下，推导出现代人居科学原理应立基于“人居功能态”学说。第四章可被看成站在中华文明起源处，从历史角度再说明第二、三章的立论。最后一章，则从全球人居文化发展大趋势层面，再申前论。

第二，中国人居理论源于史前巫术，其产生和发展时期与中国文明主流合一，后来则有所隔离。其后来下沉于民间者，往往在不同时期和不同内涵上，被冠以“相宅”“堪舆”“阴阳”“风水”等称呼。外国学界对这些称呼的理解翻译，也往往因人而异，最早大体主称“堪舆”，近年又略偏向于“风水”等。鉴于情况较为复杂，国内学界对它们的分期和评价也存在争议，而且本书对其未进行专门疏理，故对这些名称也未厘清并统一，随缘而呼。

第三，本书在引述或论说中涉及他人时，按中国文习而表尊敬，一般在其初次出现时，均采用“敬称”（如“先生”“院士”“教授”等），但为行文简洁，此后一般不再使用敬称而直呼其姓名。即使对本书主要学习借鉴的钱学森院士和吴良镛院士，在初次敬称为“院士”后，后面也一般不再敬称“院士”，而是直呼其姓名。对国外学者，也照此行文，在初次出现时一般是称其姓名并加以敬称，以后一般不再如此。

第四，本书第三章内容涉及现代自然科学的许多前沿进展。尽管笔者的表述力求通俗化，但对不太熟悉现代相关自然科学前沿的读者而言，读起来还是有一定难度。加之，钱学森的相关思路总是伸展在学科最前沿，而且往往又另辟蹊径，常常很新异，笔者限于学力，生怕转述时误解原意，特别怕对其所用专门术语、原理误读误解，故该章的写作往往尽量引用钱的原话、原词，而其原话、原词散见于其大量论著的各处，往往是针对某一具体问题有感而发，故本章这种引述就会使行文不流畅，造成阅读上的某种困难。因此，建议读者阅读该章时，可以采用“跳跃式”读法，甚至只读各节各段若干可懂的结论插话，然后接读其他。特此说明，并先向读者致歉。

第五，本书目录把标题显示伸展到了第五级（×章、×节、一、(一)、1)，因为许多内容和关键环节（如新创具体思路和具体概念等）的显示，往往在目录中处在第四、五级标题中；不显示第四、五级标题，则可能使读者难以把握本书若干创新内容，故只能采用五级标题式目录。另外，鉴于国外对中国人居理论误解颇多，而本书也力求把较新研究成果介绍到国外，故本书目录的英译也如此。

序

〔美〕成中英*

2015年春夏之交，在太湖之滨，西安高校学者举行了一个题为“问道”而实际上是从学术层面聚焦“中国未来走向”的学术研讨会，我应邀参会。会上，胡义成教授所作题为“‘周公型模’及其现代价值”的发言，给我留下了颇深的印象。近年中国学界讲论孔孟儒家已成大潮，但从中国文明源头特征切入“中国未来走向”者还不多，胡义成教授的发言却引述了我关于中国哲学的周公“天哲学‘原型’说”，进而提出中华文明之“周公型模”说。其发言也探讨了“仁学”作为人类整体伦理学的可能，与我关于“‘仁’可看成是对全体人类的关切、对共同的善之根源及目标的肯定之体现”[1]的看法，以及与我关于“现代新儒家”须把“仁学”与“人学”合一的见解[2]，庶几近之。他还送给我其近著《周文化和黄帝文化管窥》上下册，其下册对5500年前黄帝族在已出土的西安杨官寨遗址建立都邑及中华文明由此出发的独持见解，更属我此前未闻者。后来，太湖会议成果，在单元庄教授的主编下，集为《问道》一书，由上海三联书店于2016年出版，我所写的《〈尚书〉的政治哲学：德化论的发展》被置于卷首，胡义成教授的文章紧随，使该书从经学出发探讨中华文明未来的学术色彩浓厚起来。

大概是鉴于思路相通吧，此后，胡先生说他喜欢读我的书，其所承担的教育部人文社科规划基金项目“风水与中国现代环境艺术设计”的最终成果即将出版，恳请我作序。他表示知道我把风水看作环境生态并重视其内涵的基本原理，并说国内哲学诸家从无此先进看法，故请我作序最为合适。

作为“国际中国哲学会”（ISCP）的创始人，我确表示过中国传统风水其实是人类生活环境中的生态要素，不可不加以重视。中国古典人居文化及其改善理论，包括阴阳五行风水在内，与中医相似，的确是中国传统哲学形上应用学的载体之一。鉴于胡义成教授的书许多思路的确与我不谋而合，为胡书作序也就极为自然了。当然，我对胡义成教授书中的有些观点并不认同，或不完全认同，因而保留再思与另评的看法。

我认为中国哲学“以个人体验和对宇宙观察，来进行对本体架构和宇宙架构的认识，

---

* 成中英，美国夏威夷大学哲学系资深教授，哲学家，被公认为“新儒家第三代”的代表人物。系国际中国哲学会创会会长与荣誉会长，国际《易经》学会主席，国际儒学联合会倡始人，并任英文《中国哲学季刊》总编辑。

把天和人都安排在其中，从而既能够掌握科学的架构，也能够发挥个人的道德和信仰，使两者并行不悖”[3]。基于此，在中国哲学中，“天与人是一体的，天能生人，人能知天，人能弘道，进而能达到天人合一的动态关系”[4]。由此前推，我又提出“融合本体与现象的本体美学”，即“通过对本体的体验来谈美学问题”[5]。在胡义成教授的太湖会议发言中，我已发觉其所提周公“天-仁双本体”哲学与我的看法有部分扣合；再者，在胡义成教授的书中，我发觉其在依现代系统科学之“开放的复杂巨系统”理论论证“天人感应论”的合理性后，又从审美层面论证“天人感应论”的内在于人的思路，与我的“本体美学”所讲有所交叉，似乎也在应和着我关于西方哲学“对中国哲学所掌握的人类内在体验予以肯认”[6]的呼吁。在此，我想到在我的治学中，曾指出“中国哲学与科学哲学之一内一外，亦可调和。科学哲学在绝对外在化之余，也允许物质走向生命，同时，中国强调心灵之自律的道德伦理哲学”，也可通由科学哲学加以若干解释[7]，此即“中国哲学与西方哲学或其他重要哲学与宗教必须形成一个相互依存的本体诠释圆环”[8]，包括“当代中国哲学的一个重大工作就在于建立中国哲学与西方哲学的深度沟通”[9]。观乎胡义成教授书中的总体思考，似乎正是借着研究中国人居理论，一方面从西方的现代系统科学之“开放的复杂巨系统”等理论出发；另一方面又沿着中国天人合一哲学及其孕育下的人居理论思路，努力促进两者相向而行，力求彼此初步“形成一个相互依存的本体诠释圆环”，同时给“人的存在基础和本体性根源，毕竟不能被认识”[10]留下余地，即力求使康德的“二元”能在深层思虑中多少转化为“一本”。我对胡君此一认识深感欣慰。

愿中国哲学再创造渐入佳境后成果日丰。

是为序。

参考文献

[1][3][6][8][10] 成中英：《中国哲学再创造的个人宣言》，收于潘德荣、施永敏主编，潘松执行主编：《中国哲学再创造——成中英先生八秩寿庆论文集》，上海：上海交通大学出版社，2015 年版，第 3—8 页。

[2] 成中英：《现代新儒家建立的基础——“仁学”与“人学”合一之道》，收于成中英：《合外内之道——儒家哲学论》，北京：中国社会科学出版社，2011 年版，第 333—362 页。

[4][5][7] 成中英：《成中英哲学体系简述》，收于潘德荣、施永敏主编，潘松执行主编：《中国哲学再创造——成中英先生八秩寿庆论文集》，上海：上海交通大学出版社，2015 年版，第 401—407 页。

[9] 成中英：《中国哲学再创造的两定位与三向度》，收于潘德荣、施永敏主编，潘松执行主编：《中国哲学再创造——成中英先生八秩寿庆论文集》，上海：上海交通大学出版社，2015 年版，序二第 1—6 页。

前　言

中国人以“情”为“本体”。最早作为文学词汇的“乡愁”，就表现着人们对故乡和亲人的思念之情，或者说，它反映着中国人对自己家乡的眷恋难舍，也表达着他们对自己亲情根脉的皈依。李白的《静夜思》中的“举头望明月，低头思故乡”，台湾诗人余光中先生的《乡愁》，就是这种“亲情乡愁”的代表。由于古代中国是家国一体，故“亲情乡愁”在岁月推移中，必然会发生价值升华，一是跃入地域文化层面，再是跃上民族-国家文化层面，这就是“乡愁”中的“家国情怀”。这种高级“乡愁”，作为一种价值认同，已不仅限于对亲人及狭义故乡的深情，而是一种对国家-民族文化根脉依偎发挥的“圣情”。今天，它也是被卷入“经济全球化”中的中国人“命运共同体意识”的一种积淀，体现着他们最深沉、最强烈的爱国之情。

由此延伸，无论是国外还是国内，在经济全球化背景下，也都有理论家思考过“乡愁”与民族文化及人居建设的关系。《全球化：社会理论和全球文化》（*Globalization: Social Theory and Global Culture*）一书的作者，美国学者罗兰·罗伯森（Roland Robertson），就创用“文化乡愁”“‘乡愁’范式”等社会学-文化学新概念，表现目前与经济全球化进程并行不悖的全球各国的这种文化民族化现象[1]。而在中国宝岛台湾，“海归”建筑学家汉宝德先生则专门写了一本书，题为《建筑母语：传统、地域与乡愁》[2]，“乡愁”就被看成“建筑母语”之一。

“乡愁”这个词汇，于2014年年末进入了中国首次全国“城镇化会议”文件，也从文学领域跨进人居科学和政治学领域，且成为目前许多相关著述的主题词。由此，对它的理性分析势不可当。现在看，作为人居科学和政治学概念的“乡愁”，在结构上似应分为三个层次，即民族-国家文化层、国家中的地域文化层、个人亲情-故乡层。本书中的“乡愁”概念，横贯这三层。

一、本书书名释义及对撰述的若干考虑

为便于理解，让我们先从本书副标题中的主要概念说起。

（一）中国人居理论

这个概念一般是相对于“中国人居科学”（以及现代“人居科学”[3]）而言的。现代“人居科学”框架的首要搭建者，是吴良镛院士。他因此而获中国2011年国家最高科学技术奖。按吴良镛的界定，所谓“人居”，“是指包括乡村、集镇、城市、区域等在内的所有人类聚落及其环境。‘人居’由两大部分组成：一是人，包括个体的人和由人组成的社会；二是由自然的或人工的元素所组成的有形聚落及其周围环境。如果细分的话，‘人居’包括自然、社会、人、居住和支撑网络五个要素”[4]；“现代人居科学（sciences of human setttlements）以‘人居’为研究对象，是研究人类聚落及其环境的相互关系与发展规律的科学。它针对人居需求和有限空间资源之间的矛盾，遵循社会、生态、经济、技术、艺术五项原则，以追求有序空间与宜居环境为目标。”[5]。吴良镛还说，在其狭义上，人居科学最早其实是整合近世建筑学、景观学和城乡规划学的结果[6]。而在中国传统文化中，古典人居科学一直呈现出未分化状态，其中古典建筑学、景观学和规划学大体浑然一体，故吴良镛搭建现代人居科学框架，应当也是对中国古典人居科学这种传统的继承和发挥。

在人居科学框架中，吴良镛明确承认存在着“中华文明的人居模式”[7]，说“西方人居是一种类型，中国人居也是一种类型，这两种类型有共性和普遍性而可以相通，同时又各有个性和特殊性而不能彼此约化”[8]，因此，“古老的中国”也存在自己的“人居思想”[9]。由此，他针对近现代以来学界现状，强烈批评国内外“在‘西方文明中心论’的支配下，西方学者对中国人居的认识存有偏见”，而国内“在一些人的头脑中，仍不自觉地把西方人居作为世界人居的唯一类型和普遍模式，因而有关中国人居的性质、对象和范围，都以西方人居的空间来规定和裁剪，并完全用西方人居的范畴与话语系统来诠释，因而中国人居史便成了西方人居史的插图或注脚，这样的‘中国人居史’实际上是西方人居史在中国历史上的‘投影’，而不是中国人居自身的历史”；“一旦人居建设思想建立于模仿的基础之上，那么，（对）自身的历史与问题就会在陌生的框架中加以理解，从而被遮盖，文化与民族的个性也就很难进入人们的视野了。如果说，在中国建筑与城市研究的早期，这种现象自有其历史的理由，根本无法阻挡和避免，那么，经过长期的建设和研究工作之后，现在必须尊重历史事实和本来的面目，努力从根本上改变这种错误的观点”[10]。可以说，吴良镛的以上见解，在批判“西方文明中心论”的同时，已经程度不同地指向明确承认存在“中国古代人居科学”。鉴于任何科学均不可能没有自己的理论体系，因此，它们也都程度不同地指向承认存在“中国古代人居科学理论”。这种广义“科学”中的“中国古代人居科学理论”，在本书中被称为“中国人居理论”。

今日任何的“人居科学”理论部分，虽必须吸取其他国家和民族文明成果，但主脉却只能是其传统“人居理论”的延续和发展转型，不可能完全离开其传统“人居理论”。这一点在目前中国尤需倡言，包括针对“西方文明中心论”百余年来在国内人居理论领域中肆虐，尤需凸显中国传统“人居理论”的优点。鉴于在“西方文明中心论”的挤压下，对中国传统“人居理论”优点的继承发挥，目前还远未实现，继承发挥了中国传统“人居理论”优点的现代“中国人居理论”尚在襁褓之中，故本书中的“中国人居理论”概念，暂未做严格的古今区分，其侧重点其实在厘清中国古代人居理论的若干根本问题。在行文中，有时为与“现代人居科学的理论”概念严格区分，书中也会不时地出现“中国古代（或‘古典’）人居理论”的提法。

本书之所以暂未明确使用“中国人居科学理论”的概念，是因为在中国古代，人居科学发展受时空条件的限制，还很不成熟，包括其早期脱胎于原始巫术，以后的进步也未完全摆脱巫术的影响；另外，中国科学技术的哲学–美学体系，又与源自西方的通常所讲的“科学”及其理论大异其趣，故目前直接采用“中国人居科学理论”的概念，在逻辑上就不甚严格，因为在目前西方“科学”笼罩全部“科学”领域的背景下，它会引起某种误读、误解和误会。而“中国人居理论”概念的内涵，则一方面表达了对“中国人居理论”与源自西方的通常所讲“科学”理论的差异，同时也含有承认其中至今仍包含着某些迷信成分的意思。也许，在“中国古代科学”区别于西方“科学”的根本特征被进一步厘清且被大力宣传普及之后，本书中所用的“中国人居理论”概念，可被“中国人居科学理论”代替。

由于对古代“中国人居科学”及其中“中国人居理论”中所含科学成分的评价争议至今尚烈，同时由于学界对“中国古代科学”中“科学”与古今西方“科学”异同何在的理解也存在巨大分歧，故目前在我国学界，对“中国人居理论”的认识和评价也存在着巨大分歧。有一些学者力主中国古代人居理论以“相土”“相宅”“堪舆”“风水”等学说为主线，另有一些学者则坚信目前被以“风水”冠名的这些学说中迷信成分占优势，学界更存在着怀疑中国古代是否有“人居科学”而并不认同“中国人居理论”提法，宁可“降格”称后者为“理念”“思想”者，其中对“中国人居理念”“中国人居思想”的归纳也很不同，有从借自西方的“建筑三原则”模式总结者，更有力图用中国特有哲学语言而依其原貌回顾者，不一而足。本书出于对“西方文明中心论”的否定和对中国文明也有自己科学体系的自信，认为在广义“科学”的含义上，古代中国确实存在着“中国古典人居科学”，它以中国古典建筑学、古典景观学、古典规划学及古典地理学等并未完全分化的形态呈现，它们的完全分化其实只是西方建筑学、景观学和规划学等传入中国后出现的中国现实学科状态；作为广义科学之一的“中国古典人居科学”，如吴良镛所言，具有自己的“个性和特殊性”，包括其哲学出发点、科学原理、技术思路和审美理想等，都与西方大不同，故本书在这种“中国科学”也必然包含着“理论”的意义上，使用“中国人居理论”概念。

本书所讲"中国人居理论"中的"理论",也非侧重指西方科学最擅长的那种"逻辑理性"外显,而是特指中国文化独有的"实用理性"表达。吴良镛就曾引用中国"实用理性"倡言者李泽厚先生的话说过,"中国人重'实用理性',始终能以乐观的心态'执着人间世道的实用追求',这促成了'生存人居'的辉煌成就"[11]。受其启发,本书所讲"中国人居理论"中的"理论",不是侧重指某种"逻辑理性"外显,而应是侧重指中国"实用理性"体现于人居中的中国式实用表达。对于国内已习惯于西方"人居科学理论"者而言,这里确实存在着思维方式上的"天壤之别"。仅以西方"逻辑理性"为判据,它们将被错误地颠覆,因为中国古代实用理性不太讲西式"逻辑",而重讲对人实用有效。这当然是我们不能接受的。

以下再看书名中的"正标题"及"正副标题整合效应"。

(二)"乡愁"原型

本书正标题中的"乡愁",在现代社会学、文化学和文学等学科前述"三个层次"(民族–国家文化层、国家中的地域文化层、个人亲情–故乡层)含义的基础上,更侧重于现代人居科学含义,即它在理论上仅仅聚焦"乡愁"的人化空间维度而舍弃了其余维度。

"'乡愁'原型"四字后加上副标题,所要表达的意思实际是指,在人居科学中,"中国人居理论"就是中国人"乡愁"原初的人化空间理性表达。其中,"原型"概念,源自国外神话学。按潜意识心理学家卡尔·荣格(Carl Jung)对它的理解,它基于人的潜意识心理中积存了祖先许多原始经验并以"原始模型"(简称"原型")的形式呈现[12]。在本书中,它特指"乡愁"这种人类普遍性心理形式的人化空间潜意识价值观表达,而"中国人居理论"则体现着中国人人化空间潜意识的价值观表达。

本书书名的"弦外之音",是说现在中国人在城镇化中要留住"乡愁",就要研究并留住"中国人居理论",并发挥其作用。

(三)中国"人居理论"即"'乡愁'原型"

此命题把中国当前城镇化建设中留住"乡愁"的全民企盼,与对"中国人居理论"的研究直接关联,不仅意在增强"中国人居理论"研究的现实感,而且把"中国人居理论"研究与中国人内心深层最柔软处对家乡的深情、对亲人的思念、对民族人居文化之"根"的探寻,锁于一体,力求讲些新话,力求所论在具有现实感的同时,特别具有文化–心理的历史性潜意识厚度。

作为书名,这个命题在理论上成立的理由如下:

(1)书的副标题其实已对正标题作出限制,使这个命题明确被限定在"人居理论"即空间维度的范围内,而不是在其他论域"说事"。在超出空间维度时,此命题就不能完全成立,甚至完全不能成立。因为"中国人居理论"就不能被理解为中国人所有类型"乡愁”的原型，例如，在中国文学所引致的“乡愁”中，其原型首先是中国的“情本体”[13]；在中国一般文化传统所引致的“乡愁”中，其原型首先是中国的核心价值观[14]。

（2）在人居科学或空间维度范围内，一方面，如吴良镛所界定的，“人居”由人和聚落两大部分组成，正好构成了“乡愁”中“乡”（即“故乡”）的全部，此正所谓“‘乡’即‘人居’”也；另一方面，既然“‘乡’即‘人居’”，那么，在“乡愁”的所有三个层面上，“乡愁”的寄体，就只能是人居。正是在这个意义上，作为“人居”理性表现的“人居理论”，就顺理成章地成了“‘乡愁’原型”。

本书重心在于探讨作为中国人“‘乡愁’原型”的“中国人居理论”。

（四）对本书撰述的若干考虑

（1）在学习和借鉴钱学森和吴良镛两位院士相关研究的基础上，接着他们的思路“往下说”。

如今研究中国人居理论，必须立足于现代人居科学及其理论。这种“立足”，在本书中首先主要表现为学习和借鉴钱学森和吴良镛的相关研究。吴良镛是现代人居科学框架的首要搭建者，学习借鉴之合乎情理。而钱学森是“两弹元勋”，为什么也要学习和借鉴？其实，“两弹元勋”只表现着钱学森“为国尽忠”的一个方面，另一个方面是，作为真正的“科学帅才”，钱学森真正最感兴趣的事情，其实是在科学理论上的创新。在他眼中，自己从事的“两弹一星”中的工作，往往是应用自己在美国实践过的成熟技术，而他综合中西科学文化精华，从中国“两弹一星”的“大科学”实践中提炼出的系统工程理论，后来从中发展出来的“开放的复杂巨系统理论”（或“现代系统科学”），以及伴随其间提出的以马克思主义哲学为最高概括且以创立“现代知识体系”为目标的“现代科学技术体系”理论，包括其中倾力突破的人体科学研究、中医医理研究、现代科学哲学、科学学乃至建筑科学、地理科学研究等，才是他晚年理论创新之所寄。从本书主题出发，在笔者的眼中，改革开放以来，他应是国内推进人居哲学向现代化转型发展的“第一人”。的确，他并非狭义的人居科学家，也未从事过人居设计，但他能与时俱进地“登高望远”，从现代科学哲学角度俯视人居而形成新的现代人居哲学，对中国现代人居科学的创建，实有开辟导引之功，故学习和借鉴之尤为必要。在笔者看来，目前研究中国人居理论，离开对钱学森的学习和借鉴，将难有高远的视野和较大的突破。当然，本书在学习和借鉴钱学森、吴良镛思路的基础上，力求在最新之“论”与往古之“史”的结合上下工夫，借助于中国的“天人合一”哲学，深化自己对中国人居理论的看法，此即“接着他们的思路‘往下说’”。

在搭建现代人居科学框架时，吴良镛非常重视寻找其“范型”（即“范式”）。吴良镛著《中国人居史》则进而提出对中国古代人居“范式”的理解，说“人居与自然、人居与社会、人居与空间治理、人居规划设计、人居与审美文化等五个方面尤为重要”[15]。

吴良镛的著作对“范式”研究专设一章，分为五节，确有创见。吴良镛的这“五个方面”，首先包含了中国“天人合一”哲学，而且他通过引述国外牟复礼（Frederick Mote）先生的话，实际对“天人合一”哲学作为中国人居哲学明确肯定[16]。这确是一个可供中国人居科学研究讨论的哲学“范式”方案。仔细读吴良镛的著作，笔者还发现，相关五节的内容，多少与钱学森对其所提建筑科学“四层结构”（即建筑哲学、建筑学、建筑设计原理、建筑设计，见后述）的设想内容相对应，而第五节内容则呼应着钱学森对“建筑科学”也含审美的思路。这是吴良镛基于数十年设计实践的理论提炼和创新，值得重视。关于“建筑科学”的哲学，钱学森说主要应讲“人与自然的关系”，而吴良镛则进一步借《管子》中的“人与天调”四字呼应之，也准确地概括了中国人居理论的哲学“范式”。在笔者看来，“人与天调”四字，与“天人合一”四字的含义基本相同。不过，第八章第一节对“人与天调”的论述，未及把“天人合一”论具体落实到人居理论中的“天人感应论”和“气”范畴，本书第二、三章将“接着‘往下说’”，展开对“天人感应论”和“气”范畴及“人居功能态”等问题的深入探讨。

吴良镛的《中国人居史》沿袭“五四”后流行的旧说认为，“中国人居史上，传世的理论著作的确不多”[17]。比吴良镛更激烈的王贵祥先生，在《中国古代人居理念与建筑原则》一书中，则对中国古典哲学中与人居相关的“气论”基本否定[18]。这就迫使今天的中国人居理论研究者进而思考，与“气论”相关联的中国人居理论真的就那么不争气吗？是不是“传世的理论著作的确不多”呢？如果并非如此，那么，是不是我们至今仍然多多少少“看走了眼”，对中国“传世的理论著作”多少有点视而不见呢？是不是在国内中国人居理论研究界，至今仍程度不等地残存着不自觉地以西方人居理论为标准，对自家祖先奉行“天人合一论”“天人感应论”和“气论”形成的著述看不顺眼的情况呢？本书不仅将举出中国人居理论确有一批“传世的理论著作”及依其形成的人居杰品，而且认定中国人居理论的“范式”与西方完全不同，故不能套用西方“范式”评价它而导向否定论。在笔者看来，这也是一种“接着‘往下说’”，只不过难度更大而已。

（2）撰述方式不愿随“大流”。

据笔者长期观察，在某些时候和某些论域，表述全面、“准确”、严肃而无争议的一般教科书，往往就是如今国内学界的“样板书”；而那些跃动着灵感、创意而难顾所谓“全面”“准确”且易引致争论的著述，往往不被看好。本书在某种程度上恰恰与此种“大流”相悖，自认为重在创意，包括展开学术探索和讨论，其中一些论述往往是“深掘”“补漏”而经常难顾所谓“全面”，例如，说人居理论却主依钱学森；论中国人居理论史时，只补论“中国上升期”的周原和西安，不论其他；论中国人居代表人物，开头出乎意料地大讲周公和秦始皇，并提出了中国人居理论总体呈“周秦互补”结构的命题；对人居科学家很少注目的宋明理学集大成者朱熹及其大弟子蔡元定的《发微论》，评价不低，等等，都表现着一种“另类的”学术探索。

二、含古典人居科学在内的“中国古代科学”近世命运回视

近代以来，特别是“五四”以降，随着西方科学技术被引进中国并日渐显露出巨大的经济–社会效益，在国内知识界遂大面积地产生了一种偏见，似乎“科学”只是西方的“专利”，而中国古代根本不存在自己的科学及其理论体系。“五四”前后的一大批中国知识精英，大部分程度不同地坚持这种看法，虽在政治上有某种合理性，但这种“西方文明中心论”和“中国古代科学虚无论”，不仅不符合中国历史事实，而且后来还竟无视包括李约瑟（Joseph Needham）先生在内的一批学者对中国科学技术真实历史和巨大成就的一再揭示，表现出某种基于误解和偏见的民族自卑，甚至出现了国民政府直接出面明令禁止中医等中国传统科技的事情。针对此况，著名史学家钱穆先生当年就针锋相对地讲，“在中国传统文化里，并非没有科学。天文、历法、算术、医药、水利工程、工艺制造各方面，中国发达甚早，其所达到的境界亦甚高，这些不能说他全都非科学”[19]；“平心论之，在西历十八世纪以前，中国的物质文明，还是在西方之上”[20]。但文史学人的这种“声音”不大，难抵“西方科技中心论”和“中国古代科学虚无论”在科技界浪潮汹汹。半个多世纪后，直至近年，著名考古学家李学勤先生仍在说：“听到过各种各样否定中华文明的声音，比如说，中国历史上没有科学，只有技艺；没有哲学，只有思想；没有宗教，只有迷信；没有医学，只有巫术，等等。其实事实完全不是这样，只是用西方的概念来套，没有和他们一样的科学、哲学、宗教、医学等等而已。”[21]

陈立夫先生在这个问题上的言行，尤其应引起国人深思。他不仅主持翻译了李约瑟的名著《中国科学技术史》(*Science and Civilisation in China*)，以大量史实佐证中国古典科学成绩巨大，而且持续批评“中国古代科学虚无论”和“西方文明中心论”，态度尤其激昂。他还大声说“民主和科学本是‘吾家旧物’”[22]；“我民族祖先对于科学方面的成就与贡献，亦非常伟大，其居他人之前者逾千载”[23]；“我们不是一个缺乏科学基础的民族”[24]，故应“恢复民族自信心”[25]。他还猛烈批评“中国科学虚无论”者是“抛却自家无尽藏，沿门托钵效贫儿”[26]。可惜的是，这种“效贫儿”至今还大摇大摆地游荡于国内科技界许多角落。人居科学界亦然，前引吴良镛的批评由以发焉。

从现代科学哲学看，“中国古代科学虚无论”和“西方文明中心论”在近现代中国广泛持续流布，是基于传播者对中西文化特征和科学形式不同的忽视和误解。事实上，中国人的科学理性以非逻辑的“实用理性”为主，故中国科学不是基于西式逻辑推理而是诉诸中式实践–时间检验，凡在历史实践中被证明有效验者即为科学，而说明这种科学的方法论框架则是有别于西方的“阴阳”“度”和“五行”等，而西方科学理性则以“逻辑理性”为主，它衍化出了瞬时实验检验和形式逻辑推理等一整套科学程序，

由此决定的中西科学及其呈现形式也必然大异。“中国古代科学虚无论”和“西方文明中心论”完全不计此种区别，用纯粹的西式“逻辑理性”衡量中国古典科学及其理论，包括衡量常常与中国古代“数术”“方术”粘连在一起的中国古典科学，当然就觉得它们只配被看成“迷信”。对此，半个多世纪以来，中国一批学者早有警觉和批评。随着考古文物的大量出土和文献研究的日益深入，随着中国古典科学中的中医、针灸、中药、气功和天文学、气候学等科学效验日益被发现，而西式科学对其中许多难以说明，于是，这种警觉和批评近年就更多。李学勤就说，数术不是“伪科学”，而是“原科学”，“如果把这种书称为伪科学，（中国）古代就很难有真科学了”[27]。考古文化学者李零先生也提到，中国古代“数术涉及天文、历术、算术、地学和物候学，方技涉及医学、药剂学、房中术、养生术以及与药剂学有关的植物学、动物学、矿物学和化学知识，不仅囊括了中国古代自然科学的所有‘基础学科’，而且还影响到农艺学、工艺学和军事技术的发展。这种研究不仅与现代西方的科学研究在术语和规范上有许多不同，而且还包括许多与‘科学’概念正好相反的东西”，但它却“是中国古代科技的源泉”[28]。

在“中国古代科学虚无论”的思潮中，人居科学也被视为西方专利。在国内人居科学界主流中长期传播着一种声音，中国古代不存在作为科学形态的人居科学，中国古典人居实践从来就没有科学理论和原理的指导，缺少理论著述，只有夹杂着巫术成分和民族审美的实用技能。但问题是，中国古人也是住着房子（包括住着“高级建筑”）渡过漫长岁月的，在数千年里创造了曾经领先于全球的灿烂文明，显然应当也拥有自己的人居科学技术体系，有自己的人居理论著述。根本不承认它，不仅于理不通，也不符合中国古代长期富足且能解决住房问题的历史事实。

在持续反复的诘问和质疑中，否认中国古代存在作为科学形态的人居科学及其理论者甚至说，中国古代盖房子的那一套理念都不是真正的科学，只是一种实用的巫术迷信体系。于是，会思考的人们就会进一步追问：什么是“真正的科学技术”呢？曾经创造了灿烂文明成就的中国古人，在盖房子方面，就只会制造和信奉巫术“迷信”而绝缘于科学吗？离开包括古典人居科学在内的古代科学体系的有力支撑，五千年一脉相承的中华辉煌文明，是可以想象的吗？这就牵出了一系列复杂的科学哲学和科学学问题，包括如何界定“科学”概念，以及“科学”究竟如何检验等问题。从科技史与当代科学哲学的研究成果看，认为“真正科学”只属于西方，显然错误。“科学”其实就是人们在长期的生活和生产实践中，归纳总结出的有益于生活的生产的各种兼具地域性特色的理性认识成果的总和。面对生存发展难题，全世界各文明体都诞生了特色各异的科学技术成果，有的还形成了自己独特的科学理论体系，其中包括产生了自己的科学哲学和美学体系。作为全世界唯一的五千年文明一脉相延的大国，中国正是具有自己独特科学技术及其理论体系的文明体，包括它也具有自己独特的人居科学及其哲学–美学和科学原理体系，后者成为它独特的人居文化延续五千年一线不断的理性脉络。

针对近世一直在学界猖獗的“中国古代科学虚无论”和“西方文明中心论”，习近平同志最近明确指出：“中医药学凝聚着深邃的哲学智慧和中华民族几千年的健康养生理念及其实践经验，是中国古代科学的瑰宝，也是打开中华文明宝库的钥匙”[29]。此后，在2015年12月16日给中国中医研究院成立60周年的贺信中，习近平同志又重申了对中医药的这一评价，并明确说中医药具有“独特优势”。这一定性，表现着中国人民对本民族传统科学技术遗产认识的又一次飞升，包括面对各国在文化软实力上的较量，中国人民已经清醒地认识到，中国古代也存在着以中医药为代表的本民族的科学技术体系，它不仅与西方科学技术体系并列于世，且具有“独特优势”；我们不能无视此“独特优势”，把西方科学“范式”作为唯一的“范式”，得出完全否定中国古代存在本民族科学技术体系的结论，反而应当让中国科学技术发扬光大，走向世界。习近平同志关于中医药是“打开中华文明宝库的钥匙”的论述，还启示我们，既然中医药对中华民族生存发展的价值已被历史证明，那么，理解其作为中国科学的奥秘所在，也就可以打开包括科技在内的中华文明的“宝库”。对习近平同志这些论断所凝聚的中国学界“正能量”的指导意义，需不断加深理解。本书后述钱学森对中医医理奥秘的研究，正是沿着这一思路展开的。显然，与中医药科学一样，中国人居科学技术及其理论，也是中国独特的古典科学体系中的成员之一，也“凝聚着深邃的哲学智慧和中华民族几千年的健康养生理念及其实践经验”。谁完全否定它，谁就会被历史所嘲弄。中国古代人居科学及其理论研究，也将因此获得巨大动能。

三、钱学森的“建筑科学”结构“模型”

当吴良镛作为“行家里手”构思其人居科学框架时，钱学森则登高望远，站在创立现代知识体系的高度，包括把以分析为主的西方还原论思维和以综合为主的东方整体论思维辩证统一起来，不仅初建了现代系统科学，而且提出“现代科学技术体系”在横向上包含了11个大的“科学部门”①，在纵向上搞清了每个“科学部门”有四个知识结构层次，即作为“最高层次”的马克思主义哲学及其表现于该领域的“部门哲学”，作为“第二层次”的该领域的基础科学原理，作为“第三层次”的该领域的技术科学，以及作为“第四层次”的该领域的工程技术。钱学森对这个现代知识体系“模型”很看重，甚至说自己用了70年的学习才悟到以上道理。其中，11个大的“科学部门”中就有“建筑科学”。

1996年6月14日，钱学森就公开提出建立并列于“自然科学”“社会科学”等的“建筑科学”[30]。依笔者的理解，此“建筑科学”与吴良镛所讲“人居科学”大体相同，

① 后来，钱学森又在其中增添了第12个，即“虚拟科学”。

只是思考的学科背景和切入角度有异，提出时间有先后，故本书所述钱学森的“建筑科学”，大体同义于吴良镛的“人居科学”。当时，钱学森也具体分析了其内部知识结构，提出“真正的建筑科学，它要包括的第一层次是真正的建筑学，第二层次是建筑技术性理论包括城市学，然后第三层次是工程技术包括城市规划。三个层次，最后是哲学的概括。这一大部门学问是把艺术和科学糅在一起的。建筑是科学的艺术，也是艺术的科学”[31]。在另一处，钱学森则说建筑科学“是自然科学、社会科学和美术艺术的三结合”[32]。后来，顾孟潮先生把钱学森所说的四层次归结为：其一，建筑哲学；其二，真正的建筑学；其三，“现在的建筑学及城市学”；其四，“现在的建筑设计及城市规划”[33]。这个“四层次”，与“自然科学、社会科学和美术艺术”这“三大块”，共同构成了对建筑科学理性结构的整体扫描。显然，这种分析，与吴良镛目前整合建筑学、景观学、规划学三个学科角度所作的努力，彼此互补，更清晰地呈现出了现代人居科学内部的构成。

从提出和研究“建筑科学”的角度，钱学森对建立、完善人居科学加以有力的促动。钱学森、吴良镛学科背景不同，学术兴趣不同，却“同”在均对搭建和完善人居科学框架付出了巨大的智力劳动。如果说吴良镛的贡献是从学科内部的整合创新，那么，如后所述，钱学森的贡献则集中于哲学和方法论指导层面，主要是从人居哲学和科学学高度，对创建完善人居科学思路的导引，以及其所创建的现代系统科学，被包含于其中的人体科学研究思路及成果，对中国人居理论研究的巨大启示和可直接移用。

在钱学森看来，“我们中国人要把这个①搞清楚了，也是对人类的贡献”[34]。这段话暗示，钱学森认为全球人居科学界当时都尚未完全省悟到这类“模型”对学科发展的重要价值。对于这一暗示，中国人居科学界（包括目前国内按西方传统划分形成的建筑学、景观学和规划学界）至今有待加深认识。其中，一些学者教授，还有一批年轻研究者，往往只精于所注视的那一小块学术论域，甚至仅聚焦设计方案的通过，但常常严重忽略对所注视问题的理论思考，更勿论对整个问题的深层哲学思考，不时会陷入盲目状态，故尤应对此加深体认。以下略呈笔者的若干初步理解。

（一）强调建筑科学中理性要素的重要性

钱学森曾批评说：“现在建筑科学里面认为是基础理论的东西，实际上是我说的第二个层次的学问，属技术科学层次”，“现在建筑系的学生学的，重在技术和艺术技巧的运用，这是第三层次，实际工程技术层次了”[35]。这一批评，与中国教育长期把建筑学、景观学和规划学等仅视为“工科教育”的实况，是契合的。对此，作为钱学森的秘书的涂元季先生曾补充解释说：“‘目前建筑学’的内容，实属技术科学层次。”[36]可以设想，这种情况的出现并非偶然，一方面源自中国理性传统偏重于实用，中国古典人居

① 指建筑科学的“四层次—三大块”结构“模型”。

科学及其理论就表现出实用特征，它必然以文脉遗传形式，影响今天的人居科学建设；另一方面，当西方的建筑学、景观学和规划学传入中国时，恰逢中国兵荒马乱之际，当时中国人居科学亟需解决的是民生水火，进行理论建设还无法提上日程，所以从开头就对学科的理论建设不重视。这种“语境”，又与中国若干体制因素叠加，形成了学科发展的这种“顽疾”。对此，钱学森也有针对性地说：“建筑科学研究院属国家建设部门，自然只重工程，对建筑工程‘上层学问’就一概顾不得了！尤其是建筑这门学问是横跨自然科学、社会科学与艺术的，老一套体制是无法办好的”[37]，包括其中“建设环境与人的心身状态”的关系等大问题研究“未得到重视”[38]，等等。这就进一步挖到了国内建筑科学界目前轻视理论研究的体制原因。其中，钱学森所讲“建设环境与人的心身状态”的关系研究，不仅一语抓住了现代建筑科学一个核心议题，而且也准确地点出了中国古典人居理论注视的重点所在。本书第三章从钱学森的“人体功能态”概念，导出作为“建设环境与人的心身状态”关系之表征的“人居功能态”概念，也是从钱学森的这种提示出发的结果。

与建筑科学界及其体制性存在的认识误区相比，显然，钱学森“模型”最大的特点，是凸显建筑科学理性成分的重要性，这是特别值得中国建筑科学界深思的。它实际也涉及目前在中国人居科学建设中，如何正确处理中西文化及其科学的关系问题。作为早年的“海归”，钱学森的知识结构以西方为“主背景”，包括其“模型”本身，明显来自西方逻辑理性。用这个“模型”思考中国建筑科学及其理论，实质也是用西方逻辑理性审视中国实用理性。为什么今天它又是必要的呢？因为在今天东西方文化互鉴互融之际，在环境危机已经成为对全人类的严重威胁之时，中国在构建建筑科学时，重视作为学科之根本理性的“建筑哲学”对环境危机的全方位应对，“真正的建筑学”对这种“全方位应对”的专业化，是特别必要的。针对由西方传入的建筑学、景观学和规划学在深层哲学和学科原理上，对环境危机基本漠视，故钱学森的批评更显深刻、及时。如果拒绝这种审视，那么，一方面，是中国古典建筑科学及其理论的缺点在今日中国的隐形影响，将难以获得逻辑理性的烛照，从而难以在现代理性水平上被加以剖析、理解、评价和改进；另一方面，“五四”以后，中国教育基本普及了逻辑理性，在这种既定语境中，也只能通过逻辑理性审视中国“实用理性”，才能让现代中国人深刻理解传统文化的不足，以现代理性弥补它。

作为新中国成立后“建筑学专业”的毕业生，笔者对此前中国建筑科学严重忽视理论建设感受颇深。当时，建筑学专业被界定为工科，师生长期注重工程技术兼及艺术，对“真正的建筑学”和“建筑哲学”基本不知或知之甚少，对“建筑与心态的课题”等深层人居理论，更未纳入思考范围。其长期延续的结果之一，是国内的建筑科学理论研究，真正的建筑学和建筑哲学其实一直是缺位的；近年虽有改进，但整个建筑科学理论研究水平不高，特别是建筑哲学研究和表述水平严重偏低，严重制约着学科发展。

其中，包括中国古代人居理论研究至今仍被忽视、轻视，它的有些部分仍被拒斥或仍被压在"迷信"的帽子下，首先与建筑哲学和真正的建筑学研究水平严重偏低直接相关。因为中国古代人居理论主要是作为中国古典建筑学和建筑哲学主载体而存在发展的，包括它侧重倾力"建筑与心态的课题"；而今轻视真正的建筑学和建筑哲学研究，无视"建筑与心态的课题"，必然会形成对中国古代人居理论的少知或误解。这方面的教训很深，包括某些建筑学"教授"，不仅至今只对"拍脑袋提设计方案"有兴趣却说不出个理论上的所以然来，对建筑理论毫无兴趣，对中国人居理论几乎无知，甚至不知吴良镛为何许人也，而且至今对研究讲谈中国人居理论及其精华"人居功能态"很反感，仍呼为"迷信"，颇怀"敌意"，令人啼笑皆非。俱往矣，数建筑科学，还看今朝。

（二）对建筑哲学重要作用的"意外"强调

钱学森特别强调建筑哲学的极端重要性，令人多少感到意外，但这也正是"钱学森之为钱学森"的一个关键点。作为科学帅才，他应该最重视对科学的哲学思考，只有"科学庸才"才不重视科学哲学思考。对于建筑哲学的重要作用，钱学森强调，其一，"建筑哲学是建筑科学这一科学技术大部门的领头学科"[39]。其二，"建筑哲学是建筑科学通向马克思主义哲学的桥梁"；"'真正的建筑哲学'应该研究建筑与人、建筑与社会的关系"[40]。后一句话，一语中的，实际成为搭建现代人居科学的哲学纲领。其三，建筑哲学的方法内容，是把世界作为"一个复杂的开放的巨系统来对待"[41]。这句话注重钱学森创建的"复杂的开放的巨系统"理论，并把它提升到哲学方法层面看待，实际也是为现代建筑科学研究提出了方法论纲领。后来，吴良镛的著作《人居环境科学导论》，也确实把它视为人居科学的方法论，表现出钱学森、吴良镛在整合形成人居科学中的心灵契合和知识互融。其四，建筑哲学不能又称"建筑美学"，因为后者仅"偏重了其艺术内涵"[42]。在这里，一方面是人居美学被单独呈现出来，另一方面是它又被准确地视为"美学"且应隶属哲学，概念十分清楚。其五，钱学森希望"我们高等院校的建筑专业有这门建筑哲学课"[43]。这一建议，应促使中国人居科学教育洗心革面。本来，中国古典人居科学就十分重视人居哲学，其人居理论的主体成分就是人居哲学，但近现代西方建筑学、景观学和规划学传入后，中国古典人居科学完全被"下课"，中国古典人居哲学完全被抛弃。钱学森"兴灭继绝"，功莫大焉。

（三）对"真正的建筑学"的界定和倡言振聋发聩

建筑科学界不知道"真正的建筑学"是什么，岂非怪事？但在钱学森眼里，全球的现实就是如此。

1996年5月7日，在给台湾建筑学家叶树源教授赐寄所作《建筑与哲学观》的回信中，钱学森说"尊作实际是阐明了建筑是什么，建筑与人的关系，对建筑空间应具备的效果也界定了，因此与其讲这是建筑的哲学观，不如说此书是讲建筑科学技术的基础理论，'真正的建筑学'。按我对现代科学技术体系的理解，这是'基础理论层次'的学问"。他还指出，"现在人们称为'建筑学'的学问"，实际仅是"基础理论下面的一个层次"，就是"技术性的科学，即工程技术所需要的直接指导性学问"，更下面的层次就是建筑设计，它仅属工程技术层面[44]。在另一处，钱学森重申此信思路说："建筑与人的关系，实际是讲建筑科学技术的基础理论，即'真正的建筑学'"；"建筑真正的科学基础要讲环境等等"[45]。按钱学森之言，"真正建筑学"是重视"建筑与人的关系"，包括要重视"建筑空间（对人而言）应具备的效果"，等等。对"真正建筑学"的这种"钱式界定"，至少对人居科学界而言，是振聋发聩的。因为西方从《建筑十书》开始，直至希腊康斯坦丁诺斯•道萨迪亚斯（Constantinos Doxiadis）创建"人类聚居学"①，从来没有人这么界定过建筑学；中国人早就这么界定了②，但中国古典建筑科学及其理论至今未被国内袭自西方的建筑科学教学或研究所接受，故振聋发聩是必然的。这种"钱式界定"，确是建筑科学的"'范式'革命"，展现出对国内外建筑科学界在全球生态危机中普遍迷茫的彻底纠正。第二次世界大战以后，人们忙于建设，包括"包豪斯"创建的"现代主义建筑学"在内的建筑科学，太偏重西方传统科学技术内容，越到后来就越淡视乃至无视"真正的建筑学"和"建筑哲学"，包括对"建筑与人的关系"及"建筑与自然的关系"等大问题，熟视无睹，致使人居建设"异化"普遍，环境危机更加严重，故催生了"钱式界定"醍醐灌顶式的吼叫。建筑科学的革命终于发生了，吴良镛在此前后也搭建了现代人居科学框架。

在笔者看来，钱式界定其实也使中国人居理论作为中国古典"建筑科学"原理和"建筑哲学"主载体的学术实质进一步凸显出来。因为除去其若干巫术迷信内容，它主要讲建筑与人的关系，建筑与社会的关系，讲建筑空间的"人化"，回答建筑是什么的问题；同时，作为"建筑是什么"的前提，它在建筑哲学层面，则回答建筑与自然的关系问题，强调环境保护，等等。本书对它的研究，即以钱学森"四层次−三大块"模型和"钱式界定"为据，认为从周人"相土""营洛"开始，包括儒家空间观念[46]在内的中国人居空间文化[47]，以"相宅""堪舆""地理""阴阳"[48]"象天"和"风水"民俗等为具体历史形态，以周公、秦始皇、汉武帝、隋宇文恺、唐阎氏兄弟、魏晋郭璞、宋代理学家朱熹、蔡文定等为代表的古代中国人居理论，系中国古典"建筑科学哲学"和古典"建筑科学原理"的主要载体；当然，它也包含"阴宅"理论，但如本书后述，中国人居理论"初型"只讲"阳宅"，唐宋后日益凸显的"阴宅"问题，是生发于中国古代"视死如生"的亲情表达，"阴宅"理论其实折射或延伸着"阳宅"理想，故统称"人居理论"可也。这样，本书中的中国古典人居理论概念，就一般与"中国古典人居科学"

① 参见本书第五章第一节。
② 见本书后述。

体系中的“工程技术”层面无关。在这个意义上，中国古典人居理论除了可被视为“中国古典人居科学”哲学-美学外，也可大体被视为“中国古典建筑学”原理、“中国古典景观学”原理、“中国古典城乡规划学”原理等的同义语。这意味着按西方传统学科划分形成的“中国建筑史”“中国景观史”“中国城乡规划史”等，除相关工程技术内容外，其实主要应是“中国人居理论史”。“中国人居文化”概念目前也很流行；在笔者看来，在上述的界定下，它在外延上也与中国人居理论大面积交叉。

当然，“钱式界定”只是指出了总思路，并没有给出现成的教科书章节框架。后者显然不是一蹴而就的事，必须集众人智慧而参以实践经验，才能有个眉目。前已述及，吴良镛《中国人居史》第八章“意匠与范型”第二节“人居与社会”，实际就是在部分地讲说“真正的建筑学”纲要。“钱式界定”谓“真正的建筑学”讲“建筑与人的关系”，而吴良镛则改为讲“人居与社会”的关系，总体思路相同，但侧重和深度不同。在某种意义上可以说，“人居与社会”的关系是“建筑与人的关系”的一个重要侧面，而非其全部。吴良镛首先讲它，也可能是因为中国古典人居理论讲“建筑与人的关系”时，倾力于“人居与社会”的关系，故吴良镛抓住了周公开创的中国古典建筑学的理论特征。①

四、对本书“补论”关中地区人居理论史若干节点的说明

与京津一带相关研究重点注重元明清时期不同，与沪粤两区相关研究注重江南地域也不同，本书则着重于对史前和周秦汉唐时期以西安为核心的关中地区人居理论及其体现的“补论”，倾力从历史视角追索中国人居理论的哲学范式。也许，这也是中国人居理论研究中的一种地域“互补格局”的体现。

近年大量考古成果表明，中华文明起源不是单一的，而是多元的。除了传统所讲“中原”②之外，红山文化、龙山文化和河姆渡文化遗址等的出土，都证明了中华文明起源的多元性。但是，由于种种原因，地处黄河中游的中原地区，至今看来还是中华文明的主要（或首要）起源地[49]。中华文明的基本框架，它的主要哲学致思取向，它最主要的生活模式（含人居模式）等，都是在中原一带特别是首先在关中大体奠定的[50]。当然，中原文化向四周辐射，中原四周文化也向中原辐射，这是个双向互动交流的过程。不过，由于自然地理环境的原因，后来则由于黄帝部族[51]和周秦汉唐帝国选都西安的原因，总体而言，关中地区文化向四周辐射的影响力可能更大一些，在中原一带大体奠定基础的生活模式，逐渐就成了中华文明生活模式的“原型”，其中，包括在关中一带依靠“黄土高坡”而大体奠定基础的周人“相土”模式，也就成了中国古典人居科

① 参见本书第四章。
② 含关中、晋南、豫西一带。

学及其理论的“原型”。本书正是立足于此，补论关中古典人居理论史，以及西安和关中建筑遗址是如何体现它的。这其实是在讲中国人居理论“30岁以前”的故事。一方面，它延伸着笔者此前“关中文脉”的研究思路[52]，包括注重于关中特别是西安的自然地理和政治文化特征，力求能较顺畅地从这个起点讲述西安各遗址体现出的中国古典人居理论的哲学范式特质；另一方面，它实际上也是在“原型”的层面上，讲述整个中国古典人居理论“青春范儿”。其中一些见解，特别是关于中国古典人居理论起源及其与周人关系的看法，关于它的分期及其哲学合理性的看法，关于它的主要创造其实是在“天人感应论”框架下感悟着居者“人居功能态”，等等，是此前无人或很少有人论及的较新看法，希望能引起读者的兴趣和探讨。这样注重西安和关中人居文化，不仅有助于破除“五四”以来在人居科学领域持续蔓延的“西化论”，而且也是为复兴中华文化出力。

如果有人指责本书不像傅熹年先生的《中国科学技术史·建筑卷》[53]或梁思成大师的《中国建筑史》[54]那样“专业”，那么，笔者不仅坦然承认本书本来就不涉傅著、梁著倾力的工程技术层面，而且还要说明，按钱氏“模式”，作为专业术语的“人居理论”只具三层结构，研究它的专业性要求它不涉具体人居工程技术。另外，鉴于傅著、梁著都这样那样地论述了中国古代人居科学和技术内容，而人居科学原理本来就是本书的题中应有之义，故笔者肯定要认真学习和借鉴这两本巨著及其他类似者。

参考文献

[1] 罗兰·罗伯森：《全球化：社会理论和全球文化》，梁光严译，上海：上海人民出版社，2000年版。

[2] 汉宝德：《建筑母语：传统、地域与乡愁》，北京：生活·读书·新知三联书店，2014年版。

[3][4][5][7][8][9][10][11][15][17] 吴良镛：《中国人居史》，北京：中国建筑工业出版社，2014年版，第3—5页，第3页，第3页，第80页，第539—540页，第5页，第539页，第550页，第421页，第7—8页。

[6] 吴良镛等：《人居环境科学研究新进展》，北京：中国建筑工业出版社，2011年版，第13页。

[12][14][49][50][51] 参见胡义成等：《周文化和黄帝文化管窥》，西安：陕西人民出版社，2015年版，第83—90页，第83—90页，第320—349页，第48—90页，第262—370页。

[13] 参见李泽厚：《该中国哲学登场了？》，上海：上海译文出版社，2011年版，第8页。

[16] 吴良镛：《中国人居史》，北京：中国建筑工业出版社，2014年版，第80页；吴良镛：《人居环境科学导论》，北京：中国建筑工业出版社，2001年版，第39页。

[18] 王贵祥：《中国古代人居理念与建筑原则》，北京：中国建筑工业出版社，2014年版，第176—192页。

[19][20] 钱穆：《中国文化史导论》，北京：商务印书馆，1994年版，第213页，第214页。

[21] 李学勤：《夏商周文明研究》，北京：商务印书馆，2015年版，第49页。

[22][26] 陈立夫等：《陈立夫访谈录》，北京：新华出版社，2002年版，第8页，第80页。

[23][24][25] 王钱国忠编：《李约瑟文献50年》（上册），贵阳：贵州人民出版社，1999年版，第157页，第158页，第164页。

[27] 李学勤：《重新认识古代数术》，见傅杰编：《失落的文明》，上海：上海文艺出版社，1997年版，第148—140页。

[28] 李零：《中国方术正考》，北京：中华书局，2010年版，第13—14页。

[29] 转引自曹洪欣：《中医药是打开中华文明宝库的钥匙》，《人民日报》2015年3月27日。

[30][31][32][33][34][35][36][37][38][39][40][41][42][43][44][45] 鲍世行，顾孟潮编著：《钱学森建筑科学思想探微》，北京：中国建筑工业出版社，2009年版，第464—465页，第464—465页，第253页，第512页，第465页，第464页，第251页，第112页，第109页，第277页，第513页，第515页，第251页，第131页，第209页，第464页。

[46] 参见潘朝阳：《儒家的环境空间思想与实践》，台北：台湾大学出版中心，2011年版。

[47] 参见张杰：《中国古代空间文化溯源》，北京：清华大学出版社，2012年版。

[48] 王其亨主编：《风水理论研究》，天津：天津大学出版社，1992年版，第11—25页。

[52] 胡义成：《关中文脉》（上、下册），香港：天马出版有限公司，2008年版。

[53] 傅熹年：《中国科学技术史·建筑卷》，北京：科学出版社，2008年版。

[54] 梁思成：《中国建筑史》，天津：百花文艺出版社，1998年版。

目　录

CONTENTS

插图目录

第一章 中国人居理论研究述评

人居理论研究，中国古已有之。本章叙述的背景，是中国古典科技体系近代以来面对西方强势而衰微，直至近年中国国势日隆，中外人士研究中国人居理论的简况。

第一节　中国人居理论包含着科学成分

在“中国人居理论”研究领域，近世国外总体上比国内先行一步。其中，由于日本和韩国等古代深受中国文化影响，故与他国研究情况不同。目前，国内相关研究也正在逐步赶上并逐渐“领头”。

一、西方研究中国人居理论现状述评

（一）西方研究的三个阶段

西方近世对中国人居理论的研究大致分三个阶段[1]。第一段大体对应着西方列强对华入侵和控制，其下传教士和学者“猎奇”之笔尖下的中国人居理论，基本是“异域落后的迷信”[2]。第二段则体现着西方对社会主义中国的扼制，但也有李约瑟那样正直的学者，在其巨著《中国科学技术史》能对中国人居理论细节进行仔细调研和琢磨，见人所未见，对其中审美-文化特征的分析，已大大突破了旧框[3]。

第三阶段的背景，是全球性生态环境危机，大体从20世纪60～70年代凸显。此时，国外研究者鉴于中国人居理论具有维护生态平衡和“环境友好”的特质，可以被看成危机中的一个有效“克星”，故开始以区别于以往把玩猎奇的心态，继承发挥了第一段英国传教士欧内斯特·伊特尔（Ernest Eitel）的《堪舆：中国自然科学初阶》（*Feng-shui: or, The Rudiments of Natural Science in China*）关于中西属于不同科学体系的见解[4]，与第二阶段李约瑟的认真广博[5]，不时以借鉴的姿势深入研究，获得了不错的成绩。

（二）相关人物和观点介绍

1. 美国著名规划师凯文·林奇1960年推出的《都市意象》

凯文·林奇（Kevin Lynch）在其著作《都市意象》（*The Image of the City*）中虽仍

视中国人居理论为“非理性”，但又说它体现了中国人“对宇宙间能量规则”的省悟，是一门前途无量的景观学学问[6]，这已多少承认了其科学性。

2. 瑞典学者戈兰·艾吉莫1968年推出的《论中国东南的堪舆》

戈兰·艾吉莫（Goran Aijmer）在其著作《论中国东南的堪舆》（*Being Caught by a Fishnet: on Feng Shui in South-Eastern China*）中以大量调研实例首次指出，中国人居理论实际是对社会和经济进行生态调整的“媒介”[7]。

3. 美国学者巴鲁克·博可斯1968年发现风水节约土地

巴鲁克·博可斯（Baruch Boxer）1968年在关于中国香港荃都湾城市化研究的论文《荃湾城市化进程中的空间改变与风水》（Space, change and Feng-shui in Tsuen Wan's urbanization）中说，中国人居理论在乡村城市化过程中，促成了对土地的某种节约使用[8]。

4. 美国人类学者尤金·安得森1973年出版的《相宅：理想与生态》

尤金·安得森（Eugene Anderson）在《相宅：理想与生态》（*Feng-Shui: Ideology and Ecology*）中，通过在中国南方调研认定，中国人居理论实际是关于在地址规划、土地使用和资源管理等领域改善人与自然生态关系的“独特科学”[9]。

5. 英国人类学家王斯福的《中国堪舆的人类学分析》

斯蒂芬·福伊希特万（Stephan Feuchtwang）（中文名王斯福）所著《从人类学角度剖析中国阴阳》（*An Anthropological Analysis of Chinese Geomancy*）于1974年出版。它以西方科学田野考察的眼光对中国人居理论科学方面的肯定，产生了巨大影响。但西方人毕竟难以完全理解中国文化，致使汉学家杰弗里·迈耶（Jeffrey Meyer）于1978年在其文章《中国城镇风水》（Feng-shui of the Chinese city）中感叹，我们将永远不会达到深刻理解中国人居理论的程度[10]。

6. 美国著名科技史家内森·席文的《东亚的科学与技术》

内森·席文（Nathan Sivin）在其1977年推出的《东亚的科学与技术》（Science and technology in East Asia）一文中，把中国人居理论在整体上与中国的科学与技术相联系，认为它至少在南方的应用具有科学性的方面[11]。此论已经突破了李约瑟只承认其具有美学价值的见解。

7. 澳大利亚地理学者史蒂芬·斯肯尔的《堪舆的大地生活手册》

史蒂芬·斯肯尔（Stephen Skinner）1982年出版了专著《堪舆的大地生活手册》（*The Living Earth Manual of Feng Shui Chinese Geomancy*），提出中国人居理论既是人与大地协调的艺术，也是中国人解决人与大地应协调共存的价值观的体现。他还创办了名为《现代生活风水》（*Feng Shui for Modern Living*）的杂志，曾以英文、德文和中文在41个国家发行[12]。

8. 美国地理学者莎拉·罗斯巴赫的《图宅——地理位置选择与布局艺术》

莎拉·罗斯巴赫（Sarah Rossbach）1983 年推出《图宅——地理位置选择与布局艺术》（*Feng Shui: The Chinese Art of Placement*）一书，介绍评价了中国人居理论作为中国山水审美艺术在地理学上的合理性[13]，影响颇大。

9. 美国生态建筑学者托德夫妇的《生态设计基础》

南希·托德（Nancy Todd) 与约翰·托德（John Todd）夫妇合著的《生态设计基础》（*Bioshelters, Ocean Arks, City Farming: Ecology as the Basis of Design*）于 1984 年面世，设专章论说中国人居理论，认为它所体现的世界观表现了人类应顺应自然的深邃智慧，为当代生态环保设计提供了巨大启示[14]。

10. 认为中国人居理论代表着“另一个哲学范式”

随着自然科学工作者对中国人居理论认识的逐渐深入，它区别于西方的哲学特质也迟早会引起注意。1977 年，美国加利福尼亚大学建筑-景观学者科普·马卡思 (Clare Cooper-Marcus) 在一篇论文中提出，作为建筑-规划-景观学规则，中国人居理论可能代表着区别于西方的“另一个哲学范式”[15]。此论所言涉及人居科学的哲学“范式”问题，代表着国外第三阶段的一种重要理论趋势，它实际已经指向借鉴中国人居理论所体现的生态环保智慧及其“天人合一”哲学。

11.“中国文脉”说

韩裔学者李尚海①（Sang-Hae Lee）于 1986 年推出的《阴阳的文脉与意义》（*Feng Shui: Its Context and Meaning*）[16]，美国民居专家那仲良（Ronald Knapp）于 1986 年和 1992 年推出的两本中国民居专著[17]，均以大量资料说明，中国人居理论作为中国城市规划和建筑-民居设计规则，也表现着中国“文脉”②。这些论著把外国第三阶段研究引入文化学新境。

12. 中国人居理论追求“天人合一”说

德国汉学家阿尔弗雷德·申茨(Alfred Schinz）于 1996 年推出的中国城规史巨著《魔方：中国古代的城镇》（*The Magic Square: Cities in Ancient China*），以大量翔实的文献，证明中国人居理论作为追求“天人合一”即人与自然和谐境界的规划原则，表现了中国文化的精华，且在面对当前全球生态危机时，为全人类提供了走出困境的新信息[18]。这种评价显然已大异于过去，足以代表现代国外中国人居理论研究的主流动向。

13. 兼议“阳宅”和“阴宅”

西方第三阶段研究的重点在“阳宅”即一般人居，但中国人居理论对“阴宅”（坟墓）的看法，也被某些西方学者从审美角度加以关注。美国埃米莉·艾亨（Emily Ahern）

① 根据英文名音译。
② 详见本书第五章第一节对“文脉”的解释。

先生等人，在仔细分析中国港台等地葬俗所含"祝愿"的基础上，也都悟及其人生审美意蕴[19]。这总比那种只批评"中国人居理论即阴宅学说"的看法要高明。

14. 中国人居理论与中医医理"哲学同构"说

一些学者如美国南加利福尼亚大学人类学教授加尔瑞·西蒙（Gary Seaman）还注意到了中国人居理论与中医医理的哲学同构性[20]，实际也涉及对中国科学体系与西方根本区别的若干思考。

（三）实施"堪舆学"教育

随着中国人居理论在国外影响的扩大，相关教育也渐次展开，英国和美国一些大学（如英国曼彻斯特大学地理系和建筑系[21]，美国伯克利大学人文地理系[22]）还培养了若干来自中国和亚洲且专门研究堪舆学的博士。联合国教科文组织及俄罗斯、美国、英国等国汉学团体，以及若干跨国公司，也纷纷邀请中国研究者进行交流和咨询。

20世纪七八十年代后，在西方世俗社会中还流行着渗透迷信的"中国风水热"，泥沙俱下，连总统和巨富置屋也要请中国"风水师"定夺，也算一种"风景"。

二、日本、韩国等国研究中国人居理论现状述评

作为中国近邻，日本、韩国等亚洲国家古代便从中国移植了人居理论，绵延至今。其学者面对全球生态环境危机，在中国人居理论研究方面别具某些深度、广度和前瞻性。

（一）韩裔尹弘基教授的堪舆研究

作为毕业于美国的堪舆学博士，韩裔新西兰地理学者尹弘基（Hong-Key Yoon）有论文《环境循环论——中国早期的堪舆思想》(*An Early Chinese Idea of a Dynamic Environmental Cycle*)、《图宅地理透视》（*The Image of Nature in Geomancy*）及专著《韩国堪舆研究——堪舆与自然的关系》（*Geomantic Relationships Between Culture and Nature in Korea*）等，对中国人居理论源于中国西北黄土高原窑洞选址的考察和结论，堪称第三阶段国外研究的代表之一。在笔者看来，尹弘基对中国人居理论源于窑洞选址的见解，是很值得注意的新说。它重在探寻中国人居理论作为东方环境科学"新范式"在应对全球生态环境危机上的合理性，认定在西方没有与之对应的"学科群"概念，应加强研究；仔细分析了中国人居理论隐含之"公设前提"在哲学上对人、天和谐的追求，从而认定它虽含若干迷信因子，但确也含有科学的方面，不能一概否定，在应对当代危机中还有大用，等等[23]。显然，作为东方人，他对中国人居理论的理解比西方人更上一层楼。

（二）日本

日本具有浓重的中国人居理论变异遗存，但曾以“脱亚入欧”自命的许多日本学人，一般忌于研究自己的这种人居理论[24]，只研究中国人居理论。近年推出的著述和讲座包括，郭中端（Chung-Dwan Kuo）等著的《堪舆是中国的环境设计》，说明中国人居理论所依“天人合一”思路契合于当代生态学[25]；武藏大学的《阴阳——运势的景观地理学》；三浦国雄等的《堪舆与城市形象》，提出中国人居理论之“气”可能是“生物能”[26]；掘入宪二的《风水思想和中国城市》[27]；渡边欣雄的《东亚的堪舆思想》，等等。这些著述的见解均与西方有相似之处，但资料却一般多于或精于西方。

三、国内目前研究现状述评

“五四”前，面对西方的坚船利炮，维新派代表人物梁启超先生等，就曾依西方当时的科学观，在《论中国学术思想变迁之大势》等著述中，把中国人居理论和中医等一概判为“迷信”[28]。此后，在一班新进学者的宣判下，中国人居理论一直是被作为“迷信”载体看待的。北洋政府、国民政府均有禁止其某一形态的法规规定。作为梁启超之子和中国建筑史权威，清华大学建筑系创始人梁思成及刘敦桢先生等，抱爱国宗旨著《中国建筑史》，教育了中国建筑–景观–规划学界几代人，功不可没，但其沿袭梁启超等旧有科学观，对中国人居理论在中国人居科学中的哲学–美学和科学原理地位认识模糊，甚或否定，某些负面影响至今犹存[29]。

20 世纪 60 年代后，国外研究中国人居理论的新信息，特别是从全球环境危机出发对其含科学性和审美特征的正面评价，对中国国内的研究是一大刺激。此后正当中国改革开放之际，于是，国内建筑–景观–规划学界和地理学界，也开始反思“五四”以来对中国人居理论的一概否定，主要从它有助于克服全球环境危机的角度，在科技层面上通过学术讨论逐步肯定了它。由于文化的亲和性和对国外成果的借鉴，这种肯定一般比国外更深刻、全面、有力。目前，除吴良镛等一批学者搭建起较完善的现代人居科学框架外，一些学人也正在为更准确深刻地理解中国人居理论而努力。

（一）“王其亨课题组”的研究

20 世纪 80 年代末，王其亨教授的课题组从肯定中国人居理论也具有科学性出发，以“风水理论研究”为题申请国家自然科学基金资助项目获批准。其成果[30]在国内自然科技界引起轰动，被称为“地震”。该课题组成员通过对大量古代中国人居理论资料的分析，以及对中国古代人居遗存的学术调研，对“五四”以来一概否定古代风水的思潮展开了有力反击，提出风水“形势宗”虽含若干迷信因子，但其基本追求符合生态环保要求，即“审慎周密地考察自然环境，顺应自然，有节制地利用和改造自然，创造良好的居住环境而臻于天时、地利、人和诸吉咸备，达于天人合一的至善境界”，因之是一种集“物理学、气象学、景观学、生态学、城市建筑学等等”在内的“综合的自然科学”，也是中国古典建筑-景观-规划美学。此项成果已成为新时期中国人居理论研究的代表之一，在不少方面如对“形势论”作为“建筑外部空间论”的深究，对日本学者芦原信义先生极其著名的“1/10理论”源自中国“形势论”的揭示，对明清帝陵体现的中国人居理论及其“留白”手法的仔细剖析，对古代中国人居“心理场”和“穴”位、“微气候”的探讨，对风水师何以“装神弄鬼”经济原因的合理分析，对“样式雷”家族人居理论资料的开掘等，均已超出国外水平，使中国人居理论研究跨入新境。

该课题组一方面开辟之功显著；另一方面，也在无意中使风水中的迷信成分一时在基层社会有所扩散。由此，有关方面采取戒防扩散举措，可以理解。

（二）台湾学界

台湾学界近来研究中国人居理论的代表作之一，是汉宝德著《风水与环境》[31]。其高明处之一，是在肯定中国人居理论作为中国建筑-景观-规划美学的同时，侧重研究明清以来民间人居“禁忌”，较有说服力地阐述了作为“市民美学”的当时中国人居理论“以善代美”的个性和经济倾向，言人未言，颇有力度。但作为设计师的著作，汉著从源自西方的片面的科学观出发，仍否定中国古典人居理论含有科学性，引人深思[32]。汉宝德随梁思成之后，判古代中国人居理论为“迷信”，再次表现了“五四”至今困扰中国人居理论研究深入的首要学术瓶颈所在。现代科技哲学对民族科学的承认，已为这一问题的解决提供了方向。最近，汉宝德又推出了《中国建筑文化》，力求说明从民族文化上理解建筑的重要性[33]，其推论与现代科技哲学已不谋而合。

（三）国内建筑-景观-规划学界

在王其亨之后，一些论者对中国元明清民间人居理论中的南北两派，即“形势宗”（又称峦头派，江西派）和“理气宗”（又称福建派）中的前者，加以科学及审美上的肯定，且有较仔细的论证。一些学者则进一步对后者作为“审美民俗”也有肯定。

总体来看，国内人居科学界学者的结论是，在承认中国人居理论含一定迷信因素的条件下，大体可分为“科学兼审美民俗说”“审美民俗而非科学说”和“整体迷信说”三种。其中，虽有人认定与中国“天人合一”哲学中的“天人感应论”紧密相连的“气”是中国人居理论的哲学根基和其科学性依据，但限于学理修养，一般是一点而过，并无深究。

1. 俞孔坚

北京大学景观学“海归”俞孔坚教授借鉴“潜意识心理学”提出，中国人居理论是一种潜意识的“景观学认知模式”，内容含三方面：一是中国人长期积累的“生态经验和土地伦理”；二是进化所需的价值观；三是适应现代功利的部分，对这种“神示文化遗产”应当尊重[34]。

2. 吴良镛

与钱学森一起，吴良镛也引领着目前中国人居理论研究的潮流。他的中国人居科学框架和《中国人居史》，都对本书极具启发。《中国人居史》从人居科学全面构建出发，建立起中国特色的“框架”，对中国人居理论“范式”的重要性等问题有较细致深入的思考，可喜可贺[35]。全书对周人“相土”也充分肯定。在另一处，吴良镛还讲过，“中国城市把山水作为构图要素，山、水与城市浑然一体。形成这种特点的背景是中国传统的‘天人合一’哲学和城市选址布局的‘风水说’等理论”[36]。从其表述可知，吴良镛也是把风水视为中国人居理念重要组成部分之一的；当然，他对其中迷信因素的高度警惕，以及评价谨慎，也可理解。

不过，笔者总觉得吴良镛作为“海归”，对中国古代人居理论的哲学“范式”和术语体系，似乎在某种程度上总多少“隔着一层”，包括对其哲学“范式”只是泛泛而论；对中国古典人居科学评价似乎仍然偏低，包括对其“原型”研究用力不够；更未充分地从中国文明诞生象征的“周公型模”出发，在独特的中国文明大框架中，倾力分析和清晰说明作为中华文明组成部分的中国古代人居科学及其理论的独有特质，真正精深地论证其哲学“范式的深层合理性”。

3. 王贵祥

与吴良镛搭建人居科学框架首先借鉴西方成果且后来也似乎“隔着一层”有所不同，王贵祥于2015年出版的《中国古代人居理念与建筑原则》，则采用中国本土语汇，同时借鉴西方人居理论框架，构建起一个独特的中国人居哲学体系[37]。据笔者所知，它应被视为纯粹采用中国本土语汇写成的中国人居理论的首部专著，功不可没。王贵祥著作的不足：一是大“框架”似乎借自西方；二是由于目前中国古典哲学本身的逻辑结构尚待厘清，其“天人合一”的致思取向与其中“天人感应论”“气论”“度”诸范畴的层次-逻辑关系，以及它们与王所论“中国古建三原则”（正德，利用，厚生）、惟和、中道、中正仁和、非直等诸范畴之间的层次-逻辑关系目前均不甚清楚，加之二是王贵祥著作对相关“范式”，如“天人合一”“天人感应论”“气论”等又微词相加，与其纯粹采用中国本土语汇写书的取向反差巨大。可以说，这些不足也产生于“五四”后中国学界对“自家先人”的哲学研究很不够，其责任不全在王贵祥。

在某种程度上，本书也在学习的基础上尽力补说上述两书因历史原因形成的不足之处。

张杰教授的近作《中国古代空间文化溯源》[38]，确是一本用功甚勤的力作。它不仅引进较新的“空间研究”视角，首先从中国远古天文学入手，力求建立中国古代“空间原型”“空间模式”“空间构图”和“体系化空间”等新范式，而且对“堪舆”在空间设计中的积极作用有所挖掘，往往言人未言，使中国人居理论研究又迈新境。

4. 台湾学者潘朝阳

地理学出身的潘朝阳先生著《儒家的环境空间思想与实践》[39]，横刀立马，从以前儒学研究少人留意的“儒家空间思想研究”切入，把作为中国古代主流思想的儒家与中国人居理论直接连为一体，说明中国人的“空间”实质上一直就是“场所”，开辟了建筑学原理新的“学术操作面”。

（四）大陆哲学界

如果说国内相关研究的上述局限应由中国哲学界着力突破，那么笔者看到的景象却是，目前大陆哲学界虽有人在努力，但除李泽厚等之外（见后述），大部分皆可能限于专业学养，对人居科学及其理论研究很不熟悉，很不适应，或从旧模式出发一口骂尽古代，或过分超前且内容贫乏而使学人失望。与大陆此况不同的是，对中国传统哲学很有研究的华裔美籍哲学家成中英（Chung-ying Cheng）先生，却屡屡积极发声[40]，展示着中国人居理论与中国传统哲学的不解之缘。

李卫博士等所著《建筑哲学》[41]，在哲学上颇有新意，但过分“超前”，科学内容较缺乏而使人有点失望。不错，它吸取现代科学“最新信息”，包括“宇宙物质能量模式”，按中国五行原理和宇宙全息律等，构造了一种全新的“宇宙论建筑哲学体系”，包括了对中国人居理论全面合理性的一种解释，似乎呼应着肯定“天人感应论”范式，确有新颖处，但其论述的哲学前提并不周密牢靠，主要是自然科学疏漏颇多。它表明，要深入推进中国人居理论研究，恐怕还是得先从基于科学突破的哲学突破“下手”；离开“真正的科学突破”，只在哲学概念上下工夫，是不保险的。

参考文献

[1][2][3][7][8][9][10][11][12][13][15][16][17][18][19][20][21][22][34] 何晓昕等：《中国风水史》，北京：九州出版社，2008 年版，第 186—206 页及全书。

[4][5][23] 参见张竟无编撰：《风生水起》，北京：团结出版社，2007 年版，第 202—208 页，第 199—201 页，第 1—7 页。

[6] 参见胡义成：《二战后的建筑文化思潮》，《长安大学学报（社会科学版）》2007 年第 4 期，第 5—16 页。

[14][25][26][27][30] 王其亨主编：《风水理论研究》，天津：天津大学出版社，1992 年版，第 246 页，第 275—279 页，第 299—310 页，第 280—287 页，全书。

[24][33] 于希贤：《中国古代风水的理论与实践》，北京：光明日报出版社，2005 年版，第 569 页，全书。

[28] 梁启超：《论中国学术思想变迁之大势》，扬州：江苏广陵古籍刻印社，1990 年版。

[29] 梁思成：《中国建筑史》，天津：百花文艺出版社，1998 年版。

[31] 原由《台湾大学城乡研究所学报》作为论文发表，后于 2003 年由天津古籍出版社出版。汉宝德：《风水与环境》，天津：天津古籍出版社，2003 年版。

[32][40] 胡义成：《关中文脉》（下册），香港：天马出版有限公司，2008 年版，第 32—67 页，第 74 页。

[33] 汉宝德：《中国建筑文化》，北京：生活•读书•新知三联书店，2008 年版。

[34] 俞孔坚：《理想景观探源：风水与理想景观的文化意义》，北京：商务印书馆，1998 年版；俞孔坚：《生物与文化基因上的图式》，台北：田园城市文化事业公司，1998 年版。

[35] 吴良镛：《中国人居史》，北京：中国建筑工业出版社，2014 年版。

[36] 转引自和红星：《西安於我》(2)，天津：天津大学出版社，2010 年版，第 530 页。

[37] 王贵祥：《中国古代人居理念与建筑原则》，北京：中国建筑工业出版社，2015 年版。

[38] 张杰：《中国古代空间文化溯源》，北京：清华大学出版社，2012 年版。

[39] 潘朝阳：《儒家的环境空间思想与实践》，台北：台湾大学出版中心，2011 年版。

[41] 李卫，费凯：《建筑哲学》，上海：学林出版社，2006 年版。

第二节　借鉴钱学森、吴良镛的相关思路

改革开放前，中国人居理论研究的重心在国外，包括英国李约瑟所作的中国人居美学理想的研究[1]，新西兰尹弘基关于它最早诞生于中国西北黄土高原窑洞选址的研究[2]，等等，成果均在国外推出。20 世纪 30 年代后，中国建筑史研究的重心虽移至国内，但它也基本上无视乃至否定中国古代人居理论的科学性。改革开放后，中国人居理论研究重心才真正转移到国内。本节首先瞄准吴良镛，再述钱学森。

一、目前中国人居理论研究主流："意匠说"和"美学说"

吴良镛的《中国人居史》第八章标题即为"意匠与范型"[3]，故本节首先述评"意匠说"和"美学说"。

（一）"意匠说"

香港建筑学家李允鉌先生的《华夏意匠——中国古典建筑设计原理分析》一书，在学界影响较大。他既自称"中国古典建筑设计原理分析"，可见是对中国古代建筑科学原理体系的一种建构。西方部分学者如李约瑟，在中国古代建筑史研究中，一方面十分尊重中国传统哲学和文化，但另一方面又很难从科学上全面肯定中国古代建筑原理，故对中国建筑特有之艺术性的"意匠"颇倾情，并以之构建自己的体系[4]。《华夏意匠》也是如此。在"意匠"是"建筑的设计意念"即"中国古典建筑设计原理"的界定下，倡言"意匠说"，实即认为"中国古典建筑设计原理"并非科学原理，而仅是一种审美理念。

1. 要对中国自己的建筑设计原理进行探索

它提出此前中国一些学者的中国古代建筑史研究，坚持"现代的科学技术源于西

方”的观念，故研究“重点在于其①所表现出来的形式和风格，较少对其设计做实质性的探索”，恰如李约瑟所说：“中国科学工作者本身，也往往忽视了他们自己祖先的贡献”。[5]这可能是暗指梁思成等研究中的主要失误。而在李先生看来，“不同的历史和社会产生不同的价值观念，由此产生不同的建筑态度，不同的对技术方案选择的标准”[6]，故不对或少对中国自己的建筑设计原理进行探索，是不对的。中国古代建筑“连续相继的发展可以理解为在同一意念和原则之下由低级阶段向高级阶段的发展。问题在于我们如何去理解这个过程，如何十分清楚和明确地将整个发展的经过真实和正确地表达出来”[7]。应当说，这种见解是有道理的。

2. 只从审美角度肯定中国古建筑原理

那么，中国古代建筑设计原理的本质究竟是什么呢？李允鉌先生借用了中国西晋文学家陆机《文赋》中的“意匠”二字代指它。陆机原文曰“意司契而为匠”，其中“契”犹言图样，“匠”指工匠，“意匠”二字代指艺术创作中的精心构思或创造。这种借用，显然是只从审美角度肯定中国古建筑原理，委婉地回避了从科学上肯定中国古建筑原理。这种回避曾被王其亨微讽，说其中“种种分析评述，大多是借助于西方现代建筑理论”，“即使涉及中国传统理论的，也不过是引借有关画论、文论”等，形成了中国古代建筑理论科学性“明显贫乏”的印象[8]。王其亨的观点不无道理。当年李约瑟持“意匠”论，就因为他只认中国人居理论是美学，矢口否认其含科学性。李约瑟再申“意匠”论，也只能沿其思路前推。由此，《华夏意匠》果然明确认定，中国虽重视建筑技艺，“但在学术上，它并没有形成为学问的一门”，中国建筑只是“一种诗意的”东西[9]。它还引述李约瑟之语，公开否认中国存在作为科学的建筑学：“中国在历史上并没有兴起过研究建筑的学术兴趣和风气，所以在流传下来的各类古籍中论述这门学问的作品并不多见”[10]，“没有流传下来多少有关建筑的专业性的著作”[11]，“甚至到了绝无仅有的地步”[12]，有的只是“技术规范”之类[13]，“不能算作学术性的论文和著作”[14]。《华夏意匠》甚至引述乐嘉藻的话说“中国自古无是学②，亦无是史③”[15]，因此，英国人巴尼斯特・弗莱彻（Banister Fletcher）当年在轻视中国建筑时所绘“建筑之树”（tree of architecture）图（图1-1），也就成了有道理的东西[16]，这令人不解。如此公开看淡中国古代存在作为知识体系的中国人居科学及其理论，竟在某种程度上成如今之主流，悲夫！

3. 中国人居理论只是一种与艺术相连的象征主义

《华夏意匠》进一步把中国人居理论只看成某种基于“五行”的“玄学”，说它虽“在效果上常常会产生一些高度的技术和艺术的内容”[17]，但它本身并非科学；“英国学者李约瑟对‘风水’在建筑上所引起的现象所做的科学解释是中国人和自然结合的象征主义和对‘宇宙图式’的感觉”[18]。在这里，中国人居理论只是一种与艺术相连的象

① 此指中国古代建筑。
② 指建筑学。
③ 指建筑史。

图 1-1　弗莱彻所绘“建筑之树”

Fletcher B. *A History of Architecture on the Comparative Method*. London: B.T. Batsford, 1896

征主义或想象，谈不上具有科学成分。

早在李约瑟之前数十年，梁思成的夫人林徽因教授就指认，中国古建筑之美源于中国“诗意”和“画意”之外的“建筑意”[19]。梁思成、林徽因倡言“建筑意匠”，不只是从艺术出发，且从建筑的科技功能出发，把是否忠实地表达功能看成建筑发展成熟与否的最高标准。在此背景下，中国当时既有的古代建筑史研究对美学意义上的“建筑意匠”的研究已颇为充分，故影响至今。《华夏意匠》虽对梁思成、林徽因在学术上的此种“西方中心论”倾向有所暗示批评，但实际却接之而更推一步，强化了“建筑意匠”论的影响。其中，包括潘谷溪教授主编的《中国建筑史》教科书，专设“建筑意匠”一章，说“意匠”即中国“营造活动中的观念形态”，主要体现在建筑选址、布局与审美等方面[20]，实际也否定了它含有科学性。侯幼彬教授的《中国建筑美学》，也持“审美意匠”之论[21]。

吴庆洲教授也屡用“意匠”概念，包括其《建筑哲理、意匠与文化》，就把“中国传统建筑的意匠”归纳为“象天法地，天人合一”“师法自然，向往神仙圣境”“法人的构思”等[22]，似乎多少已不限于艺术审美了；其《龟文化与中国传统建筑》《仿生象物——传统中国营造意匠探微》和《太阳崇拜文化与建筑意匠》等文，看来进一步拓展了其“意匠”概念，已使之成为某种以民族集体潜意识形式出现的建筑设计价值观和审美理想了，但尚未达到对其科学性的明确体认。

（二）“美学说”

1.“美学说”简况

直接提出“中国人居理论美学说”的国内代表人物，还得首推前已叙述过的台湾汉宝德[23]。他把“意匠”说的美学本质直接亮明了。汉宝德还重申了中国古典建筑是“没有理论的人本建筑”[24]的极端性看法。他在《大乘的建筑观》中甚至说，“我们没有哲学，没有科学，也不相信未来的世界。我们是一个文明世界中的野蛮民族”[25]。此类“自咒”理论，当然更是我们难以接受的。

目前，含“意匠”说在内的“美学说”已成国内某种“共识”。吴良镛的《中国人居史》不仅第八章标题为“意匠与范型”，而且如本书“前言”所述，他也认同古代中国人居理论系“意匠”且传世著述不多等主流看法。问题在于，这位现代人居科学创建者在先从希腊引进现代人居科学理论时[26]，又判中国人居理论仅为“意匠”而非科学，似乎曾对自家先人评价偏低，对西洋学者评价偏高。

2. 应重视李泽厚和刘长林的研究结论

李泽厚的《美的历程》对中国古代建筑的美学欣赏及关于其发展缓慢的思考[27]，与他关于中国社会发展特殊性及其哲学-文化特征（如“巫史传统”“实用理性”，伦理至上，乐感文化，“一个世界”“情本体”“儒法互用”，“该中国哲学登场了”等）的思路[28]呼应，以及刘长林先生关于中国古典科学作为“实用理性”的若干民族特征的分析①，其实很值得中国人居理论研究界重视。第二次世界大战后人居科学发展过程表明，它的突破总是首先表现在哲学突破。钱学森说哲学是建筑科学的“领头学科”，李泽厚、刘长林实际上以自己的结论再次印证着钱学森所论。一个有五千年人居文明的民族，作为一种“实用理性”，其人居理论仅是审美“意匠”而不含任何科学因子，这意味着，中华民族几千年的住房子只靠“玩儿”而从来不懂建筑科技，这是可以想象的事情吗？有点荒唐。李泽厚的思路有可能在总体上促使当代国内中国古典人居理论研究走出较狭的美学视域，面对整个中华文明的“实用理性”及其科技体系，公开承认中华民族几千年“住房子”首靠中国人居理论含有科学性。本书一些篇章，如对周公制礼包括制定“‘相土’模式”的考察，对“周”字含义的破解，对西安人居作品体现中国人居哲学“范式”的解析，等等，也正是沿此思路前推的。

二、关于梁思成等对中国古代建筑研究的评价

中国古代人居科学史是中国古代人居建设发展过程的纵剖面，中国人居理论则是它横剖面的理性化呈现。同时，作为哲学的中国人居理论，又实际担当着中国古代人居科学及其原理哲学“范式”的角色，研究它就不能不涉及既有的中国古代人居科学史理论体系及其与中国人居理论的关系问题，以及中国人居理论与中国古典哲学的一体化关系，等等。学界近年围绕着梁思成研究评价问题的讨论，对此也有若干探索。

（一）吴良镛的回顾

作为梁思成曾经的学术助手，吴良镛对以梁思成为代表的“第一、二代建筑史家”出于爱国心建立的中国古代建筑史体系，是充分肯定其成绩的。这当然是对的。另外，他和中国古代建筑史学界大多数学者一样，实际也认为梁思成等也存在若干缺点，主要是未能从中国古代建筑哲学和建筑学原理最根本的特点入手，而是“每每就建筑论建筑，从形式、技法等论建筑，或仅整理、记录历史”[29]，已不能完全满足当今时代的需要，因而“理论建树必须要跟上”，“对建筑文化遗产研究要发掘其‘义理’，即对今天仍然不失其光彩的一些基本原则”，应“从史实研究上升到理论研究”[30]，包括“过去从个体、从结构体系等研究者多”，而对“群体的设计研究者少。事实上在这方面，（中国）从城市理论到设计方法，以至哲学思维，与西方理论颇为异趣，很值得继续探索”[31]。这些话深邃地表现了吴良镛对国内第一代古建筑史家优缺点的准确理解和对今后研究突破口的准确选择。不过他多少有点“为尊者讳”，对“五四”后国内前辈实际基本否定中国人居理论的科学性未置一词，导致他的相关理论建构长期在“意匠”说中徘徊，中国“人居科学”的哲学范式长期限于“意匠”，岂非自相矛盾？

① 见本书第三章第四节。

（二）曹汛的批评

如果说吴良镛尚较委婉的话，那么，曹汛先生的批评就犀利得多。她于 2007 年公开提出了中国“建筑史的困境”命题，说中国“建筑历史作为一个学科，根基毕竟太浅，又早已陷入困境。我在这里主要说的是她的一些伤痛，也可以说是她的无能，那些伤痛正是无能所造成”。“要抢救历史建筑，首先得抢救历史学科，再往深说一句，要抢救历史学科，首先得转变思维和思维模式”。[32] 对的，在这里，关键就是“思维模式”。人居理论学者“决战”，只能首先在哲学领域展开。她的话说得太好了！于是，本书就“走出梁思成，首先亲近周公”。

（三）日本著名建筑学家矶崎新的评论

矶崎新先生也认为，中国现代建筑的误区在于本土化、地域化的丧失，这是中国前辈学者未选择“保持传统”的必然结果[33]。这位被“9・11 事件”炸毁设计作品的日裔学者的话，也逼着我们“走出梁思成，首先亲近周公”。

（四）王贵祥的深思

王贵祥当年引述曹汛的犀利批评，还提出中国建筑史研究存在四大“误区”，包括“认为建筑历史研究只应该停留在艺术层面与技术层面上”；“认为建筑历史研究只是现存实物例证的研究”；“认为建筑历史研究已经完成，我们的任务只是对既有研究成果的学习与继承”等[34]。由此，他说中国既有古建筑史及其理论体系研究“还只是一个开始”[35]，因为在他看来，中国古建筑史应“是大视野中的文化史，艺术史，科学技术史，甚至经济史、社会史”[36]。有基于此，王贵祥倾力关注中国建筑史研究的方法论，尤其注意其主要哲学方向和未来发展趋势，提出宏观地看，近世中国建筑史研究，大约可分为三段，其一是“文献考古阶段”；其二是“实物考古阶段”，“由营造学社开创的研究工作，以及新中国成立以来所进行的大量建筑考察与研究工作，主要体现在这一阶段”；其三应是“对建筑之诠释的阶段，即对建筑之文化内涵、象征意义、发展成因等问题，进行探索。如果说前两个阶段，主要着眼于建筑之‘是什么’的问题，这第三个阶段，则主要是着眼于‘为什么’的问题”[37]。他由此展望说：“随着学术思想的进一步放开，学术氛围的进一步活跃，在国外学术发展趋势的影响下，关于建筑之‘为什么’方面的研究，也正在日益展开，比如，关于建筑之‘意义’的研究，关于空间的‘质’的研究，关于空间的‘场所’的研究，关于空间的‘路径’与‘终点’的研究等方面，已经逐渐渗入到中国建筑历史学科之中。”[38] 他还提及挪威建筑理论家克里斯蒂安・诺伯格–舒尔茨（Christian Norberg-Schulz）对建筑“意义”的研究，西方正在兴起的“图像学”研究，以及建筑符号学和象征问题的研究等，目前均已受到国内相关研究者的关注，表明国内已正在逐步走出“五四”后形成的“弯路”，进入对中国“建筑哲学”和“真正建筑学原理”的思考。王贵祥当时还指出，在近年来兴起的“堪舆热”中，特别是那些最初在堪舆研究中“披荆斩棘的拓荒者们”，也都是力求解决“为什么”的问题[39]。这是笔者看到的当时建筑理论界相关的代表言论，也是对包括堪舆在内的中国古代人居理论民间形态之学术价值深刻体认的表达。在这里，我们也就更可理解他在《中国古代人居理念与建筑原则》一书中，努力用中国话语对中国古代人居理论展开研究的用心。虽然如前所述，其否定中国人居哲学“天人合一”及其“天人感应”论和“气论”的“范式”价值，是学术全局性的失误，但其努力也为将来用中国话语锁定中国人居理论哲学范式，进行了有益探索。

赖德霖先生也赞同王贵祥这种“是什么”和“为什么”的表述[40]，并在论及中国古代建筑“文法”问题时，一方面体谅梁思成，另一方面也说梁思成、林徽因夫妇没有研究堪舆思想在中国建筑中所起的作用，对中国建筑探讨最多的仅是它的结构逻辑[41]，所论也准确且启思。

（五）梁思成的弟子王世仁论堪舆

王世仁先生在《理性与浪漫的交织》一书中，对其师有所辩解，但也把堪舆看成与“工官制度”并列的中国建筑制度。他说当时“除官方规定的制度外，还有许多民间约定俗成的制度，它们常常是形成某些建筑现象的主要原因。堪舆制度就是其中的主要者之一”，“从字面解释，‘堪’为天道，‘舆’为地道”。建房屋，造坟墓，都要顺乎天地之道，讲究堪舆之利。“从环境科学上说，天地之道主要是讲人与自然的和谐，建筑与环境的协调，生活与生态的平衡。”从心理科学上说，堪舆之术“主要是讲趋利避害，它是由人对环境的第一感觉（生理感觉）积累的经验上升到第二感觉（或‘本质力量’）形成的理念，是从建筑的环境、房屋的布局造型带给人的感觉，再附会到以往在同类环境状态下偶然发生的吉凶祸福、人事变异，从而形成某些具有‘合规律性’的客观认识。这种认识的基础一则很不全面，再则具有很大的偶然性，因而在事实上是虚幻的，但在心理上却是真实的。”因此，堪舆之术“也就有了滋生的温床，自成一家之言，出现了连篇累牍的著作、图像、歌诀、规则和许多神秘的操作方法，这就是堪舆制度。从环境科学来看，它的许多规则虽然是虚幻的，但在探讨建筑环境对人的心理经验、精神慰藉等方面的影响，却有不少深层次值得探索的内容”[42]。对堪舆的这种结论，虽依然在科学性上否定之，但敢说堪舆“在心理上却是真实的”，却也难能可贵。在笔者看来，与钱学森呼应，王世仁在此处已经触及中国人居理论之核心，即作为人居心理现象的“人居功能态”问题。在某种意义上，本书关于“人居功能态”的篇幅，也是接着王世仁的这些话“往下讲”的。

三、西方对中国人居理论研究深化的新态势

近年在全球环境危机凸显后，西方人居科学界一部分学者对中国人居理论的研究，进入了应用和发挥的层面，还出现了直接利用、发挥堪舆论题但又并不指明源自或闪烁其词的动向。王其亨已指出，追究日本芦原义信（Yoshinobu Ashihara）所主张的“十

分之一”理论源头，是对中国堪舆“形势说”的继承和发挥，但芦原义信却未道其出处[43]，即为一例。本来西方哲学与中国相反，是以“天人二分”和“人能胜天”为轴的。当全球环境危机凸显后，中国的“天人合一”哲学自然就成了全球普遍的选项；从“天人合一”哲学民间普及中孵出的堪舆，自然也就成了西方学者借用发挥的对象。兹再举两例。

（一）凯文·林奇的《城市意象》发挥中国堪舆

前已提及凯文·林奇的《城市意象》。他也多少了解中国堪舆，对之评价较高，提出堪舆“为我们建构一个可意象的、同时又不压抑的环境，或许能提供一些方法和线索”[44]。从其书所论“意象”及对“意象”设计的总体思路看，作者其实是在继承堪舆关于“意象”论题的基础上，用当代社会心理学等成果，进一步发挥发展了其“意象”论题，包括使之实现量化测察。

（二）阿诺德·伯林特接近中国“天人合一”

曾任国际美学学会会长的美国美学家阿诺德·伯林特（Arnold Berleant）等主编的《环境美学译丛》，一反西方“二元哲学”旧套，也提出“人类与环境是统一体”，其中“内在和外在，意识与物质世界，人类与自然过程，并不是对立的事物，而是同一事物的不同方面”[45]。丛书遍布的这种论述，不管作者是否了解中国人居理论，实际都是在重提中国的“天人合一”哲学，其实也是“拼命吸吮中国风水学的乳汁”[46]。

四、吴良镛的人居科学的指导意义

吴良镛的《广义建筑学》和《人居环境科学导论》，1999 年由他执笔形成的国际建筑协会第 20 次世界建筑师大会《北京宪章》，以及近年推出的《人居环境科学研究新进展》《中国人居史》等，都是现代中国人居科学的代表作。文献证明，他在搭建中努力理解、挖掘和肯定古代中国人居理论，具有指导意义。

（一）力求形成人居科学的“中国学派”

吴良镛认定当代全球发展呈现为“经济全球化”和“文化民族化”矛盾；作为中国民族文化载体的中国建筑，必须维护自身文化特征，保持其文化的自觉、自尊、自强，包括力求形成人居科学的“中国学派”，否则将被经济全球化导致的“文化趋同”潮流所淹没[47]。

（二）中西方人居科学完全不同

吴良镛认为中国传统人居文化从“理论到设计方法，以至哲学思维，与西方理论颇为异趣，很值得继续探索”[48]。对这一全称判断，确实值得高度注意。其中，论述中国人居“哲学思维”异于西方，精准地“点穴”国内此前相关研究的“软肋”，令人叫绝。另外，他又引述印度建筑师查尔斯·柯利亚（Charles Correa）的话，认为将来世界文化会“走出”东方和西方模式，“找到新的道路”[49]。这种结合中西哲学优点的思路，被他搭建现代人居科学框架的实践落实着。

（三）“我们对中国建筑文化缺乏应有的自信”

吴良镛指出，目前中国存在严重的“建筑文化危机”[50]，并以颇带自我批评的口气说：“我们对中国建筑文化缺乏应有的自信”，“对传统建筑文化价值的近乎无知与糟蹋，以及对西方建筑文化的盲目崇拜”，“失去建筑的一些基本准则，漠视中国文化，无视历史文脉的继承和发展，放弃对中国历史文化内涵的探索”，“碌碌无所作为”[51]。这种深情而自责的话语，似乎偏激，实则到位。在他看来，形成这种状况的原因，包括“近百年来中国政治、经济、社会发展缓慢，科学技术落后，建筑科学发展长期停滞不前”，“20 世纪 50 年代后，由于国内政治经济形势影响，对世界建筑思想的发展缺乏全面的了解，甚至仍在为过时的学术思想等所支配”，建筑师“对自己本土文化又往往缺乏深厚的功力，甚至存在不正确的偏见”[52]，等等。这种批评和自我批评，被反复提起，振聋发聩。面对它们，人居科学界仍盲目崇拜西方者，确应有所警醒。

（四）摆脱“欧洲中心论”

确认“从文化角度研究建筑”，是近年建筑理论研究的“一大进展”。因为“建筑是在文化的土壤中培养出来的；同时作为文化发展的进程，并成为文化之有形的和具体的表现。从这个观点出发，有助于我们认识建筑文化的地方性”，“有助于摆脱喧嚣一时的‘欧洲中心论’”[53]。在这里，建筑作为“地方性”的民族文化现象，被凸显出来，与人居“欧洲中心论”形成明显对比。其中，包括中西人居哲学也形成明显对比，建筑中的“许多重要问题”，均“需要提高到哲学的高度来观察与思考”，而目前人居科学界“哲学的修养往往为人们所忽略”[54]。显然，人居理论研究“不能就建筑论建筑”，其“根本之点就是要重视哲学的学习和思维方式的锻炼”[55]。对哲学和文化在人居中决定性的这种强调，十分必要和及时。笔者注意到，在如此强调哲学的重要性时，吴良镛还特地说，“当前中国建筑师在国际竞赛中处于弱势，一个很重要的原因就在于‘西学’与‘中学’根基都不够宽厚。相比之下，‘中学’的根基尤为薄弱”，因此，“希望善为引导他们在‘中学’上要打好基础”，“在思想感情上要对吾土吾民有发自内心的挚爱”，“对建筑文化遗产研究要发掘其‘义理’，即对今天仍然不失其光彩的一些基本原则，如朴素的可持续发展思想，环境伦理思想，‘惜物’等有益的节约资源的观念”[56]。这些论说，已经接近于对中国“天人合一”哲学孵化下的中国人居理论的充分肯定。后者在国内被长期误解为迷信，其症结就在误解者疏于中国哲学和文化的学习理解，仅知用西方科学观硬套它，左看右瞧都不顺眼。此论也是对否定中国人居理论者所依“范式”根基的根本消解。

（五）重视对人居科学及其理论“范式”的研究

正是在人居理论研究应重视哲学和文化的前提下，吴良镛把研究视野扩展到最前沿的人居理论“范式”问题。他指出“库恩用‘范式’来描述科学活动，包括科学理论、定律、方法和技术的总和，以及科学家共同的信念、世界观、方法论或这个共同体所特有的解决学术问题的立场，等等”；“在认识论上，‘范式’的重要意义就是确认认识框架的作用”，“‘范式’是‘已知的问题-求解’。问题-求解导致科学的进步”，是维系科学共同体的“决定性因素”；人居环境科学创立的任务之一，就是“寻找‘范式’”[57]，包括借鉴科学哲学中历史主义者伊姆雷·拉卡托斯（Imre Lakatos）的“研究纲领论”，等等[58]。此论对当代中国人居理论研究启示良多。

1. 从认识论和构成要素两方面界定和研究“范式”

要“寻找‘范式’”，就要了解“范式”。吴良镛引述托马斯·库恩（Thomas Kuhn）的观点，对“范式”从构成要素和认识论两方面作了界定。其《中国人居史》第八章讲“范型”，大体是按构成要素求解并有创新的。而本书则补充以认识论上的求解，力求达到对中国“天人合一论”“天人感应论”和“气论”作为中国人居科学哲学范式的确认。吴良镛有一次竟然还引用了李泽厚关于中国理性是“实用理性”的看法，以说明中国人居理论的思维特征，这也是在哲学总体上确认中国人居科学的理性范式。

2. 注意借鉴现代科学哲学中历史主义者的成果

吴良镛要求注意现代科学哲学中历史主义者的成果。原因如下：第一，中国人居理论是在中国人居历史中诞生和发展的，这就决定了其研究方法必须首先是历时性的。而历史主义正好是从历史角度观察科学进步问题，大体摆脱了西方纯逻辑衍义的思路，与我们面对的中国人居理论形成了实际契合。第二，历史主义实际承认西方科学范式之外的其他科学范式也具合理性。中国人居理论研究目前实际主要面对着中西两种“范式”的较量，故而借鉴历史主义理念正当其时。用西方传统科学观看古代中国人居理论，越看越“迷信”；然而从中国“范式”看它，它就是“中国式科学”理论。第三，在一定的意义上，与世上的万事万物一样，中国人居理论也会像德国大哲学家黑格尔所说，经历正、反、合三个发展阶段。如果说古代中国人对它是总体认同，为“正”，“五四”前后，他们对它是总体不甚认同，为“反”，那么，目前面对全球生态等危机，以“天人合一”哲学为出发点的中国人居理论，会在抛弃自己不合时宜内容的前提下“凤凰涅槃”而为“合”。这就是它的正、反、合三个阶段。历史主义重视科学发展中的质变-量变，必然对正、反、合有正面回应，故较能适应中国人居理论研究。当然，今日中国人居理论研究所采用的“范式”，并非只指库恩“范式”，它还应吸取现代科学哲学中的历史主义者拉瑞·劳丹（Larry Laudan）、拉卡托斯等人的“研究传统论”“研究纲领论”，特别是马克斯·瓦托夫斯基（Marx Wartofsky）的“历史认识论”的合理因素，改造使之成为唯物史观框架中的人居科学哲学范式，即它不能是库恩那种与真理检验绝缘、与理性绝缘的纯粹相对主义概念，更不是保罗·费耶阿本德（Paul Feyerabend）

的“科学无政府主义”概念，而是一个“历史认识论”的概念，包括主张在历史事实中检验“范式”的有效性[59]，而不是无前提地完全承认西方那种即时式的“小科学”实验检验方式，等等。显然，在构建人居科学中较早引进“范式”概念并有所建树，是吴良镛的一个理论贡献。

（六）倡言“原型说”

吴良镛还把学术扫描的眼光投向心理学领域，包括极重视潜意识心理学的“原型说”，认为建筑史研究就是在“探讨范式”的同时，要“找出‘原型’”[60]；认为“建筑历史文化研究一般常总结过去，找出‘原型’，并理出发展源流”，“找出‘原型’及发展变化就易于理出其发展规律”，“可以促使我们较为自觉地把理论与实践推向更高的境界”[61]。吴良镛这一思路的理论重要性在于，它从人居史研究的方法取向上，告别了“五四”后盛行的西方式“唯科学主义”和纯逻辑主义，把人居现象也看成取决于人类心理的历史-文化现象，力求从最早的“历史‘原型’”中寻求中国人居史的奥秘。而源自1957年北美文学批评专著中的“原型”理论[62]，从宏观看，实际受益于西方的詹姆斯·弗雷泽（James Frazer）代表的文化人类学、荣格代表的潜意识心理学和恩斯特·卡西尔（Ernst Cassirer）代表的象征哲学[63]等，其中，潜意识心理学的成分很明显。而用潜意识心理学及其“原型”理论观察古代中国人居理论，其合理性就会获得进一步的理解和确立。本书倚周公制礼而细讲作为“原型”的周人“‘相土’模式”，包括分析“周”字本义，即受益于吴良镛。

（七）在人居科学研究中引进钱学森系统科学

吴良镛还把钱学森所创现代系统科学中的“开放的复杂巨系统”及其“求解”概念，作为方法论引入人居科学及其理论研究之中[64]。其《人居环境科学导论》第3章专门在哲学层面把它们确定为“人居科学的方法论”，实际如钱学森所言，也是在当代系统科学的层面上，继承发挥中国传统哲学重视整体性的思维长处。其中，吴良镛还提出“将‘空间信息科学技术’融合于人居环境学的学科体系”，“探索建立‘人居环境信息系统’的方法，提出相关信息数据模型和应用模型，由此支持人居环境研究的各个层次和应用”[65]。此论着眼于当代科学方法最前沿，对中国人居理论研究在继承中国哲学重视整体性思维的前提下，实现“互联网＋”基础上的数字化，提供了指导。本书关于“人居功能态”的研究，就是吸纳钱学森和吴良镛此思路的结果。

（八）借鉴发展中国家人居科学家的研究成果

鉴于中国国情，吴良镛长期关注西方发达国家之外的发展中国家对人居理论研究的新推动。其中，希腊康斯坦丁诺斯·道萨迪亚斯的“人类聚居学”受到他的长期重视，并据以开始创建人居科学。据吴良镛自己说，其《广义建筑学》和《人居环境科学导论》，均受到道萨迪亚斯学说的持续启发[66]。就其大胆抛弃唯发达国家马首是瞻的学界

“潜规则”而言，这种选择就表现着中国人居理论研究的广阔胸襟。当然，在笔者看来，与其首先借鉴道萨迪亚斯，不如首先重视继承中国人居理论，吴良镛作为“海归”，对西方文化发源地情有独钟，可以理解，但他后来还是“回皈”中国了。《中国人居史》就是沿此正确方向走出的一大步，我们应当跟进。本书对中国古典人居理论“原型”、哲学“范式”及其“青春史”的试掘，虽也异于吴良镛，但实系“跟进”式异论。

总之，吴良镛搭建的现代人居科学框架，为中国人居理论研究提供了最切实的专业性指导。

五、钱学森的相关启示

钱学森逝世后，中共中央宣传部发出《关于广泛深入开展学习宣传钱学森同志活动的方案》的通知。胡锦涛同志称赞他“在科学生涯中建树很多”，令人“深受教益”[67]。宋健先生在2015年11月27日《光明日报》发表题为《民族英雄钱学森》的文章，历数其“两弹一星”功绩外，晚年将“注意力转向系统工程、系统科学与马克思主义哲学、思维科学、人体科学，提出‘大成智慧’教育思想，对现代农业、林业和沙业等重大问题，提出了很多值得后人参照的科学思想和创意”。钱学森晚年挟毕生科技智慧展开的研究，视野几乎遍扫现代科技重要领域及其前沿，立论敏锐新颖而又稳健深沉，思专门家之未思，言旧传统之未言，充分展现了这位民族英雄作为中国科技帅才的战略睿智。他晚年关于建筑科学、地理科学和中医医理研究等思路，对今日中国人居理论研究也具有重要的指导意义。本书“前言”对其关于建筑科学“四层次–三大块”之“模式”及其价值已有所说明，这里再说其未论之大者。

（一）提出“建筑科学”建设的一系列问题

1. 号召寻找“中国的传统建筑文化”

钱学森曾问道：“从1978年到现在，我国建筑界真的找到了我国要走的中国新时期建筑文化的道路了吗？我看似乎还在求索之中。”“什么是新中国的建筑精神，尚待探讨，最后才能明确”[68]，出路是“要下力气研究中国的传统建筑文化”；“有几千年高度文明的中国人，怎么能丢了自己的文化传统，一味模仿洋人的建筑？”[69]“我们有五千年的文明史”，一定“要看到人以及人所需要的建筑，建立一个大的科学部门”[70]。

钱学森显然对当时国内建筑科学理论研究丢掉中国文化传统，即未继承中国传统人居理论表示不满，指出出路就在于“下力气研究中国的传统建筑文化”，包括下工夫研究中国数千年的传统人居理论。这真是洞见深邃而“一针见血”。本书的主题，就是在这种启示下确立的。从文化学看，中国有数千年的人居史和传统人居理论，弄清它们从那里来，其“原型”和“范式”是什么，也就昭示着它们将到何处去。可惜目前国内建筑科学理论研究对此仍着力太少。

2. 补救国内忽视中国传统建筑哲学和“真正的建筑学”之弊

钱学森对建筑科学界忽视中国传统建筑哲学和“真正的建筑学”研究，相当不满，力求补救。如本书“前言”所述，钱学森曾不客气地批评当时“建筑学”及其教育实属“真正的建筑学”之下的“技术性的科学”，以及作为技术的“建筑设计”[71]。他对一般建筑师往往不喜欢思考“建筑是什么，建筑与人的关系”等问题颇忧虑。顾孟潮据此认为，目前“建筑院校在讲建筑史、研究建筑理论时，也往往只是侧重建筑形式的研究，而对产生这些风格和流派的思想、观念、哲学基础重视不够”[72]。此论确哉！作为建筑学专业毕业生，笔者也对此深有体会，且深感此语只有钱先生才能说出，人居科学似乎尚无人能说出。几十年过去了。每当遇见某些同专业朋友，不时产生“难觅知音”之憾。一些设计师只对“方案”有兴趣；谈建筑哲学和“真正的建筑学”，他们简直是“话不投机一句多”；尤其令笔者失望的是，个别建筑学教授，竟对建筑理论研究动态相当陌生，甚至不知道吴良镛和王其亨；一提“堪舆”“风水”就冠以“迷信”的大帽子，令笔者慨叹“中国建筑怎能不‘千屋一面’！”事实是，传统建筑学专业对建筑哲学、“真正的建筑学”和中国古典人居理论的研究、继承和发挥，至今很弱。这种教育现状，怎可勇敢面对中国作为文脉不断的大国，如今应给世界贡献自己独到的人居智慧的需求？

3. 发展我国独有而体现“诗意栖居”理念的园林学

钱学森提出发展我国独有而体现“诗意栖居”理念的园林学，包括分四个层次研究园林观赏尺度和心理[73]。而这其实也是古代中国人居理论寄托的“重地”，其中蕴藏着一系列对量子化“心理学”现象即“人居功能态”问题的把握和省悟。中国明清时期江南园林发展水平之高，从专业角度看，就是它基于中国人居理论对量子化“心理学”现象的把捉，并从多个层次或角度仔细琢磨园林观赏尺度角度的结果。钱学森所讲“研究园林观赏尺度和心理”，其实已经触及它。中国人在园林中的“人居功能态”优化研究，的确是一个值得着手的大项目。

4. 深入于建筑科学和现代数字科技发展的交叉地带

钱学森从其首创的“复杂的开放的巨系统”[74]高度，指出了建筑科学和中国人居理论研究现代化的方向。钱学森是首先从“建立城市学”切入这一议题的，包括说必须重视当代“通信技术和交通运输技术的发展”在城市中产生的新情况[75]，以及在建筑科学研究中使用“从定性到定量”的“综合集成‘研讨厅’体系”[76]等。钱学森在这条思路上前推，已经深入于建筑科学和现代“智慧城市”建设的交叉地带，也给中国古代人居理论搭乘现代“大数据”时代列车奠定了思路前提①。

后来，钱学森进而提出，要以源于《周易参同契》的“人体模型”和中医医理为据，采用整体论-还原论结合的“复杂的开放的巨系统”方法，研究“人体与人居环境”的关系[77]，包括从中医“经络”只能产自人体“开放复杂巨系统效应”层面，理解人体与人居环境的关系[78]等。这一指引，对建筑科学及中国人居理论研究现代化极为关

① 参见本书第五章第二节。

键。钱学森这种借重现代最前沿的“开放的复杂的开放的巨系统”科学方法，研究“人体模型”及中医医理，借以把握“人体与人居环境”关系的思路，其实就是中国人居理论研究现代化之路。它不仅与古代中国人居理论长于“整体思维”的优势切合，同时也发挥了西方科学善于“还原”的长处。只有沿此路前进，中国人居理论的优势和奥秘才能被最终破译。可以认为，这是钱学森对建筑科学建设最重大的贡献。吴良镛已接受了此思路，但目前未来得及具体深化。本书第三章、第五章，包括其中关于中国人居理论核心在对“人居功能态”省悟的假设，其实即力求就此深耕。

5. 郑重提出“山水城市”理论

1990年，钱学森就提出把“中国的山水诗词、中国古典园林建筑和中国的山水画融合在一起，创立‘山水城市’的概念”[79]，说它与提倡重视中国传统人居哲学“有关”[80]，即关注人与环境的“互感”，顾及人居环境与人的身心状态之间的微妙关系[81]，同时并行引入当代城建高科技[82]等。在笔者看来，钱学森如此创说“山水城市”理论，其实就是面对中国城市化大潮，直接促使中国古代人居理论在城市化大潮中向现代化转型的又一表现。因为一是钱学森所说把“中国的山水诗词”与“中国的山水画融合在一起”，正是中国园林建筑“诗意审美”的精华所在；二是钱学森再讲关注人居环境与人的“身心状态”之间的微妙关系，其实再次暗触作为中国人居理论核心的“人居功能态”优化；三是讲“引入”高科技，即促使中国人居理论在城市化中向现代化转型。1996年，中国城市规划学会风景环境规划设计学术委员会会议纪要提出，钱学森提“山水城市”概念，与周易的“阴阳学说”等有关，并直接寄给钱学森[83]，钱学森予默认。1997年，高介华先生给钱学森写信说，有人提出“‘山水城市’学说，究其文化渊源，可能追溯到中国古代城市规划设计中的风水说。如此联系，是否适合”[84]，钱学森再予默认，促使高介华写信再提“山水城市”学说“具有东方文化的特征和内涵”[85]。笔者在《湖南工程学院学报》2015年第3期所批评“西安文化规划”的论文，也指出吴良镛其实也认同此见。其实，如本书第四章第三、四两节所述，中国古代人居理论的“原型”即周人“‘相土’图式”，就是原始的“山水居址”模式，讲究城邑“前朱雀，后玄武，左青龙，右白虎”，即山环水护，其中“朱雀”即南边有水，“玄武”“青龙”“白虎”即周围有大小山岗环绕[86]。钱学森的“山水城市”，明显是对该“原型”的直接继承和发挥。可以说，在中国无论如何阐释钱学森的“山水城市”理念，都不能不溯及中国人居理论及其民间化诸形态。现在看，钱学森引入高科技的“山水城市”理论，已经非常接近于在“数字城市”的潮流下，力求中国城市建设对中国人居理论及其民间化合理因素的全盘接受和继承发挥；其学术实质，是在现代化的潮流下，力促未来中国城市建设重新认识和树立“天人合一”的哲学范式，留住乡愁。这正印证着钱学森喊过“中国古代的建筑文化不能丢啊！”[87]。

如果说上述启示已经指向对中国人居理论奥秘的肯定和破解战略，那么，钱学森在中医医理研究和构建地理科学等方面的建树，就直接可用于具体指导目前中国人居理论研究的现代化。

（二）用所创现代系统科学研究中医、气功等的启示

中医和气功是源自西方的科学至今难解的“谜题”。钱学森用所创的现代系统科学探究它们的奥秘，其实是挟平生睿智力求攀登现代科学的最高峰。对“海归”钱学森而言，走出这一步显然是深思熟虑的结果，钱学森必然会盯准搜寻现代科学前沿地带的各种进展，倚中国智慧而想人未想，言人未言。笔者意识到，这里很可能是中国人居理论研究在现代科学条件下深化的最佳学术突破口，因为它既是科学至今难解的“谜题”，也是钱学森利用平生睿智攀登现代科学最高峰的体现，在笔者脑中更是与中医气功同源的中国人居理论所关注的核心；摸准了它，中国人居理论研究的现代深化将获得准确的战略定向，故本书专设第三章就此再耕。

其实，钱学森对中医、气功的研究除启示外，其成果也可直接移植或推广于人居理论研究。因为中国古典人居科学和中医，共同在中国“天人感应”的哲学背景下，关注于人与环境彼此互感互融的关系，两者在哲学框架、致思方式、研究方法和语言表述等方面，存在深刻的同构性。另外，两者都关注于“人”，虽然中医气功中的“人”与居住中的“人”并不完全一样，但当两者均倾力追求“人”的健康和养生长寿时，这两个“人”是可以大体等同的，故“直接移用或推广”说成立。

1. 对“人体巨系统效应”思路的移植

既然中医所讲“经络”只能产自“人体巨系统效应”[88]，那么，“人体巨系统效应”概念也意味着承认“人体巨系统”与人居环境也构成“人居-人体巨系统”，这也就是确认人体健康状况与人居环境（此即“天人感应”之“天”）确有感应关系，那么，中国人居理论关于人体与人居环境彼此感应的思路及其许多议论，也可从这种中医研究思路中获得另一种启发、旁证和推广解释，包括也可从《周易参同契》等提供之“人体模型”（这也是钱学森的理解）及其与人居环境在“气”的流转下，彼此作用的角度理解它们。因为钱学森确实讲过，“中医理论考虑到整个系统而且不限于人”，“所谓‘天人感应’是考虑了更大系统中间的关系”，“以致于现在提出‘生物钟’，就是天文的日月星辰的运转对人是有影响的”[89]。这种解释与传统西方科学不同，但基于“人体巨系统效应”的思路又属于现代系统科学的解释，综合了东西方智慧，应当可信。对此，钱学森曾说中医理论“跟现代科学中最先进、最尖端的系统科学的看法是一致的”，“中医的这个方向是对的”[90]；中医“一开始就从整体出发，从系统出发。所以，它的成就，它的正确就恰恰是西医的缺点和错误”[91]。他又提出，中医、西医“是两个不同的体系，没法结合”[92]，实际上也是承认了中医所据阴阳、八卦等概念具有独特的合理性，是另一种科学哲学。而中国人居理论的理论基础，也是阴阳、八卦等，这等于间接承认了作为科学哲学的中国人居理论也具有合理性。

钱学森还说“中医的理论是系统观的，这是科学的。但是其中也有不科学的猜想的东西，猜想的内容包括三个大部分，一部分是天才的预见，正确而且深刻；第二部

分是猜想的，即和事物的客观规律有一定程度的符合；第三部分的内容则是完全错误的。所以，从中医吸取营养要有分析，要去伪存真”[93]，此论自然也适用于与中医医理同构的中国古典人居理论研究。对其中“天才的预见”，当然要继承和发挥；对其中“和事物的客观规律有一定程度的符合”者，如“天人感应论”之类猜想等，要分析后继承并发挥其正确部分，千万不能“把小孩与水一起泼出”；对其中“完全错误的”，自然必须要完全抛弃。这才是现代中国人居理论研究者的“真本事”所在。

2. 对“人体巨系统效应”实验结果的接受

钱学森关于在中国整体论和西方还原论相结合的前提下，用当代科技手段和成果深化中医气功研究的许多想法，也适用于深化中国人居理论研究，其关于人体的实验结果许多可直接接受。其中，包括同样可用非线性理论[94]、神经科学[95]、虚拟人体模型、行为信息科学、时间生物学，以及电磁场、电磁波技术、地球磁场技术、生物工程及生物电技术、微波技术、次声或雷达波技术、超声技术、现代化测量技术、气功技术等测察、研究、解释中国人居理论中关于“居者”状态的说法和理论。这应是中国人居理论研究完全实现现代化的又一条康庄大道。

（三）提出构建“数量地理学”的启示

钱学森还提出构建“地理科学”设想，它是被作为12个现代科学部门之一看待的。如本书“前言”已说，除文艺外，各个部门在结构上均分为“四层次”，故它也应分为“地理哲学”“地理科学原理”“地理信息科学”和“地理系统工程”四个层次。按钱学森的构想，它与另一个大的科学部门“人体科学”（实即上述以现代系统科学研究中医医理和气功形成的关于人体的科学）存在着知识交叉，因为研究地理环境与人的关系的地理科学，不能不研究地理环境中的“人”。同时，地理科学与另一个大的科学部门“建筑科学”也存在着知识交叉，因为地理科学也不能不研究作为地理环境之一的建筑物及其与“人”的关系。而中国古代人居理论曾被简称为“地理”，它其实也是中国古典地理科学理论的载体，所以，钱学森此举对中国人居理论研究借助其他学科实现现代化，也极具启发。其中，最具直接启示和借用价值者，是钱学森提出构建“包括人在内”的“数量地理学”，它含纳了现代城市学[96]，而城市科学又可被看成“宏观建筑科学”[97]，故“包括人在内”的“宏观建筑科学”，也是可用“数量地理学”方法及“数字化医学”等现代方法加以研究的。例如，钱学森就认为地理科学研究可采用与之并列的虚拟科学技术[98]，地理摄影技术[99]，以及钱学森所创的“非线性复杂巨系统”理论等。这其实也是在宏观科学层面，直接地给中国人居理论研究现代化指出了又一条可行之路，即在城市化大潮中，搭乘现代信息技术（如“大数据”“云计算”及“地理信息系统”等技术）时代列车，继承和发挥中国古典人居理论。本书第五章第二节就是受其启发形成的成果之一。限于篇幅，本书对“数量地理学”的启示，只能这样“点到为止”。其实，这是一个名副其实的“学术富矿”，相信明眼人会再掘的。

六、中国目前研究的“游击型”队伍应转型

钱学森、吴良镛以上相关思路及其启示，意味着中国人居理论研究现代化迫在眉睫。另外，确如周德侬院士所讲，目前“中国并不存在真正专职的建筑理论工作者，在创作第一线有研究兴趣的建筑师和在高校有教学任务的教师兼建筑师，共同形成了人员不定、数目不定、任务不定的‘游击型研究队伍’”[100]。此见精当。笔者不止一次碰见有成绩的建筑设计师或有教学任务兼设计任务的教授，都对人居理论研究十分陌生。笔者有一位校友是建筑学教授，平时只对方案和招标感兴趣，偶尔聊起中国传统“堪舆”“风水”，他竟惊异地连呼“愚昧”“迷信”，但一问如何“愚昧”“迷信”，他却一脸茫然，再追问之下，他竟然不知道钱学森和吴良镛的相关学术观点。如此教授，笔者真不知道他评职称时的论文是怎么凑出来的，又怎堪担当学生论文指导大任！目前，在这支兼职理论研究队伍中，已有人自认理论写作“缺少动力”，包括缺乏“论据的结构性组织”知识，中国人居科学界明显存在“理论水平不高”且“十分严重”的现象[101]。此断并非夸大其词。从钱学森、吴良镛相关言论不仅也可悟出此况存在，而且也可导出这种“游击型研究队伍”本身就会使中国人居理论研究现代化“泡汤”，因为它从双重意义上扼制着其现代化：一方面，是其知识结构只限于传统的建筑-景观-规划学科，即使其理论储备充足，但限于长期形成的文科和理工科知识分野，一般也都不太注意国外科学和哲学研究的最新进展，“西化工程师式”的思维和写作方式，也使其论著往往缺乏中国文化和哲学的高度，而且写作逻辑往往不周全，写作架构往往不精致，论证往往不充分，缺乏足够的理论深度，尤其缺乏哲学震撼力，更难以承担用现代系统科学、人体科学、非线性数学等领域的成果实施研究的任务。其中，包括至今无人借鉴国外科学哲学中的历史主义学派和弗罗伊德“潜意识心理学”，对产自黄土高原的中国人居理论“范式”进行仔细深刻的哲学深究；至今少有人结合古代人居实践，从中国古代哲学-思想史与中国人居理论史的“同构”规律中，全面梳理中国古代人居科学史与中国古代人居理论史彼此呼应的规律，充分证明作为中国古典人居科学理论范式的中国“天人合一”哲学及其包含的“天人感应论”和“气论”人居哲学，经过“凤凰涅槃”，也就是今日“中国人居科学”理论的“范式”；科学界至今少有人明确把钱学森、吴良镛的思路，推广于中国人居理论的深度研究；哲学界至今无人从作为中国哲学“原型”的周公哲学和《周易》出发[102]，写出“原汁原味”的中国人居科学哲学。另一方面，却是西方学者依靠各类现代科学正在拼命吸取古代中国人居理论的乳汁。鉴于此况，中国人居理论研究队伍构成和知识构成现状，至少要有大突破。

参考文献

[1]〔英〕李约瑟著，汪受琪等译：《中国科学技术史》（第四卷，第三分册，物理学及相关技术，土木工程与航海技术），北京：科学出版社，上海：上海古籍出版社，2008年版。

[2] 参见本书第一章第一节“中国人居理论包含着科学成分”

[3] 吴良镛：《中国人居史》，北京：中国建筑工业出版社，2014 年版，第 421 页。

[4] 冯晋：《超乎形构之外——中国建筑史学反思》，见王明贤主编：《名师论建筑史》，北京：中国建筑工业出版社，2009 年版，第 115 页。

[5][6][7][9][10][11][12][13][14][15][16][17][18] 李允鉌：《华夏意匠——中国古典建筑设计原理分析》，天津：天津大学出版社，2005 年版，第 14—15 页，第 33 页，第 18 页，第 23 页，第 428 页，第 13 页，第 428 页，第 429 页，第 431 页，第 429 页，第 12—13 页，第 42 页，第 42 页。

[8][43] 王其亨：《风水形势说和古代中国建筑外部空间设计探析》，见王其亨主编：《风水理论研究》，天津：天津大学出版社，1992 年版，第 117—137 页。

[19] 梁思成，林徽因：《平郊建筑杂录》，《中国营造学社汇刊》1932 年 11 月第 3 卷第 4 期，第 98—110 页。

[20] 潘谷西主编：《中国建筑史》，北京：中国建筑工业出版社，2009 年版，第 226—261 页。

[21] 侯幼彬：《中国建筑美学》，哈尔滨：黑龙江科技出版社，1997 年版，第 192—199 页。

[22] 吴庆洲：《建筑哲理、意匠与文化》，北京：中国建筑工业出版社，2005 年版，第 17—28 页。

[23] 参见胡义成：《认真研究风水——台湾汉宝德教授〈风水与环境〉一书读后》，《苏州科技学院学报（文）》2009 年第 3 期，第 23—28 页。

[24] 汉宝德：《中国建筑文化讲座》，北京：生活 • 读书 • 新知三联书店，2008 年版，第 12 页。

[25] 汉宝德：《大乘的建筑观》，见本书编委会：《建筑理论 • 历史文库》（第 1 辑），北京：中国建筑工业出版社，2009 年版，第 79 页。

[26][49][55][57][58][64][65][66] 吴良镛：《人居环境科学导论》，北京：中国建筑工业出版社，2001 年版，第 221—406 页，第 177 页，第 98—99 页，第 115 页，第 38 页，第 97—111 页，第 92 页，第 10 页。

[27] 李泽厚：《美的历程》，合肥：安徽文艺出版社，1994 年版，第 65—69 页。

[28] 李泽厚：《历史本体论》，北京：生活 • 读书 • 新知三联书店，2002 年版；李泽厚：《己卯五说》，北京：中国电影出版社，1999 年版；李泽厚，刘绪源：《该中国哲学登场了》，上海：上海译文出版社，2011 年版；等等。

[29][30][50][51][52][56][60][61] 吴良镛：《论中国建筑文化的研究与创新》，见冯江，刘虹：《中国建筑文化之西渐》，武汉：湖北教育出版社，2008 年版，序言。

[31][47][48][53][54] 吴良镛：《广义建筑学》，北京：清华大学出版社，2011 年版，第 76 页，第 74 页，第 76 页，第 78 页，第 186—187 页，

[32] 转引自王贵祥：《中国建筑史学的困境》，见王明贤主编：《名师论建筑史》，北京：中国建筑工业出版社，2009 年版，第 88 页。

[33] 转引自吴单华：《内涵、理想与本土化》，见赵仁童主编：《想起唐朝》，南京：东南大学出版社，2007 年版，第 55 页。

[34][35][36] 王贵祥：《中国建筑史学的困境》，见王明贤主编：《名师论建筑史》，北京：中国建筑工业出版社，2009 年版，第 91—94 页，第 92 页，第 93 页。

[37][38][39] 王贵祥：《关于建筑史学研究的几点思考》，见本书编委会：《建筑理论 • 历史文库》（第 1 辑），北京：中国建筑工业出版社，2010 年版，第 10 页，第 11 页，第 11 页。

[40] 赖德霖：《社会科学、人文科学、技术科学的结合——中国建筑史研究方法初识，兼议中国营造学社研究方法“科学性”之所在》，见本书编委会：《建筑理论 • 历史文库》（第 1 辑），北京：中国建筑工业出版社，2010 年版，第 99—113 页。

[41] 赖德霖：《中国近代建筑史研究》，北京：清华大学出版社，2007年版，第320页。

[42] 王世仁：《理性与浪漫的交织》，天津：百花文艺出版社，2005年版，第159—160页。

[43] 王其亨：《风水形势说和古代中国建筑外部空间设计探析》，见王其亨主编：《风水理论研究》，天津：天津大学出版社，1992年版，第124页。

[44]〔美〕凯文·林奇著，方益萍，何晓军译：《城市意象》，北京：华夏出版社，2011年版，第106页。

[45] 转引自陈望衡：《建设温馨的家园》，见〔芬〕约·瑟帕玛著，武小西，张宜译：《环境之美》，长沙：湖南科学技术出版社，2006年版，总序2，第2页。

[46] 胡义成：《关中文脉》（下册），香港：天马出版有限公司，2008年版，第79—80页。

[59]〔匈〕伊姆雷著，欧阳绛，范建年译：《科学研究纲领方法论》，北京：商务印书馆，1992年版，第181—184页。

[62][102] 胡义成等：《周文化和黄帝文化管窥》，西安：陕西人民出版社，2015年版，第82页。

[63] 叶舒宪：《神话–原型批评的理论与实践》，见叶舒宪选编：《神话–原型批评》，西安：陕西师范大学出版社，1987年版。

[67] 引自孙承斌，李斌：《深情的关怀　倾心的交谈——胡锦涛总书记看望著名科学家钱学森、吴文俊纪实》，《人民日报》2008年1月20日。

[68][69][71][73][74][76][79][80][81][82][83][84][85][87][96][97] 鲍世行，顾孟潮编著：《钱学森建筑科学思想探微》，北京：中国建筑工业出版社，2010年版，第121页，第128页，第209页，第438页，第268页，第268页，第47页，第174页，第109页，第288页，第284—286页，第271页，第272—273页，第102页，第40页和第23页，第534页。

[70][72][75] 顾孟潮编：《钱学森论建筑科学》，北京：中国建筑工业出版社，2010年版，第9页，第16页，第24页。

[77][78][89][90][91][92][93][94][95] 钱学森：《论人体科学》，北京：人民军医出版社，1988年版，第182—183页，第155和第158页，第91页，第322页，第186页，第180页，第112页，第153页和第157页，第82页。

[86] 参见本书第四章第三节"'周'字最初即'相土'图式"。

[98][99] 转引自马霭乃：《地理科学与现代科学技术体系》，北京：科学出版社，2011年版，第235页，第272页。

[88] 参见钱学森：《人体科学与现代科技发展纵横观》，北京：人民出版社，1996年版，第155—158页。

[100] 张钦南等主编：《现代中国文脉下的建筑理论》，北京：中国建筑工业出版社，2008年版，第8页。

[101] 赵辰：《立面的误会》，北京：生活·读书·新知三联书店，2007年版，第205—206页和第41页。

第三节　李约瑟研究中国人居科学的经验和教训

王其亨曾征引英国研究中国科技史的著名专家李约瑟的话，试图说明中国人居理论中被长期视为“迷信”者不全是迷信，也含有科学成分[1]。王其亨主编的书还收录李约瑟的相关论文，给人造成李约瑟承认中国人居理论含科学性的印象。事实上，李约瑟从未承认其科学性。他说中国人居理论的“基本思想是：如生者的居室与死者的坟墓不置于适当的地方，各种灾祸将殃及居者与墓中死者的子孙；反之，吉地将带来禄寿与福祉”，因而“十分迷信”，不过它“包含着一种美学成分，遍中国农田、居室、乡村之美，都可籍此得以说明”[2]。此即李约瑟的“美学说”，它的要义之一是否定中国人居理论含科学成分。

前已述及“美学说”在目前中国学界是主流，蕴含着中国人居理论研究中一系列值得再思的问题。本节要澄清的是，作为一位持先进的“广义科学观”（或“多元科学观”）且对中华科技史深有了解的学者，李约瑟何以只持“美学说”而拒绝承认中国人居理论含有科学性？否定中国人居理论含科学性的“美学说”可否确立？它给今人留下的教训是什么？

国内学人对李约瑟都是很尊敬的，笔者也是如此，但不想“为尊者讳”，故本节在充分肯定李约瑟关于中国科技哲学之见解的同时，也将明确指出其在中国人居理论研究中的总体失误。

一、研究中持“广义科学观”

所谓“广义科学观”[3]，首先是针对传统的“西方科学一元论”而言的。按“一元论”，只有诞生于西方的科学才是真正的科学，其中包括只有采用诞生于西方的科学研究方法（主要是“牛顿范式”所蕴含的机械论、决定论和还原论等）才是真正的科学方法；在其他地方和民族中诞生者（包括中国古代科技及其中的有机论、非决定论和整体论等），均不是科学和科学方法。“一元论”是近代乃至现代西方科学哲学和史学的主流，在中国某些学科中也至今有形无形地占主流地位。第二次世界大战以后逐渐产生发展的新的科学哲学和史学，一方面冲破了“一元论”的樊篱，重新厘清“科学”的概念，把对科学的思考从传统的狭义认识论移向广阔的历史现实，提出了关于科学的“社会建构论”，认为与各民族共存的“文化多元”，即决定了“科学多元”，包括诞生于西方的科学，最早也是一种地方性的知识，但它不是全球科学存在和发展的唯一和最高形态，应当承认西方之外的科学（如中医）也是科学。与此对应，它也承认诞生于西方“牛顿范式”蕴含的机械论、决定论和还原论等方法并非唯一的科学方法，起源于非西方（如中国）的有机论、非决定论和整体论等方法，越来越具有方法论优势，目前也已成为西方许多前沿科学家追逐的时尚。在此背景下，“广义科学观”对科学本质作了新的界定，提出任何探讨事物存在和发展规律的人类理性活动均属科学；判定是否科学的标准，在于该理性活动本身的内容与性质，而与具体的探讨对象和方法无关。这种界定使科学所涵盖的知识面，远远大于原来的狭义科学。另外，它根据第二次世界大战后某些科学成果已对人类造成危害的事实，还公开反对以科学作为判定一切是非正误最高标准的“唯科学主义”，认为科学并不是判断一个事物合理性的最高原则和最高依据，因为世界是丰富而多维的，人性也是多样而复杂的，对事物的合理性还有很多可供判断的依据，比如，历史依据、伦理依据、经验依据乃至审美依据，其中，有的依据高于、优于科学，等等。近年来，与“一元论”对立的“广义科学观”，不仅在中国等发展中国家广泛流布，也受到越来越多的西方科学家的理解、承认和接受。1999 年，联合国教科文组织召开的世界科学大会通过的《科学和利用科学知识宣言》(*Declaration on Science and the Use of Scientific Knowledge*)，就顺应时代而公开持“广义科学观”[4]。人们根据大量科技史事实，越来越认识到，除了源自西方的科学外，非西方的许多地方、许多民族和许多国家，也均存在自己的科学技术传统和或多或少的科学成果；它们在具体科技形态或方法上，与西方科技有很大不同，但均可承担科学技术应承担的任务，其中包括中国的科技哲学体系比西方更能应对全球性生态和气候危机，显然不能把它们排除于人类科学技术体系之外。

从唯物史观看，“多元科学观”最关键的理论根据，即认为作为文化的科学只能是社会建构的产物，只能是特定历史文化的产物，只能是地方性的知识，这都是正确的。科学绝对不是离开社会历史文化的抽象物，也不能仅用西方某种狭义的个体认识论加以解释。它只能被首先置于全球各种具体的社会、历史和民族文化中加以历史性思考，才能显露出被西方传统科学观遮蔽着的社会本质。令人欣慰的是，李约瑟当年对中国科技史的研究，是以“广义科学观”作为前提的。

本节将以李约瑟的《中国古代科学思想史》（采用陈立夫主持的译本）为例，说明李约瑟在研究中国古代科技史时秉承着“广义科学观”。作为李约瑟《中国科学技术史》的有机组成部分，《中国古代科学思想史》书名本身已经冲破了“西方科学一元论”，明确承认中国古代不仅存在科学，而且承认中国古典哲学即古代科技哲学。《中国古代科学思想史》篇幅并不大，在“导论”之后，主要分析儒学、道学、墨家和法家的科技哲学，最后的第六章则是“中国科学之基本概念”。由于此前尚少有专门从中国科技史角度思考中国哲学思想史的专著，故李约瑟的著作就更显出其特色，包括他对道家和作为中国科学之基本概念的“五行”“阴阳”、关联式思维方式等的分析，耐人寻味，启人深思。其中，他直接把被“一元论”排除在外的中国“五行”“阴阳”等，均作为中国“科学之基本概念”对待，就明确表现出了“广义科学观”。

（一）对中国儒、道两家的独特评析

1. 对儒家的评析

《中国古代科学思想史》对各家的分析，既借鉴当时中国文史界既有研究成果，又有出身现代自然科学的作者之固有前卫特色。例如，它提出儒家“浪漫情绪与理智兼而有之”[5]，但“于科学的贡献不见显著”[6]，因为“儒家根本重理性，反对一切的迷信，甚至反对宗教中的超自然部分”，“但在另一方面，儒家集中注意于人与社会，而忽略其他方面，使得他们只对‘事’的研究而放弃一切对‘物’的研究”[7]，“与道家及技术学家大异其趣”[8]。总体而言，这一判断是准确的。长期作为中国意识形态主流，儒家更多地承担着社会哲学和社会科学之责，缺少科技哲学和自然科学技术内容。不过，李约瑟在此总评判下又指出，“宋儒的科学及宇宙观均值得吾人注意”[9]，对作为科学哲学家的儒家董仲舒[10]和儒家朱熹[11]等在推动中国“关联式思维方式”和“有机哲学”方面的贡献，尤其应关注。在笔者看来，此所谓中国“关联式思维方式”和“有机哲学”，实际主要指“天人合一”哲学蕴含的“天人感应论”和“气论”。其中，鉴于董仲舒和朱熹本人及其后学与中国人居理论的特殊关系，李约瑟的这一见解确含创意，对中国人居理论范式研究极具价值，应予特殊注意。

2. 对道家的评析

《中国古代科学思想史》对诸家分析中占篇幅最大者为道家，其最成功处也是对道家科技思想的独特评析，堪为中国人居理论研究的指南针之一。它指出，道家道教“完全是中国固有的思想体系”[12]，他们是“提倡‘天道自然’的哲学家，可以说衷心地感到要入世必先出世，欲治理人类社会必先超越人类社会，而对自然宇宙有一高深的认识和理解”[13]，故“道家所说的‘道’，不是人类社会所依循的‘人道’，乃是宇宙运行的‘天道’，换言之即自然的法则”[14]，所以“道家对于大自然的玄思洞识，全与亚里士多德以前的希腊思想匹敌，而为一切中国科学的根基”[15]；“道家在中国科学史上非常重要”，“东亚的化学、矿物学、植物学、动物学和药物学，都渊源于道家”[16]，中医更是“滥觞于道教”[17]，“中国如果没有道家，就像大树没有根一样”[18]。另外，李约瑟也指出了道家的短处，说它虽“对自然深感兴趣，却不信赖理性和逻辑”[19]。它“由不可知论的自然主义，一变而为神秘的宗教信仰”，进而成为有神论；“其‘准科学’的实验主义，一变而为占卜算命和流行乡间的法术”，“道家的科学潜能无由生长，其经验主义的成分便相反地加强了。经验的偏重自然促进了公元前 2 至 13 世纪之间，

中国社会上技术文明的成就。道家的哲学思想受到箝制，就被巫和方士吸收过去"[20]。这种分析虽并不完全准确，包括它对中国"天-仁哲学"体系中"天道"与"人道"浑然一体不甚清楚，对中国哲学不重西方逻辑理性而重"实用理性"有所误会，但其看到了道家在中国科技推进中无可替代的巨大作用，则是有深度的洞察。其中，李约瑟还依道家基本思想，指出其"天人合一"思路反对"人类中心主义"的哲学特质[21]，准确地点出了道家思想与当代可持续发展思想的一脉相承，对理解中国人居理论的合理性大有裨益。

道教本为中国远古萨满教的直系后裔，而中国人居理论之"原型"即由巫教质变而来①，故其与道教、道家存在特殊关系。当同为巫教直系后裔的儒家逐渐上升为统治者意识形态且贬低排斥人居理论后，道家、道教就成了中国人居理论的安身立命之所。在对道家、道教的评析中，李约瑟针对西方某些人只知道家为"神秘主义"之"巫"而不知其对科学贡献之巨的误解，一方面从思想史角度明确指出，任何科技在其最早阶段，由于人类当时文明程度所限，均是与"神秘主义"之"巫"难分难解的[22]；另一方面，他还举出历史确证，说明世界三大文明体系（西方基督教文明体系、中华文明体系、阿拉伯文明体系）的科技在早期均如此，西方学者不必因此而笑话中国古人[23]。应当说，这种论证不仅很有力，能彻底击破西方关于中国人居理论有"巫味"而应被否定的偏见，而且也是对确立"广义科学观"论证思路的一种新开拓。沿此思路前推，也不难揭示出中国人居理论在"迷信"的外衣下包含的科学要素。

（二）对"五行学说"科学内涵的揭示

"五四"以来，"五行学说"一般被作为中国负面遗产对待，因为它把万物运行都纳入金、木、水、火、土模式中，确实令懂得化学元素的现代中外人士困惑。而李约瑟对它的析评却未陷入此种套路而独辟蹊径，表现出了睿智。

其独特之处首先在于绕开旧解，根据中国文字形成规律，借助中国学者已有成果，对"五行"中的"行"字，进行古文字初义钩沉，借以破解其本义，进而推出结论。其书专列一节，题为中国"重要科学性文字的语源"，提出"应该对中国文字的造字过程作一番探讨，因为如果没有这些文字，科学观点自无法传达交换"[24]，"这种特殊由'象意字'所表现出来的科学字汇，它们的起源对于中国的原始科学史的某一方面，一般地具有相当的意义"[25]。鉴于此，他从中国科学史研究角度，对包括"行"字在内的中国大量古汉字进行了初义考证，发现其初义往往由字形及其结构直接给出[26]，而"行"字"字形上最初所表示的，就有'运动'的涵义。如陈梦家所说，'五行'是五种强大力量的不停循环的运动，而不是五种消极无动性的基本（主要的）物质"[27]，因此"'五行'的观念"表示"五种基本的程序"，"并不是五种基本物质"，显示"中国思想特别着重在关系，而不在物质本身"[28]。按李约瑟的剖析，"五行"表示的"五种基本程序"，实际只是"把自然界重要物质的基本属性作一假定性的分类"，如"水"表明液体属性及应对处理方法，"火"展示着热力和燃烧体特性及应对

① 参见本书第四章。

处理方法，等等[29]。这样，“五行学说”就成了我们的先人考察和处理周遭客体的假定性“程序”，而非用五种元素硬套世界。

由此前推，可知董仲舒的重大贡献之一，是把“宇宙万物皆可归于五元”类别即“五元关联”思维之中，这显然不是“原始思维”[30]。为进一步强化说服力，李约瑟还列举了世界上其他民族如希腊等与“五行”相似的“‘行’理论”[31]，如水、气、火、地“四元素”说[32]等，并提出“‘五行’说是有其荒谬之处，然而其荒谬性，并不甚于欧洲中古高谈元素、星辰和体液等理论”，它“并非全部不科学”，故不应对之一概嘲笑[33]；它后来逐渐成为中国古代诸子各家的“共有之物”[34]，“唯一的毛病是它传得太久了。在1世纪，它是相当进步的思想，在11世纪人们还可以勉强接受，但到了18世纪，才变成荒谬”[35]。客观地说，这种解析，一是有确凿的字义根据，二是完全符合“五行学说”流传的原貌，三是揭示了“五行学说”产生符合人类认识发展规律，四是也确认了它用金、木、水、火、土五元素归纳万物的局限和易被误解的特征，至少在学理上是深刻的。本书第四章第三节对“周”字的分析，也即受李约瑟启发的结果。

从李约瑟的论析可知，“五行学说”被作为负面因素来对待，显系错误。它应被视为一种包含着科学性的古代科技研究方法。李泽厚后来还把它与古代辩证法并列，也并非全无道理。

（三）对中国“阴阳学说”科学内涵的通俗说明

最早出现在《易经》中的中国古代“阴阳学说”，本质上是对辩证法最早的中国式表达。李约瑟把它与“五行”平置一处，统称“五行阴阳学说”，有时还说它跟“五行”学说“一样”,“也能引导人类的思维”[36]，并未突出显示它作为哲学辩证法“原型”的普适性和深刻性，表明了其体认“阴阳学说”的某种浅显。连李氏自己都说，最早阐发“五行学说”的“阴阳家”邹衍本人从未论述过“阴阳”问题[37]，那么，把“五行学说”和“阴阳学说”平行地归于一处，在学术上就有粗疏之嫌。当然，李约瑟自己大约也觉察出了统称“五行阴阳学说”且书中文字偏重于“五行”的欠妥，在“阴阳学说”一节的开头解释说：“我们对‘五行’及其符号间之关系讲得比‘阴阳’详细，这是因为我们对‘五行’之历史渊源知道得比较多的缘故。”[38]这是老实话，但在学术上也证明了他对中国哲学精华阴阳学说的着力和理解有限。

对中国古代科学基本概念的考察，无论如何应首先重视“阴阳学说”。在某种意义上可以说，这也许是中国科学基本概念最值得今人赞许、体认和继承发扬之处。李约瑟明确写道：“阴阳学说在中国的极大成就，显示出中国人是要在宇宙万物之中，寻出基本的统一与和谐，而非混乱与斗争”[39]，但却紧接着说，它正是磁学研究中常见的“‘场’的思维方法”，“不是研究大自然的完整科学方法”[40]，评价阶次跨度跳跃，显现出以李约瑟的哲学素养最初尚难把握它作为中华哲学精髓的深刻性和普适性。另外，李约瑟关于“阴阳学说”在具体科学层面相当于磁学“‘场’的思维方法”的判定，也显现出某种新颖。的确，正如李约瑟所说，直至中世纪后期，欧洲对磁学“一无所知”，而中国古代“对磁学现象的研究及其实际应用，构成了一首真正的史诗”[41]。揭示出这首史诗即“阴阳学说”所演奏，在中国科学史研究上堪称卓识。

使笔者颇感惊喜的是，李约瑟又讲，“对董仲舒来说，阴阳仅是宇宙内所有对立或‘相关’的最高典型。在《基义篇》里，他以‘合’这个术语来称呼此种成对的关系”，接着，李约瑟便援引《易经》中的阴阳爻及其关联，说“阴阳学说”所“使用的思维方法，正是我们熟悉的现代科学的思维方法之一，曰‘析离原理’”。此“析离原理”大体即量子力学中的“互补原理”。这就是说，作为自然科学家的李约瑟，越到后来越体认到“阴阳学说”与量子力学“互补原理”的等同，虽对“阴阳学说”哲学本质的认识仍尚欠圆满，但的确已触摸到现代科学前沿。李约瑟还举出了现代遗传学、动物学等学科的一些例子，说明“现代科学所探讨出的世界结构的某些成分，已见诸阴阳学家的思考中”[42]，显示着进一步理解和把握“阴阳学说”作为哲学辩证法的普适性，难能可贵。我们无权要求李约瑟兼任高水平的中国古代哲学及其历史学家一职；他从中国科技史角度能如此体认阴阳哲学，已十分难能可贵。试想一下，限于国内中国哲学史研究者大都文科出身，我们自己至今都拿不出像样的中国古代科技哲学史，连粘连于“阴阳学说”的“天人感应”学说至今都很难得到国内中国哲学史研究者的广泛呼应，那么，我们就只能对他能如此体认阴阳哲学而献上敬意。

（四）盛赞中国“关联式思维方式”

中国的“关联式思维方式”，在西方一直被误解并被普遍质疑。李约瑟在书中专门用第六章第六节讲它，力排众议，盛赞它，不仅表现出对现代科学发展大趋势把握的精准，而且也表现出对作为中国科学哲学的“关联式思维方式”精髓的深刻体认。在笔者看来，该节很可能是《中国古代科学思想史》全书创新成分凝聚的部分。

1. 对中国“关联式思维方式”的睿智界定

《中国古代科学思想史》本来提出分析的“中国科学之基本概念”共有三个，一五行，二阴阳，三《易经》[43]，为什么又加进“关联式思维方式”呢？仔细琢磨，它其实吸收了西方和中国现代学者的见解并加以升华，是把它作为既区别于“中国科学之基本概念”而又横贯中国基本概念的一种科学哲学乃至中国独特的世界观来对待的；只从“概念”层面理解它，就“委屈”了它。在李约瑟的脑中，它是关于中国科技哲学的一个总体性概括，力求更清晰地把中国科技哲学和西方区别开来。在李约瑟看来，没有对“关联式思维方式”的全神凝视，就根本不可能较深入地理解中国古代科技哲学。这确是李约瑟的超群卓识。尤其是在笔者看来，这也正是李约瑟的中国科技哲学研究对今日中国人居理论研究的启发至巨之处。

李约瑟对此写道：中国古代几乎所有哲人（如董仲舒、王充、朱熹等）和许多中国现代哲学家（如张东荪、唐君毅），均说中国哲学最紧要处是力主“万物一体”，即认为“万物之存在，皆须依赖于整个‘宇宙有机体’而为其构成之一部分”[44]，而西方学者则“把我们在此处说的思想方法，称为‘关联式思考’或‘联想式思考’。这一种直觉的联想系统，有它自己的因果关系以及自己的逻辑”，与欧洲“从属式思维”大异其趣[45]。显然,“关联式思维”实指中国“天人合一”哲学及其蕴含的“天人感应论”和“气论”，它们与西方的“从属式思维”，在整体思维模式上确实大大不同，并非枝节小异。今天来看，李约瑟能省悟到“天人合一”哲学及其蕴含的“天人感应论”和“气论”在中国科技哲学中占枢纽地位，确乎不简单。

2. 以世界现代科技发展大趋势审评“关联式思维方式”

众所周知，自从相对论和量子力学出现以来，自然科学中否定“牛顿范式”（包括其线性因果观、决定论等）而倡言“非线型整体性科学”的潮流，就迅猛推进。当代化学-物理学中的耗散结构理论、协同学、“超循环理论”，研究脑科学的斯佩里学说，宇宙学中的“人择原理”等，都把否定“牛顿范式”和倡言“非线型整体性科学”的潮流推向了新阶段①。在此科学图景下，不是从西方传统的“牛顿范式”出发，而是站在现代科学发展最前沿地带，从其推进大趋势回视评价中国“关联式思维”，就成了李约瑟中国科技哲学研究睿智精明的集中表现。他写道：“从原始的参与式思想发展出来的（至少）有两条路，一条（希腊人走的）是将因果概念加以精练，这种态度引出如德谟克里特那种对自然现象的解说；另外一条路，是将宇宙万物万事都有系统地纳入一个结构形式，这个结构决定各部分间的相互影响。如果有一个质点占据了时空中的某一点，依前者的看法，这是因为另外有一个质点把它推到那里，而依后者的看法，则是因为它与别的一些质点构成一个‘力场’，由于相互影响的结果，才把它送到那一点。如此，因果关系已不是‘质点的’，而是‘围绕的’。细察人类思想史，我们也许可以看出牛顿的宇宙是前一条路的终点”，而现代科学技术则沿着后一条路推进，前者“乃是后者之不可或缺的历史先驱”。其中的思想史过程是，当“希腊思想”移向于“机械的因果概念时，中国人是在发展他们的‘有机思想’方面，将宇宙当做一个充满着和谐意志的有局部的有整体的结构”[46]，导致当前西方最前卫的科学家也不得不承认“相互关联的观念具有很重要的意义，它取代了因果的观念，因为万物不是有因果关系，而是相互关联”[47]。

李约瑟完善了这种说法，把现代科学发展的这一大趋势归结为：“因果关系是呈有层次的变动性的，而不是‘质点式’和单向的。我的意思是中国人对于大自然所持之因果观念，有点像比较生理学家在研究腔肠动物之内分泌系统（音乐队）时，所必形成的概念。因为在这些现象中，我们很难看出在某一时刻哪一个分子是领导者。将哺乳动物的内分泌作用比喻为乐队的演奏，就使人们想起它将有一位乐队指挥，然而即使是较高级的脊椎动物，对于其体内之内分泌腺的作用，我们也不知道它们的‘指挥’到底是谁？再者，按现在的发展，似可能是哺乳动物和人类的较高之神经中枢是构成一个‘神经网’，比电话线式的传统观念更为适于应变。有时此线或此神经中枢占据因果关系最高位，有时彼线或彼神经中枢占据最高位，所以是呈变动式的。这一切都异常不同于‘质点式的’或‘撞球式的’因果观——认为某物撞击某物，乃是此物的运动之唯一因”[48]；“我们这时代正在进行的一个大运动，意图用对自然的组织之较深理

① 参见本书第三章。

解，来修改牛顿的机械宇宙观”，“这趋向以不同方式及不同程度，渗透了所有自然科学之方法论及宇宙观的现代研究”[49]。在这里，明确认定现代自然科学发展大趋势指向抛弃西方“牛顿范式”而倾向于中国“关联式思维方式”，是李约瑟思路的主轴。它显示出李约瑟的学术视野已经不局限于其原有的专业，而是呈现出现代科学哲学家应有的视野开阔和思维敏睿。为此，中国有科技哲学学者还把他视为马克思主义者[50]，笔者则认他是钱学森关于“天人感应论”观点①的学术前驱。

3. 具体揭示“关联式思维”的特征

西方学者在很长时期内，把“关联式思维”等同于蒙昧的“原始思维”。因之，如何在“广义科学观”的指引下，准确地揭示它的主要特征，就成为一个避不开的环节。《中国古代科学思想史》揭示说，它是“一种直觉的联想系统，有它自己的因果关系以及自己的逻辑”，包括它的“概念与概念之间并不互相隶属或包涵，它们只在一个‘图样’中平等并置；至于事物之相互影响，亦非由于机械的因之作用，而是由于一种‘感应’”；“在中国思想里的关键字是‘秩序’和（尤其是）‘图样’。符号间之关联或对应，都是一个大‘图样’中的一部分。万物之活动皆以一特殊的方式进行，它们不必是因为前此的行为如何，或由于它物之影响，而是由于其在循环不已之宇宙中的地位，被赋予某种内在的性质，使它们的行为，身不由己。如果它们不按这些特殊的方式进行，便会失去其在整体中之相关地位（此种地位乃是使它们所以成为它们的要素），而变成另外一种东西。所以万物之存在，皆须依赖于整个‘宇宙有机体’而为其构成之一部分。它们之间的相互作用，并非由于机械的刺激或机械的因，而是出于一种神秘的‘共鸣’”。为了印证自己的这种理解，李约瑟还引述了中国当时著名哲学家张东荪的如下见解：“万物为一体的观念，从始至今一直是中国人思想的倾向”；又引述了宋儒程颢语录：“万物归于一，理也”[51]。在另一处，李约瑟又写道：中国科技哲学中的“宇宙，是一个极其严整有序的宇宙，在那里，万物‘间不容发’地应合着。但这种有机宇宙的存在，并不是由于至高无上的造物者之谕令（万物皆臣服于其随伴天使的约束），也不是由于无数球体的撞击（一物之动为他物之动的原因）。它的存在无须依赖于‘立法者’，而只由于意志之和谐”[52]；“‘秩序’的观念是中国宇宙观的基础，我相信这种见解是正确的”，而“‘道’即为此种秩序之总名”，“‘道’不是一个创造者，因为万物皆非被创造的，宇宙本身亦不是被创造的”，“宇宙内的每一分子，都由其本性的内在趋向，于全体的循环中欣然贡献自己的功能”[53]。应当说，作为颇具哲学修养的西方自然科学学者，李约瑟在中西对比中对中国“关联式思维”特征的这种理解归纳，基本上再现了中国“天人感应论”或“气论”的主要思路，颇为精准，确实代表着李约瑟治中国科技史的最高哲学智慧。它比被李约瑟批评过的中国某些“现代的自然科学家”[54]高明很多。

不仅如此，在李约瑟看来，“关联式思维”是“中国文明的独特产物，且对其他的文明贡献了启发作用”[55]，其中包括“此种思潮随着戈特弗里德·莱布尼茨（Gottfried

① 参见本书第二章第二节。

Leibniz）进入了欧洲的思想，并且在帮助有机自然主义在当代的广泛采用”，使全世界都能从这个“极古老而又极明智但全然非欧洲性格的思维模式”中获益[56]。显然，中国“关联式思维”已成为“现代科学所不能不采用的有机哲学”的真正源头[57]。这种评价相当深刻且准确。值得注意的是，李约瑟如此赞赏“天人感应论”多年后，直至近年，中国学界竟也少有人沿着李约瑟的思路，整理自己独特的科技哲学遗产并用于中国人居理论等项目研究。虽近年出现了钱学森继承发挥“天人感应”论[58]时公开倡言“量子认识论”[59]，以及王其亨指出中国人居理论含科学内容[60]后，刘长林研究员又推出《中国象科学观》专著[61]，探讨中国“关联式思维方式”，但令人遗憾的是，这些探索在今日中国自然科学界和哲学界竟然应者寥寥。

4. 批评对“关联式思维”的误解和相关省悟

李约瑟的可贵之处，还在于他能跳出西方思维惯性，驳斥关于中国“关联式思维”是“原始思维”的误解。

他明说这种驳斥不仅针对“大部分的欧洲学者”，而且更针对中国“不少人（特别是那些现代的自然科学家）”[62]。这是准确的局势判断。因为中国现代自然科学家一方面不能不拼命接受来自西方的现代自然科学的洗礼，不如此就走不出中世纪，另一方面又要赶上当代自然科学发展的大趋势，省悟并坚守中国“关联式思维”的主要特征，这是相当困难的。对任何一个人类个体而言，这都是“任务悖论”，一生中几乎不可能同时兼顾。所以，至今中国接受了现代自然科学洗礼的不少科学家，都成了中国“关联式思维”的否定者，反而倒是那些走不出中世纪的守旧人物，成了坚守中国“关联式思维”的代表者。这是中国现代化过程中一种令人叹息的“悖论现状”。有鉴于此，李约瑟的驳斥，一方面从当代自然科学最新成果对“关联式思维”合理性的印证入手，另一方面又从人类思想史歧异性发展入手，摆过去历史事实，讲现代科学道理，循循善诱，显得深刻有力。在他的笔下，“原始思维”即原始人由于生产力极端落后而形成的“参与性思想”[63]；如前李约瑟所述，它发展了两条路，一是希腊因果说，另外就是参与性思维，然而就现代自然科学的发展而言，无疑地前者乃是后者之不可或缺的历史先驱”[64]。这一段科学史话颇为精辟。它实际上揭示了人类思想史发展中“否定之否定”的过程，另外也说明了中西科学哲学均从“原始思维”演变而来但后来却分道扬镳的道理。在李约瑟脑中，中国人走向“关联式思维”，在不短的历史时期内使其科技水平领先全球，但近几世纪终因缺乏西方式“从属式思维”的支持而未能洞察万物细节，仍陷于直觉层面的综合，使“关联式思维”备受质疑。这显示出中国必须以吸取西方“从属式思维”方式及其支持下的现代科学成果，才能进一步发展，而西方人则从重分析的“从属式思维”方式中，推出了“牛顿范式”，而建立了现代自然科学体系，近几个世纪领先起来，但现代自然科学体系在进一步推进中，终于显示出“关联式思维”更贴近万物感应的本貌，显示出西方人也必须以吸取“关联式思维”为最终哲学皈依。这样，科学的当代发展就表现为中西双方均在“否定之否定”中接受对方，融为一体。应该说，全球各地有良知的科学家是会接受这种“东西方融合”的。

5. 揭示中国科技哲学史最主要的三个节点

一是《易经》。《中国古代科学思想史》认定它是“关联式思维”的集中表现，而欧洲就没有这种系统[65]。这是直接从“天人感应论”说明《易经》的一个新视角。笔者在合著的《周文化和黄帝文化管窥》一书中曾提出，中国哲学“原型”是周公所创的“天–仁哲学”，其致思取向为“天人合一”，与周公有关的《易经》应是“天人合一”的“天–仁哲学”的一种形式化表达；这与西方逻辑理性哲学和形式逻辑有点相似。看来，从形式逻辑出发，西方人对作为“形式哲学”的《易经》更容易领会，而对周公“天–仁哲学”就很陌生。李约瑟在肯定“天人感应论”的同时，把《易经》列为第一节点，毕竟是有眼力的。《易经》确实与所有出发于“天人感应论”的中国古典科学各学科（如中医、天文、气候和地理、人居等）有不解之缘，它与周公“天–仁哲学”一起共同构成了第一节点。《易经》被充作中国古典科学各学科的共同哲学出发点，近世中国还出现了“科学《易》”研究流派，就其作为周公哲学的形式化系统而言，均非空穴来风。

二是董仲舒。这是李约瑟慧眼独具所在。《中国古代科学思想史》专讲“关联式思维”的一节，题目即“关联式的思考及其意义：董仲舒”，可见在李约瑟心里，以倡言“天人感应论”留名的董仲舒几乎就等于中国“关联式思维”的代表符号。他引述董仲舒专讲“天人感应论”的《春秋繁露·同类相动篇》时写道：把中国“关联式思维”观念“解说得最好的，莫过于公元前2世纪的董仲舒”[66]，包括“董仲舒提出的可分类性，就是说宇宙万物皆可归于五元①或其他数目的类别”,“这种看法已不是浑沌未开的思想，以为任何事物皆可相互影响，而是主张万物皆密切地结合在一起而各成为宇宙的一部分，但只有同类的事物才能影响同类的事物”，“因此，事物间之因果关系，便具有一种奇特的性质，因为它是层次的结构，而非随便偶发的。也因此故，我们可以将‘感应’②或共振当作事物变化的‘提醒语’”，即相信“万物皆有其因，但此因并非机械之因。‘提醒者的书’③中的有机系统，就这样统摄了整个宇宙。在这戏剧性之连续不断的循环中，宇宙万物之存在皆依赖于全部系统之整体性，如漏接了这‘提醒语’，则便归于乌有。但事实上，从来没有一件事物会漏接的”。在这段话中，李约瑟还批注说，董的“感应论”实际是现代“胶体化学”和“实验形态学”的“先河”[67]。因鼓吹“天人感应论”而在“五四”后被“批得臭不可闻”的董仲舒，其“天人感应论”在李约瑟书中被给予这样高的评价，不仅在当时很稀罕，而且依凭现代科学，也言之有据，难能可贵。同样出身现代自然科学的钱学森，后来也力赞“天人感应论”，与李约瑟前呼后应，证明“天人感应论”确实被现代科学一再证明。可悲的是，虽经李约瑟、钱学森等科学大师们呼吁，董仲舒的“天人感应论”至今仍在蒙尘。笔者并不否认董仲舒及其“天人感应论”哲学确实含有牵强附会而导向迷信之处，但今日看，真实情况很可能是，“五四”前后批判董仲舒及其“天人感应论”，是沿着批评其牵强附会而导向迷信的方向多走了几步，从而跨入全盘否定“天人感应论”的误区。“天人感应论”中的

① 此指“五行”。

② 此指董仲舒的《春秋繁露·同类相动篇》所讲“天人感应论”，李约瑟又称其为“共鸣”。

③ 此指董仲舒《春秋繁露》。

合理因素，应成为深究中国人居理论时的哲学范式。本书第二章第二节将再回到这个议题。

三是朱熹及其代表的宋明理学。在李约瑟看来，“中国最伟大的思想家朱熹（12世纪）曾建立起一个比欧洲任何思想都较接近于有机哲学的哲学体系。在他之前，他有中国相关思考的全部背景；在他之后，则有莱布尼兹”[68]。无论是对于中国科技哲学史研究而言，还是专对中国人居理论史研究而言，这都是一段十分关键的论断，至今仍有用。其中所说“有机哲学”，即指“天人感应论”所标志的中国“天人合一”哲学。在这段话中，还值得我们再三玩味的，不仅是把朱熹哲学视作“比欧洲任何思想”都高明而接近“今日有机哲学”的体系，而且认定朱熹代表的宋明理学是欧洲有机哲学“开山祖师”莱布尼茨的启蒙者或源头。当然，此事同时也是以莱布尼兹二进制数学直接源于宋代邵雍“先天八卦”体系为据的[69]，李约瑟也曾明言于此[70]，此论更是石破天惊。它出自一位英国现代自然科学家之口，在当时和现在看，都似乎有点匪夷所思，但所讲也是有凭有证的历史事实。之所以“石破天惊”“匪夷所思”，是因为人们在“西方科学一元论”中浸淫得太久、太深了，不知中国科技及其哲学之成就。令人遗憾的是，李约瑟这段话及钱学森对它的再申①，至今在中国相关学界均未引起应有的广泛呼应。本书呼应，不知后果会如何？

李约瑟对朱熹“有机哲学”的前述定性和评价，大异于“五四”以后至今国内中国哲学史研究者的惯常见解，值得再思。原因在于相关研究在哲学原理上至今未弄清“天人感应论”的合理性。另外，作为伦理至上的哲学体系，颇类似康德哲学的朱熹哲学及其代表的宋明理学，也并非专注于科技的哲学体系，而是一种以社会哲学和社会科学为轴的体系，维护专制皇权内容浓重，故其“天人感应论”被导向迷信，事由必然。但朱熹吸取当时释、道的哲学成果，在凸显伦理至上的同时，以“理一分殊”为主轴，确也铸就了一个庞大严谨的有机哲学即“天人感应论”哲学体系，把董仲舒继承周公的“天人感应论”哲学提升到了一个崭新境界，包括给当时中国科技另一高潮提供了哲学基础。“五四”以后国内朱熹研究者大皆未细究此事，包括陈来先生2014年推出的《仁学本体论》，虽未因钱学森、李泽厚对“天人感应论”的肯定而后退②，但却把中国儒家哲学的“天”与“仁”之“双本体”，弄成了“单本体”即“仁本体”，实即在其中割去了科技哲学部分，不妥，有待补论。本书后面将说明，朱熹及其弟子蔡元定也曾以“天人感应论”哲学，倾力于中国人居理论研究，包括朱熹论北京堪舆形势的影响至今，蔡元定的《发微论》更是堪舆学的经典，其审美价值独步全球。朱熹、蔡元定哲学更是元明清时期中国上层和下层的人居理论范式。它提供的信息之一就是，与宋明理学难解难分的中国元明清人居理论及其著述“井喷式”出现并普及，看来也是中国“天人感应论”哲学大显身手的时段。对于其中的奥妙，深入研究中国人居理论者当然应予以重视。

“三大节点”理论蕴涵丰富。虽然由于研究难度较大，包括写作者要对中国哲学

① 见本书第三章第二节。

② 参见本书第二章第二节。

史①、中国科学技术史和当代科技前沿三个学科均较熟悉，且能在其交叉区域有所创新，国内相关研究者至今还未按李约瑟的“三节点”思路写出较完整的中国科技哲学史，但相关突破也已浮现。在笔者眼里，李约瑟的三节点思路，至少已给中国人居理论及其哲学“范式”研究搭起了一个富含睿智的宏观框架，本书讲周公、董仲舒、朱熹和蔡元定师徒，其实也是力求接着李约瑟“往下讲”。

6. 指出中国“关联式思维”的缺点

“中国人的关联式思考极自然地运用了一种数目的神秘性，为现代科学思想所不取”[71]，李约瑟此语有对有错，一看就出自西方学者之口。错，是由于“数目的神秘性”等只是西方科学思想的感觉，理解中国“数目”者并不觉其神秘，反而“自然而然”，如“神秘”的邵雍二进制数字，通过莱布尼茨在“电脑”中普及，今何存神秘？对，是因为现代科学哲学必须以逻辑清晰作为立论前提。中国以“实用理性”支持的传统科学哲学及其神秘数字不讲逻辑清晰，今日看也是缺点，应转型，认识到没有清晰的逻辑，就难在今天确立，甚至会成为“现代迷信”的避难所，中国人居理论研究中已出现这种情况，也须力避。

综而观之，李约瑟的《中国古代科学思想史》较早从现代科学发展大趋势出发，不仅坚持着“广义科学观”，明确承认并论说了“中国人之关联式思考或联想式思考的概念结构，与欧洲因果式或法则式的思想方式，在本质上根本就不同”[72]的新颖见解，而且对中国科技哲学及其历史研究也展开了具体而富有新意的探索，基本思路与1840年以来国外相关主流著述，以及“五四”以来国内相关著述大异其趣，至今仍给人以巨大启发。客观而言，李约瑟在中国科技哲学及其历史框架搭建方面，不愧是一位巨匠。

二、《中国科学技术史》视中国人居理论仅为“美学”的偏颇

令人不解的是，在《中国古代科学思想史》之后，李约瑟的著作《中国科学技术史·土木工程卷》，在对中国建筑科学技术史的具体分析中，却基本偏离了上述哲学基点，某些结论陷入深深的偏颇，其中教训值得再解，以供后人戒避。

李约瑟曾提问，为何1500年前中国科技领先全球，而此后落后？许倬云曾著文批评李约瑟此问隐含“西方一元论”前提，故反映出李约瑟总体思路存在重大哲学缺陷[73]。台湾林继平先生则从李约瑟关于中国“三教”对科学作用之论不准确出发，认同此见，并指出李约瑟还存在对中国科技细节“涉猎亦浅”之弊，故“不必过高”评价李约瑟[74]。大陆科学家汪毅先生也说，李约瑟的著作对中国科技史中“很多重要的问题都没有谈到”，尤未持唯物史观而“阻止了”专著应达的“深度”[75]。可以设想，李约瑟的思想也是个矛盾集合体，一方面李约瑟对中国科技哲学及科技成果由衷敬服，但另一方面，

① 包括“易学及其象数学史”。

他从小接受的“西方中心论”仍深藏心底。这样，其书之负面成分终究也会暴露出来，而《中国科学技术史·土木工程卷》较集中。

（一）对中国人居哲学和人居科学原理的否定

《中国科学技术史·土木工程卷》真正涉及建筑科技的篇幅并不大，仅限其第28章的“建筑技术”部分，分为“引言”“中国建筑精神”“城镇规划”“中国文献中的建筑科学”“构造的原则”“房屋建筑发展史摘记”和“塔、牌楼和陵墓”七小节。它以“建筑技术”为总标题，已反映出李约瑟和“五四”后国内“营造学社”学者相似，认为中国古代建筑科技史仅是缺乏理论支撑的纯技术史。《中国古代科学思想史》就说过：“中国人特别对形而上学抽象的思辨不感兴趣”[76]；由于“从未发展一套像亚里士多德那样有系统、有理论的说明”，中国“阴阳五行，以及各色各样的‘气’，都不足以解释自然”[77]。书前“作者的话”也对中国建筑缺乏理论支持明言不讳[78]。在这种思路上，李约瑟已经多少背离了自己的“多元科学观”。真实的历史是，如中国古代其他科技部门一样，中国古代人居科技不仅包括应用技术，也有自己的人居哲学、人居科学和技术原理，它也往往以中国人居理论著述的形式出现。而中国人居理论著述在“天人感应论”的主导下，其理论形态与西方建筑哲学和建筑学大不一样。它对建筑内的人与环境应合、互感、共生关系的敏锐深思，以及其非逻辑、非线性因果的表述方式，等等，对一位西方生物化学家出身的研究者而言，简直是不可理喻的。从《中国科学技术史·土木工程卷》开头“作者的话”可知，该卷执笔者就是李约瑟本人。虽然此前李约瑟在理性上已经承认“天人感应论”的合理性，但当他碰到由“天人感应论”主导形成的中国人居理论成果时，难免在感性上很不适应，有所抵制。从知识构成看，出身于生物化学的李约瑟，虽从其专业层面可直抵“天人感应论”，但当时既无“非线性科学群”涌现，更无钱学森用所创系统科学对中医医理、气功的研究及其“人体功能态”概念①，故李约瑟的“很不适应，有所抵制”，也不奇怪。于是，中国人居哲学和人居科学原理的资质被否定了，中国古代人居科技也就成了缺乏哲学和科学原理指导的纯粹应用技术。这正是第28章的主要理论悲剧所在。看来，汪毅说李约瑟对中国古典科技“涉猎亦浅”可能属实。更怪的是，《中国古代科学思想史》盛赞董仲舒、朱熹，认定他们与西方科技哲学各有优劣，但《中国科学技术史·土木工程卷》又否定之，说他们不“像亚里士多德那样有系统、有理论”等等，岂非自相矛盾？当然，这一部分在文字上也含“中国建筑精神”“构造的原则”等内容，但显然已受限于上述误区而说偏。按前述钱学森“四层次–三大块”模型，审其各部分具体内容，可设想，其“中国建筑精神”应多少包含中国古代建筑哲学及其史的内容，其“构造的原则”和“中国文献中的建筑科学”两节，则应多少包括中国古代建筑学及其史的内容。但细读之，它们在中国建筑哲学和建筑学方面的表现，确实令人难以恭维，包括“引言”开头便以“建筑技术”部分只讲“技术基础”为据，完全不顾中国科技哲学中孵出的中国人居理论也含科学性，只默认它具美学性质，甚至全文不提堪舆，把它公然排除于书

① 参见本书第三章。

外[79]，难免使人失望。另外，“引言”开头又把“建筑技术”等同于“建筑学”，恰恰也印证了前述“钱氏界定”关于建筑科学研究者往往无视真正建筑学的观察。

（二）偏重于对中国人居技术原理和工程技术的把握

它的开头的确紧接《中国古代科学思想史》的思路，切入中国“天人合一”哲学和“关联式思维”，并立即转入对中国建筑“轴线总是南北向”的反复述说。但我们看到，“南北向”这一中国人居理论重要原则，并未引导李约瑟跨进对中国人居理论的准确叙述。他马上漫不经心地仿效梁思成的既有成果，简单说了轴线问题便立即转入对中国古建筑台基、主立面、屋顶等礼制问题的铺说，在忽视中国古典建筑哲学和建筑学深邃内容的前提下，归纳出了中国古代建筑重屋顶等四特点，其中没有对中国古代建筑哲学精神进行探讨。“天人感应论”和“五行”理念对中国古代建筑理性的渗透，朱熹有机哲学之“天人感应论”及其堪舆研究对中国明清设计思想的影响，乃至中华易理对中国古代建筑的笼罩，则令人意外地一字未提。

是李约瑟不熟悉相关文献吗？看来不完全是。在《中国的科学与文明》中，李约瑟列举论说了一系列中国人居理论著述。其中，他还曾正面触及“四象”口诀中的“左青龙，右白虎”，但他却对此“龙虎诀”解释道：“存在于大地上的阴阳二气，与春天出现于东方的青龙，秋天出现于西方的白虎相一致，二者都以地形来象征，青龙居坟墓或居室之左，白虎居其右，犹如双臂弯抱，籍之得以庇护。然而，这仅是复杂的开端，高耸的峭壁被视为阳，圆形的高地被视为阴，在可能的情况下，须由地址选择来平衡这些（山灵）影响，取阳的3/5，阴的2/5，人们还必须考虑到与此交织在一起的八卦、六十甲子与五行”。由此前推，李约瑟便把中国人居理论仅仅视为一种审美意象[80]，等等。看来，李约瑟至少对“四象”口诀有误解。堪舆之“负阴抱阳”的初义，是指建筑基址“轴线方向最好是坐北朝南”，基址“后面有主峰”，“左右有次峰或岗阜”，前面有池塘或“弯曲的水流”，也即“基址最佳选点，在主山之前，山水环抱之中，被认为是万物精华的‘气’的凝聚点，故为最适于居住的福地。不难想象，具备这样条件的一种自然环境”，“是很有利于形成良好的生态和良好的小气候的。我们都知道，背山可以屏挡冬日北来寒流；面水可以迎接夏日南来凉风；朝阳可以争取良好日照；近水可以取得方便的水运交通及生活、灌溉用水”，它“自然就变成一块吉祥福地了”[81]。由此可以看到，李约瑟所谓“春天出现于东方的青龙，秋天出现于西方的白虎”，以及3/5和2/5云云，纯属误读。在另一处，他又沿袭传教师印象，认定中国人居理论只讲究选择坟墓[82]，无视“四象”口诀首先指向选择宅基。

《中国建筑精神》最后有一段话是：“不论形成中国建筑行业的动力是什么，而它的成就确是卓越的。”[83] 这是李约瑟从“理论糊涂账”导出的中国古建“成就糊涂账”，似乎是在匆忙中写出的一篇交差的随笔。把它和王复昆先生的《堪舆理论的传统哲学框架》[84] 对读，即可悟出，王着重挖掘中国人居理论中埋藏的“五行”“阴阳”“道”等哲理和“易卦”象征，才是沿着李约瑟的《中国古代科学思想史》的思路持续前推者，反而倒是《中国古代科学思想史》的作者，在过分的远距离、跨专业的匆忙写作中，弄丢了自己原有的思路。

（三）认为中国人居理论著作贫乏

这一小节也接过国内外当年“中国建筑史”研究者的话头说，就中国建筑理论而言，“在中国文献中这方面的著作比较贫乏”[85]。事实上，在中国古典建筑科学文献中，人居理论文献汗牛充栋，说其“贫乏”，显系把相关文献排除在外的偏见所致。另外，这一小节又批评说，中国相关文献“都停留在纯学术上，只涉及建筑的一般布局，而未涉及建造技术”[86]，“都停留在纯学术上”似乎又与“贫乏”批评形成了矛盾判断，也表明李约瑟仿照中国国内“五四”后的营造史家，在思考中国建筑科学史时，关注的重点是工程技术层面，把建筑哲学和建筑学仅视为“纯学术”而加以轻视，故对中国古典建筑理论不知、少知并形成种种误解，就顺理成章了。显然，这种取向，与《中国古代科学思想史》的思路相背而行。只站在营造学家角度看，作为建筑哲学和建筑科学原理，中国建筑理论文献的确往往“停留在纯学术上”，但全面理解中国建筑科学及其历史，离开对中国建筑哲学和建筑科学原理的理解，还能达致对中国建筑科学的全面把握吗？其实，这一小节还把周公“作邑东国图”收于其中，还与其贬低中国建筑理论的思路形成了自相矛盾。如果真的沿着作为中国建筑理论源头的周公“作邑”线索追究下去，李约瑟的这本著作就应是符合他的《中国古代科学思想史》思路的佳构了，可惜他未这样做。

看得出来，这一小节逻辑有点乱，缺乏自主之见和精细推敲，似乎只是个待修改的草稿，反映着李约瑟对中国建筑史细节的理解和把握确实有肤浅处。

（四）仍限于对技术原理和应用技术的思考

《构造的原则》一开头在重申中国古代建筑技术的四个特点后，便提出了一系列新问题，如中国古代建筑为何以木为材？中国古代建筑起翘屋顶的性质和来源何在？等等。这又是沿袭中国“五四”后的营造史学家的惯性思维，只在技术科学和应用技术层面思考，明显缺乏对中国建筑哲学和建筑科学原理的兴趣和深度思考；即使在技术科学和应用技术层面接触到中国建筑哲学和建筑学问题，也难以深究，完全不像《中国古代科学思想史》作者的笔触。其实，对这些问题的探究，如像《中国古代科学思想史》思路那样，从中国建筑哲学和建筑科学原理深入，答案会精彩得多。这迫使人们估计，生物化学专业出身的李约瑟，对学术距离很远的中国古典建筑科学把握得不是很深、很准，只能借用当时中国国内“营造学历史”专家的见解而远远背离了《中国古代科学思想史》的思路，故《构造的原则》之类段落常现“败笔”。

至于《城镇规划》《房屋建筑发展史摘记》和《塔、牌楼和陵墓》诸小节，虽不乏零星新见和创意，但总体而言也难如人意。其讲“从周朝开始，可能所有中国城市都规划成矩形布局”[87]，这不假，但离开中国人居理论“四象”口诀及其“阴阳”原理等，只从古汉字入手，能说得清矩形布局吗？描述当年北京“从现在城市的西北角引进了一条河”，“紫金城的护城河水是从北海的一条支流引来的，而护城河又供给金水河，河上跨有五座汉白玉桥”，河水呈“弓形”等[88]，对其中体现的建筑理论一字不提，能解疑释惑吗？既然引证了《诗经》的《绵》《斯干》，而又不提中国建筑理论[89]，试想诗中“爰契我龟，曰止曰时”“乃左乃右”“乃立皋门”“乃立应门”“乃立冢土”等，又如何说得明白？讲中国古代建筑，离开《易经》的阴阳爕理，只摘取《易经》中关于房屋起源之论[90]，岂非舍本逐末？称赞中国大建筑群已经“构成任何其他文化所未曾超越的有机形式”[91]，称赞中国帝陵设计是“有机的设计”[92]，但又绝口不讲其中体现着的中国建筑理论，更绝口不讲《中国古代科学思想史》中已经大讲的“天人感应论”哲学，岂非行文太过匆忙？

三、中国科技哲学“巨人”何成中国人居科学研究“矮人”？

我们已经较为清晰地看到了李氏在中国建筑科技史研究中，从中国科技哲学“巨人”变成了中国建筑哲学及建筑学“矮人”。这里的“矮人”一词，指其沿袭当时中国国内“五四”后“中国营造历史”专家的思路，未能把《中国古代科学思想史》结论真正推用于对中国古代建筑史的具体分析之中。进一步总结其教训，对今日中国人居理论研究的深化是完全必要的。这种总结，也是为了发扬他在中国古代科技哲学研究上已经获得的成果，借以推动今日中国人居理论研究的深化。

（一）内心深处潜藏着“‘西方科技至高性’情结”

中西文化的巨大异质性，往往使许多文化巨人望洋兴叹而难以超越。作为中国科技哲学巨人，李约瑟绝对是西方学术界的精英。他在“日不落帝国”余晖尚炽且源自西方的现代科技如日中天之时，能以巨大毅力而逆潮流写出巨著《中国科学技术史》，用大量史实证明中国古代科技哲学及其古代科技成果足以傲视环宇，至今遗慧全球，确实不能不令人钦佩折服。但是，即使是这样一位科技哲学巨人，他仍然难以完全泯灭内心深处的“‘西方科技至高性’情结”，故形成了上述偏颇。

《中国古代科学思想史》中就有这样的话：“研究大自然的完整科学方法”还是源自西方的“诸如实验或数学公式化的假设”，而中国方法只具合理性，但还不能与“完整科学方法”即实验或数学公式相提并论[93]。在《中国科学技术史·土木工程卷》之首“作者的话”里，他又写道：“文艺复兴时期以后的科学和技术确实是世界性的”，而“古代和中世纪的科学和技术无不带有种族烙印”[94]。这也是倾向于把源自西方的现代科技看成科学技术最高阶段和今后唯一模式的认识。看来，还是在李约瑟逝世后接任“李约瑟研究所”所长一职的华裔学者何丙郁（Peng Yoke Ho）先生说得对：“李约瑟是以一个 20 世纪中叶著名生物化学家的立场来探讨中国科技史的”，但对中国科技史的研究“应从传统中国人的角度来探讨”，包括“应当力图和当时的人们①易地而处，考虑传统中国人所分析和理解的自然问题以及他们如何利用这些分析和理解”，例

① 指古代中国科技学者。

如，易地而处地了解董仲舒、朱熹、邵雍、张载等的科技哲学，理解他们把“能够解析自然界和应用这些知识以预测大自然变化的学问”均看成科学的正确观点。正是由此出发，何丙郁批评李约瑟论述以西方标准把传统中国一些科学成果视作“伪科学”是完全错误的[95]。正是从这种难以泯灭的西方科技至高性“情结”出发，也才能解释为什么李约瑟在对中国人居理论性质进行判定时，不是循其《中国古代科学思想史》的思路，认真仔细剖析中国人居理论与“关联式思维”，以及“五行”“阴阳”等中国科技理念密不可分的关系，而是首先引述西方传教士关于中国堪舆只与阴宅选择相关的定义，然后便一直认定中国人居理论只与中国人的审美活动相关，其中并不包括任何科学成分。显然，李约瑟虽在理性审视中国科技哲学时力主“多元科学观”，但在他的内心深处，当对中国科技中某些具体问题进行判定和论述时，他的西方科技至高性“情结”便不自觉地发挥着作用。中国人居理论是深植于中国各代文化之中的，加之其中确渗透了东方式的迷信，故面对中国人居理论，他首先在感性上便只能受制于西方科技至高性“情结”的控制，从而远离其《中国古代科学思想史》的理性思路和结论，并非不可理解。须知，个体人的感性，总是渗透着民族文化，要个体时刻保持完全理性是不可能的。

我们不能苛责李约瑟。应当看到，当时中国国内古代建筑史研究主流自身就深陷于西方科技至高性“情结”之中，远未接受“多元科学观”，自诩“中国营造史”研究，不能直面中国古典人居哲学和人居科学原理研究，并将其中的许多东西视为迷信。前引钱学森“四层次-三大块”理论和王其亨给中国人居理论“正名”之见，当时均未发生，更无人理会什么“样式雷堪舆档”等。在这种背景下，苛责李约瑟不如反躬自问，深省当时国内古代建筑历史研究的滞后也误导了他。其实，作为西方学者，李约瑟能写出《中国古代科学思想史》，能冲破“五四”激进的思潮而指出董仲舒、朱熹“‘天人感应论’哲学链”对中国科技发展的贡献，已属不易。苛责李约瑟，不如今天把《中国古代科学思想史》思路前推于中国人居理论研究，否则我们自己就应该脸红。

（二）李约瑟的《中国古代科学思想史》为否定《周易》哲学埋下伏笔

在某种意义上，由《易经》和《易传》组成的《周易》及其哲学体系，作为中国哲学“原型”的形式化表达，也是中华文化之根。对于研究中国科技哲学的“巨人”李约瑟而言，全盘否定《易经》似乎应是不可能的事情，但却是真事。《中国古代科学思想史》存在的哲学缺陷，以此为首且为最大。他在书中明确说，对中国科学思想的发展而言，“《易经》那种繁细的符号系统”，“几乎从开头便成为一种有害的障碍”[96]。对此，李约瑟还进行了较大篇幅的论证。

该论证以中国“五四”后“疑古派”成员李镜池先生关于《易经》系“卜筮之书”的见解为立论前提。李镜池勇破传统迷信，证明《易经》是被汇集编纂起来的远古筮占记录[97]，有一定道理，并被学界广泛接受。但这一创见，也被一些研究者导向另一极端，似乎《易经》表现的卜筮只充斥着“迷信”，而《易传》是截然不同的东西，它不是按《易经》本意展开的，而是附加于筮占记录之上的某种不好的哲学体系，等等。

看来，李约瑟也正是从国内这种极端结论出发的，认同《周易》后来经历了“从预兆的谚语到抽象的概念”的演变[98]，研究《周易》的思想家逐渐“脱离卦象本义”解释《易经》[99]，从而形成了“一个极精密的符号系统”,“与任何其他文化中的经典截然不同”[100]。他自己还列表仔细考察八卦和六十四卦，说从该符号系统可以看到关于世界“本质为一个能量的两个对立而互相支持的力”的见解，或曰“两极力的经常相互作用，运行不息”的见解[101]，即《易传》以揭示阴阳双方的互补和互融为务。在另一处，李约瑟还暗示，《易传》注释使《周易》成为中国“关联式思维”的某种哲学表现[102]，包括朱熹也对它的推进尽力尽心[103]。问题在于，由此出发，李约瑟又走入另一极端，认为从筮占记录汇集到它演变为与任何其他文化中的经典截然不同的“极精密的符号系统”，《周易》只能“构成一种惊人的‘存案系统’”[104]，这种“存案系统”只是“用‘理想的过程’来代替在大自然实际观察结果，仅是空洞的象征”[105]，只能“对自然现象作些假解释”[106]或“根本不是解释的解释”[107]。于是，《周易》哲学体系就被全盘否定。现在看来，这种全盘否定的出发点就不对，推理过程更不合逻辑，包含着自相矛盾，结论实在难以成立。

1.《周易》作为“原始社会理性”未可全否

即使《易经》全为卜筮记录汇编，它也并非全为迷信。人类学家杜尔干曾专门研究祭祀、卜筮等“原始观念”出现的必然性问题，提出了“‘社会理性要求’说”，认为祭祀、卜筮等作为原始社会意识形态的“社会理性”，只意味着某种普遍的认可，它不必要接受物理事实的检验；但当时如果没有祭祀、卜筮等“社会理性”，不仅当时的个体心智彼此难以接触，而且共同生活都难以形成[108]。显然，杜尔干的见解是有道理的。作为“卜筮之书”的《易经》，实际即中国原始社会必需的主要社会意识形态之一。今日看之十分蒙昧，但它们在远古却体现着理性。国内有研究者已指出，卜筮过程的设计也“给知识经验的介入提供了可能”，“它的背景是国家权力在意识形态方面的控制能力”[109]，故把它一概视为“迷信”，也是对中国原始社会史茫然的结果。对此，成中英也曾说“从这一角度看，卜筮并非迷信，而是理性思维的成果”[110]，言之成理。显然，李约瑟跟随着当年中国国内极端见解，视卜筮全为迷信，已显着落后。

2.《周易》并非全是虚假的“存案系统”

《易经》从“卜筮之书”逐渐演变为哲学载体，与世界各国文字出现并逐渐演化出哲学的过程大体相似，从中得不出其演变出的体系只能是所谓远离实际之“存案系统”的结论。

按李约瑟的定义，“存案系统”实际就是一种虚假的“现象分类，按其相互关系而排置，使早期人们可以克服那种一再出现的恐惧”[111]。但李约瑟的推理在这里出现了一个较大的疏漏：所有文化中的哲学体系均是一种理论抽象，我们不能仅因其经历过“现象分类，按其相互关系而排置”之类抽象，便一概轻易断之为虚假的“存案系统”，否则，世界上的一切哲学将均被否定。这当然是荒唐的，不能成立。朱熹论述《周易》

的形成过程时就讲过："盖上古之时，民淳俗朴，风气未开，于天下事全无知识。故圣人立龟以与之卜，作《易》以与之筮，使之趋利避害。"[112] 制作《易经》的初衷，在于"趋利避害"，包括"克服恐惧"，何必以"存案系统"为名，完全否定人性中趋利避害的本能及其升华而成的一切哲学求索？不错，哲学体系有高低之分，但无论高低，它们作为原始哲学之功能，在帮助人们"克服恐惧"的同时，主要是帮助人们理解、解释和预见世界。另外，尔后的几千年实践证明，易理哲学体系水平不低，确实在某种程度上帮助中国人理解和解释了世界，包括创造了中医经络理论体系且至今傲视环宇，连西医至今对中医经络理论体系都无法解释，有待中西共同研讨。当然，易理比之西方哲理，确实"另类"，故西人充分理解且接受它的学者寥寥无几。断其为"存案系统"即以此为背景，显然于理不通。

3."丹青难写'象情怀'"

从《易经》系一种"现象分类，按其相互关系而排置"，推不出它的功用只是"克服恐惧"。对现象分类，是人类认识的必然构成要素。如前述，李约瑟自己就认为中国五行即一种"现象分类，按其相互关系而排置"，并因之肯定它，为什么李约瑟在肯定五行的同时，又自相矛盾地否定《周易》对现象的方法分类呢？

"丹青难写'象情怀'"[113]。中国人的思维是"象思维"，区别于西方人的逻辑思维。看来，这里的关键还是李约瑟对中国科技哲学特有的"象思维"方式即他所讲的"关联式思维"方式，包括其对特有的事物分类体系，不完全理解，从而在评价《周易》上形成了完全拒绝它的状况。《周易》确是中国人按自己特有的"象思维"方式对事物进行分类和联想、推理的形式哲学模型[114]，其中的"象数体系"（包括其二进制数学）更是中国科技哲学的主干部分之一[115]，它进行分类、联想和推理以"同类感应"关系为主，而不是以西方习惯的空间性"实体"为主[116]，其思维具体过程与西方形式逻辑也有不同[117]，等等。简而言之，因为《周易》代表的中国"象数体系"之科技哲学，与西方科技哲学是完全不同的东西，故它对西方人而言是匪夷所思的，李约瑟先生之拒可以理解。何况，潘雨廷就曾批评从王弼"扫象"之后，"象数体系"之科技哲学几乎全被中国人自己判为异类[118]；中国国内今日的宗教学和科技哲学研究大都把八卦排除在外[119]，在如此背景下，我们又怎么能一味苛责李约瑟不接受"象数体系"呢？

4.《周易》并非虚构的象征体系

因《周易》哲学是"象征"体系，便认之为"用'理想的过程'来代替在大自然实际观察结果"，于理不通。所有哲学赖以寄托的文字体系均是一种象征体系，所有哲学都是对大自然实际观察结果的抽象，其表达形式均可被视为一个"理想的过程"，因此，我们不能因"象征""抽象"和表达形式是"理想的过程"而否定《易经》，否则即否定了一切文字和哲学。

5.肯定朱熹有机哲学与否定《周易》不兼容

李约瑟自己一再肯定的朱熹有机哲学体系，实际上就是以"易学"为核心的[120]。

全面否定《周易》，无异于李约瑟自己又否定了朱熹有机哲学体系，自相矛盾。

朱熹论《周易》之“纲领”时就讲过，“‘易’字义只是阴阳”[121]；“《易》只消道‘阴阳’二字括尽”[122]；“诸公且试看天地之间，别有甚事？只是‘阴’与‘阳’两个字，看是甚么物事都离不得”[123]。这是较准确的理解。在某种意义上可以说，《周易》作为形式哲学主要讲的就是“阴阳之理”。李约瑟自己也讲过，“研究‘阴阳’初次使用为哲学术语的学者，在《易经·系辞传》上篇第五章找出一句经常被人引用的句子，即‘一阴一阳谓之道’”[124]，承认了作为哲学著作的《易经》实际是中国“阴阳哲学”的主要载体。循此前推，李约瑟甚至进而说《易经》在某种程度上体现着“现代科学的思维方法之一”的“析离原理”[125]即“互补原理”，所论也很精到。既然如此，他在这里又全面否定《易经》，就不能自圆其说。

李约瑟何以在上述六方面均显出较大困惑？笔者觉得很可能还是那个“情结”在作祟。面对自己所寄文化体没有的此种哲学“怪物”，他感性习惯上就不兼容，便只能把《中国古代科学思想史》确立的理性抛开了。

李约瑟大概也感觉到某些不妥，所以他在书中又自问：《周易》“何以能够如此历久不衰？”[126]此问很有水平。“多元科学观”就力主时间检验是判别科学的标准之一，从中可推知，“如此历久不衰”正是《周易》作为中国科技哲学源头的标志。至于李约瑟却以《周易》与中国“封建社会的秩序一致”[127]，“在某种意义上是中国社会行政制度的映像”[128]解释之，虽含一些合理性，但拐弯太大。事实上，《周易》在中国“历久不衰”并被介绍到全球，日益受重视，应表明它作为东方“天人感应论”哲学源头的特质。李约瑟虽拐了一个弯，最后还是回到《周易》是“有机哲学”并超越了牛顿模式[129]的见解，甚至还说《周易》是中国人对“宇宙之中，彼此不同的事物，会互相发生共振现象”的哲学把握[130]，它包含着“关联思考的辩证性质”[131]等，又呈现出中国科技哲学巨人的风采。

（三）《中国古代科学思想史》对朱熹代表的宋明理学存有误会

朱熹讲其哲学时明确说，“天地所以运行不息者，做个甚事？只是生物而已”；“夫具生理者，固各具其生，而物之归根复命，犹自若也；如说天地以‘生物’为心，斯可见矣”[132]；“造化自然如此，都遏他不住”[133]；“自然凴地生，不待安排”[134]，等等。作为宋代理学集大成者，朱熹尽吸前儒精华，形成了自己以“理”为皈依且以“理一分殊”为方法特征的哲学体系。李约瑟评之为“有机哲学”，也是一大发现，表现着李约瑟逆“五四”反儒思潮而动的一大卓识。如前所述，它对中国人居理论研究的价值怎么评价都不过分；朱熹师徒的堪舆研究成果，在此思路上才能获得恰当评价。但笔者发现，李约瑟的这种大胆肯定，又以某些文化隔膜为另一面。因为李约瑟对朱熹代表的有机哲学某些具体内容也有误会。

例如，李约瑟说“我将指出中国最伟大的思想家朱熹（12世纪）曾建立起一个比欧洲任何思想都较接近于有机哲学的哲学体系。在他之前，他有中国相关思考的全部背景；在他之后，则有莱布尼茨”，“莱布尼茨曾经透过耶稣会士的翻译而研究过理学家朱熹的哲学”[135]。这一段话说莱布尼茨研究过朱熹哲学，是误读。正如李约瑟后来所说，莱布尼茨确实“曾被那些译自中国理学家的关联论之书籍所影响”[136]，包括他研究过北宋邵雍的“先天易学”，邵氏易学的确与莱布尼茨发现并奠定电子计算机数学基础的“二元算术”直接相关[137]。朱熹哲学也对邵氏易学成果有所吸取，但说莱布尼茨直接受朱熹的有机哲学启发，不准确。莱布尼茨“二元算术”受了邵雍易学的启发，倒是事实[138]。

当然，能看出莱布尼茨受邵雍易学启发并关联于电子计算机数学基础，是李约瑟研究中国科技史的一大功劳。《中国古代科学思想史》结尾时甚至提出人的“神经细胞本身似乎也就是根据二元算术的原理活动”的猜想[139]，则进一步显示了中国阴阳易理的深刻性，以及中国古代科技哲学的前卫性。对此，我们均应感铭记之。

又如，除了吸取易学内容，朱熹哲学与中国科技进展关联最直接密切的部分之一，不仅如李约瑟所指，他研究注释了《周易参同契》[140]，而且朱熹还与其得意弟子蔡元定（系中国著名理学家兼堪舆学家）一起研究堪舆并发表过堪舆著述[141]，等等。对中国人居理论研究而言，这是朱熹有机哲学的亮点之一。从李约瑟所论看，他对此事似乎很不熟悉，限制了他思考中国人居理论问题的学术深度。

(四)《中国古代科学思想史》对中国人居哲学史轮廓尚未厘清

李约瑟把中国人居理论只看成一种占卜术[142]，几乎无视它的“原型”以“相土尝水、辩方正位”为主要依皈，也与他未弄清中国人居理论的真正性质和起源有关。从李约瑟的著作来看，他确实也读了一些中国人居理论及其民间化的书籍，但看不出他如何思索中国人居哲学与易理、阴阳、五行及“关联式思维”的明显融合。《中国古代科学思想史》的思路与李约瑟的《中国科学技术史·土木工程卷》在哲学上明显脱钩，包括后者把罗盘诞生只与航海技术挂钩，当然不妥。

王其亨有一文题为《从辩方正位到指南针：古代堪舆家的伟大历史贡献》[143]，以大量史实，包括列举北宋杨维德的《茔原总录》及此前隋、唐、宋年间中国堪舆家杨松筠、李淳风、袁天罡、邱延翰、吴景鸾、谢和卿、孙伯刚、王伋、廖金精、卜则巍等所记而充分证明，罗盘最早流行用于堪舆术中的“择向”（即选择居址方向），证明“我国古代堪舆家发明指南针和发现偏磁角”，后来“很快成为我国古代航海家征服海洋、远播中国古代文明于世界的利器”，因而堪舆术虽曾“沦为迷信的婢女”，但它“作为一门古代科学，仍是值得深入发掘和研究的”。李约瑟并未细究罗盘的这种真实诞生过程，虽也曾提及中国人居理论与阴阳哲学密切相关，罗盘首用于中国堪舆，其兴起使中国堪舆先生分为两派等[144]，但终未省悟罗盘选择方向与中国人居理论选择方向所体现出的科学特征的融一，证明他对中国人居哲学基础及其运用确有所隔膜，难怪得出中国人居理论只是美学的偏狭结论。实际上，只要认真读过若干中国人居理论及其民间化的书籍，都可知道作为中国古代“相土尝水、辩方正位”之学的中国人居理论，离开辩方正位专用工具罗盘简直是不可思议的。中国人居理论的科学性，首先体现于其“相土尝水，辩方正位”。忽略了这些，怎能深入思考中国人居理论？

从学术研究层面看，李约瑟之误，也在于其对真实的中国人居理论发展史比较陌生。他说中国人居理论“这套思想很古老，至少可以追溯到公元前四世纪”，如“前引《管子·水地篇》”；中国人居理论说“自成体系，似始于三国时，管辂有《管氏地理指蒙》。其后郭璞有《葬书》，王微有《黄帝宅经》，唐代杨松筠有《青囊奥旨》，明代刘基有《堪舆漫兴》。《古今图书集成》所载的堪舆专家，郭璞之前有三人（管辂除外），一为战国时代的樗里子，二为秦代的朱仙桃，三为汉代作《葬经》的青鸟先生”[145]。仔细推敲，这段史话在学术上漏洞很多。其一，早在《管子·水地篇》之前很久,《诗经》中的《公刘》《绵》等篇，对中国人居“相土尝水、辩方正位”早有明确记载。周公于周初也曾到洛邑“相土尝水、辩方正位”，这是中国儒者及中国民间堪舆先生无人不知之事。对地处北半球的中国来说，老百姓使居住建筑面向南面吸收阳光，是一种非常古老的生存智慧。至少在关中，半坡居屋和杨官寨遗址围壕，均坐北朝南，就是明证，其科学倾向十分明显。中国人居理论的“负阴抱阳”原则，只不过是对此种古老生存智慧和科学倾向的归纳。李约瑟以公元前4世纪或《管子》为其上限，显然把其真实历史缩短了。其二，所谓“郭璞之前有三人”，至少未及文献明确记载的周公和秦始皇，也不妥。周公是中国人居理论成型的初创者，无论如何，无视他是不对的。其三，所谓“管辂有《管氏地理指蒙》，郭璞有《葬书》，王微有《黄帝宅经》，唐代杨松筠有《青囊奥旨》，明代刘基有《堪舆漫兴》”云云，大皆是民间传闻或晚近记载，有的经不住推敲。所谓中国人居理论“自成体系似始于三国”之论，以管辂著《管氏地理指蒙》为主据，亦经不住敲问。显然，中国人居理论发展真况，对李约瑟尚处于朦胧状态，何可骤下结论认其仅为审美？

（五）《中国古代科学思想史》在“美”与“真”哲学关系上的迷惘

不承认中国人居理论具有科学性，只承认它是中国人的一种审美体现并予赞许，似乎中国人之“美”与“真”无关。此思路也倡于李约瑟并已成目前国内主流见解，很严重地影响了整整一代人对中国人居理论的定性。例如，香港李允鉌的《华夏意匠》和台湾汉宝德的《风水与环境》两书的定性就如此。其中，不少人像李约瑟一样，对中国文化具有深沉的挚爱，但也在西方科学至上性“情结”的支配下，不承认中国人居理论具有科学性，又不愿或不忍一概否定它，于是只好承认它是中国人的一种审美体现并予以某种程度的赞许。目前，“美学说”已成了否认中国人居理论具有科学性的一种强大思潮。这也体现着对“美”与“真”在深层哲学——美学理论上关系的某种迷惘。鉴于其目前的巨大影响和易于接受，故应特别予以仔细辨析，包括应厘清，在中国哲学-美学上“美”与“真”有无联系，是何种联系。

总体而言，答案是肯定的。中国的“美”字，由“羊”字与“大”字合成，从文字演变史角度来看，印证着“美出于真而又高于真”。从中国哲学-美学看，人类追求真、善、美，呈现为依次递进的态势。其中，“美是前二者的统一，是前二者的交互作用的历史成果。美不只是一个艺术欣赏或艺术创作的问题，而是‘自然的人化’的这样一个根本哲学-美学问题”[146]；人在“认识领域和伦理领域的超生物性质①是表现为外在的，而在审美领域，（它）则已积淀为内在心理结构了”[147]；“美是真、善的对立统一”，“审美是这个统一的主观心理上的反映，它的结构是社会历史的积淀”，“用古典哲学的语言，则可以说，真善的统一表现为客体自然的感性自由形式为美，表现为主体心理的自由感受是审美”[148]，于是，“美和审美正是一切异化的对立物”[149]，因为“无论是科学或道德都没有也不可能达到这个有关生命意义的价值”[150]。如在这里要问，“美”与“真”是何种关系？答曰，“美”既是“真”“善”的一种升华，又曲折而多方面地影射、展现着“真”“善”。正因为如此，量子力学家保罗·狄拉克（Paul Dirac）才会说：“使一个方程具有美感比使它去符合实验更重要”；物理学家杨振宁才会说：“有时候，如果遵循你的本能提供的通向美的方向而前进，你会获得深刻的真理，即使这种真理与实验是相矛盾的。”李泽厚称这种情况为“以美启真”[151]，即人们对美的追求也实际上体现着对真的崇奉。把“以美启真”推用于李约瑟关于中国人居理论是中国人审美之表现并应认可之议，也可推出李约瑟不自觉地已在某种程度上认可中国人居理论含科学性的结论，但他却明言反对之。这又是“美学说”的一出“理论悲剧”。当然，“以美启真”仅是就“美”与“真”的深层哲学-美学联系从宏观而言的，微观例外当分别言之，此不赘述。

回顾李约瑟个案，他在科技哲学上“于万马丛中取‘上将首级’”，智勇双佳，但在人居哲学和人居科学原理层面上评价中国人居理论时，其绩平常。可以设想，李约瑟作为生物化学专业出身的学者，当研究遥远异域极复杂的大尺度跨专业的中国人居科学及其理论时，无论在资料收集、鉴别、理解和掌握上，还是在对人居科学专业知识的学习、领会、省悟和融通上，均呈现出若干力不从心的尴尬，于是，“巨人”成了“常人”，教训不可谓不深。在笔者看来，中国国内也明显存在这种情况，值得引以为戒并力求克服。看来，深入挖掘中国人居理论中的科学因素，还得首先靠中国人自己。

参考文献

[1][60] 冯建逵，王其亨：《关于风水理论的探索与研究》，见王其亨主编：《风水理论研究》，天津：天津大学出版社，1992 年版。

[2][80][82][142][144][145] 范为编译：《李约瑟论风水》，见王其亨主编：《风水理论研究》，天津：天津大学出版社，1992 年版，第 273—274 页。

[3] 参见马晓彤：《中国古代有科学吗？——兼论广义与狭义两种科学观》，《科学学研究》2006 年第 6 期，第 3—8 页。当然，科学哲学和史学界目前对“广义科学观”或“多元科学观”尚存争议（参见柯文慧：《一江春水向东流》，见江晓原等主编：《科学败给迷信？》，上海：华东师范大学出版社，2007 年版，第 256 页），本书则有条件地认同它。

[4] 参见柯文慧：《岭树重遮千里目》，见江晓原等主编：《科学败给迷信？》，上海：华东师范大学出版社，2007 年版，第 248 页。

① 此指人的社会性。

[5][6][7][8][9][10][11][12][13][14][15][16][17][18][19][20][21][22][23][24][25][26][27][28][29][30][31][32][33][34][35][36][37][38][39][40][42][43][44][45][46][47][48][49][51][52][53][54][55][56][57][62][63][64][65][66][67][68][70][71][72][76][77][93][96][98][99][100][101][102][103][104][105][106][107][111][124][125][126][127][128][129][130][131][135][136][137][139][140]〔英〕李约瑟著，陈立夫等译：《中国古代科学思想史》，南昌：江西人民出版社，1999年版，第16页，第2页，第14页，第17页，第35页，第349—380页，第364页，第182页，第39页，第42—43页，第2页，第183页，第39页，第186页，第185页，第184页，第94页，第38—41页，第104—112页，第262页，第263页，第267—295页，第309页，第308页，第308页，第354—355页，第309—312页，第368页，第367页，第299页，第368页，第347页，第343页，第343页，第348页，第347页，第346—347页，第259页，第349—380页，第352页，第356—357页，第361页，第362页，第365页，第352—353页，第359页，第363页，第350页，第350页，第380—381页，第359页，第350页，第356页，第357页，第419页，第353页，第354页，第364页，第364和380页，第360页，第359页，第47页，第98页，第347页，第417页，第390页，第405页，第381页，第406页，第354—355页，第410页，第418页，第406页，第381页，第417页，第418页，第344页，第346页，第418页，第418页，第419页，第421页，第381页，第412页，第364—365页，第366页，第422—428页，第422—428页，第410页。

[41][78][79][83][85][86][87][88][89][90][91][92][94]〔英〕李约瑟著，汪受琪等译：《中国科学技术史》（第四卷，第三分册，土木工程与航海技术》，北京：科学出版社，上海：上海古籍出版社，2008年版，“作者的话”部分，“作者的话”部分，第62页，第76页，第87页，第89页，第77页，第82—84页，第134—136页，第136页，第87页，第171页，《作者的话》部分。

[50] 蔡仲：《后现代相对主义与反科学思潮》，南京：南京大学出版社，2004年版，第15—16页。

[58][59] 钱学森：《人体科学与现代科技发展纵横观》，北京：人民出版社，1996年版，第91页，第200页（参见第96—97页，第344—345页）。

[61] 刘长林：《中国象科学观》（上、下册），北京：社会科学文献出版社，2008年版。

[69] 胡义成等：《周文化和黄帝文化管窥》，西安：陕西人民出版社，2015年版，第176—181页。

[73][74][75] 转引自王钱国忠编：《李约瑟文献50年》（上、下册），贵阳：贵州人民出版社，1999年版，上册第395页，下册第517—525页，下册第502页。

[81] 尚廓：《中国风水格局的构成、生态环境与景观》，见王其亨主编：《风水理论研究》，天津：天津大学出版社，1992年版，第26—27页。

[84] 王复昆：《风水理论的传统哲学框架》，见王其亨主编：《风水理论研究》，天津：天津大学出版社，1992年版，第89—106页。

[95] 何丙郁：《学思历程的回忆：科学、人文、李约瑟》，北京：科学出版社，2007年版。该书所收曾任中国科学院自然科学史研究所所长刘纯先生所写“代序”。

[97] 李镜池：《周易探源》，北京：中华书局，1978年版。

[108]〔法〕杜尔干著，林宗锦，彭守义译：《宗教生活的初级形式》，北京：中央民族大学出版社，1999年版。

[109] 张锡坤等：《周易经传美学通论》，北京：生活·读书·新知三联书店，2011年版，第18—19页。

[110] 成中英：《易学本体论》，北京：北京大学出版社，2006年版，第62—63页，第148—152页。

[112][121][122][123][132][133][134] 黎靖德编：《朱子语类》，北京：中华书局，1986年版，第四

册第 1621 页，第 1605 页，第 1605 页，第 1606 页，第五册第 1791 页，第四册第 1609 页，第 1608 页。

[113] 邵雍：《还鞠十二著作见示共城诗卷》，收于《邵雍集》，北京：中华书局，2010 年版，第 333 页。

[114][116][117] 参见刘长林：《中国象科学观》（上册），北京：社会科学文献出版社，2008 年版，第 61—63 页，第 210—213，第 299 页，第 202 页。

[115] 参见刘长林：《中国象科学观》（上册）之《〈周易〉执无御有》，北京：社会科学文献出版社，2008 年版。还可参见潘雨廷：《道教史丛论》，上海：复旦大学出版社，2012 年版，第 116—121 页。

[118][119][120] 潘雨廷：《道教史丛论》，上海：复旦大学出版社，2012 年版，第 122 页，第 119 页，第 131 页。

[138] 参见胡义成：《关天经济区第一张文化名片应是“周公仁政”》，收于胡义成等主编：《黄帝铸鼎郊雍考辨与赋象》，西安：西安出版社，2011 年版。

[141] 王育武：《中国风水文化源流》，武汉：湖北教育出版社，2008 年版，第 202 页。

[143] 王其亨：《从辨方正位到指南针：古代堪舆家的伟大历史贡献》，见王其亨主编：《风水理论研究》，天津：天津大学出版社，1992 年版，第 214—234 页。

[146][147][148] 李泽厚：《批判哲学的批判——康德述评》，北京：人民出版社，1979 年版，第 395—396 页，第 401 页，第 403 页。

[149][150][151] 李泽厚：《美学四讲》，北京：生活·读书·新知三联书店，1989 年版，第 122 页，第 242 页，第 98 页。

第二章 中国人居理论「范式」的现代呈现

“范式”又译“范型”，来自现代科学哲学。本章“范式”主要指哲学范式。前已引述了吴良镛的相关说法：“库恩用‘范式’来描述科学活动，包括科学理论、定律、方法和技术的总和，以及科学家共同的信念、世界观、方法论或这个共同体所特有的解决学术问题的立场，等等”，“在认识论上，‘范式’的重要意义就是确认认识框架的作用”；人居环境科学创立的任务之一，就是“寻找‘范式’”。本章不是一般地“寻找‘范式’”，而是“补论”中国“天人合一”哲学特别是它在中国人居理论中具体展现出的“天人感应论”和“气论”，就是中国人居理论的哲学“范式”。这些“范式”的充分合理性被确立得很晚，甚至至今仍有争议。

第一节 “气”范式是“天人合一”和“天人感应”论的化身

吴良镛搭建人居科学框架，最初也是从希腊人那里寻找“范式”的[1]。后来，转而关注中国历史和文献。《中国人居史》从人居与自然、社会的关系等方面研究了中国人居的综合性“范式”[2]，提及其哲学“范式”，也仅止于“天人合一”中的“人与天调”①[3]。由于着重于寻找综合性“范型”，他未及细展“天人合一”哲学的具体细节，甚至未采用“天人合一”字样。应当说，其总思路方向对头，但其哲学“范式”尚待具体深化。按照现代科学哲学，一个学科理论的哲学“范式”，除了在总体上基于中国或西方某类哲学外，一般还要选定一个或几个与本学科领域贴近的具体化范畴，作为自己的常见“范式”。那么，中国人居理论的具体化常见的哲学“范式”首先是什么呢？这就是本节要探讨的内容。

大量相关文献显示，这个哲学“范型”最早是西周时期还较为朦胧的“天人合一”哲学，后来随着中国哲学的深化发展，包括《老子》提出“万物负阴而抱阳，冲气以为和”的命题后，《孟子·尽心上》随之提出“居移气”的命题，中国人居理论哲学具体“范式”就逐渐清晰地在作为“天人合一论”之一种形态的“天人感应论”意蕴内，聚焦于“气”范畴。传为曹魏管辂所撰《管氏地理指蒙》一书，即从“气”范畴开始论述，以“天人交际”和“往来一气兮”的本体思路，认定“太初”之“气”后来形成了天、地、人三才且互相感应[4]。相传为晋代郭璞所撰《葬书》，全书也以承担“天人感应论”的“气论”贯穿，且奉“生气”作为审美的最高标准[5]。唐代《黄帝宅经》，更明确地在天、地、人互相“感应”的意义上，以阴阳“二气”彼此作用，为思考人居问题的具体哲学出发点[6]；《青囊海角经》也明确提出了“统三才②混一气”的人居哲学命题[7]。至于明清时期的民间堪舆书籍，更是几乎每册开头都离不开一个“气”字。当然，这个被作为中国人居理论具体哲学“范式”的“气”，又往往被从不同的具体物质形态加以把握理解，如被视为联系着天、地、人的缥渺的空气，以及与之相近的各种气体、

① 见《管子》。

② 即天、地、人。

气息，乃至于藏在世间万物背后的“人气”“气数”等“因缘”关联，甚至气功的“外气”等。据此，本书认定，中国人居理论的具体哲学“范式”，是中国哲学中的核心范畴之一的“气”；它在本质上，是“天人合一”哲学及其在人居领域具体承担者的“天人感应论”最常见而具体的“化身”。本章第二节将论述钱学森已证明了，“天人感应论”并非迷信，它在宏观世界之外的微观世界、宇观世界等领域是成立的，在作为“量子过程”即微观过程的“人的认识”领域，也是成立的[8]。在中国人居理论中，“气”范畴作为“天人感应论”的具体“化身”，其优点是能在天、地、人形成的开放性复杂巨系统中，理解和解释西方人居科学及其理论难以企达的居者与人居环境之间微妙的互相“感应”，力求居者处于最佳“人居功能态”；其缺点是往往仅被从宏观层面直观地理解和把握，易于造成对“天人感应论”的误解并形成迷信，主要是把适用于微观、宇观和人的认识过程的“天人感应论”，直接推移至宏观的人间事体比附，包括《葬书》明确主张“气感而应，鬼福及人”(同 [5])。此种迷信显系错误，但不等于“天人感应论”本身即错误。

在中国人居理论中，“气”是“天人合一”哲学及其“天人感应论”之“化身”的命题，涉及中国哲学的方方面面，且据笔者所知，此前由于把“天人感应论”视为迷信理论，似乎并无人专门从中国人居哲学角度研究过它，故本节力求先给出一个类似于“论纲”的论证思路框架。

一、中国“天人合一”哲学范畴体系的逻辑结构

准确地把握中国人居理论的哲学“范型”，首先要从现代知识体系出发，了解中国哲学范畴体系的大体逻辑结构。

（一）中国哲学即“天人合一”哲学

中国哲学最早脱胎于巫教。吴良镛的《中国人居史》第二章第五节在对比中西人居文明的差异时，特意引述了持巫教说的美籍华裔考古学家张光直先生关于中华文明具有“连续性”的见解：“我们从世界史前史的立场上，把（人类文明）转变方式分为两种。……一个是我所谓世界式的或非西方式的，主要的代表是中国；一个是西方式的。前者的一个重要特征是连续性的，就是从野蛮社会到文明社会，许多文化、社会成分延续下来，其中主要延续下来的就是人与世界的关系，人与自然的关系。而后者即西方式的是一个突破式的，就是在人与自然环境的关系上，经过技术、贸易等新因素的产生而造成一种对自然生态系统束缚的突破。”吴良镛对此解读道：“上述理论阐释了中国文明进程的‘连续性’的特点。中国先秦时期所奠定基础的人居文明，能够迁延不断，直接影响到其后数千年的人居建设过程，而其中的若干重要（如人与自然的关系）思想更是能保持如新，这一突出的连续性特点，正是与西方之很大不同之处。”接着，吴良镛又引述了西方学者牟复礼对中国哲学的解说：“真正中国的宇宙起源论是一种有机性的程序的起源论，就是说整个宇宙的所有的组成部分都属于同一个

有机的整体，而且它们全都以参与者的身份在一个自发自生的生命程序中互相作用。”牟复礼对中国哲学是天-人一体的有机整体哲学的这种见解，与本书第一章第三节介绍过的李约瑟的相关见解大体一样，吴良镛也认同之，都首先确认它是一种从远古巫教信仰脱胎而出的“天人合一”哲学。吴良镛在此前还引述了李约瑟关于中国“人不可被看作是和自然界分离的”原则①在中国建筑中体现得最“忠实”的话。作为这种“天人合一”哲学的“原型”，周公的“天-仁哲学”，即与巫教之“天命论”粘连在一起。这就决定了它的出发点即把“天”与“人”视为一体。后世所有中国哲学流派，均在此大框架中展开。近世国内外关于中国哲学系“天人合一”哲学之命题的提出，是在进行中西哲学总体比较时逐渐出现的。它最早仅仅关注中西哲学总体致思取向的不同，往往被表述为中国哲学总体取向是“人不能与大自然分离”“人是大自然的一部分”“人与天调”等，大体准确。后来，则出现了对中国哲学系“天人合一”哲学的总体概括。

1. 熊十力的认同

“新儒家”的代表人物熊十力先生就说：“吾人识得自家生命即是宇宙本体，故不得内吾身而外宇宙。吾与宇宙，同一大生命故。此一大生命非可剖分，故无内外。”[9]这不仅是面对西方“主客二分”哲学申言中国“天人一体”-“主客一体”哲学，且也为这种哲学体系内含“天人感应论”埋下了“伏笔”。

2. 李约瑟的认同

李约瑟也说过，中国人的“伟大原理，即‘人不可被看做是与自然界分离的’，‘人不能从社会的人中隔离出来’”[10]。李还说，中国人对“天”与“人”关系的这种“关联式的思考”，确实与欧洲哲学的“主客二分”形成了明显对比[11]。

3. 张岱年、罗国杰的发挥

改革开放后，张岱年先生就提出，作为起源于西周的观念，“天人合一”思想是中国“从先秦时代至明清时期大多数（不是全部）哲学家都宣扬（的）一个基本观点”[12]。

1995年，在国家教委②组织下，罗国杰先生受命主编《中国传统道德·理论卷》时提出，“天人关系是中国传统思想中的一个根本问题，而‘天人合一’则是回答这一问题的主要趋向。天人合一观贯穿于中国古代文化的各个方面，成为中国古人观察、认识一切问题的出发点和归宿”[13]，“‘天人合一’是中国传统文化的一个主要观念，儒、释、道在这一点上大都一致”[14]，“因此，不了解传统的天人合一观，就难以把握中国传统文化”[15]。应当说，张岱年和罗国杰的理解在目前中国学界，基本上是一种共识。

胡适先生当年只从孔子开始讲中国哲学史，且在某种程度上至今影响着中国哲学史的研究思路，以及后来国内学界往往又把中国哲学的核心范畴只聚焦于孔门之“仁”而基本忽略了“天”的范畴，都已经不适用于今天研究中国人居理论了。由于中国人居起源与中国文明起源大体同步，故研究中国人居理论，就只能从周公初创中国哲学

① 实即“天人合一”原则。

② 即国家教育委员会。

“原型”起步。中国最早的周公哲学即“天人合一”哲学。对此，笔者《周公“天-仁”哲学是中华哲学“原型”论纲》[16]及《周公哲学是中国哲学“原型”》[17]等论文，已有较细说明，此不赘述。

习近平同志于2014年提出，“中国优秀传统文化蕴藏着解决当代人类面临的难题的重要启示，比如，关于道法自然、天人合一的思想”等等[18]。习近平对“天人合一”哲学的这种明确肯定，还表现在其他场合[19]，包括在北京大学师生座谈会上的讲话中[20]。《习近平谈治国理政》一书对“天人合一”的注释，包括指出它“源于西周的天命观，认为天与人有着紧密的联系”[21]。

（二）国内学界关于“天人合一”逻辑结构的研究

中国哲学传统范畴体系研究，往往缺乏逻辑层次和结构观念。而在层次和结构基础上的中国哲学范畴体系研究，是中国哲学研究现代化的必然。近年，国内学界在这个议题上也取得了不小进展。

1. 关于中国哲学一般范畴体系逻辑结构的研究

对本书主题而言，张立文先生的《中国哲学逻辑结构论》一书尤其引人注目。它提出，中国哲学在逻辑上可分为三个“三层结构”：第一个“三层结构”，即范畴均有“具体解释”“义理解释”和“真实解释”[22]；第二个“三层结构”，即范畴可一般区分为“象性范畴”“实性范畴”和“虚性范畴”[23]；第三个“三层结构”，即整个中国哲学可分为“表层结构”“深层结构”和“整体结构”[24]；其中，“具体解释”“义理解释”和“真实解释”，又与“表层结构”“深层结构”和“整体结构”相对应[25]，等等。张立文还指出，中国哲学中的“天”与“人”又组合成了“天人合一”“天人相通”“天人感应”等命题，“这对范畴按其独特的结构方式，在历史的演变中，出现了错综复杂的情况”，包括“天人合一论”的深化，必然导向“天人感应论”[26]；作为“象性范畴”的“气”，最后还会在深化中与“道”范畴相联系[27]，等等。这对本节以下的论述，均具有启发意义。

2. 对“气”范畴研究的深化

张岱年的《中国哲学大纲》对“气”范畴的分析，自成一说。他说“在中国哲学中，注重物质，以‘物’的范畴解说一切之本根论，乃是‘气论’”，它与西方哲学中的“原子论”，“适成一种对照”[28]。张岱年还认为，“唯气的本根论之大成者，是北宋张载”[29]。在细读张载论“气”的言论时，笔者感觉张岱年似乎就是在“唯物主义”的名义下进一步说明，张载的“气论”实际表述的是“天人感应论”，因为它特别说明了在张载“气论”的“四大范畴”（气，太和，太虚，性）中，表征无形之物的“太虚”（或“性”）之“神”，就是“感”即万物互相感应之“感”[30]。这对本章以下论述也极具启发意义。李泽厚的《哲学纲要》中的“存在论”部分的“答问”中也说，“气本体”与包括“人”在内的“宇宙-自然物质性协同共在”理论，有“承续关系”。

二、“气”范式是“天人合一”和“天人感应”论的化身

这本来是中国哲学的“老思路”，说者极多，但再提此论点并加以论证，“五四”后似乎尚无前贤。因为“五四”后“天人感应论”成了“负遗产”，没有人再理，而“气”却成了“物质”的化身，只好使两者分离。如今的情况却不同了，故有笔者再证。

（一）中国“天人合一”哲学表现于人居理论的“三层结构”

从本节议题出发，按前述学界既有成果，可以认为，中国“天人合一”哲学在人居理论领域，也表现出一种“三层结构”，即作为“表层结构”的“气”范畴，作为“深层结构”的“天人感应论”，以及作为“整体结构”的“天人合一论”。

如前所述，张立文在某种程度上，已经从逻辑上完成了最抽象的“天人合一论”必然深化为较具体的“实性命题”即“天人感应论”的说明；张岱年则在某种程度上也已开拓出了从“天人感应论”进一步深化为更具体的“象性范畴”即“气”的思路。本书在这里将进一步引述中国古代有代表性的哲学人物或著述关于“天人感应论”浓缩为“气”范畴（或“气”范畴展开为“天人感应论”）的说明，以确立作为中国人居理论“范型”的“气”范畴确是“天人感应论”的“化身”。

（二）“气”范式即“天人感应论”的化身

1. 孟子“居移气”论

中国首涉“天人感应论”和“气”范畴关系者，最明显者即孟子。《孟子•尽心上》载：“孟子自范之齐，望见齐王之子，喟然叹曰：‘居移气，养移体，大哉居乎！夫非尽人之子与？’孟子曰：‘王子宫室、车马、衣服多与人同，而王子如彼者，其居使之然也。况居天下之广居者乎？鲁君之宋，呼于垤泽之门，守者曰：此非吾君也，何其声之似我君也？此无他，居相似也’。”《孟子•公孙丑》又载：“敢问夫子恶乎？曰‘我知言，我善养吾浩然之气。’敢问何谓‘浩然之气’？曰‘难言也。其为气也，至达至刚，以直养而无害，则塞于天地之间。其为气也，配‘义’与‘道’，无是馁也。’”极简略而言，这两则记载，也表现了以下观点。

（1）“居移气”是中国人居哲学的核心之一。“居移气”，故“大哉居乎”，即人的居处能够改变人的“气”，因此居处选择是一个十分重要的大问题。这其实是中国人居哲学最核心的见解之一。对此，孟轲举出了两个王室成员“气”与众不同者为例，证明人因居处不同而“气”不同。事实上，《三字经》中的“昔孟母，择邻处”，讲的也是这个意思。

（2）“气”是“天人感应论”的“象性范畴”。那究竟什么是“气”？孟子说“气”是“塞于天地之间”且“配‘义’与‘道’”的东西。这话很令人费解。张岱年解释说：“这是一种与天地一体的神秘经验。”[31]当时，“天人感应论”还被视为迷信，故张岱年只能说是“神秘经验”。其实今天来看，神秘中也有不神秘。“塞于天地之间”，启示人们

只能把“气”理解为“塞于天地之间”的一种“气场”类存在。按孟子的解释，在这个“气场”里，还包含着“义”与“道”这些人伦原理，乃至包含着孟母所盼邻居习气感染。显然，这只能是一个把人居纳于其中的“天人感应论”模型，它以人居为枢纽，把天地（如日、月、星、辰）、人伦（如仁、义、道、德等）、居者修为（如能否具备“浩然之气”等）之间微妙的互相“感应”，都涵盖了。在笔者看来，孟子在这里其实已经多少亮出了“中国人居哲学中的‘气’系‘天人感应论’的‘化身’”这个史实。为什么“天人感应论”要落实在“气论”上？因为在直观上，“气”确是充塞在并联系着“天”与“人”之间“感应”关系的“象形”者，故对“感性”的中国人而言，它就成了“天人感应论”的“象性范畴”。

孟子的这两条，简直是西方人不可思议的哲学理念。因为他们最初只把人居理解为无人的空间设计和物体之间的物理-化学效应，从未考虑人居会与天地、人伦、居者修为等彼此“感应”，尤其不理解超越时空的“天人感应”，但中国人就是这样想且这样做的。

2. 庄子“‘内气’‘外气’天人感应论”

《庄子·知北游》说“通天下一‘气’也”，即包括“天”“人”在内的一切均在“气”的涵盖中。《齐物论》又说“天地与我并生，而万物与我为一”，即进一步展示了其“气”涵盖的范围有“天地与我”，也有“万物”。《人间世》则区别了“心”与“气”，说“气也者虚以待物者也”，已经触及“体内之‘气’”。其《大宗师》又有“游乎天地之气”一句，此“气”显为“体外天地之‘气’”。由此可想到，庄子的“气”即人体内外感应的承担者，包含着“天人感应”。故这个“气”应就是“天人感应”的“化身”。

3. 董仲舒“元气”论

将“气”是“天人感应”的化身进一步凸显出来者，是专倡“天人感应论”的董仲舒。为此他专门提出“‘元气’论”。《春秋繁露·重政》释其“元”字说，“惟圣人能属万物于一而击之‘元’也”，“‘元’犹‘原’也，其义以随天地终始也”。在董仲舒的话中，“元”字专示“天人感应”。其“元气”概念，把庄子、孟子的“气”作为“天人感应”之“化身”的意蕴，更加明确化。

4. 张载“气本论”

张载论“气”极有名。限于篇幅，这里仅说他对“气”的界定。一是《正蒙·神化》曰：“所谓‘气’者也，非待其蒸于凝聚，接于目而后知之；苟健顺动止，浩然湛然之得言，皆可名之象也。”他在这里一方面说明“气”不是“接目”即可知的空气，而是一种表示“健顺动止”的哲学概念；另一方面，着重重申了孟子“浩然之气”理论，其实是进一步坚持孟子对“气”的“天人感应”解释。二是《正蒙·乾称》说：“凡可状皆有也，凡有皆象也，凡象皆气也”；《正蒙·太和》又说：“气聚则离明得施而有形，气不聚则离明不施而无形。”这两个界定把“天”与“人”乃至有形与无形（包括“无形”信息）均包于“气”中，于是其“气”即“天人感应”更明显。“天人感应”中确存信息通道，它在超越时空时，使“天”与“人”互相“感应”。继承张载的王夫之在《读四书大全说》卷十中又讲“天人之道，一‘气’而已”，这就把“气”即“天人感应”说得更直接了。

张岱年认为，中国“以‘物’的范畴解说一切之本根者，乃是‘气论’”[32]，这种解释似乎仅限于西方哲学套路。他进而说中国“唯气的本根论之大成者，是北宋张载”[33]，另有论者更说“天人合一”四字最早出自张载[34]，这都启示我们更看重张载和王夫之的“气”说。

5. 二程论“气”

“故有道有理，天人一也，更不分别。浩然之气，乃吾气也。养而不害，则塞乎天地。”[35]显然，作为理学重镇，二程也继承着孟子“浩然之气”说。人之“气”既“塞乎天地”，当然也指向“天人感应”。

6.《礼记·礼运》说“人”

这一条其实是追根溯源。《礼记·礼运》说，“人者，其天地之德，阴阳之交，鬼神之会，五行之秀气也”。在这一段话中，人与天地的互相感应，虽是以文明初期先民口吻说的，但其关于“秀气”即“人天互感”者的思路，却可追寻。

7.《周易·文言传》“大人”说

这一条也是追溯文献源头。《周易·文言传》说，“夫大人者，与天地合其德，与日月合其明，与四时合其序，与鬼神合其吉凶，先天而天弗违，后天而奉天时”。在这里，人与天地一体且互相影响的思路隐含其中。如果我们把其中“鬼神”理解为一种价值观寄体，那么，我们可以说，这一段话，也正好表现着中国人居理论对马丁·海德格尔（Martin Heidegger）关于人居乃是追求天、地、人、神“四位一体”诗意目标①[36]的提前省悟。

（三）目前中国学界的新理解和科学实验

1. 刘长林新解“气”范畴

最近，刘长林在提出中国“象科学观”时，也对“气”范畴进行了与前大异的剖析。在他看来：

（1）思考“气”范畴，应首先注重中西哲学“所揭示的宇宙侧面”的差异。西方哲学主张“两个世界，一元存在”。所谓“两个世界”，即主张宇宙中“一个为物质世界，一个为精神世界，二者对立，截然不同”；所谓“一元存在”，即“这两个世界一个是另一个的派生物，或属性”，且因主张派生关系的不同，而分为唯心主义和唯物主义[37]。而中国哲学主张“一个世界，多层存在”。所谓“一个世界”，即认为“气”是“独立的存在”，“有形器物的本质和规律”都“是通过‘气’来体现”的[38]，故“‘气’是中国古代哲学的核心范畴”[39]，“‘气’是中国文化无限丰富内容的真正底蕴”[40]；所谓“多

① 参见本书第五章第一节。

层存在”，即认为“统一于‘气’”的宇宙“基本上分为两大层级：有形之物和无形之‘气’”[41]，而其中“无形之‘气’是万物生化的本质和规律”[42]。与“有形之物”相比，它“应当是另外一种性质的存在”[43]，即区别于西方“物质”的一种“无形存在”，实即事物间的联系。

(2)“气”是另外一种性质“存在”的科学证据，一是中医的“经络”，二是中国的“辟谷”，三是“心灵感应”。这大体是本书后述的中国三大谜题。这些无形的“事物间的联系”，都是西方科学至今无法解释的[44]。

(3) 西方“所谓‘现代科学’则基本上没有超出物质即‘形’的范畴”[45]，包括西医“长期以来就是把人的生命限制在形体解剖和物质化学的阈限之内，轻视了（人体）的功能和信息的独立作用，尤其忽略了精神的独立意义”[46]。故以前把“气”解释成有形“物质”，其实“是按照西方认识路线来理解中国哲学而出现的一个误会”[47]。

(4)“‘气’的发现就是中国传统思维对人类科学的伟大贡献”[48]，它是中国人“以主客相融方式把握到的世界本原”[49]。这里的“主客相融”，即“天人合一”或“天人感应”的另一种表述而已。

刘长林对“气”的理解新颖且深刻。至少，其清晰地揭示了“气”是西方科学哲学和物理学的“盲点”，显示出中国“气”范畴的科学基础及其哲智。

2. 钱学森促动的气功“外气”检验

与对“气”范畴的研究呼应，钱学森促动了对气功“外气”物理学性质的检验。国内近年有论者把中国“气论”与现代物理学中的“场论”加以比较，认为“气”即“场”[50]。从中国“气论”与西方“原子论”不同的角度来看，“场论”毕竟只是源自西方的物理学理论，它不可能等同于中国的“气论”。上述《庄子》已说“外气”“内气”都体现着“天人感应”。钱学森对“外气”的检验，其实也是从特定物理层面破译“天人感应”的一种具体机理。

已有的实验证实，气功师所发“外气”的物理本质是“次声”[51]，或者是“超声波”和“电磁波”及其导出的“电磁场”，这就引向了随时间变化的物理“场”[52]，于是，“气功师的外气作用到一个人就会影响这个人的生物电”[53]。其中，最具影响的实验之一，是“清华大学的陆祖荫教授做的，直接用气功师的外气，来改变分子的结构”[54]。这些实验从物理层面也证明，“气”也即物理“信息”；人体与外界（天地）之间，确实存在着以“气”表征的各种信息（如电磁场、电磁波、次声等）交流。这些“气”，往往是普通人难以觉察的。按钱学森之见，其中还应包括人与天地之间在量子层级上超时空的信息交换。于是，“天人感应论”成立的具体物理机理也就越来越清晰了。

三、否定“气论”及“气”范式的思路并不可取

中国人居理论高明于西方的地方，首先就在于这个“气”在“天人感应”中对居者健康养生的聚焦，但对此仍存在各种歧见。王贵祥的《中国古代人居理念与建筑原

则》一书，就认为“气论”不妥，乃至否定中国哲学是“天人合一”。现对之商榷如下。

商榷之前，应再申本书此前此后申说的“天人感应论”科学性限度问题：中国古代人居理论的迷信成分寄托处，以及它至今在国内外广受诟病之处，关键之一在于其哲学范式“天人感应论”的科学性仅在物质的“微观”（包括人的认识过程是一种量子现象）和“宇观”层级成立，从它可以顺畅理解中国人居理论的精妙之处；但在“宏观”物质的社会层面，“天人感应论”失效，中国古代人居理论往往把它无前提地推广于“宏观”人居生活，导出《葬书》所谓的“气感而应，鬼福及人”等，就走向了迷信。在这个意义上，“天人感应论”及其化身“气论”，既是“最好”的，也是“最坏”的。对《中国古代人居理念与建筑原则》的作者批评从“气论”导出迷信者，无可指责。这里的商榷仅是对其一概否定“气论”和“天人合一”提出。

（一）中国哲学不是“天人合一”吗?

《中国古代人居理念与建筑原则》否定中国哲学是“天人合一”的主要立论基础，一是“天人合一”字样首出于张载，“并非像人们想象的是先秦典籍中的概念”；二是今日论者讲“天人合一”，不符合张载的原意，似为“强加在我们数千年以前的祖先头上的”结论[55]。这种驳议，在学术规范上并不严密。

如前所述，以罗国杰主编的《中国传统道德·理论卷》为代表之一，国内外近世学界出现的相关论断，并非基于先秦诸子的明确提法，而是对中国哲学致思取向的一种简略概括。按照一般学术规则，学者在研究中不仅可以进行这种简略概括，而且概括时可自铸新辞，也可借用古今既有提法，借用时可以按其原意，也可以对其原意加以改变，进行新的界说。由此看来，《中国古代人居理念与建筑原则》的两点批评均难以成立。它要传达的意思，只不过是针锋相对地否定中国哲学致思取向为“天人合一”，包括不承认中国哲学具有“人与自然平等”和生态学意蕴，不承认中国哲学在某些方面与现代前卫学术思想“不谋而合”[56]，甚至说中国“天人合一”与西方宗教的“神人合一”类似[57]，等等。这就牵涉到对中国哲学和中国人居理论“范型”的总体评价，以及它们与西方哲学的巨大区别。不错，“天人合一”源自“神人合一”，也可能导向迷信。但在“人与天调”的意义上，它指向科学。看来，《中国古代人居理念与建筑原则》否定之的思路，已经使它搜寻哲学“范式”的努力，在整体上跨入误区。在某种意义上，本章正是从其失误处出发，深化搜寻并锁定此“范式”的。

（二）如何把握和评价“气论”?

《中国古代人居理念与建筑原则》已察觉到“气”是中国哲学的“基础性概念”[58]，也是中医和中国人居理论通用的哲学“基础”，甚至说后者“几乎将‘气’这一概念运用到了极致”[59]，更察觉到中国之“气”是“无所不在的存在物”，“它存在于天地之间，飘荡于河湖之上，游走于山峦之中，甚至藏蕴于地表之下，隐匿于人的身体之内，继而还会发散于人的发肤之外，或者还会表露在人所描绘之图画，所吟咏之诗歌，甚至人所建构之宫室上”[60]，但他和中国许多学者一样，始终没有省悟此到“气”即“天人合一”和“天人感应”的“化身”，而后两者均会指向科学。它在讲说“气”弥布于天地之间时，还附上了解说孟子“居移气”理论的汉画[61]，而此汉画显然揭示了“居移气”的“天人感应论”背景，可《中国古代人居理念与建筑原则》显然不接受“天人感应论”。关键正在这里。于是，《中国古代人居理念与建筑原则》就仅仅把孟子的“气”解为人的“气质”[62]，又说“很难对‘气’做出一个具有现代科学意义的解释”,“‘气’什么都是，又什么都不是”[63]。这样，“气”范畴，以及它的两个“正身”，均被否定。这当然并不可取。

参考文献

[1] 吴良镛：《人居环境科学导论》，北京：中国建筑工业出版社，2001年版，第15—20页，第221—372页。

[2][3] 吴良镛：《中国人居史》（第八章），北京：中国建筑工业出版社，2014年版，第439—440页。

[4] 管辂：《管氏地理指蒙》，见顾颉主编：《堪舆集成》（一），重庆：重庆出版社，1994年版，第114—115页，第280页。

[5] 郭璞：《古本葬经》，见顾颉主编：《堪舆集成》（一），重庆：重庆出版社，1994年版，第340页。

[6][7]《黄帝宅经》，见顾颉主编：《堪舆集成》（一），重庆：重庆出版社，1994年版，第1—4页，第9页和第26页。

[8] 参见胡义成：《“时间价值论”和“量子认识论”——钱学森院士对现代自然科学的总结及其对价值哲学研究的启示》，见许春玲等主编：《幸福社会价值论》，北京：社会科学文献出版社，2013年版，第23—38页。

[9] 熊十力：《新唯识论》，北京：商务印书馆，1985年版，第535页。

[10][11]（英）李约瑟著，陈立夫等译：《中国古代科学思想史》，南昌：江西人民出版社，1999年版，第64页，第352页。

[12] 张岱年：《“天人合一”思想的剖析》，见范淑娅：《中国观念史》，郑州：中州古籍出版社，2005年版，第24—25页。

[13][14][15] 罗国杰主编：《中国传统道德·理论卷》，北京：中国人民大学出版社，1995年版，第59页，第60页，第59页。

[16] 胡义成等著：《周文化和黄帝文化管窥》，西安：陕西人民出版社，2015年版，第82—90页。

[17] 胡义成：《周公哲学是中国哲学“原型”》，《中国社会科学报》2015年8月4日第二版。

[18] 习近平：《在纪念孔子诞辰2565周年国际学术研讨会暨国际儒学联合会第五届会员大会开幕会上的讲话》，《光明日报》2014年9月25日第1版。

[19] 习近平：《在中国国际友好大会暨中国人民对外友好协会成立60周年纪念活动上的讲话》，《光明日报》2014年5月16日第2版；习近平：《在布鲁日欧洲学院的演讲》，《光明日报》2014年4月2日第2版。

[20] 习近平：《在北京大学师生座谈会上的讲话》，《光明日报》2014年5月5日第2版。

[21] 习近平：《习近平谈治国理政》，北京：外文出版社，2014年版，第177页。

[22][23][24][25][26][27] 张立文：《中国哲学逻辑结构论》，北京：中国社会科学出版社，1989 年版，第 73—74 页，第 97 页，第 73—74 页，第 92 页，第 158—163 页，第 139 页。

[28][29][30][32][33] 张岱年：《中国哲学大纲》，北京：中国社会科学出版社，1982 年版，第 39 页，第 42 页，第 44—46 页，第 38 页，第 42 页。

[31] 张岱年：《中国古典哲学概念范畴要论》，北京：中国社会科学出版社，1989 年版，第 31 页。

[34][55][56][57][58][59][60][61][62][63] 王贵祥：《中国古代人居理念与建筑原则》，北京：中国建筑工业出版社，2015 年版，第 27 页，第 27 页，第 26 页，第 29—30 页，第 189 页，第 177 页，第 177—178 页，第 178 页，第 172 页，第 177 页。

[35] 二程语，转引自罗国杰主编：《中国传统道德·理论卷》，北京：中国人民大学出版社，1995 年版，第 69—70 页。

[36]〔德〕海德格尔著，孙周兴选编：《海德格尔选集》，上海：上海三联书店，1996 年版，第 1192—1193 页。

[37][38][39][40][41][42][43][44][45][46][47][48][49] 刘长林：《中国象科学观》，北京：社会科学文献出版社，2008 年版，第 679 页，第 679 页，第 658 页，第 648 页，第 688 页，第 679 页，第 663 页，第 662—665 页，第 688 页，第 696 页，第 661 页，第 650 页，第 648 页。

[50] 蒙培元：《理学范畴体系》，北京：人民出版社，1989 年版，第 9—10 页。

[51][52][53][54] 钱学森：《人体科学与现代科技发展纵横观》，北京：人民出版社，1996 年版，第 212 页，第 232 页和第 237 页，第 239 页，第 436 页。

第二节　董仲舒和“天人感应论”的现代确立

那是一个雨天午后，笔者从离西安城墙东南角不远处的南城墙和平门走进城里，沿城墙根巷子往西走，不远处，在一个院子里，看到了一个不大的墓堆。四边小草青青，在雨中湿淋淋地歪着脑袋。这就是董仲舒墓。古时这地方叫“下马陵”，因为据说汉武帝曾在董仲舒墓前下马致敬。到唐代，“下马陵”被讹呼为“虾蟆陵”[1]，白居易的《琵琶行》中那个长安歌女，就自称“家在虾蟆陵下住”。到了明朝，“虾蟆陵”就被围在西安南城墙内一角。

“五四”以后，中国人居理论被全盘否定，首先是由于其哲学范式是“天人感应论”。此论倡言最力者即躺在这里的董仲舒。

一、董仲舒对“天人感应论”的力倡和论证再酌

董仲舒力倡“天人感应论”（本节以下简称“感应论”），与《黄帝内经》一起，奠定了中国古典科技哲学范式，是本书关注的重点之一，故须先细究其起源、演变和今日状况等。

（一）远古“医居一体”和“天人感应”

王其亨已指出中国人居理论的“哲学框架”即“天人合一”[2]，较早触及中国人居理论的哲学范式。如笔者其他论著中所说，中国哲学“天人合一”模式，即周公在中国“‘巫史传统’理性化”完成过程中所归纳创制者[3]，它是中国文明延续数千年的首要文化依据，也是中国智慧与西方相异的深层标志。钱穆就说过，“‘天人合一’是中国文化对人类最大的贡献”[4]。另外，笔者也曾说明，源自远古巫术的中国人居理性化过程，也是由周公在“制礼作乐”中完成的，因此，说中国人居理论的哲学“范式”是“天人合一”符合历史，尽管颇嫌笼统。其实，包括民间化之后的“形势宗”和“理气宗”

两大流派在内的中国人居理论的具体哲学基础，主要乃是寄于“天人合一”模式中的“感应论”。

这不难理解，但需从远古说起。中国人居最早作为上古巫术，“‘巫’和‘医’一开始便联在一起”；而医者必须首先“重人的身体即物质生命”[5]，“天人合一”导引下的中国医者则尤其重视人与“天”的“感应”。与董仲舒大体同时出现的中医经典《黄帝内经》就明确说，由于“人以天地之气生，四时之法成”[6]，所以“四时阴阳，以前经纪，外内之应，皆有表里”，“在天为玄，在人为道”，如“神在天为风，在体为筋，在藏为肝”等[7]，意指人由天地所生，故作为自然环境的“天地”与人体内部互相联系对应，形成了“感应”关系，所以“善言天者，必应于人”，“善言应者，同天地之化”[8]。尤其值得注意的是，在中国远古，不仅“巫医一体”催生了“感应论”医理，而且它还被作为“养生”之理推广于人居。《黄帝内经》讲“养生”处，均对此一再申言。这就是中国文明的另一特点：医居一体，即人居科学附庸于“养生”，包括也以“感应论”作为哲学范式。中国人居作为“养生”环节，是其“‘原型’属性”。精于此道的潘雨廷就说：“善摄生者，卧起有四时之早晚，兴居有至和之常制。”[9]此“至和之常制”，实即指“兴居”中的天人“至和”哲学特征。朱熹的大弟子蔡元定撰《发微论》，是著名理学家研究中国人居理论的代表作，就明确说过，人居之事基于天人“感应”[10]。汉宝德也持同见[11]。细读后世中国人居理论书籍，此事极显然[12]。

1.“医居一体”：中西方人居科学及其理论的重大区别

中国人居科学附庸于“养生”的特点，大大相异于西方。在西方，传统建筑-规划-景观学主要的自然科学依据，是传统物理学、化学、地质学等，其空间理论也是“物理空间论”。它有时（主要是室内设计时）也略为涉及医学或生理学，但远远不是附庸于医学或生理学。近年来，西方人居科学也靠近于中国“人的空间理论”，但还不是从附庸于“养生”的模式切入的，而是从建筑社会学研究涉及的[13]。所以，西方人居科学在起始点上，就有别于中国，是“同路的陌生人”。而中国近现代人居科学模式基本是以西方为本位的，所以，中国近现代人居科学家，与中国古代人居理论也往往是“同路的陌生人”。他们不仅感到后者很怪异，而且常以来自西方的机械唯物主义否定之。“五四”以后，董仲舒“感应论”就一直遭到以唯物主义名义实施的批判。本书直接就是对这种“否定的否定”。其立论遵循中国学界公认的原则，即“不预设不受怀疑或批判的理论或学说，不承认不受怀疑或批判的绝对权威”[14]。

2.“天人感应论”源自周公和盛行于董仲舒新论

董仲舒非“感应论”的发明者。严格地说，远古巫术尊奉的“万物有灵论”，就伴生着“感应论”。巫术“天人感应论”在远古全球均存在过。在中国，在哲理上实际最早阐述“感应论”并产生巨大引导作用者，还是“变‘巫’为‘史’”的周公，他使巫术理性化、文明化。当然，限于时代，他以天命论形式推出的“天人感应论”，首先是以“天命”名义为“周革殷命”的合理性提供证明，作为“感应论”的“原型”还相当粗陋[15]。在周公的引领下，"中国一直存在着一个十分强大而且久远的传统观念系统，即宇宙与社会、人类同源同构互感，它是几乎所有思想学说及知识技术的一个总体背景与产生土壤"，故秦汉之际的黄老思想和汉初《黄帝内经》，以及儒者陆贾、公孙弘等，均持"感应论"[16]。但适应新时代的要求，通过新论证，与其首提"独尊儒术"的巨大影响一起，把"感应论"推向霸位者却是董仲舒[17]。

（二）董仲舒对"天人感应论"和"气"范畴的深化

比起周公，董仲舒对"感应论"的最大推进，是在吸取周秦道家、阴阳家、法家等理论成果的前提下，在哲学层面上将周公"感应论"丰富化和精密化，包括把"阴阳""五行""八卦""气"等范畴精细化并促其互联，且联于"感应论"，形成对周公"双本体"之"天-仁哲学"概念体系的充实[18]，把"仁"与"天"进一步一体化而上升为关注的核心[19]，可谓推进了"感应论"的创新。实际上，它也给中国人居理论提供了在当时哲学精细化程度上颇够格的哲学范式。

鉴于董仲舒如何把"阴阳""五行""八卦""气"等范畴精细化并促其互联而形成对周公哲学的充实，是中国哲学史研究领域至今尚存分歧之处，本书无意深涉，仅出于中国人居理论研究之需，简说一下董仲舒对"气"范畴的深化。如前所述，中国远古"巫医一体"就十分看重"气"，因为"出气"起码是当时人有生命的首要体征[20]，由此逐渐地在"理性沉积为感性"的模式下，出现了中国人在审美上对"虎虎生气""生生不息"的崇奉，易理中即有"生生之为'易'""君子自强不息"之说。中国文明初期还有颛顼"治气教民"的传说[21]。李泽厚因此称中国文化是热爱生活即"重生"的"乐感文化"[22]。董仲舒的"感应论"也崇奉"虎虎生气""生生不息"，且由此还把它们作为体现"仁"的标志，因此其"感应论"及据以出发的中国人居理论，也属仁道主义统辖的乐观主义文化形态。中国人居理论民间化后，两大派也均讲究"气"，只是讲法不同而已[23]。

（三）董仲舒对"天人感应论"的论证并不成功

董仲舒对"感应论"的论证，集中在《春秋繁露》和《汉书·董仲舒传》所讲的"天人三策"中。后者显示，在与汉武帝对话时，两人均引述了基本相似于《黄帝内经·素问》中讲"感应论"的原话，即"善言天者必有征于人"，此即"天人之应"。董仲舒进而解释"天人之应"的原因是"天者，群物之祖也"，"言天者之一端"即为明确人与天地"往来相应"[24]，这就为董仲舒的"感应论"奠定了论证的总思路。今天看，这个总思路基本无错。《春秋繁露》则对其进行了展开，一是提出了"人副天数论"，二是提出了天人"同类相动论"。《人副天数·第五十六》说："天气上，地气下，人气在其间。春生夏长，百物以兴。故莫精于气，莫富于地，莫神于天。天地之精所以生物者，莫贵于人。"在这里，他详细叙述了人的"偶天之数"，即上天有四季、五行、十二分，三百六十六日，人有四肢、五脏、十二个月和三百六十六个关节等。今人一看，就知道这是类比。接着，在《同类相动·第五十七》中，他进一步详述了天与人属于同一类别，故能相互感应。为此，董仲舒连举众多事例，加以证明，也并非完全无理。其第一例是“马鸣则马应之，牛鸣则牛应之”。今天看，此例根本不能证明“同类相动”，因为马鸣有时不仅会引起马鸣，而且可能会吓哭小孩；牛鸣有时不会引起牛鸣而会惊飞麻雀，等等。其第二例是“天将阴雨，人之病故为之先动，是阴相应而起也。天将欲阴雨，又使人欲睡卧者，阴气也。有忧亦使人卧者，是阴相求也；有喜者，使人不欲睡者，是阳相索也”。此例也不能严密证明“同类相动”，原因如下：其一，有的健康人对“天将欲阴雨”并无明显反应，包括雨中也无睡意；许多人在忧时并无睡意，“辗转反侧”于半夜，倒是常见，故此例是言事不周全，证据失效。其二，“有喜使人不欲睡”，与“忧时难眠”并存，阴阳互混，故“同类相动”之证也失效。从现代逻辑学看，董仲舒的这种“证明水平”，的确不高。与董仲舒大体同时的《淮南子·览冥训》提出的“物类之相应，玄妙深微，知不能论，辩不能解”之难题[25]，依然未解。今天可以说，董仲舒由于逻辑不周全，并未成功证明“天人感应”。

（四）董仲舒的论证还包含着迷信因素

前已说“感应论”是中国人居理论中的“最好”兼“最坏”。“最好”是指它确实体现着对居者之“人居功能态”的入微体认①，导向中国人居理论远高于西方而精致超前。“最坏”则指它难免会被误解而蹈入迷信。董仲舒在对“感应论”论证时使用比附方法，后续效应确实不佳。其中包括他以“感应论”为据，不仅在哲学上论说求雨仪式的有效性（《春秋繁露》中就有篇目曰《求雨》《止雨》），而且亲自施法求雨，被王充的《论衡·乱龙》所质疑，给中国江湖术士以巫术骗人树立了一个“无良样板”；他把源自北半球温带地区中国人对南向的合理尊崇，与“天命神授”联系在一起，提出了在中国人居理论中很有名的“人主南面，以阳为位”[26]命题，也给中国人居理论服务于皇权提供了依据，等等。究其理论错误，则在董仲舒实际把“感应论”直接误用于宏观社会和人事中。于是，我们在中国人居理论史中就看到一幅“怪景”：其里层实际在追求“人居功能态”的优化，其表层却总呈现出迷信，“最好”兼“最坏”总是一体呈现。

如果说源自史前巫术的中国人居行为，在周公“制礼作乐”完成巫术理性化过程后，巫术本身和巫师职业已呈现出“上升”和“下降”两个取向，前者表现为巫史传统被周公等理性化体制化为上层文化主体，后来的执政官员和诸子儒生均由此出；后者则表现为汉武帝“独尊儒术”后，包括人居理论在内的一部分巫教传统被流放民间，于是，“堪舆师”仅能沉浮于“九流”之间，由于缺乏经济支持而知识欠缺，故而中国民间人居理论更加长期沉溺于简单比附的巫术模式之中，而董仲舒就是他们的“负面榜样”。中国人居理论至今“巫味”浓厚，董仲舒也要担责。

（五）思考董仲舒的思想要相对剥离其论点和论据

逻辑学告诉我们：在任何论证中，论点、论据均相对独立；论据错误并不代表论点也错误。董仲舒对“感应论”的证明，具体论据基本不能确立，并不意味着“感应论”

① 见本书第三章。

本身也不能成立。董仲舒对中国人居理论的最大贡献，是以其政治影响力而确立了"感应论"作为中国人居理论哲学范式的地位。

从巫术中走来的"感应论"在中国的确立，并不具神秘性。在笔者看来，中国最早的"感应论"应当源自"天命论"，即先民对天气决定人间农业收成从而决定每个人命运的某种体悟。这种体悟中还多少包含着中国古人对宇宙奥秘的某种聪明省察。就这样，中国从"感应论"出发的古代科技曾领先全球；科技哲学中也确实存在着一批今人觉得不可思议的正确命题。它们源自中国先人对世界基于观察的猜想，这种猜想往往用幻想的联系代替真实的联系，今人会感到可笑；但对它猜想到世界的种种联系，却不可一概否定。对"感应论"正应如是观。其实，它在现代的真正确立，是由现代自然科学技术若干前沿成果及其哲学提升综合完成的。

二、现代自然科学技术若干相关前沿简说

为了首先在科学技术层面研讨"感应论"之对错，对中外古今学界研究"感应论"的代表人物和成果实施精准评价，在中国人居理论研究中彻底划清"科学"和"迷信"的界限，适当了解一下当代自然科学技术若干有关"感应论"研究的前沿简况，也是必要的。这里仅据需要，略述现代量子力学实验、暗物质研究、系统科学研究若干新进展，并浅议其哲学启示。

（一）量子力学"测不准关系"及当代中国"量子大爆炸"

与中国"五四批孔"累及董仲舒及"感应论"同时，欧洲出现了量子力学。

量子力学由以出现的主要实验，是1925～1927年在"威尔逊云室"（Wilson cloud chamber）中观察到的量子"测不准关系"[27]，即一个"微观粒子"的位置难以精确量度，因为其量度结果取决于实验者用什么仪器进行测量，使用不同仪器会得出不同数值。如何理解这种关系，学者之间展开了持续的争论。维尔纳•海森堡（Werner Heisenberg）写道："如果谁想要阐明'一个物体的位置'例如'一个电子的位置'这个短语的意义，那么他就得描述一个能够测量'电子的位置'的实验；否则，这个短语就根本没有意义"[28]；尼尔斯•玻尔（Niels Bohr）则用"波粒二象性"解释此关系[29]，等等。后来，产生了相对论创立者爱因斯坦与量子力学"哥本哈根学派"[Copenhagen school (quantum physics)] 代表人物之间围绕"测不准关系"解释的反复论战。后者力主"测不准关系"是对传统认识论中"主客界限"的否定，并引申出了一系列新理论，于是，争论奏响了"现代人类哲学智慧大爆发"的最美篇章，持续至今。例如，如何看待哥本哈根学派解释的理论源头之一，是被列宁在《唯物主义和经验批判主义》（*Materialism and Empirio-Criticism*）一书中点名批评的恩斯特•马赫（Ernst Mach）思路？如何看待英国物理学家戴维•鲍姆（David Bohm）继续沿着爱因斯坦的思路前推，以"没有独立存在的物质，物质都是相互作用的"，这种作用在"超光速"传递[30]，即用"唯物本

体论”再解释量子力学实验，对不对？等等，至今均存歧见。

目前，世界又处在新一轮的科技革命前夜。与现代系统科学发展等并呈，包括量子通信在内的量子力学实验和研究及其工程化，近年在中国及海外华裔科学家中又推进神速，形成所谓的“中华量子大爆炸”。2013 年前后，郭光灿院士、潘建伟院士、薛其坤先生、李传锋先生、陈宇翱先生等，实现了测量器件无关的“量子密钥分发”，使中国在量子通信研究方向上处于国际领先地位[31]；通过实验观测到“量子反常霍尔效应”，被视为“诺贝尔奖级别的发现”[32]；通过实验观测到经典噪声环境中“量子关联的恢复”现象[33]。海外华裔量子力学家张首晟（Shou-Cheng Zhang）先生，则被西方视为“诺贝尔奖候选人”[34]，等等。其中，据“《光明日报》2015 年 12 月 12 日电”（记者李陈续）称，获 2015 年国际物理学十大突破之首的潘建伟院士和陆朝阳先生等完成的“多自由度量子隐形传态”研究，能利用“量子纠缠”现象把“量子态”传输到遥远处而无需传输载体。它不仅在通信安全技术和“量子计算机”原理研究上是一大突破，而且依笔者看，也是对本书后述“量子认识论”乃至“感应论”在某种意义上成立的一个实验验证。如今，他们研制的“量子科学实验卫星”也已上天，由京沪干线光纤和星地量子保密通信网络构成的我国广域量子通信体系也将形成，其安全性绝对可靠。据《光明日报》2016 年 6 月 5 日消息，由潘建伟和包小辉教授等研制的“百毫秒级高效量子存储器”，也已完成，为此广域量子通信体系的建立，又提供了一个“非凡绝技”，等等。如此“中华量子‘大爆炸’”，迫使中国学界越来越强烈地意识到，“迄今为止，物理学哲学家和科学哲学家并没有真正消化量子力学带来的哲学挑战”；面对当代物理学在量子力学、宇宙学和“量子场论”三个主要方向上的迅速推进，人们要求真正的哲学家顺应时代，比较研究关于“测不准现象”的哥本哈根解释、鲍姆“隐变量”解释、“‘退相干’解释”“模态”解释、“多世界”解释、“多心”解释，以及强化宇宙学和“量子场论”新进展的哲学研究等，揭示新的实在观、理论观和知识观[35]。在本书后面我们会看到，钱学森在这个论域也处于学科前沿地带。另外，由钱学森的精准引领，我们也不能不从人居研究出发而涉入百年未竟的量子力学持续推进及其哲学新发现。

（二）现代宇宙学寻找“暗能量”“暗物质”等略述

在第二次科学革命的量子力学和相对论牵引下快速发展的现代宇宙学，目前已认识到宇宙中可能存在三种“物质”，即“普通物质”（今自然科学所面对者，又称“明物质”）、“暗物质”和“暗能量”。有消息说，“普通物质”只占“宇宙物质总量”的 4%，其余均为“暗物质”和“暗能量”，尤以“暗能量”占多数。其中，无数“暗物质”每分每秒都在穿透人的身体，其不为今人所知的物理效应当然每分每秒也都会对人体产生某种我们尚不清楚的作用。

近年科学界在搜寻求证“暗能量”“暗物质”等方面，成绩不凡。因发现“J 粒子”而获诺贝尔奖的华裔科学家丁肇中先生，目前在欧洲领导着“阿尔法磁谱仪项目”，已发现了 680 万个正电子。丁肇中说“到底找到‘暗物质’没有？现在已探测到的五种结果都和'暗物质'有关";同时也在寻找着与暗物质同在宇宙的"反物质",国内多所大学为此立下功劳[36]。国内跨院校企业的"暗物质实验合作组",则利用全球最深的"中国锦屏地下实验室",2014年在"追捕"暗物质证据中,获得好成绩[37]。2015年12月17日,中国发射了专门用于探索研究"暗物质"的卫星。国外近年在相关方面,也取得了一系列成绩。虽然国内外均有学者仍对相关证据的确凿性持怀疑态度,但看来前景乐观[38]。人们可以设想,这些发现均直接指向对作为哲学概念的"物质"或中国之"天-人"关系的物理新解,故其结果对"感应论"研究的重要性不言而喻。其中,"暗能量""暗物质"等所具性质,均是原来只注重"明物质"的自然科学尚未研究者,它们意味着除了今日自然科学之外,尚存在对世界的别样解释。由于"暗物质"时刻都穿越着人体,也许对"感应论"的理解和研究也就不能仅限于传统自然科学。也许"暗能量""暗物质"等,就直接或间接与各种传统宏观自然科学难以解释的所谓"天人感应"奇异现象有相关性,并且体现为中国人居理论中的许多"怪论"。

(三)钱学森在系统科学研究上的新进展及其哲学启示

"测不准关系"被发现至今已近百年,爱因斯坦与哥本哈根学派代表人物之间的反复论战的余音,在不同科学学科内近百年时起时伏。它提供给学界的启示之一是,现代科学各领域各学科之间,包括自然科学、社会科学、人文科学、哲学乃至艺术等之间的"大融合",以及与"大融合"并行的"大分化",已成不可避免的科研"大趋势"。量子力学论战孕育出的新一代科学家,另辟"论场"形成的伊利亚·普里高津(Ilya Prigogine)"耗散结构理论"、赫尔曼·哈肯(Hermann Haken)"协同学"、曼弗雷德·艾肯(Manfred Eigen)"超循环理论",以及路德维希·冯·贝塔郎菲(Ludwig von Bertalanffy)"一般系统论"等,不仅均具有鲜明的横跨自然科学和社会科学等的方法论功能,而且在电子计算机和互联网技术的配套下,直接导致全球科研方法"大跃进"。于是,在量子力学、相对论思路的基础上,融合创建现代"系统科学"就成当代科学发展的时代要求之一。中国以钱学森为代表的一批科学家,目前在这个方向上实际上已处在世界前列。钱学森自己就说过"现代科学中最先进、最尖端的系统科学"的话[39]。

中国"在前列"的标志之一,是改革开放后,钱学森在推进中国国家治理、经济社会发展,以及在亲历"现代大科学"等研究中,创建了"开放性超巨复杂系统理论"(或曰"大成智慧学"、中国"现代系统科学"),初步实现了对量子力学出现以来所有主要科学前沿进展的一种大融合,并实现着它的应用化和工程化,效果颇佳。钱学森还通过它们,在哲学层面改造性地引入了以本体唯物论为前提的"量子认识论",说明物质以超光速互相感应,在认识论领域的表现,就是承认"人的认识是量子过程",包括其中主客体必然互相"感应"。钱学森又在此基础上,以中医医理研究为切入口,公开以其推进的现代系统科学为据,深入研究人体科学,实际上也是在现代科技层面确立"感应论"。对钱学森的这些理论-工程贡献,笔者已有叙述[40],除必要部分外本章不再赘述。

三、现代中外学界对董仲舒“天人感应论”的评价回视

“五四”后的中国，与量子力学标志的科学时代反差巨大。由于“董仲舒之推明孔氏，抑黜百家，尤为一般人所诟病”[41]，相关的“感应论”也成为先进知识界的批判靶的。《矛盾论》就否定了董仲舒论证“感应论”时说的“天不变，道亦不变”哲理[42]。现代中国学界对“感应论”的研究，就是在这种浓厚的政治氛围中展开的。另外，限于中国现代教育文理分科，中国文史哲论者开头往往仅关注董仲舒“感应论”的政治内涵，对其科学蕴含不论，加之他们一般都不了解国外自然科学新态，很少有人关注量子力学与“感应论”的关系。直至2015年5月18日《光明日报·国学版》，专攻董仲舒研究的周桂钿先生发表《今天来看董仲舒》一文，虽明确认为董仲舒是唯一为盛世建言的圣人，代表着当时全球最先进的文化，但对“感应论”也未置一词。国外则颇异。

（一）侯外庐先生等著《中国思想通史》

该书是20世纪中期有代表性的多卷本巨著，论述董仲舒涉及其“天人关系论”[43]。它先是明确把“感应论”定性为“宗教思想”，认为其从两周时期产生起直到汉代从无正面价值[44]，接着说“天不变，道亦不变”命题实即“神学”[45]，董仲舒哲学则是“给新宗教以系统的理论说明”[46]，系“唯心主义的知识论，实为儒学庸俗化的典型”[47]，故定性董仲舒是中国“中世纪神学体系的创始人”[48]，包括指出董仲舒的“感应论”实即宣传“密察神秘的本体，而不究事物内在的联系”[49]，“在宗教上是天的神权的最高证件，而在俗世中则是皇权的最高护符”[50]，全盘否定了董仲舒的观点[51]。今日回视，该书“大旨不外于西方真理的输入”，“背后仍然是用他所憧憬的启蒙理性来再造”中国文化[52]。当时冯友兰和任继愈等研究董仲舒的思路，与此大同小异，这是可以理解的。因为“五四”后的中国思想史和哲学史研究，都是用西方模式套中国史实，误读、错读必然会存在。当时以马克思主义唯物主义研究中国思想史和哲学史者，尤其难免如此。

（二）海外港台华裔学者对当年否定董仲舒观点的再否定

其中，新儒家是职志所系，举“孔旗”必“挺董”，无可逃遁，其始作俑者是牟宗三先生。他首先肯定了汉初从贾谊开始的“复古更化运动”，认为它扭转了秦之暴政路径，使中国复归于“五经”代表的仁政“理性”，故“董仲舒所发动者，正是推动时代、开创新局之文化运动”，为汉代奠立了思想“型范”[53]。他公开批评“近人习于西方之故事，动辄以西方教条之意视儒家，可谓太浮浅无知矣”[54]。这是中国学界全面抵制“西化”的最早强音之一，也明显是借“董酒”浇新儒家之“愁”。当然，他也指出了董仲舒“超越理性”的联想比附及其引致“王莽之篡”等局限[55]。作为文史学者，牟宗三仅从中国文化本位立论，可惜对“感应论”本身的科学源自和价值未置一词。徐

复观先生却明确说董仲舒“影响到先秦儒家思想在发展中全面的转折，在思想史上的意义特为重大。而这一转折，与董氏‘天的哲学’是密切相关的”[56]，并进而把董仲舒哲学定性为“‘天的哲学’大系统的建立”[57]，且具体分析了董仲舒“感应论”通过引入“阴阳”“五行”范畴形成对“天”之内容的细化，指出董仲舒的“感应论”具有“尊生”（“把人当人”）乃至“抑制君权”等民主性内涵[58]，也提出董仲舒对“感应论”的论证是把“在社会生活中常见”的“以类相召”现象“扩大了它应用的范围”[59]，这实际直接表明董仲舒论证“感应论”本身逻辑有误；而前者则引起杜维明先生等持续呼应[60]。

台湾的许倬云先生著《中国古代文化的特质》一书，上篇专设“思想方式”一节，认为董仲舒的“感应论”即体现着“天人合一”哲学，“一直是中国思想中的特色”，它根于中国古代靠天吃饭的精耕农业[61]，表现了中国远古以来关于天人和谐而不对抗的思想方式[62]，即“人与天是合作的关系，人与自然之间只当有共生与协调”[63]。这种思想方式，“到董仲舒时发挥到了最高阶段”[64]，形成了作为社会上层主流的“和谐的天人相应”理论体系[65]，包括它仅设天上人间秩序“互相相应共通”，从文化根本上排除了“神意的独断”[66]，后来“渗入到佛、道，变成民俗思想的主要部分”[67]。这一理解，虽未涉及现代科学对“感应论”的印证，但却呼应着它，确是高水平的历史哲学论说，在文史学者中有点“鹤立鸡群”的味道；另外，许倬云说最早作为巫术的“感应论”仍“有许多的粗糙的成分”，包括“咒术制鬼”之类[68]。指出这些，当然完全必要。

笔者特别注意到许倬云先生基于这种“史识”，直接切入以“感应论”为范式的中国人居理论，说它“以人间和天然之间的交互作用为根本假设”，“这种讲求风水的观念，不但在农业上讲求环境的保存或是防风林的种植，甚至在这互相为用的观念下也影响到中国的庭园建筑，将外面的景色移至家中，讲求借景、补景。自然与人的生活可算十分贴近”[69]。这与本书的见解已极为接近。

（三）国内学者的反思

上述对董仲舒的“否定之否定”，启发了国内文史哲学界的认真反思。葛兆光、金春峰、庞朴、张立文、余治平、刘国民等都对董仲舒及其“感应论”有了新的理解。

1. 金春峰的“非神论”

作为大陆“转型期代表”，金春峰重在对董仲舒的“内在矛盾”加以揭示[70]，一方面认为“感应论”是董仲舒思想的“核心”，直接把它界定为“荒唐的唯心主义思想”[71]或“神秘主义目的论”[72]；另一方面则又说它是“非神论”[73]，代表着“秦汉以来兴起的一种社会思潮”[74]，系“在更高的阶段上融合了各家思想的更发展了的思想体系”[75]，包括否定了秦政而“成为地主阶级在全国确立大一统统治以后第一个占据统治地位的庞大的全面的思想体系”[76]，认为其“‘天人感应’思想的非神论说法，有相当长远的影响”[77]。在具体论及“天人感应”时，金春峰一方面引述当时《黄帝内经》及其开创的中医对“天人感应”总思路的科学论证，认为董仲舒论证的牵强并不能否定其总思路的科学[78]，董仲舒以“气”为中介的“感应论”也具有非神论品格[79]，另一方面又认为董仲舒的论证是“神秘的唯心主义”[80]。可以看出，金春峰表现出以中国天人合一的标准评《黄帝内经》，以来自西方的唯物论标准评董仲舒的混合状态。这种状况在大陆学界目前仍很常见。

2. 葛兆光根植于中国文化传统的再评判

葛兆光观点的主要特征，是淡化关于董仲舒“感应论”是“神学”的定性，且明说“在古代中国一直存在着一个十分强大而且久远的传统观念体系，即宇宙与社会、人类同源同构互感，它是几乎所有思想学说及知识技术的一个总体背景与产生土壤”[81]。在这里，“感应论”的合理性被根植于中国文化传统，即它开始把对董仲舒“感应论”的评判，实际置于“中国哲学本位”之上[82]，开始摆脱机械唯物论的纠缠。在这一点上，葛兆光对董仲舒“感应论”的研究水平异于金春峰，其实已属国内当时文史学界的哲理突破。

四、钱学森、李泽厚论证“天人感应论”及钱学森、李泽厚和潘雨廷合论

如果说前述许倬云对“感应论”的肯定，很可能是他真正“参透”“五四”前中国古典哲学典籍的结果，那么下面将述的钱学森、李泽厚论证“感应论”的合理性，则是自觉接受现代自然科学前沿成果并领跑现代哲学的功绩。也许今日在精神上还多少陷于“失家园”危机中的一些中国人，尚不能完全理解和承认之，但笔者深信历史终将褒奖他们。

（一）钱学森从科学性上论证“天人感应论”

钱学森晚年论证“感应论”，发人深省。“五四”以来，中国自然科技界从理论到实践，大多采用西方模式，科技专家往往淡视或无视中国科技哲学和古典科技体系。所谓“孔家店”处于风雨飘摇中，它们似乎就只能是一堆应待扫除的“垃圾”。由此，中国人在科技逐步进步中，也同时有点陷入“失（精神）家园”的危机。曾沿着西方科技模式取得巨大成功的钱学森，晚年倾力论证作为中国“天人合一”哲学主要支撑点的“感应论”，实际也是利用全球非线性科学证明中国科技哲理的大趋势，开拓中国人居哲学和马克思主义哲学融合研究的现代化新境，力求融合中西，克服中国“失家园”的危机，功莫大焉。在笔者眼中，他因此也是改革开放后国内科技哲学研究的“第一小提琴手”，至少远远高明于那些哲思枯萎而占据要津的所谓“著名哲学家”。

1. 以所创“开放性超巨复杂系统理论”论证

在将所创现代系统科学施用于中医医理研究时，钱学森创建了人体科学①。人体科

① 参见本书第三章。

学以现代系统科学之“开放性超巨复杂系统理论”为方法，以该理论的“工程技术”为手段，公开下结论说：“所谓‘天人感应’，是考虑了更大的系统①中间的关系”[83]；“人体是个‘巨系统’，人与环境形成一个‘超巨系统’，要通过这个‘超巨系统’来研究”[84]，所以要把这个系统看成一个“跟整个宇宙的环境是有密切关系”的“开放”系统[85]。钱学森在这里所讲的“开放超巨”系统，就是“人”与“天”之间，起码在物质的微观（量子）层级上，不受时空限制，互相交换信息，这种交换实际上就是彼此“感应”，而量子力学已对这种“感应”提供了证明。对此，钱学森还明确说“人跟环境的关系”问题，在中医医理中就叫“人天相应”[86]，他自己的任务就是“要证明它是科学的，不是不科学的”[87]。这不仅进一步说明了中国古典科技所倚“感应论”基于量子理学而无误，也把他以所创“开放性超巨复杂系统理论”为方法，通过视“天人系统”为一“量子层面”的“开放性超巨复杂系统”，从而论证中国传统“感应论”合理性的话说透了。

其实，“开放性超巨复杂系统理论”本身既是现代科学成果，又具有哲学方法论功能，故他以之论证“感应论”的合理性，在方法上是站得住脚的，故结论可靠。

钱学森还针对以往中国“感应论”述评研究中概念模糊且缺乏现代科技成果支撑的老毛病，进一步借“开放性超巨复杂系统理论”之工程技术部分，力求在“天人系统”的各个层面上，破译其互相“感应”的具体机制。对此他说，作为“开放性超巨复杂系统”过程的“人天感应”，“结构层次就非常多”，“每个层次又有自己的特点，层次与层次之间不是割裂的，下面的层次综合起来可以得到上面一个层次的性质”[88]，故所用方法只能是把西方科学所长的“还原论”，与中国哲学及医学所长的“整体论”辩证地统一起来[89]。从这种方法原则出发，钱学森在“工程技术”层面上，设想了进一步具体证实“感应论”科学性颇详的层次化、学科化、技术化的实施方略和方案，包括鉴于人体科学研究中采用现代“高能技术”难度较大[90]，鉴于生物电磁现象是生命科学基本现象之一[91]，故特别支持陆祖荫先生和冯理达女士等学者，首先用电磁波（场）技术研究气功中的“外气”[92]，借以首先深入破译“感应”产生的一个具体机制。有一次，他还特别意气风发地讲到与“外气”相关的中国人爱说的“气场”，说它“也可能”就是“我们说的电磁波、微波、等离子体、调幅的红外波、次声、粒子流、缓变的磁场、超声”等[93]。此外，钱学森还同时鼓励在现代科技条件下，利用现代自然科学技术擅长的人体功能状态测量技术[94]、微重力理论[95]、弱电磁场理论[96]、弱光理论[97]、人体电位测量技术[98]、波动（场）理论[99]、核磁共振技术[100]、次声振动技术[101]、生物节律理论[102]、时间生物学[103]、生物波理论[104]、微循环理论[105]、广义信息论[106]、智能电子计算机研制[107]、红外辐射技术[108]、声学[109]等学科工具，深入揭示“感应”的其他主要科学机制。在笔者眼中，这些研究实际也是对中国人居理论中一些原理或现象的还原论式深度破解。在这个方向上，中国人居理论研究还面临着许多的科研空间，有待后来者进一步研究[110]。另外，钱学森也特别注重从“整体性”角度开展“感应论”思考，包括首先把西医解剖学难破解的中医人体经络现象，独创性地看成人体作为“复杂超巨系统”的整体“功能态”[111]，说明这种“功能态”在数学

① 实即天人系统。

上对应着“复杂超巨系统”的“非线性”特征，说明这种“非线性”会表现出以往人类线性思维很难理解的奇异功能状态[112]，指明了把以前很难说清的“感应”现象说清楚的总体研究思路，在“非线性突变论”的基础上，展现了中国整体性哲学方法的优越性。应当说，这其实是人类古今历史上研究“感应论”和中国人居理论的空前的科研创见和创举。沿着这条路走下去，中国人居理论科学性的深度破译指日可待。故无论对中国传统科技哲学或医理研究的现代化，还是对中国人居理论研究的科学化而言，它都应被大书特书。

科研经验丰富的钱学森也深知，科学知识只能不断逼近世界真相全相而不可能完全破解世界，给“不可知”预留位置是必要的，所以他也告诫，在这个研究中出现的现象，“一类是现有科学能够解释的，另一类是现代科学不能解释的”，“一些现象用现代科学解释不了也并不稀奇，整个科学的发展就是这样，不能不承认这个问题，要改造现有的科学理论”[113]。这最后一句话的分量很重，其实不仅是以科学名义给康德“不可知论”哲学留下了存在余地，而且是点明了用“开放性超巨复杂系统理论”研究“感应论”，对改造现存科学的重要价值。

2. 以“量子认识论”论证

这一条其实是对前一条中个体认识论侧面的凸显，标志着钱学森把对“感应论”的确认，从科学层面升华到了哲学认识论层面。在此，钱学森由“测不准关系”出发，说“60 多年来，人们却一直面临一个难题：如何去理解这个理论结构本身，因为理论结构似乎与人们习惯的存在概念相抵触，不相容”[114]。这就点明了“量子认识论”与传统“唯物主义认识论”的不同，它把认识中的主-客体对立泯灭了，消融了。因为在科研中，毕竟实验结果是第一位的，于是，钱学森采纳哥本哈根学派的解释，明确承认“量子认识论”，即承认人类的个体认识其实是一个量子过程；在这个过程中，由于量子超光速地彼此纠缠或互相“感应”而诞生人的个体认识，其中宏观意义上的主-客体界限就被泯灭了，可以说呈现出主-客体互相决定的认识图像[115]。钱学森明确说：“还是量子力学中的那个基本思想，没有独立存在的物质，物质都是相互作用的，而且这个相互作用传递是超光速的”[116]，“量子认识论”就是量子力学时代的马克思主义认识论[117]。它也为中国人居理论范式的合理性，提供了最根本的认识论依据。对此，本章第三节还有较详细的说明。

3. 通过宇宙学“人择原理”论证

在论证“感应论”的科学性时，钱学森使用的主要现代科学论据，还有宇宙学中的“人择原理”。他把“感应论”研究前提直接称为“宇宙观中的人天观”[118]，说它即“人择原理”[119]。他解释“人择原理”时说：“人们发现小至基本粒子，大到整个宇宙，许许多多事情都被为数不多的几个参数所决定，而且这里有许多‘巧合’。例如两个质子的静电斥力强度与万有引力强度之比大约为 10^{36}，而宇宙年龄从紧接当今以前的大爆炸算到现在（约 150 亿年）除以光穿过原子所需要的时间，这个比数也是大约 10^{36}”，由此卡尔等提出，“也可以认为我们人体作为认识世界的主体，之所以出现在现今（在宇宙时间，相差几亿年无关宏旨），是因为我们这个宇宙正好能产生人，而有了人才能认识宇宙这个客观世界。所以看来人同宇宙、主体同客体是相依而存在的，有不可分割的关系。卡尔称之为 anthropic principle（有同志译为‘人的宇宙原理’或‘人择原理’），我拟称之为‘人天观’”[120]，即宇宙学认为，“我们这个物质世界之所以是这么个物质世界，与人的出现有密切关系；或者反过来说，就是因为我们有这么一个物质世界，所以才会出现人”[121]。这也意味着，存在不同类型的宇宙，它们各自具有相异的物理参数和初始条件，不过只有在物理参数取特定值的宇宙中，才能演化出人类，也正因为如此，人也就只能看到具有这个参数特定值的宇宙。从而在“我们的宇宙”中，被观测到的宇宙与作为观测者的人互为依存；没有作为观测者的人，也就没有被观测的宇宙。这也就从宇宙学上再次揭示了量子力学从“测不准关系”中推出的那个哲理：在人的个体认识中，主客体互为前提，互相决定，因为两者通过量子超光速的运动而互相“感应”。“感应论”的科学性再次被确认。

钱学森从上述三条确证“感应论”，把中国先贤猜测到的天-人互通互感模式，放置在了现代科学和现代哲学的双重基础之上而牢不可破。在“感应论”的研究历史上，在中国人居理论哲学范式研究史上，这是具有决定意义的大事。

（二）李泽厚从现代哲学层面再论“天人感应论”

李泽厚的哲学研究特征是力求横跨“中、西、马”，以唯物史观统领下的“大综合”见长。他自己有时则自称是用孔夫子消化康德、马克思和海德格尔，同时倡言在海德格尔之后，该中国哲学“登场”了，“现代味”很浓。

1. 20 世纪末《秦汉思想简议》

在 20 世纪 80 年代发表的《中国古代思想史论》中，李泽厚以《秦汉思想简议》[122]为题，冒险给董仲舒的“感应论”以“公平待遇”，一方面指出中国“秦汉思想主干特色”即“成就了‘天人感应’的帝国秩序的宇宙论”，代表者是董仲舒。这个思想主干“最终形成了中国独特的文化-心理结构”并使之“成熟”，包括其论证“感应论”时建立的“阴阳”-“五行”系统论含有“科学方面”，“反映了事物的客观状貌，并能在一定范围和一定程度上有效地应用于实际生活中，从而也就保存和延续下来，并不断得到细致化和丰富化。在这种系统论中，诸性质诸功能的序列联系和类比感应关系，较少意志论和目的论的主观臆测，更多具有机械论和决定论的倾向。这种系统论的最高成就和典型形态应该算是中医理论”，而“中医及其理论历数千年而不衰，经过了漫长历史实践检验而至今有效，这恐怕也应算是世界文明史上的奇迹之一”。另一方面，他也揭出“阴阳”-“五行”包含着许多谶纬神学要求的牵强附会，“充满着种种笼统、直观、粗陋、荒谬和神秘的古代原始印痕”，在后世演变为“顽固的传统观念和思维习惯”，效果不佳，又明确把“感应论”从“阴阳”-“五行”含有的“科学方面”完全剥离出来，只从谶纬神学-政治哲学角度理解论说它。其非常明确地说，“感应论”的“宇宙图式”

虽然当时在政治上对，但它“完全是非科学和反科学的。它们属于意识形态的虚构方面，较快就被历史所抛弃淘汰”。这近乎全盘否定了“感应论”的科学性。

2. 近年

经过几十年风风雨雨的李泽厚，虽一再说自己基本见解一以贯之，但近年对董仲舒论证“感应论”时所创“五行反馈图式”，评价其实也彻底变了。不仅说它是“重视自然情境与社会相统一的天人图式”，实即中国“天人合一”哲学之体现，而且说它“在当时及后代都具有重大意义”[123]。以此为基础，他对“感应论”及根源于它的中国人居理论中长期被视为“迷信”者，也从原来全面否定[124]而变为与中医一起的肯定：“汉代的儒家吸收了阴阳家、道家、法家、墨家的东西，构成了一个阴阳五行的系统。董仲舒的天、地、人、自然、社会，是一个完整体系。西方人觉得奇怪，中国人不要上帝，竟然生存得那么久。是什么东西维持着呢？我觉得，是因为有这个系统。”“一个真正的宇宙论，到汉儒手里就完成了”，它表示“不是天为人立心，而是人为天地立心”，“因为有董仲舒，阴阳五行本来不是儒家的，董仲舒把它吸收、消化在系统里了”，“它构成了一个非常复杂的有机反馈体。阴阳五行是反馈的，例如五行相生又相克，阴阳对立又互补等等”，“它构成了中国人的文化心理结构。今天到处的中国人不还是在讲阴阳五行吗？”“针灸、堪舆、中医不都说阴阳五行吗？尽管从现代的眼光来看，有些是非常不科学的，好些是虚幻、迷信的东西，但里面确有很多经验的、科学的东西存在。例如中医，不是中医不科学，而是现在的科学水平，还没有发展到解释中医的地步，也许在五十年、一百年后，科学才能非常实证地解释中医”[125]。这一说明，不仅明确提到与中医同类同构的中国人居理论具有科学性，而且暗示“也许在五十年、一百年后，科学才能非常实证地解释”它，确实见解深邃。其中蕴含的对中国科学哲学早熟的默认，也是引人深思的。可以说，李泽厚不仅实际已经抛弃了早年对董仲舒“感应论”评价的二重化，在“感应论”直接体现中国“天人合一”哲学的新境中，初步肯定了“感应论”及中医医理、中国人居理论哲学范式的合理性，而且也从科学性上独特地肯定了中医医理和中国人居理论，虽然其表述多少有点含糊。

笔者注意到，李泽厚2002年在《历史本体论》中，提出了中国实用理性内化为“度”，以及应以“度”替代西式“物质”“精神”“存在”“本质”“实体”等而成为中国哲学“本体性的第一范畴”问题[126]，在重构中国哲学范畴体系上，迈出了重要一步。而关于“度”作为中国哲学第一范畴的设计，最早就来自董仲舒的《春秋繁露·度制篇》。由此可见，李泽厚在论述董仲舒的“感应论”时对其哲学的重视、细思、继承和发挥。

3. 从“孔颜乐处”境界确立“天人感应论”

李泽厚近年肯定“感应论”的哲学合理性，是以现代科学结论为首要依据的。有资料显示，此前他（可能通过钱学森？）确实认同了“人择原理”及“量子认识论”对“感应论”的佐证[127]。在哲学-科学“双重学缘”的推动下，作为“文史类哲学专业”出身的他，其独特的突破处，并非依凭自己不甚熟悉的自然科学前沿成果宣传“感应论”的合理性，而是从其美学研究所提“理性积淀为感性”模式出发，认为美学为中国“第一哲学”；从人类科学认识均具有相对性切入，把“天人感应”之极致，与重新审视儒家审美的“孔颜乐处”诗意和神秘融合，在美学中体认“感应论”。后者还多少对应着钱学森对康德“不可知”的承认，呼应着中国古人对“天人感应”神秘感的透悟，认识到其合理于人类科学认识均具相对性而必然导向的某种“不可知”或曰“信仰”，从而使其美学研究又“进一阶”。正是在这里，中华民族文化作为“乐观文化”获得了某种更深刻的哲学阐发。

于是，我们看到了在“感应论”问题上李泽厚的“三步跳”：第一步，从其为“非科学反科学”论升华到“感应论”具有某种哲学合理性；第二步，从“感应论”具有某种哲学合理性跳到其为科学命题；第三步，从它作为科学理性跳到它积淀为儒门感性的“孔颜乐处”。这最后一跳，继承并超越了海德格尔1946年在沉思“空间哲学”时提出的天、地、人、神“四位一体”的境界理论①，又凸显出中国特色。在笔者的如此这般的学术感觉中，读钱学森比读李泽厚冷静严谨，论述精准，思路清晰，逻辑严密；而读李泽厚比读钱学森“味道”隽永，别有洞天，哲思汹涌，诗意盎然，都能使人精神得到升华。

在以“感应论”为哲学依据的中国人居美学中，上述李泽厚从“感应论”作为科学理性依次升华为认识感性、伦理感性和审美感性的思路，笔者认为甚为关键。因为这就表明，无论是在认识层次，或在伦理追求中，乃至在审美达观境界中，中国人居活动中的各种感性表现，包括堪舆师对作为生命象征之“生气”的神秘追求，对“形”与“势”的严格苛求，对“朱雀”“玄武”“青龙”“白虎”图像的钟情迷恋，对日月星辰的神秘遥应，在天、地、人、神“四位一体”意境中的隐秘情怀，对山水“穴位”之脉动的感受和命名，对各种口诀模式的刻意满足等，虽然也经常会杂现为种种怪谬、比附、牵强，总令今人难以理解，但毕竟这样或那样地体现着“感应论”，因此其原初核质即科学理性。因为此审美感性是由科学理性转化而来的以感性面目出现的理性。李泽厚将之称为中国的“以美启真”。而这也正是中国人居理论具有科学性的最深层而最广泛的哲学根据。面对“迷信”质疑的中国人居理论，在此也完成了最终的哲学和美学“突围”。笔者在其中已感受到中国人居理论必将完全从原来的误解中“华丽转身”。

正是与“以美启真”相联系，李泽厚讲中国“第一哲学”是美学，其言外之意，似在说明中国人的审美虽系“感性”，但此审美感性是认识理性的“感性升华”，从而在认识层次上高于理性。在这种框架中，本书第一章第一节所述国内关于中国人居理论的主流“美学说”，也是具有合理性的。问题在于，他们不是在李泽厚所说的思路框架中思考，而以“美学说”否定“含科学说”，故而有失误。

李泽厚重点所讲“孔颜乐处”，是对儒生精神境界达到“天人之际”阶段的一种极富诗意的哲学分析。试听他对这种诗意的破解罢：我将“以‘人与宇宙协同共在’的‘理性神秘’，对‘孔颜乐处’作重新解说”——“‘天国’并不一定要在特殊神秘经验中而可以在这个人际和世间；肯定世间有个比个体自我远为巨大、远为重要的根本性的东西”[128]，这个东西就是“天人感应”。在这种解说中，一方面是人们对“人择原理”“量

① 本书第五章第一节。

子认识论”所促成的“天人感应”的理性把捉，即“肯定世间有个比个体自我远为巨大、远为重要的根本性的东西”，它就是与自我同在、同构、同命运的“天”；另外，则是这种理性把捉日久便沉淀成了“神秘的审美中的最高级的感性”，此即“孔颜乐处”所由出。“孔颜乐处”可以是“面对苍天厚地而深感宇宙之无限、天命之宏伟、事物之虚无、个体之渺小，从而畏天虚己，在‘四大皆空又还得活’的人生旅途中，应天顺变，及时进取，不为物役，超越功利”，以“身心合一、物我双忘的‘悦神’心境来作为人生态度、生活境界”[129]。于是，李泽厚由此祈祝：“让哲学主题回到世间人际的情感中来吧，让哲学形式回到日常生活中来吧。以眷恋、诊惜、感伤、了悟，来替代那空洞而不可解决的（海德格尔式）‘畏’和‘烦’，来替代由它而激发出的后现代的‘碎片’‘当下’。不是一切已成‘碎片’只有‘当下’真实，不是‘不可言说’的存在神秘，不是‘绝对律令’的上帝，而是人类自身实存与宇宙协同共在，才是根本所在”，于是，在“海德格尔之后，该是中国哲学登场出手的时候了”[130]。这个“登场”，是以中国人明白自己何以不走宗教之路而能乐观地生活为前提的，故而是清醒、理智而自信的。在某种意义上，它首先是由钱学森证明“感应论”，以及李泽厚倚着钱学森，把中国人理性升华为深沉感性的“审美处理”而促成的。

李泽厚还注重作为审美层的“孔颜乐处”的宗教感和“不可知”的神秘感。本来，钱学森关于科学认识的相对性已为此架设了前提。面对“量子认识论”的爱因斯坦就讲过，“上帝难以捉摸”，因为“大自然隐匿了自己的秘密”[131]；“你很难在造诣较深的科学家中间找到一个没有自己宗教感情的人”[132]。由于宇宙在本体论上的无限性，在认识论上的不可穷尽性，包括“人择原理”也不直面人类出现以前的宇宙，故人类总会碰到未知不知之物而形成“不可知”，此况日久就积淀为中国儒生“孔颜乐处”特殊的感性呈现，包括它关于同构于自己的“天”的神秘感和“不可知”且须尊敬的潜意识；这种神秘感、潜意识，又会进一步呈现为儒生的某种宗教性感情。这样，李泽厚的“情本体”哲学和“‘物自体’不可知论”也就同时出世了[133]。“这里确实有宗教色彩。我是无神论，要说什么是‘神’，这就是‘神’。这是我唯一信仰的‘神’。‘神’当然是神秘的，不可知的。‘理性的神秘’同样可以引出敬畏、崇拜的‘宗教’信仰和感情。《周易》说，‘与天地合其德，与日月合其明，与四时合其序，与鬼神合其吉凶，先天而天弗违，后天而奉天时’，它不是各派宗教的感性经验的神秘”，“而是由‘理性的神秘’所生发出来的准宗教（实乃审美中的‘悦志悦神’）的境界和情怀”[134]。这些话说得“真到位”。笔者确实为中国“感应论”哲学这种潇洒乐观登场而高兴。

（三）潘雨廷从宗教哲学层面回应“天人感应论”

作为华东师范大学教授兼上海市道教协会副会长，潘雨廷是中国“科学易学”代表者薛学潜先生的“传人”[135]。薛学潜早年撰《超相对论》，认为中国哲学注重“五维时空”，超过了相对论的“四维时空”，而潘雨廷则进而说“易理哲学”已至“六维时空”[136]，所论新异。他和李泽厚一样，都与钱学森有学术交往，包括钱学森曾请潘雨廷给科研人员讲《周易》[137]，潘雨廷也对钱学森的研究及结论往往不被理解而牵心[138]。

但潘雨廷又与钱学森、李泽厚有所不同。记录其1985～1991年部分谈话的《潘雨廷先生谈话录》表明，他常常似乎以宗教信徒身份涉身学术研究，一方面认可钱学森的人体科学研究及其“复杂超巨系统理论”[139]，认其为西方量子力学之后的科学进步[140]；另一方面，则直接借助“超四维数学理论”说明宗教合理和“天人感应”，认为“科学由外到内，宗教由内到外，都一样”[141]，甚至认为两者均为“想象”，科学还“不如宗教直截了当，爽快”[142]。在具体解释中，他不仅一如其师，明确地用量子力学直接解释中国易理[143]及民间方术，又一再申言中国易理的确体现着六维时空[144]，“打破”了现代自然科学的“束缚”[145]，《道藏》所记人体科学水平超过现代物理学[146]，卜筮是“在多维空间里完成变化，所以准”[147]，故完全相信“宿命论”[148]，相信“算命”[149]，说道教的“烧纸”是在等离子态条件下“出太阳系”传送信息[150]，提出宗教领袖是“宇宙人”[151]，宗教信仰不可评判[152]，等等。有时他生病了，则认为是自己“泄露天机”所致[153]。鉴于在爱因斯坦广义相对论的启发下，目前物理学中的“弦”理论已经发展出了“十维时空”见解体系且钱学森也认同①，华裔数学家丘成桐和“陈-唐纳森-孙”课题组成员也均在此贡献多多[154]，故潘雨廷以“六维数学”立论而进一步破解“天人感应”，也属用现代科学破解的选择之一。在多维的“弦”理论被证伪前，对它未可全否。另一方面，也有人认为，按“人择原理”，我们所在宇宙仅是“四维建构”，用五维以上的理论解释我们宇宙之事，无异于牵强附会。但既然“十维时空”见解已出现，至少证明多维理论对我们的宇宙并非“赘物”，故潘雨廷创解的思路至少可聊备一说，虽然争议难免。

1. 支持钱学森研究“人天观”并提出超四维“人天观”

鉴于钱学森研究“感应论”的“人天观”，主要立足四维时空，有时提及十维时空“弦”理论，但不深论且不以之为主据，潘雨廷则在认同钱学森总体思路取向的前提下，进而提出了超四维“人天观”作为他论述“感应论”的科学基础。其具体叙述散布于《谈话录》各处，其中还有潘亲拟的一个论纲[155]，此处仅略呈其概。

（1）既然“中国的阴阳五行谈的都是四维以上的时空”，而西方科学目前也限于四维时空[156]，那么，必然会出现“东西方对‘人天观’有不同的认识”[157]，中西文化不处在一个数量级别上。“西洋学问不足在认识自己②”，而中国的易理、阴阳、五行在数量级别上比西方科学高[158]，故可认识自己。而量子力学已显示，较高阶理论可以解释较低阶理论“所不能见到的现象”，故中国易理可以解释西方科学“所不能见到的现象”[159]。钱学森也认可此“隐秩序”说③。在笔者看来，潘雨廷的论点对错，全在如何确凿证明中国易理述说着“六维”。

（2）西方现代科学“人天观”的研究成果，包括爱因斯坦广义相对论、哥本哈根学派，以及量子生物学、等离子态理论中的“宇宙人”设想、普里高津引起的时间可逆与否争论、宇宙大爆炸学说、多维数学等，都可供研究东方人天观者参考比照。潘

① 参见本书第三章。
② 此指“人”。
③ 参见本书第三章。

雨廷对这些成果应是较熟悉的，他自认为其超四维思路也是借鉴西方数学成绩的结果[160]。他由此支持钱学森的思路，建议“研究人天观，首先根据系统学加以分类，每类提出课题，从各方面入手研究，随时交流，逐步扩大课题的范围，最终目的使东西方文化的核心能结合而产生二十一世纪科学革命”[161]。这是钱学森、潘雨廷合作的基础。

（3）潘雨廷对中国古籍中“人天观”的成果较熟悉，理解也很特殊。他重申其师认定创造中国八卦易理的“伏羲的科学知识远比今人为多”[162]，故中国易学“西周以前全是自然科学。西周可提出纲要：数字卦”[163]，而西周“数字卦对我的学问有关键意义”[164]，还说“数字卦已有五行的意思了”[165]，所以东周时期中国包括天人观在内的思想发展到“高峰”[166]，“《系辞》的知识分类”包括天文学、地理学、动物学、植物学、医学、物理学[167]；“人跟宇宙空间是有一种感通，故释迦牟尼睹明星而悟道”[168]，“秦汉后通行董仲舒观点，思想比较凝固”[169]，“《汉书》全部是‘天人感应’”[170]，“董仲舒排斥黄老后，黄老进入民间”[171]，“今唯中医理论，仍保持中国的特色”[172]。“中国传统有所谓医卜星象，‘医’已抽象出来成科学，后三者中的人思想狭窄，无论如何不肯将里面的东西讲出来”，“里面就是天干地支、五行生克”[173]。说到这里，其理性启发，其宗教神秘性，相伴而出。

2. 提出新异“时空观”

为论说上述见解，潘回视了当年爱因斯坦与哥本哈根学派的争论，重在讲其中时空观是非。据说，“测不准现象”原因在主客时间观不同[174]，爱因斯坦坚持四维时空，其学生卡鲁查认识到五维而不敢讲其哲学意义[175]，这就是爱因斯坦的“法执”[176]而应破除，因为“种种不同的四维时空连续区的事件，要统一起来观察，非要立五维的坐标不可”，“无穷相加，量子论上讲无穷维，几维几维没意思，到无穷维解决”[177]，而西方量子力学实际至今停留于四维[178]，后起的耗散结构理论等亦然，故西方“再也没有东西出来”[179]，出路在凭依中国多维的八卦易理[180]，因为其时空观高明于西方。

耗散结构理论引出的人类时间观源自“化学钟”，但他问此“化学钟”是否“宇宙的‘生物钟’？”问得好。由此，他另辟蹊径，据“大爆炸”形成之“奇点”中四维时空失效[181]而公开申言，“光就是时间”，其呈现着“可逆-不可逆-可逆，如此进步”之状[182]，而中国哲学和宗教哲学讲的正是超光速的多维时空[183]，其中包含大量关于时间可逆的研究[184]，如邵雍的“会元运世”研究[185]。这些论述确含创见和独见，但问题全在于何以确证易理即“多维时空”？也许，还要求助于“暗能量”“暗物质”之类？

3. 从其宗教哲学论述中国人居理论

对本书而言，潘的这一段话最典型：“读堪舆学掌握原理即可，又当知现在的地理学观点”[186]，似乎中国人居理论原理与今日地理学相近，还举例说周公洛阳相土就似今日工程“验收”[187]。另一段话就陷于神秘了：对算命、堪舆之类，“自己的能力到什么地步，对这类东西就破到什么地步”[188]，言下之意是中国人居理论的学问和迷信成分都很深，难于掌握，举的例子是“风水好，DNA 死后还可继续修”[189]；算“八字”是在“多维空间里完成变化，所以准”[190]，神秘兮兮。

（四）钱学森、李泽厚和潘雨廷“天人感应论”合论

读钱学森、李泽厚、潘雨廷述论“感应论”，比读那些逻辑清晰但灵感和新见不多的书要享受得多。窗前茶边，其乐难言：科焉幻焉？神兮理兮？读着读着，也就有了以下关于三者论“感应论”的一些纵向比较、思考和探讨。

1. 时空观比较

三人所倚时空观有异。钱学森通过信奉爱因斯坦的鲍姆所建科学框架，闯入中医和人体科学，开垦出了一片四维时空的学术“处女地”。他也由鲍姆谈过“黑洞”和四维时空灭失[191]、十维时空合暗物质等问题，但其基本框架还是四维时空观。与之颇异的是潘雨廷的六维（或多维）时空观，特别是关于“中国的阴阳五行谈的都是四维以上的时空”的见解。谁对谁错？有论者谓，这还得回到“人择原理”。据说，“与人共舞”的这个宇宙，生成目前这种状况，其所据参数主要是四维时空。有了四维时空，才会出现人类；没有四维时空，就没有人类，也没有目前与人共舞的这个宇宙。因为据目前已知，在时空低于四维如三维的宇宙中，有机结构在本质上不是平面的，今日人类就不会产生；在时空高于四维如五维的宇宙中，行星绕太阳或电子绕原子的运动都是不稳定的，该体系必将崩溃或瓦解，且维数越高，因果律越失效，稳定性越差。这样看来，理解人间宇宙事物，还是得靠四维时空，连潘雨廷本人都说“生物本来具‘四维模式’”[192]。所以，潘雨廷目前以六维乃至多维时空观说人间事，似乎颇玄。其理论说服力较钱学森、李泽厚为弱，根源在此。但话又得说回来：“测不准关系”本身也意味着，我们对一个体系过去有怎样历史的知识，取决于我们现今的测量方式，于是，时间难以成为基本的概念。也正因为如此，“测不准关系”一方面可按鲍姆-钱学森方向被理解，四维时空观有效；另一方面，“测不准关系”也可被理解成时空不是物质存在的最基本形式，世界上存在比它更基本的东西。潘雨廷说它就是光，也是一解。更何况，前已述及钱学森谓“弦”理论目前通过实验已进展到“缈观世界”的十维时空存在，表明六维时空等对“我们的宇宙”也适用，潘雨廷无大错。看来，我们在这里面对的钱学森与潘雨廷之异，最终还得等实验结果裁判。

李泽厚虽然说哲学就是提供视角，不必论证，可以多元[193]，但他实际上一直奉行“吃饭哲学”，歌赞俗世人生，始终表现着一种与钱学森共识的四维时空观。作为文科出身者，李泽厚迄今与多维时空理论无缘。

李泽厚“三步跳”的第一步，从牛顿全否“感应论”，确乎蹩脚，而最后一步则接受“人择原理”[194]、“测不准”原理[195]，认识到“天人感应”科学性并把钱学森的“感应论”审美化了，献给世人的“孔颜乐处”和“情本体”，在诗意中带有浓重的四维时空之“时间价值论”味道。四维时空观所能达到的审美极致，于是便如此以李泽厚理论的形式呈现。他说中国的“禅接着庄、玄，通过哲学宣讲了种种最高境界或层次，其实倒正是美学的普遍规律”，它“毫无定法，纯粹是不可传授不可讲求的个体感悟的‘一味妙悟’”，目的在于“把握那个超社会、时代、生死、变易的最高本体”，故它是“对时间的某种顿时的神秘的领悟，即所谓‘永恒在瞬间’”[196]；“所谓‘情本体’也就

在这日常生活中，在当下的心境中、情爱中、‘生命力’中，也即在爱情、故园情、人际温暖、飘泊和归宿的追求中”，这样“历史不只是过去的事件，它是充满空间经验的时间”，“艺术和审美把客观时间和历史留下变为个体情感的时间性，便指向了超时间的生死感触、人生意义、生活价值”[197]。这不是在审美层面，不用“时间价值论”概念，但却再掘“时间价值论”，又是什么呢？爱制造概念的李泽厚，在这里似乎避用笔者近20年前早已提出且多次阐述过的四维时空之“时间价值论”概念[198]。现在看，在李泽厚之外，“时间价值论”该说者仍然极多且难。时间究竟是什么？它仅是人的“内感觉”或一种物理学状态吗？面对上述钱学森、潘雨廷大异和时间的“直线性-圆环性悖论”，李泽厚是否得于审美层再表达“悖论”的另一极即时间的“圆环”状态呢？能否反思“孔颜乐处”和“情本体”仅仅是体现“线性时间”吗？“瞬间”或“当下”是否是审美层面的感性“非时间黑洞”呢？空间是时间价值的“黑洞式凝聚”吗？

2. 哲学观比较

时空观其实就是哲学问题，这迫使我们不得不直面三人哲学观的异同。

笔者特别注重钱学森从源自西方的现代科学，最终靠向中国“天人合一”哲学体现着的某种历史和逻辑的双重必然性。中国百年以来的自然科技“海归”，大都以自己独特的形式程度不等地走过这条路，其蕴含确实颇耐思量。在笔者看来，它启示人们，中国“天人合一”哲学体系本身就全面地把捉着世界本性，源自西方的科学最终必然靠向它，并把自身作为实现这种靠拢的跳板而含纳于“天人合一”体系之中。

作为当时的“非海归”，李泽厚更多地具有“中国味”，在20世纪80年代就说“哲学是‘科学＋诗’”[199]。他按“艺术高于科学”的思路[200]，把钱学森对“感应论”合理性的论证进一步审美化，说服力也颇强。但他又说“孔颜乐处”等“各种神秘经验将来都可由脑科学作出实验回答”[201]，就反映着他对自然科学的某种隔膜，竟又把科学凌驾于美学之上了。另外，李泽厚后来又讲哲学“日渐走向科学化”[202]，说“真正的哲学问题”就只在思考人活着的三大问题[203]，似正误参半。在李泽厚不承认中国有古代科技体系的前提下，哲学“日渐走向科学化”思路的最大弊端，是不自觉地让西方科学“为王”。另外，李泽厚的哲学破除唯科学主义，强调唯物史观，逐步从西方心物对立模式转向中国“天人合一”模式，故能较好地理解董仲舒的“感应论”。他由此倾力思考人活着的三大问题，利于哲学关注中国擅长的伦理及审美。潘雨廷的宗教哲学，可被视为把李泽厚的审美推向宗教角度并极端化。

3. 科学观比较

“五四”后的“中国科学技术史”与“中国哲学史”撰写情况相似，也基本是以西方科学观说中国事情。李学勤就说：“中国古代没有‘科学’这个词，更没有‘物理学’‘化学’之类的词，讲中国科学史，或者中国物理学史、化学史，也是就中国历史上各种学问中，将其可以西方所谓科学，以及物理、化学等名之者，选出而叙述之。近年已有学者看出这种方法的不足，要求用中国学术本身的角度去研究中国科学史。”[204]但谈何容易，在“赛先生”头上“动土”，那还了得！

学术视野较宽阔的李泽厚，也把科学只限于西方[205]，近来仍说“中国没有科学，只有技术”[206]，且竟然说这是中国哲学“天人没有分开”的结果[207]。而钱学森通过对中医“非科学”的评价也多少相似于李泽厚，包括把某些重要的中国古典科学哲学概念直呼为“老古董”。在这个问题上，钱学森、李泽厚和国内“五四”后许多知识分子一样，对来自西方的科学懂得比中国科学多，且限于生命短促而难以精细把握中国“天人合一”科学哲学体系，实际上不时不自觉地多少陷于“西方科学一元论”。但他们出于民族自信，又常常鉴于中医及其经络有效性等史实，而高度自觉地走向纠偏，甚至成为科学上“中国本位”的有效引路者。李泽厚通过中国“‘巫史传统’理性化”思路，从史实上多少纠正了对中国无科学的偏见，认识到从巫术而来的中国“数术”亦含科学成分[208]，甚至说中国的阴阳-五行与辩证法一样，都是抽象理解世界的理性模式，故“有科学内涵”[209]，且由此肯定董仲舒“五行”作为“因果反馈”理性框架而“有用”[210]，等等。在《历史本体论》中，李泽厚也终于承认后现代科学观关于“今日科技权力的语言统治”的判定[211]，其“实用理性”理论则从整体上给中国有自己科学奠定了哲学前提[212]，实际上正在把人们引向中国有自己“实用理性”科技体系的结论。钱学森则从西方科学出发而走向肯定“感应论”，且对中医、气功所体现出的中国科技哲学优势明言再三，与李泽厚殊途同归[213]。不过，从总体上看，李泽厚受限于过时的西方传统科学观，直至晚年对钱学森的科学创新理解和评价均嫌偏低。而作为道教哲学家，潘雨廷对中国科技史异于西方的理解角度新颖独特，自成一家之言，强调着中国文化的自信，但以“想象”等同科技与宗教，走到另一极端。看来，中国学界在科学观问题上，即使在目前，也还面临着从西方本位到中国本位的整体彻底转型。这也是中国人居理论某些部分至今被罩在“迷信”大帽子下的根本学术原因。梁思成著《中国建筑史》虽开中国人自己写自己建筑史的先河，功不可没，但它以西方科学标准淡化中国人居理论[214]，也可能至今影响着像钱学森、李泽厚这样的人。没有中国学界在科学观上的整体彻底转型，对中国人居理论某些部分的彻底“平反”就不可能。目前，随着中国文化本位越来越被重视，整体彻底转型也正在路上。刘长林著《中国象科学观》一书[215]，力求从哲学层面厘清中国科学技术与西方科学技术全面相异的特点，就是这种转型的探索。转型可能是长期而痛苦的过程。

事实上，钱学森、李泽厚、潘雨廷三位还自觉地引领着中国学界科学观从传统转向“建设性的后现代科学观”。后者基于对科学的社会学和文化学研究，打破了西方传统科学观关于科学仅依“个体认知模式”而靠逻辑形成自足的封闭体系的过时理念，破译了科学对地方性-民族性和社会体制-机制的依赖，甚至揭示了科学见解与俗世利益的难解瓜葛[216]。李泽厚凭借唯物史观早就接受它，钱学森也通过现代自然科学演化感性地接受了它，潘雨廷则出发于中国文化本位而归属于它。当然，“后现代科学观”也含沿着相对主义走向极端的部分，把科学与宗教混同，乃至于把科学与巫术、迷信完全等同的观点，也都在其中招摇过市[217]。钱学森、李泽厚显然自觉与之划清了界限。

“钱李潘现象”也令人回味20世纪30年代在中国出现的“科玄论战”[218]。当时“科学”观后裔之一就是前述的“侯外庐学派”，而“玄学”观后裔则包括前述“新儒家”在内。今天看来，在“感应论”上前者“失分”很多，后者则基本“未失分”，其中的经验教训值得总结。中国人居理论研究的深化，从深层学理思路而言，确要求给所谓“玄学”适度正名而悟出前者偏颇。

4. 对中国思想和哲学评价的比较

李泽厚最早就是在研究中国思想史中出名的。随着时间的推移，他越来越用区别于西方思想史的范式来理解中国思想史和哲学史。李泽厚的这一追求在近年日益鲜明，多次批评“近百年来中国学人写的《中国哲学史》，却总是以西方那套模式来解说中国，丢失了中国哲学中的许多核心遗产”[219]。以此为前提，以获得第二届思勉原创奖头名的《哲学纲要》为代表，他不仅提出了中国文明起源于“‘巫史传统’理性化”，中国“天人合一”哲学模式根本异于西方等成套哲学史见解，如“一个世界”“实用理性”“乐感文化”和“情本体”等理论，而且对中国哲学及其关键事件、人物、思潮的评价，不仅转型较快，且后来在某些层面高明于钱学森，包括充分理解、肯定董仲舒引入中国哲学的阴阳-五行模式。

而钱学森毕竟出身于以西方哲学为主要基础的现代自然科学技术研究，虽然也坚决批判“崇洋媚外”，在研究中自觉地扩充中国文化的分量，在中医研究中还明确说“必须回到传统理论上去”[220]，“中医讲‘天人相应’是其所长”[221]，但对中国哲学的理论把握，在总体上就赶不上李泽厚，甚至赶不上李约瑟，包括钱学森明确说，对“两千年前董仲舒神学世界观天人感应论”要“抛弃”[222]，而且连及否定作为中国哲学主要概念的“阴阳”“五行”和“八卦”等，多次说“贩卖‘老古董’是没有前途的”，批评“有人抓住传统的‘阴阳学说’大做文章”[223]，说中国古书“语言是古怪的，什么‘阴阳’‘八卦’‘五行’啦”[224]，“中医所用的语言太特别了”，年轻人“恐怕也很难领会”，要“把中医这套吓唬人的语言换掉，用马克思主义的、辩证唯物主义的语言，用现代科学的语言”[225]；“中医的理论用的是‘阴阳’‘五行’，跟现在的哲学思维的语言是搭不上的”，应当“重新用现代的语言说清楚”[226]，“最后建立一门不用‘阴阳’‘五行’的学问”[227]。这是钱学森的主要哲学“软肋”所在。实际上，不仅中国哲学及其支柱概念是很难被整体“翻译”的，勉强“翻译”效果也很差。何况中国哲学主要概念并非那样窝囊无用，实际情况可能正好相反。钱学森对中国哲学及其主要概念评价落后了，落后得多少有点令人吃惊。

至于潘雨廷对中国哲学的理解评价，既与钱学森、李泽厚有大同，确启人思，独步古今，未可全否，有些提法还被钱学森采纳，也可为“暗物质”等性质弄清之后解读中国哲学“热身”；另外，与钱学森、李泽厚也存在大异，主要是其以“六维时空”和关于“宇宙人”的理念，直接解读中国哲学及其主要概念，可能与中国哲学及其主要概念历史实际情况不符，包括至少笔者目前就不相信伏羲系“宇宙人”且胜过今日科学家。当然，据说“球外来客”可能存在；如果伏羲是“宇宙人”一事能被以后的科学证实，那笔者愿意改口。

参考文献

[1][18][25][26] 苏舆：《〈春秋繁露〉义证》（附《董子年表》），北京：中华书局，1992 年版，第 487 页，第 168—169 页，第 357 页，第 336 页。

[2] 王复坤：《风水理论的传统哲学框架》，收于王其亨等主编：《风水理论研究》，天津：天津大学出版社，1992 年版，第 89—106 页。

[3][15] 胡义成：《周公“天－仁”哲学是中华哲学“原型”论纲》，收于胡义成等著：《周文化和黄帝文化管窥》，西安：陕西人民出版社，2015 年版，第 82—90 页。虽然“天人合一”原话最早出自张载[见喻博文：《〈正蒙〉注释》（乾称篇第十七），兰州：兰州大学出版社，1990 年版]，但周公创制中华哲学时已含其义。

[4] 钱穆：《中国传统思想文化对人类未来可能的贡献》，收于中华书局编：《中华文化的过去现在和未来——中华书局成立八十周年纪念论文集》，北京：中华书局，1992 年版，第 39 页。

[5][127][133][134][197][203][209][210] 李泽厚：《中国哲学登场》，北京：中华书局，2014 年版，第 209 页，第 201—202 页，第 201 页，第 203 页，第 249—250 页，第 253 页，第 150—151 页，第 150—154 页。

[6][7][8] 崔为：《〈黄帝内经·素问〉译注》，哈尔滨：黑龙江人民出版社，2003 年版，第 145 页，第 30—31 页，第 378 页。

[9][135][136][137][138][139][140][141][142][143][144][145][146][147][148][149][150][151][152][153][155][156][157][158][159][160][161][162][163][164][165][166][167][168][169][170][171][172][173][174][175][176][177][178][179][180][181][182][183][184][185][186][187][188][189][190][192] 张文江记述：《潘雨廷先生谈话录》，上海：复旦大学出版社，2012 年版，第 28 页，，第 451 页，第 158—159 页，第 340 页，第 63 页，第 303 页，第 328 页，第 169 页，第 331 页，第 451—452 页，第 153 页，第 308 页，第 416 页，第 357 页，第 405 页，第 171 页，第 249 页，第 74 页，第 150 页，第 105 页，第 336—338 页，第 183 页，第 336 页，第 152 页，第 166 页，第 165 页，第 338 页，第 176 页，第 160 页，第 176 页，第 164 页，第 338 页，第 412 页，第 137 页，第 338 页，第 29 页，第 72 页，第 338 页，第 277 页，第 65 页，第 262 页，第 258 页，第 262 页，第 451 页，第 328 页，第 391 页，第 165 页，第 401 页，第 303 页和第 34 页，第 148 页，第 394 页，第 269 页，第 70 页，第 117 页，第 348 页，第 357 页，第 419 页。

[10] 李定信：《四库全书堪舆类典籍研究》，上海：上海古籍出版社，2011 年版，第 185 页。

[11][12][23] 汉宝德：《风水与环境》，天津：天津古籍出版社，2003 年版，第 13 页和第 114 页注 26，第 185 页注 63，第 34 页和第 55 页。

[13] 胡义成：《关中文脉》（下册），香港：天马出版有限公司，2008 年版，第 98—139 页。

[14] 中国科学院学部主席团：《追求卓越科学》，《光明日报》2014 年 5 月 26 日第 6 版。

[16][81] 葛兆光：《中国思想史·第一卷·七世纪前中国的知识、思想与信仰世界》，上海：复旦大学出版社，1998 年版，第 382 页，第 382 页。

[17] 刘国民：《董仲舒的经学诠释及天的哲学》，北京：中国社会科学出版社，2007 年版。

[19][24]（东汉）班固：《汉书·董仲舒传》所讲“天人三策”。

[20] 王育武：《中国风水文化源流》，武汉：湖北教育出版社，2008 年版，第 34 页，第 77—81 页。

[21]（西汉）戴德：《大戴礼记·五帝德》。

[22] 李泽厚：《实用理性与乐感文化》，北京：生活·读书·新知三联书店，2005 年版，第 55 页；

李泽厚：《中国哲学登场》，北京：中华书局，2014 年版，第 93—99 页。

[27][28][29]〔美〕雅默著，秦克诚译：《量子力学的哲学》，北京：商务印书馆，1989 年版，第 69 页，第 69—70 页，第 78 页。

[131][132] 李醒民：《科学的社会功能与价值》，北京：商务印书馆，2014 年版，第 313 页，第 119 页，第 120 页。

[30][39][83][84][85][86][87][88][89][90][91][92][93][94][95][96][97][98][99][100][101][102][103][104][105][106][107][108][109][111][112][113][116][118][119][121][191][220][224][225][226] 钱学森：《人体科学与现代科技发展纵横观》，北京：人民出版社，1996 年版，第 200 页，第 322 页，第 91 页，第 99 页，第 476 页，第 178 页，第 334 页，第 80—81 页，第 361—362 页，第 403 页，第 161 页，第 436—437 页和第 463 页，第 206 页，第 295 页，第 484 页，第 307 页，第 307 页，第 238 页，第 319 页，第 219 页和第 172 页，第 211 页，第 469 页，第 196 页，第 235 页，第 342 页和第 336 页，第 121—122 页，第 279 页，第 212 页，第 193 页，第 157—158 页，第 62 页，第 99 页，第 200 页，第 96 页，第 98 页，第 96 页，第 201 页，第 114 页，第 182 页，第 176—177 页，第 462 页。

[31] 记者李陈续：《量子密钥分发入选国际物理学重大进展》，《光明日报》2014 年 1 月 5 日。

[32] 记者靳昊：《薛其坤：“做真正的科学家，必须把功夫用到”》，《光明日报》2014 年 9 月 28 日第 3 版；又见记者齐芳：《迈向更远的未来》，《光明日报》2013 年 12 月 18 日第 10 版。

[33] 记者李陈续等：《我科学家观测到经典噪声环境中量子关联恢复现象》，《光明日报》2013 年 12 月 5 日第 2 版。

[34] 记者林小春：《外媒称四位华人科学家成今年诺奖热门人选》，《光明日报》2014 年 9 月 28 日第 8 版。

[35] 记者陈叶军：《物理学哲学：以量子力学哲学为方向》，《中国社会科学报》2015 年 1 月 14 日 A02 版。

[36] 丁肇中：《从物理实验中获得的体会》，《光明日报》2015 年 1 月 29 日第 11 版。

[37] 记者邓晖：《我科学家缩小暗物质藏身之地》，《光明日报》2014 年 11 月 12 日第 9 版。

[38] 记者何农：《探秘世界最大强子对撞机》，《光明日报》2015 年 3 月 22 日第 6 版。

[40][115][117] 胡义成：《“时间价值论”与“量子认识论”——钱学森院士对现代自然科学若干发展的总结及其对价值哲学、认识论研究的启示，兼说“诗意幸福论”》，收于周树志等主编：《幸福社会价值论》，北京：社会科学文献出版社，2013 年版，第 97—116 页。

[41][58][59] 徐复观：《中国思想史论集》，上海：上海书店出版社，2004 年版，第 253 页，第 274—278 页和第 286 页，第 277 页。

[42] 毛泽东：《毛泽东选集（合订本）》，北京：人民出版社，1967 年版，第 276 页。

[43][44][45][46][47][48][49][50][51] 侯外庐等：《中国思想通史》（第二卷），北京：人民出版社，1957 年版，第 108 页，第 85 页，第 95 页，第 89 页，第 115 页，第 90 页，第 118 页，第 102 页，第 52 页。

[52] 任锋发言，梁枢主持节目：《中国文化的“根”与“魂”》，《光明日报》2015 年 4 月 20 日第 16 版。

[53][54][55] 牟宗三：《历史哲学》，台北：联合报系文化基金会联经出版公司，2003 年版，第 307—309 页，第 313 页，第 314 页。

[56][57] 徐复观：《两汉思想史》（第二卷），上海：华东师范大学出版社，2001 年版，第 182 页，第 370—419 页。

[60] 杜维明：《现代精神与儒家传统》，北京：生活·读书·新知三联书店，1997 年版，第 399 页。

[61][62][63][64][65][66][67][68][69] 许倬云：《中国古代文化的特质》，北京：新星出版社，2006

年版，第 52—54 页，第 51 页，第 52 页，第 47—48 页，第 53 页，第 48 页，第 47—48 页，第 52—53 页，第 52 页。

[70][71][72][73][74][75][76][77][78][79][80] 金春峰：《汉代思想史》，北京：中国社会科学出版社，1997 年版，第 166 页，第 163 页，第 143 页，第 163 页，第 170 页，第 209 页，第 209 页，第 166 页，第 115—117 页，第 165 页和第 155 页，第 165 页。

[82][204] 李学勤：《重写学术史》，石家庄：河北教育出版社，2002 年版，第 121 页，第 124 页。

[110] 参见余卓群：《建筑与地理环境》，海口：海南出版社，2010 年版。捧读余先生书，不仅又使笔者想起半个世纪前在重庆大学工科建筑学院读书时的难忘岁月，以及彼时周围一些同学中弥漫的浓浓的“非学术”“非研究”性政治狂热，后者终于造就了“文化大革命”中的某些派性“悲剧”，伤痕难医，且至今少数人“非学术”“非研究”性“政治狂热”仍未全消。余先生是笔者当时在重庆大学的老师，虽未直接给我带过课，但其自称“中州匠师”的独特个性和学术兴趣，也能持续正面地影响学生。

[114][120][221][222][223][227] 钱学森：《论人体科学》，北京：人民军医出版社，1988 年版，第 41 页，第 42 页，第 318 页，第 42 页，第 318 页，第 472 页。

[122][124][205] 李泽厚：《中国古代思想史论》，北京：人民出版社，1986 年版，第 146—176 页，第 171 页，第 167—171 页。

[123][208] 李泽厚：《己卯五说》，北京：中国电影出版社，1999 年版，第 3 页，第 65 页。

[125] 李泽厚：《世纪新梦》，合肥：安徽文艺出版社，1998 年版，第 138—140 页。

[126][211] 李泽厚：《历史本体论》，北京：生活·读书·新知三联书店，2002 年版，第 1—9 页；李泽厚：《实用理性和乐感文化》，北京：生活·读书·新知三联书店，2005 年版，第 27 页，第 11 页。

[128][129][194][201][202][219] 李泽厚：《回应桑德尔及其他》，北京：生活·读书·新知三联书店，2014 年版，第 140 页，第 136 页，第 140 页，第 134 页，第 10 页，第 11 页。

[130][193] 李泽厚：《该中国哲学登场？》，上海：上海译文出版社，2011 年版，第 5 页，第 64 页。

[154] 记者李陈续：《数学家破解“丘成桐猜想”》，《光明日报》2014 年 5 月 15 日第 1 版。

[195] 李泽厚：《李泽厚近年答问录》，天津：天津社会科学院出版社，2006 年版，第 2 页。

[196][200][212] 李泽厚：《实用理性和乐感文化》，北京：生活·读书·新知三联书店，2005 年版，第 298 页，第 145 页，第 1—115 页。

[198] 胡义成：《论普里高津对海德格尔猜测到的“时间价值论”的证明》，收于王玉樑主编：《价值与发展》，西安：陕西人民教育出版社，1999 年版；胡义成：《价值哲学研究的一种新进展——论霍金对“三个时间箭头”同方向的论证及“时间进化论”“时间辨证法”》，收于王玉樑等主编：《中日价值哲学新探》，西安：陕西人民出版社，2004 年版；胡义成：《“时间价值论”与“量子认识论”——钱学森院士对现代自然科学若干发展的总结及其对价值哲学、认识论研究的启示，兼说“诗意幸福论”》，收于周树志等主编：《幸福社会价值论》，北京：社会科学文献出版社，2013 年版。

[199] 李泽厚：《八十年代》，北京：中华书局，2014 年版，第 58 页。

[206][207] 李泽厚等：《浮生论学》，北京：华夏出版社，2002 年版，第 287 页，第 230 页。

[213] 李泽厚：《该中国哲学登场？》，上海：上海译文出版社，2011 年版，第 49—50 页；李泽厚：《中国哲学登场》，北京：中华书局，2014 年版，第 182 页。

[214] 胡义成：《关中文脉》（下册），香港：天马出版有限公司，2008 年版，第 70—71 页。

[215] 参见刘长林：《中国象科学观》，北京：社会科学文献出版社，2008 年版。

[216][217] 洪晓楠：《科学文化哲学研究》，上海：上海文化出版社，2005 年版，第 48—58 页；王顺义：《西方科技十二讲》，重庆：重庆出版社，2008 年版；〔美〕诺里塔·克瑞杰主编，蔡仲译：《沙

滩上的房子——后现代主义者的科学神话曝光》，南京：南京大学出版社，2003 年版；〔美〕大卫·格里芬编，马季方译：《后现代科学——科学魅力再现》，北京：中央编译出版社，1995 年版；江晓原，刘兵主编：《科学败给迷信？》，上海：华东师范大学出版社，2007 年版；江晓原，刘兵：《温柔地清算科学主义》，北京：北京大学出版社，2010 年版。

[218] 陈独秀等：《科学与人生观》，北京：中国致公出版社，2009 年版。

第三节　钱学森重申“量子认识论”

钱学森对马克思主义哲学的理论贡献之一，是在马克思主义个体认识论的层面，重申、改造和吸纳了源于量子力学的“量子认识论”，从而为中国人居理论范式的合理性奠定了个体认识论基础。由于“量子认识论”确立，“天人感应论”进一步从科学升华为哲学个体认识论。

一、钱学森的“人天观”

任何认识论都离不开对作为认识主体的“人”的界定。对“人”的界定，是所有认识论的预设前提，不同界定会导出不同认识论。故本节先得从钱学森的“人天观”开头，因为它其实也是钱学森对作为个体认识主体的“人”的哲学界定。

钱学森说“我以为‘人天观’是讲人和环境、人和宇宙这样一个超级巨系统的”[1]。在钱学森的“人天观”里，“人天关系”首先是作为超巨系统的宇宙即“天”与作为其子系（同样也是一种“超巨系统”）的个体“人”之间的关系，包括“人-天”连为一体形成超巨系统结构而不可截然分割。对“人”的这种界定，比西方传统哲学所讲之“人”只能被限定在传统物理学-生物学范围内，其认识也仅凭其个体感官（眼、耳、鼻、舌、身）形成，完全脱离“天”而仅仅关注于地球某处的界定要高明。因为在量子力学时代，主体“人”及其个体认识只能在量子层级上，联系着“人”诞生于其中的“天”，才能获得更深入透彻的哲学把握。由此“人天观”界定出发，钱学森根据现代科学的最新进展，从物质结构演化尺度出发递进，提出了“人天观”之“五层次结构”说。

第一层，要“把人放到宇宙中去考察”[2]，即从宇宙学或宇观（宇宙观）层面看，“人天观”首先依从当代科学凸显的“人择原理”。钱学森说“人择原理”表明，“我们这个物质世界之所以是这么个物质世界，与人的出现有密切的关系；或者反过来说，就是因为我们有这么一个物质世界，所以才会出现人。研究人，可以反过来对我们研究整个宇宙有所启发”[3]。钱学森对“人择原理”的另一表述是：“人的存在或出现，是和宇宙的实际演化有关的；也当然可以反过来说，宇宙的实际性质是人的存在的必需条件。”“宇宙的演化，在几百亿年的过程中，可以有多种可能，有多个分支点，为什么单单走宇宙实际走过的这条途径？为什么不走另外一条途径？有意义的是，如果宇宙演化走另外一条途径，那么现在我们所知道的生物、我们人，就不大可能出现！这也联系到决定宇宙演化的物理学基本参数，它们不偏不倚，单单取我们知道的数值，是人的出现所要求的。那也就可以说，因为人实际上出现了，所以宇宙的性质也就必然是这样，不可能（是）另外什么样。换句话说，从物质的本性上说，人和宇宙，也就是人和太阳系，银河星系，以及整个宇宙都是相关的。这是宇宙学的‘人天观’”[4]。从后面这一段话可以发现，“宇观”的“人天观”主要是讲人虽由宇宙演化而产生，但人一旦产生，就与宇宙构成了一个整体，彼此因果互缠，难解难分，其微观机制就是量子超光速形成的“天人感应”。显然，在这一思路上，把认识主客体即“人–天”截然分开的旧唯物主义思路就不行了，主客体“人–天”之间互缠、互融就成为必然。这是钱学森的“人天观”最紧要之处。

第二层，应从“宏观的”即地球人类日常生活尺度的层面，“考察人体内部与环境的关系”[5]；此种“‘宏观人天观’的素材”，钱学森认为主要是中国“中医理论和气功理论，也就是中医对人体的理论和古来道、释、儒三家讲修身养命的学问”[6]。此论寓意深焉。所谓“人体内部与环境的关系”，首先是指人对环境的传统认识关系。笔者注意到钱学森在此未提西医，因为西医认识论基本上不把人看成“人–天”连为一体形成超巨系统结构中的一个子系，而中医却正好如此；钱学森在此也未提西方主客二分的个体认识论而只提中国道、释、儒三教，也因为三教在个体认识论上均力主“人天合一”。在第二层，人对环境的传统认识关系，首先必须服从于第一层“天人关系”。

第三层，从“微观层面”或量子力学层面看，其基本见解“与传统的认识论有矛盾”。请注意，正是在这里，钱学森重申着产自量子力学的“量子认识论”：“可以提出‘量子认识论’，这就是真正地从量子力学微观的角度来研究人如何感觉或认识客观的东西。当然，这就又涉及人体科学，因为认识的主体是人嘛”，故“经典的个体认识论要改造，深化，要更现代化”[7]。这是钱学森独特的“人天观”切入哲学认识论最重要的一点，也是本书以下关注的首要环节。

值得提及的是，我国新时期科技创新，有一批成果在从不同角度进一步佐证着“量子认识论”成立。2013 年年初，国内关于中国科技创新人物的权威报道说，我国量子力学家潘建伟先生，在“量子传输”方面已站在全球前沿[8]。欧洲物理学会新闻网站《物理世界》2015 年 12 月 11 日公布了当年度国际物理学十项重大突破，中国潘建伟、陆朝阳等完成的“多自由度量子隐型传态”研究成果，名列榜首。《光明日报》次日头版头条报道：“‘量子隐型传态’在概念上类似于科幻小说中的‘星际旅行’，可以利用‘量子纠缠’把‘量子态’传输到遥远地点，而无须传输载体本身”；2015 年 2 月 26 日，著名的《自然》杂志以封面标题的形式发表了这一成果。国际量子光学专家在其中评论说“该实验实现（了）为理解和展示量子物理一个最深远和最令人费解的预言，迈出了重要的一步”，这里的“预言”显然指当年哥本哈根学派成员关于量子能超光速自行传递的推理。其实，潘建伟、陆朝阳的成果也就是在实验层面，对“量子认识论”以微观的“量子”为信息载体的初步技术证明，也是对“天人感应论”以“量子”为“感应”载体的初步技术证明。国人目前关注潘建伟、陆朝阳的成果，往往首先关注其“量子传输”对美国式“棱镜”窃听的技术超越等，但对本节主题而言，潘建伟的“量子传输”的理论价值之一，首先表现在对哥本哈根学派哲学思路的确证。看来，钱学森认可并推崇“量子认识论”“天人感应论”完全正确。

除了上述“宇观”“宏观”和“微观”三层外，根据当代科学最新进展，钱学森在其“人天观”中后来又补充了尺度大于宇观的“胀观”层次和小于微观的“渺观”层次[9]。

第四层即“渺观”，钱学森说它指“比物质世界微观层次更深的一个层次。什么是‘渺观’呢？这要从所谓普朗克长度讲起”。其中，近年提出的“超弦理论”中的“‘超弦’的长度正好是大约 10^{-34} 厘米”，“比今天中子、质子等‘基本粒子’的 10^{-15} 厘米世界还要小 19 个数量级”，后者是微观世界，前者就是“渺观”世界[10]。钱学森还说这个“超弦理论”描述的渺观世界是“十维时空”，推测除了人能觉察的四维时空外，其中还有六维时空是量子力学也觉察不出来的“隐秩序”[11]。据钱学森一再讲，鲍姆就是“隐秩序”（或称“隐参量”）理论的首倡者之一，“他说世界是决定性的”，“量子力学还没有看到”，“鲍姆的思想是对的”，决定性的“隐秩序”就“藏在比物质世界微观层次更深的一个层次即渺观层次”[12]。

钱学森还说过，鲍姆的“隐秩序”理论提出，“所有的物质都是相互联系的，而且这种相互关系可以超光速地传递”[13]。报载美籍华裔诺贝尔奖学者丁肇中已于 2013 年 4 月在欧洲加速器上发现了疑似于“暗物质”或“暗能量”存在的物理证据[14]，央视报道中国已发射探索“暗物质”的卫星。其成果是否也可能与鲍姆“隐秩序”理论形成某种理论呼应？可惜，钱学森没有机会得知这些事情，否则，他可能也会从佐证“隐秩序”理论合理性的角度评价它。

第五层即“胀观”，就是指近年宇宙学在“大爆炸理论”失效后提出的“膨胀宇宙论”情境。钱学森说它“对我们所在的这个宇宙起始膨胀的机制提出了设想，也指出我们所在的这个宇宙不过是大宇宙中数不清的宇宙中的一个。大宇宙要大得多”[15]。

综合上述“五个层次”论，钱学森还修改订正吴延涪先生的成果，给出了一个关于“五层结构”的表格[16]。笔者根据马克思主义唯物史观指导下的“实践认识论”，以及此前所引钱学森的论述和该表格，以及参考潘雨廷相关说法，绘制成表 2-1。

表2-1　关于物质世界五个层次结构及其认识论的示意表

层次	典型尺度	适用科学理论	认识论形态
胀观	10^{40}米	膨胀宇宙论	——
宇观	10^{21}米	广义相对论	——
宏观	10^{2}米	牛顿力学	“实践认识论”+“量子认识论”
微观	10^{-15}厘米	量子力学	“量子认识论”
渺观	10^{-34}厘米	决定性理论？（超弦？）	“量子认识论”+“多维时空认识论”

从表 2-1 可知，在物质世界不同尺度层面上，哲学所关注的“物质”在表现形态即通常所谓的“物质属性”上是不同的，故物质不同存在形态所决定的“物质属性”理论也不应相同，包括从因果关系看，渺观、宏观和宇观层面实际遵循“决定性理论”，即有某因即有某果，“因”决定着“果”；而体现微观层面“物质属性”的量子力学理论，则是“非决定性理论”，即“因”“果”互缠，或曰“主客互相决定”。胀观层面的科学理论究竟是决定性理论还是非决定性理论，目前还不清楚。在笔者看来，对其中宏观社会层面的物质现象，人们认识它们的哲学个体认识论，一方面应是“实践认识论”，另一方面则应是与之互补的“量子认识论”。在量子力学出现之前，人们仅视认识为宏观社会的主体-客体现象，在物质决定论和精神决定论的二元对立中思考认识问题，但在量子力学出现后，显然应在其中补充进“量子认识论”。《光明日报》2016 年 4 月 17 日报道（记者齐芳），我国王恩哥院士课题组等科学家，已经揭示了水的“全量子效应”，即在作为水的关键结构的“氢键”中，除存在经典的“静电相互作用”外，还可能存在着量子效应。展开来看，这也为在个体认识论中补充“量子认识论”，提供了又一个科学前提和论据，这至少因为水是构成人的感官的基本分子，故人的个体认识形成离不开水的中介，从水的“全量子效应”只能导出人的个体认识应含“量子认识论”。至于潘雨廷在六维时空中说中国“天人感应论”和个体认识论，其前提即认识也是一种渺观现象，可以从作为量子现象的个体认识也包含着渺观现象来理解（正如作为宏观现象的认识也包含着微观现象一样），故也可聊备一说，因此表 2-1 在“渺观”一行的“量子认识论”后，基于百家争鸣，备加了“超弦”理论导致的“多维时空认识论”。

二、钱学森用“量子认识论”补充马克思主义认识论

钱学森专门写了长文《基础科学研究应该接受马克思主义哲学的指导》[17]，从上述“五层次”理论，说明吸取“量子认识论”的合理性和紧迫性，提出马克思主义哲学个体认识论应充实发展：“我们经典的认识论要改造，深化，要更现代化，这就是真正地从量子力学微观的角度来研究人如何感觉和认识客观的东西”[18]，在坚持唯物史观认识论的同时，承认“量子认识论”中的“主客体融合”。应当说这是以基于当代科学成果的“人天观”的形式，在理论形态上对马克思主义哲学个体认识论的一种发展。钱学森明确说，其“人天观”就是“扩大了的马克思主义哲学”[19]。“扩大了的”字样，显示着钱学森关于应当把个体认识论扩大到微观世界，用“量子认识论”对马克思主义哲学个体认识论加以补充的明确思路。

为进一步说明量子认识论的合理性，钱学森指出“人的神经接受信号的过程本身就是量子力学”[20]，这是“量子认识论”成为马克思主义哲学个体认识论组成部分最主要的脑科学依据。其实，当年量子力学开创者玻尔、马克斯·玻恩（Max Born）和鲍姆都曾确认过这一点。“玻尔假定思维过程涉及的能量很小，因此在确定思维过程的性质时，量子理论的种种限制起着很重要的作用”，因为大脑中复杂的神经联结“是如

此的灵敏，协调得是如此精巧，以致必须用本质上是量子力学的方法描述它们"，"玻尔的假说与目前已知的任何事实都没有矛盾"[21]。玻恩则讲，在认识过程中，大脑"所收到的信息和刺激"，"乃是传导神经纤维所特征化的给定强度和给定频率的脉冲"，"大脑'获知'的一切，就是这些脉冲的分布和'地图'"，因而"'科学的客观实在'这个观念，显然是不适用的"[22]；鲍姆也说，"思维过程与量子过程相类似"[23]。钱学森断然认可了他们的论断。

三、钱学森对"量子认识论"合理性的反复说明和宣传

钱学森以量子认识论补充马克思主义哲学个体认识论，当时引起国内哲学界的轰动。这样，他就不能不面对国内"僵化"倾向的挑战。

（一）国内外马克思主义哲学学者曾长期批判"量子认识论"

事实上，国内哲学界在此前很长时期内，一些学者都是跟在苏联哲学家之后，对量子认识论持完全否定和批判态度的。早在20世纪50年代，当玻尔还在世的时候，苏联哲学界就开始批判哥本哈根学派的"量子认识论"。例如，1956年，米哈伊尔·沙赫巴洛诺夫（Mikhail Shakhparonov）就既斥责爱因斯坦有"唯心主义观念"[24]，又斥责哥本哈根学派"破坏唯物主义的原则"，还点名批判"玻尔、海森堡、玻恩、约当和狄拉克以唯心主义的精神发挥了对量子论的解释。以玻尔和玻恩为首的哥丁根和哥本哈根的物理学家学派，以及以狄拉克为著名代表的英国物理学家的剑桥学派对量子论的解释也是如此"[25]，说他们"思想反动"，"得到了在资本主义国家占统治地位的社会阶层的全力支持"[26]。这一"猛棍"扫出去，西方全部量子力学学者都成了哲学上的"千古罪人"。1963年，当"反修"运动展开不久，玻恩《关于因果和机遇的自然哲学》（*Natural Philosophy of Cause and Chance*）一书被译介到中国时，书前"译序"就在"反修"思路上仿照"苏式结论"写着：玻恩及哥本哈根学派之论，是"主观唯心主义哲学"，因为它们"积极宣扬物理学的非决定论思想，否认微观现象的因果规律性和客观性，强调观察者的作用，宣扬量子力学已经证明主客体不可分，因而必须重新修改关于实在的定义"；今天"在现代修正主义者广泛利用自然科学哲学中的种种问题对马克思列宁主义进行歪曲和修正的情况下，我们不能把自然科学哲学中唯物主义和唯心主义的斗争看得过分简单"[27]。"文化大革命"前夕的1965年，当玻恩的《现代物理学中的因果性与机遇》一书被译介到中国时，书前"译序"仍给哥本哈根学派扣上"不折不扣的实证主义和形而上学的观点"等帽子[28]。"文化大革命"中间，"量子认识论"一直被认为是唯心主义。"文化大革命"结束后的1978年，当玻尔的《原子物理学和人类知识论文续编》一书被译介到中国时，书前"译序"还是充斥着对哥本哈根学派的谴责，包括说玻尔"不满足于仅仅在物理学领域中论证他那些实证主义观点，而是把他的'互补原理'说成适用于一切知识领域的哲学原理"；甚至写道："'互补原理'

不曾真正地推动物理学的进展。”这篇“译序”还把认同哥本哈根学派的哲学见解，一律说成“修正主义”和“唯心主义”，甚至说玻尔是“渺小的唯心主义哲学的俘虏”等[29]。直到1984年，在钱学森1983年肯定“量子认识论”后[30]，国内有一本书仍然说什么关于波粒二象性的解释“至今没有定论”，针对量子力学提出的主客体关系问题说，“我们认为，客观和主观、物质和意识的对立，在承认什么是第一性和什么是第二性的这个认识论的基本问题的范围内，具有绝对的意义”，“在量子力学中，客观和主观在认识论范围内的划分也是绝对的”[31]。这显然是把哲学上的本体论和个体认识论混为一谈了。与此大体同时，另一本专攻自然科学认识论的专著，则羞答答地避开“量子认识论”问题，又说“认识论的研究不要回避那些新奇的东西，例如‘人择原理’；也不要一听到新奇的东西就认为动摇了认识论的基本观点”[32]。尤其是在钱学森明确肯定“量子认识论”后，何祚庥院士也有意力求只从宏观角度解释量子测量问题，实际上是完全不同意“量子认识论”，引起钱学森的驳议[33]。

（二）钱学森对“量子认识论”的反复说明和宣传

钱学森鉴于上述历史状况，一方面冷静地巧妙应对，包括随时修正或补充自己的观点，使自己的见解更全面准确，对无理指责则进行基于科学的反批评；另一方面他又针对一般人不太了解量子力学及其后系统科学、人体科学等现状，利用各种机会，反复宣传和深化自己的观点，耐心答疑解惑，团结科学和哲学工作者一同前进。

1. 回顾马克思主义哲学认识论发展传播中的教训

他以史为鉴，耐心回顾马克思主义哲学个体认识论发展传播中的教训，启发马克思主义哲学工作者应解放思想，接受“量子认识论”

钱学森指出马克思主义哲学“不可能是一成不变的”；“从历史上看，在哲学的发展中，好像哲学家常常以被动的方式来接受新的发展，好像每次科学技术的重大新发展都使哲学家受到冲击”。“每一次科学技术的重大发展都爆发一场唯物主义对唯心主义的论战。就是在马克思主义的哲学已经建立之后，也是这样。”“我们千万不能把马克思主义的哲学看成僵化的、一成不变的东西。马克思主义的哲学也就是人类社会实践的最概括的理论，随着人的社会实践的不断发展，新事物的出现，当然要不断地充实”[34]；“人靠实践来认识客观世界。这不过是人脑这一部分物质，通过物质手段，与更大范围的客观物质相互作用的过程。什么‘主体’，什么‘客体’，什么‘思维’，什么‘意识’，都只不过是讨论研究这一相互作用过程中使用的术语而已。”“哲学界争论不休的问题，从‘开放的复杂巨系统’的观点和从思维科学观点来看，都是很清楚的。”[35]在这里，钱学森一方面重新依其“天人观”扩大解释“实践论”，强调实践产生认识“不过是人脑这一部分物质，通过物质手段，与更大范围的客观物质相互作用的过程”，其实是把“感应论”也纳入“实践论”；另一方面，他对马克思主义哲学工作者“常常以被动的方式来接受新的发展，好像每次科学技术的重大新发展都使哲学家受到冲击”的回顾，确实实事求是，令人汗颜。前举苏联和国内马克思主义哲学学者全面否定“量子认识论”就是现成的例子。钱学森反思其学术原因，认为是国内外一些马克思主义哲学工作者往往对“主体”“客体”“思维”“意识”等哲学术语及其原理的理解“僵化”，不能随着“每次科学技术的重大新发展”而变通、补充、改进和发展。从“主体”等术语看，其批评锋芒主要针对着传统个体认识论中的机械唯物论倾向。在后者中，一方面是把个体认识论混同于唯物本体论，另一方面是强硬抹杀物质宏观-微观认识论的区别，只强调宏观个体认识论中主客体的界限是十分清楚的，主体就是主体，客体就是客体，思维只能是主体意识对客体在宏观层面的“反映”，根本容不下“量子认识论”所揭示的主客体在微观层面界限模糊，以及在微观层面，主体意识也决定观察结果和思维结论（此即量子力学著名的“观察渗透着理论”说）的情况。当年苏联马克思主义哲学工作者如此，中国国内许多马克思主义哲学工作者很长时期内也如此，教训确实深刻。它迫使马克思主义哲学工作改弦更张，充分注意到马克思主义哲学也是“人类社会实践的最概括的理论，随着人的社会实践的不断发展，新事物的出现，当然要不断地充实”。这就为把“量子认识论”纳入马克思主义哲学个体认识论，提供了历史经验。

2. 与持异议者进行学术交流和讨论

采取与持异议者进行学术交流讨论的方式，解疑释惑，输出新看法，化解旧思维，是钱学森传播量子认识论的长项。

钱学森说：“多年来我国知识界闭关自守、老死不相往来，大家感到实在不是办法。必须活跃学术空气！”[36]钱学森在力求活跃学术空气中，针对“量子认识论”方面的分歧，解疑释惑，效果颇佳。在交流中，只要持异议者拿不出科学的证据反驳，尤其实拿不出否认个体认识过程也是量子过程的证据反驳，那么，就只能服从钱学森的思路。钱学森的这种学术交流很厉害，时至今日，笔者还没有发现一例敢于正面直接反驳人的个体认识也“发生在物质的微观层面”的论证，证明它驳不倒。

3. 反复宣传

改革开放后，钱学森的思维十分活跃，“洞察毫微，综观经纬，虑深谋久。看新声时创，风骚先领”，“万卷胸中，千行笔底，有谁堪偶？”[37]仅《创建系统学》《人体科学与现代科技发展纵横观》等书，就汇集了他在科学研究讨论班上的讲话超百篇，包括反复再三宣传讲解量子认识论，时有妙语，常见创新，苦口婆心，循循善诱，终于使“量子认识论”逐渐为国内马克思主义哲学界所知。

4. 揭发部分“左”的积习的机械唯物论本质

针对部分马克思主义哲学工作者“左”的积习颇深而动辄给量子认识论扣政治帽子的恶习，针锋相对地揭发其机械唯物论本质，是钱学森传播量子认识论的一个“杀手锏”。

虽然我国实行改革开放已有些年头，但由于机械唯物论哲学长期流行并与“左”的政治倾向结合，当涉及哲学原理问题，涉及以前被反复批判过的量子力学科学家哲学观点，国内马克思主义哲学界守旧的势力还很顽固，不时出面干扰。即使对钱学森这样的功勋卓著的科学大师，他们往往也不罢手，钱学森对此给予适当的揭露反击，完全必要。

在给一位学者的信中，钱学森曾说“现在出现矛盾，根子在于思想不解放，老一套‘左’的东西不肯丢！”[38] 有一次，他针对关于“量子认识论就是唯心论”之类的批判，公开反驳说：“批评人家是什么唯心论啦，什么主观论啦，我说你就是机械唯物论。你要扣人家帽子，我也扣你帽子，你就是机械唯物论。”[39] 这种反批评一语中的，至少打准了对方把个体认识论等同于本体唯物论的要害。

这方面的典型事例，是他于 1992 年给黄楠森教授再写信，有针对性地说：“马克思主义哲学作为一门科学是时代发展的必然要求；而非马克思主义的哲学——思辨哲学，应该被清除了”；“科学技术已演变成一大体系”，“最高层次的哲学，如果不是科学① 还可以吗？”“要进行这项工作，不靠哲学家当然不行。但只靠哲学家恐怕也不行，要整个科学技术界的同志大力协同，共同奋斗”[40]。在这里，钱学森把传统的旧唯物论认识论称为“思辨哲学”或“非马克思主义的哲学”，分量很重。它明显针对那种不理会自然科学新发展及其哲学结论而只知重复“老话、旧话”的旧唯物论认识论，也是针对哲学界相当一批学者仅凭牛顿时代的“旧话语”理解马克思主义哲学认识论的实际状况，严厉批评他们搞的是“思辨哲学”，即“非马克思主义的哲学”，明说对其应予“清除”，话说得很不客气，也表达了钱学森对思想守旧、不思创新而仅会宣扬机械唯物论的某些自诩“马克思主义哲学学者”的反感。在给黄教授学生的信中，钱学森又再说：“近 100 多年来，人类知识的发展绝大部分在自然科学、工程技术，要深化并发展马克思主义哲学必须注意从自然科学、工程技术中吸取营养。而这又不能从一些‘二流哲学家’吐出来的东西中去找，要直接钻到自然科学、工程技术中去找。”[41] 这些话一方面是对“二流哲学家”的厌恶，评判准确，入骨三分；另一方面，则是关于百余年来“人类知识的发展绝大部分在自然科学”，“要深化并发展马克思主义哲学，必须注意从自然科学”中“吸取营养”的明确说法。显然，在钱学森的脑中，真正研究宣传马克思主义哲学的人，都应努力钻研包括量子力学常识在内的当代科技知识，根据科学新进展不断补充马克思主义哲学认识论，不再拒绝“量子认识论”。

（三）“量子认识论”对中国人居理论研究的奠基作用

“量子认识论”把钱学森从科学上和本体论上论证确立的“天人感应论”从认识论上再加以确立。以“天人感应论”为前提的中国人居理论，其个体认识论基础“量子认识论”成立，那么，要全面否定中国人居理论就更难了，至少不必再担心来自机械唯物论的“抹黑”了。另外，现代中国人居理论研究也将以“天人感应论”和“量子认识论”为指导而跃上新台阶。

① 指吸取现代科学成果。

四、“实践认识论”与“量子认识论”互补

世界上不止一地出现过“狼孩”现象，即孩子从小离开人群而与狼群为伍，缺乏人类社会性成长环境，长大后就不具备正常人的思维-生活能力。按理说，从遗传上讲，“狼孩”也应先天性地具备“天人感应”的条件，但由于缺乏人类社会性环境的熏陶，其“天人感应”能力也不能使之具备正常人的思维-生活能力。在这里，人类社会性环境的熏陶和铸造，甚至成了人的认识能力形成的首要前提。对此，不仅马克思主义创始人反复强调，而且现代心理学家如让·皮亚杰（Jean Piaget）等也有论定，已成为社会科学界的某种共识。这就决定了人的认识过程，必须在人类社会环境中才能形成，它首先是宏观社会现象，服从唯物史观指导下的“实践认识论”。另外，在量子力学之后，作为唯物史观指导下的“实践认识论”的微观机制，人的所有个体认识同时也都应被纳入“量子认识论”中。钱学森把“量子认识论”补充进来，显然也是对的。这样，“马克思主义个体认识论是唯物史观指导下的‘实践认识论’与‘量子认识论’的互补”的命题，就应当成立。于是，马克思主义个体认识论就由宏观和微观两部分互补构成。这个“互补”，指两者所指物质演化层次不同，故可并行不悖，互相补充。

在这个互补体中，也可以把人的个体认识中的“量子通道”视为“实践认识论”中的一种特殊的微观信息反馈机制，故它也可被理解成“实践认识论”的一种扩大形态。像黄楠森那样，以马克思主义名义，完全否定把“量子认识论”纳入马克思主义认识论中[42]，显然不妥。另外，把“量子认识论”视为马克思主义认识论中的唯一者，完全否定唯物史观指导下的“实践认识论”，当然也不对。

当然，在本书刚刚提出“马克思主义个体认识论是唯物史观指导下的‘实践认识论’与‘量子认识论’的复合体”命题时，要求对“量子认识论”与人的认识能力“社会化形成”的关系给出确切剖析，也是不妥的。一方面，本书这里暂时不需要这种确切剖析，只要确认“互补体”命题即可。至于对个体认识论应是唯物史观指导下的‘实践认识论’”的命题，笔者已有论证[43]，此不赘述。另一方面，这种确切剖析需要足够的时间和科学实验，并非一句话可以厘清，但笔者相信以后会有答案的。

（一）认识中的“宏观-微观”悖论

“实践认识论”与“量子认识论”互补体，必然造成个体认识中的“宏-微观”悖论，即“实践认识论”的结论与“量子认识论”的结论彼此冲突，主要是前者主张主-客体界限分明，作为客体和客观的经济基础决定作为主体和主观现实形态的社会上层建筑，后者则对前者有“反作用”[44]；后者在非社会的抽象自然体中主张主-客体无分明界限，客体和客观与主体和主观彼此互融，等等。由于这种结论彼此矛盾不在一个物质演变层面上，所以，按钱学森的思路，它们可以并行不悖，各自实事求是地为宏观和微观层面的个体认识提供哲学说明。

从个体认识论互补体看，人类哲学史上的主要流派的主要观点，都是对该互补体

所言物质演化某一层面某一侧度的认识和省悟，故均有其某种合理性；含纳了“量子认识论”的唯物史观认识论，才给人类认识的全景，提供了较为全面的哲学理论。中国人居理论研究，也必须以之为指导。

（二）“宏观–微观”悖论和中国人居理论研究的科学性

在中国人居理论所有著述中，作为其哲学范式的“天人感应论”是符合科学的，在哲学本体论上也是合理的。所以中国人居理论著述，在总体上具有科学性。但中国古人并不知道“量子认识论”，所以中国人居理论著述几乎全部都面对着“宏–微观”悖论的纠缠，即一方面由“天人感应论”和“量子认识论”出发，省悟到了许多人居科学哲理和原理，但另一方面，古人在从个体认识论上讲道理时，无意识地把只在微观世界成立的量子认识论，硬套用于他可以理解的宏观人间，所说几乎全是董仲舒式的类比和比附。而在中国古典科学作为“实用理性”的具体科学特征尚未完全破译之前，无论在西方传统科学的意义上，还是在现代科学讲究逻辑严密的意义上，董仲舒式的类比和比附都只能是“胡说”和“歪理”，类似于迷信。在今天，当西方科学的逻辑严密性已成中国社会常识时，如钱学森所提示，人类现实生活的宏观世界处处以生活常识唯物地提醒着人们，主客体和主客观界限是不能逾越的，不存在主观和主体与客观与客体的融合，等等，这种“生活常识–量子认识论悖论”，其实就是中国人居理论科学性至今难被一般人理解接受的心理原因、潜意识原因和哲学个体认识论原因。不能怪信奉生活常识的普通人。

今日中国人居理论研究者在此必须正确处理“宏–微观悖论”现象，坚持“科学‘理性’高于生活‘常识’”的原则，一方面确认基于“天人感应论”和“量子认识论”的中国人居理论具有科学性；另一方面又要揭露其著述中处处展现的种种迷信胡说，从中“捞出”或“救出”中国古典人居科学。当然，这种对迷信胡说的揭露，会随着中国古典科学作为“实用理性”的具体科学特征被逐渐破译而呈现出不同状况。也许从中国古典科学标准看，中国人居理论著述中所谓处处展现的种种迷信胡说，其中真正“迷信胡说”的成分真的很少，但愿如此。

以中国化的马克思主义为指导的中国人居理论研究者的“真本事”，就藏在这里。

参考文献

[1][2][4][5][6][13][33][34] 钱学森：《社会主义现代化建设的科学和系统工程》，北京：中共中央党校出版社，1987 年版，第 176 页，第 176 页，第 176 页，第 176 页，第 183 页，第 165 页，第 177 页，第 108 页。

[3][7][18][19][20][30][39] 钱学森：《论人体科学》，北京：人民军医出版社，1988 年版，第 96 页，第 96—97 页，第 97 页，第 90 页，第 345 页，第 75 和 96 页，第 345 页。

[8] 中央电视台 2013 年 2 月 8 日《中国 2012 年科技创新人物颁奖典礼》。

[9][10][11][12][15][16][35][36][38][40][41] 钱学森：《创建系统学》，太原：山西科学技术出版社，

2001 年版，第 188 页，第 188—189 页，第 189 页，第 188 页，第 190 页，第 191 页，第 227 页，第 318 页，第 315 页，第 441—442 页，第 402 页。

[14] 本报记者李盛明：《丁肇中或将解开宇宙奥秘》，《光明日报》2013 年 4 月 5 日第 8 版。

[17] 钱学森：《基础科学研究应该接受马克思主义哲学的指导》，《哲学研究》1989 年第 10 期。

[21][23]〔美〕鲍姆著，侯德彭译：《量子理论》，北京：商务印书馆 1982 年版，第 203—204 页，第 203 页。

[22][27]〔美〕鲍姆著，侯德彭译：《关于因果和机遇的自然哲学》，北京：商务印书馆，1964 年版，第 128 页，译序。

[24][25][26]〔苏〕沙赫巴洛诺夫著，罗昌译：《辩证唯物主义与物理学和化学的若干问题》，北京：科学出版社，1960 年版，第 24 页，第 47 页，第 49 页。

[28]〔美〕玻恩著，秦克诚等译：《现代物理学中的因果性与机遇》，北京：商务印书馆，1965 年版，译者序。

[29]〔丹麦〕玻尔著，郁韬译：《原子物理学和人类知识论文续编》，北京：商务印书馆，1978 年版，译序。

[31] 中国社会科学院哲学所自然辩证法研究室编：《现代自然科学的哲学问题》，长春：吉林人民出版社，1984 版，第 141—147 页。

[32] 陈昌曙：《自然科学的发展与认识论》，北京：人民出版社，1983 年版，第 285 页。

[37] 钱学森：《创建系统学》，太原：山西科学技术出版社，2001 年版，序。

[42] 黄楠森：《钱学森与辩证唯物主义》，见魏宏森主编：《钱学森与清华大学之情缘》，北京：清华大学出版社，2011 年版。

[43][44] 胡义成：《“实践”即社会生产—生活》，见周树志主编：《马克思的新世界观——马克思〈关于费尔巴哈的提纲〉研究文集》，北京：社会科学文献出版社，2012 年版，第 34—48 页。

第三章
从钱学森的「人体功能态」到「人居功能态」

钱学森既然证明了“天人感应论”的科学性和“量子认识论”哲学成立，那么，哲学“范式”问题解决后的中国人居理论研究，似乎就不存在大问题了。其实不然。中国所有古典科技均从这一“范式”出发，这一“范式”在人居理论中的特殊表现及其目标是什么？为什么？回答这些问题才是关键。前已述吴良镛对人居的界定，一是“居者”，二是居住环境。中国人居理论主要是从“居者”康泰出发，对环境提出的各种要求及其理由。这就促使我们首先关注“居者”康泰，而不能像西方传统建筑一景观一规划学那样，首先关注无人的抽象“空间”。“居者”是中国“人居”的主导面。在中国人居活动中，作为“居者”的“人”，究竟具有什么特征，使他在“天人感应”中，会对居住环境提出这些要求？如果不回答这个问题，“天人感应论”和“量子认识论”就仍是个范式“空壳”。作为“海归”的建筑一城规学出身的专家，吴良镛不可能对此加以深究，倒是钱学森独创的人体科学，在探索中医医理、气功和“人体潜能”之精神主体“人”的过程中，实际对人居活动中作为“居者”的精神主体“人”的研究也明确指出了思路，其成果甚至可以被当今中国人居理论研究直接借用。本章即聚焦于此。

在某种意义上，说明人体科学对作为精神主体的“人”的研究，比说明似乎难懂的“天人感应论”和“量子认识论”要难许多，作者、读者均需先“耐着性子”。另外，把医理养生导入人居科学之中且作为其主导思路，不仅是中国古代人居活动的独到之处，从一个侧面反映着中国人居生活的精致，它目前也正好适应着知识经济时代人居科学发展的大趋势。因为知识经济时代的“高技术”要求“高感情”与之匹配，人居科学也必须以“人”的生理健康一心理愉悦作为最高目标，而人体科学对“人”的研究成果，恰好主要是把“人”作为“天人感应”背景上的精神主体来对待，故其成果非常适应知识经济时代人居科学对“高感情”追求的大趋势，故本章也可被视为对知识经济时代人居科技目标和发展前景的一种“预热”，故“耐着性子”闻知它也是必要的。

第一节 钱学森创建人体科学简说

钱学森晚年恰逢思想解放的春天，便以中国“战略科学家”的罕见睿智，井喷式地提出并初步构建了“现代系统科学”及“人体科学”等框架，并依此在现代科学技术体系研究、“地理科学”“建筑科学”和“思维科学”等领域均有所建树。其目光所向，几乎扫遍当今自然和社会科学乃至文学艺术的许多前沿领域，所思所想，往往见人未见，言人未言，“帅才”和哲人高智尽展。有研究者认为，钱学森一生改行六次且均有建树，科研大体可分为三段，而老年的这一段，以构建现代系统科学框架为代表，包括创建人体科学在内，可能在科学理论上的“意义更大”。这种评价是实事求是的。钱学森私下曾说过，他盛年搞“两弹一星”等，是组织上交办的任务，并非他个人真正的兴趣所在；他的兴趣，是在科学学术领域，是在思想的创新。完成“两弹一星”等任务之后的钱学森，的确是乘着思想解放的春风，按自己所长和爱好，抚天按地，傲视八荒，挟平生丰富阅历和科研经验，在科学思想创新方面尽展所长，取得了巨大的丰收，形成中国思想解放中的一座科学丰碑。对今日中国人居理论研究现代化而言，其中，钱学森用其创造的系统科学审视中医医理、气功和“人体潜能”等并奠定框架的人体科学研究思路和成果，尤其值得借鉴。

那么，钱学森晚年与人体科学为什么结下了不解之缘呢？

一、开创人体科学研究的缘起

事情的开头是这样的：中国载人航天事业的发展，以及中国智能机器人的研制（包括对“人-机-环境系统工程”的研究），以及新形势下中国教育事业对“人的潜能”开发的需求等，均需要展开对人特别是“人脑”及其“潜在能力”的进一步研究，而除了国外在此处关注的智能机器人研制、“脑科学”和心理学研究等学科和领域外，在中国独有的传统遗产或文献中，与此相关且文献或实践经验相当丰富者，就是中医、气功和"人体潜能"；它们的主要内容，又正是源于西方的现代科学往往无法破解者，包括西医至今破解不了作为中医医理枢纽的"经络"奥秘，对中国气功和"人体潜能"，也说不出"像样"的话，所以，抓住它们开展人体、人脑及其潜在能力研究，有望依靠中国较丰富的既有文献和实践资源，在充分利用但又区别于西方既有科学及其成果的思路上，形成原始创新成果；一旦研究有所突破，就会在科学上形成一场由中华智慧引领的创新乃至"革命"，意义确乎非凡。正是出于这种战略思考，钱学森晚年挟平生睿智和慧思，义无反顾地投入到中医医理、气功和"人体潜能"等研究中，引领了中国人体科学的创建和发展。在笔者看来，这一战略选择虽至今"好事多磨"，但毕竟可圈可点，因为它对相关学术展开方向选择颇精准。越往后，其战略选择优势就会越浮现。屠呦呦研究员2015年获诺贝尔奖就是一种"先兆"。

二、中国人居理论研究可借用人体科学研究成果

（一）中医医理与中国人居理论"同构"

作为"中华易理"的"通世之术"[1]，两者均以"气论"及"天人感应论"为哲学"范式"，均在"天人系统"中以人的健康养生为最高追求目标，故思维方式相同，实践模式极相近，理论的文字表述方式也极相似，对作为精神主体的"人"的理解和研究有大面积的重合，区别仅在中医侧重调理"天人感应"条件下人体之内的"阴阳平衡"（首先是精神层面的"阴阳平衡"），中国人居理论则关注"天人感应"条件下人体与居地环境互动中的人体阴阳平衡（首先是精神层面的"阴阳平衡"），只不过在"天人系统"中，多了人居构筑物对作为精神主体的"人"的直接影响这一特殊层次而已。从晋人嵇康撰《难宅无吉凶摄生论》一文标题可知，中国古代即有"以宅摄生"论说。《黄帝宅经》开头就说，按人居理论建造，"犹药病之效"。《管氏地理指蒙》则反复引征医典《黄帝内经》，说明人居与医疗养生同理。《青囊海角经》在说明人居必有水时，直言"第一养生水到堂"，显然隐含人居即养生的前提。有人把中国人居视为"外医术"，即在"天人感应"的背景下，通过调理人居构筑物与人体的"阴阳平衡"关系以"治未病"或医病者，很有眼力。也因为如此，人体科学在"天人系统"中，对"人"的生理–心理健康养生经验的分析及破译，自然对中国人居理论研究具有启发和借鉴价值，至少有相当一部分可直接移用。

在基于传统物理–化学等知识的西方人居科学各学科中，一般只有作为物理空间的人居构筑物和作为生物体的人这两个"参数"，基本没有对"天人感应"的思考，也没有通过人居医病养生的传统，所以，从中医医理研究中借鉴相关思路和成果，对西方当然不可思议。鉴于西方传统人居科学至今在中国国内影响巨大，国内学术思路先进如吴良镛也至今未及于思考借鉴人体科学，故本章的思路，可能会遇阻力，甚至误解。这不要紧，它其实也反映着两种人居模式的差异及磨合，相信通过百家争鸣会达致融通。

张光直曾据青海和河南等远古遗址考古指出，早在新石器时期，中国巫师就可能利用大麻和后世“气功”之类，使自己进入“迷幻境界”，然后实施“升天入地”的“巫术”[2]。《山海经》《尚书》和《说文解字》等典籍，均有“巫医”之记载[3]，可知原始巫术包括最早的诊断和治病。另外，正如李泽厚所解，“‘巫’字亦工匠所持规矩”[4]，证明中国远古巫师也身兼人居构筑师；张光直据《国语·楚语》，也认为中国远古的“巫”，就是“掌握规矩方圆之道，知晓天地之理，可以绝地通天的智圣者”[5]。显然，“巫”字字源说明，中国当年的巫师确身兼中医师及人居构筑师，此即中医与人居活动“原为一体”。此后，在这种传统中演化出了注重“养生”和“长生”的中医[6]，它从一开头就倾全力挖掘“天人感应”下的人体整体潜在功能，并早在汉魏之际，就明确地发现了至今西医难解的人体“经络系统”并用于治病实践。作为中医医理原型，《黄帝内经》经2000年至今仍是中医学生的指导书，表现了全球唯一的中医医理稳固传承[7]。在张仲景的《伤寒论》进一步搭成中医医理框架后，它至今约1800年没有根本变化，也显示出中医根本医理恒定[8]。鸦片战争后，中医一次接一次地被政府禁止[9]，20世纪中国先进知识分子梁启超、陈独秀、胡适、鲁迅等都曾以推翻“旧文化”的名义批判中医[10]，但倚凭“经络”和独特医理治病养生，中医成了“打不死的吴清华还活在人间”，至今越活越旺。它几千年养生治病成绩巨大，世人共睹。中西医学模式完全不同，包含着难以通约的成分。中医对“天人感应”中人体整体功能的理解和了解，是西医至今难以企及的。有论者说，在西医那里，“人”只是个显微镜下没有人身整体功能的“细胞联合体”或“DNA联合体”，而在中医那里，确无“细胞”和“DNA”之类的概念，但其“人”却是在“天人感应”中具有人身整体功能且有尊严的活生生的精神主体，更近于活人，这话不无道理。与中医原为一体且模式相同的中国人居理论亦然，它所理解的“人”与人居构筑物的关系，也并非西方人居理论所讲生物之“人”与物理空间之间的关系，而是在“天人感应”背景中的活生生的精神主体，与处在同一“天人感应”体系中的具有文化内涵的“场所”之间的一体互动关系。在这里，人体科学对“人”的研究成果，实际上已包含着“场所”因素，故直接可移植于中国人居理论现代化研究中。

（二）中国古代中医师常兼职进行民间人居实践和理论著述

这在全球仅见。究其原因，由于两者的养生除病目标一致，对“人”的理解一样，且人居常被看成养生除病的手段之一，故在葛洪、陶弘景、孙思邈等中医大家的著述中，均包含一些人居选择和设计内容。宋代以后，中医师兼职人居著述较著名者，一是作为“金元四大家”之一的朱震亨，不仅因撰中医名著《格致余论》而名噪一时，而且又撰《风水问答》以利苍生。据明初鸿儒胡翰所写该“问答”序言说，它显然对离开中医医理的人居理论不满，批评“汉魏以来，言地理者往往溺于形法之末，则既失矣”，故“朱君力辩之”，“据往事以明方今，出入《诗》《书》之间，固儒者之言也。昔者先王，辩方正位，体国经野，土宜之法，用之以相民宅；土圭之法，用之以求地中”，云云[11]。可以设想，作为名医的朱震亨，势必强化着中国人居理论对中医医理的倚靠。二是著名中医"大家"廖希雍兼撰中国人居理论名著《〈葬经〉翼》，也直以医理解释人居，如说"凡山紫气如盖"，"皮无崩蚀，草木繁茂，流泉甘洌，土香而腻，石润而明，如是，气方钟而未休"[12]。这显然是根据他倡言的中医"血气论"来解释人居之"气"，确有道理。以上资料显示，中国人居理论与中医医理原理大面积交叉或重叠，故两者相融相渗是常态。这也是中国古典人居理论与西方不同的地方。它也在某种程度上决定了人体科学对中医的研究结论，可直接移用于深化中国人居理论研究。

钱学森曾指出，目前国内外在中医研究总思路方面，已形成四个流派：第一个流派是"要用中医理论改造现代科学的，这可以说是传统的中医理论的最坚定的信徒"，其中包括一些精通天文学的中医学家，他们深信八卦、六十四卦对于人体关联密切的天象的揭示最全面深刻；"第二个流派相反，他们要用西医来改造中医"，但由于西医对"经络"等一直难以破解，所以"这个流派也是没有出路的"；第三个流派是"用现代科学仪器对病人检验"，并利用数字技术形成中医"专家系统"以治病，它比"望、闻、问、切更精确一些"，但却困于所测量者与中医之"证"难以匹配，目前还存在不少困难；第四流派是用现代科学中的"场理论"等解释中医，实际触及了中医关注的核心即人体"整体的功能"，但却未明确点出"整体的功能"与钱学森所创"复杂巨系统"的关联。在钱学森看来，"后两个流派的文章里有好的东西"，但都缺少对当代系统科学中"复杂巨系统"及其在一定条件下形成崭新的"整体功能"问题的聚焦[13]。可以说，钱学森在人体科学中破译中医医理的总思路，是沿上述第一派的基本方向前进的，在钱学森首创的现代系统科学最前沿，依靠后两派的科研力量和具体成果，借用"脑科学"、心理学等领域的相关最新成果，综合形成对中医医理的崭新建构和解释，包括聚焦中医数千年独自发现和关注的人体"经络系统"，充分认识它和人的认识、气功、"人体潜能"等均是人体"复杂巨系统"在一定条件下涌现出的新的"整体功能态"，争取其正常或超常发挥，以促进人智开发、人体健康、减缓衰老等。其中，钱学森最突出的学术创新亮点在于指出，人体"经络系统"，与人的认识、气功、"人体潜能"等一样，都是人这种"复杂巨系统"的"整体功能态"在不同层面上的呈现，它是人体科学研究的核心内容。这种思路，对重新理解中国人居理论中许多与人体的"整体功能态"直接相关且以前被判为"迷信"的内容，极具直接启发价值。

为较详细地说明钱学森初创的现代系统科学原理的来龙去脉，以及它对破译中医医理等的适用性，理解中医医理的长处，以及钱学森相关思路对中国人居理论研究的启发价值，以下让我们先从回眸现代科学前沿若干推进开始。

参考文献

[1][12] 顾颉主编：《堪舆集成》，重庆：重庆出版社，1994年版，第一册第245页，第二册第104页。

[2] 张光直：《中国考古学论文集》，北京：生活•读书•新知三联书店，2013年版，第142—147页。

[3] 孟庆云：《〈周易〉对中医学理论的三次影响》，收于朱伯崑主编：《国际易学研究（第六辑）》，

北京：华夏出版社，2000 年版，第 281—290 页。

[4] 李泽厚：《己卯五说》，北京：中国电影出版社，1999 年版，第 46 页。

[5] 张光直：《中国青铜时代》，北京：生活•读书•新知三联书店，1999 年版，第 252—259 页。

[6] 李泽厚：《回应桑德尔及其他》，北京：生活•读书•新知三联书店，2014 年版，第 135 页。

[7][8][9] 李伯聪：《中医学历史和发展的几个问题》，收于《自然辩证法通讯》杂志社编：《科学传统与文化》，西安：陕西科学技术出版社，1983 年版，第 23—42 页。

[10] 杨莉：《用一把“手术刀”》，《光明日报》2013 年 7 月 7 日。

[11] 郭彧：《风水史话》，北京：华夏出版社，2006 年版，第 121 页。

[13] 钱学森：《人体科学与现代科技发展纵横观》，北京：人民出版社，1996 年版，第 302—303 页。

第二节　现代相关科学前沿若干推进回眸

钱学森晚年提出并搭建现代系统科学框架，是在20世纪相对论创立者爱因斯坦与量子力学哥本哈根学派争论之后，伴随着一系列物理学–化学新进展、“基本粒子”的新发现和原子能利用、电脑普及等科技进步而逐步成型的。其中的科技进步，还包括脑科学、心理学和与之相伴的西方医学研究的最新推进。本节先从爱因斯坦与哥本哈根学派的争论（以下简称“爱–哥之争”）说起。

一、“爱–哥之争”简说

当爱因斯坦揭示了时间、空间与物质运动密切相关的原理后，“绝对时间”概念被遗弃，物理学跃上新台阶。作为引领当年科学革命的量子力学，与相对论几乎同时间诞生。但他们给人们提供了两种不同的“世界图景”。争论双方均是站在科学最前沿的科学巨人，长达35年的争论没有最终结果。争论大体分三阶段，主题不时转移，涉及相对论、量子力学中许多深奥的科学原理和术语。本节仅从有限目标出发，在科学哲学层面上作一些简要通俗的回顾。

（一）“测不准关系”呈现

爱因斯坦于1905年发现光的“波粒二象性”。进一步的研究表明，如果人们对微观客体进行不同的实验观测，它竟会表现出不同的波粒性质；即使人们对它进行同种仪器的实验观测，只要改变一下操作程序，它也会表现出不同性质，一会儿是粒子，一会儿是波动，人们“测不准”它们究竟是什么。1927年由海森堡发现的“测不准关系”表明，“即使人们假设有物理意义的各种变量以准确确定的值存在着（经典力学要求这样），我们也永远不可能同时测量出它们的全体”[1]；“我们可以把电子看成这样一种实体，它具有显示其粒子形象或波动形象的潜在可能性，至于究竟发展其中那一种可能性，就要看它是与何种物质相互作用”[2]。那么如何从哲学上解释这种“测不准关系”呢？

1. 哥本哈根学派从“测不准现象”导出“量子认识论”

以玻尔为代表的哥本哈根学派认为，“测不准”现象“刷新了‘不以我们的观察为转移的现象的客观存在’这一古老哲学问题”[3]，或曰今后再也“不能简单地谈论自然界‘本身’。科学永远以人的存在为前提”[4]。在他们看来，主客体界限在这里消失了。这正如玻尔所说：“我们对‘主体’和‘客体’的划分”已经失效。”[5]于是，玻尔提出了主客体互相决定的“量子认识论”。

2. 玻尔通过“互补原理”把“量子认识论”表达为哲学

（1）对几乎所有量子力学中出现的“测不准”现象或过程，玻尔均以“互补原理”概括，如把客体波粒二象性、客体状态的确定和观察的不可确定性、客体严格遵循因果律和用时-空描述一切现象时的随机性、两大类不同观察条件的对立融合等，均视为“互补原理”的表现，从而在量子力学中使“量子认识论”上升为“哲学”[6]。1933年，它正式成为哥本哈根学派的“基本哲学观点”[7]。玻尔还把“互补原理”推广到生物学和社会分析等领域[8]，从而引出关于它是“当代最革命的哲学观念”的评价[9]，以及“发现‘互补原理’是玻尔对现代科学的最大贡献”的议论[10]。玻尔还自己出面并带动他人论证“量子认识论”作为哲学认识论的合理性和必要性。早在1928年，他就说过，“一切哲学中的困难都发生在下述情况：我们知觉的活动方式内含有其内容的客观化要求，可是主体的思想也是我们知觉内容的一部分”[11]，人们只能采用主客互补的认识论。21年后的1949年，他又说：“心理学中的很多困难就起源于客体和主体之间的分界线放在不同的位置上”，“它暗示在任何字句的实际使用和试图对它作出严格定义之间总是存在着互相排斥的关系”[12]，人们只能用“量子认识论”描述其认识。换句话说，在玻尔那里，既然人们只能用传统力学的可解术语来描述量子现象，那么，量子力学便只能采用“互补原理”，以不同条件下出现的不同情况呈现客体全貌。“一些经典概念的任何确切应用，将排除另一些经典概念的同时应用，而这另一些经典概念在另一种情况下却是阐明现象所同样不可缺乏的。”[13]应当说，玻尔的理论有一定的说服力，但其漏洞也很明显，最主要的是他未顾及人的认识产生的社会性。

（2）玻尔认为，既然观测结果会随人的主体意志而改变，从作为客体的某一“因”不一定能导出与之对应的主体认识的某一“果”，那么，作为经典唯物主义哲学之核心的“因果律”即“‘拉普拉斯式’的机械决定论”，也随之失效。对此玻尔说：“通常意义下的‘因果性’问题也就不复存在了。”[14]海森堡则宣布：“‘因果律’的失效便是量子力学本身的一个确定的结果”[15]；“我们不能再正当地提及受自然规律决定的过程了”[16]。这一方面是当时的先进理念，但似乎把宏观人类社会也完全融化在量子力学中，不承认宏观人类社会也是物质存在，显然是片面的。

（3）宣布“概率性”是微观事件的一种本性。玻恩曾由“测不准”现象推论，量子力学预言的只是对单个微观客体进行测量结果的概率[17]。在这种理论中，物理实在与物理量难以一一对应，只能呈现着"统计性对应"等。

3. 爱因斯坦坚持哲学唯物主义

与此对立，爱因斯坦虽不否认"测不准"现象和量子力学理论，反而称赞其成绩，但却坚定地认为哲学唯物主义不可动摇，并指出"测不准"现象的存在及哥本哈根学派的哲学解释，只是微观物理学及其实验手段目前尚"不完备"的表现[18]。爱因斯坦此见有合理处，但难以说服"量子认识论"。

（1）他当面反驳海森堡说，"只有关于自然规律的知识，才能使我们从感觉印象推论出基本现象"[19]。这一句话，完全继承了当年指导他走向相对论的那个唯物主义的哲学信念：相信有一个离开知觉主体而独立的外在世界，是一切自然科学的基础。故在他看来，"测不准"现象只是表明："任何观察最终都将依赖于客体和观察工具在空间和时间中的重合。"[20]

（2）坚持"我相信客观存在的世界是完全受着规律的支配的"[21]，它们决定着主体认识。

（3）把哥本哈根学派统计性的理论，譬喻为"玩骰子的神灵"式世界观，说"由规律联系起来的事物不是几率"[22]。

后来，鲍姆把爱因斯坦的"经典"哲学观点归结为三条：一是"世界可以分析为一个个独立的要素"；二是"每个要素的状态都可以用动力学变量来描述，这些变量能以任意高的精确度加以确定"；三是"系统各部分之间的相互关系可以借助严格的因果律来描述"[23]。以上述哲学认识和相对论作基础，爱因斯坦设想应建立一个含纳量子力学在内的"统一的物理学理论"，即后人所讲的"统一场论"[24]。不顾物质演化分层的"统一场论"，可能是爱因斯坦的"理论坟场"。

"爱-哥之争"在"苏联阵营"学术界曾引起强烈反响。因为众所周知，该阵营当时的官方哲学是被僵化了的唯物主义，不可能容忍哥本哈根学派的哲学解释。于是，展开"苏式大批判"是必然的。苏联学者沙赫巴洛诺夫点着玻尔、海森堡等科学家的名字说，他们"作出了破坏唯物主义的基本原则的结论"[25]。德国学者瑙曼撰文说，"爱-哥"之争是唯物主义和唯心主义的斗争[26]。直到1976年，日本自诩"马克思主义哲学家"的宫崎允胤先生，仍然坚决反对在科学认识论中承认哥本哈根学派，说这种承认只是"冒充马克思主义"[27]。这种"苏式大批判"，一般都歪曲了史实，不顾爱因斯坦作为科学家对量子力学成就的称赞，只求将其打扮成"绝对唯物之神"[28]，无助于马克思主义哲学认识论的与时俱进。

（二）世界存在"隐秩序"吗？

量子力学家鲍姆最早明确地提出了异于"量子认识论"的"隐变量"理论，认为"量子认识论"只是某种决定论的"隐变量"的表面现象。但面对哥本哈根学派的高歌挺进，他又放弃了它，转而信奉哥本哈根学派"量子认识论"。他于20世纪50年代推出巨著《量子理论》（*Quantum Theory*），就以哥本哈根学派成员自认，明确表示自己曾倡言的“隐变量”理论不能成立[29]。此后不久，从美国辗转移居英国的他又改变了看法，于1951年重新提出了关于“隐变量”理论的一个新模型。此后，他和前曾认同“隐变量”理论后也“投降”哥本哈根学派的路易·德·布罗意（Louis de Broglie）等学者一起，进一步与哥本哈根学派论战，坚持因果论和决定论，深化“隐变量”理论研究，包括直至20世纪80年代还关注着中国钱学森人体科学研究的相关动态[30]。

1. 鲍姆“隐变量”理论坚持唯物论兼容爱因斯坦和哥本哈根学派双方

鲍姆于1959年说：“完全可以用不同的方法来解释量子力学。”[31]他此时新的“隐变量”理论，一方面承认论争双方均未失败，各有道理，包括承认哥本哈根学派成果及其哲学解释无错[32]，也认为认识论中“没有独立存在的物质”[33]，同时他也坚持爱因斯坦唯物主义及其相对论[34]，认定只要把争论双方的论点置于物质世界的不同层面上即可，即哥本哈根学派成果及其哲学解释适用于量子的微观世界层级，而爱因斯坦唯物主义及其相对论不仅适用于宏观世界，也适用于微观世界的“更深的亚量子力学”层级[35]，说“单个量子力学测量的结果由大量新型因素确定，这些新因素处于量子理论的范围之外”[36]，包括认为在“更深的亚量子力学”层级，爱因斯坦的决定论仍然有效[37]。这其实就是钱学森的“天人观”的理论源头。他还明确批评哥本哈根学派把量子力学绝对化，指出如果把量子力学无前提地推用于“亚量子力学”层级，就只能陷于基本粒子数学研究中的“无穷大”危机[38]。他对哥本哈根学派的这种批评，是相当有力的。值得提到的是，在这种“隐变量”理论建立过程中，华裔物理学家李政道先生[39]和杨振宁先生、吴健雄女士[40]及李政道和杨振宁二位的老师吴大猷先生[41]等，均曾出力。按鲍姆的说法，这种“隐变量”或“隐秩序”目前还“隐藏着”，“在将来我们发现了别的一些实验时（会）被详细地揭露出来”[42]。据报道，目前已有若干实验证明了“隐秩序”确实存在[43]。

2. 鲍姆“隐秩序”理论的重大理论贡献

有人说鲍姆“隐秩序”理论的“精神父亲”就是爱因斯坦[44]，并非空穴来风；但说鲍姆的“隐秩序”理论受到爱因斯坦的完全赞成，也言过其实。爱因斯坦旨在建立基于相对论的“统一场论”，故明确说过鲍姆的“隐秩序”理论“太廉价”[45]。这不难理解，看来，爱因斯坦和哥本哈根学派双方都始终只站在客观世界的某一个层面上思考问题，而鲍姆早已跳出了这种“层级限制”，在物质演变的各层关系中想问题，这也许是他高明于论战双方之处，也启示着钱学森这样看问题。不仅如此，今日看来，他的突破还有三点：其一是他不同于爱因斯坦，把建立“统一场论”的希望寄托于将“量子力学修改为一个非线性理论”[46]，而是转而关注基本粒子物理学中的“非线性”场论[47]，被学界视为“影响深远”[48]，并非溢美之词。后面我们将看到，“非线性”特征正是现代科学的数学标志。在“爱-哥之争”后，以“非线性”数学描述为特征的系统科学引领着现代科学发展，就是对鲍姆这种远见的证明。其二是在他看来，与传统理解的“世界能被正确地分析为彼此分离的独立部分”完全相反，量子力学表明“世界是一个不可分的整体，其各个分离部分的出现，仅仅是作为一种在经典极限下才正确的抽象或近似”[49]。由此他突出强调哥本哈根学派关于“量子化”就是“作用量子的不可分解性”的思路，并把它推用于基本粒子研究领域[50]，预言基本粒子可实现远距离超光速的结合，并被确证[51]。这其实一方面是对中国“天人感应论”的现代追认；另一方面又是对西方“原子论”物质观的巨大突破和超越，也为钱学森晚年的科学研究奠定了物质观前提。其三是他完全冲破旧唯物主义的陈见，公开承认“人体潜能”并说其“隐秩序”理论“可以解释”它[52]，为后来钱学森的人体科学研究预留下了学术空间。

3. 鲍姆理论在美国的不幸遭遇及其“转世灵童”的降生

鲍姆理论当年也受到“冷战思维”（或曰美国式“阶级斗争为纲”模式）的光顾。他和钱学森当年在美国的遭遇相似，在以美国参议员麦卡锡为主席的“非美活动委员会”发起的清洗运动中被解职[53]；在苏联，他则受到热烈追捧[54]。无论一时的政治喧嚣多么凄厉，科学仍然沿着自己的轨道前进。当爱因斯坦和哥本哈根学派争得不可开交时，实际接续着鲍姆思路的现代系统科学即其“转世灵童”首先在过去不甚起眼的生物-生命科学中孕育出来，钱学森晚年学说即是其代表之一。

二、现代系统科学在现代科学各学科中的萌芽

现代系统科学的诞生和发展，首先围绕着破解“生命”的奥秘展开。以下的简述，读者也可“跳着看”或仅看结论。

（一）一般系统论

它首由生物学家贝塔朗菲提出。贝塔朗菲鉴于源自西方的还原论在近代生物学研究中一直居于支配地位，生物学家只重分析与实验，且对生物研究的层次已深入到分子，建立了分子生物学，但研究者同时发现，这种还原论方法仍远离对“生命现象”的真正破译。贝塔朗菲深忧于此并力求用把握生命整体的“系统论”方法，克服还原论之弊，于是就在理论生物学中首先推出了“一般系统论”。它在理论上的一大突破，是发现了生命现象与“热力学第二定理”背道而驰，为新时代一系列科学突破确定了思路走向。

（二）普里高津的“耗散结构”理论

首先，真正把贝塔朗菲理论推向现代科学层面者，是比利时俄裔化学物理学家普里高津。他发现的“耗散结构”理论显示，一个远离平衡的开放系统，通过不断地与外界交换物质和能量，在外界的条件变化达到一定的“阈值”时，可能从原有的混沌

无序状态，转变为一种在时间上、空间上或功能上的有序状态，此即“耗散结构”，它使“非生命现象”向“生命现象”的突变奥秘，在某种程度上被破译。普里高津由此说，可把“生命系统定义为由于化学不稳定性而呈现为一种耗散结构的开放系统”[55]。还说中国的传统哲学文化就是“着眼于自发‘自组织世界’的描述”[56]。此论断在现代科学层面较早触及了中国哲学的合理性，十分引人注目。

在传统物理学中，首次描述“时间不可逆性”者，是热力学第二定律。它以“熵增加原理”实际上把时间“植入”了传统物理学。而耗散结构理论以热力学第二定律作为前提，故其所揭示的生命现象与时间不可逆性密切相关，隐含着“生命价值就在时间”，故它已经通由对时间的物理诠释涵盖了历史，进入了对人类生命历程的理解，也某种程度上也超越了实含“‘生命’内容”的“爱-哥之争”。

普里高津又是一位现代科学哲学家。在他看来，由于未能充分重视时间及其不可逆性质，“爱-哥之争”实际上均是“坚持在牛顿力学中所表达的基本世界观”[57]，于是，目前的相对论只能演变为宇宙学的一种“主要工具”，量子力学也只能化为一种关于基本粒子“相互变换的理论”[58]，并导致关于基本粒子均无时间箭头含义的结果[59]，已无法引领现代科学潮流。此论虽含有些许偏颇，至少因为相对论不是无视时间，而是破天荒地揭示了时间的相对性[60]，今日量子力学更是伟力无比。另外“爱-哥之争”确又未专注于时间不可逆性，故普里高津此论的确是对旧有两派争论的一种超越。在普里高津眼里，目前的科学研究潮流是“从（量子力学的）随机性到不可逆性”[61]，是通由耗散结构揭示的数学“非线性关系”[62]而接近对“生命本质”的深入理解[63]。他甚至宣布：“一种新的统一正在显露出来，在所有层次上不可逆性都是有序的源泉”[64]，以非线性耗散结构标志的“‘进化’范式的存在，现在可以在物理学中确立起来，不仅是在宏观的层面上，而且是在一切层次上”[65]，故“目前最活跃的研究课题之一，是如何把不可逆性‘铭刻’到物质结构中”[66]。在爱因斯坦“统一场论”建构一时无望之际，普里高津对生命本质和物质结构的如此预示，的确显示出另一种深刻和创意。

（三）哈肯的“协同学”

如果说耗散结构理论只是一种“宏观理论”，那么借助于数学家勒内·托姆（René Thom）的“突变理论”（catastrophe theory）而形成对激光奥秘之破译的赫尔曼·哈肯的“协同学”（synergetics），就是一种打通宏观到微观的新的现代系统科学理论萌芽。在理论上，这种“打通”是通过发现了统计力学一个特殊的“相空间”实现的，由此哈肯揭示出“相空间”中的“目的点”是如何产生的，从而从另一角度揭示了从宏观到微观世界均存在的物质系统“自组织”现象。哈肯认为，这种“自组织”现象，不仅在宏观世界存在，而且表现于微观世界，包括激光的“协同模式”也出现在生物进化之中[67]。不仅如此，由于“自组织”过程中“协同模式”形成“质变”，促使“出现一些新量，这些新量不能用子系统的语言来描述”，只能用“综合的观点”或曰“在中国人思想中源远流长的观点”来把握，从而必须“发现合适的量”以揭示质变形成的新性质[68]。这就为现代科学用“综合的”或“中国方式”揭示包括生命和其他“巨系统”

之“质变”奠定了学理前提。这种揭示，也使钱学森将要创建的人体科学研究的微观理论的轮廓初步浮出水面。

哈肯也竭力用他的“自组织理论”推进科学哲学。他特别注意吸取同时代的相变理论、基本粒子物理学、宇宙学等各学科的新进展，批评量子力学当年只关注“对称性”而无视“对称破缺”即时间的不可逆性质，自诩所提出的新的科学哲学实即用“对称破缺”特征涵盖整个世界[69]。可以说，哈肯把中国哲学对物质层际进化通过非线性关系产生“质变”的省悟，在现代科学的某一层面用西方逻辑破译了。中国哲学“神秘性”的来源及其合理性，正在逐渐浮出水面。

（四）艾根的“超循环理论”

德国化学家艾根的“超循环理论”，是现代系统科学建立中的又一巨大科学创新。粗略地看，如果说普里高津理论最早关注化学层面上的物质“自组织”，哈肯理论可被看成对物质演化中从微观到宏观层级均存在“自组织”现象的证明，那么，艾根理论则专攻分子层面的“自组织”，真正深入于“生命现象”的研究。他说所论就是“把进化的基本原理理解为分子水平上的‘自组织’”[70]，故又被称为“分子达尔文学说”。从这个学说看，生命进化中的“自组织”循环，从低级到高级可分为“转化反应循环”（如酶的作用）、“催化反应循环”（如“自催化剂”的作用）和“超循环”。“超循环”即“自催化剂”之类的物质通过功能的循环耦合而联系起来的高级循环系统，也可称为“循环组成的循环”。在艾根之前，一些专注于“转化反应循环”和“催化反应循环”的学者，也曾把自己破译的简单“自组织”循环视为对“生命”的破译，虽不无道理，但易导致对生命本质较简单的理解。针对这种简单化，艾根说只有“超循环”才是“真正的生命”的载体[71]，它仅是一种“涌现”于“分子达尔文系统”的非平衡非线性的“自组织”进化系统，此种“涌现”实即“突变”；由于是非线性产生的“突变”，故必然具有“整体涌现”的特征，其“突变”出的特征往往出人意料。其中，包括“超循环”体系能与不属于它的自催化系统进行竞争；能够向优势功能进化；在更高级的组织网中能保持相对独立性，等等。艾根对生命涌现崭新功能现象的这种科学解读，使人大开眼界。普里高津和哈肯均对艾根理论给予充分肯定，并自认得益于它。钱学森晚年的学理更是孕育于它。

（五）斯佩里的现代脑科学和心理学研究呼应艾根理论

脑虽是由巨量“神经元”组成的典型“巨系统”，但在脑科学中，坚持还原主义思路的“行为主义”学说一直盛行，后来则是约翰·埃克尔斯（John Eccles）的“脑–精神相互作用”的“二元论”流行。针对埃克尔斯，美国生理物理学家罗杰·斯佩里（Roger Sperry）坚持推进“脑–精神相互作用”的一元论，推出了自己独特的科学和哲学见解，包括对“意识”究为何物的见解。

1. 人脑非线性“突变”功能即意识

斯佩里一方面反对行为主义者否定意识存在的思路，认为“人”非物理客体，只从还原论角度理解“人”不对；另一方面，他又反对二元论，认为埃克尔斯理论“为‘死后的意识’、各种超自然、超感觉和来世的信仰打开了大门”[72]。在此前提下，他借鉴孕育现代系统科学的其他学科的最新成果，聚焦“超循环”系统在“非线性”关系下涌现“突变”并产生出人意料之“新质”问题，主张“意识经验作为脑活动的一种‘突现’的功能属性，是与功能的脑无法解脱地联系在一起的”[73]。请注意其中的意识是“脑活动的一种‘突现’的功能属性”的定性。斯佩里对此解释说，它“对精神来自物质的进化、也来自脑的进化过程中的‘物质的凸显’提供合理的解释。（这一）脑-精神模式描绘了一幅把精神归回客观科学的脑中并居于主导地位的图式”[74]。换句话说，在现代系统科学背景上，斯佩里眼里的意识，实际就是脑作为一种由生理、物理、化学的分子、原子、夸克等构成的物质“巨系统”，在电磁场和其他社会、生理、物理、化学机制-机理的作用下，在某种阈值条件成熟时，涌现出的一种作为“自组织”现象的崭新的“突变”功能，恰如光束在一定协同作用条件下会产生出激光，恰如“超循环结构”中的某种“循环中的循环”自动地承担起了使生命出现的使命一样。明眼人一眼就可看出，斯佩里的“精神凸显论”，是孕育中的现代系统科学在脑科学研究中的一次成功应用，同时又以其非线性“功能凸显”模式，丰富了现代系统科学对物质进化中“突变”引致新质的理解。

此前，哈肯就把人的大脑设想为“非线性器官”[75]，认为它必然指向“对称破缺”[76]，但那是生物化学家的话，毕竟离大脑实况尚远。作为脑科学家，斯佩里的见解当然更可靠。在斯佩里看来，这种“功能凸显”是人类“大约五百万年或更多年的进化的最大成果”[77]。我们从中再次悟出“耗散结构”、激光的“自组织”模式和托姆“突变论”等前述学术趋势，发展到斯佩里而与生物进化论的合一，对“意识”本质的前卫领悟。

2. 意识的某种决定作用

斯佩里说“只有在脑活动的高层次中凸显出的某些动力的整体的特征才是意识现象。许多其他的东西都不是意识现象”[78]。有人曾问他：“什么是‘突现’特征？”他回答：“‘突现’与‘整体’是相同的。‘整体大于而且不同于部分之和。’当进化发展时，原子结合成新的化合物，并进一步结合成新的复合物，每一步均‘突现’出新的特征。在脑中也可以看到这种‘等级统辖’，意识在最上层。”为了强调意识是大脑整体功能的“凸显”，他明确否定了意识研究中的还原论：“意识仅仅与精选的大脑过程的整体性质同一，因而不能与它们的神经生理的、生物物理的和化学的基础同一。”[79]这样，“整体‘突现’论”就挟脑科学实验依据华丽登场了。

3. 强调“整体功能‘突现’”中人脑对客体的改造

斯佩里认为“当我们看一所房子时，脑并不是在‘复录’这所房子，而是对房子发生一系列功能性的反应——接近、定位、定形、记忆、联想等等”[80]。据他说，其中存在的并不是“同形的或拓扑学的对应。意识的意义是一种功能的衍生物，用‘功能效果’和‘潜能’来表达”[81]。可以认为，斯佩里“非‘复录’论”进一步显示了在“整体功能凸显”中，人脑对客体的改造和脑的主动性。旧唯物主义哲学的“反映论”，在这里难有容身之地。

4. 意识控制着脑及身体各种过程

斯佩里说过，作为等同于“整体功能凸显”的意识，体现出“‘整体’除了是‘不同于和大于部分之和’以外，而且在因果关系上决定了‘部分’的命运”[82]，这里所谓意识的决定性，指意识既产生于脑物质进化，又超越了脑的生理过程，以自己“凸显”出的新功能控制着脑中各种生理、物理、化学过程，在“反作用”的意义上成为一种决定因素。“由于长期的还原主义的偏见，我们需要强调高级的对于低级的因果性控制”[83]，这当然是对的。

至于“后现代科学”中某些人抓住斯佩里的某些论述，硬要把他装扮成另一位“二元论”者，有违史实。例如，斯佩里确实讲过，他“新的观点没有抛弃或忽略意识，而是完全承认作为一种‘原因性’实在的内心意识的先在性”[84]，如抓住其中关于意识是“原因性实在”的词句，硬说斯佩里认定“意识决定论”，显然是歪曲事实。大概普里高津看出了斯佩里思路突出质变源自系统产生新功能的用意，所以有一次他竟然以《神经系统和耗散结构》为题目，结合艾根理论写道：“脑电波可以用时间耗散结构来加以分析”[85]；“我们头脑中最‘重要的’功能，如语言的起源问题，就可能包括在艾根的理论之中。这样，在结构学家的静力观点（通常称为分子生物学观点）和历史观点（热力学观点）之间形成了意想不到的综合”[86]。不过，普里高津毕竟还未悟及意识作为耗散结构一旦涌现，它将对产生自己的物质系统形成决定性控制。在这里，化学家和心理学家之间的差距很难清除。

（六）宇宙学家霍金继续与“爱–哥之争”双方对话

中国人都熟悉的躺在轮椅上的英国宇宙学家霍金，似乎不太跟随上述孕育“非线性系统科学”各领域的最新动态，而在宇宙学中一门心思跟“爱–哥本之争”中的双方诸大师持续对话。对话可分为两个阶段，大体以1970年为界。

此前，霍金根据爱因斯坦相对论，鉴于宇宙不断膨胀的事实，一直坚持“宇宙大爆炸”及其“奇点”理论。他说：“爱因斯坦暗示了宇宙必定有一个开端，并可能有一个终端。”[87]其逻辑是，“爱因斯坦在1915年系统阐述广义相对论时，也如此确信宇宙必须是静止的”，“他声称时空有内在膨胀的倾向，而且这种倾向可以完全用来平衡宇宙中一切事物的吸引力，从而产生一个静止的宇宙”[88]。由此出发，霍金于1970年用严格的科学方法，“最终证明，只要假定广义相对论是正确的，而且宇宙包含同我们观测到的一样多的物质，就必定有大爆炸奇点”[89]。普里高津对此通俗地说：“广义相对论给现代宇宙论开路以后，遇到的却是所有事件中最惊人的事件：宇宙的诞生。”[90]

时间有了开头和结尾，简直是“天方夜谭”。大概霍金自己觉得所见匪夷所思，最终转而求助于量子力学。其转换的逻辑是，一旦出现“大爆炸”及“奇点”，广义相对论即失效。因为广义相对论只是个宏观理论，它绝对不适用于作为微观现象的大爆炸及奇点，而量子力学才是此刻的适用理论。于是，霍金又通过量子力学证明，宇宙“不会有起点或终点，它将只是存在”[91]。这在某种意义上优于其“时间有起点和终点”的看法。现在的问题是，“爱–哥之争”双方各占部分“真理”，霍金如何像前述鲍姆一样力求双方在新框架中的统一？

此时，宇宙学中还出现了由所谓迪拉克“大数假设”诱导出的“人择原理”。极简而言，该原理包含了两层意思：一是作为“无限系统”的宇宙，并非其中每一个都能演化出人类，而是只有“我们的宇宙”，恰好具有能演化出人类的基本“常数”，从而才使人类出现成为可能。二是由于“我们的宇宙”导致了人类存在，另外则由于人类存在才使“‘我们的宇宙’导致了人类存在”的特点被人类认识到，这里存在着主客体“互缠–互融–互生”即互为自己存在的“必要条件”。由这两层，我们可以设想，人类不可能产生于别的宇宙而只能产生于这个“人的宇宙”，另外则是在主客体“互缠–互融–互生”条件下，人类在“人的宇宙”中不可能观察到一个与主体完全无关的“纯客观的宇宙”。1973 年，卡特第一次提出“弱‘人择原理’”，即“我们自己的存在，也许确定了我们看到的宇宙的某些特性”。后来，还出现了“强‘人择原理’”：“宇宙必须是能够容许生命得以存在”，“一旦生命存在于宇宙，它就决不会灭绝”[92]。霍金也对“人择原理”给出了自己的深化说明。在他看来，当量子力学的测不准原理支配宇宙时，“宇宙初始状态的挑选纯粹是偶然的”，但终于“可能在某个地方有一些大空域，它们始于平滑和均匀的状态。这有点像众所周知的那群不断敲打打字机的猴子——它们打出来的东西绝大多数将是废物，但是非常偶然的，它们会纯属碰巧地打出一首莎士比亚的十四行诗来。”“这就是所谓‘人择原理’的一个例子，它可以被意译为‘因为我们（如此）存在，我们（便）从宇宙现在的样子来看它。’”[93]这种太过专业化的解释，真不如普里高津来得痛快。后者说，既然人与被观察的世界构成了一种“非线性的耗散结构”，其中就不存在谁是“因”谁是“果”的问题了，于是，人与被观察的世界彼此决定，“要使宏观世界成为‘观察者们’居住的世界”，“必需的是有一个远离平衡的宇宙这个‘宇宙学的事实’”[94]；反过来说，远离平衡的宇宙这个宇宙学的事实，才造成了人类才能成为观察这个宇宙并能提出“为什么出现人择原理”的最高进化物。与此相类似，霍金也说：“只有在少数像‘我们的宇宙’一样的宇宙中，有理智的人才会发展并提出‘为什么宇宙是我们看到的这个样子？’的问题，答案因此是简单的：如果不一样的话，我们就不会在这儿！”[95]在他看来，从热力学时间箭头、心理学时间箭头和宇宙学时间箭头指向同一方向来看，“有理智的人只能存在于（宇宙的）膨胀阶段。收缩阶段将不适合于人的生存”[96]。显然，霍金在这里也以自己的方式论证着古老东方的“天人合一论”和“天人感应论”。

霍金在深化“人择原理”时，又一次从量子力学跳到爱因斯坦，向人们推荐产生于 1984 年的“弦理论”作为“统一场论”的候选者[97]。据说，它可以抵消“无穷量”[98]。按照“弦理论”，世界“似乎只有十维或二十六维时空，而不是通常的四维时空”[99]，不过，“在大的标度上，你看不到弯曲或额外的维度”[100]，“生命至少像我们所知道的，只能在一个”四维时空中存在，“这一点似乎很清楚”[101]。这一奇异思路的确立尚待观察。霍金2015年后的动向是转向“‘球外生命’搜寻”，其搜寻飞船创意也很奇特。

上面介绍的6种现代科学动向学术含义极为丰富，它们至少说明，现代系统科学的诞生已经具备了必要的学科成果储备，只待来者。

三、钱学森对相关学科成果的取舍与综合

钱学森对现代科学各主要相关学科新进展，都很关心和熟悉，并在晚年从创新出发而对之加以归纳、总结，超越了各学科而升华为跨学科综合，搭建成现代系统科学框架。

（一）以五层次人天观部分超越爱–哥之争双方

由于爱－哥争论实际涉及哲学总框架，同时所争问题又正是钱学森探究人体科学必牵者，故本处述评较仔细一些。其中“部分超越”四字表示，钱学森一方面力求超越双方，另一方面也面对着“爱–哥之争”双方留下的并未被今人完全消化的科学和哲学谜题。

此前，本书第二章第二、三节对“五层次人天观”已有论述，此处仅说未述者。在钱学森心中，对不同尺度物质运动呈现不同规律，以前认识不清，是因为人的思维“是一种特殊的物质运动。也因为这个原因，人脑中的认识不等于客观世界本身，永远不会如此，只能经过曲折的道路逐步逼近”[102]，包括“由决定性的牛顿力学演化为非决定性的统计力学，是一次科学进步，而用混沌解释了统计力学的非决定性，则又是一次科学进步，那么上帝到底掷不掷骰子呢？从上面这段历史看，应该说：如果这个‘上帝’指的是客观世界本身，那么，‘上帝’是不掷骰子的，客观世界的规律是决定性的。但如果这个‘上帝’指的是试图理解客观世界的人、科学家，那他有时不得不掷骰子，而且从自以为是地不掷骰子到承认不得不掷骰子也是一个科学进步。后来科学又发展进步了，科学家能看得更深更全面了，‘更上一层楼’了，科学家又不掷骰子了，那又是一个进步，是又一次的科学发展。这样，我们就把‘上帝不掷骰子’和‘上帝掷骰子’辩证地统一起来了。客观世界是决定性的，但由于人认识客观世界的局限性，会有暂时要引入非决定性的必要。这是前进中的驿站，无可厚非，只是决不能满足于非决定性而不求进一步的澄清”[103]。看来，“爱–哥之争”关于上帝是否掷骰子的争论，在钱学森这里基本获得了相对完满的解决，辩证唯物论被进一步丰富了。其中，在钱学森眼里，鲍姆在渺观世界中坚持“隐参量”或“隐秩序”学说，坚持决定论，又能解释量子力学，确实值得中国学界关注[104]。钱学森曾站在搭建现代系统科学框架的角度，向中国学界推荐鲍姆，说“他的思想是很有启发的”[105]；他“认为世界是整体的，一切物质的粒子都是相关的，他的‘隐秩序’也就是一个特大超巨系统。鲍姆

理论将来构筑起来也得靠系统学”[106]。鲍姆理论成了钱学森搭建现代系统科学框架的主要出发点之一。

钱学森搭建现代系统科学框架的视野，还延伸到宇宙学新进展。在他看来，现在的宇宙学提出“宇宙也是多个的，宇宙外有宇宙。那么多的宇宙组成的世界不又是一个更大的尺度，是宇观之上的层次吗？这叫什么？叫‘胀观’？在胀观场中，我们的宇宙，大约几百亿光年大，也是个‘自组织’，也当然是非永久性的。胀观物理学也离不开系统学呀！”[107]正是在这种“登泰山而‘一览众山小’”的学术回顾中，钱学森站在众多科学巨人肩上而搭建了现代系统科学框架。人们可省悟出，现代科学巨人这些最新成果，都是钱学森对“爱–哥之争”展开“螺旋式上升”的“阶梯”。

有一次，钱学森还评价了宇宙学中最前卫的“超弦理论”，说近年理论物理学家把四种作用力纳入统一的理论，“提出一个‘超弦理论’，而这里‘超弦’的长度正好是大约 10^{-34} 厘米”，比“基本粒子”的“10^{-15} 厘米的世界还要小 19 个数量级！”此即“渺观世界”，“它不是四维时空（三维空间加一维时间），它是十维时空”，“多出来的六维”是“看不见的”，“这才是‘隐秩序’”[108]，故“我们要抓‘隐秩序’”研究[109]。这正是中医、气功、人体潜能和中国人居理论研究深入所急需者之一。在本书第二章第二节中，我们已知潘雨廷就曾涉及过它。

（二）鸟瞰现代科学各学科进展

1. 贝塔朗菲的“一般系统论”

钱学森肯定贝塔朗菲“首先认识到”了“生命所特有的现象与物理学中热力学第二定律说的不同”，他的“重要成果是把生物和生命现象的有序性和目的性同系统的结构稳定性联系起来”。不过，“由于生物和生命现象的高度复杂化，理论生物学家搞一般系统论遇到的困难很大”，故其“具体和定量结果还很少”[110]。

2. 重评控制论

20 世纪 50 年代，钱学森在美国处逆境时被迫关注“工程控制论”且有专著面世，蜚声海内外。事实上，维纳控制论中的“反馈环”模式，为孕育现代系统科学的各学科新进展提供了较早的灵感，但前述关注生命现象的学者往往少提其启发，钱学森却坚持如实说明它成了后来“超循环”理论等成果的出发点[111]。“反馈环”对应着数学上的“非线性”模式，“非线性”由此成为揭示生物–生命奥秘的数学标志之一。

3. 关于耗散结构理论

钱学森说“在不违背热力学第二定律的条件下，耗散结构理论沟通了两类系统的内在联系，说明两类系统①之间并没有真正严格的界限”[112]。这等于在说明：耗散结构模式从根本上打通了化学、物理学和生物学，包括“把理论生物学推进了一大步，使一般系统论的有序结构稳定性有了严密的理论根据，这个理论也可称为系统的‘自

① 即生命系统和非生命系统——引者。

组织理论’”[113]。钱学森还指出，控制论“几乎可以毫不加变动地成为普里高津的语言”，“反馈环”是耗散结构理论和控制论“共同的基础”[114]。普里高津虽然开头没有提及这一点，但当钱学森指出后，他在自己的书中就采用了“进化反馈”之类的提法[115]。

钱学森悟出普里高津的短处是“只从热力学考虑问题，只从宏观研究问题，虽然可信，总给人一种隔靴搔痒之感，不透彻”[116]。对此，他鼓励人们关注哈肯和托姆等人的理论推进[117]，说明应吸取目前国外发展起来且适用微观宏观两领域的这种“巨系统理论”，即“着重分析系统的层次结构；一级管一级，同级结构之间有一定的独立性”[118]。人体科学正是由此出发的。

4. 关于协同学

钱学森说哈肯的“巨系统理论”把宏观到微观之路“打通了”，它可被用于物理、化学、生物现象的分析[119]。后来，钱学森从其揭示“真正的生命现象”的角度[120]评价说：“贝塔朗菲和普里高津不怎么样，真正行的是哈肯”，前两者“有点像热力学”[121]，而“激光器理论则可以用于生命现象”。

5. 关于“超循环理论”

钱学森认为艾根所讲，“实际是‘开放的巨系统’，特别是开放的巨系统中的‘层次划分’”[122]，“直接建立（了）生命现象的数学模型”[123]。

钱学森还认为艾根“观察到生命现象都包含许多由酶的催化作用推动的各种循环，而基层的循环又组成更高一层次的‘环’，即‘超循环’，也可出现再高层次的循环。超循环中可以出现生命现象所据为特征的新陈代谢、繁殖和遗传变异”[124]。显然，钱学森认同生物“酶”的功能与控制论“反馈环”模式相似，在数学上均对应着非线性。

普里高津、哈肯、艾根三人其实均致力于用非线性的“反馈环”模式贯穿非生命和生命研究。他们形成了一个依次递进的“非线性系列”。钱学森注意到三人后来“经常在一起讨论问题”[125]，标志着“非线性的现代系统科学”孕育期的辉煌。

6. 对斯佩里的称赞

这也与钱学森晚年创建人体科学时所关注的现代科学面临的“三大挑战”①密切相关。三大挑战提出的问题，均非人体某个器官某个层面的研究所可完全解决，必须把问题提到作为“巨系统”的脑器官整体“凸显”出的新功能的层面，而斯佩里的成果主要关注于此且极具创见。钱学森从既定目标出发，很重视斯佩里的三大贡献：一是以“巨系统”研究方法揭示了意识是脑器官整体“凸显”出的一种崭新“功能”；二是这种功能呈现着的“质变”不能只用脑器官的性质来直接解释和理解，因为它具备了崭新的“非线性”的“凸显”特征，表现为总是出人意料；三是意识作为人脑“凸显”出的“非线性”出人意料的崭新功能，又会“非线性”出人意料地决定和控制人脑及人体行为。对此钱学森说：“人体巨系统是怎样连接在一起的，各层次的每个器官是怎样协调工作的，巨系统的控制是如何进行的”，“尤其重要的是中枢神经系统在巨系统

① 见本节后述。

中的中央控制调节功能”究竟如何，这是人体研究中的重要问题[126]。正是面对这些问题，“斯佩里正确地”揭示了“人脑本身就是一个复杂的‘巨系统’，它的活动也是有层次的，正如一切复杂的体系都形成结构层次。人的感觉刺激由感觉器官的感受器传到大脑，大脑接受下来，这可以说是大脑的初级活动。大脑对接收到的感觉刺激加以处理，例如形成视觉图像，或从声音形成又一种综合信息，都可以说是大脑的第二级活动。如此上升，不知经过多少层次，最后达到高阶活动，这就是意识。斯佩里还非常明确地指出，上一层次的大脑活动能影响或控制下面层次的活动。这就是意识可以影响或控制人的生理功能。”“意识是人脑高阶层活动的表现，斯佩里称研究这层人脑活动的学科为‘精神学’。精神学当然与心理学密切相关。”“按我建议的科学技术体系，精神学属人体科学”[127]，其一支“要结合人体这个开放的‘巨系统’的研究，解决人体‘巨系统’的综合功能和人体结构中每一层次的功能问题，而高层次的功能又有不止一个功能态”，这就是“人体学”。“为什么把人体科学划出来，而不划在生命科学里头，原因就是人是有意识的，人是在生命现象里头很特别的一种生命现象，因为人有意识，其他的生物没有意识。”[128]而作为“人体学”之“一方面基础的脑生理学，在目前就连比较初步的第二级活动的视觉图像的形成都没有完全解决，至于更高级的活动，还处于机理的设想或假设阶段。我们要走的路还很长”[129]。看得出来，钱学森创建的人体科学将是对斯佩里“精神学”的一种继承和巨大发展。它着眼于人的意识及比意识更高的各精神层面，处于当代科学最前沿，故难度极大，前面的路还很长。过去曾有一种见解认为，意识只能理解意识以下的层次，它不可能理解意识本身和比意识更高的层次，这正如军队中的上校不能管理各级将军一样。看来，钱学森也是不信这个“邪”的。强烈的创新意识，使他必须站在斯佩里等巨人的肩上，只问耕耘，往上攀登。

（三）追求对传统自然科学难及的生命和人的精神状态的理解

从钱学森的总结还可以悟出，他晚年追求着对传统自然科学无法企达的“生命现象”的深刻理解，尤其是面临“三大挑战”而必须创建的人体科学对“生命之花”即“意识”及各种精神状态的崭新理解。当西方一系列现代“非线性”科学成果离开其传统的还原论而逼近中国传统的整体论时，当“反馈环”“自组织”“非线性”“巨系统”“凸显”“层次-结构”等关键词，正在越来越深地破译着中国“天人合一”哲学的深层奥秘时，也该是中国科学家“登场”的时候了。值此之际，钱学森出面搭建现代系统科学框架及其指导下的人体科学，就像壮士出征一样，在科学界万众瞩目。

参考文献

[1][31][36][38][50]〔美〕玻恩著，秦克诚等译：《现代物理学中的因果性与机遇》，北京：商务印书馆，1965 年版，第 202 页，第 1 页，第 201 页，第 141—143 页、第 6 页、第 246 页，第 206—

208 页和第 226 页。

[2][23][29][49]〔美〕鲍姆著，侯德彭译：《量子理论》，北京：商务印书馆，1982 年版，第 737 页，第 754—755 页，第 204 页和第 752—753 页，第 171 页。

[3][5][14][20]〔丹麦〕波尔著，郁韬译：《原子论和自然的描述》，北京：商务印书馆，1964 年版，第 83 页，第 69 页，第 40—41 页，第 70—71 页。

[4]〔联邦德国〕海森伯著，吴忠译：《物理学家的自然观》，北京：商务印书馆，1990 年版，第 6 页。

[6][8][9][10][15][17][26][32][34][35][39][42][43][44][45][46][47][48][53][54]〔美〕雅默著，秦克诚译：《量子力学的哲学》，北京：商务印书馆，1989 年版，第 288 页，第 102—103 页，第 110 页，第 122 页，第 88 页，第 518 页，第 183 页，第 324 页，第 324 页，第 295 页，第 360 页，第 295 页，第 295 页，第 294 页，第 294 页，第 337 页，第 337 页，第 337 页，第 324 页，第 337 页。

[7][11][12] 卢鹤绂：《哥本哈根学派量子论考释》，上海：复旦大学出版社，1984 年版，第 13 页，第 126 页，第 126—127 页。

[13][19][40] 殷正坤：《探幽入微之路》，北京：人民出版社，1987 年版，第 222 页，第 215 页，第 263 页。

[16] 钱学森：《创建系统学》，太原：山西科技出版社，第 45 页。

[18] 中共中央党校自然辩证法研究班编：《自然科学中的世界观与方法论》，北京：求实出版社，1983 年版，第 31—33 页。

[21][22]〔美〕鲍姆著，侯德彭译：《关于因果和机遇的自然哲学》，北京：商务印书馆，1964 年版，第 125 页，第 125—126 页。

[24]〔美〕霍金著，张星岩、刘建华译：《时间史之谜》，上海：上海人民出版社，1991 年版，第 184 页。

[25]〔苏〕沙赫巴洛诺夫著，罗昌译：《辩证唯物主义与物理学和化学的若干问题》，北京：科学出版社，1960 年版，第 39—40 页。

[27]〔日〕岩崎允胤,〔日〕宫原将平著，于书亭等译：《科学认识论》，哈尔滨：黑龙江人民出版社，1984 年版，第 262—266 页。

[28]〔苏〕奥米里扬诺夫斯基编，余谋昌、邱仁宗译：《现代自然科学中的哲学思想斗争》，北京：商务印书馆，1987 年版，第 24 页，第 105 页。

[30][33][37][51][52] 钱学森：《人体科学与现代科技发展纵横谈》，北京：人民出版社，1996 年版，第 293 页，第 200—201 页，第 221 页，第 200 页，第 223 页。

[41] 吴大猷：《吴大猷文录》，杭州：浙江文艺出版社，1999 年版，第 335—336 页。

[55][56] 湛垦华等编：《普里高津与耗散结构理论》，西安：陕西科学技术出版社，1982 年版，第 56 页，序言第 4 页。

[57][58][61][62][63][64][65][66][94][115]〔比利时〕普里戈金、〔法〕斯唐热著，曾庆宏、沈小峰译：《从混沌到有序——人与自然的新对话》，上海：上海译文出版社，1987 年版，第 279 页，第 281 页，第 326 页，第 198 页，第 177—178 页和第 189 页和 197 页，第 349 页，第 355 页，第 341 页，第 358 页，第 245 页。

[59][60][90][92]〔英〕彼得·柯文尼、〔英〕罗杰·海菲尔德著，江涛，向守平译：《时间之箭》，长沙：湖南科技出版社，1995 年版，第 133 页，第 53 页，序第 3 页，第 90—91 页。

[67]〔联邦德国〕哈肯：《我是怎样创立协同学的》，《自然辩证法报》总第 274 期（1989 年 8 月 19 日）。

[68][69][75][76]〔联邦德国〕哈肯著，宁存政等译：《协同学讲座》，西安：陕西科学技术出版社，

1987 年版，序言第 2 页，第 183—190 页，第 14 页，第 21 页。

[70][71]〔德〕艾根：《物质的自组织和生物高分子的进化》，《摘译（外国自然科学哲学）》1974 年第 1 期。

[85][86]〔比利时〕普里高津：《生命的热力学》，《摘译（外国自然科学哲学）》1974 年第 1 期。

[72][73][82] 刘元亮等编著：《科学认识论与方法论》，北京：清华大学出版社，1987 年版，第 88 页，第 88 页，第 90 页。

[74][77][78][79][80][81][83] 沈小峰等：《自组织的哲学》，北京：中共中央党校出版社，1993 年版，第 305—306 页，第 310 页，第 309 页，第 308 页，第 311 页，第 311 页，第 316 页。

[84] 转引自〔美〕大卫•格里芬编，马季方译：《后现代科学》，北京：中央编译出版社，1995 年版，第 147 页。

[87][88][89][91][93][95][96][97][98][99][100][101]〔美〕霍金著，张星岩、刘建华译：《时间史之谜》，上海：上海人民出版社，1991 年版，第 44 页，第 50—51 页，第 65 页，第 170 页，第 147—148 页，第 149—150 页，第 181—183 页，第 187—188 页，第 198 页，第 195 页，第 196 页，第 198 页。

[102][103][105][106][107][108][109][112][121][122][125] 钱学森：《创建系统学》，太原：山西科学技术出版社，2001 年版，第 463 页，第 187 页，第 326—327 页，第 321 页，第 326—327 页，第 189 页，第 188 页，第 209 页，第 11 页，第 388 页，第 12 页。

[104] 钱学森：《人体科学与现代科技发展纵横观》，北京：人民出版社，1996 年版，第 220—224 页，第 253 页；钱学森讲，吴义生编：《社会主义现代化建设的科学和系统工程》，北京：中共中央党校出版社，1987 年版，第 135—136 页。

[111][123][124][126][127][129] 钱学森讲，吴义生编：《社会主义现代化建设的科学和系统工程》，北京：中共中央党校出版社，1987 年版，第 196—197 页，第 196 页，第 196 页，第 178 页，第 180 页，第 179—180 页。

[128] 钱学森：《人体科学与现代科技发展纵横观》，北京：人民出版社，1996 年版，第 478 页。

[110][113][114][116][117][118][119][120] 钱学森：《论系统工程》，长沙：湖南科学技术出版社，1982 年版，第 241 页，第 242 页，第 271—272 页，第 243 页，第 244—245 页，第 243—245 页，第 244—245 页和第 264 页，第 264 页。

第三节　钱学森初步搭建现代系统科学框架

钱学森在归纳各相关学科的新进展时，已在构想搭建现代系统科学框架。其中，最先碰到的问题是，国外相关最新成果无法面对中国“三大谜题”和建立“现代社会系统科学”的要求。

一、国外最新成果无法面对中国的要求

（一）无法面对中国“三大谜题”[1]

1. 中医“经络之谜”

钱学森据所掌握的情报，认为近世以来，无论采用西医或其他自然科学的什么办法，人们花了大量的时间、精力，却始终找不出“经络”的解剖学和微观生物学对应物。从战略上看，对它的破解，不能再在西方“分析”的思路上走了，只能在人体（特别是脑）的“整体功能”研究上找出路。

本章最后一节有一则题为《国内外关于中医“经络现象”研究的新进展》的附录，也实事求是地介绍了国内外与钱学森看法不同的研究动态，读者可参见。

2. 中国“气功之谜”

近世科学也无法解释中国气功现象。“中国功夫”中的许多场景，在西方还原论科学家看来，简直是匪夷所思。它也启示人们：超越还原论，在中国“整体论”中寻找出路。

3. 中国“人体潜能”之谜

中国古代早已发现且国外也已发现的“人体潜能”现象①，更是近世自然科学无法

① 曾被俗称为“人体特异功能”。

解释的又一个谜。

（二）钱学森对既有自然科学“范式”的突破

对钱学森而言，面对这三项挑战，必须超越前述各学科的最新成果，构建现代系统科学，才能使自然科学逐渐走出困境。科学的“质变”，总是面对原有科学理论不能解释的“怪现象”而产生新理论的结果。前述各学科新进展，也是对“爱–哥之争”双方不能说明的“生命”现象和人的精神状态认识的深化，其实即科学“范式”的进步。显然，钱学森也必须对既有的自然科学“范式”加以突破，进入传统自然科学无法企达的“生命”，特别是人的精神状态的研究。在笔者看来，这其实是钱学森力求挟毕生睿智初攀的现代科学最高峰。

作为战略科学家，钱学森对此有十分清醒的认识。他其实已经把问题提到转换既有科学“范式”的高度：“一些现象用现代科学解释不了也并不稀奇，整个科学的发展就是这样。不能不承认这个问题。要改造现有的科学理论。”[2] 包括可以在现代系统科学的基础上建立“人体科学”应对三大谜题[3]，同时进入对人的精神状态及与其关联着的社会状况的研究。另外，他也觉察到，“人体科学越来越是一个发展前途很大的领域，而且是整个科学发展的一个重要的方面，很有可能因这方面的发展引起科学革命”[4]，“它也必然带来技术应用方面的飞跃，这就是技术革命”[5]。

（三）钱学森初步搭建“现代社会系统科学”

除了创建人体科学，搭建“现代社会系统科学”也是突破传统自然科学“范式”的有机组成部分。在这方面，钱学森由应对中国社会主义建设之急需而参与创建“中国社会系统工程”起步。当时，前述各学科进步在数字科技的助推下，在国外逐渐被推广于社会管理之中，连联合国国际科技局也向全球推广“系统分析技术”。

1. 中国较早的“社会系统工程”实践

国内相对较大规模地采用社会系统工程技术实施管理，最早是在钱学森所在的“两弹一星”研制项目中展开的，包括在其中广泛应用“计划协调技术”，建立“总体设计部”，效果颇佳。周恩来总理当时就希望，应把它推广到国民经济所有重大工程管理中，实施后，效果不错。

改革开放后，我国社会系统工程研究推广进入黄金时段，一大批国外相关成果也被介绍进来。钱学森前后发表了一系列相关文章。1979 年在系统工程学术会议上，钱学森和关肇直先生等自然科学家倡议筹建中国系统工程学会。1980 年，中国系统工程学会成立，钱学森和著名经济学家薛暮桥先生一起，被选为名誉理事长。此后，“社会系统工程”在中国社会主义事业中发挥的作用越来越重要。

2. 对国外最新成果也难以解决中国建设实际问题的察觉

中国的实践表明，前述孕育现代系统科学的各学科最新成果，仍然无法真正面对和解决中国社会管理的急需。钱学森则对此进行了深入的理论思考。

（1）处理“简单巨系统”的国外科学无法处理作为“开放的复杂巨系统”的中国社会问题。钱学森说“我们这些人是跟着他们学了近10年，但到了80年代末，我们终于觉悟到，他们这套从‘热动力学’概念出发的理论，只能处理比较简单的‘巨系统’”，“所谓‘简单’，就是‘子系统’的门类不多，几个，十几个。但是一个高层次的动物，特别是人、人的大脑、社会、地理环境等，不是这种‘简单巨系统’，‘子系统’门类多到成百上千，是‘复杂巨系统’，是‘开放的复杂巨系统’。处理‘开放的复杂巨系统’，用协同学那种基于‘熵流’的理论，是不成功的。实际上，哈肯学派在处理社会经济问题上，也是不成功的。这就使我们另起炉灶。”[6]

（2）中国只能“另起炉灶”。为什么国外“简单巨系统”的方法不成功？钱学森分析说：“在科学发展的历史上，一切以定量研究为主要方法的科学，曾被称为‘精密科学’，而以思辨方法和定性描述为主的科学则被称为‘描述科学’。自然科学属于‘精密科学’，而社会科学则属于‘描述科学’。社会科学是以社会现象为研究对象的科学，社会现象的复杂性使它的定量描述很困难，这可能是它不能成为‘精密科学’的主要原因。尽管科学家们为使社会科学由‘描述科学’向‘精密科学’过渡作出了巨大努力，并已取得了成效，例如在经济科学方面，但整个社会科学体系距‘精密科学’还相差甚远”，没有办法，中国只能另起炉灶[7]。看得出来，“另起炉灶”既是国家建设急需造成的，也是钱学森觉察到国外既有科学成果只能处理“简单巨系统”，无法面对中国建设的“开放复杂巨系统”而勇挑重担“攻关”的表现。

二、对搭建“现代社会系统科学”及其工程技术体系的追求

钱学森晚年的个人兴趣虽在科学思想的创新，但作为战略科学家，他即使已从“两弹一星”一线退下来后，仍高度关注着社会系统工程技术在国家管理中的完善。

（一）中国创建社会系统工程的著名案例

钱学森参与其中的著名案例之一，是1983～1985年航天部710研究所与中国宏观经济学家配合，采用“另起炉灶”式的社会系统工程技术，探索完成了当时急需的国家财政补贴、价格和工资改革综合研究及国民经济发展预测[8]。其中，710所并未完全按照国外“熵流学派”的办法处理问题，而是根据中国实际，采用了把专家意见和电脑计算相结合的新途径[9]。其所建数学模型“是以市场平衡为中心设计的”，在结构上参考了诺贝尔奖获得者俄裔美籍学者瓦西里·列昂节夫（Wassily Leontief）的“投入–产出法”[10]，“分为两大部分：一部分是国民收入分配和零售市场，另一部分是各产业部门的投入产出关系。前者由115个变量和方程描述，其中包括14项环境变量和6项调控变量，用来体现外部环境和调控政策。后者是237个部门的产业关联矩阵”。运用这种数学模型，“按照不同的国力条件（环境变量）、调控变量（价格与工资），不同的

调整起始时间，不同的调整幅度，不同的调整方法（一次性调整或多次调整），在当时的大型数字计算机 B6810 上进行了 105 种政策模拟，并以市场平衡、财政平衡、货币流通和储蓄、职工和农民收入水平为度量标准，寻求最优、次优、满意和可行的政策，从而定量回答价格与工资能否进行调整以及调整结果如何，何时调整为宜，如何调整最为有利等问题。这样的定量结果，再由经济学家、管理专家、系统工程专家等，共同分析、讨论，充分发扬学术民主，畅所欲言。比起开始时的定性判断，这一次毕竟增加了新的定量信息。在专家们进行新一轮信息与知识的综合集成时，其结论可能是：这些测算结果是可信的，也可能是不可信的，或者还有什么地方是要改进的。如果需要改进，再修正模型和调整参数，重复上述工作。第二次测算的结果，再请专家评议。这个过程可能要重复多次，直到各方面专家都认为结果是可信的，再作出结论和提出政策建议。这时的结论已不再是先验的定性判断，而是有足够定量依据的科学结论”[11]。作为亲历者，钱学森的这种总结，把当时中国社会系统工程技术的特色讲得很突出。

（二）初步形成“开放的复杂巨系统”科学技术

上述办法，后来还发展到“把大量零星分散的定性知识、点滴的知识，甚至群众的意见，都汇集成一个整体结构，达到定量的认识”，形成从“定性到定量的飞跃。当然，一个方面的问题经过这种研究，有了大量积累，又会再一次上升到整个方面的定性认识，达到更高层次的认识，形成又一次认识的飞跃”[12]。在钱学森的这种描述中，人们已经可以感到，他与其周围的团队，不仅对国外“减熵学派”理论在社会系统工程中的失效感到失望，而且确实按中国实际在“另起炉灶”，实施系统工程技术的创新了。

为什么“减熵学派”的理论，在中国社会系统工程中会失效呢？钱学森从方法论角度分析说：“问题在于近代科学始于四百年前的文艺复兴”，当时“创立了从实验观察出发，以推理为手段的所谓‘科学方法’。为了在复杂现象中能定量测定，不得不分解事物，而且越分越细”，“总之建立在‘还原论’基础上的所谓‘科学方法’是有很大局限性的”[13]，使中国科学家不能不“另起炉灶”。钱学森在此处使用的“建立在‘还原论’基础上的所谓‘科学方法’”，“从实验观察出发，以推理为手段的所谓‘科学方法’”等说法表明，作为具有哲学头脑的中国战略科学家，钱学森已经从社会科学的哲学“范式”高度，反思着源自西方的近世自然科学的固有局限，实际上是从中国社会实践出发，提出了另一种社会科学“范式”，包括并不局限于“还原论”方法，而且重视“整体论”方法；不局限于“从实验观察出发，以推理为手段”的方法，而且重视实验观察和纯逻辑推理之外的活生生的人的意见判断；不局限于只追求逻辑理性化的“定量分析”，而且处处重视活生生的人的“实用理性”化的“定性判断”，等等。在笔者看来，这在某种程度上，实际上是把中国固有的以“实用理性”和“度”为标志的认识模式，与西方近世以“逻辑理性”和实验室观测为代表的认识模式初步相结合，在社会系统工程技术创新中搞“中西合璧”，从而站在“范式”高度，冲破西方的局限，兼用中国智慧而走出新路。

钱学森把中国"另起炉灶"后采用的办法，特意称为"从定性到定量的综合集成法"，其中"集成"二字，是采纳中国成语"集腋成裘"而得[14]。他解释"综合集成法"时说："社会中的人是有意识的，他们的行为不是简单的'条件反射'，不是有'输入'就有相应的'输出'；人接受信息后要思考，作出判断再行动，而这个过程又受各种条件影响，是变化多端的。所以，社会系统可以称之为'开放的复杂巨系统'"[15]，"处理'开放的复杂巨系统'，目前还没有从微观到宏观的严格理论"，"只有用'定性与定量相结合'的方法"[16]，后者在不断完善中即形成"从定性到定量的综合集成法"。从社会科学之科学哲学"范式"层面看，这些话就是要冲破西方社会科学方法中"见物不见人"的弊端，充分注意在社会系统工程技术实施中尊重人的感悟，因为这种感悟也是一种积淀着"理性"的"感性"。显然，中国的哲学智慧，在这里已经转化成一种实践模式。钱学森后来又把此模式称为"大成智慧工程"之一，是钱学森创建的"大成智慧学"在社会工程方法上的表现。这是一个结构比较完整的现代社会系统科学和社会系统工程技术体系[17]，构成了钱学森搭建现代系统科学的一个重要的实践和理论支撑。前述普里高津、哈肯和艾根等科学家，都没有钱学森的这种国家层面的管理实践和理论，故只能被超越。

1. 创建作为理论体系的"大成智慧学"

"大成智慧学"是钱学森创建的现代社会系统科学和社会系统工程技术体系的"学问"部分[18]，即基础理论部分。从其取名即可看出，钱学森力求凸显这门"集大成"学问的中国文化特色，其中包括"引入中国古代哲学的精华"，如中国哲学家熊十力先生所说，它既有作为自然科学的"量智"，又有作为文化艺术和社会科学的"性智"[19]，"从总体上来看世界"搞"综合集成"[20]。

对此，许国志院士曾说，开头面对"从定性到定量的综合集成法"，"没有人想到其中还蕴含着什么深刻道理。但钱老却看出，这个方法能把多学科理论和经验知识结合起来，把定性研究和定量研究有机结合起来，通过定性综合集成、定性定量相结合综合集成以及从定性到定量综合集成，从多方面定性认识上升到定量认识，解决了目前还没有办法处理的复杂巨系统问题"[21]。显然，"大成智慧学"就是针对原有国外"简单巨系统"科学成果在处理"开放的复杂巨系统"问题时的力不从心，有针对性提出的处理"开放的复杂巨系统"问题的系统科学基础理论。它是中国人创立的崭新的现代社会科学和社会工程技术。

2. 创建作为工程技术体系的"大成智慧工程"

"大成智慧工程"（metasynthetic engineering, MsE）是"大成智慧学"在技术上的应用。钱学森说它的最大特点，就是"把人的思维，思维的成果，人的知识、智慧，以及各种情报、资料、信息统统集成起来"，"要把今天世界上千百万人思想上的聪明智慧，和已经不在世的古人的智慧，都综合起来，所以叫'大成智慧工程'"，"实际上是系统工程的一个发展，目的是为了解决‘开放的复杂巨系统’的问题”[22]。

MsE 在社会层面上的使用，即“从定性到定量的综合集成法”。钱学森说“应用这个方法有三个要素，一是要有专家的意见，就是经验性的认识”；二是“要有客观实际的数据。不能空来空往”；三是要“把这一大堆东西综合集成起来。这就要用系统工程的方法，设计许多模型。因为现象是复杂的，所以不能用简单的模型，要用几百个、几千个参数的大模型才行。把这三个要素结合起来，反复地试验计算，最后就能够把这三个方面真正地糅在一起，成为对这个问题的全面认识”[23]。参与其中的许志国院士进一步说：“从定性到定量的综合集成法”的“实质”，就是“把专家体系、数据和信息体系以及计算机体系有机结合起来，构成一个高度智能化的人-机结合、人-网络结合的系统”。“它的成功应用，就在于发挥这个系统的综合优势、整体优势和智能优势。”[24] 从这里我们可以感受到，钱学森参与创建的这种社会技术，不仅充分体现了中国哲学智慧，而且充分兼容了现代数字-互联网技术，处在科技的最前沿。

3. 实践模式：“从定性到定量的综合集成研讨厅体系”

如果说“从定性到定量的综合集成法”是 MsE 的方法体现，那么“从定性到定量的综合集成研讨厅体系”就是 MsE 的一种实践模式。钱学森解释说，必须把“多方面的经验规律，用一个庞大的系统模型综合起来，再通过验算，看看结果，请专家们发表意见。如有看法，再修改‘系统模型’。经多次修改试算，专家们都同意了，才算有了结果，最好的对‘复杂巨系统’的认识”，此即“综合研讨厅体系的工作”[25]。按钱学森的思路，在这个“综合研讨厅”中，“核心的还是人，即专家们。整个体系的成效有赖于专家们，即人的精神状态，是处于高度激发状态呢，还是‘混时间’状态。只有前者才能使体系高效运转”[26]，这就“要求作为参与者的每个人，除了遵行国际上 Seminar 的精神，无保留地放开思想，与众交流，知错就公开宣布改正，还要更提高一步”，向参与人员提出以下要求：一是“高度的政治思想性（即一切为了集体事业，不惜牺牲自己）”；二是“高度的科学计划性（即一切按已知的客观规律办）”；三是“高度的组织纪律性（即服从集体的决定，决不固执己见）”[27]。看得出来，中国“综合研讨厅体系”的“核心”，是活生生的“人”，而不是电脑和网络。这与西方传统的社会分析技术大相径庭。

4.“总体设计部”管理体制

作为国家层面的一种 MsE 管理机构，源自“两弹一星”工程管理中的“总体设计部”机制，被钱学森设想为“国务院的参谋部”，它“不仅管经济，还有科学技术、文化教育、法制法治、国际交往和贸易、国防、环境等。是总体，不能分割”；“在‘总体设计部’之下，各大部门再设各自的‘设计部’”，“总体设计部和各设计部都要用系统工程。都要靠信息情报，都要靠电子计算机”[28]。在这里，钱学森实际上是把国家决策与当代最新的系统科技成果密切结合在一起了。

总而言之，钱学森创建了以“开放的复杂巨系统”为中心思想，以“从定性到定量的综合集成法"为基本方法，以"从定性到定量的综合集成厅"和"总体设计部"为实践形式的现代社会系统科学及其工程技术体系（此即现代社会科学技术中的"钱学森学派"），为中国培养了一大批杰出的系统科学和系统工程人才，为中国社会主义现代化事业作出了卓越贡献。

在某种意义上，钱学森首创的这个体系，就是钱学森搭建现代系统科学框架的"原型"，因为它具备了现代系统科学体系最起码的功能：理解和初步解决了"开放的复杂巨系统"问题，包括理解和初步解决了该系统非线性、"自组织"、综合集成、"以人为本"等主要问题。

（三）初步搭建现代系统科学"原型"的若干特点

今日回视，可以说钱学森搭建现代系统科学框架，是中国当年解放思想的大潮在科技方面形成的一座丰碑。如今仰视这座丰碑，可以发现它包含着许多能继续给人以启迪的内容。

1. 它首先是科学"范式"突破的结果

许志国就说过，"钱老不仅是位科学家，而且是位思想家。大科学家到了晚年常常会讲些哲学问题，而且一般物理学家讲得较多，比如爱因斯坦、玻尔等。化学家就很少。而作为工程技术专家可能极少见。钱老毕竟是从工程技术学科走过来的"[29]，但他的哲学修养和技术历练，尤其是在方法论上，却能完全比美物理学家敏感。如前所述，他从中国社会系统工程实践中即可省悟出"从定性到定量的综合集成法"，认定社会经济管理问题目前只能采用此法才能有效解决，而且从这个"综合集成法"中悟出"熵减学派"的哲学局限，提炼出了综合"整体论"和"还原论"的整个一套以人为核心的"大成智慧学"和"大成智慧工程"，从认识论上初步解决了中国国家层面决策的现代化问题，见人所未见，言人所未言，其重建社会科学哲学"范式"的智慧确实令人佩服。

钱学森的哲学修养，也应来自他对中国传统哲学的学习、领悟和继承、发挥。本来，"五四"前后留学美国的工程技术人员，对中国传统哲学一般是了解得不深也不感兴趣的，但钱学森在深思"熵减学派"的局限时，悟出了其问题不在科学论证，而在哲学方法论的"还原论"特征，并从这里出发，接触和发现了中国"哲学整体论"的长处，接着省悟了中国传统哲学和文化的优势。其中，工作十分繁忙的钱学森，不会像中国哲学史研究者那样，静坐下来读许多中国哲学典籍。他对中国哲学及其方法论的继承，显然首先是凭借过人的悟性，在中国实践中摸索。他说过，"古典中医理论提供了一个以阴阳、五行、干支启发出来的框架，这是一大发明"[30]；"中医理论就是把几千年的临床经验用阴阳、五行、干支的框架来整理成唯象学理论，这个框架一方面有用，因为它把复杂的关系明朗化了；另一方面又有局限性，因为框架太僵硬了"，故"一方面要发扬传统中医的优点，一面补其不足"[31]；"'易'是中医方法论的基础，一定要学好用好"；"'易'的方法论还要发展"，他承认所提炼出的"从定性到定量的综合集成法"，就是对"'易'的方法论"的"具体"发展[32]。务请注意钱学森的这种总结定性，其学术信息含量特大，值得研究者深究。另外，钱学森也实事求是地指出，“‘五行’说的毛病在于把客观存在的复杂性简单化了”，“‘易’的理论体系太简单、太机械呆板，不能解决开放的复杂巨系统——人体——的全部学问”，应“不拘泥于周易”，“千万不要把开放的复杂巨系统硬框在阴阳、五行之中”[33]。显然，钱学森对中国哲学的态度本身就“很中国哲学”：“易”者，变易也；不变者，非“易”也！

2. 科研中的“二愣子精神”应当发扬

“二愣子精神”是钱学森对自己“科学性格”的自描[34]，实际上概括了他在科研中不畏成规、不畏定则、不畏既成结论而勇于探索创新的可贵品格。要知道，孕育系统科学的“减熵学派”，可是屡获诺贝尔奖的“庞然大物”，可钱学森硬是喊着“突破科学前沿”的口号[35]，举着“改造现有的科学理论”的旗帜[36]，明确指出了他们在处理“开放的复杂巨系统”问题时根于“还原论”的局限，并根据中国经验创立“大成智慧学”以超过他们。这的确是要有一点“二愣子精神”的。科学庸人是没有这个胆量的。

这种“二愣子精神”还表现在，为了使国家治理提升到现代科技水平，他不怕批评过去靠“摸着石头过河”的不足[37]，力求以“大成智慧工程”辅助“摸着石头过河”。他在用“大成智慧学”研究人体科学时，遭遇到了巨大压力，但他仍然不惧强力，最终争取建立了中国人体科学研究会。他在所著《人体科学与现代科技发展纵横观》一书最后还说：“今天认为不对的，也许有一天是对的”[38]；“也许现在看来是很荒唐的说法，将来却成了真理”[39]。潘建伟院士的出现就印证了这种预感。

在生命的最后一程，钱学森还大无畏地说，中国还没有一所大学能够按照培养科学技术发明创造人才的模式去办学，这是中国当前的一个很大问题。他认为科学工作者是不是真正的创新，就看是不是敢于研究别人没有研究过的科学前沿问题，而不是别人已经说过的东西我们知道，没有说过的东西，我们就不知道。又说：“我觉得国家对我很重视，但是社会主义建设需要更多的钱学森，国家才会有大的发展。”说这些话的钱学森，确实具有大无畏的“二愣子精神”，至今令华人赞叹。这也正是沿着钱学森的思路研究中国人居理论者应当具有的精神风貌。

3. 对“度”的重视和反思

中国哲学方法论特别讲究“度”[40]，钱学森也特别讲究“度”，集中表现在他面对“减熵学派”的局限性，首先就注重对各种系统复杂性之“度”的反思[41]。

钱学森从“减熵学派”成果只能处理“简单巨系统”的事实和对“度”的反思出发，省悟到可按不同系统的复杂“度”，把它们分为简单系统（包括小系统和大系统）、简单巨系统和复杂巨系统三类[42]。“‘简单’与‘复杂’的区别，在于‘子系统’的种类及相互作用的规律：前者少，几种，十几种；而后者有成千上万种”[43]；而“‘巨’字的涵义是子系统数量极大，上亿、几十亿……；‘复杂’与‘简单’的涵义是‘子系统’的种类，后者少，几种，十几种，前者多，成千上万”[44]，“‘巨系统’之不同于‘大系统’

在：大系统理论中规定了系统结构，而巨系统的结构是‘自组织’的”[45]，“如果‘子系统’种类很多并有层次结构，它们之间关联关系又很复杂，这就是‘复杂巨系统’”[46]；此外，在复杂巨系统中，还存在一种“开放的复杂巨系统”，其特征是不封闭，与系统之外存在大量物质、能量和信息交流[47]，如人体、人脑、社会和地理环境[48]，以及星系和生物、生态[49]。钱学森说“减熵学派”的成果，只能“处理‘简单巨系统（即物理巨系统）’”，不能处理复杂巨系统[50]，更无法处理“开放的复杂巨系统”[51]；“研究‘开放的复杂巨系统’不能用普里高津的方法，也不能用哈肯的方法，那些都不行，只能用‘从定性到定量综合集成法’”[52]。正是在对“复杂度”的把握中，钱学森提炼出了“开放的复杂巨系统”概念，并总结出了处理它的“大成智慧学”和“大成智慧工程”，从而把自己区别于“减熵学派”，不断攀登现代系统科学高峰。

4. 力求尽可能含纳现代科学前沿的所有成果

“大成智慧学”和“大成智慧工程”尽量吸收了当代各种知识成果而力求形成科学结晶，这是其攀登科学峰巅的必要条件。

从学科上看，它们涉及控制论、信息论、运筹学和现代科学的“减熵学派”各种成果，以及生物学、物理学、化学、数学科学、宇宙学、社会科学、军事学、地理科学、医学、心理学、生态学、未来学等，还整合了处于科学前沿的微分动力体系理论、混沌和奇异吸引子理论、非整几何、非线性动力系统理论、突变论、人工智能、脑科学、山水建筑学、思维科学、模糊数学、定量社会学、虚拟技术、作战模拟、混沌理论、纳米技术等。可以说，“大成智慧学”和“大成智慧工程”几乎含纳了现代科学前沿的所有成果。其中，特别值得一提的还有以下几个。

（1）借用“知识工程”。知识工程“是人工智能的一个重要分支，解决问题的办法着眼于合理地组织与使用知识，从而构成知识型的系统”，“它的特点是以知识控制的启发式方式求解问题，只能采用定性的方法”[53]。目前来看，它起码可通过互联网体系，“把信息库储存的东西都搜索一遍，一切有用的都把它集成起来”，“使综合集成法更上一层楼”[54]。目前，这已差不多是中国年轻人必备的从业技能。

（2）借鉴美国圣菲研究所研究“开放的复杂巨系统”问题的相关成果。钱学森当时认为它虽“不如我们中国人”[55]，但“确实有可取的东西”，“可以用他们那个数学”；我们的“专家有时也跟不上，怎么办呢？那倒可以参考他这个东西”[56]。包括他们“开创了用巨型电子计算机直接去探索‘开放的复杂巨系统’，从‘半微观’入手，找出可能出现的宏观行为，是对我们很有用的”[57]。目前，“大数据”和“云计算”等已经把美国处理“开放的复杂巨系统”问题的技术水平，提升到空前程度，我们需要继续学习。

5. 辩证处理“混沌”和“有序”的关系

钱学森说“‘开放的复杂巨系统’的‘序’与‘混沌’，是‘巨系统学’中的重要问题”[58]，甚至是其中“一个带根本性的问题”[59]。如何辩证地处理其关系，曾是困扰研究的一个难题，因为其中“只要在相互作用中有一点点非线性关系”，就往往出现

‘混沌’”[60]。钱学森依其“决定论”与“非决定论”辩证统一的思路，提出“低层混沌”造成“高层有序”，故“‘巨系统’的混沌与有序是辩证统一的”的见解[61]，眼力独到，令人茅塞顿开。其中，中国“阴阳智慧”之影不时闪现。

6. 冷静面对电子计算机固有的“形式化”局限

在电子计算机越来越普及的时代，钱学森的思路也并未陷于“电脑万能论”。他之所以在“大成智慧学”中求助于以“人”为主、人-机结合，就是因为“解决‘开放的复杂巨系统’问题，就连现代每秒几亿次的计算机，以至万亿次的计算机都不够用”[62]，美国圣非研究所的计算机再大，也终有计算能力的尽头。更何况，计算机均有难以避免的形式化局限，必须以人脑弥补。故还是钱学森以“人-机体系”应对“开放的复杂巨系统”为佳。

7. 对搭建现代系统科学的学术目标始终要清醒

钱学森把现代系统科学看成研究一定系统之结构与功能（即系统的演化、协同与控制）的一般规律的科学[63]，故认为其“理论要解决的问题是：在环境影响下，系统的结构（即慢变过程）和这个结构的功能（即快变过程）”[64]。其中，包括开放的复杂巨系统研究，要特别注意“层次结构”及“层次具有一定功能，或系统运动的性质。这些性质或系统运动的功能，是与组成该系统的‘子系统’的功能是不一样的。这很重要”[65]。务请注意这里出现的“总体功能‘突现’论”，特别是其中的“整体‘突现’功能与‘子系统’功能完全不同论”。本书后述内容将表明，它是钱学森搭建的现代系统科学框架中的一个关键性理论节点。一直在科学研究中处于主流地位的“还原论”，最喜欢用“子系统”的性质，直接线性地解释“开放的复杂巨系统”的性质，而“总体功能‘突现’论”，特别是其中的“整体‘突现’功能与‘子系统’功能完全不同论”，显然与“还原论”这种方法论针锋相对，它是从“结构-功能”关系角度对“还原论”的彻底否定，也是钱学森研究中医医理、气功和我们研究人居理论必须遵循的“结构-功能观”。

8. 关于也应吸纳“减熵学派”成果的设计

钱学森的原话是：“把‘从定性到定量的综合集成法’作为‘系统学’的骨干，说明其他系统方法作的是适合其他特殊条件的特例，是分支。即不是由提高简单系统、大系统、简单巨系统，来建立‘开放的复杂巨系统’理论，而是从‘复杂巨系统’按级作的‘特例’，来分化出其他系统理论。把其他理论工作者团结在我们的周围”[66]。这一设计所讲的“其他理论工作者”，就应包括“减熵学派”成员。把他们作为构成“开放的复杂巨系统”理论的分支，既符合科学历史事实，也符合科学进化规律。因为科学史中的先进理论，一般是把过去的理论作为“特例”包含于自身的。这也为在现代系统科学研究中有条件地使用“减熵学派”理论，提供了方法论前提。

9. 对国人目前尚难完全接受的估计

虽然钱学森的“大成智慧学”和“大成智慧工程”事实上“走在全世界的前头”[67]，

但从传统自然科学“范式”看，它们至今没有严密的贯穿微观和宏观的既成理论体系，而且它们在一些方面经验特征明显，又力求把包括人的不同看法在内的各种成果“集成”起来，根本不追求逻辑上的纯粹和统一的数学公式，大异于传统西方科学的“范式”，所以“五四”以来已经习惯于传统西方“范式”的“国人”，很难立刻接受它。因此，在中国学术界有一些研究者，实际上至今对“大成智慧学”和“大成智慧工程”的科学建树仍是存疑的，最多视为“实用技巧”，往往以沉默对之。殊不知，中国人的理性，从来就不首重“逻辑-数学理性”，而是首重“实用理性”[68]，故在鄙视的含义上视之为“实用技巧”，其实是仍按西方“范式”思考问题的结果，未足为今人之凭。国内还有一些关于复杂系统演化的论著，仍然拘泥于西方传统的“范式”，对西方的成果及其推论津津乐道，对钱学森的成果明明知道但很少介绍和肯定，甚或时有微词，这也不难理解。“五四”以来，中国知识界接受的科学，基本上都是以“还原论”和“数学化”为特征的西方“范式”，虽然近年来学界已对还原论和完全数学化的偏颇有所觉察，但猛然面对“大成智慧学”和“大成智慧工程”这种完全异于西方“范式”的东西，自然就难免心存疑拒。对此，钱学森说，原因就在于它们“太新奇了。一切开拓者都会有这种遭遇”[69]。显然，他已省悟到自己在“范式”上已经“另类”于“传统科学”，但他很自信，把希望寄予“时间老人”。笔者相信，“时间老人”会对得起钱学森。笔者敬佩他，不仅因为当年他毅然从美国归来，从事中国“两弹一星”的研究工作，为民族立了大功，而且因为他晚年在科学“范式”上另辟新径，自甘被冷落甚至被边缘化，在误读误解中再为民族科学立大功。

回顾“科学‘范式’”演变史，人们会发觉，在全球范围内，“古代科学形成了以中医学为代表的东方整体论体系，近代科学形成了以牛顿力学为代表的西方还原论体系”[70]，现代科学则面对着非线性复杂性世界，于是现代系统科学应运而生。孕育它的“减熵学派”，首次以热力学第二定律和“反馈”模式打破非生命和生命的界限，使人类真正进入复杂性问题研究。但“减熵学派”却无法面对更加复杂的“开放复杂巨系统”。它吁求更加复杂的科学形态与之对应。于是，钱学森及其团队才提出了完全异于传统科学“范式”的体系。被挑战者长期习惯于还原论，存疑于它，是自然的，但钱学森的优势明显。最终的输赢还是要靠“时间性实践”即历史的检验。

三、致力于微观“开放的复杂巨系统”研究

社会系统科技是宏观科技，钱学森的人体科学还必须关注微观科技。钱学森通过社会系统工程搭建的以“开放的复杂巨系统”研究为核心的现代系统科学框架“原型”，是否也适用于研究微观世界呢？他的答案是，“行”，也“不行”。

（一）微观研究可以借鉴“社会巨系统”研究的既有成果

所谓“行”，是指两者基本原理互通。钱学森说微观研究也“必须以‘整体观’为

基础，把感性的认识（一般用形象思维方法得到）经过分析定量的研究（一般用抽象思维即逻辑思维的方法），最后综合集成为理性的认识。我们把这一方法称为‘从定性到定量的综合集成法’，认为这是处理像人体、社会、人脑等开放的复杂巨系统的正确方法”[71]。在这里，钱学森已把社会与人体、人脑都视为“开放的复杂巨系统”，认为它们都遵守该“巨系统”的规律，是有实验和数据支持的一种科学论断。基于这一论断，钱学森认为从社会工程中摸索出的“开放的复杂巨系统”研究方法，对人体、人脑中微观现象的研究也适用。这个方法“概括起来具有以下特点：①根据开放的复杂巨系统复杂机制和变量众多的特点，把定性研究和定量研究有机地结合起来，从多方面的定性认识上升到定量认识；②由于系统的复杂性，要把科学理论和经验知识结合起来，把人对客观事物的星星点点知识综合集中起来，解决问题。③根据系统思想，把多种学科结合起来进行研究。④根据复杂巨系统的层次结构，把宏观研究和微观研究结合起来”[72]。这四大特征，对研究“三大谜题”和人体科学中的微观问题，无疑适用。其中，针对宏观社会和微观现象的差异，钱学森也指出，在“微观巨系统”中，“层次-结构”问题更加突出，微观“巨系统总会组织成不同层次，层次之间似乎都有微观、宏观的关系——下一个层次是微观，上一个层次是宏观”，故研究中千万不能“忘记了巨系统的层次特征”[73]。这一提示十分精准，因为微观系统科学的“任务在于从组成系统的单元的性能和相互作用推导出整个系统的结构（有序化）及功能，而这是受外界影响的。即外界影响-系统结构-系统功能。”[74]，其中微观层面的“状态跃迁”引致的“功能巨变”特别重要[75]。本章此前已对斯佩里重视脑整体“状态跃迁”引致的“功能巨变”有述评，钱学森显然吸取了他的结论。此思路显然尤其适用于破解本章关注的微观现象。

（二）微观研究不能完全套用“社会巨系统”研究的既有成果

之所以如此，钱学森曾明确说：“‘开放的复杂巨系统’目前还没有形成从微观到宏观的理论，没有从‘子系统’相互作用出发，构筑出来的统计力学理论”[76]，因而目前“‘复杂巨系统学’只能解决宏观问题，还不能解决微观问题”[77]。这就意味着，不能把社会系统工程中的“研讨厅”等形式，硬搬或仿制到微观研究中。在微观研究中，“从定性到定量的综合集成法”的有效性，仅指钱学森归纳出的上述四条，故其“实践模式”显然与宏观研究不同，具体尚待进一步探索。后面我们将会看到，这种探索也很艰难。不过，钱学森指出的其中引起变化的“外界影响-系统结构-系统功能”传递链条清晰，也为观察思考微观世界变化奥妙中的“实践模式”提示了关键的“窍门”。

参考文献

[1][2][3][4][5] 钱学森：《人体科学与现代科技发展纵横谈》，北京：人民出版社，1996 年版，第 155—185 页，第 99 页，第 190 页，第 376 页，第 335 页。

[6][7][8][9][11][12][13][14][15][16][17][18][19][20][21][22][23][24][25][26][27][28][29][30][31][32][37][41][42][43][44][45][46][47][48][49][50][51][53][54][55][56][57][58][59][60][61][62][63][64][65][66][67][69] 钱学森：《创建系统学》，太原：山西科学技术出版社，2001 年版，第 460—461 页，第 209—210 页，编者说明第 9—12 页，编者说明第 9—10 页，序言第 11—12 页，第 209—210 页，第 391 页，第 44 页，第 193 页，第 382 页，第 475—477 页，第 68 页，第 69—70 页，第 69—70 页，序言第 12 页，第 67—68 页，第 30 页，序言第 13 页，第 514—515 页，第 454 页，第 497 页，第 323 页，序言第 4 页，第 382 页，第 375 页，第 470—471 页，第 14 页，序言第 3 页，第 197 页，第 381 页，第 382 页，第 326 页，第 198 页，第 42 页，第 538 页，第 197 页，第 381 页，第 42 页，第 205 页，第 3 页，第 519—520 页，第 50 页，第 458 页，第 507 页，第 393 页，第 187 页和第 446 页，第 393 页，第 404 页，序言第 3 页，第 319 页，第 107—108 页，第 523 页，第 406 页，第 451 页。

[10] 邵汉青等编著：《投入产出法概论》，北京：中国人民大学出版社，1983 年版。

[33][52] 钱学森：《钱学森书信集》，北京：人民出版社，2008 年版，下册第 0886 页和第 0935 页，上册第 0578 页。

[34][35][36][38][39] 钱学森：《人体科学与现代科技发展纵横观》，北京：人民出版社，1996 年版，第 311 也，第 159 页，第 99 页，第 493 页，第 160 页。

[40][68] 李泽厚：《实用理性与乐感文化》，北京：生活•读书•新知三联书店，2005 年版，第 17—26 页，第 3—15 页。

[70] 马晓彤：《当代文化语境中的中医学理解》，收于江晓原等主编：《科学败给迷信？》，上海：华东师范大学出版社，2007 年版，第 167 页。

[71][72][73][74][75][76][77] 钱学森：《创建系统学》，太原：山西科学技术出版社，2001 年版，第 470 页，第 207—208 页，第 313 页，第 322 页，第 494 页，第 200 页，第 540 页。

第四节　钱学森在研究中对中国哲学优势的省察

在搭建现代系统科学框架过程中，特别是在思考其基础理论即“系统学”过程中，钱学森不能不深入思考一系列重大的科学哲学问题，包括思考量子力学及现代非线性科学等对中国哲学合理性的反复印证，以及量子力学家玻尔和耗散结构理论创始人普里高津等关于其创新与中国哲学高度呼应的反复说明，反思中国传统哲学优势。在此背景下，钱学森在不同情况下都说过中国传统哲学实际与其系统学思路一致的话。细察钱学森的有关论说，可以悟出，他其实把中国科学哲学看成是与西方传统科学哲学完全不同的哲学体系，并且认定中国科学哲学体系与其系统学思路彼此高度契合，而西方传统科学哲学体系只与牛顿力学时代的科学呼应，难以适应并引导现代科学发展；在某种意义上，他甚至把自己构建系统科学工作，看成是对中华哲学的继承和发挥。

一、当代科学发展大趋势对中国哲学优势的印证

以下仅为若干举例。

（一）玻尔的印证

既然物质世界是演化形成的，那么，其奥秘的呈现，就不可能只在一层层深入“分解”的状况下展开；它必然同时展示其一层层“综合”而形成某种新结构、新功能的状况。因此，这种印证即使在西方还原论方法节节胜利且在各学科均取得辉煌成就之时，也在悄悄地进行，在现代则比较突出集中地首先表现在量子力学中。

众所周知，玻尔当年从“测不准”中揭示“互补原理”，就借用了中国易理的核心即“阴阳”范畴。普里高津后来说，“他对他的‘互补性’概念和中国的‘阴阳’概念间的接近深有体会，以致他把‘阴阳’作为他的标记”[1]。这话说得实事求是：“实际上，‘互补性’的概念在2500年以前，就已经被证明是极其有用的。它在中国思想中

起着重要的作用。中国圣贤用‘阴’和‘阳’来表示对立面的‘互补性’，并且把它们之间的相互作用看成是所有自然现象和人类情况的本质。玻尔充分认识到他的‘互补性’概念与中国思想史间的平行性。当他在1937年访问中国时，他对量子理论的解释早已精细周到。古代中国关于对立两极的概念使他深感震惊。从此以后，他对东方文化一直保持着兴趣。为了感谢玻尔的科学成就和他对于丹麦文化生活的重要贡献，他被封为爵士。当他必须选择一种盾形纹章的主要花纹时，他就选中了中国的‘太极图’来表示阴阳的互补关系，同时还加上了‘对立即互补’的铭文。玻尔承认，在古代东方智慧与现代西方科学之间，有着深刻的协调性。”[2] 这是现代科学史上一个极具象征意义的情节，量子力学的哲学符号竟是“中华太极图”（“中华太极图”也是韩国国旗的核心图案）。看来，还是长期专攻量子力学哲学问题的美国学者雅默说得好：“中国对西方物理学发展的影响，是怎样估计也不过分的”[3]。

（二）李约瑟及其后继者的印证

前已述李，此处仅补说。李约瑟开始撰写《中国古代科学技术史》时，剑桥大学学者在科学哲学研究中分为两派：其一是代表西方典型思路的“还原论”物理学家，认为评判科学水平高低的主要标准，就看它能否用“原子论”和机械学解释宇宙；而包括李约瑟在内的生物化学家们则反对“还原论”，主张“活力论”或有机论[4]。其中，李约瑟显然也接受了玻尔的影响，“转向了中国思想”[5]。李约瑟关于欧洲科学应向中国“古老而又极明智但全然非欧洲性格的思想模式”学习的观点[6]，震惊了全球科学界，许多西方科学家大吃一惊，许多中国学者则从中大受启发和鼓舞。西方一位批评者是耶鲁大学教授芮沃寿（Arthur Wright），他声称“中国缺乏逻辑学和实验科学两个因素，所以，从中国文化中去找寻科学思想是错误的”。其说服力不强，不久即烟消云散[7]。

如今李约瑟虽已去世，但他创立的英国中国古代科技史研究机构，仍在工作着。作为李约瑟位置的继任者之一，杰弗瑞•劳埃德（Geoffrey Lloyd）先生针对“西方科学一元论”，推广了李约瑟的见解，近年明确主张“广义科学观”，说世界所有科学均渗透了民族文化，不存在某种唯一的科学发展路径[8]。另一位继任者是曾被江泽民同志接见[9] 的华裔学者何丙郁先生，他更进而主张不仅“不应该站在西方文化所建立的现代科学来判断基于不同文化的中国传统科技”，而且还应允许以“中国的传统文化作为起点再看他所谈过的一些问题”，“也许可以替他①在某些方面作些补充”，包括对他判为“假科学”的“术数”进行再评判，因为“从两个不同角度看一样事情，总会比单从一个角度看好些”[10]；“既然李约瑟已经从有机体论讲述中国科技史，我不想东施效颦，也不想采用西方的另外一套的机械论。我正在想着，假如试用中国传统思想，是否可以对中国科技史的研究稍作补充呢？”[11] 由此出发，何丙郁先生在研究的基础上提出，中国“易数”分为“数学”和“术数”，其中作为“数学”的八卦、六十四卦与电脑二进制数学呼应[12]，显然对现代科技发展大有促进；而“术数”中的许多“怪异记载”，从现代科学来看，也“都自有一套道理”，未可骤然全否[13]，故应重新审视

① 指李约瑟。

中国古代易数、星占、奇门遁甲等[14]。何丙郁先生还认为，与许多神秘技艺相关的宋儒朱熹、张载、邵雍等人，不仅应是科学哲学家，而且直接应是科学家，因为神秘技艺就是中国古代科技[15]。所有这些见解，都振聋发聩。对本书主题而言，它们也显得十分珍贵。

（三）西方学者对“玻尔图式”的另一种理解

如果说李约瑟对“玻尔图式”的理解，是以理性地破译中国古代科技奥秘及其哲学为背景，那么，面对“玻尔图式”的强大冲击力，在西方还出现了另一种理解方向。

弗里特乔夫·卡普拉（Fritjof Capra）所著《物理学之道》（*The Tao of Physics*）承认了量子力学对中国哲学的大面积印证，但面对李约瑟的解释，仍出于西方优越感而认为，中国哲学只是一种出发于“中国圣贤”的“直觉的智慧”[16]而形成的“神秘主义”[17]；量子力学家之所以把它与自己的学术经验直接联系，是因为“关于空间与时间、孤立物体以及因果关系的传统概念失去了意义，这种经验与东方的神秘主义很相似”[18]；而量子力学的经验“是超越语言和推理的”，意指此种学术经验已经超越西方科学所寄的形式逻辑，“和东方神秘主义有相似之处”。据说，东方神秘主义实际上并不考虑量子力学中的“不确定性”导致的互补现象[19]，它“认为实在超越普通的语言，因此它们并不顾忌对逻辑概念的超越。我想这就是为什么东方哲学关于实在的模型，要比西方哲学的模型构成了现代物理学更合适的哲学背景的主要理由”[20]。在这种思路中，量子力学与中国哲学之间仅仅是相似，实际上两者一是科学，一是神秘主义，风马牛不相及。由此出发，卡普拉还提出，“我们把科学和神秘主义看成人类精神的互补体现，一种是理性的能力，一种是直觉的能力。它们是不同的，又是互补的。不能通过一个来理解另一个，也无法从一个推出另一个。两者都是需要的，并且只有相互补充才能更完整地理解世界。采用中国古人的说法，神秘主义者懂得‘道’的‘本’而不知其末，科学家则知其末而不知其‘本’，但是这两者对于人都需要”[21]。

可以看出，卡普拉对中国哲学和古典科学技术了解不多，起码是不大知道与其所谓的“神秘主义”相关，中国古代科技成就辉煌；也不知道，主要由于中国古代春秋战国时期的百家争鸣和其前其后科技实践发达，才导致其哲学早熟。

在卡普拉的思路中，还隐伏着若干逻辑前提值得一提。一是虽说中国哲学是“神秘主义”，但明确承认中国哲学与现代科学发现相一致，且高明于无法说明现代科学的西方哲学。二是明确承认西方的理性即其形式逻辑推理局限性颇大，包括不能迅速把握理解“互补原理”等。细读全书，可以发现作品很多地方都出现了对此的自省和反思。三是明确承认东西方哲学“是不同的，又是互补的。不能通过一个来理解另一个，也无法从一个推出另一个。两者都是需要的，并且只有相互补充才能更完整地理解世界”。这无疑是间接承认也存在着东方或中国的科技体系。

笔者很感兴趣的是，卡普拉还提到了量子力学S矩阵理论中的“靴袢假设”，即“基本场”与其“基本粒子”的“相互自洽”即自相似，据说，“将靴袢思想进一步深化就要导致对科学的超越”[22]，但中国哲学也早已论述了它[23]。令笔者惊讶的是，他在这里也彰显了中国哲学及量子哲学对“全息现象”的预见。

（四）普里高津的印证

可以说，普里高津的《从混沌到有序》及此前的论文，确有对现代科学与中国哲学相互印证的一再论述。他为《从混沌到有序》中译本写的序言，更是一首对中国古典科技哲学的深情赞歌。其中说：“近代科学的起点确实是在十七世纪，即伽利略、牛顿和莱布尼茨的时代，但这同时也是欧洲面对中国文明与之相争的时代。中国文明对人类、社会与自然之间的关系有着深刻的理解。近代科学的奠基人之一莱布尼茨，也因其对中国的冥想而著称，他把中国想象为文化成就和知识成就的真正典范，这些成就的获得并没有借助于上帝，然而在欧洲的传统中十分流行对上帝的信任，把上帝比作造物主和立法者。因此，中国的思想，对于那些想扩大西方科学的范围和意义的哲学家和科学家来说，始终是个启迪的源泉。我们特别感兴趣的有两个例子。当作为胚胎学家的李约瑟由于在西方科学中存在的机械论理想（以服从普适定理的惯性物质的思想为中心）中无法找到适合于认识胚胎发育的概念而感到失望时，他先是转向唯物辩证法，然后也转向了中国思想。从那以后，李约瑟便倾其毕生精力去研究中国的科学和文明。他的著作是我们了解中国的独一无二的资料，并且是反映我们自己科学传统的文化特色与不足之处的宝贵资料。第二个例子是尼尔斯•玻尔，他对他的‘互补性’概念和中国的阴阳概念间的接近深有体会，以致他把阴阳作为他的标记。这个接近也是有其深刻根源的。和胚胎学一样，量子力学也使我们直接面对‘自然规律’的含义问题。在我们把这本书献给中国读者的时候，我们希望李约瑟和玻尔的传统都能永远继续下去。”[24] 他还说耗散结构理论和“从英国的李约瑟及法国的格拉耐著作中了解到的中国的学术思想更为接近。中国的传统学术思想是着重于研究整体和自发性，研究协调和协和。现代新科学的发展，近十年物理和数学的研究，如托姆的突变理论、重整化群、分支点理论等，都更符合中国的哲学思想”[25]。在这种论述中，用中国科技哲学引领现代科学发展，是呼之已出的结论。

（五）心理学家荣格的印证

荣格心理学中具有深厚的历史要素。荣格在专门研究中国内丹学与其心理学关系的书中说：“几年以前，当时的不列颠人类学会的会长问我，为什么像中国这样一个如此聪慧的民族，却没能发展出科学？我说，这肯定是一个错觉。因为中国的确有一种‘科学’，其‘标准著作’就是《易经》，只不过这种科学的原理就如许许多多的中国其他东西一样，与我们的科学原理完全不同”。[26] 看来，这位西方顶尖的智者，已经超越了原有狭隘的民族偏见，能够冷静平等地审视中国古典科技智慧与西方科技的互补性了。

（六）“后现代主义”科学观

玻尔和李约瑟等对科学内涵–外延的改动，也参与促生了“后现代主义”中“多元科学观”和“民族科学论”的面世。20 世纪中后期出现的“后现代主义”，不限于科技及其哲学领域。它实际上是人们面对现代化带来的全球（资源、气候、人口、环境）危机和核武器阴云、精神困局等压力，企求“突围”的文化潮流。对现代化不满的各种人和团体，均曾被看成聚集其中，包括了从“西方马克思主义者”到“反科学论者”等各种学术派别和政治倾向的人物，如科学社会学、法国福柯-德里达学派、科学哲学中的“历史学派”、女性主义、绝对生态主义、后殖民主义等，良莠不齐，泥沙俱下，既含积极因素，也含消极因素。对其中个案则未可一概而论，必须进行具体分析。

1.“多元科学观”

“多元科学观”是“后现代主义”的科学哲学主要见解之一。它直接针对“西方科学一元论”，主张把原有以西方“范式”为轴的“科学”内涵缩小，除去以西方形式逻辑（理性）表达和瞬时实验检验等为主要标准的内容，从而把包括中国古代科技在内的各民族科技内容都含纳于“广义科学”中。应当说，它是一种含积极和合理因素的现代科学观。

但另一方面，“多元科学观”中的极端者，由此走向“本体唯心论”和“反科学主义”等，又显然是错误的。其中，《科学美国人》杂志记者霍根于1996年发表的《科学的终结》，就充满了全面否定科学的偏见。有报道说，“反科学思潮”在一段时间曾充斥于美国校园[27]，引起科学界反击是必然的。包括20世纪90年代，美国和英国科学家连续推出了《科学与反科学》《飞离科学与理性》和《高级迷信》等专著，展开辩论。其中，美国纽约大学理论物理学家艾伦·索卡尔（Alan Sokal）于1996年模仿后现代主义科学观持有者的口吻，写了一篇充满科学常识错误的“诈文”，进行投稿，竟然被具有影响力的杂志公开发表，引起轰动学界的所谓“‘科学’大战”[28]，可见在全球危机中的西方科学界思想混乱的程度。

2.“民族科学论”

“多元科学观”中以东方科技史成果和“地方知识论”为支撑的科技哲学，承认世界各主要民族均有自己的科技和成果，即“民族科学论”。查诸科技史事实，它明显合理。目前，它在非西方世界，特别是发展中国家广受欢迎，在西方也有不少有良知的学者信奉它。另外，“民族科学论”中的极端者，往往又把民族文化中的迷信成分视作民族科技，当然不足为凭。应当说，这也是“后现代主义”中目前最糟糕的成分，应予高度警惕。值得注意的是，“民族科学论”对所讲“广义科学”和“迷信”之间的界限，在理论上也没有说清，至今尚存在许多不明确之处，有待于人们继续探索。本书一些部分，即在进行这类探索。

3. 科学的“社会建构论”

此为“后现代主义”科学哲学理论的标志。其诞生，与“欧洲马克思主义”中“法兰克福学派”提出的“科学是意识形态”的理论有关。该理论的出发点，本是马克思主义唯物史观。尤尔根·哈贝马斯（Jürgen Habermas）的《作为“意识形态”的技术与科学》（*Technology and Science as Ideology*）一书，以唯物史观“社会建构论”为据[29]，最早提出了科学是“第一生产力”的命题[30]。书中与此命题一同呈现的，就是现代科技也是维护统治者利益的“意识形态”的命题[31]。这一命题的极端化，即全盘否定现代科学，显然不妥。但应当说在唯物史观框架内，科学也是意识形态的命题本身并不全错。因为以人的思想形式表现出来的科学，实际上只能是社会建构的结果，它诚然是第一生产力，同时作为社会上层建筑之一，也确实具有意识形态属性。看来，“后现代主义”者普遍接受了这个唯物史观命题，科学的“社会建构论”于是又成了它的标志。这在某种程度上说明了，唯物史观至今仍具有理论活力。科学的“社会建构论”目前流布于全球，包括美国和中国主流学界，完全否定它是不对的。当然，包括现代科学哲学中“历史主义学派”中的部分论者在内，认定科学只是社会建构中形成的上层建筑主观形态，完全否定其生产力特征，说它完全不需要符合实践结果，而且不分情况完全否认科学的理性逻辑要求和瞬时实践检验等，以及科学哲学中的“科学无政府主义”及其“‘科学怎么都行’论”，则均与真理渐行渐远，会导向现代迷信，我们应予警惕，首先在理论上明确认定科学也具有生产力特征，借以区别于现代迷信。本书的一些篇章，即表现着这种警惕和区别。

二、若干华裔学者比较中西科技哲学

“五四”前后，中国学者出于救亡的目的，也对中西哲学和文化有所对比，其中往往激愤之情高涨，偏激大于冷静。后来，随着玻尔访华并以“太极图”作族徽，随着国外“后现代主义”及其他相关议论的传入，以及中国学术研究的日益成熟，国内外华裔学者的这一对比就日趋冷静和公允。其中，久居海外的一些华裔学者，包括港台“新儒家”，在哲学和文化层面对中国文明特征的深掘，由于较少受到国内当年“政治运动”的干扰，同时其学术接触面较大，国外资料较丰富，所以所解足堪参借，也较大地影响了国内学界。国内则随着改革开放的深入，一批学者凭借国内文献优势，也往往有不俗见解。以下的简单举例，可能挂一漏万。

（一）张光直

如本书第四章“史前源头”一节将述，张光直通过考古文化学的比较研究，提出了“两个文明起源”的假说，即把世界史前各古老文明区分为两个系统，其一是“萨满式文明”，即以中国和美洲玛雅为代表的“具有世界普遍性”的文明。它是“连续性的文明”，即其文明时代与野蛮时代有很大连续性，在哲学本体论的认识上始终保持着萨满教“民神杂糅”即“天人合一”“天人感应”的特点。其二是以“两河”流域文明为源头的西方文明。它是“突破性的文明”或“破裂性的文明”，即以隔绝天、地、神、人为前提，借技术和贸易而发展起来的文明[32]。

张光直依此还从宏观思想史的角度，观察比较了中西方文明，暗示前者代表“人类常态发展”，故不能把后者作为衡量前者的尺度，反而应以后者为尺反思前者。这是很深沉的一种大尺度历史思考，在世界获得不少响应。本书不少地方引述或呼应了张光直的观点。

（二）许倬云

许倬云曾指出李约瑟一生力求回答两个大问题：一是何以15世纪前中国科技发展很好？二是此后何以发展不好？他认为这两个问题本身问得就不对，想解答的方式也不对，因为李约瑟仍深陷于“所有的文化都要走相同的模式”思路；而“五四”前后，中国一大批学者也以西方为标准思考这些问题，方向不妥[33]。在许倬云看来，中国古代科学发展之“最灿烂的时代，是思想上不归于一、政治上不归于一的时代。这时最容易因竞争而开花结果”[34]。

（三）李泽厚

李泽厚在目前学界的影响较大。他近年进一步发挥了梁启超“中国‘巫史传统’说”，认为含历数、方术、医药、技艺在内的中国科学技术，均源自巫术礼仪，其发展形成哲学的主要范畴有四，即“阴阳”“五行”“气”和“度”，皆为“亦心亦物”者[35]。他由此提出“中国哲学在性质和问题上根本不同于西方哲学”的全称判断[36]，以及它与西方哲学“平行”发展的见解[37]，并根据西医至今难以理解中医和气功，认为源自西方的“科学没发展到解释它的那个地步，现代科学没法解释并不能说它不存在，不合理”；指导中医的“阴阳五行”等“这一套东西，我觉得是汉代儒家把它吸收进来并发扬光大，搞成一套‘天人理论’，这是儒家的一个很大发展”，“也许在五十年一百年后，科学才能非常实证地解释中医”[38]；“对于气功在一定范围内能发功治病等等”，“我还是相信的。我认为自然界有很多奥秘，人类远远没有发现”[39]；物理学中的隐秩序“当然可能。神秘现象很多就是真的，包括中国的气功现象，还有很多东西，现在没法了解，但它们却真实地存在着”[40]。鉴于“人类自身实存与宇宙协同共在”，目前“该是中国哲学登场出手的时候了”[41]。这些议论，出自久经战阵且老到的哲学家之口，充满了对中国科技成就及其哲学的自信，可信度颇高。

早在1981年给刘长林的《〈内经〉的哲学》写序时，李泽厚就提出目前“是否有一个对中医整体理论缺少足够认识的问题呢？”中医的“天人感应论”之类，“颇为牵强附会、稀奇古怪”，但“数千年的实践经验，也包括今天极为广泛的实践经验，却又仍然不断地证明着中医讲的理论。就比如说‘经络理论’吧，不仅有其存在的根据，而且还颇为灵验，尽管至今经络的物质实体始终没有发现。而经络理论与中医的五行学说、藏象理论，又是不可分地联在一起，构成完整体系的。只此一例，似即可说明，如何准确地判断、分析、估量作为整体的中医理论的重要性了”。中西医的“不同是否蕴含着某些道理呢？我常以为，现代医学大概需要再发展几十年之后，才可能真正科学地严密地解释和回答中医凭千百年经验所归纳和构造的这一整套体系。因为目前西医的科学水平还处在经验概括的理论阶段，对作为整体性的人的生物-生理机制还极不了解，也就暂时还不可能真正解答中医所提供的种种实践经验及其理论体系，尽管这个体系携带着那样明显的落后时代的深重痕记，那样直观、荒唐、牵强、可笑……既然从科学上来全面彻底地解析中医理论体系目前尚非可能，于是从哲学上来予以研究估量，现在就显得更重要了。哲学可以比科学先走一步”[42]。李泽厚关于西医“对作为整体性的人的生物-生理机制还极不了解”，相当精准，堪为定论。它和刘长林的《〈内经〉的哲学》，也应是钱学森后来研究中医医理的“学术诱点”之一。

（四）金观涛

20世纪80年代解放思想大潮中提出的很多问题，都启发了中国后来的学术研究，是其灵感源头之一。其中金观涛先生参与编写的《走向未来》丛书，以及他撰写或参与撰写的《整体的哲学》等专著，还有其参与编成的论文集《科学传统与文化》等，至今令人印象深刻。

出版于1987年的《整体的哲学》，与钱学森几乎同时展开了对孕育现代系统科学的各学科前沿进展的总结，颇具科学哲学意味。他力求把其结论“运用于历史和社会学的研究之中”[43]，把当时的保守倾向称为“思辨哲学”[44]，都产生过较大影响，也有一定道理。但现在看，他作为学习自然科学出身的历史和社会学研究者，一是始终未能从中国哲学层面展开回顾总结，二是把前述各学科结论，往往直接搬用于历史和社会学研究，未能获得钱学森的“大成智慧学”那样的好效果，也有含某种教训。此教训在与钱学森的比较中更为豁然。

张岱年给《科学传统与文化》写的“序言”，采纳后现代主义的合理之处，明确说“自然科学是一种社会的观念形态”，“也是人类社会探索自然规律的文化活动”[45]。金观涛则试图直接回答李约瑟所提出的问题，从科技哲学上提出，中国古代科技哲学“是基于伦理中心主义做合理外推的有机自然观，理论成果积分占科学技术成果总分的13%，而实验结构是非受控的，实验成果只占7%”，其中，“理论、实验、技术三者互相隔绝”，后来就越来越落后[46]；“中国古代科学理论和实验的特点，则主要是由于文化结构带来的”，“儒家伦理中心主义使科学理论趋于保守”，“摆脱不了稚气”，故越来越落后[47]，这些议论基本沿袭李约瑟的负面思路，实际上是以西方科学“范式”审视中国科技。其中，所谓的中国古代“理论成果积分占科学技术成果总分的13%，而实验结构是非受控的，实验成果只占7%”云云，把西方科技“范式”唯一化，不足为凭。其所主张的中国古代科技两个高峰，一是战国，因百家争鸣而成；二是明末，除对过往的总结外，还由于西方文化传入[48]，虽有一定道理，也颇新颖，但多少缺乏对中国科技文化的自信和自尊，似乎中国科学发展只能乞于外国，令人遗憾。

《科学传统与文化》中也有文章关注中医，认为近代“传统形式的中国科学技术甚至可以说基本‘中断’了”[49]，只有中医不然。虽经日本明治维新禁“汉方医术”和1929年国民政府禁止中医药等浩劫，但中医相当具有活力，不仅没被“挤垮”，而且形成了“和西医并峙的局面”，针灸更是传向全球[50]，其千年古籍《黄帝内经》至今堪当经典，在全球绝无仅有，充分表明其理论体系的“早熟性”，尤其值得关注[51]。作者认为，这种“早熟性”与中医打从开始就学派林立而争鸣不断且与实践长期大面积密切结合相关[52]，乃至在中国清代科技水平“今非昔比”时，中医还在争鸣中涌现出了“温病学派”[53]。针对中医活力，当时的国家中医局长吕炳奎先生就提出，将来中国应创造出“既不是中医，又不是西医，既高于中医又高于西医的”新医药学[54]，堪称预测医学发展大趋势的“火眼金睛”。还有论者根据现代科学发展态势，主张“迎接未来（中西）科技的高级综合”[55]。这些意见当皆钱学森创建人体科学的“先声”。

（五）翁文灏著《预测学基础》

新中国成立前翁文灏先生在玉门油矿的艰苦奋斗史曾令笔者吃惊。其新中国成立后受命形成的《预测学基础》[56]，更是中国一部奇书。作者以书中理论预测地震、水灾、经济危机等，曾获佳绩，引起国内外瞩目。但其书却出人意料地声明，其预测理论主要是基于中国“六十一‘甲子’”的古代哲理。看来，大体六十年为“世事一循环”的哲理，也是中国先民对“世事”细心观察和归纳总结的有效结论。

《预测学基础》给中国科学界以强烈的刺激。它提出了关于中国古代科学技术的一系列深层哲学问题，如中国古代“六十甲子”所体现的“循环式时间观”，明显区别于西方的“线性时间观”[57]，但在预测中却也具有一定成效，为什么？这是一个很大的哲学和科学问题。

潘雨廷认为，“‘六十甲子’周期全属人类的‘生物钟’”，故是普适的[58]。与潘雨廷有学术交往的钱学森则说，“时间节律”是“人体这个系统形成的”[59]。他后来又引述国外预测学学者的见解说，“生物所以区别于非生物，就在于生物能够感知未来。我觉得这个概念很值得注意”。“要找出生命现象的特点”[60]。看来，基于“感知未来”本能的中国古代的“六十甲子”有效，并非偶然。它启发我们，中国预测学的“循环时间观”可能并不全错。刘长林就认为，中国科学是“时间性的认知体系”，与西方“空间性的认知体系”大异而互补[61]。他还说，中国“易理”既含环形时间观，也含线性时间观，以前者为主[62]；环形和线性时间观均表示“时间不可逆转”，前者不是重复而是螺旋式上升的[63]；“经络”是“时间占优势的生命现象”[64]，它的本质就是“时间”[65]，针灸中所谓的“子午流注针法”等，就表现着对经络运行时间周期性节律的思考[66]。而潘雨廷由此提出时间“可逆–不可逆–可逆，如此进步”的论断[67]，看来翁文灏、潘雨廷均可能深刻于西方直线性时间观。

三、国内争论是否存在中国古代科技体系

这一争鸣其实已经存在了很长时间，时起时伏。近年不仅呈现出“起”的态势，且较为深入、激烈。

（一）刘长林力主张存在中国古代科技体系

在推出《〈内经〉的哲学》之后，刘长林又出版了专门探讨中国古代科技哲学的专

著《中国系统思维》和《中国象科学观》。前者出版于1990年，以中医哲学为骨架而跳出了其医学局限，进一步涉及中国古代兵学、农学、政治学的哲学和美学，认为中国古代哲学可被称为“系统思维”，它是中华民族文化的“基因”，并非由经济基础决定的一种上层建筑，而是由社会之外的中国人生理基础和其生存的自然环境所形成的思维特征。作者公开说：“民族的文化基因受人体遗传基因的决定和影响。东西方不同民族在思维方式上的差异，一定能够在遗传基因和生理基础上找到它们形成的根据”。[68] 基于此，作者还说，东西方思维方式呈“均衡对称”状态，这“一定与地球生态环境的某种对称性有关”[69]。如此以生理差异和所处环境不同为基础区别中西哲学，是否准确以及准确到何种程度，有无绝对化之嫌，均引人再思。作者还说，中医中的经络、针灸、气功和奇方剂（即具奇效的方剂）四项，是西医“完全不能取代”的[70]；中医本质上是“阴阳时间医学”[71]。书在最后还提出“宇宙存在‘广义全息’的事实”，说它也包含在中国系统思维中，并总结出中国“系统思维”的10方面特点：一是“较早的主体意识和浓厚的情感因素”；二是“重视关系（包括人际关系）而超过实体”；三是“重视功能动态而超过形质”；四是“强调整体，尤其关注整体与局部的关系”；五是“认为整体运动是一个圆圈”；六是“重视形象思维，善于将形象思维与抽象思维融会贯通”；七是“偏向综合而疏于分析”，八是“喜重平衡均势；强调调和统一”；九是“重视时间因素超过空间因素”；十是“长于直觉思维和内心体验，弱于抽象思维和逻辑推理”[72]。这种总结，虽尚待进一步推敲，但毕竟提出了中国思维特征的框架，可供讨论。

18年之后，刘长林的《象科学观——易、道与兵、医》出版。它认同并以中国例证，深化了“后现代主义”中的“民族科学观”，力主“一是要把科学和科学的具体形态区别开，二是要把科学和科学方法区别开”[73]，认识到西方科学和中国科学均属科学的具体形态，西方的“科学方法”也只是科学方法中的一种，并非科学方法的全部。它还进一步精化、深化了《中国系统思维》，更鲜明地主张中国科技哲学是与西方“体科学观”完全不同的“象科学观”，它是中国科技体系特征的主源头。

该书与本书主题紧密相关者，一是更明确地认定中西科学是“两个源，两个流”[74]，说“在人类认识史上，主要（并非全部）有两大类时空关系的选择。一类是‘广义物理时空选择’，为西方人的主要传统（并非全部）。一类是‘广义生命时空选择’，为中国人的主要传统（并非全部）。‘物理时空选择’以空间为主，时间为辅为从；‘生命时空选择’以时间为主，空间为辅为从。这两类时空选择产生了两种不同的主体与客体的耦合关系，由此而形成了中国与西方两个不同的文化与科学的源和流”[75]。其中，与前述中医哲学的十大特点不同，西方“体科学”哲学有六大特征：一是“分隔主体和客体，严格划定二者的界限，将对立置于二者关系的首位。在这样的关系中，人的认识以利用、征服和占有自然界为目标”。二是“认识对象被划分为现象和本质两个世界”。三是“着重从空间的角度追问事物的究竟，会养成静止地、分离地、孤立地研究事物的习惯”，包括其中“实验科学”中“所经历的时间，不是自然的原本的时间，而是空间化了的或被抽象化了的时间”。四是“对一系列事物进行归纳，将它们的共性抽取出来，形成‘共相’即抽象概念”，视“事物的最终原因，在于其构成实体”。五是“从空间角度看事物，事物整体由其组成部分所构成，部分是产生整体的基础”，包括它“习惯于将复杂性还原为简单性”。六是“通过一层层的抽象，在某一领域就会形成一套抽象概念体系”，其运用必须“遵守形式逻辑”。这六点中以第一点“最为重要”[76]。

在把中国“系统思维”上升到“象思维”方面，这本专著提出了一系列新颖见解，包括说“中国传统科学主要利用‘意象思维’”，它区别于西方的“抽象思维”[77]，是“探索事物整体规律的思维”[78]，而“‘八卦’是‘意象思维’的认识模型”[79]；说中国“象思维”只关注“现象”，因为相比“本质”而言，“现象”也具有“独立性”，并非西方哲学所讲“现象”不具有独立性[80]；说“象规律”有三条，其中首条就是“感应式规律”，所讲类似于李约瑟对“五行分类”之解[81]，认为“很多感应联系并不能、至少暂时不能用物质科学解释”，“例如经络就是这类联系”[82]；说“象规律”不能“以控制性实验方法获得”，往往“不能或难于用精确的数学公式表达”[83]；中医是中国象科学的代表，因为它“以‘象’为认识层面的思维，着眼于不断运动变化的事物现象，将重心放在自然的时间过程，因而必须主要依靠‘意象思维’和综合方法”，“在主客互动中寻找现象的规律”[84]；说中国“象科学”和西方“体科学”的关系是“对称互补”[85]，等等，确实大开眼界，启人深思。至少，它给中国科学哲学的建构，提供了一个可供参考的初步框架，可喜可贺。另外，笔者初步感觉出它还存在某些不足，一是给人的印象，“象科学”仅等于“象科学哲学”，“象科学”实践似乎只是存在于中国人头脑中的思维操作且基本不受任何体外工具的制约（如中医针灸技术对所用之针具的依赖），只能主要表现于中国医学和兵学，似乎不能完全表现于其他自然科学学科如气候学、天文学和数学及各种操作技术，包括人居科技，这能算是较全面且成熟的科学技术体系吗？二是它在理论上也未全面顾及其“象科学”与迷信思维的界限究竟何在。以笔者之见，即使在中国古代确有“象科学”，那么，它也肯定会以特定的形式渐次把自己与迷信界限划清。“象科学”研究对此种界限千万不能忽略。三是把中西哲学区别的根本因，只归于人种生理等，似乎也有某种嫩稚。

从何丙郁的主张来看，中国人应当用“纯粹的中国思维方式”诠释自己的科技史，它至少可以与李约瑟搞的中国科技史构成某种互补格局，因而，刘长林的“中国象科学”见解，至少应被允许聊备一说，应当允许它在争鸣中不断完善。虽然它目前在某些方面还较幼稚，但世上哪个成熟者又不是从幼稚阶段发展而来的呢？据报道，刘长林主编的“‘自然国学’丛书”已面世，丛书中也有关于其他自然科学学科的著述[86]。笔者衷心地祝福他。

（二）蔡仲不认同“民族科学”说

反对“民族科学”说的见解近来集中表现于蔡仲先生所著的《后现代相对主义与反科学思潮》第四章[87]。它先是界定了“种族科学”即“后殖民科学观”（意指来自西方“后殖民主义”者的科学观），介绍了“印度教科学”和所谓“土著科学”的状况，然后剖析了后殖民科学观的“理论基础”，特别是“强纲领 SSK”，最后作者说，“第三世界应该拒绝西方‘后殖民主义’的这种恩赐。为什么我们应该放弃这种施舍呢？至少我们传统中国文化或东方文化常被西方人看作是非理性的、神秘的和迷信的，至今仍有来自殖民者侮辱的明显痛苦感，我们为什么还要放弃这种施舍呢？”对此，作者举出四条理由“拒斥后殖民科学观”。

1. 在第三世界产生出对传统的盲目崇拜

“从实践的角度”看，民族科学观带来了“可怕后果”，包括它在第三世界如印度，“产生出一个对国家和传统的相当盲目的崇拜”。但问题在于，在当今的世界格局下，包括中国在内的第三世界“民族主义”也具有两面性。它与第一世界的民族主义不同，更多地表现出对西方霸权的抵制，有相当多的合理性，其中“相当盲目的崇拜”只占第二位。故蔡仲此论似主次颠倒。

2. 科学具有世界性

蔡仲认为科学“所赋予我们的是一幅世界的图景”；“科学是通过各种种族科学内部的不断自我批判、相互协调而汇集成的知识海洋，而不是通过以‘西方’名称去征服其他文化的战利品”。在笔者看来，这些话并不全错，但仅是对“理想科学”的一种虚幻描述，不是对历史事实的陈述。历史事实是，目前与西方后殖民主义混在一起的，还有“西方科学一元论”的强力推行。“西方科学一元论”至今在世界仍占强势地位，在中国自然科学界某些领域也至今占优势。当此之际，只讲“通过各种种族科学内部的不断自我批判、相互协调”形成统一科学，难道不是有些天真吗？当此之际，为什么民族科学就只能“自我批判”呢？为什么民族科学就不能对“西方科学一元论”的强力推行实施“他方批评”和揭露呢？

其实，把科学只与西方文化相联系者，还有吴国盛先生著《什么是科学》，认为中国文化与科学无缘。笔者将在另处商榷。

3. 西方“后殖民主义树立了一种新的权威”

其意思是指，既然这一权威也有关于“民族科学”的内容，那就实施“凡是敌人赞成的我都反对”，于是就要反对关于“民族科学”的观点。这是正确的推理吗？笔者还要问一句，西方后殖民主义真的力主张扬第三世界的“民族科学”吗？中国目前主张“民族科学”与西方后殖民主义有何关系？作者是否把基本的事实搞颠倒了？

4. 科学不涉民族文化

“在科学中，我们所感兴趣的不是不同文化之间的优与劣的问题，而是如何更好地认识与改造客观世界。”这又是一句糊涂话。在科学中，你“所感兴趣的”东西，和实际存在的东西不一定是一回事。科学既是改造客观世界的第一生产力，同时又是一种变了形的意识形态。谈科学不能不谈民族文化，即使你对谈民族文化没兴趣。

总之，一概反对“民族科学”并不完全准确。

（三）结语

以上对国内外相关情况的简介，尚未涉及西方以海德格尔为代表的哲学家相关思路的大趋势。西方学术界这种几近整体性靠近中国哲学的反思，从一个侧面证明了，即使仅从西方科学“范式”往“生命”深处“张望”，也终究会通过“反馈环”“非线性”“自组织”“整体性功能突现”等概念过渡，终于发现中国科学哲学的合理性和“早熟性”，以及它在探索“生命”时的深度、厚度和力度。作为对西方科学文化更了解的“海归”，钱学森和吴良镛晚年对中国哲学的合理性深感倾服，其实正是这种科学发展大趋势在中国“海归”学者身上的一种人格表现。更何况，中国国内的研究者，会以持续的学术开掘，进一步充分证明中国哲学的合理性和优越性。看来，李约瑟关于西方哲学是物理–化学式哲学，而中国哲学是“有机哲学”的判断[88]，大体还是准确的。鉴于在物质进化层次上，“生命”层次总比物理、化学层次更靠近人类社会，故在反思人类社会的科技现象时，在总体上，中国科学哲学会比西方科学哲学更具合理性和成熟性。也因为如此，本书在研究审视中国哲学派生出的相关人居理论时，虽然该理论也可能显出今日看来的某种匪夷所思，也力求包容性理解，不轻易定为“迷信”。

四、钱学森的省察

上述国内外动态，在总体上不可能逃出钱学森的视野。他在建立人体科学中，必然借以省察中西科学哲学的巨大差异及中国科学哲学的相对优势。

（一）中西方科学哲学整体上不同

1. 从“电脑”设置语言问题省察中西方科学哲学的不同

在研究“电脑”模拟人脑技术时，科学家往往会碰到给“电脑”设置何种“语言”的问题。钱学森在参与有关研究时，也不能不面对之。有人作报告涉及“电脑”程序设计，钱学森说此事显示“不同的民族、不同的语言体系的思维，恐怕就不太一样了。我们是东方的一个民族”，“我们的语言跟西方语言的体系不一样”，“中国人想问题的方法的层次、序列与外国不一样”[89]。此后一年多，钱学森又说专家系统研究“跟人的语言有密切的关系，我就想人的思维跟语言有关系的”，使用不同语言时，人的思维“确实有点区别”，所以“将来的专家系统，你到底是说中国话的专家系统，还是说英语的人的专家系统，不一样”[90]。这两次讲话显示出钱学森省悟到，使用不同语言的人“想问题的方法的层次、序列”都不同；不同的民族、不同的语言体系的思维不一样。这实际上也是钱学森从语言学角度切入对中西科学哲学不同的认定。

为什么这么说呢？理由有二：一是语言与哲学的关系紧密，非同寻常，哲学曾发生了所谓的“语言学转向”，深层语言学结论往往就是哲学命题。这正如法国伽达默尔所说，现代哲学研究的“中心”，已经是语言问题[91]。其中，包括美国语言学家乔姆斯基“转换生成语法理论”已经揭示出，任何语言均分为“表层结构”和“深层结构”，它们分别与社会意识的“表层结构”和“深层结构”相对应，后者即人类精神的“无意识结构”，与“语义”相关，而前者仅与“语音”相关。而乔姆斯基的此论，又与语言哲学家维特根斯坦所论“表层语法”和“深层语法”密切相关。综而观之，现代哲学家和语言学家共认，人群语言的“深层语法”或“语义”，与其哲学粘在一起，难解难分[92]。钱学森的讲话，实际就是认同上述学术推进。二是从现代语言哲学和科学哲学密不可分的历史看，一方面，随着电子计算机的面世，语言作为演算的性质凸显出来，网络上的“语音”与其“语义”即哲学价值观关系研究日益重要。在此背景下，语言哲学和科学哲学合二为一已成大趋势。另一方面，科学哲学往往依赖语言哲学的营养也是事实。例如，科学哲学中以库恩“科学范式说”代表的历史主义学派，特别是其早期代表人物汉森的“观察有沉重的理论负荷说”，以及后来的“科学社会建构说”，事实上也源自语言哲学家维特根斯坦的“语言游戏说”[93]。由此可以设想，钱学森的讲话，实际上就是从语言哲学角度，讲使用着不同语言的不同民族的科学哲学也不一样的道理。

2. 从中西医巨大差异省察两种科学哲学的巨大差异

面对中医医理，钱学森说以前“我对中医的看法是很不对的”，后来实践“使我认识到中医、西医是两个不同的体系”[94]，两者“基本的立足点和看法是分歧的”[95]，它们的“语言、概念是两套，只能独自发展，各搞各的”[96]；而中医“从一开始就从整体出发，从系统出发”，“它的正确恰恰就是西医的缺点和错误”[97]，而其“缺点就是不精确”[98]。钱学森所谓的中医“很讲究整体，或者说中国的传统的哲学的突出的优点就是讲整体，讲辩证法”[99]，即说明它已认识到了中医哲学的相对优势。

3. 从哲学史角度思考中西方科学哲学的不同

1980 年钱学森在“系统工程讲座”中，就结合论述中西“系统”思想，说明中西方哲学存在巨大不同[100]。其中说到对物质世界细节的认识“是近代自然科学的任务”，它“发展了研究自然界的独特的分析方法，包括实验、解剖和观察，把自然界的细节从总的自然联系中抽出来，分门别类地加以研究。这种考察自然界的方法移植到哲学中，就成为形而上学的思维。形而上学的出现是有历史根据的”，后来才有能量转化等三大发现，“使人类对自然过程的相互联系的认识有了很大提高”，再后来出现的“现代科学技术对于系统思想方法是有重大贡献的”[101]。这明显是在讲西方科学哲学及其“还原论”方法产生的历史原因，以及它近来通过普里高津、哈肯、艾根等的成果，逐渐靠拢中国科学哲学的过程。

4. 对中国哲学“阴阳”“五行”范畴的理解和发挥

从表面上看，钱学森开头似乎对中国“阴阳”“五行”“八卦”范畴颇贬斥。1984 年，他就说现在中国的年轻人“对中医里的阴阳五行这些，恐怕也很难领会、接受。或者说，这些语言对他来说是格格不入的”，“毛病就是中医所用的语言太特别，让人望而生畏”[102]，“什么‘阴阳’‘五行’这些东西，不大敢接受”[103]，故要“用我们现在的语言来解释中医理论”[104]，“建立一门不用阴阳五行的学问”[105]。这是否意味着钱学森全部否定了中国哲学及其“阴阳”“五行”范畴呢？不。

钱学森自己有进一步明确的说法，对此可加印证。他讲“我国古代的医学家，创造出‘阴阳’‘五行’和‘十二干支’，这就是二乘五再乘十二，多少维啊”，“临床经验基本上都可以放到这个框架上去”[106]，是一大“发明”[107]；“中医理论就是把几千年的临床经验，用‘阴阳’‘五行’‘干支’的框架来整理成唯象学理论。这个框架一方面有用，因为它把复杂的关系明朗化了；另一方面又有局限性，因为框架太僵硬了。你们搞中医唯象学就是一方面要发扬传统中医的优点，一方面补其不足”[108]。这些话显然吸取了李约瑟肯定“阴阳”“五行”的相关见解，不仅未包含全面否定之意，而且实际上是以赞扬为主的。在另一处，钱学森又说：“中医理论托附于‘阴阳’‘五行’‘干支’的思维框架，已经是辩证的了，比经典西医学强。”[109]

（二）对中国“易理”的改造和发展

钱学森一方面指出，“《周易》是中国古代人在观察宇宙事物的手段极为有限的情况下，对客观世界运动的一个出色的猜测。在当时历史条件下，的确很了不起，但从今天我们所掌握的知识看，《周易》中主观臆想的东西太多了，是不科学的”，“我们今天研究宇宙、社会、环境、人体、人脑，都应从‘开放的复杂巨系统’的理论出发。《周易》是太简单化了，只靠《周易》是幼稚，要闹笑话”[110]，所以“我不能同意”用《周易》“指导我们认识客观世界”[111]，它的“毛病在于把客观存在的复杂性简单化了”，“中国古代‘医易’的局限性太大，不适用于人体这一开放的复杂巨系统”，“千万不要把开放的复杂巨系统硬框在‘阴阳’‘五行’之中！‘阴阳’‘五行’不能解决社会科学问题，阴阳五行也不能解决人体科学问题”[112]；另一方面钱学森又明确认同“‘易’的方法论还要发展”，说明他推动的“从定性到定量综合集成法”，其实就是对《周易》哲理的“具体”发展[113]。这证明，钱学森对中国易理一分为二，也以其继承发挥者自任。

（三）吸取并超越“后现代主义”的“民族科学观”

无可讳言，钱学森提出其“天人观”并肯定“量子认识论”“天人感应论”之时，正是国际上“后现代主义”科学观流行之际。钱学森的见解，与“后现代主义”科学观某些基本观点有所相同或相近之处，包括钱学森通过社会工程建立的现代系统科学“原型”，就包含了一些非数学、非逻辑的元素，明显带有某些中国传统科学的特征，也是对“后现代主义”的“广义科学观”（“多元科学观”）及所含“民族科学观”的某种认同。钱学森肯定“天人感应论”，其实也是肯定中华民族科学哲学范式。在这个意义上，可把钱学森理解为一种“建设型的后现代主义”者。

另外，钱学森之持论也并非“后现代主义”在华的简单翻版。有一次，钱学森在一篇关于“后现代主义”的报道后批道：“‘后现代主义’对资本主义的批判是有意义的，但它又逃避统治者的压力，是流氓了！在中国宣传‘后现代主义’是‘西化’与‘分化’。”[114] 他沿着这种认识，不仅明确反对关于现代科学应回到“东方神秘主义”的思路，而且明确批评“新儒家”关于中国复兴先要完全靠“儒家学说复兴”的思路 [115]。可知，钱学森不是照搬“后现代主义”的“民族科学观”，对本民族传统科学既有取也有舍，更有发展。“有舍”，是指钱学森对其中一些不妥乃至迷信的见解有所纠正，坚持灭除它所带来的破坏性影响；“有发展”，不仅是指钱学森用自己搭建的结合东西双方优点的现代系统科学框架和创建的人体科学等，大大推动了当代科学及科学观的发展，具有超前性，而且指其用现代科学充实发挥了中国哲学。在后一种意义上，可把钱学森理解成“破坏性后现代主义”的反对者。

钱学森与“后现代主义”的“民族科学观”极端化最主要的理论区别，是纠正其本体论唯心主义倾向。后者主要表现在极端的“社会建构论”以各种形式主张，不存在什么科学事实和科学理论，因为它们都是科学家通过谈判和权力获得的 [116]。而钱学森则一方面确认人的认识属于量子力学范畴，一切科学观察均渗透着理论，“量子认识论”无误；另一方面又在本体论上确认唯物论无误，科学研究必须在本体上坚持客观独立于主观的辩证唯物论原则。

参考文献

[1][5][24]〔比利时〕普里戈金、〔法〕斯唐热著，曾庆宏、沈小峰译：《从混沌到有序》，上海：上海译文出版社，1987 年版，作者“序”第 1—2 页。

[2][16][17][18][19][20][21][22][23] 灌耕编：《现代物理学与东方神秘主义》，成都：四川人民出版社，1984 年版，第 132—133 页，第 79 页，第 243 页，第 57 页，第 120 页，第 34 页，第 243—244 页，第 229 页，第 229—238 页。

[3]〔美〕雅默著，秦克诚译：《量子力学的哲学》，北京：商务印书馆，1989 年版，序言第 viii 页。

[4][7][9][10][11][12][13][14][15] 何炳郁：《中国科技史论集》，沈阳：辽宁教育出版社，2001 年版，第 402—403 页，第 356—357 页，第 437 页，第 228 页，第 403 页，第 200—208 页，第 153—169 页，第 438 页，自序第 9 页。

[6]〔英〕李约瑟著，陈立夫等译：《中国古代科学思想史》，南昌：江西人民出版社，1999 年版，第 380—381 页。

[8]〔英〕劳埃德著，章宫译：《英论六论》，上海：上海译文出版社，1983 年版，译序第 1—47 页。

[25][58] 潘雨廷：《道教史丛论》，上海：复旦大学出版社，2012 年版，第 410 页，第 121 页。

[26]〔德〕卫礼贤、〔瑞士〕荣格著，通山译：《金华养生秘旨与分析心理学》，北京：东方出版社，1991 年版，第 143 页。

[27][28][87] 蔡仲：《后现代相对主义与反科学思潮》，南京：南京大学出版社，2004 年版，第 6 页，第 34—38 页，第 276—330 页。

[29][31]〔德〕哈贝马斯：《作为意识形态的技术与科学》，转引自徐崇温：《哈贝马斯的“晚期资本主义”论述评》，重庆：重庆出版社，1993 年版，第 209—221 页。

[30] 胡义成：《谁最早提出了科技是“第一生产力”的命题》，《农民日报》1992 年 2 月 26 日。

[32] 李零：《中国方术正考》，北京：中华书局，2010 年版，第 9 页。

[33][34] 许倬云：《中国古代文化的特质》，北京：新星出版社，2006 年版，第 71—81 页，第 101 页。

[35] 李泽厚：《己卯五说》，北京：中国电影出版社，1999 年版，第 67—70 页。

[36] 李泽厚：《实用理性与乐感文化》，北京：生活•读书•新知三联书店，2005 年版，第 326 页。

[37][41] 李泽厚，刘绪源：《该中国哲学登场了？》，上海：上海译文出版社，2011 年版，第 8 页，封四。

[38][39][40] 李泽厚：《世纪新梦》，合肥：安徽文艺出版社，1998 年版，第 138 页，第 198 页，第 243 页。

[42] 李泽厚：《走我自己的路》，北京：生活•读书•新知三联书店，1986 年版，第 143—144 页。

[43][44] 金观涛：《整体的哲学》，成都：四川人民出版社，1987 年版，第 1 页，第 3 页。

[45][46][47][48][49][50][51][52][53][54][55] 中国科学院《自然辩证法通讯》杂志社编：《科学传统与文化》，西安：陕西科学技术出版社，1983 年版，张岱年“序”，第 1 页，第 2 页，第 29—30 页，第 75—76 页，第 290 页，第 291—292 页和第 305 页，第 290 页，第 295—301 页，第 302—305 页，第 309 页，第 207 页。

[56] 翁文灏：《预测学基础》，北京：石油工业出版社，2001 年版。

[57]〔比利时〕普里戈金、〔法〕斯唐热著，曾庆宏、沈小峰译：《从混沌到有序》，上海：上海译文出版社，1987 年版，第 309—312 页。

[59][60] 钱学森：《人体科学与现代科技发展纵横谈》，北京：人民出版社，1996 年版，第 245 页，第 420 页。

[67] 张文江记述：《潘雨廷先生谈话录》，上海：复旦大学出版社，2012 年版，第 148 页。

[68][69][70][71][72] 刘长林：《中国系统思维》，北京：中国社会科学出版社，1990 年版，第 5 页，第 6 页，第 280 页，第 320 页，第 575—578 页。

[61][62][63][64][65][66][73][74][75][76][77][78][79][80][81][82][83][84][85] 刘长林：《象科学观》，北京：社会科学文献出版社，2008 年版，第 873—877 页，第 571—574 页，第 571 页，第 803 页，第 802 页，第 804 页，第 790 页，第 791 页，第 798 页，第 52—53 页，第 51 页，第 56 页，第 60 页，第 6 页，第 210—211 页，第 213 页，第 814 页，第 810—813 页，第 256 页。

[86] 记者：关于“自然国学丛书”出版的报道，《光明日报》2013 年 1 月 20 日。

[88]〔英〕李约瑟著，陈立夫等译：《中国古代科学思想史》，南昌：江西人民出版社，1999 年版，第 349—380 页。参见刘长林：《象科学观》，北京：社会科学文献出版社，2008 年版，第 798 页。

[89][90][94][95][97][98][99][102][103][104] 钱学森：《人体科学与现代科技发展纵横观》，北京：人民出版社，1996 年版，第 299—300 页，第 412—413 页，第 180 页，第 156 页，第 186 页，第 243 页，第 429 页，第 176 页，第 240 页，第 256 页。

[91][92][93] 涂纪亮：《现代西方语言哲学比较研究》，北京：中国社会科学出版社，1996 年版，第 9 页，第 147—157 页，第 68—81 页。

[96] 钱学森讲，吴义生编：《社会主义现代化建设的科学和系统工程》，北京：中共中央党校出版社，1987 年版，第 257 页。

[100][101] 钱学森：《钱学森讲谈录》，北京：九州出版社，2009 年版，第 2—4 页。

[105][106][107][110][111][113] 钱学森著，于景元、涂元季编：《创建系统学》，太原：山西科学技术出版社，2001 年版，第 472 页，第 26 页，第 383 页，第 505 页，第 505 页，第 187 页。

[108][109][112]《钱学森书信选》编辑组编：《钱学森书信集》，北京：人民出版社，2008 年版，上册第 0402 页，上册第 0409 页，下册第 0886 页。

[114] 顾吉环，李明编：《钱学森读报批注》，北京：国防工业出版社，2012 年版，第 282 页。

[115] 钱学森：《建立意识的社会形态的科学体系》，收于顾孟潮编：《钱学森论建筑科学》，北京：中国建筑工业出版社，2010 年版，第 31 页。

[116] 蔡仲：《后现代相对主义与反科学思潮》，南京：南京大学出版社，2004 年版，“林德宏序”第 2—3 页。

第五节　钱学森的启示

本章用前面诸节文字，大篇幅地介绍了钱学森搭建现代系统科学框架，以及用于研究中医医理、气功等而构建人体科学的背景及过程，特别是通过介绍心理学家斯佩里的成果，以及一批现代非线性科学方法论，意在说明作为“开放的复杂巨系统”的人脑的整体功能，会非线性地“突现”出人的意识功能、经络功能、气功功能等极复杂奥妙的精神现象，最终目的就在于为本节论述铺平道路。本节文字不是全面述评钱学森的人体科学，而是以此为切入点，直接论述它们对中国人居理论研究深化的启示。

一、人体科学研究成果可移植于中国人居理论研究

20 世纪 80 年代后，钱学森在建立人体科学中，接受了国家中医药管理局原局长的看法，认为中医经络、气功和人体潜能这三样东西，实际是一个东西的见解 [1]，其实是把人的意识及这三样东西均视为不同层面的精神现象，同时使人体科学的建立以下述理论为基础：在天人感应背景上，以整个人体为支撑的人脑，在一定条件下会整体地非线性地“突现”出崭新的精神功能，这些崭新功能又展现为不同的层次和结构，非线性地“突现”为经络现象，意识现象（意识现象又分层次地区分为睡眠状态、意识蒙胧状态、清醒状态、灵感状态等）、气功现象、人体潜能发挥现象等；人体科学的任务，就是以新的“天人观”和鲍姆、斯佩里及现代非线性科学方法论等成果为出发点，在现代系统科学的框架下，采用西方“还原论”和东方“整体论”方法相结合的路径，逐渐破解意识现象、中医经络现象、气功现象和人体潜能发挥现象等的结构-功能奥秘及其间的关系，从而理解最神秘的人类各种精神状况及其呈现的大致规律。本章前已说明，对于人体科学研究成果，中国人居理论研究既可借鉴，也可直接移用。另外，西方人居理论后来虽也在物理-化学层面关注人与构筑物的关系，但却从不在人脑整体功能层面考虑两者的“感应”关系，故这种直接移用也有助于在中国城镇化中，发扬中国人居理论固有的长处，避免西方人居理论固有的短处，促成现代人居科学的完善。

（一）人体科学是现代系统科学研究中医等的结晶

同作为“开放的复杂巨系统”，人体系统与社会系统却大不一样，社会系统工程中“从定性到定量的综合集成研讨厅”和“总体设计部”等机制在此显然失效；“三大谜题”则一直显示着西方还原论科学的局限，这就促使人体科学研究被钱学森视为进一步完善其“大成智慧学”和“大成智慧工程”的最佳突破口。

1. 钱学森对中医的总体看法

钱学森的人体科学在直接借鉴斯佩里的成果时，首先关注中医医理，基于他对中医是中国科技主要代表和中国科学哲学主要体现者的确认。具体而言，钱学森对中医的总体看法至少包括以下几点。

（1）中医所体现的中国科学哲学堪当现代科技发展的“引路”者[2]，其“长处是整体观、系统观、多层次观”[3]，即“它的成绩，就在于它从一开始就从整体出发，从系统出发”[4]，包括中医“所谓‘人天感应’是考虑了更大的系统中间的关系，人和自然界的整个系统，以致于现在提出生物钟，就是天文的日月星辰的运转对人是有影响的。这种思想现在看起来是很重要的”；“西医对不同的病说是一个病，中医对一个病说是不同的病。为什么呢？因为中医是从功能系统这个角度出发的。什么叫功能系统？就是系统科学”[5]，中医医理“恰恰与系统科学完全融合在一起”，现代“人的社会实践和科学的发展已经指出中医的这个方向是对的”，它“跟现代科学中最先进、最尖端的系统科学的看法是一致的”[6]；这种以“阴阳”“五行”和“十二干支”等范畴表达的哲学“核心”或“精华”，实质上就指向了系统科学[7]。由此可知，钱学森认为以研究中医医理等为领域的人体科学，是在中西合璧中应用和完善现代系统科学的最佳载体。

（2）视之为“最佳载体”，还因为中医中有一个神秘的“经络现象”，西方科学总是破解不了它。于是，钱学森独辟蹊径，提出“经络现象”的实质不是生理现象而其实是一种精神现象的看法，从而使几千年流传不断的中医，成为人体科学研究最丰富的实践和文献资源。钱学森说中医“包括了中国几千年人民实践的总结，是有实践依据的”，其典籍“浩如烟海”，“提出了一些天才的思想，猜测到一些后来的发展”[8]。也可以说，中医等所体现出的中国古典系统科学，也为构建现代系统科学，提供了最佳哲学和方法论思想资源。

（3）认为“中医的理论用的是阴阳五行，跟现在的哲学思维的语言是搭不上的”，应该“重新用现代的语言说清楚”[9]，“整理并用现代语言阐述中医理论是一件工作量极大的研究工作”，“我们责无旁贷”[10]。从中可悟出，钱学森想通过人体科学研究，逐渐发展出中西合璧的现代系统科学哲学和新医学。

（4）认为中医“不能说是现代意义的科学”[11]，因为它“完全是宏观的整体的理论，它没有分析，没有深入到人体结构、各部位、细胞和细胞以下”，只是“就整体论整体”[12]，甚至“是事实和臆想以及猜测的混合”[13]。人体科学成果将使之科学化，提升中国传统科学的档次。

（5）中西医互相比较，中医的长处“恰恰是西医的缺点和错误”[14]，“中医之所短又恰恰是西医之所长”[15]。在人体解构分析方面，西医的确取得了很大成绩，但“这些年西医也感到他们过去长期沿用的培根式‘还原论’方法不行了”[16]，“他们对中医很感兴趣”[17]，“都在走向人体作为‘巨系统’的观点”[18]，所以在哲学上“用西医来改造中医”是“没有出路的”[19]，只能用中医来改造西医。

这五条有理有据，博采众长，颇能服人。

2. 人体科学的方法是“综合集成”中西方文化

如同当年搭建现代系统科学框架一样，钱学森的人体科学研究，也往往采用办学术研讨班的形式，一方面调动各学科研究人员的积极性，集思广益；另一方面他可以以现代系统科学为根据，对各学科研究人员加以辅导和点评，合众力而收大效。1996年出版的《人体科学与现代科技发展纵横观》一书，就是钱学森辅导点评的实录，其中散布着许多创意和创见。

（1）人体是开放的复杂巨系统，故只能用现代系统科学加以研究。钱学森首先从人体与外界存在大量物质、信息和能量交流而定其为“开放的系统”，并基于其“子系统的种类及相互作用的规律”有“成千上万”，故判其与简单的“物理巨系统”不同，是“复杂巨系统”[20]。此外，“由于开放的复杂巨系统是多层次的，其功能状态变化的可能性是非常广泛的，有可能出现一些超出常规的现象”，“这是意想不到的，使不少人不能接受，但又是客观存在的”，“我们搞开放复杂巨系统研究的同志，千万要有这个思想准备，不要被自己习惯了的老一套束缚住”[21]。显然，中医面对的人体及其各层精神状态（如意识等）这个特殊的开放复杂巨系统，在现代科技条件下，只能首先采用现代系统科学方法，才能全面彻底地加以研究，即首先把人如实看成一个“复杂巨系统”，而这个“复杂巨系统”又以“开放”的形式与宇宙这个“超巨系统”连成一体。此外别的思路是不能如此全面把握人的，故“中医现代化的核心是系统科学”[22]，中医研究的“指导思想”只能是“近年来在我国出现”的“开放复杂巨系统理论”[23]。

（2）人体科学是把人体作为开放的复杂巨系统加以研究的现代科学。钱学森说“系统科学的观点就是人体科学的观点”[24]；“中医和医学要走人体科学的路子”[25]；“中医与西医要真正结合，扬弃上升为新医学、人体科学的医学，的确很不容易。我曾说过：人体科学是现代科学技术工作中的珠穆朗玛峰！难的原因在于新医学是人体这样一个开放的巨系统的科学，除了中医、西医用的语言概念不同，还要用新的思维方法：从定性到定量综合集成法。……我寄厚望于中国人体科学学”[26]。

人体科学也像当代科学体系中的其他科学一样，分为三个层次，“从应用技术到技术科学，再从技术科学到基础科学。从人体科学到马克思主义哲学的桥梁是人天观”，“人体学属基础科学”[27]。在另一处，钱学森还说“人体学将成为新一代中医的基本学科”、“基础课”[28]。

（3）人体科学也应采取“从定性到定量的综合集成法”。“综合集成法”，是钱学森及其团队在中国社会系统工程中创始的方法，它是否适用于人体科学或中医研究呢？

一方面，人是一个生理巨系统，与社会系统存在许多差异，所以适用于中国社会系统工程的“综合集成法”中的某些成分，主要是“研讨厅”和“总设计部”等具体形式，并不适合人体研究；另一方面，人又是社会巨系统的子系统之一，包括人也是文化–感情载体，故“综合集成法”中的主体成分，即前引钱学森所提该集成法的四条基本原理，还是适用于人体科学的。对此钱学森说：“我们在北京的同道近年来已明确地认为：①有一类特殊复杂的系统，开放的复杂巨系统；②人体是开放的复杂巨系统；③研究开放的复杂巨系统不能用普里高津的方法，也不能用哈肯的方法，那些都不行，只能用从定性到定量综合集法”，“因此中医系统论也必须用这一概念，老的一套是不能解决问题的”[29]。

“综合集成法”中的四条基本原理，包括把中医擅长的整体理念与西医擅长的还原理念综合为一体，形成关于人体的一个从化学层、生物层、生理层到社会层、文化层、感情层等的一个系统层次结构，一方面要在详尽了解各层机制机理的基础上关注各层的不同结构和功能，另一方面又要“从更低一层的物质运动开始来考察上一层的物质运动”[30]，关注各层次间的互相转换，包括要倾力了解更低一层的物质运动如何具体涌现出了上一层的新功能，上一层的新功能又如何控制着其下层次。用钱学森的话说：“人与环境、人与宇宙形成一个超级巨系统。而系统科学的原理——系统学告诉我们，要理解如此复杂的物质系统，搞清它的功能，用还原观的方法，一级一级分解下去，从人到人体各系统，到各系统的组织学，到细胞，到细胞器，到细胞核，到染色体……一直到分子生物学，是必要的，但也是不够的。我们还要用整体的观点来理解人体巨系统所自然形成的多层次结构，每一层次的不同功能，层次之间的关系等等。我们要把还原观和系统论结合起来，综合起来研究人体和环境，这才是人体科学的任务”[31]；“西方与东方科学思想的结合是奥妙无穷的。我们要的是西方和东方科学思想的结合”[32]。

（4）人体科学采用“综合集成法”实质上是“以中化西”。人体科学虽是把西方“还原论”与中国“整体论”结合于一体，但并非完全等量地看待中西。钱学森的口号是“用中医化西医”，即“把西医的结果全部拿过来”，以中医的整体论即系统观加以整合，“吸收到人体科学里来”[33]。它体现的是对中医哲学整体论的尊崇。之所以如此，是由于西医虽在还原的方面成果累累，但其最大的毛病是越分越细，始终陷于“还原”的泥潭而不能自拔，“以西医化中医”的所谓“中西医结合之路”根本走不通[34]，而中医虽在“还原”成果方面远不如西医，但其整体论的哲学，却是重建新医学之最需。何况，“真正现代的西医所作的很多工作不完全是经典西医的这一套”[35]，它们也在向中医靠陇。“国外有许多医学和生物学的科学成果，如时间生物学（时间医学）、生理心理学、环境医学、血液流变学、免疫学、磁疗、人体第一信使、人体第二信使……都验证了中医理论的正确性”[36]，正是在这个意义上，“用中医化西医”顺理成章（说明：在中国全社会层面上发挥中医药优势，为通俗化和大众化，目前也可采用“中西医结合”之类的提法。它与理论探讨是两回事）。

（5）人体科学的综合集成法要求首先建立“唯象中医学”，然后逐渐用系统科学破解中医的奥秘。中医的整体观虽然是对的，但目前中医还不是成熟的科学。如何使之变为科学？钱学森提出的办法，是首先建立“唯象中医学”以解决教学问题。所谓“唯象”，就是只“从现象出发，光描述现象，把各种复杂现象的数据用数学的关系表达出来。唯象理论不能深问，深问也说不出道理”[37]，此即“只说其然，不说其所以然”[38]。在某种意义上可以说，所谓“唯象理论”，其主要特征，一是仅关注经验现象而不追问深层理论之所以然，二是要求把经验关系数量化。显然，它只是着眼于把中医经验翻译成现代科学语言，向人体科学指导下的新医学迈出的第一步。之所以如此，主要是因为中医崇奉“阴阳五行，是用古汉语写的，看不懂”[39]，何况“里面也包括一些不对的东西，也有糟粕。要清理糟粕，用现代语言把它阐述出来，这是我们的任务”[40]。在这方面，“国外有许多医学和生物学的成果”已经“验证了中医理论的正确性”[41]，取得了先行经验，可供借鉴。

当然，首先要建立“唯象中医学”，也与中医与西医纯属两种不同的科学系统，其哲学出发点完全不同，彼此不能通约，只能先“各搞各的”[42]；在中医方面只能先按其经典《黄帝内经》等“四本书”讲课[43]，再逐渐使其挣脱今人看不懂的古汉语之壳，然后才有可能使之科学化或现代化。“中医的理论完全是宏观的整体的理论，它没有分析，没有深入到人体的结构、各部分、细胞和细胞以下，所以它的优点是整体观，但它的缺点也是因为它仅仅有整体，就整体论整体”[44]，使之科学化的过程就是在吸取西医“还原论”成果的基础上，综合中西双方而建设新医学，此即“中医发展的前途是中医现代化”[45]。

在建立“唯象中医学”方面，钱学森提出的中医“古实验学”理念和用现代数字技术试建“中医专家系统”的思路，尤其启人深思。所谓“古实验学”，是指“把古籍中关于气功、中医理论、人体潜能、人与人的遥远感受，以及其他事例，经过鉴别，去粗取精，去伪存真，整理出来，作为古代一门实验的学问，可叫‘古实验学’”[46]。应当看到，中国在这方面的文献资源相当丰富，在建立中医“古实验学”方面优势突出，可以大有可为。钱学森就以气功为例，指出神秘的《周易参同契》一书，就是中国“气功理论最早著作”，可据以建立“气功的唯象理论”[47]。事实上，中国人居理论也存在建立“古实验学”的问题，例如，古代关于“鬼屋”的文献就颇多，可以在鉴别后利用。按钱学森理解，“一切科学的发展大概都是经过这么一些步骤，即从实践经验上升到唯象的理论，即有一定经验的规律，然后再上升一步，就到了讲更细的、更深入的、与其他事物、其他科学联系起来的理论”[48]。

所谓“中医专家系统”，是指把中医专家的唯象经验，先“传授”给电子计算机，使之模仿专家，实施治病功能。钱学森推荐的第一个“中医专家系统”，就是北京著名中医肝病专家关幼波教授把其唯象经验先“传授”给电子计算机后建立的。据说，这个“中医专家系统”可以“鉴别肝病的八个主型，三十六个亚型，还根据病人的不同情况来调整他们的处方，大概可以开出二亿多个不同的处方，而且经过关教授的鉴定，是正确的”[49]。这种“中医专家系统”，有利于中医教学和诊病的便利化，也可为中医现代化探路。

（6）人体科学研究可能引起科学革命，目前只能走出第一步。中医现代化是“把中医理论从经典意义的自然哲学，变为现代意义的科学即人体科学”[50]，“把人体作为一个对环境开放的复杂巨系统”，“用系统学的理论，把中医、西医、民族医学、中西医结合、民间偏方、电子治疗仪器等几千年人民治病防病的实践经验，总结出一套科学的、全面的医学——治病的第一医学、防病的第二医学、补残缺的第三医学和提高功能的第四医学。这样就可以大大提高人民体质，真正科学而系统地搞人民体质建设了。人改造了，这将随着人体功能的提高而带来又一次产业革命——第七次产业革命”[51]。显然，这是一个十分远大的目标，需要一代乃至几代人的努力才能逐渐实现，很不容易。这起码是因为：一来它不是单纯处理物质（大脑），而是要处理精神（大脑的高级功能），还要加上物质与精神的相互作用。更何况，我们对精神的物质基础——大脑，连其基本结构和其组成部件之间的相互作用，都还不清楚，脑科学还处在起步阶段，在这种情况下，研究之谈何容易。二来社会上对这个难题能够理解的人还是有限的，很多人都有糊涂认识。许多人往往把研究人体科学与“搞迷信活动”“伪科学”搅和在一起，所以搞这个研究工作要受到社会舆论的压力。因此，如果说现在就要达到中医现代化这个宏伟的目标，还不具备条件，我们现在要做的还是为走出第一步做准备。

（7）人体科学研究要整合西方还原论和中国整体论相关领域的所有成果，其学术工程量之巨大，前无古人。现代“系统论不是‘元气论’，只强调整体，不考虑微观原子论、还原论”[52]，其“着眼点就是人体的大系统，而这个大系统里的结构是分层次的，我们要抓的是整体的这一级，所以我们要以科学实验方法来探索人的这个整体到底是如何工作的”[53]，其中包括，人体“不断地与环境、与宇宙交往联系，其内部结构也必然形成许多层次，层次各有其特征，层次又有互相的交往，有反馈调节控制。人体科学的任务就是理解这样一个复杂的巨系统”；“根据生物学和生理学的知识，我们知道，（人体）下面几个层次是：①亚分子；②分子；③细胞质；④染色体；⑤细胞核；⑥细胞器；⑦细胞。问题是在生理学中由此再往上，就是各种器官，各种器官组织的描述，再汇合成人体中各功能系统，如呼吸系统，血液循环系统，消化吸收系统，感觉神经系统，生殖系统等等”，总之，“人体有多少层次，从亚分子算起，总比八个结构层次多吧。既然有那么多结构层次，有每一个层次的特性和功能，又一个重要的问题是：这些层次之间相互的关系如何，尤其人体巨系统是怎样连结在一起的，各层次的每个器官是怎么协调工作的，巨系统的控制是如何进行的。对人来讲，对人体科学来讲，尤其重要的是中枢神经系统在巨系统中的中央控制调节功能，因为这是高度发达的人的大脑，所赋予人不同于其他生物的功能”；“要理解人体巨系统控制调节功能，必须先理解人体巨系统的中心控制器官——大脑。大脑大约有神经元开关 10^{15} 个，就这一点已远远超过世界上人造的最大的电子计算机。研究这样复杂的器官还是近四五十年的事，只是最近二十年脑生理学、脑神经学才有了重大的进展，到 20 世纪 70 年代以来才成为科学技术界中一门领先的学科”；“斯佩里正确地指出，大脑本身就是一个复杂的巨系统，它的活动也是有层次的，正如一切复杂的体系都形成结构“层次”。

其中含初级活动，第二级活动及更高级的许多活动层次[54]。钱学森针对这个复杂巨系统，绘了一个涉及学科的示意框架图（图3-1）[55]：

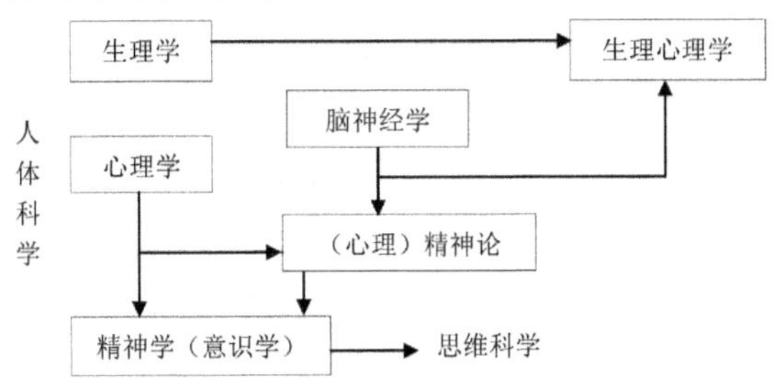

图3-1　人体科学涉及的学科框架

资料来源：钱学森：《论人体科学与现代科技》，上海：上海交通大学出版社，1998年，第38页

试想一下，对这样一个超常复杂的巨系统各方面，要分层次地一一进行数量化测量和研究，那需要花多大工夫啊。其中，除了建立中医“古实验学”和“唯象中医学”外，在吸取还原论方法指导下的西方医学进展和推进并建立不同层面和不同用途的人体数理模型方面，目前也要“老老实实地做试验”[56]，特别要注意收集要害的“参数变量”[57]，实现包括“系统测量”在内的十分惊人的巨大工作量。其中，包括对人体科学研究而言，在脑科学有所揭示的神经系统及以下人体各层次的结构和功能中，虽然西方科学和医学花费了数百年时间，但还存在数不清的“还原谜题”，特别是中医给西医提出的许多“还原谜题”，有待进一步破解。对此，钱学森表扬了国内某医学专家关于“把血中环一磷酸腺苷和环一磷乌苷的含量同中医阴虚、阳虚联系起来”的成果[58]，给人很大启发。笔者从本书主旨出发，注意到的钱学森相关说明和举例至少还包括以下方面。

（1）这种数量化测试涉及当代几乎所有相关学科科学学科和技术。仅钱学森的《人体科学和现代科技发展纵横观》一书点出的学科就包括医学（含第一到第四医学、时间医学、航天医学等）、生物学和生物工程、生物力学、分子生物学、生理学、物理学、化学、化学生物学、物理生物学、数学、脑科学、心理学、电子学、机械学、磁学、磁化学、电磁生物学、信息科学、声学、光学、热力学、量子力学、宇宙学、细胞学、药物学、仿生学和模拟技术、营养学、遗传学、免疫学、血液流变学、生物控制论、细胞膜理论、人体动力学、人体工程学、环境科学、地理学、时间生物学、常温核聚变技术、红外技术等，涉及针刺镇痛、微循环、弱光、非线型科学、分子调整、人体时间节律、人体电位测量、外气、人体器官功能、基因、中介质、微重力、“生物全息”等现象和技术研究。

按钱学森的思路，在进行诸如此类的还原性测试时，人体科学研究尤其要考虑到对测试数据进行综合分析或合成。在一定意义上，综合合成更加重要。钱学森多次批评过把“一切都归纳到分子生物学，生物化学”等，说“这样的做法是没有出路的”[59]，“从前我们研究系统常常解剖开，特别是工程系统，能解剖得开，一个个组成的综合系统可以单独地去摸，所以摸清了这个系统的组成部分，然后把它连起来，组成一个整个的系统，这个整个的系统的性质是由组成部分的知识所建立起来的。这在机器、物质系统上从前的做法是这样的，或者我说叫还原的做法，就是分解了，一个个地摸，整个系统也就有了。但是，我们要研究生物，研究人体科学，这种方法是不允许的"，"人体科学，因为它是活的，你把它解剖开，它就完了，就不是活的了，就把整个系统破坏掉了，所以不允许这样做，这也是过去硬要用还原观的方法来解决生命现象所碰到的极大局限性"，"你必须建立一套新的方法"即系统科学的方法[60]，就是"要用整体的观点来理解人体巨系统"[61]，其中包括整理研究中国古籍中"古实验学"资料，以及采用西医中"研究活体最好的测试"即核磁共振技术[62]等，研究"人在有主观能动性和意识控制的运动和工作当中的功能状态"[63]，但其中最重要的是了解"中医现代化的核心是系统科学"[64]，研究一定要上升到人体是一个开放的复杂巨系统这个高度。依笔者预测，目前这里还会用上大数据和"云计算"之类较尖端的数字技术工具。

（2）对人体电磁及波动现象研究要分外关注

中国古代在对人体和环境电磁感应现象进行观察和利用方面，一直走在世界前面。李约瑟的《中国科学技术史》第四卷第三分册即"土木工程和航海技术"部分之"作者的话"就说，"中国对磁学现象的研究及实际应用，构成了一首真正的史诗。在西方人知道磁针的指向性之前，中国人已在讨论磁偏角的原因并把磁针实际应用于航海了"[65]。在钱学森的人体科学研究中，对人体电磁现象的测量和思考，受到分外关注。其原因不仅在于电磁作用是目前解开人体许多奥秘的一个关键，而且由于在"人体潜在功能"研究中，对人体电磁现象的测量，比之对其原子以下粒子状况的研究，在经济上和学术上均是捷径。钱学森就明确地讲："分子、原子以下是否暂缓，不要去走这条路，因为你要走到这条路上就有一个能量问题，到那个领域里能量都很大"，而且"有点玄乎，现在说不出什么东西来"，所以"我们应该更多地考虑电磁场的问题"[66]。沿省钱且便捷的此思路，他亲自点到的测量和研究项目就包括"电磁与分子生物学""电磁场与生命""电磁与意识""气功外气与电磁场、声波""人体潜能和电磁场、电磁波""人体波""次声和人体健康""微波生物效应""中医经络科学和电磁波科学""电磁波与微循环""气功和生物电位""地球磁场和人体健康""脑神经和电磁脉冲""次声、超声与生命分子""'气场'与电磁波、微波、等离子、红外波、超声波""'外气'和种子处理""弱电磁场、弱光与生命"等。实际上，中国古代医学和中国人居理论中很多内容应与上述磁学、光学相关，只是当时人们说不清楚，导致了一些怪论。通过上述测量和研究综合，一些怪论就可转化为科学。

由此还应联想到，在中国人居理论中一直占据"要津"的"气场"理论，也有望在上述电磁学研究中获得某种破译。另外，与电磁学关系极大的许多怪论，也有望在诸如此类的破译中，或被升华改造为科学元素。

（3）对利用电子计算机和网络为代表的现代技术研究人的大脑功能寄予厚望。

人体最高端的物质是大脑。它指挥人的行为，故人体科学不能不重点研究大脑。电子计算机进行数字计算和形式推理的速度超过人脑，但钱学森对作为机器的电子计算机的局限性洞若观火，包括反对在学术论文中把电子计算机简称为"电脑"[67]，明确说："由于人脑的记忆、思维和推理功能以及意识作用，它的输入-输出反应特性极为复杂。人脑可以利用过去的信息（记忆）和未来的信息（推理）以及当时的输入信息和环境作用，作出各种复杂反应。从时间角度看，这种反应可以是实时反应，滞后反应甚至是超前反应；从反应类型看，可能是真反应，也可能是假反应，甚至没有反应。所以，人的行为绝不是什么简单的‘条件反射’，它的输入-输出特性随时间而变化。实际上，人脑有 10^{12} 个神经元，还有同样多的胶质细胞，它们之间的相互作用又远比一个电子开关要复杂得多，所以美国 IBM 公司埃里希·克里蒙蒂（Erich Clementi）曾说，人脑像是由 10^{12} 台每秒运算 10 亿次的巨型计算机关联而成的大计算网络！”[68]“人脑之不同于计算机，在于人脑是开放的复杂巨系统，是在实践过程中不断演化前进的，而计算机就是到本世纪末的万亿次 / 秒也还是太简单”，“洋人总是不明白这一点！”[69]，“人要认识客观世界，发现科学的新道理，绝不是一个简单的推理过程能够办到的”[70]，“人很自然地做的一些事情，计算机却做不到”，“越到高级的智慧阶段，越是如此”[71]。另外，他也看到电子计算机的高速优势，已形成人脑把一些计算操作职能分给电子计算机承担，而人脑逐渐集中于解决创造性问题（如“更高级的判断和决策”）的“自主化”总趋势[72]，对利用电子计算机和网络的高速优势破译人脑人体若干奥秘也寄予厚望。他讲过，“电子计算机是人造的、有思维功能的（至少能代替人的一部分思维吧）”，“因此，机器的结构、组织、它的运转，我们是非常清楚的。而相应的人脑呢，我们不清楚”，“这两个东西，我们把它比较比较，恐怕对我们研究脑是有启发的”[73]。

例一是比照电子计算机思考“人的意识是精神的还是物质的这个问题，人的大脑到底是怎么工作的？一直到现在还没搞清”[74]。钱学森问“大脑到思维的难，难在什么地方讲清了吗？”看来，他认为难在大脑是个“复杂巨系统”[75]，而思维不仅是这个“复杂巨系统”的功能，而且是这个“复杂巨系统”的功能跟社会历史环境结合起来的动态产物[76]，故还需结合社会历史进行研究。在此，我们又碰到钱学森研究意识的唯物史观（也正因为如此，我们把马克思主义认识论看成“实践认识论”与“量子认识论”的互补体）。

例二是比照电子计算机研究“人的意识与图像识别”。钱学森介绍说人的视觉中，“图像的识别是靠几何开关的拓扑性”，“不是我们现在的电子计算机所能通译的，那就提了一个大问题了”，解决它“不要盼望简单的途径（能解决问题）”[77]。至今人们还走在这条路上探索，“路漫漫其修远兮”。

例三是“人工智能”研究，包括研制“智能机”。钱学森说系统的“有序化就是人的智能”[78]，故“人工智能”研究是“计算机化又一个更高的飞跃”[79]，“是 21 世纪尖端科学技术，比高技术还高”[80]。但钱学森又说，“科学研究并非都是逻辑思维。恰恰相反，科学创造性活动最核心的那一部分是形象思维，是在对事物的已知认识的基础上猜的。最后验证（者）是逻辑思维”[81]，所以“计算机现在最热的一个热门是让计算机有智慧，或者有人的一部分智慧，叫‘智能机’”，“各国都在做这个事情，也就是说把计算机变成高度并行的运算机。人的神经系统是高度并行的。所谓人的创造性——智能，最主要的恐怕就是这个”[82]。这里既说明了人智并非逻辑推理，而是形象思维，也似乎暗示了西方最重逻辑推理，而中国人最重形象思维，高低已了然。

例四是建立“专家系统”。钱学森说目前“专家系统”就是“逻辑推理系统”，“一切‘专家系统’还没有跳出抽象或逻辑思维的框框”，它“要专家教”[83]。在这里，钱学森又触及“电脑不如人脑”的问题。故他建议，还是“尝试”建立能真正辨别信息且能猜想的专家“模型”[84]。

例五是利用“人-机-环境系统”研究人脑和思维。建立“人-机-环境系统”，应是建立人体科学研究中最详尽的数理模型。为此，要首先建立“真正地定量的应用”体系[85]。在“人-机-环境系统”中研究人脑和思维，钱学森认为首先包括五个层次的问题：一是人；二是智能机；三是操作的机械；四是工具；五是自然界。第一、二层不能“打架”，它还需要借鉴思维科学成果[86]、心理学成果、最新的利用吸收了人的经验的“人-机-环境系统”（如钱学森的社会系统科学技术）成果，其中包含智能机。智能机能克服人在操作中可能出现的“经验不够，情况复杂引起紧张，紧张容易出错”等问题[87]。

令人高兴的是，目前人类对语言和意识本质的研究，乃至对脑连接图谱的研究等，在许多方面正是沿着钱学森的思路前推的。我国有学者已经在用“非线性科学”研究语言演变规律。在“一体两翼”的“中国脑计划”中，我们也能听到对钱学森的大面积呼应。

（二）人体科学研究成果可移植于中国人居理论研究

本章第一节对此已有论述，此仅补充之。在钱学森的构想中，人体科学的目标越来越清晰了，中国人居理论中关于作为居者的“人”的理论随之也越来越清晰了。笔者注意到，作为人居科学首要搭建者的吴良镛，也认为“开放的复杂巨系统”研究，是人居科学的哲学“方法论”[88]，包括承认“整体论与还原论的统一”是中国人居理论研究的“思想方法”[89]。这意味着，人居科学对上述人体科学关于“人”的研究成果，可视为对“居者”的研究成果而直接移植入人居科学。何况全球来日的人居科学，也将走中国人居理论预示的养生防病之路。

二、从钱学森的“人体功能态”到“人居功能态”

钱学森创建的人体科学，一方面在方法论上借鉴了前述从普里高津到斯佩里的现代非线性科学的所有成果，特别是重点借鉴了其中鲍姆“隐秩序”理论和斯佩里的心理学关于“意识”形成研究的成果。另外，则是紧紧抓住“还原论科学”至今无法理解的中国“三大谜题”，以鲍姆理论和斯佩里研究成果等为出发点，破译人体“经络现象”实际是“脑的整体功能突现现象”，力求进一步破解“三大谜题”表现着的比“经络”现象层次更高的各级“人体功能态”奥秘，即把“三大谜题”理解为活着的人体（特别是活人的大脑），在不同条件（包括境遇）下，表现出的不同的整体性、非线性、自组织的“突现”精神功能即“人体功能态”，采用“综合集成”方法“既还原又整体地”理解其各种具体机理，从而形成现代科学技术进军“精神现象”的大突破。钱学森的理论突破，集中体现在提出“人体功能态”概念，以及对其破译的战略和技术路线设计。不管怎么说，这都是现代科学技术史上的最大胆的设想之一。正如钱学森所估计的，其成果不仅足以引起新的科技革命，也将进一步佐证中国古老科技智慧对人类将来的重要价值。

同构于中医医理的中国人居理论，其精华部分，不仅是在物理-化学和生理学层面上，对“天人感应”复杂巨系统中“人”与构筑物关系的一般把握，而且最重要的是在“人体功能态”层面上，对“天人感应”复杂巨系统中“人”与构筑物关系的细心体验和描述性的把握。所以，从战略上看，人体科学对“人体功能态”优化的任何破译，都值得中国人居理论研究者充分吸纳，并进而通过对“人体功能态”与构筑物的“感应”关系的进一步省悟和研究，逐渐破解中国人居理论的核心即“人居功能态”优化的奥秘。相比于西方，中国人居理论的精致性和超前性，集中体现于此，且随着人类社会进入知识经济时代而正好适应着此时代对细致性高感情的要求，故破解之，也是建设现代人居科学及其理论的要务。从某种意义上，甚至可以说，知识经济时代的人居科学原理，应首先就是这些破译成果，其下才是基于牛顿力学的钢筋混凝土结构原理等。

国内外对中国“三大谜题”中的中医经络现象曾反复研究，希望找出其物质-生理形态载体，但至今找不到，或者似乎找到而“形似神不似”，使之成为著名谜题。钱学森接受斯佩里心理学研究成果的启发，根据中医不注重实体而注重“功能”特点的思考，根据人体科学须沿“人体系开放的复杂巨系统”思路推进的方法原则，首先提出了“经络”和意识相似，实际上都是作为“开放的复杂巨系统”的人体（特别是人脑）的一种整体“功能态”的假设。由此前推，加上气功和人体潜能也均为“人体功能态”的设想，便形成了人体科学关于人的不同精神层面“人体功能态”的假设系列，促使一切测试和研究均围绕“人体功能态”问题展开。这些“人体功能态”均在解剖上不存在对应的物质实体，均可视为人的精神状态的不同表现。故从经络、意识、气功到人体潜能等，均属纯粹精神现象。黑格尔首先命名的“精神现象学”，一直是哲学家的专属论域，但在这里却被置于人体科学层面而重新思考研究，无论如何都是一种极大胆的创新。它们实际构成了钱学森的人体科学的学术亮点。

（一）钱学森的“人体功能态”假定

1. 用系统科学研究人体的“方法论出发点”

在人体科学研究中，钱学森说过“系统科学只能从几条非常清楚的前提出发，如①系统是由子系统组成的；②子系统各有一定的性能；③子系统之间的关系；④子系统与环境的相互作用。在此四条基础上，整个系统的一切性能都要从严密的理论推导出来”[90]。人们从这些要求中，也能体会到，人体科学在总体上继承和发挥了现代科学十分重视逻辑严密性的优点。

2. 确认人体是“开放的复杂巨系统”

钱学森认为“由于人体科学概念的建立，把人体作为一个对环境开放的复杂巨系统，那我们就可以用系统学的理论，把中医、西医、民族医学、中西医结合、民间偏方、电子治疗仪器等几千年人民治病防病的实践经验总结出一套科学的、全面的医学"[91]。在这里，按照事实，确认人体不仅是个"系统"，而且是个"开放的、复杂的巨系统"，故只能用专门研究它的现代系统科学方法，才能解开其奥秘。钱学森进而讲，"人天观的核心思想，是把'人'这个巨系统作为开放于宇宙这个超巨系统中的，所以人是发展变化的。人这个巨系统比起一些物理巨系统""要复杂多了"[92]。这一论断，也把中医医理基于"天人感应论"，所以必须采用现代系统科学综合研究"天-人系统"的道理讲透了。其实，中国人居理论也以"天人感应论"为哲学出发点，所以，这一论断也把中国人居理论研究深化，必须采用现代系统科学方法的道理讲透了。

3. 人体科学重点研究"人体功能态"

在钱学森看来，"'人'在这么一个超巨系统里，是会达到一定的功能状态，这个状态可能是正常的、健康的，但也可能由于各种因素的影响，走到一个不正常的功能状态"[93],"我们要研究的就是人的功能状态"[94]，人体科学"强调功能状态"研究,"这是我们最关心的"，包括它的"结构变化可能不大，但功能状态还可以有很大不同"[95]。在人体科学这个核心假设上，钱学森最早用了"人体功能状态"一词，但 1983 年他就专门区别了"人体功能状态"与"人体功能态"两个概念，专门用后者表达人体科学关注的核心[96]。请注意其中钱学森说的关于"人体功能态"是"我们最关心的"一语。它意味着，人体科学关注的重中之重，就是"人体功能态"。这是它与其他各种人体、人脑研究的最根本区别。确确实实，"这样一个思想，跟传统的那些东西或者是西方的那些东西，都不大一样"[97]。查诸科技史，从古至今，从中国到西方，从来没有人把经络、气功、人体潜能等作为人体（尤其是人脑）整体性非线性"突现"出的"功能态"来看待。所以，人体科学的这个核心假设，具有原始独创性。对此，钱学森还从物质的"结构"和"功能"的关系角度，仔细解释了三点：其一，"系统学是干什么的？就是研究下面系统所形成的更高层次的功能"[98]。系统各层次功能及其关系研究，被视为现代系统科学之关键，令人深思。其二，"非常重要的是，人有各种功能态"[99]，包括"人体潜能"[100]。钱学森对"人体功能态"之内涵和外延，也有形象化的分类解释，如说"现在看，'功能态'包括醒觉功能态、睡眠功能态、催眠功能态、危机功能态、警觉功能态和气功功能态。气功功能态也许还不止一种，有内功的气功功能态，有发'外气'的气功功能态。从系统学观点来看，这些'人体功能态'都是人体巨系统中相对稳定的状态。一种功能态到另一种功能态，有过渡过程，那是相对不稳定的。从现在知道的经验，也不是所有'功能态'都能相互转变，如气功功能态就只能与醒觉功能态转换。我们的工作是要研究'功能态'本身，研究转换过程，并对不同功能态进行比较，最后全面理解人体系统的生理、心理"，"从六个或七个人体功能态及功能态的过渡过程入手研究，又考虑到健康和各种疾病状况、年龄和性别这三个因素"[101]。对人体功能态的这种细分，以及对其关系的这种理解观察，从斯佩里出发而又超越了他，其关键是把其结论与现代系统科学方法结合在一起，突出强调人的各种功能态由整体“突现”，在不同条件下呈现出不同状态的特征，与经验完全相符。其三，进一步揭示了中医所讲究的“辩证论治”中的所谓“证”，即指“人体功能态”。钱学森发觉作为中医诊治之核心的“辩证”妙处，即在中医的临床工作里，同一病可能是不同之“证”，于是写道：“我注意到中医的‘辩证论治’，‘证’非‘症’，是什么？我说中医的‘证’即系统或人体复杂巨系统的整体功能状态”[102]，“辩证”实即中医师辨别患者的整体功能态（即其精神状态），治病“就是把偏离了的、不正常的人的巨系统的功能状态，想法子诱导、拉回到正常的功能状态”，其中除了用药外，还采用心理方法[103]。应当说，在吸取学界见解的基础上，对“证”的这种破译，是钱学森在中医医理研究中的一大突破。它至少使中医诊疗直接与“人体功能态”研究联系起来了。看来，中医与西医的首要区别，很可能就在于中医注重精神层面的“人体功能态”及其对人体的统辖，西医则只注重人体人脑物质的生理层面的物理-化学-生物性质。二者对人体中精神决定作用理解把握的高下之别，已然呈现。

令人高兴的是，钱学森主导的科研团队，自 20 世纪 80 年代以来，运用多维数据分析方法，已经在一定程度上发现了部分“人体功能态”存在的“目标点”和“目标环”等科学证据，从而使“人体功能态”正在从“科学假设”向已验证过的“科学事实”推进。深入下去，就是人类研究精神现象的重大突破。

4. 人体科学尤其注重“人体功能态”的结构层次性和不可预测性

钱学森明确提出，“这里核心问题是，更高层次的功能，是不能直接简单地从下一个层次即‘子系统’的功能中推断出来的。这里有一个飞跃，或者用一个哲学语言来说，有一个‘扬弃’，有更高层次的东西”，人的整体功能“不是‘还原论’下那些很细的‘子系统’所有的、所能够出现的功能，绝对不是！”“我觉得这是一个根本的问题”[104]，即核心的问题就是人的“整体功能”，包括人体“结构在运动状态的功能”[105]。其中，钱学森又从数学角度对人体“功能态”的不可预料性解释说，人体“功能又是‘非线性’的。这就增加了描述的难度”[106]，非线性的“相互作用非常复杂，最后引起一个整体的变化，这种变化就导致了每个组成部分所没有的功能。而且可以分级地、不止一次地变化”，所以“最核心的就是，复杂的系统可以有整体的功能”，这种“整体的功能”又是“其组成部分不具有的”[107]。针对由结构变化引致整体“突现”出奇异新功能现象，钱学森特别说“以前人们的思想是线性的，到了非线性就吃不准了”，“用线性头脑就更理不出头绪来”[108]。笔者尤其关注钱学森关于“线性思维”和“非线性思维”区别的提法及其哲学方法论价值。它吸取了数学家托姆“突变论”的成果，不仅有前述各学科成果的支持，也站在当代数学科学最前沿，确实令人心服。无论在中医中，还是在中国人居理论典籍中，均有许多不可用“还原论”解说的所谓“怪事”，今天用上述非线性“突变论”即“非线性思维”理解，也就不觉得不可思议了。“非线性思维”，应当也是中国人居理论研究的一种根本性方法，因为它首先让人们彻底摆脱了只从传统物理-化学层面思考“科学性”的旧思路，确认人的精神现象绝不是传统物理-化学所可完全解释者。

（二）钱学森论证意识实际是一种“人体功能态”

这是奠基人体科学的“第一块基石”。

人“有意识的大脑活动，即思维”[109]。破解思维的科学奥秘“是不好办的事”，因为其中“物质与精神都在一起”，其“相互作用，这就复杂了”[110]。这是钱学森面对思维问题研究时对其难度的直感。其实，钱学森在这里，已经深入到传统自然科学的“极限”地带，其难度之大，古今皆知。多少智者在此扼腕浩叹，多少勇者在此“出师未捷”，而钱学森以暮年之躯，迎难而上，令人景仰。有一次，他当众朗诵了鲁迅“平楚日和憎健翮，小山香满蔽高岑”的诗句[111]，表达了这位帅才“壮心未已”的境界，从中可以体悟出他敢闯科学“极地”的豪情。挟此豪情，钱学森还似乎“天真”地发问道：“人的意识，是‘精神’的，还是‘物质’的？”[112]他当然不会信奉唯心论和二元论。在人体科学中，思维也是人体的整体化、非线性“突现”出的“功能态”，这就是他的回答。此回答一方面从总体上认定“意识是大脑运动的表现”[113]，从而与唯心论和二元论划清了界限；另一方面则突出了从人体人脑子系统线性推导不出的人体整体化、非线性“突现”出的“功能态”，从总体上认定“意识不是物质的本身，而是与物质有相互作用”，并反对“意识涌现论”[114]，从而与机械唯物论划清了界限。在这里，我们也看到了马克思主义认识论对他的具体导引。

钱学森的思路是把斯佩里关于“意识”的研究成果，叠加于他搭建的现代系统科学方法论，使斯佩里关于“意识”即人体人脑功能整体“突现”的思路，获得了现代非线性科学的数理支撑，由此进一步深化。其中，钱学森的独特贡献，是在系统科学和人体科学的基础上，以他所创立的“开放复杂巨系统”理论新颖思路，在“子系统”非线性“突现”特异性质的模式中破解意识的本质，并以科学谜题中医“经络”、气功等破译为再举例，提出了关于作为“精神现象”的思维是人体的整体化、非线性突现“功能态”的科学研究新假设。钱学森自评它只探索“思维形成的可能性”[115]，是谦虚。据报道，美国将通过“人脑活动绘图计划”，以数十亿美元为代价，最终绘制出一张全面的人脑活动图，构建一个超级计算机模拟系统，力求揭开人类意识之谜，并为疾病提供新疗法[116]。也许，那张图在某种程度上也可能再验证钱学森和“意识是信息整合论”等学说的思路正确。因为钱学森是以对现代一系列科学成果的继承和发挥为支撑的。

1. 获诺贝尔奖的斯佩里脑研究的经验教训

获诺贝尔奖的斯佩里成果，是当年破解思维奥秘的最前沿学说。钱学森思考意识问题，对他的研究成果借鉴多，也对其教训有所觉察。他曾一再表扬斯佩里关于“意识”即人体人脑功能整体“突现”的思路，另外又说国外心理学“总是不得要领”[117]。在向别人推荐斯佩里时还说，斯佩里曾经“议论建立心理学理论的困难”，看来“脑科学、思维科学，以及心理学理论的突破，在于找出人体巨系统的规律，这完全得靠系统学”[118]。这再次显示出钱学森对斯佩里成果继承中借助现代系统科学非线性数理模式的突破。钱学森也承认其思路受哈肯协同学等的启发而来[119]。换句话说，钱学森的思路也是在总结孕育现代系统科学各学科成果的同时，对斯佩里及心理学困境的突围。

2. 生命科学的依据

“只有人存在意识，其他生物都没有”[120]，为什么呢？钱学森从“逆向思维”角度写道：“我觉得‘意识是人所特有的’这个概念，可以从另外的方面来看”，“人在生命现象里面有特殊的位置。这个特殊位置是什么？用唯物主义解释，就是因为人脑、人的神经系统发展到这么一个高度，它有一个飞跃的变化，即产生了意识”[121]。这里的大问题是：人的神经系统究竟怎么“产生了意识”？钱学森从其“开放的复杂巨系统”理论仔细解释说：“从大脑到思维的关键问题是从神经元的微观到思维这一宏观现象。”且勿小觑这一句话，它一下子就抓住了全部问题的要害：意识呈现时是从“微观”到“宏观”的飞跃，此间存在“微观-宏观悖论”，包括后者对前者而言，是开放的复杂巨系统整体，在非线性、自组织机制中“突现”出的奇异性质；作为“突变”结果的它，完全不能从前者的性质中“线性地”导出，于是“微观”和“宏观”之间，呈现着“悖论”状况。在笔者对人体科学的体悟中，与意识同列且高于意识的经络、气功、人体潜能等“精神现象”，均存在这种“微观”和“宏观”之间的“悖论”状况。人们准确认识它们的困难之一，就在于很难突破其“微观-宏观悖论”。为说明这种状况，钱学森接着解释说：“微观是10^{12}个神经元①，每个神经元又有众多的突触，所以大脑是个巨系统”；去年美国有年轻人“强调网络和系统的整体作用。‘整体作用’就是系统的观点。神经元里没有思维现象，思维现象是整个大脑巨系统的。”[122]这就把事情说明白了：思维首先是从10^{12}个微观的神经元层面产生出来的宏观的整体的大脑突现出的功能态；从微观到宏观出现了一种“自组织”即非线性的飞跃，飞跃出了崭新的新奇功能即思维。这种解释有大量其他科学旁证，难以推翻。只要人们一旦突破“微观-宏观悖论”的认识障碍，钱学森解释的征服力，就会自然显现。当然，此处非线性飞跃存在何种“临界点”，需何种信息激发，具体数学表达式是什么，等等，均需通过科学实验再逐渐确定。对活的人脑而言，这些科学实验目前确实难度很大。但总方向确定后，走路再长也并非不能到达。

3. 坚持唯物史观认识论

唯物史观从来都是在“社会存在”和“社会意识”的关系中思考精神现象的。它反对把一个孤零零的自然人当作认识主体[123]。一般自然科学家往往受限于专业，对此无能或无视。但笔者发现，研究思维的钱学森竟然对此有清醒认识：“人脑的功能和人的社会活动有密切关系，人脑是一个受社会作用的、活的、变化的系统，我们必须注意这一特征。”[124]很显然，人体科学已经包括对人的社会性质的思考。由此出发，钱学森一方面批评心理学研究中许多科学家不注重认识主体的社会性，包括指出皮亚杰心理学就有时“不大讲社会的作用”，而不同于他的学者却发现人类意识总经历“由集体意识向个体意识发展”的过程[125]；另外，钱学森又提出在思维科学中另建立对应于

① 意指一个人脑神经元总数为10^{12}个。

社会心理学的“社会思维学”，“研究集体和集体所创造出来的精神财富对于一个人思维的作用”，“研究人作为一个集体来思维的规律”[126]，其中包括“用综合集成法”等探索集体思维和社会思维规律[127]。这样，在人体科学研究中，他明确了“两条路共同研究”的取向：其一是宏观的心理学特别是社会心理学、社会思维学研究之路，它们更多地关注思维的社会性形成问题，彻底摆脱思维研究缺乏社会性视角的危局；其二即前述微观的脑科学和思维形成研究[128]。在他眼里，这“两条路”均应注重用开放的复杂巨系统理论进行思维研究[129]，这实际也是对人体科学对思维的研究，给出了全新的唯物史观方法路径。

4. 明确提出基于人脑结构-功能层次不同的三种“思维类型”

钱学森还明确提出了基于人脑结构-功能层次不同的“思维类型”划分研究问题。在他看来，至少可以划分为逻辑思维（又称“抽象思维”）、形象思维和特异思维，后者包括灵感思维和人在发挥潜能状态下的潜能思维[130]，“这三种思维形式，又好像是思维的三个复杂程度不相同的层次，抽象（逻辑）思维是线性的，形象（直感）思维是面型的，灵感（顿悟）思维是体型的”[131],“将来我们还会发现其他类型的思维”[132]。其中,“人先有的”是“形象跟直感思维”[133],“科学发现靠形象思维，不是靠推理”[134]，这也揭示了科学发现本身即呈现着非线性“突现”特征，其实也从人体科学角度表明，一切进步的奥秘，均在于非线性的“突现”。钱学森由此说，目前“逻辑思维的规律还比较清楚”，形象思维或曰“直感思维往往就稍逊”，但数学家提出的“拓朴理论”给出了启发[135]，另外，还可利用模糊数学“多路并进的推理”模式（包括电路并联）理解和模拟它，因为“形象思维是多路并行式的推理，它绝不是从单线去考虑问题”[136]。在这里，我们又发现，钱学森已认同在电脑研制中用“多路并行式”模式模拟非线性的形象思维。

（三）钱学森论证经络和气功也都是“人体功能态”

借鉴斯佩里把思维确定为“人体功能态”并揭示其数理模式，就为“经络和气功也都是‘人体功能态’”的假设奠定了科学前提。在现代科学条件下，对人“精神现象”的研究，只有这条路是最佳选择之一。

1. 经络

国内外自然科学家曾对它进行了持续的大量实验研究，陆续发现光、电、声、热、磁和同位素扩散沿“经络”传导确有特异性，证实“经络”客观存在，其循行路径或“循经感传”与中医古籍的记载基本相符。人们还发现，某些动物如猪，也存在穴位和经络。问题是，尽管动用了数十万倍的电子显微镜和许多现代检测技术，人们至今尚未发现经络的解剖学实体，一些自称发现者往往仅是再发现了经络循行路径或“循经感传”本身，而非经络解剖学实体。对此，钱学森指出“经络的实体是不存在的。有经络的理论，但是没有经络的实体”[137]，西方“还原论”在这里完全失效。但国内外动态显示，学者至今还在用还原论研究它，虽“数据量很大，但最后还是说不清楚”，这就迫使人们“用真正人体科学的观点来研究经络”[138]，省悟到“经络不用人体巨系统来解释是解释不了的”[139]，并最终觉悟出，“经络的实体是人的整个体系”[140]，即它“是人体巨系统功能状态的表现”[141]。当然，钱学森并不是到此为止。他进而具体解释说：“‘经络’的说法，是人把感觉到的东西简单化了，说是真好像每个穴位点有所联系。实际上的联系不是那样简单的联系，是人体巨系统中间的一种现象。我说这个联系，不是两个穴位之间，而是都要联系到脑子里去，联系在脑子里，并不在穴位里。也就是说，我们从自己的感觉或用中医的词‘内景反观’所认识到的那些东西，是个表象”；“一方面是承认这是一种感觉到的表象，不一定是实质；另一方面又要承认，这种感觉到的东西是客观的，这样一种联系是实际的”，“这就是说人的大脑的思维、意识的作用可以反过来影响生理”[142]。为了说明经络理论所认识到的那些东西只是表象，钱学森还引用了某针刺专家的成果，说：“针刺在某一穴位，在人体另一部位产生镇痛效果，是两者之间的直接联系吗？”“往往从针刺到镇痛需要二十多分钟。所以不可能那么直接”，该教授发现“是针刺瞬时激发人的下丘脑”，经生理活动“再作用于神经，这个过程要 20 分钟以上的时间”。“但这样说，人体到底有没有经络这个实体？我们问，人体的经络是什么？从人体的解剖是找不到经络的，没有联结经络上穴位的特殊生理组织。但人又的确有‘循经’的感受，不但有感受，而且可以有各种科学仪器的测量为据，也可以测出‘循经’的发射。你说没有？又有。我想其中奥秘在于人的神经系统”，“联结经络的是大脑，不是所谓经络附近的组织；是整体的效果，不是局部的效果。所以要研究经络”，就要观察“人体巨系统的整体活动”[143]。钱学森由此还确认，生病就是人体整体功能态不正常[144]。应当说，人体科学这种对“经络”的解释，与获诺贝尔奖的斯佩里脑科学成果彼此呼应，也是中医“经络”研究中的一个重大的思路突破。其中，钱学森对此说过两句很关键的话尤应被重视，一句是“‘经络’不用人体科学来解释是解释不了的”[145]；另一句话是对于智能，“完全从脑科学的观点”去研究“非常困难”，要“把系统科学用到人的思维研究上”[146]。这两句话把钱学森与斯佩里的学术关系及钱学森的突破讲明确了。在当代科学条件下，对“经络”至今仍存在许多理解①，但钱学森这种从人体科学出发的整体性非线性诠释，应是其中最令人满意的解释，别的解释似乎都不如钱学森的解释圆满服人。当然，最终成功地破解“经络”，还包括应以当代“还原论自然科学”为手段，数据化地说明，人体及有些动物各穴位，为什么在固定部位形成并对应着某种“穴位”疗效？其间具体的生理机制究竟是什么？这些生理机制“突变”于什么具体的有可靠试验数据支持的“临界点”“主参量”？在“临界点”之上，为什么和怎样突现了出了具体的“穴位”效应？这些“穴位”效应为什么能在人的感觉中，联结成目前形态固定（请注意“形态固定”四字，它是“经络”现象无法否认的一大特征，也似乎是“经络”现象与其他“精神现象”不同的地方）的“经络”脉象？此种脉象感觉，究竟是生理反应还是心理现象，抑或是两者兼有，强弱不同？在此判别“生理反应”还是“心理现象”的具体科学依据何在？为什么有明显的

① 包括本书第三章第五节附录“国内外关于中医‘经络现象’研究的新进展”介绍的完全异于钱学森思路的近年成果。

“经络现象”者在人群中所占比例并不太高？为什么人的“穴位敏度”不同？为什么“经络现象”与昼夜及季节周期相关？等等。所有这些问题，特别是其中的关键问题，均需一再通过实验具体一一破译，可谓最终破解“经络”谜题之路还很漫长。令人欣慰的是，人体科学的总体性解释思路已经有了，距离成功，也就并不太遥远了。

当然，钱学森对“经络”的上述假设，也可能含有某些错误或完全不对。如果如此，这就意味着钱学森在研究作为人体人脑整体性非线性“突现”出的精神现象方面，有一则举例不当。在笔者看，这也不严重影响他相关总思路的科学性。

2. 气功

钱学森说，经络“这种人的意识活动，照王伽林同志的说法，就是气功内作用；‘循经’感受，也就是‘运气’了。因此气功中的‘气’在人体内部的运行，不能理解为有‘一股物质循经走动’，而是在意识控制下，整个人体的复杂功能所表现出的感受”，因之“经络”只“是一种形象的说法”，气功所运之“气”，既是物质又不是物质，“只有这样”，才能“把‘气’放在现代科学的框架中”。在此框架下，气功师运“气”，实际就是“通过练功把身体调节到远离人日常生活的状态”，达到“气功功能态”[147]。从耗散结构理论思路看，它实际是“利用环境，让人体里的‘有序度’更高一级地提高，使得环境可以更无序点”[148]。

其中，钱学森对抓住外气“物质载体的本质”研究，极端重视。这是采用“还原论自然科学”方法，破解“外气”物理奥秘的主要环节。钱学森估计“大概就是什么电磁波”，“而且又是调幅、调频的”[149]，指示可从电磁波、辐射和协同学有序理论思路等方向接近它。目前，已有证据显示，气功师发出的“外气”可能是一种电磁波，确证它可以改变分子的结构和影响细菌状态[150]。它还可以有益于提升人的智力[151]。基于这些发现，钱学森又提出“气功是‘意识’作用于‘生理’”，“是意识的反馈”[152]。这就把斯佩里未及论述的脑功能在“外气”层面研究上深化了，形成了又一个突破，即对挑战现代科学的“气功”奥秘，在“气”达“天人感应”的背景上，成功破解的一条正确的探索思路。

鉴于气功作为“人体功能态”的客观存在，连李约瑟也一改原来对气功“不以为然”的态度，转而觉悟到“气功是重要的”，“不是瞎胡闹”[153]。从这里可知，李约瑟在其《中国科学技术史》中，对中国气功、人居理论等成果的评估片面、偏低，正在由钱学森的人体科学校正着。

至于钱学森还探索提出“人体潜能”也是一种“人体功能态”，更是振聋发聩，也引发了争议，此不赘述。当然，严格地说，钱学森的这一探索思路，仍基本停留于科技哲学层面。关于“外气”的“电磁波本质”试验，也只是对其思路个别论点的初步验证。在这里，首先出现的问题是，作为动物生命现象之一，“经络”是人与某些动物共有的功能特征；而“气功”则为人所特有。于是，“经络”与“气功”同属“人的意识活动”之命题，就值得再议。此外，“经络”究竟是涉及“人的意识活动”还是本身即“人的意识活动”？作为人体功能态，“气功”需要意识调节而成，而人的“经络”出现无需意识调节，那么，二者是否同属“人的意识活动”？即使同属，是否处在同一层面？“气功”需要意识调节而成，意识调节的具体“临界点”是什么和为什么？等等，均需通过具体的科技试验再探索。

（四）首提“人体功能态”假设

“人体功能态”理论是人体科学的精华。它以“开放的复杂巨系统”方法解释探索斯佩里关于“意识‘突现’”的成果为突破口，连带以该方法解释、探索一系列人类精神现象，故也可称新的“精神现象学”。其直接的科学基础虽是斯佩里心理学成果，鲍姆“隐秩序”理论，以及前述现代非线性科学各学科成果等，但它在总体上却出自钱学森的“集成独创”。可以说，没有钱学森搭建的现代系统科学框架及其“开放的复杂巨系统”方法，就没有“人体功能态”假设。

1. 打招呼“不急于找出什么机理机制”

钱学森认为“人体功能态”虽然“机理是物质的相互作用”，但需“在物理学的基础上有个突破才行”[154]，这说明它确属创新。但后来钱学森又打招呼说，对其奇异特征“不急于找出什么机理机制”，因为主张“隐参量”理论的鲍姆，“主导思想认为还是量子力学的那个基本思想，没有独立存在的物质，物质都是相互作用的，而且这个相互作用的传递是超光速的”，鲍姆“认为假设他这个理论建立起来之后，这个 ESP（extra sensory perception）①之类的东西就全部可以解释”，所以不急于找其机理机制[155]。事实上，中国潘建伟院士等的量子力学研究新进展，已经从技术层面初步验证了鲍姆的这些结论。另一次，钱学森又引述发挥鲍姆思路的物理学家布恩的见解说：“量子力学的不决定论，是由于”渺观层次的原因形成的[156]，从中可知，对人体潜能“好像没有途径去解释问题，现在有希望、有途径了，当然还要做很多工作”[157]。从这种论述看，钱学森是从对量子力学和爱因斯坦争论及鲍姆理论的总结中，特别是从自己关于“人天观”物质进化“五层次”模式②中，已获得了关于各种“人体功能态”的人体科学根据，即它是在特定条件下，人体（尤其是人脑）在不同层次上整体性、非线性“突现”出的不同新异功能，该新异功能的形成，在理论上不仅与物质的量子性质相关，甚至与物质“渺观”层次的性质或“暗物质”的性质等相关，故招呼不要再费力另找别的科学根据。钱学森这样打招呼，也可能因为在特定条件下，人体（尤其是人脑）整体性、非线性“突现”出的不同新异功能，往往令人相当怪异，包括气功和人体潜能的种种呈现，都会引起各种猜想议论，迷信也会乘机作乱，故先拿出有定论的科学成果开路，把自己的创新隐在幕后，以免招惹是非（后来的情况说明，钱学森把自己的创新隐在幕后，以免招惹是非之愿，并未达到。“是非”还是出现了，至今争论尚未完全平息）。事实上，无论是斯佩里、鲍姆或前述其他非线性科学家，都没有明确以“开放的复杂巨系统”方法触及“人体功能态”理论。在这个问题上，钱学森超越了斯

① 即人体潜能。

② 见本书第二章第二节。

佩里、鲍姆或前述其他非线性科学家，在总思路上导致了对人类精神现象的初步破译，在科学上和哲学上，其功莫大焉。在笔者看来，今日风靡全球的“意识探索”工程之类，其有希望的总思路，也都这样那样地与此相关。

（1）初步解疑释惑。钱学森以人们最疑惑的从物质中非线性“突现”出的精神，又能非线性地“突现”出改变物质形态的事例，进一步依据鲍姆的思路和“‘五层次’天人观”等，具体唯物地简要解释了其已有的自然科学根据。他说，外气烧衣服，是因为“外气激发了分子”；“药丸从瓶子里出来”，可能是因为“瓶子受了外气的激发”，“药丸与玻璃结合了。然后，又脱离了，出来了”[158]；其中的原理，包括人体潜能“致动的关键也是电磁波与物质的作用”[159]，即人“产生所需要的电磁波来改变物质”[160]，“外气”产生“回授信息，以至发生剧烈‘共振’”[161]，等等。这种非线性的解释确实很震撼人，但仔细以非线性理性思考，却也找不出“非理性的破漏”。当然，是焉非焉，只能靠今后的科学进步和实践检验。

（2）号召做实验。钱学森在打招呼“不急于找出什么机理机制”时，又提出沿人体科学既定思路，在“综合集成”总方法的原则下，“老老实实地做实验”[162]，还对“做实验”有具体要求。一是各方面实验均集中于“了解人的功能态”[163]，包括从“分解”和“综合”两个方向了解。二是特别注意搜寻各层次特异精神现象“突现”即非线性质变的“临界值”[164]，包括各种人体功能态出现的数学“主参量”[165]，说明这才是拿出科学成果的关键依据。三是实验设计要“干净利索”，即逻辑要十分严密，等等。可以猜想，钱学森将以此形成“精神现象学”研究的进一步成果，包括对各种特异精神现象出现时“临界值”及其变化规律的摸索。

钱学森的这些设计已经产生了一批数据成果，使人望见了人体科学破译精神现象取得阶段性胜利的曙光。可惜，钱学森过早地走了。“出师未捷身先死，长使英雄泪满襟”。但钱学森自信地留下了“千古自有评说”的话，令人满怀对来日“精神现象学”进一步突破的期冀。在钱学森过世多年之后，回过头来冷静重温钱学森的“人体功能态”理论，越来越觉得对它的科学和哲学价值应予充分估计。

2. 用现代系统科学初步描绘出“精神现象学”研究路线图

“人体功能态”理论主要倾力以“开放的复杂巨系统”方法破译人类各种精神现象的数理奥秘，且在对人类精神现象的分类、功能层次及其主要类型数理基础的探索上，都有一定的基础，尤其是从研究战略上，指明了破译它们的方法思路（“分解”和“综合”集成）、技术手段（现代科技）和既有科学理论基础（如鲍姆和斯佩里的理论）及将来推进的方向等，所以可以说，它已经在现代科学技术层面上，初步描绘出了人类“精神现象学”研究的路线图。在此之前，唯物主义总在说，思维是大脑的“功能”，但对这种“功能”的具体数理特征，却说不出什么。现在钱学森的“精神现象学”研究，已经不是这样了。

本书所用“精神现象学”术语，也是德国大哲黑格尔曾经使用过的一个概念，后者大体相当于黑格尔所讲“哲学”之“总论”部分。100 多年前，黑格尔在《精神现象学》

序言中，就下笔写下了“当代的科学任务”的标题，而且一举例就说到解剖学只是“就身体各部分之为僵死的存在物而取得的知识”，它只是“知识堆积”，“不配被称之为科学”，因为它达不到哲学要求[166]，于是，他完全抛开解剖学之类，另行构筑自己的“精神现象学”，以及后来的逻辑学等体系。显然，黑格尔当时难以设想，解剖学和现代系统科学等自然科学的进一步发展，确实能够打开部分理解精神现象之路。近100年后，钱学森的“精神现象学”最大的科学贡献，就是在脑解剖等科学的基础上，以“开放的复杂巨系统”方法中关于复杂物质巨系统整体结构能非线性“突现”出精神功能的数理方法，译解了精神的非线性即奇异性特征，在数理根据上，初步“缝合”了黑格尔对自然科学与精神现象的百年割裂。钱学森的“精神现象学”还表明，科学又一次“侵入”了哲学的核心地带。黑格尔研究的精神现象学，有一部分要让位给现代系统科学了。现代唯物主义精神现象学，包括要先讲清精神是大脑非线性“突现”的功能，然后才能接着讲作为这种功能社会化后在不同层面呈现出的真、善、美层次，等等。

德国的另一哲学家康德，以其特殊的物质-精神“二元论”，被视为“第一次全面地提出”哲学中的“主体性问题”[167]。200多年后，钱学森的“精神现象学”最大的哲学贡献，就是初步破解了此哲学“主体性”的数理本质，即人作为物质巨系统整体结构，在一定条件下，非线性地“突现”出的不同微观层面的精神功能及其整合。康德二元论被钱学森“开放的复杂巨系统”方法所依赖的“天人感应论”超越了，“二元”实即一元物质。康德的《纯粹理性批判·辩证篇》提出的三个“先验理念”，即宇宙、灵魂和上帝，除第一个外，都初步被破译为人的大脑在一定条件下，非线性地“突现”出的一种精神功能及其社会化出的感性形态。现在要唯物地讲“主体性问题”，只能先从大脑非线性地“突现”出精神功能，以及其社会化为感性和理性等事体说起。

前已引钱学森说“逻辑思维”是线性的，“形象思维”是面型的，“灵感思维”是体型的。这实际也表明，钱学森的“精神现象学”已经能对思维的分类及其不同层面具体功能的数理特征，说出一点东西了。这不仅是人工智能研究的出发点之一，也提示人们，西方人擅长的逻辑思维在数理特征上为线性形态，中国人擅长的形象思维却比它高了一个维度，应当高明于它，至少不比前者差。这可是有哲学价值的科学推论。

3. 科学研究“范式”完全中国化

在钱学森之前，本章前述现代科学各学科的研究“范式”，都采用西方科学“范式”，包括“主客二分”和逻辑一贯等。但钱学森“精神现象学”所用“开放的复杂巨系统”方法，从一开始就设定了“天-人”同在此“巨系统”中的“天人感应论”作为起点，即此“精神现象学”研究“范式”已抛弃了主客二分“范式”，主张“天人感应论”新“范式”，而“‘天人感应论’范式”就是中国科学范式。在这个问题上，钱学森的确是自觉继承发挥中国古代科学哲学，因为他明确说，中国遗产就“讲‘万物以息相吹’——万物相关”[168]，还说“这样一个概念又正是现代科学的概念”[169]。另外，这个新“范式”还以“非线性‘突现’论”作为主要内容，从而也抛弃了西方逻辑一贯“范式”的纯线性特征。在此“精神现象学”研究中，对各种精神现象的把握，均远离线性逻辑一贯“范式”体现着的线性思维，力挺非线性“突现”论。因此，在此“精神现象学”研究中，与“分解”并呈的“综合”方法实施里，我们看不到西方科学里常见的线性“逻辑一贯”，有的是以非线性面目呈现的线性“逻辑跳跃”或逻辑不一贯。此外，它所倚重的实践和文献资源，除鲍姆和斯佩里的理论外，其他如中医、内丹、气功和人体潜能等，乃至《黄帝内经》和《周易参同契》等经典，全是“中国‘土货’”。更何况，作为对中国“‘天人感应论’范式”的最新技术确证最前沿，潘建伟等“多自由度”量子传输成果，也是“中国货”。这里确是一派中国特色，如中国范式，中国思维，中国方法，中国风格，中国资源。宏观地看，这意味着也“该中国科学登场了”。

4. 站在现代科技发展最前沿

钱学森的“精神现象学”研究方法，在“分解”侧度完全接纳了西方现代科技成果，包括采用了其中最前卫的思路、方法和技术，甚至对“渺观”世界的研究，对暗物质和“隐秩序”的研究等也予关注，所以，它站在现代科技发展前沿是确凿无疑的。更何况，它使用中国科技“范式”，并重线性思维和非线性思维，倾力关注人的精神现象，也引领着知识经济时代科技发展的大趋势。知识经济是“高科技”和“高感情”相平衡的经济，而钱学森的“精神现象学”正好表现着“高科技”和“高感情”在学科建设上的平衡，在知识经济时代显然大有用武之地。

5. 使中国“范式”与马克思主义融合

马克思主义唯物史观最讲人及其认识的社会特质。钱学森的“精神现象学”与国外主流心理学，以及量子力学代表者等的最大理论区别之一，是不仅在微观层面关注量子力学成果，而且在宏观层面特别强调以马克思主义唯物史观为指导。虽然，作为自然科技研究者，钱学森在表述“量子认识论”时，有的话在哲学上并不是很准确，但细读钱学森的书，其服膺马克思主义却一目了然。这在全球科技名家中较为罕见。可以说，钱学森的“精神现象学”，是中国古典科技遗产在马克思主义的指导下“凤凰涅槃”的表现。有人把马克思主义认识论与“量子认识论”“天人感应论”、钱学森“精神现象学”等绝对对立起来，抓住一些话“批钱”，往往表现着对现代科技成果的拒绝，至少片面。“量子认识论”和“天人感应论”均应作为马克思主义“实践认识论”的个体微观机制，被纳入“实践认识论”中。在现代科技层面上，“量子认识论”“天人感应论”均不可否认，拒绝者只能被现代科技进步大潮所淹没。

6. 在百家争鸣中完善和进步

今天看来，钱学森的“精神现象学”研究也刚起步，远非十全十美。具体分析起来，其倚凭斯佩里和鲍姆理论，加上“开放的复杂巨系统”方法，对人的各种精神现象是人体人脑整体非线性“突现”出的各层次功能的见解，应该说在理论上无疑完全能够确立，在实践上也已有若干突破。只要假以时日，最终从理论和实践两个维度的确立，应无问题。其中唯需再思考者，是其确立的最后界限在哪里？“开放的复杂巨系统”方法，能完全具体破译人的一切精神现象如情感、诗意、文学、哲学等吗？能代替历史研究吗？笔者看不能。此“精神现象学”研究在破译精神本质及其某些表现后，应止步于传统文史哲等。它只能通过破译精神本质及其某些表现使文史哲等研究与现代科学研究形成“无缝”连接，但它不能代替文史哲等研究。近年来，李泽厚在一些地方多次表示，文史哲某些尖端问题，或可在将来脑科学、心理学等发展之后，用数理公式之类办法解决[170]，笔者认为完全解决恐怕不可能，脑科学、心理学等最多只能像此“精神现象学”一样，用数理公式之类的办法给文史哲等提供一些前提。因为即使是“开放的复杂巨系统”方法加入下的脑科学等，也不可能代替文史哲各学科对人的各层精神现象特质研究的成果，更不能代替历史研究。另外，即使“开放的复杂巨系统”方法加入下的脑科学等可以完全破译人的各层精神现象，但由于其层次太高，“非线性”的若干次方的计算就可能使它成为不可能。因为会出现即使用中国“天河一号”计算机计算，其计算时间也可能超过几代人的生命，算之何必且有何益？

钱学森的“精神现象学”有争议者，集中在关于人体人脑整体非线性“突现”出的某一高层次功能，竟然能够返回来，再对客体物质世界表现出各种奇异的“大功率”功能，是否可信可靠？从鲍姆的理论看，在理论上，它们应当是可信可靠的，而且也有一定的实例支持；但理论化为实践需具备一定条件，无条件地说人的精神对客体作用的“大功率”功能，并不能使人完全相信，正如由光合作用计算，推论亩产粮食可达万斤，只是一种物理学可能性；要使每亩真正打出万斤粮食，还需要一系列其他条件均被满足，否则便无可能一样。此“精神现象学”中的这一部分，可容再讨论争鸣。固然，理论化为实践需具备一定条件，但为什么我们不能通过科学研究寻找该条件呢？为什么未研究就断定此路不通呢？为什么仍然一定要用“线性思维”对待非线性现象呢？线性思维说不可置信，就一定不可置信吗？有一次钱学森感叹曰：“一个国家在科学上曾经落后过，现在出了很杰出的人，他自己都不承认。”[171]在对钱学森这位民族英雄的批评中，是不是也是如此呢？只承认其“两弹一星”功劳，不承认其晚年的“精神现象学”等，能说得过去吗？

这里还涉及此“精神现象学”采用现代科学实验的限量问题。按传统线性思维，要求无限量实验、处处都确证，显然不可取。把一切层次和细节都搞清楚并无必要。只要把关键层次和细节搞清楚就行了。其实，潘建伟对“量子认识论”的技术确认；斯佩里的理论加钱学森的“开放的复杂巨系统”方法，对意识作为人脑非线性“突现”功能的确证，都是对此“精神现象学”无争议部分关键层次和细节的确立。至于有争议部分关键层次和细节的确立，笔者看也可仅限于一二例确立即可。实际上，“外气发功”实验已是一成功案例，只是它的功率颇小而已。

7. 对其巨大价值有待深入认识

当年诺贝尔奖就未奖爱因斯坦的相对论，爱因斯坦获奖是因为别的价值较小的成果。细思之，像相对论这样的科学成果，介于科学最前沿和哲学之间，争议很大，达成共识极难，故连诺贝尔奖评审也望而却步。钱学森的“精神现象学”也多少类似于相对论，介于科学最前沿和哲学之间，且牵涉人的精神状态本身，检验困难，争议很大，甚至更大，达成共识极难。和相对论一样，这也是它具有巨大价值的表现。我们千万不能“出了很杰出的人，他自己都不承认”，包括只在政治上承认而在科学学术上不承认或半承认。

在科学理论层面，钱学森的“精神现象学”的最大特点，是把“爱-哥之争”，以及相对论和此后现代科学各学科前沿成果，都作为自己的组成部分尽收囊中，又是当代最具中国特色的科技原创成果。钱学森认为它可能引起新的科技革命，冷静地看并非自吹。站在现代哲学和科学的交叉处看，它至少将是未来若干年内，中国年轻科技人员实施具有中国特色之原始创新的主要灵感源头之一。作为此“精神现象学”代表作，钱学森的《人体科学与现代科技发展纵横观》[172]与《论人体科学》[173]等，很可能会成为中国现代科技经典之一。

（五）“人居功能态”假设及其研究瞻望

钱学森的“精神现象学”是在现代科学层面破解康德二元哲学且使之一元化的巨大进展。它对“人体功能态”的聚焦，对中国人居理论研究的最主要启示之一，是促使后者也聚焦于人体的“人居功能态”优化的思考及研究。

中国人居理论研究中的“人居功能态”概念，是把人体科学中“人体功能态”概念加以移植、改造形成的，特指在天、地、人、神（这里的“神”特指人的“精神”状态，首先指其核心价值观、人生观、审美观。在这种意义上，这里的“神”也能寄托并解释宗教所讲的“神”）构成的“开放的复杂巨系统”中，居者与居处环境感应互动形成的一种“人体功能态”。与人体科学关注的“人体功能态”一样，这里的“人居功能态”，也指人体（特别是人脑）整体形成的各种非线性、自组织、因质变而“突现”出的精神状态。

中国人居理论聚焦研究它，一方面是为了在如今知识经济初现端倪的条件下，有针对性地努力提升人的居住质量，另一方面也是鉴于以孟子“居移气”论（见前述）为代表，中国古代人居理论也实际主要关注它的优化，并在这个领域留下了极为丰富的人住文化遗产，亟待今人继承发挥，借以形成中国人居科学学派的科学原理体系。

1.“高楼病”警示世人

中国古代有一些关于“鬼屋”的记载或传闻，国外亦然。作为其新态，20世纪国外发现存在房屋病（housing illness），即一种因建筑空间环境与人不和谐而引起身体不适、亚健康、疾病甚至死亡的状况[174]。中国科学技术协会声像中心还拍摄了有关“房屋病”的科教片。国内有研究“房屋病”的学者指出，与“房屋病”相关的建筑空间环境因素约分18种，如亮度环境、色彩环境、景观环境、声环境、空气水质环境、气流气压环境、振动环境、电环境、磁环境、放射环境、建筑心理环境等，并已充分注意到，中国古代人居理论从养生和“防未病”“治已病”出发，对“房屋病”的防治早有建树，其中，刘策先生等著的《房说——中国古代房屋吉凶新解》[175]，余卓群先生著的《建筑与地理环境》[176]等，均研究或涉及了中国古代人居理论防治“房屋病”的某些奥秘，包括从传统物理、化学层面理解其合理性。国内外迄今无从“人体功能态”层面聚焦“房屋病”或“鬼屋”现象的著述。

1994年，致力于构建建筑科学的钱学森在一封信中重提“房屋病”，说：目前“还有一个极为重要的建筑科技问题似未得到重视，即建设环境与人的心身状态。现在国外不是已有所谓‘高楼病’吗？在我国，许多住在高层建筑中的人家不也诉苦，‘望出去一片灰黄’吗？所以，的确有个建筑与心态的课题要研究”[177]。与此同时，他还关心着“‘建筑与心理学’学术研讨会”的召开[178]。1995年，钱学森又针对国内关于居地楼盘密集状况的讨论，具体计算了中国建筑高楼应有的密度和层数，强调了高楼间应有的绿地面积[179]，其中也包括了对现代中国居民心理健康的思谋。这些动态，都促使我们把人体科学关于“人体功能态”的概念延伸成“人居功能态”概念，即倾力钱学森所讲“建设环境与人的心身状态”研究，包括借鉴或移植人体科学对“人体功能态”研究的成果，探究中国古代人居理论在这方面的建树，从而形成适应知识经济时代的中国新的人居科学和理论。

“人居功能态”假设的提出和初步论说，是本书的侧重点之一。

2.“人居功能态”假设的确立

在理论上，“人居功能态”假设确立的前提，就是“人体功能态”假设确立的前提。后者如能确立，前者也就应确立。上述古今“鬼屋”记载和现代“房屋病”的突现，以及知识经济时代人类对“高感情”生活的追求，也佐证着确立“人居功能态”优化的必要性和重要性。可以预期，随着知识经济逐渐呈现，对人居科学及其理论研究而言，钱学森所讲的“建设环境与人的心身状态”问题将越来越突出。而中国古代人居科学及其理论的重心，就是通过对“人居功能态”优化的直觉省悟和持续关注思考，导向对居者“居住养生”“居住健康”乃至“居住诗意”的持续追求，可谓中国几千年实践早已确立了“人居功能态”优化即中国人居科学及其理论的首要价值目标和学术核心。即使为继承发挥祖国居住文化遗产，我们也必须确立“人居功能态”理论，并借用钱学森人体科学已有和将有的研究成果，进一步继承和发扬中国人居科学及其理论的精华。

作为现代人居科学首要价值目标和学术核心，“人居功能态”优化概念的提出及其理论建构，目前仅是初步呈现。其中许多细节尚待补充，一些环节尚不清晰，尤其是“人居功能态”的精神层次结构和外显功能差异，目前尚处于朦胧状态等，故“人居功能态”优化理论目前还显出某种稚嫩。但可以设想，作为现代人居理论核心或基点的它的逐渐确立，对现代人居科学及其理论发展将具有重大价值。

（1）“人居功能态”概念和理论，首先确立于“意识”作为“人体功能态”的概念和理论；其人体科学基础，就是在人居环境下，与天、地、人、神连为一个“开放复杂巨系统”的人体（特别是人脑）整体“突现”着的某层次精神功能状态。它绝对不只是在人与居所之间形成的自然关系，而首先是在天、地、人、神互联互通的“天人感应”中形成的某种自然-社会-文化-心理感应关系。对它的研究思考，必须首先在

“天人感应”模式中展开，重在关注基于心理学的美学、文学艺术和人文科学及其新进展，否则便会失效。源自西方的天人二分、主客二分哲学“范式”导引的目前自然科学，含主要基于传统自然科学的传统建筑学、景观学和规划学，在此也只能处于辅助说明的地位。从这些自然科学出发的关于中国人居理论为“迷信”的指责，基本无效。

（2）钱学森人体科学对现代人居科学及其理论研究的巨大启示价值首先就是，后者必须同时面向世界科技最前沿，面向首先用科技手段创造更宜居的生活环境导致的人居功能态优化。如果说人体科学的“人体功能态”概念和理论，是钱学森面向世界科技最前沿而取得的成果，那么，中国现代人居科学研究也必须由此立基“人居功能态”概念和理论，才能彻底摆脱数千年的迷茫，融入世界科技体系。

与西方古今人居理论首重自然科学大异，中国人居理论以优化“人居功能态”为重心所在，而作为个体居者的“人居功能态”，仅为“人居心理学”问题，常通由居住心境和文学艺术等途径表现出来，故二者一直是“两张皮”。现在，钱学森用“开放的复杂巨系统”理论，把这“两张皮”融合为唯物主义“一张皮”，从而也为中西人居科学及其理论直接融合而直面知识经济时代，奠定了理论基础。在笔者看来，钱学森的巨功不限于人体科学和人居科学，而是实际在现代自然科学最前沿，初步解决了康德哲学心物“二元论”难题，同时又避免了机械唯物论的弊端，惜乎国内哲学界迄今未悟之。

前些年，在中国人居理论研究中，出现了一股离开现代科技前沿而仍陷于中世纪愚昧的潮流。试看那些年很热的坊间风水印制品吧，常见巫言弹冠相庆，现代科学却被冷落，有些学者也出没于其间，不断复述董仲舒，亟待以现代科学前沿思路救其愚昧和偏颇。“人居功能态”概念和理论应运而出，在某种意义上，也是对当年迷茫学术的纠校。

（3）“人居功能态”是一种与人居环境相关的“人体功能态”。现在看来，“人居功能态”概念，就是中国古典人居理论在“天人感应”直觉中形成而自身当时无法透彻解释的核心理念，正如“人体功能态”概念是中医医理在“天人感应”直觉中形成而自身当时无法透彻解释的核心理念一样。之所以“无法透彻解释”，是因为中医医理和中国人居理论，均是古人在宏观社会层面思考问题形成的，微观世界对他们而言是理性的“盲点”，因此他们当时只能把在直觉中形成的“人体功能态”效应，硬套在宏观社会层面，在理论形态上出现大面积类似于“迷信”的言说。这种状况，不能表明中国古典中医医理和中国古典人居理论本身即迷信，而是当时的持论者受限于时代而不能不以“迷信”的面目呈现于世的无奈。今日中国人居理论研究，就是要揭开并脱掉这层“迷信”外衣，展示中国人居理论作为“中国科学理论”的本质。

（4）从历史角度看，“人居功能态”概念和理论，实际上直接展示着中国人居理论与西方的重大区别。它从居住心理健康出发，倾力追求基于居住健康的“诗意栖居”，追求“高感情”；而后者则重在关注自然科技层面上的人与物理空间的适应关系，追求“高物质”。这种区别，与中国人以“情”为本体而西方人以“物”为本体是彼此呼应的。思考中西方人居理论的区别，毋忘“情本体”与“物本体”南辕北辙。

（5）“人居功能态”优化，也是作为中国人居理论之哲学范式的“气论”的目标指向所寄。抓住“人居功能态”及其研究，也就抓住了中国人居“气论”研究的关键。

（6）对作为居者的人而言，“意识”现象不灭，“人居功能态”现象也不灭。人的意识与“人居功能态”之间，显然具有某种非线性关联，即人的意识能感受到人居功能状况如何，但在其感性层面，只能描述“人居功能态”是否优化，如诗歌对居住诗意的各种表达，但不可能全面理解“人居功能态”，只有在其“高档理性层面”，即今日科学和哲学的结合部，才能描述和解释“人居功能态”。

从中医医理和中国养生学层面看，也可能未被进一步揭示的作为“精神现象”之一的人体“经络现象”与人居环境的互相感应，是居者个体的“人居功能态”优化中，与人体最切近且影响最大的子系统。中国人居理论与中医医理的关系密切，原因就在这里。很可能个体“人居功能态”优化研究的最先突破，将在对人体“经络现象”的进一步破译中出现。另外，说到底，“人居功能态”优化首先是社会-文化状况优化的问题，它与个体优化追求呈现为“互补”效应。

在历史上，中医医理产生和发现“经络现象”，都最初呈现于中国黄土高原（如《黄帝内经》和《针灸甲乙经》）。记载在中国古典人居理论中的对“人居功能态”的许多直觉和感悟，也初现于中国黄土高原（如《诗经》）。这种历史，也蕴含着中国古代人居理论与中医医理和“经络现象”密不可分的地缘奥秘。研究继承前者，应以借鉴后者，破译成果后者为捷径，以两者密不可分甚至一体化为总体思路方向。

（7）在人体科学中，目前对各层面“人体功能态”一一具体破译，既无可能，也无必要，而钱学森只抓住其关键层面即“意识”的非线性呈现，由此出发接着说明气功等非线性呈现的本质。从学术研究战略看，目前对“人居功能态”的理解和研究，也可直接借用人体科学成果，理解其关键性层面的数理机制本质即可。一一具体破解，目前似无可能，也无必要。兴许，可留待来日让潘建伟他们创制的“量子计算机”完成其主要者。

（8）如前所述，“人居功能态”概念和理论，一方面立基于钱学森人体科学，有严密的逻辑依据，贵“因果必然”前提，故并非人文学者在书斋冥想出的天马行空式“成果”；另一方面，鉴于其非线性呈现的特征，它又不是主要表现为自然科学成果常见的那种逻辑严密和因果必然，而是主要以心理学化的人文科学成果乃至居住诗意、文艺创作的面目呈现，隐逻辑严密而留瞬间精神状态，缺因果必然而显心物感应刹那。现代人居科学学缘结构由此也将揭开其“神秘的面纱”：一方面，它将像传统西方传入的建筑学、景观学和规划学等学科那样，仍需以居者与居物自然性质的适应为立足点之一；另一方面，它将聚焦基于人的心理活动的“人居功能态”优化，更具有人文科学和艺术创作的特征。在后一种意义上，在现代人居科学中，传统西方传入的建筑学、景观学和规划学等学科内容，将成为辅助成分或起点，而与人的心理活动相关的文学（特别是诗歌）、艺术和影像艺技创作，以及美学、哲学等，将成为核心学术要素。在许多情况下，传统自然科学技术在此必须“禁步”。

这将是人居科学的一次内容革命。它与人类在基本解决了生存资料生产问题后，必须转入重点解决精神生活资料生产问题彼此对应。海德格尔的“诗意栖居论”，实际上已预见到这一趋势；而“人居功能态”概念和理论，则依现代科学呼应着“诗意栖居论”。

（9）鉴于哲学是人类理性精神的最高层次，从美学作为中国哲学中的最高层次（其次为“善学”即伦理学，再次则为“真学”即认识论[180]）看，很可能，中国古代人居理论中的审美要素，特别是其“诗意”蕴含，大部也是古人对“人居功能态”的非线性、整体性、自组织的数理机制在审美层面的感性直觉或省悟。从“美”与“真”的哲学关系来看，它们实际上也积淀表现着中国的理性和科学，于是，审美在此积淀着科学，科学在此非线性地转化为艺术。故本书前述关于中国人居理论即美学、意匠说，也确有合理之处。本书展示的中国古代“‘相土’模式”“‘象天’模式”等所含审美“图式”，以及其中的审美诗意，包括本书此后对四合院居住诗意的多角度呈示，既是对中国人居住审美特征的回顾，实际上也蕴含着对中国人居住理性特征的呈示。

事实上，中国宋明理学中的“气象”和“颜乐”之说，中国儒家所追求的“天地人格”学说，以及佛家禅宗的“顿悟”“悟道”，道家内丹中的“飞升”等，在某种意义上，也都是对中国人居住诗意极致的某种表达。现代人居理论不仅不能对之熟视无睹，反而应当把它们定为最高追求目标之一。

（10）如同“人体功能态”理论站在现代科学最前沿一样，“人居功能态”理论研究也应勇敢面对现代科学最前沿的一批尖锐问题，包括其研究应不排除吸取近 10 年左右即可浮出于世的量子纠缠“暗物质”、引力波等课题研究成果。有消息说，“每一分每一秒都有暗物质穿透我们的身体”[181]，故以体悟微观现象称著的中国古典人居理论，很可能在对“人体功能态”的体悟中，以这样或那样的形式，也对量子纠缠暗物质等穿透身体有所直觉和表述。笔者颇怀疑，风水中的“理气宗”所讲，不仅可能与量子感应下的“人体功能态”优化有关，而且可能与暗物质等效应相关。今日对它们的研究，当然应含在心理学层面上借用量子纠缠、暗物质、引力波等研究成果。至少，不能把“理气宗”所讲，用一顶“迷信”帽子全部否定掉。另外，不扣帽子的前提，是必须准确借用量子感应、暗物质、引力波等研究成果，力戒附合和比附。

（11）如同钱学森坚持“西医–西药中医化”思路一样，中国现代人居科学及其理论研究，应当通由“人居功能态”概念，导向对来自西方的人居科学及其理论内容的中国化改造，此即中国人居科学研究中的“以中化西”战略。

3. 孟子“居移气”新解

确立“人居功能态”概念及理论，借用人体科学研究成果而展开进一步的开拓，实际上也会导向对作为中国人居“最牛论点”的孟子“居移气”理论正确性的现代体认。

作为中国人居理论哲学“范式”的“气”范畴，本来就是中国哲学“天人合一论”及其“天人感应论”的承担者①；在这个意义上，孟子“居移气”实际上就是对“天人感应”下，居处对“人体功能态”有较大影响的一种直觉省悟和表达。其中，“居”即居处环境；“气”原意指“天人感应”，在这里应被理解为孟子朦胧体悟到的在“天人感应”下形

① 参见本书第二章第一节。

成的“人体功能态”；“移”即“改变”。孟子的话，不仅在一定程度上表明了中国古代人居理论对“人居功能态”的超前感悟，也多少透露出从“气”推出的中国人居理论关注的重心就在这里。其实，中国古代儒、释、道三家，在“居移气”问题上，大体是一致的。如果从这一点出发理解中国古代人居理论，那么，以前许多说不清的地方，许多感觉是“迷信”的地方，现在大都可说清或理解了。

（1）由于居者进入理想的“人居功能态”，是获得养生效果、达到除病健身目的，以及国家治理达致理想境域的重要途径，所以，中国人居理论在观察、关注和评价“人居功能态”重要性方面留下了大量文献记载。董仲舒的《春秋繁露·循天之道》说：“居处虞乐，可谓养生矣”；其前的《吕氏春秋·孟春纪第一》则谓，“圣王”居宫等事皆“之所以养性也”。《黄帝宅经》开篇就讲，“夫宅者，阴阳之枢纽”，而“凡人所居，无不在宅”，“一室之中，亦有善恶”，“犯者有灾，镇而祸止，犹药病之效也”[182]。“阴阳”即“气”之理；“阴阳之枢纽”，充分表现了住宅对“人体功能态”优化具有“枢纽”意义，不可小觑；而“犹药病之效”，则说明了中国古人精心选择居处要达到的目的，首在养生祛病。《黄帝宅经》还有关于“人宅相扶，感通天地”“人因宅而立”的结论，也可从“人居功能态”对人养生除病的重要性来理解。

笔者注意到，吴良镛的《中国人居史》在个别地方，已对“人居功能态”有所触及，但在整体上尚未明确论述此事；而王贵祥的《中国古代人居理念与建筑原则》一书的主体部分，却大皆是以中国语汇对中国化“人居功能态”优化各种具体表现形式的叙述。用马克思主义“实践认识论”和“量子认识论”思考王贵祥所述问题，可以发现，中国古代人居理论的主体，实质上就是在类似于社会实践认识论与类似于“量子认识论”结合的某种模糊框架内，关注“人居功能态”之优化的，包括关注社会理想与具体人居环境融合而形成对“人居功能态”的催化和优化，如所举《孟子·离娄上》讲的“居仁由义”，以及所谓中国的“建筑三原则”（即“正德”“利用”和“厚生”），“中正仁和”的“建筑理念”，还有中国山水园林形式等，都是社会人居理想与具体人居环境融合而形成对“人居功能态”的催化和优化。惜乎作者始终未在理论层面意识到中国有“人居功能态”理念。

（2）中国人居理论往往是对居处磁环境、亮度环境、色彩环境、景观环境、声环境、空气水质环境、气流气压环境、振动环境、电环境和放射环境等，是否优化居者“人体功能态”的超前体悟或细腻感受，包括其中的“‘相土’图式”“‘象天’图式”①、“穴位”“天心十字”等，很可能就是该环境条件下“人居功能态”优化的绝佳处，其中诸多今人视为奇怪的戒条，或很可能就是对该环境条件下“人居功能态”不佳教训的总结。古籍云“夫山止气聚名之曰‘穴’”[183]，此“穴”应即该环境中“人居功能态”的最佳处。当然，对这种理解确应从科学机理上一一或重点破译，含求解其非线性效应产生的阈值及具体非线性数学式等。问题在于，只要钱学森用“开放的复杂巨系统”方法解读斯佩里“意识‘突现’论”可以成立，那么，这种理解无疑也应当成立，目前就不必再一一破译了。

① 参见本书第四章第三、四节。

（3）中国养生除病的主要方式之一是“疏通经络”，故中国人居理论有大量与中医“经络”相关的术语，如“脉”“穴”之类。这里也将是中国人居理论研究和来日开发实践中一座有待深掘的“富矿”。

（4）由于“一个巨系统的功能常常是料想不到的，而且其功能又是非线性的，这就增加了描述的难度”[184]，所以可以设想，“人居功能态”也是“人体功能态”与居处各种磁环境、亮度环境、色彩环境等互相感应形成的更高层阶非线性、自组织而“突现”出的新异功能态。所以，它往往是一般“线性理智”难以认识和说明的，故古人对其感悟性的模糊叙述，在线性理智看来，必然显出神秘色彩而近乎迷信。中国古代人居理论的这种神秘乃至迷信色彩，由于只是出于对“人居功能态”的某种朦朦胧胧的直觉，说者自己对“人居功能态”和“人体功能态”的真相也不了解，包括对“非线性、自组织而‘突现’出的新异功能态”会倍感诡异，其表述就会使神秘或迷信色彩更浓重。现在看来，“人居功能态”神秘性或迷信的首要数理奥秘，可能首先就藏在“人居功能态”的“非线性、自组织”特征之中。在借鉴“人体功能态”研究成果的基础上，中国人居理论研究在这方面（即“现代人居心理学”研究领域）应当有大作为。更何况，“现代人居心理学”研究，比起钱学森的“人体功能态”研究，少了对“人体功能态”以巨能量反作用于物质的争议部分，故获学界共识应不成问题。

（5）前已述及，“人体功能态”呈现于人间是从“微观”到“宏观”的跳跃，此间存在着“微观-宏观悖论”，即对“人居功能态”概念而言，从微观层面讲是对的，但从宏观层面讲却是看不见摸不着的，其“微观”层面的“非线性、自组织”性质骤然在人间呈现，线性理智根本无法理解，导致它在科学水平有限的一般群众中认同度不高，即使在被传统“理化线性理智”统治的知识分子中认同度也不高，使很多人对中国古代人居理论的科学性持怀疑态度乃至否定。这就需要强化现代科学（特别是钱学森搭建的现代系统科学框架）对“非线性、自组织”理性认识的宣传普及。本章撰写也是为此探路。

（6）中国古代人居理论除在“人居功能态”理论层面思考相关问题外，也在传统物理-化学-生物层面思考居者养生除病问题。从理论上看，其中“非线性、自组织”理性与“线性理性”，并不绝对对立，两者反而是一种互济、互融、互补的关系。近年许多国内外论著，已从传统物理-化学层面，对中国人居理论关于居者养生除病问题有所破解，包括前述王其亨和台湾汉宝德，也包括刘策先生和余卓群先生等，成绩都不错。从人体科学看，要达到“人体功能态”的优化，也必须使人体首先在传统物理-化学层面达致优化，故中国古代人居理论力求也在线性理智层面思考居者养生除病问题。元明清民间人居理论著述关于“风水宝地”山水树木条件的描述，往往可能是从物理-化学-生物层面对导致“人居功能态”优化条件的某种省悟或直觉。故相关学者的工作思路应被延续，并力求使之与“人居功能态”研究融合。

（7）从传统物理-化学-生物层面，上升到从“人居功能态”层面整体俯视人居问题，才是理解和继承中国人居理论的侧重点。它不仅可使中国人居理论中大部仍被视为“迷信”者获得“正名”，更可让中国人居理论研究跃上知识经济时代的应有层阶。

参考文献

[1][2][3][4][5][6][7][9][12][14][18][19][22][24][27][28][32][33][35][37][38][39][40][43][44][47][48][50][53][55][56][59][60][62][63][64][66][72][73][74][76][77][78][79][80][81][82][83][84][85][86][87][93][94][96][97][98][99][100][101][103][104][105][106][107][108][110][111][112][113][114][115][120][121][130][133][134][135][136][137][138][139][140][141][142][143][144][145][146][147][148][149][150][151][152][153][154][155][156][157][158][159][160][161][162][163][164][165][168][169][171][172][184] 钱学森：《人体科学与现代科技发展纵横观》，北京：人民出版社，1996 年版，第 180 页，第 308 页，第 92 页，第 186 页，第 241 页，第 322 页，第 323 页，第 462 页，第 462 页，第 186 页，第 240 页，第 318 页，第 322 页，第 241 页，第 90 页，第 178 页，第 153 页，第 466 页，第 240 页，第 320—321 页，第 462 页，第 181 页，第 480 页，第 181 页，第 462 页，第 328—329 页，第 326 页，第 92 页，第 93 页，第 84 页，第 201 页，第 318 页，第 108 页，第 172 页，第 295 页，第 322 页，第 403—404 页，第 305 页，第 191 页，第 275 页，第 280 页，第 151 页，第 282 页，第 379 页，第 381 页，第 148 页，第 488 页，第 399—400 页，第 432—433 页，第 298 页，第 358 页，第 371—372 页和第 488 页，第 285 页，第 477 页，第 102 页，第 471 页，第 406 页，第 469 页，第 201 页，第 45 页，第 254 页，第 406 页，第 383 页，第 154 页，第 62 页，第 153 页，第 434—435 页，第 421 页，第 275 页，第 121 页，第 121 页，第 283 页，第 477 页，第 477 页，第 467 页，第 401 页，第 259 页，第 126—127 页，第 401 页，第 155 页，第 292 页，第 158 页，第 155 页，第 261 页，第 90 页，第 35—36 页，第 45 页，第 158 页，第 282—283 页，第 36—37 页，第 264 页，第 437 页，第 436—437 页，第 455 页，第 429 页，第 328 页，第 170 页，第 200—201 页，第 251—253 页，第 251—253 页，第 437—438 页，第 463 页，第 439 页，第 40 页，第 201 页，第 357 页，第 61 页，第 103 页，第 67 页，第 40 页，第 310 页，第 1—495 页，第 154 页。

[8][10][11][13][17][30][31][49][54][58][61][119][125][126][128][131] 钱学森讲，吴义生编：《社会主义现代化建设的科学和系统工程》，北京：中共中央党校出版社，1987 年版，第 184 页，第 185 页，第 184 页，第 184 页，第 139 页，第 109 页，第 176—177 页，第 119—120 页，第 178—179 页，第 95 页，第 175 页，第 160 页，第 146 页，第 147 页，第 121 页，第 180 页。

[15][20][21][34][36][41][51][52][57][67][68][69][70][71][75][90][91][92][95][102][117][118][122][127][129] 钱学森著，于景元、涂元季编：《创建系统学》，太原：山西科学技术出版社，2001 年版，第 318 页，第 381 页，第 224—225 页，第 346 页，第 328 页，第 328 页，第 487 页，第 365 页，第 32—33 页，第 316 页，第 198 页，第 431 页，第 25 页，第 23 页，第 361—362 页，第 357 页，第 487 页，第 359 页，第 359 页，第 413 页，第 322 页，第 321 页，第 361 页，第 40—41 页，第 86 页。

[16] 钱学森：《谈地理科学的内容及研究方法》，收于顾孟潮编：《钱学森论建筑科学》，北京：中国建筑工业出版社，2010 年版，第 74 页。

[23][25][26][29][42][45][46]《钱学森书信选》编辑组编：《钱学森书信集》，北京：人民出版社，2008 年版，上册第 0520 页，上册第 0324 页，下册第 1126 页，上册第 0578 页，上册第 257 页，上册第 258 页，上册第 259 页。

[65]〔英〕李约瑟著，汪受琪等译：《中国科学技术史（第四卷，第三分册）》，北京：科学出版社，上海：上海古籍出版社，2008 年版，“作者的话”，第 1 页。

[88] 吴良镛：《人居环境科学导论》第一部分第 3 章，北京：中国建筑工业出版社，2001 年版。

[89] 吴良镛：《中国人居史》，北京：中国建筑工业出版社，2014 年版，第 6 页。

[109][124][132] 钱学森：《论系统工程》，长沙：湖南科学技术出版社，1982 年版，第 252 页，第 251 页，第 248 页。

[116] 王传军：《美将出台人脑活动绘图计划》，《光明日报》2013 年 2 月 21 日第 8 版。

[123] 胡义成：《“实践”即社会生产—生活》，《合肥工业大学学报（社会科学版）》2013 年第 1 期。

[166]〔德〕黑格尔著，王诚、曾琼译：《精神现象学》上册，北京：商务印书馆，1962 年版，第 1 页。

[167] 李泽厚：《康德哲学与建立主体性论纲》，收于中国社会科学院哲学研究所编：《论康德黑格尔哲学·纪年文集》，上海：上海人民出版社，1981 年版，第 3 页。

[170] 李泽厚，刘绪源：《该中国哲学登场了？》，上海：上海译文出版社，2011 年版，第 122 页。

[173] 钱学森等：《论人体科学》，北京：人民军医出版社，1988 年版。

[174][183] 韩增禄：《易学文化与养生之道》，朱伯崑主编：《国际易学研究（第六辑）》，北京：华夏出版社，2000 年版。

[175] 刘策，刘焱：《房说——中国古代房屋吉凶新解》，上海：上海交通大学出版社，1993 年版。

[176] 余卓群：《建筑与地理环境》，海口：海南出版社，2010 年版。

[177][178] 鲍世行，顾孟潮编著：《钱学森建筑科学思想探微》，北京：中国建筑工业出版社，2009 年版，第 109 页，第 112 页。

[179] 顾吉环，李明编：《钱学森读报批注》，北京：国防工业出版社，2012 年版，第 307 页。

[180] 李泽厚：《哲学纲要》，北京：中华书局，2015 年版，第 467—474 页。

[181] 金振蓉：《“悟空”寻找暗物质》，《光明日报》2015 年 12 月 17 日第 6 版。

[182]《黄帝宅经》，收于顾颉主编：《堪舆集成（一）》，重庆：重庆出版社，1994 年版，第 1 页。

附录　国内外关于中医“经络现象”研究的新进展

2014年2月27日《光明日报》的《新知》专栏，刊载了中国中医科学院针灸机能研究室主任荣培晶先生的文章，介绍在钱学森认为西医医理不能说明中医“经络现象”之后，国内有学者使用西医医理，对中医“经络现象”的研究却有新的进展。

其一，1984年，西安医学院张保真教授提出了“触突反射接力说”，立求借助“P物质”的释放，按西医医理，解释中医针灸“经络现象”中的“循经感传”问题。后来，西安交通大学医学院赵宴教授等，在国家自然科学基金的资助下，继续沿该思路发挥，发现“循经感传”的产生，除“P物质”的释放外，还有别的“递质”跨越多个神经节点释放。但赵宴仍不能解释为何化学信号总会沿“经络”传递。

其二，是中国中医科学院张维波教授，一方面借鉴意大利和瑞典两位科学家Agnati和Fuxe于1986年提出的关于“细胞通讯”的“容积传输”理论，另一方面根据自己所学流体力学关于“海流”的“管道”类似于“经络”的思考，发现了人体中“经络”的“管道”确实存在。后来，瑞典科学家Fuxe与张维波合作，终于形成了如下结论：“‘循经感传’是针刺神经反射产生的化学物质沿循经低流阻组织液通道进行‘容积传输’后，再刺激沿经的其他神经末梢，进一步产生新的反射和‘容积传输’的接力传递结果。”

其三，荣培晶的结论是：上述成果使“一个困扰了学术界40多年的中医‘经络现象’得到了进一步合理的解释”；“‘容积传输’作为一种新的信息传递模式，有助于理解针灸临床和经络研究中发现的各种现象和规律”，从而为中医经络研究“开辟了新天地”。

笔者不是医学家，难以判断“西医难解中医‘经络现象’”和上述结论的具体对错。在笔者的感觉中，上述结论似乎并不包括对中医“经络现象”与时间关系密切的解释，包括似不能说明针灸中的“子午流注针法”；荣培晶先生的文章还介绍了具有“经络现象”者仅为人口的18%左右，上述结论不知如何解释之？在此公开上述结论，也在不避异见，实事求是。瑞典科学家Fuxe与张维波合作成果如能确立，似乎应获大奖。笔者期待着中西科学界共识的早日达成。

另外，上述结论如果属实，笔者看也不会从科学依据上，给钱学森关于“人体功能态”的学说[①]以致命打击。因为钱学森设想的作为精神现象的“人体功能态”，主要立基于斯佩里脑科学对“意识”之“突现”奥秘的破译，以及由彼出发对各种精神现象特征的研究，其科学基础是牢固的。中医“经络现象”只被钱学森视为诸精神现象之一，即使钱学森的理解全错，也只是其所举一例失效而已。也可能是钱学森对“经络现象”的理解全部错了。如果这样，笔者愿收回本书第三章中涉及“经络现象”的部分，但这并不影响第三章的主体内容和基本结论。

① 参见本书第三章。

第四章
关中和西安人居理论史初探

如本书前言所说，本书对关中和西安人居理论的“补论”，本意首先在于搜寻中国人居科学及其理论的“原型”及其中的哲学“范式”。当然，本章考察“关中和西安人居理论”，除依据相关文献外，也常常根据西安和关中相关建筑遗址，这是因为在相关文献不全或湮灭的情况下，后者作为关中和西安人居理论的直接“物化”，也在一定程度上直接反映着当时关中和西安人居理论的特征。

第一节　史前源头

在目前全球显得“非常另类”的中国人居科学及其理论，流传时间长，流传地域广，巫味较浓，应该有古老的史前源头。虽然目前全球和中国史前研究发现的相关资料并不是太多，但也足以促使人们思考中国人居理论的史前源头，虽然这种思考不可能很具体，尚存在许多逻辑“缺环”，但也毕竟指向对其源头的探寻。

王育武先生著《中国风水文化源流》（湖北教育出版社，2008 年版），也曾论述过本书将阐述的萨满教文化与中国人居理论的关系，但该书出版前后，虽史前中国与萨满教极紧密的关系已被国外考古学家发现，却并未被中国学界广泛理解和接受，《中国风水文化源流》的相关论述则较多引用了国内东北萨满教资料，而对国外相关成果未及引述。另外，此前，在史前中国与萨满教具有极紧密关系的背景下，周公“制礼作乐”在中国文明起源中的奠基价值，也未引起国内外学界的充分关注，故今日看，《中国风水文化源流》的相关认识就需补充深化。本节就是接着王育武的论述，围绕中国人居理论源头而向中国史前文明深处掘进的。

一、考古学等揭示史前“亚美巫教底层”

早在殷墟发掘开始不久，其美术品与中美洲印第安艺术品十分相似，就引起国外学界的赞叹和思考[1]。后来，考古学家邵邦华（Paul Shao）先生于 1983 年出版《古代美洲文化之起源》（*The Origin of Ancient American Cultures*），从图像因素及构图等文化角度，列举了两者之间的若干相同和相似：“龙祖先”崇拜；穿越地界的“龙”；动物植物互相转换；人与动物、植物互相转换；“鸟人”形象；“雨神”形象；十字形；“大猫”和“龙形”的亲昵关系；宇宙和历法形象，等等[2]。此前，在 20 世纪 70 年代，包括彼得 • 佛斯特（Peter Furst）先生和张光直在内的一些考古学家，就开始依靠当时考古成果，构建史前“‘亚美巫教’底层”理论，揭示美洲印第安人“老家”在亚洲；史前在亚洲和美洲之间，曾存在一个横跨太平洋两岸的“巫教”（或曰“萨满教”）文化区，此即“‘亚美巫教’底层”，而张光直则直呼为“玛雅-中国文化连续体”[3]。据说，其北部连接的桥梁之一，就是作为今日白令海峡的史前“白令陆桥”。另据报道，苏联考古学家在白令海峡西岸，也发现了新石器时期人类大规模迁移的遗迹[4]，故推测史前印第安人最早是从这里由亚洲进入北美洲的。后来，考古学家约瑟夫·坎贝尔（Joseph Campbell）先生又进一步提出，“‘亚美巫教’底层”向西可能一直延伸到法国“拉斯考洞穴”，因为该洞穴里的绘画象征系统，与“‘亚美巫教’底层”绘画象征系统相同。他估计，延伸到法国的“‘亚美巫教’底层”，甚至可以一直追溯到旧石器时期[5]。还有报道显示，“‘亚美巫教’底层”的标志，在今日西伯利亚腹地伊尔库茨克附近的“马耳他遗址”已找到，它正处于史前萨满教分布的中心区域[6]。

围绕“玛雅-中国文化连续体”问题，张光直曾写过一系列论著，如《中国古代文明的环太平洋的底层》[7]《中国东南海岸考古与“南岛语族”起源问题》[8]《古代中国及其在人类学上的意义》[9]《连续与破裂：一个文明起源新说的草稿》[10]《谈“琮”及其在中国古史上的意义》[11]等，以全球考古眼光，给中国考古学界和历史学界以启发，引导中国学界从全球视野思考中华文明及其起源。其中，中国大陆学者宋耀良先生的《中国史前人面岩画研究》一书及其他言说，一方面从史前“人面岩画”沿中国东南沿海和闽台、北部草原、东北至白令海峡传播至美洲的遗迹，进一步佐证了“玛雅-中国文化连续体”的真实存在；另一方面，也无意中给关中黄帝族可能来源于“玛雅-中国文化连续体”提供了实物证据[12]，使中国史前黄帝文化研究有了新的视野和模式。张光直离世后，他的学生继续着其未竟的研究，借鉴美国语言学家李维关于美洲各印第安部落之霍卡语词汇和语法，与马来西亚、波利尼西亚、美拉尼西亚语言相同和相似的发现[13]，以及美国另一位语言学家爱德华·萨丕尔（Edward Sapir）关于纳-德内语系语言与亚洲汉语、藏语语言同出一源的假设[14]，同时参考日本医学学者关于南太平洋库克岛居民系源于中国的“南方蒙古人种”的基因分析成果[15]，美国人类学家关于亚洲人、美洲印第安人、澳大利亚人均为Rh阳性之种族后代的发现[16]等，在“玛雅-中国文化连续体”背景下，力求从考古实物上破解作为该连续体南部载体的“南岛语族”（即持马来西亚、波利尼西亚、美拉尼西亚等语言的族群，其后裔至今居住于太平洋南部各岛）起源和传播，并发现包括中国台湾“大坌遗址”在内的闽台文化区，很可能就是“南岛语族”的起源地，从而使“玛雅-中国文化连续体”在考古学上形成了“南北匹配”的结构，使中国史前考古学视野，创新性地沿南线跨向太平洋深处及彼岸[17]。在中国台湾，已故著名民族学学者凌纯声先生自20世纪50年代起，也通过多学科考察，进一步证明了“玛雅-中国文化连续体”作为民族学史实的确定性[18]。目前，“玛雅-中国文化连续体”已基本成为被多学科证明了的确凿的史前文明实体。

二、史前“‘亚美巫教’底层”意识形态的特点

对本节主题而言，张光直转述的“‘亚美巫教’底层”理论主要建构者之一佛斯特关于其意识形态八大特征的论述，以及张光直本人的相关延伸见解，首先值得关注。

（一）八大特征[19]

1. 魔术的宇宙

“巫教的宇宙是魔术的宇宙，而自然环境与超自然环境中的诸现象是魔术性转化的结果，而不是像犹太教和基督教传统中那样是从虚无中创造出来的。事实上，转化乃是巫教象征系统的基本原则。

2. 三层世界

“宇宙一般都是分层次或重叠的。以上、中、下三层世界为主要的区分。下层世界和上层世界常常各再分为数层，各有其神灵主管与超自然的居民。除此以外，可能还有四方神与‘四象限’神，以及分别治理天界与地界的最高神灵。固然，若干神灵控制人类及其他生命形式的命运，他们也可能被人类所操纵，例如通过供奉牺牲。宇宙的各层之间有一个‘中央之柱’把它们互相连接起来，而这个柱子在概念上和在实际上又与巫师升降到上层下层世界中的各种象征符号相结合。在巫师的树或称‘世界之树’的顶上，经常有鸟栖息，而鸟乃是飞天与超界的象征。世界又经常分为四个象限，由南北与东西中轴所分隔，同时各个方向又常与特定的颜色相结合。

3. 人类与动物平等

“在巫教的思想界中，不言自明的是人类与动物在质量上是相对等的，而且用贺伯特·斯宾登（Herbert Spinden）的话来说，就是‘人类绝不是创造世界的主人而一向是靠天吃饭的’。各种动物和植物，都有它们超自然的‘主人’或‘亲母’，常以本类中大型个体的形式出现，照顾它的属民的福利。

4. 人类与动物互相“转型”

“与人兽质量相等概念密切关系的，是人与动物‘转型’的概念，即人与动物能化身为彼此的形式这种原始的能力。人类与动物之相等又表示为亲昵动物伙伴和动物陪同，同时巫师经常有动物神的助手。巫师和由巫师所带头的祭仪中，其他的参与者还以佩戴这些动物的皮、面具和其他的特征，来象征向他们的动物对手的转化。

5.“万物有灵”

“环境中的所有现象，都由一种生命力或灵魂赋予生气，因此在巫师的宇宙里面没有我们所谓的‘无生物’。

6. 人类和动物的灵魂在骨骼里

“人类和动物的灵魂，或其根本的生命力，一般居住在骨骼里面，尤其是头骨里面。人类和动物，都自他们的骨骼再生。与这些观念联系在一起的，还有‘巫师的骨骼化’，即巫师从他的骨骼状态进入神志昏迷的出师仪式中的死亡与再生，有时用绝食到骨瘦如柴的状态来演出，而且常在巫师的法器上和他的艺术里面，作象征性的表现。

7.“灵魂独立论”

“灵魂可以与身体分开并能在大地上面或到其他世界去旅行，也可能被敌对的精灵或黑巫师所掳，要由巫师取回。灵魂的丧失是疾病的一个普通的原因，另一个普通的原因，是外物自一个敌对的环境向身体侵入。实际上多数的疾病都源于魔术，而它们的诊断与治疗，乃是巫师的专长。

8. 灵魂的迷幻

“最后我们还有‘幻觉迷魂’这种现象，常常是由引生幻象的植物引起来的，但这并不是普遍的情形。

张光直转述上述八条原文时说：“在指明上引的巫师的世界观之后，佛斯特作了一个很紧要的结论：‘上面所说的大部分不但适用于较简单的社会中的标准的萨满教上，而且同样的可以适用于我们所认识到的史前中美的文明社会和它的象征符号系统上。由‘转化’或‘转型’而致的起源，而非《圣经》意义上的创造，是中美宗教的标志。’”

（二）张光直转述之际的见解

1. 八大特征全部适用于古代中国研究

佛斯特所论“适用范围超过中美研究而应当值得所有研究古代文明的学者的注意。尤其值得注意的是，他在上面所说的，几乎全部适用于古代中国”[20]。为了证明此结论，张光直一方面列举了殷墟出土艺术品与中美洲艺术品的相同和相近之处[21]，另一方面又引述坎贝尔关于法国拉斯考洞穴绘画与中国-玛雅文化连续体相同而同属一个文化区的见解[22]，力求把“中国-玛雅文化连续体”扩大到作为世界“主岛”的欧亚大陆。这样的视野，是此前国内考古学界所缺乏的。它实际上是把史前中国文化作为世界主体文化来思考的。

2. 巫教（或萨满教）在中国史前文明中具有重要作用

张光直进一步强调“巫教（或萨满教）在中国古代文明中的重要性”，自认这是把佛斯特“‘亚美巫教’底层”理论具体扩充到亚洲东部之史前中国研究的重要结果[23]。为说明这种扩充的合理性，张光直不仅说已在西伯利亚中心区发现了萨满教史前遗址[24]，还提出“我们能够根据真实和有力的考古和文献资料，具体地建立起来一个‘玛雅、中国文化连续体’”：一是举出“研究人类进入新大陆的学者，都相信印第安人的祖先绝大多数是经由白令海峡而到达新大陆的”，“东亚是印第安人的祖先在他们长途跋涉进入美洲之前最后的一站。中国古代的新研究可以从这个观点来看”。这里的最后一句话，的确在启发着国内考古和历史学界，重新从全球文明演进角度回视史前中国研究。二是如前所述，张光直根据在台湾台北市和福建省考古学和语言学发现，提出存在着“南岛语族”，其居地即今之马来西亚、印度尼西亚、菲律宾、美拉尼西亚、密克罗尼西亚、波利尼西亚等，其族源应在中国闽台一带[25]。此“南岛语族”是佛斯特并不知道的新发现，它进一步丰富了“玛雅-中国文化连续体”的具体内容。有基于此，张光直归纳说："巫师式的世界观显然在整个中国史前时期都一直持续着"，当时中国"政治上的调整乃是在同样不变的社会与巫教性框架之内发生的"[26]。显然，作为史前"玛雅-中国文化连续体"一部分的史前中国的进一步研究，包括其北部和其南部的进一步研究，都必须以巫教文化研究作为首要突破口，而这正是近世中国历史和考古研究的盲点，需进一步着力。

3."玛雅-中国文化连续体"是中国与美洲玛雅文明的共同祖先

张光直明确提出"玛雅-中国文化连续体"两端的艺术品广幅相似或相同，故不能用"传播论"解释之，而只能认为玛雅、中国之间存在"共同的旧石器时代底层"[27]。张光直还指出，认可该"底层"，即承认它"是中国与玛雅文明的共同祖先"，其意义不可忽视，包括"强烈暗示着，这个'亚美巫术文化基层'并不是东北亚洲的地方性的传统，而是具世界性的现象"，从中可以发现思考全球"诸文明的演进原理"[28]。

三、史前巫教是中国人居理念的源头

虽然人们早已觉察到中国人居理论"巫味"很浓，但史前和文明初期中国研究中的巫教研究及其对中国人居理论研究的极端重要性，却一直是中国人居理论研究的盲区。即使吴良镛的《中国人居史》，虽从史前人居说起，包括说到关中和西安，但也仅一笔带过，未究"巫教"故事。究其原因，一方面，传统的中国史学等，虽对三皇五帝的传说有若干猜测，总觉着其中有今人难以把握之处，但始终没有建立起关于史前巫教及其重要性的清晰概念；另一方面，从苏联传来的"传统马克思列宁主义历史学"，也并不注重中国特的有国情和文化特色，同样也几乎没有针对史前和文明初期中国的关于巫教的清晰概念或理论体系。而张光直放眼全球考古学成果和相关学科成果，再三强调"巫教在中国古代文明中的重要性"，同时凸显史前考古学借鉴其他学科成果的必要性和综合思考的重要性，对中国史前研究，包括对中国人居理论起源研究，都具有振聋发聩的作用。当然，我们并不否定，西方史前也是"巫文化"盛行，但在欧洲，巫文化并不像在中国那样具有决定性，故包括人居科学文化在内的欧洲文化，"巫味"就相对较淡。

参考张光直等的发现，李泽厚重申了中国文明起源研究中的"巫史传统"命题："中国文明有两大征候特别重要，一是以血缘宗法家族为纽带的氏族体制，一是理性化了的巫史传统"[29]。此处之"史"，系指"继'巫'之后进行卜筮祭祀活动以服务于王的总职称"[30]。据说，"巫史传统"成为"中国上古思想史的最大秘密，'巫'的基本特质通由'巫君合一''政教合一'途径，直接理性化而成为中国思想大传统的根本特色"[31]；"中国思想历史的进程'由巫而史'，日益走向理性化"[32]，它"直接过渡到'礼'（人文）'仁'（人性）的理性化塑建"[33]。其中，"巫术的世界，变而为符号（象征）的世界、数字的世界、历史事件的世界。可见，卜筮、数、易以及礼制系统的出现，是'由巫而史'的关键环节"[34]。

在此基础上，李泽厚进而评价周公说：“到周初，这个中国上古‘由巫而史’的进程，出现了质的转折点。这就是周公旦的‘制礼作乐’。它最终完成了‘巫史传统’的理性化过程，从而奠定了中国文化大传统的根本”[35]；“经由周公‘制礼作乐’即理性化的体制建树，将天人合一、政教合一的‘巫’的根本特质，制度化地保存延续下来，成为中国大文化的核心”[36]。其中，“周初突出了作为主宰力量的‘天命’‘天道’的观念”,“‘天’即是‘天道’‘天命’，而不是有突出意志、个性的人格神”,“‘天道’‘天命’的基本特征是永远处在行动中变化中，与人的生存、生命、活动、行为相关联。在中国，‘天道’与‘人道’是同一个‘道’”[37]。在这种表述中，作为中国哲学“原型”的周公“天–人（仁）”哲学，已是呼之欲出了，“卡壳”只在李泽厚仍受制于20世纪他发表的《孔子再评价》一文，把“仁”只与孔子相关而与周公无涉的既成思路[38]，难以再全面涵盖“原型”。不过，近年来他明确说对此“原型”也越来越挂牵。在2003年发表的《哲学自传》中，他明确写道：“周公–孔子是中国思想史上的重大突破，他们奠定了中国哲学的基础”[39]。显然，周公哲学已明确被李泽厚作为“中国哲学的基础”来对待了。于是，作为中华文明奠基者和哲学“原型”创制者，周公与中国人居理论的关系也就分外值得关注。

在这里，笔者先是发现作为中国古典文明形态之一的中国人居科学及其理论，其实最早也成型自周公及其家族（见本书第四章第三节），从《周礼》可知周公时期已被理性化体制化的中国古典人居科学及其理论，以及它的管理，已经相当成熟；尔后，笔者在面对考古学上关中周族文化直接叠压在黄帝族文化层之上[40]的同时，又发现关中黄帝族可能就是来自银川的萨满教教徒[41]，于是不能不思考中国人居理论与萨满教教义的关系。不出预料，前述佛斯特“八条”与中国人居理念大面积重合，促使我们思考，史前巫教意识形态可能就是中国人居理念最早的文化源头。其历史真相可能是巫教意识形态通过关中黄帝族传给了周人，周人又初奠中华文明而统治中国数百年，强力推行巫教意识形态及其人居理念于全国；作为“大巫”的周公，则一方面通过“制礼作乐”为中国文明奠定了政治、体制和文化框架[42]，另一方面，推行周人人居科学及其理论作为周公“制礼作乐”中的一个有机组成部分。这就是中国人居理论起源的奥秘所在。

那么，“佛斯特八条”与中国人居理念大面积重合，究竟表现在哪些方面呢？从考古学、历史学、文化学等专业细究角度看，这是至少要用一本厚书才能仔细说清楚的问题。因为“八条”出自与中国文化背景迥异的西方考古学者对国外相关考古资料的总结，更未涉及作为巫教意识形态的东方哲学“原型”层面，加之史前距今时间间隔颇久，资料不多，故阐述这一问题尚有一定难度，包括需进行一系列历史逻辑转换和对应文献互证，但今天如仅限在考古文化分析框架内粗线条地概述之，那么，对其总体思路也可先予以初步梳理。

（一）四方神和动物神与中国人居理论模式扣合

“八条”第二条所讲“有四方神与‘四象限’神”，世界“分为四个象限，由南北与东西中轴所分隔，同时各个方向又常与特定的颜色相结合”，以及第四条所讲的“人类动物之相等又表示为亲昵动物伙伴和动物陪同，同时巫师经常有动物神的助手”等，与后来中国人居理论最主要的“前朱雀，后玄武，左青龙，右白虎”和“南北中轴线”基本图式[43]完全扣合。

因为此处所谓的“朱雀”“玄武”“青龙”“白虎”，一方面实际表示着南、北、西、东四个方向，另一方面也表示着四个方向均和“特定的颜色相结合”，与“八条”第二条所讲完全一样；后来中国人居理论所谓的“南北中轴线”，也实际是在南、北、西、东四个方向的基础上，表示着大地上的“四个象限”被“南北与东西中轴所分隔”，包括特别强调了南北方向的极端重要性。这并不难理解，因为对北半球的巫教信徒而言，南、北方向是接受阳光的最佳方向，它关乎自己的生存质量，故须特别强调。可以说，“八条”中的第二条与后来中国人居理论基本图式的完全扣合，从空间意识角度，充分证明了巫教意识形态即中国人居理论之史前文化源头。在这里，空间意识其实也是一种哲学意识，因为如大哲康德所言，空间意识提供着人们把握世界的一种最主要的“主体框架”。巫教和中国人居理论空间意识一线连绵，已从哲学层面体现出其间的源流关系。

当然，作为考古学者的佛斯特，在这里是不会思及巫教信徒当时为什么产生对于“四方神”或“‘四象限’神”的崇拜，为什么会形成关于“南北与东西中轴”的理念。其实，这些都是作为史前人类进化的“神话”阶段的萨满教时期，必然会产生的精神现象。对此，西方文化学及文化人类学已有较深入的剖析。卡西尔就说过，“空间”和“时间”是人类认识世界必不可少的主体图式[44]，但处于史前人类进化的“神话”阶段的萨满教教徒的“空间”观念，与今日文明人类的“空间”观念是迥然相异的：在前者那里，“它更多地是一个表达感情的具体的概念，而不是具有发达文化的人所认为的那种抽象空间”[45]，“东西北南不是用来在经验知觉世界内取向的、本质相同的区域，而是每一个都有自己特殊的实在和意义，都有一种内在的神话生命”，于是才出现了“方向之神”，如“东方和北方之神”“西方和南方之神”[46]（其实，在中国迟至殷墟甲骨文中，也发现了当时每一个方向之神都有命名的记载[47]）。正因为这种“空间”观念的具体性特征，才可能出现每一个方向都展现为一个特定动物且各具不同颜色的情况，于是，“朱雀”“玄武”“青龙”“白虎”也就诞生了。这些明显的动物形象，也呼应着佛斯特关于人类“亲昵动物伙伴和动物陪同，同时巫师经常有动物神的助手”的结论。萨满教教徒正是以这种“空间”观念来把握世界的，包括他们“按照主要的空间方位和分界线，使（世界的）整体性的复杂的种类划分就变得更加精细，从而获得了直觉的明澈性”，如“北是冬天的故乡，南是夏天的家园”等[48]。资料表明，原始先民正是按照上述主要的空间方位和分界线，来初步规划自己的居住地的[49]。

至于“南北与东西中轴”的理念，则是从先民逐渐依日出日落、光明黑暗等自然现象和追求光明的本性中，诞生的一种“空间”意识。“神话空间感的发展总是发端于日与夜、光明与黑暗的对立”[50]，先民先是“由太阳运行确定”出“东西线”，然后再引出“从南到北的垂直线”，于是四个象限就诞生了[51]，而且“每一特殊的空间规定因而就获得了神圣的或恶魔的、友善的或仇恨的、高尚的或卑劣的‘性格’。作为光明之源的东方也是生命的源泉，作为日落之处的西方则充满了一切死亡的恐惧”[52]，等等。于是，在巫文化框架内，中国人居理论“前朱雀，后玄武，左青龙，右白虎”和“南北中轴线”的基本图式，也就不是不可理解的东西了。其中，由于史前中国萨满教教徒及其后裔均生活于北半球较寒冷地区，所以作为阳光和温暖象征的南方，就尤其被赋予了特殊的象征意义，在“前朱雀，后玄武，左青龙，右白虎”模式中被置于首端，而且进一步与曲折委婉的流水情景相对应，用美丽的“朱雀”表征，于是南方就兼具阳光和流水“二重温馨”；而作为北风怒号象征的北方，则不仅被以“后背”对之，而且还以大山挡之，希望像“玄武”（熊）一样的大山能帮助人们阻拦北风怒号；至于东西方向“左青龙，右白虎”，则由河南濮阳西水坡距今6400余年史前大墓遗迹图案[53]可知，其源也甚久，至少以“白”“黑”两种颜色区别或象征日出日落之意味明显。

对生活于北半球较寒冷地区的萨满教教徒而言，人居选址近似于“前朱雀，后玄武，左青龙，右白虎”模式，如果抛开其中四个方向的神名或象征动物留下的“巫味”，那么，从今天看，它究竟是否也包含科学成分呢？答案应当是肯定的。该模式表明，生活于北半球较寒冷地区的萨满教教徒及其后裔，不仅力求辨别方向以图生存得更好，而且希望居住地南边有曲曲折折的水流，北边有大山挡住寒风，东边和西边均有小山环护居住地，这完全是符合科学的选择模式。也许他们当时根本不知道什么科学不科学，只知道“四象限神”等今人感到可笑的观念，但被避寒求光本能驱使的他们的选择，毕竟是符合今日科学的。事实上，科学最初就产生于人类求生的本能。今人不能因为中国人居理论的这种选择被包裹在“四象限神”等迷信可笑的外套中，就否认它包含着科学成分。

从出土的史前中国聚落遗址考古状况看，中国人居理论的基本图式，在母系社会时期似乎还未出现。例如，西安半坡遗址，居地虽已选址在土地肥沃、距水源颇近、靠近河岸的阶地上，显然与某些动物“随遇而安”不同，但整个村落无论是大围沟挖掘，还是屋宇规划建造，看起来均无东南西北方向和南北中轴线的概念[54]。西安姜寨遗址亦然[55]。由此可悟，“四个方向”和“南北中轴线”的基本图式初步形成，大概是史前中国母系社会终结而男权社会形成时期或更后的事情。《太平御览》有“黄帝四面”的说法，很可能就印证着中国史前在初进男权社会的黄帝时期才大体形成了四方向和中轴线的概念。笔者估计，在中国北部，可能一直到把“巫史传统”理性化和制度化的周公“制礼作乐”时期，四方向和中轴线理念才最终形成体制性框架。周公老家周原宫殿式大屋选向正南正北，就是明证；《周礼》中第一句话即“惟王建国，辨方正位”，更证明选址中的辨别方向不仅被看成“建国”第一大事，而且中国人居理论基本图式已经被体制化。今人也许难以理解“惟王建国，辨方正位”八个字的分量，但试想洪荒初开之际，北半球寒冷区的萨满们（特别是以农为生者）要生存发展，就得先选好迎阳-近水-靠山-围合的居址，于是，“惟王建国，辨方正位”就成为自然而然的事情。当年周人首领古公亶父，亲自为族群选定周原为家；当年作为“开国宰相”的周公，亲自到洛阳为“成周”踏察选址，就是对这八个字分量的最好印证。正是基于这种情况，笔者才把周公视为中国古典人居科学及其理论的创始者。

（二）“万物有灵”与中国人居理论推崇“生气”扣合

“八条”中第五条所讲的“环境中的所有现象都由一种生命力或灵魂赋予生气”，与中国人居理论特别推崇“生气”的情况完全吻合。王其亨就讲过，中国人居理论“凡论及天地万物的构成与变化，人生命运的贫富或夭寿，生态景观的优劣及吉凶，甚至风水本义的诠释等等，也无不涉及‘气’的范畴。最为主要的，是强调通过‘气’来把握存在之象和存在之理，因而格外注重各种形式与方位的‘气脉’的运行变化”，“天地万物间交互感应，也都被认为是‘气’的作用；在居住中，自然、建筑、人生都会（通过‘气’）交互影响，（‘气’）对人的生命存在与精神活动，包括审美感受，都有不同的作用并会产生不同的结果”（王其亨主编：《风水理论研究》，天津：天津大学出版社，1992 年版，第 92 页），这显然是来自巫教的“生气”理念，是巫教即中国人居理论之史前文化源头的又一佐证。

史前萨满教文化区别于其余前“图腾文化”时期的标志之一，就是前者已信仰“气”或“生气”理念[56]。李泽厚解说它“亦身亦心，亦人亦天，亦物质亦精神”，“实际是巫术活动中所感受和掌握到的那神秘又现实的生命力量（之）理性化的提升”[57]，此议比较服人。可以认为，萨满教教徒所讲的“生气”论是与他们信奉的“万物有灵论”哲学连为一体的，同时又与他们当时所持而作为“万物有灵论”之方法论的“身体哲学”密不可分。“万物有灵”，何以呈“灵”？曰呈“灵”者，即“生气”也。这就是他们的“逻辑”。显然，这个“生气”论虽可能源自当时人类个体生命体征首先是人能“出气”，但先民们显然并不明白这个“气”是什么，有什么功能，等等，于是就把它扩大化、神秘化为“天人感应”背景下生命力或灵魂的承担者。于是，“气”在萨满教文化里就成了一个象征活力、生命力、灵魂能力的万能的概念。《管子・内业》说：“凡物之精，比则为生。下生五谷，上为列星；流为天地之间，谓之鬼神；藏于胸中，谓之圣人；杳乎如入于渊，淖乎如在海，卒乎如在于山已”，表述的正是这种万能的“气”。另外，这个“气”既然源自他们的“身体哲学”，即观察思考客体世界时，都从自己的身体及其器官现象出发，把作为主体的人的身体及其器官与客体世界融为一体，进而把世界视为自身的某种外延，这样人的生命体征既然以能“出气”为首要标志，那么，世界万事万物的活力当然也就应以具有“生气”为标志，于是，观察山水、土壤都应以具有“生气”为首要条件，而这正是中国人居理论选址的首要关注点。鉴于萨满教文化中的“气”本身就是一个在“天人感应”中融主观客观为一体的概念，从它延伸而来的中国人居理论中的“气”或“生气”，也就更多地成了一个融主观客观为一体的审美概念。中国堪舆师口中的山水土壤有“生气”等，并不是一个可以用纯客观指标表示的东西。它往往是中国堪舆师审美意识作用于山水土壤的结果。

为什么当时萨满教巫师持“身体哲学”呢？这可能是与他们兼为医生的职务特征相关联的。“八条”中的第七条已经讲过，萨满教认为“多数的疾病”的“诊断与治疗乃是巫师的专长”，“巫医一体”是史前中国萨满教的固有传统。中国汉字“医”字，其繁体下部就是个“巫”字，说明史前中国巫师的主要责任之一是兼做医生，而医生的职业特征就是关注人的身体及其器官状况，并往往用人体模式思考其他，而中国人居理论往往也用人体模式思考居住环境的特点就是这样形成的，包括其主要术语“地脉”“穴位”“生气”“旺盛”等，以及“前朱雀，后玄武，左青龙，右白虎”模式中的前、后、左、右位置，均出发自人体模式。笔者力主中国人居理论与中医密不可分，其理相通，提出在某种意义上中国人居理论可被视为从业医者视角选择居址的技艺，也是由上述史前文化源头情况所决定的。传统的西方建筑师和城规师思考问题，较少从业医者视角出发，而中国堪舆师则恰恰相反，“盖房子也是治未病”，古典建筑师和城市规划师“医生化”现象普遍。在中国历史上，名中医兼为著名堪舆师者，代有其人，撰有《〈葬经〉翼》的名中医缪希雍即是代表之一。

以上关于萨满教意识形态与中国人居理论存在源流关系的证明，显示在“中国-玛雅文化连续体”广大范围内，巫教文化还会以中国关中周人人居模式之外的其他的人居形式“遗传”下来。近年来，人们发觉，在美国和美洲、大洋洲其他国家，包括“南岛语族”所在各国，类似于“堪舆”者的人居模式也似乎越来越具有影响，包括在欧洲风格的建筑-城规模式之外，烙有类似于中国人居理论痕迹的“东方建筑-城规模式”似乎越来越显眼。这是全球建筑文化中值得注意的一件大事。有论者认为，出现这种情况，应与当年华工迁移美洲、大洋洲其他国家，并把“中国堪舆”传到当地有关。现在来看，事情真相可能是，被视为由华工传入的类似于“中国堪舆”者，很可能其实就是当地史前巫教传统文化遗产的一部分；华工传入的“中国堪舆”，很可能只是促使美洲史前巫教传统文化遗产复活的催化剂。像约翰·奈斯比特（John Naisbitt）所说，在“经济全球化”大潮中亚洲将崛起[58]，其“文化民族化”[59]借此表现出来，并不出人意料。

四、对“巫教即中国人居理论源头”的几点推论

假如此假设尚可供参考，那么，以下几条推论也可供进一步讨论。

（一）关中黄帝族文化特质初窥

如前所述，宋耀良揭示了史前中国萨满教劲旅之一，是宁夏“人面岩画”制作群体。2016年6月20日上午央视4频道《远方的家》报道，宁夏桌子山“人面岩画”制作时间，在距今5500～6500年，略早于西安杨官寨遗址。笔者借鉴宋耀良的成果，并依据宁夏岩画与西安杨官寨遗址距今时间先后，发现这一支萨满教教徒可能从银川一带进入关中，在杨官寨遗址（即今泾河、渭河合流处“半岛”）建成了距今5500年以上的“黄帝都邑”，其间与都邑设在凤翔的关中土著炎帝部落有所磨合和争斗，再后来则是与蚩尤大战于河北，初奠中华文明主体轮廓[60]。此后约2000年，在关中崛起的周人，继承了黄帝族文化并使之理性化，成为中华文化的主框架。而张光直及其学生，此前已在

"中国-玛雅文化连续体"及其北部通道系今白令陆桥的基础上，又进而揭示出其南部通道即源于闽台的"南岛语族"传播区[61]。据张光直说，在中国大陆，源于闽台的"南岛语族"已经被完全汉化，今日难觅其踪[62]，但其学生却揭示若干大陆西南部少数民族即其文化后裔[63]。不管结论如何，源于闽台的"南岛语族"文化，与源自关中-中原周秦汉唐的汉文化，差异很大，应是不争之事。而中国唐后人居理论民间化形态中也有两派，即源自闽地的"福建派"（即所谓的"理气宗"）与源自关中的"江西派"（即所谓的"形势宗"）长期鼎足并立。而在传统的中国文化区划中，闽地除了朱熹曾经讲学而有所谓的"闽学"外，一般少见特立独行于国内者，而在中国人居理论中突兀地产生"闽派"且能长期与"形势宗"抗衡，促使我们在中国-玛雅文化连续体南北两路背景上考虑，闽派人居理论民间化形态，可能是巫教文化在"南岛语族"文化中的孑遗者。由于"南岛语族"文化在大陆被汉化，故使闽派人居理论之源长期被掩盖，其特点可能也长期被误说。现在回头看，闽派人居理论之所以被视为以"理气"取胜，可能是"南岛语族"文化以海洋为背景的结果。在当年航海科技条件较差的情况下，以海洋为背景的文化更多地具有观测天文而相信占星术的成分，不确定的命运也使它更多地具有迷信或附会的因素，而这也正是闽派人居理论的特点。张杰先生称闽派人居理论"以天学、星卦、方位及固定的模式为主，附会最多"[64]，即多少印证着这一点。有中国人居理论史研究者仅从宋明理学家朱熹曾在闽地讲学而认为闽派人居理论与朱熹存在较深关联，又因江西产陆九渊"心学"而其曾用以抗衡朱熹闽学，故又把形势宗的哲学基础与"心学"挂靠[65]，看来均可再议。朱熹和陆九渊理学博大精深，并非偏于一隅的学问。如果硬要挂靠，那么，可能朱熹与形势宗更有缘，而陆九渊与理气宗更靠近，而不是相反。当然，朱熹有大量中国人居理论言行，是中国人居理论哲学研究不能不关注的主要对象之一，但这种关注不应被误读。

与理气宗相反，源自关中的"江西派"之所以被以"形势宗"命名，则是因为它事实上以内陆定居农业为背景，前景确定性大，而农业生产和居址选择必须实用，特别重视山水形势，所谓"前朱雀，后玄武，左青龙，右白虎"和"南北中轴线"的基本图式是也。张杰说它"以空间环境为考虑对象，根据山水形势及'龙、穴、砂、水'的关系确定选址"[66]，大体准确。《尚书·周书》把周公人居理论行为称为"卜食"，形象地描绘出了源自关中的中国人居理论目标在"谋食"方面的实用性和科学成分。

这样，我们理解和把握中国唐后人居理论民间化后两大流派之源，也就有了新视野和新思路。由于共出于史前萨满教文化，这两大流派之"同"多于其"异"，包括作为关中黄帝族源头的萨满"人面岩画"文化中也流淌着闽台巫教文化的血脉，中原文化中已经含纳着闽地文化成分[67]，故在长期发展中，这两大流派呈现出在彼此融合中竞争的大趋势，包括闽派人居理论通过重新界说概念，吸收改造了形势宗所谓"前朱雀，后玄武，左青龙，右白虎"的基本图式，"玄武""青龙""白虎"往往被重新界说为道路、礁岩、溪流、水湾等。由于闽派人居理论与"南岛语族"文化同出一源，故闽派人居理论在太平洋、南美洲"南岛语族"地区，更易被理解和接受。

为进一步说明由关中文化奠基的中国人居理论性质，在这里有必要从文化源头上初窥关中黄帝族文化的特质。

1. 西安杨官寨遗址少玉对应着黄帝的宗教改革

《越绝书·越绝外传·记宝剑》中说过，“黄帝之时，以玉为兵”。在一些人的想象中，既然如此，那么，中国历史起点处，似乎就应以玉为标志。于是，以苏秉琦先生尊崇红山文化特别是其“玉龙”等玉器为代表[68]，在现代中国文明“探源”研究中，一直弥漫着对史前玉器的特别敬重，似乎只有这种值钱的东西，才能表征中国文明源头处的“金贵”[69]。

据倡言中国史前存在“玉石之路”的叶舒宪教授最近统计，中国史前距今 8000 年左右时就产生了“拜玉”文化，后大部分地区被“拜玉”文化覆盖，包括距今 8000 年左右的兴隆洼文化，距今 5000 ～ 6000 年的红山文化、凌家滩文化，以及稍后的良渚文化、石家河文化、龙山文化，以及石峁遗址、齐家遗址和石峡遗址等，共 9 种。叶舒宪还由此解说了中国汉字中的“国”字，何以是四边框合围了一个最贵重的“玉”[70]。王仁湘研究员进一步由凌家滩玉人、玉鹰与红山牛河梁玉人、玉鸟十分相似，与台湾木雕人像酷近，更与美洲玛雅文化的陶雕飞鸟等形神兼似，还想象出这些文化之间早就心有灵犀一点通[71]。于是，张光直所讲“亚美巫教底层”史前理论，在这里不仅被进一步呼应，而且把其适用期从旧石器时期扩充到了新石器中晚期。

与此形成显明落差的是，由笔者首先确认作为“黄帝都邑”的西安杨官寨遗址，却只出土了少量玉器。2016 年清明节前后，在陕西省考古研究院等承办的“黄帝文化寻踪——杨官寨遗址和石峁遗址考古成果展”上，杨官寨遗址最神秘怪异的祭器，就是被笔者戏称为“倒扣花盆”（其一面的眼、鼻和嘴所在位置，均被镂空）的陶器，与同厅展出的石峁大批玉器的辉煌，形成了强烈的“贵贱”对比。

鉴于叶舒宪的“玉石之路”说，复鉴于红山文化区和陕北石峁文化区的高档玉料，有来自新疆和田一带者，按理，西安应是史前从新疆和田一带延伸出来通往辽西和陕北等地的中国远古“玉石之路”的一个必经之地，设想作为黄帝都邑的杨官寨遗址应出土大量玉器也颇合理，但杨官寨遗址就硬是只有极少量玉器出土。稍后约 200 年[72]，杨官寨遗址主人及其族群在东迁入豫进至灵宝西坡时，贵族也才使用玉料做成极少量的玉钺和玉环[73]。面对杨官寨遗址如此“贫贱”的状况，考古界一些学者虽不明说，却基于商品经济中的“价值”观念[74]和对“玉文化”的崇拜，不愿承认杨官寨遗址是黄帝都邑。目前，叶舒宪所举 9 个玉石文化区，被考古界许多论者有意无意地看成中国文明发源的“正宗源头”，而以杨官寨遗址为代表的不“拜玉”而“贫贱”的仰韶文化，似乎一直“拿不出手”。虽然，一些考古学者面对仰韶文化中的庙底沟类型最早成为中国主区统一主角的史实，在讲中华文明源头时，也不能不笼统地说到仰韶文化，但他们最津津乐道的，还是那些“拜玉文化区”，而对庙底沟类型特别是其杨官寨遗址作为中华文明源头象征地，则至今讳莫如深。

其间，在作为“中华文明‘探源’工程”总结的《早期中国》一书中，杨官寨遗址仅被严文明先生提了一句，说它的“规格似乎稍低”[75]，实指其“贫贱”。另外，严文明又针对红山和良渚文化最终衰落分析说，前者“经济并不十分发达”，“所能凭借的只能是强烈的宗教信仰和强大的组织力量”。“大概正是因为过分地使用了人力和物力而难于长期支持”，它“很快就衰落了”[76]；后者也大体同样，虽其“玉器数量之多和工艺水平之高也远远超过同时期的任何文化”，但“都是为贵族所享用的，对于发展经济并无直接的好处”，“到晚期更是大力向外扩张，尽管实力强大，毕竟经不起这样的消耗，最终也只能像红山文化一样快速衰落”[77]。分析至此，按理说严文明先生对杨官寨遗址“规格稍低”应当有新理解，但惜未如此。这种状况，反映着中国考古界在“探源”方面普遍存在的一种迷茫：明知盲目“拜玉”预后不佳，但又不能勇敢、果断地承认不太“拜玉”的杨官寨遗址是“黄帝都邑”。显然，这首先是中华文明源头判据迷茫的一种反映。《早期中国》所收李学勤先生的论文，与泛滥一时的“疑古”思潮否定黄帝大异，明确举出1973年长沙马王堆出土帛书文献《黄帝书》，“与《史记·五帝本纪》有关记载相合，都表明传说中黄帝的时代是文明的初现，称黄帝为‘人文初祖’是适当的”。认为“炎黄的传说也见于传世文献《逸周书》的《尝麦篇》，近期的研究证明该篇文句多近于西周较早的金文”，“可见这些传说的古远”[78]。这是中国考古界肯定《史记》黄帝记载的强烈呼喊。遗憾的是，李学勤先生当时可能不知道杨官寨遗址已出土及其对《史记·五帝本纪》有关黄帝记载的考古印证，否则他会进一步挖掘杨官寨遗址的黄帝文化价值。正是在这样或那样的阴差阳错中，国内考古界主流至今未悟及杨官寨遗址即中华文明起源“象征地”[79]。对此笔者颇感慨：中国文明“探源”研究，怎么能演化成沾着后世铜臭的“唯探玉”研究？值钱的玉器，在中国文明源头中的地位，真的那么贵重吗？对此，笔者存疑。

杨官寨遗址少量出土玉器，不是由于黄帝文化落后中的“贫贱”和“寒酸”，而是与杨官寨遗址盛期黄帝对萨满教教义的大胆改革有关。

有关资料显示，史前萨满教（张光直先生称为“巫教”[80]）教义充满着对万物有灵的虔诚，礼拜神灵被看成人生第一要务[81]。在红山文化、凌家滩文化和石峁文化中，都可以看到史前先民以当时极难制作的玉礼器对神表达的这种无上虔诚[82]。作为来自银川一带的萨满教教徒，处于“玉石之路”上的杨官寨遗址中的黄帝族群，按理也应当以玉礼器对神表达无上虔诚，但据《史记·历书》明确说，黄帝“考定星历，建立五行，起消息，正闰余，于是有天地神祇物类之官，是谓五官。各司其序，不相乱也。民是以能有信，神是以能有明德。民神异业，敬而不渎，故神降之嘉生，民以物享，灾祸不生，所求不匮”。这一段话中说黄帝“建立五行”之类不可信，因为建立“五行”很可能是黄帝之后很久的方士邹衍等人最终完成的[83]，且黄帝“考定星历”“正闰余”等也可能有夸大其词之处，但从杨官寨遗址“无玉”，以及其环壕北部南部取向正东、正西[84]，杨官寨遗址动物骨头出土多猪骨[85]，其环壕“西门”出土迎送太阳的陶制“倒扣花盆”祭器等情况看[86]，它们确实指向黄帝实行了一次重大的以“民神异业”和“考定星历”等方式而重视民生为主旨的萨满教教义改革，惜乎此前似乎无人论之。

从司马迁所述可推知，这次以教义改革面目出现的重大社会改革，从社会管理层面，把监管巫教“神、祇”事务的两类“官员”，同管理“天地”（“天官”即专管拜日中观察天气“云情”者，“地官”即专管测定方向的官员)、“物类”(即民生事务的“官员”)，从职责上进行了明确划分和切割，从而力求“民是以能有信，神是以能有明德”，即力求通过“民神异业”，使老百姓通过宗教信仰建立诚信，使巫师的职责主要集中于通过宗教宣传而达到使老百姓“明德”。这显然与拜玉区萨满教教义要求在极低的技术水平下，花费巨大力量加工玉器以敬神祇的社会管理方式大异其趣。从“五官”一词被后世百姓习用至今看，黄帝的这次社会“五官”改革，深得民心。从杨官寨遗址的考古实际来看，司马迁所说基本可信。黄帝文化确实也与当时覆盖了大部中国的“拜玉”文化有大不同，“世俗化”或曰民生化倾向很浓，包括杨官寨遗址黄帝确实不像红山等文化区首领那样，过分崇奉宗教而无视民生冷暖，而是改革萨满教完全匍匐于神的传统风习，一方面从民生温饱冷暖着眼，力求用当时最先进的实用科技方法，大力发展定居农业及以其为基的养猪业，解决族群众人吃饭的问题，同时确定东、西、南、北四个方向(古籍所谓“黄帝四面”应即指此)并建立历法，力促民众食无忧时居亦无忧。另一方面，则是在继续尊崇萨满教崇拜日神教义的同时，实施宗教改革，即前面所讲黄帝设“天地神祇物类之官，是谓五官。各司其序，不相乱也”，以及由“民神异业”达到民生为重而神次之的社会状况。务请注意“民神异业”四字表达的黄帝时期的历史真况。须知，“天地神人的关系是各种文明形成其独特内心理解的基本背景”[87]；如果说传统萨满教的教义，是在万物有灵世界观的笼罩下完全匍匐于神前，那么，黄帝的“民神异业”，就是不完全匍匐于神前，而是更注重民生，着力发展民生经济产业，即冲出传统萨满教教义，走向世俗，走向生业，同时逐渐转向“王权最高”的中华特有的新意识形态。

李零曾引述张光直的史前考古见解说：“世界各古老文明区分为两个系统，一个系统是‘萨满式的文明’，即以中国和玛雅为代表的具有世界普遍性的文明；一个系统是以两河流域文明为源头的西方式的文明。前者是‘连续式的文明’，即文明时代与野蛮时代有很大连续性，它在本体论的认识上始终保持了‘民神杂糅’的特点。而后者则是‘突破性的文明’或‘破裂性的文明’，即以隔绝天地神人为前提”[88]。笔者从杨官寨遗址考古状况出发，一方面认同张光直的中西“两个文明起源”说，另一方面并不完全认同其关于以中国和玛雅两者为代表的“萨满式的文明”即“具有世界普遍性的文明”的提法。不错，中华文明确是具有“连续性”且“具有世界普遍性”，但从杨官寨遗址“少玉”和黄帝当时进行萨满教义改革的情况看，笼统地把玛雅文化和中华文化混一，就欠妥。如前所述，中国史前虽大部文化区“拜玉”而完全匍匐于神前，美洲玛雅文化也是如此，但后来主宰了中国的杨官寨遗址代表的仰韶文化庙底沟类型，却独以不太“拜玉”的方式表达着不完全匍匐于神前，而力求在古国管理方式上追求“王权最高”、重视民生的模式。继承黄帝文化的周文化，之所以在开辟中国“正史”记载时，完全无视叶舒宪所列9个“拜玉”文化区，包括《史记》对石峁文化也不着一笔，是因为黄帝文化和周文化与之完全异质。可以设想，在当时中国大部分制玉技艺高超的背景下，杨官寨遗址少玉，并不是当时庙底沟文化区因技术水平落后而难以加工玉器，而是黄帝等管理层不走浪费巨力以敬神的旧路所致。从继承黄帝文化遗产的周公后来倡言周人应“无逸”[89]的艰苦奋斗取向看，黄帝的这种价值取向并不出人意料，也是中华民族的积极精神遗产。更何况，在目前考古界把玉器加工看成当时最高技术的条件下[90]，即使当时庙底沟文化区确因技术水平落后而难以加工玉器，但它却由此把本族“考定星历”“正闰余”和水利建设等实用的科学技术水平推向高峰，大大促进了农业发展，也是划算的。

前述灵宝西坡考古已经证明，此后黄帝族也不是完全与玉绝缘，而是吸取来自中国东部、南部和北部文化区拜玉的成果，适时适量地加工和使用玉器。所谓“黄帝之时，以玉为兵”之说，也有可信之处。

杨官寨遗址“少玉”现象揭示出的黄帝文化特质，对人们理解中国独特的历史发展道路是极有益的。其中包括它也使中国人居理念中何以只重“人的空间”观念，而没有西式“神的空间”观念，获得了文明源头上的说明。

2. 杨官寨遗址“花图腾”和中华民族的审美特征

从近年史前考古的情况看，杨官寨遗址代表的仰韶文化庙底沟类型，也有自己区别于玉器的首要文化标志，那就是已大量出土（已在2万平方米的地方出土30卡车）的陶器花纹。

1）杨官寨遗址陶器花纹即“中华”之“华”的源头

2016年清明节前后，陕西省历史博物馆办了“黄帝文化寻踪”考古文物展，其中杨官寨遗址出土的一批彩陶，特别引人关注。这些土红的陶器上，大都用黑线条画着花花草草，弯曲阿娜，相当漂亮。

在考古学上，杨官寨遗址被划在史前仰韶文化的“庙底沟类型”。这种文化的主要标志之一，就是彩陶花纹，其实即“花图腾”。曾任中国考古学会理事长的苏秉琦先生，还仔细地分析过关中这种“花图腾”的象征结构，区分出了何者代表“单瓣花朵”，何者代表“双瓣花朵”，何者是“花蕾”，何者是“双叶”，等等[91]。他还讲过，“庙底沟类型的主要特征之一的花卉图案彩陶，可能就是‘华族’得名的由来，华山则可能是由于华族最初所居之地而得名”，“仰韶文化的庙底沟类型可能就是形成华族核心的人们的遗存”[92]。这一论断，积淀着深厚的考古学知识，如把“华山”改为西安杨官寨遗址，显然更准确。苏秉琦先生的话，其实也是对当年章太炎先生相关见解的发挥。

辛亥革命前夕的1906年，孙中山先生在东京的《民报》成立一周年大会上，首先提出革命成功后中国国名应称“中华民国”。第二年，章太炎先生即发表《“中华民国”解》一文，专就“中华”一词加以论证。其中，认为中国历史的“根本”就是天水的伏羲、姜水边的炎帝和葬在桥山的黄帝，并说“是皆雍州之地”，而雍州“就华山以定限，名其国土曰‘华’”[93]。这段话，首次揭示了“中华”民族源自华山一带，为孙中山“中华民国”取名提供了历史依据，影响深远。苏秉琦先生从考古发现角度，进一步解释“中华”之“华”，源自庙底沟文化的“花图腾”，使“‘中华’之源”更加显豁。当时，苏秉琦先生还不知道作为“黄帝都邑”的杨官寨遗址，否则，笔者想他会说“‘中华’之源”，就是西安杨官寨遗址陶器上的“花图腾”。笔者将另文证明，这个花图腾也是中国主要国土最早统一的文化标识。

事实上，杨官寨遗址周边的"花图腾"遗痕比比皆是，仅举两例。其一，今西安市以东20公里的蓝田县就是作为黄帝族之一支的"华胥氏"的故地，那里有个"华胥镇"，镇东2里有个宋家村，村外有河叫"华胥河"，村中还有一条被华胥河水长期冲刷而形成的沟叫"华胥沟"，等等。有学者考证说，远古"华"即"花"，"华胥"二字，实即"花须"，"华胥氏"指崇拜花须并以花为图腾的氏族[94]。显然，"华胥氏"及"华胥镇"的存在，又为杨官寨遗址作为"黄帝都邑"及黄帝族以花为图腾提供了一个古地名依据。其二，杨官寨遗址近旁的荆山，又名"中华原"[95]，不仅因为此地挖出的墓志铭文这样说[96]，而且北周闵帝元年（公元557年）此地还设置了"中华郡"，郡治在今富平县石佛原一带[97]。这都说明，杨官寨遗址里的"花图腾"，就是中华人民共和国中"中华"一词的源头。

2）"花图腾"中花之"蒂"化成"帝王"象征

由郭沫若先生说史前花蒂图案象征女阴开其头[98]，赵国华先生至今仍然主张像半坡鱼纹一样，视史前花图案为女阴的象征，表现着生殖崇拜[99]。但杨官寨遗址出土的陶祖，似乎暗示着对这种解释的全力反对[100]。在笔者看来，人类生产本来就不限于自身生产一种，越文明化，生活（包括精神生活）资料的生产就越重要。从生活资料生产的角度看，观察杨官寨遗址陶器上的花图案，可能比只从人类自身生产一种角度，更接近当年的史实。德国艺术史学家格罗塞说过，"从动物装潢变迁到植物装潢"，对应的历史事实是史前人类"从狩猎到农耕"的进步[101]。这个论断是对的。杨官寨遗址陶器上的花图案，可能就是黄帝族从狩猎生活转化到农耕生活的反映，这与杨官寨遗址人工养猪业发达[102]也是对应的，因为人工养猪业发达要以定居农业发达为前提。

那么,"黄帝"的"帝"字，究竟是怎样从黄帝族的"花图腾"，逐渐演变成"人王"之象征（黄帝之"帝"，乃至皇帝之"帝"）的呢？

撇开象征女阴不说，郭沫若先生以甲骨文为证，说史前花图案中画花蕊者逐渐形成"蒂"字，并进一步演变成"帝"字，是有道理的。不妨设想，在以花为图腾的黄帝族群中，最早的"蒂"字和"帝"字，就是对最艳美的花蕊、花朵的象形，后来逐渐变成对最好之人的代指，进而变成对"人王"乃至"皇天上帝"的代指。如果说至战国时期的鲁国，作为直承黄帝文化的周人嫡系，还以"褅祭"的形式保留着先民对最艳美花蕊、花朵象形的崇拜和敬祭[8]，那么，《诗经・生民》所谓"履帝武敏韵"中的"帝"，据闻一多先生之解，就"代表上帝之神尸"[104]，即它保留着先民从对最艳美花蕊、花朵象形演变而来的"上帝"的崇敬。再后来，"帝"字前面再置一个代表色彩象征的"黄"字，用以指称黄帝族最早的"人王"，也就并非意外之事了。按我国学者岑家悟先生1937年推出的《图腾艺术史》的思路和尔后相关研究表明，这种把"图腾祖先与人格神祖先崇拜混淆不清"的情况出现，其实就反映着史前萨满教信仰[105]，而如笔者所指，黄帝族正好是史前萨满教教徒[106]。

那么，"黄帝"之称呼，究竟是后人对祖先"人王"的追称呢，还是"黄帝"本人在世时，杨官寨遗址一带以花为图腾的"华胥氏"族等人，即已如此称呼他呢？目前还不好说定。笔者估计，“帝”字前面再置一个“黄”字，说黄帝有什么“土德之瑞”[107]，应已是“五行”－“五色”理论出现后的事情了，不会是“黄帝”本人在世时之事，故顾颉刚先生说“黄帝”一称是后世人“想象”的产物[108]，也不全错。

3）杨官寨遗址黄帝族的“祈花（华）祭”

杨官寨遗址陶器上的花卉图案，绝对不是首先为了审美装饰而绘。对于黄帝族群成员而言，“花”首先象征着粮食果蔬作物开花结果，即将丰收吃饱。所以，那些陶器上遍绘的花卉图案，既是黄帝族出于生存发展目的的“图腾”即“花图腾”，也是他们虔诚祭拜、祈求丰收的对象。作为史前中国最壮观的祭礼之一，庙底沟文化区的“祈花（华）祭”，由此产生和发展。如果说此前半坡文化区以“祈鱼祭”[109]表现着尚处渔猎生产方式中的关中先民们对幸福生活的一种祈盼，那么，“祈花祭”则表现着进入定居农业生产方式中的黄帝族先民们对更美好生活的祝愿。

与一切史前先民一样，黄帝族群成员其实都相当珍视其“花图腾”。美籍华裔学者许进雄先生据《绎史》说，黄帝族在战场上，曾受到“花图腾”的保护，暗示着黄帝族的“花信仰”[110]。杨官寨遗址附近的华胥氏，就是最早以花“须”（即花蕊）作为自己族氏徽号的黄帝族群一支[111]。黄帝族群东进时，把当时最壮观雄奇的山命名为“华山”，并尊为天下首山[112]，祈求它能永保黄帝族兴旺。黄帝族群中另一支“少典氏”，则把女儿取名“少华”[113]，以示珍惜。直到尧后，舜帝还取名“重华”[114]，看来很可能是表示自己系黄帝族后裔[115]。外国学者鲍尔认为，中国“皇帝”的“帝”字是由巴比伦的一个象形字演变而来[116]，而杨官寨遗址的“花图腾”和“花信仰”可被视为否定鲍尔的最终判词。

史前半坡文化区“祈鱼祭”的鱼图案，先是画在陶器内壁的，故有人认为，“祈鱼祭”最早是把祭品和祭器均置于地面进行的，因为把祭器置于地面，祭者才可看到画在祭器内壁上的鱼图腾。到后来，鱼图腾被画在了陶器外面的肩部，故可能是把这种祭器、祭品置于不高的祭坛之上，这样，祭者即可以平视看到陶器外面的鱼图腾[117]。而在杨官寨遗址之中，所有花图腾都是画在陶器外面的，所以可以设想，庙底沟文化区的“祈花祭”都是设坛进行的。笔者看后世所谓“祭坛”之设，以及“封禅”仪式等，可能都是源自杨官寨遗址一带的“祈花祭”。

最令笔者称奇者，是中国还有一个汉字“晔”，其“日”字旁原应置于“华”字之上部，原义应表示在遵循拜日仪式的同时进行“祈花祭”。我们的黄帝族先人，在阳光照耀下对着花虔诚礼拜，这是何等壮美的场面啊！

4）花与中华民族诗意审美

黄帝族为什么选择“花”作为图腾，作为族徽？主要是因为庄稼果蔬一开花，粮食吃货就快下来了，就不会挨饿了，所以花就是黄帝族最崇敬的形象；久而久之，花就成了黄帝族的图腾和族徽。而花又是世界上最美的意象，“花为媒，诗意浓”。由花到诗，到诗意盎然，再到诗意审美，自然而然，不期而至。不仅唐长安是中国诗歌高峰所在地，而且此前的周丰、镐也是中国第一波诗歌高峰所在地。诗意充盈长安，其源何在？源在黄帝之花。于是，杨官寨遗址里的“花图腾”，赐长安三千年“诗脉”不绝。

杨官寨遗址里代表的"花图腾"全球唯一。长安五千年"诗脉"不绝，诗意审美不绝，也是全球唯一。

5）由花图腾到诗意审美

这是一个自然而然的思维链条。李泽厚说中华第一哲学是美学[120]，恰好与作为中华文明历史第一页的杨官寨遗址花图腾彼此呼应，自证着其正确。在本章以下，我们将看到中国人居理论逐渐走向以审美为重心，这其实也是杨官寨遗址花纹引致的历史"宿命"。

3."花玉之争"：黄帝与蚩尤战争新解

文献所载黄帝部族与蚩尤部族的涿鹿大战，原因何在？从上述黄帝族"花图腾"与叶舒宪所讲9个"拜玉"文化区在意识形态上的巨大差异来看，笔者认为其实质就是"花玉之争"。真实的史实很可能是，在距今5500年前后，以红山、凌家滩等"拜玉"文化区为一方，以庙底沟"花图腾"文化区为另一方，在今河北省涿鹿一带，进行了一次"花玉大战"。战争的结局很可能是，"拜玉"文化的主体政治力量，不仅从此逐渐退出中国历史舞台，而且被迫通过白令海峡辗转迁移到美洲，成为玛雅文化的源头之一；而"拜玉"习俗却被黄帝族逐渐吸纳，成为中国"拜玉"习俗的源头。王仁湘对美洲玛雅文化与中国红山文化、凌家滩文化"心有灵犀一点通"的感觉，是精准的。

（二）中国人居理论研究也要关注史前巫教研究

既然中国人居理论源自史前巫教，那么，研究中国人居理论也就要关注中国史前巫教研究。而这也正是中国传统的所有人居史和宗教研究的弱项所在。其中，包括中国原始宗教即巫教基本是一个研究盲点，它在中国文明起源中的重要性也刚刚被学界关注。

潘雨廷曾公开指出中国传统宗教研究的两个盲区：一是误解源自史前巫教的中国道教为东汉才诞生者[118]，反映着学界对自己原始宗教及其传承延续的严重忽视[119]；二是无视《史记·封禅书》录载的中国史前巫教及其祭祀文化特殊的内容[120]，造成了按国外史学模式思考中国宗教史的错误思路。其实，潘雨廷所批评的两点，也是中国人居理论起源研究之所以难以深入的一个"学术瓶颈"。共同作为"小传统"，中国人居理论民间化形态，与道教难解难分。误解道教诞生于东汉，无异于割断了中国人居理论民间化形态"前世"，其"今生"势必变形。无视《封禅书》而只认其为迷信，更是抱着"金娃娃"而不知其贵重，会使中国人居理论之源研究陷于资料迷茫。笔者关于西安杨官寨遗址对《封禅书》也含历史真实内容的分析，已经证明必须科学对待《封禅书》[121]。目前，进一步解读《封禅书》对巫教的记载，也许会使中国人居理论起源研究进入一个新境界。

（三）中国人居理论研究要十分重视"周公型模"

鉴于巫教在史前中国文明中的极端重要性，笔者借鉴张光直、李泽厚等的观点，提出作为中华“巫史传统”理性化总成者的“周公型模”，乃是中国包括儒、道、释三教文化在内的所有文化的总源头的见解[122]。落到中国人居理论史研究上，本章也将研究周公在其成型中的决定性作用。可以从中悟出，在周公之后，中国人居科技及其理论的社会地位逐渐被“降格”，后来竟逐渐下沉到跻身于“小传统”中，包括民间堪舆师在上流社会消失，成为下层“潜人”，其中的原因何在？

要回答这个问题，恐怕还得回视作为中国人居理论史前源头的巫文化被周公理性化后的命运。中国文明产生前后，巫文化的主要特点之一就是“巫君合一”；它被理性化后，其中“君权”沿固有历史逻辑日益压倒“巫权”或“神权”，“使通天的’‘巫’日益从属附庸于‘王’”，“而王权和王之所以能够如此，又是由于‘巫’的通神人的特质日益直接理性化，成为上古君王”[123]，“‘巫’的基本特质通由‘巫君合一’‘政教合一’途径，直接理性化而成为中国思想大传统的根本特色”，“至于小传统中的‘巫’，倒是无足轻重的了”[124]。显然，理性化也导致了作为社会职业的“巫”一分为二，其上层呈上升状态而成为君王，其下层呈下降状态而成为跻身“小传统”的民间“潜人”。前者中最重要的历史故事，就是周公和秦始皇奠定中国人居理论“周秦互补”结构的总框架。而呈下降状态者的典型，则是民间堪舆师所操职业随着社会进步而在国家生活中的重要性越来越下降。周公、秦始皇之后，中国人居科学家作为上层社会中的古典城市规划师和建筑师，最多才能跻身“工部尚书”级别（其中的代表，即在作为中国人居理论巅峰的隋唐时代，长安大明宫设计师阎氏父子三人，连任隋唐“工部尚书”），即使清代皇家总建筑师“样式雷”家族主力，其做官级别也远低于“工部尚书”。一般的堪舆师仅能游走于城乡谋生，或亦医亦堪舆而“混饭”。

这种“巫”职业分化导致的从业者上升或下降，也在另一维度上表现于“巫”文化内容被分布在中国不同学派之中。“巫术礼仪包含和保存着大量原始人们生活、生产的技巧艺术和历史经验。它通过巫术活动集中地不断地被温习、熟练而自觉认知。也就是说，巫术礼仪中所包含的科学认知层面，也在不断地理性化。它们最终形成各种上古的方技、医药、数术。尽管仍然夹杂着各种神秘包装，但其对现实生活的直接效用，使之日渐独立而成为非常实用的技艺”等。可以想见，远古巫术礼仪中所包含的关于人居环境的科学认知层面，就这样转化为后来实用的“相土”“堪舆”“风水”等人居技艺了。此外，巫术礼仪中所包含的科学认知层面，还在哲理层面转变为“儒道互补”：“如果儒家着重保存和理性化的是原巫术礼仪中的外在仪表方面和人性情感方面，道家则保存和理性化了原巫术礼仪中与认知相关的智慧方面”[125]，并逐渐形成儒家之外的民间道教的“小传统”，如“各种民间大小宗教和迷信”[126]，其中也包括作为民间“道家”所擅长的各地方人居技艺。

汉代之后的“儒道互补”，还以“儒尊道贱”的历史脉络存在。“董仲舒排斥黄老后，黄老进入民间”[127]。随着技艺和“道家”潜入民间，作为中国古典人居科学哲学和古典城规学-景观学-建筑学的中国人居科学及其理论，面临的问题是：一方面受到儒家持续挤压和妖魔化而理性化极不彻底；另一方面又因潜入民间后缺乏足够的高层次懂科技人才而使其科学认知层面，一直未能脱去巫术外衣，至今依然散发着浓厚的“巫味”。现在它所面临的问题是，在尽快脱去巫术外衣的同时，尽快展现出科学认知侧度的价值，且搭乘数字化时代列车。

参考文献

[1][2][3][5][6][7][8][9][10][19][20][21][22][23][24][25][26][27][28][62][80][81][109] 张光直：《中国考古学论文集》，北京：生活•读书•新知三联书店，2013 年版，第 358—359 页，第 359 页，第 356—360 页，第 360—361 页，第 361—362 页，第 353—365 页，第 202—222 页，第 356 页，第 356 页，第 353—355 页，第 355—356 页，第 358—359 页，第 360—361 页，第 355—356 页，第 361—362 页，第 202—222 页，第 363 页，第 359 页，第 360 页，第 202—222 页，第 353—360 页，第 353—360 页，第 123 页。

[4] 叶舒宪：《中国神话哲学》，北京：中国社会科学出版社，1992 年版，第 360 页。

[11] 张光直：《谈“琮”及其在中国古史上的意义》，收于文物出版社编辑部编：《文物与考古论集》，北京：文物出版社，1986 年版。

[12][42][121][122] 胡义成等：《周文化和黄帝文化管窥》（下册）《论关中黄帝文化》，西安：陕西人民出版社，2015 年版。

[13][14] 苏联科学院米克鲁霍—马克来民族学研究所著，史国纲译：《美洲印第安人》，北京：生活•读书•新知三联书店，2004 年版，第 28—29 页。

[15]〔日〕《复活节岛土著居民来自中国南部》，《每日新闻》1988 年 8 月 12 日。

[16]〔美〕阿西摩夫等著，阮芳赋等译：《自然科学基础知识》（第四分册，人体和思维），北京：科学出版社，1978 年版。

[17][61][63] 焦天龙，范春雪：《福建与南岛语族》，北京：中华书局，2010 年版。

[18] 凌纯声：《中国边疆民族与环太平洋文化》，台北：联经出版公司，1974 年版。

[29][30][31][32][33][34][35][36][37][57][123][124][125][126] 李泽厚：《己卯五说》，北京：中国电影出版社，1999 年版，第 33 页，第 48 页，第 40 页，第 51 页，第 43 页，第 48 页，第 52 页，第 59 页，第 57 页，第 69 页，第 39 页，第 40 页，第 65—66 页，第 59 页。

[38] 李泽厚：《孔子再评价》，《中国社会科学》1980 年第 2 期。

[39] 李泽厚：《实用理性与乐感文化》，北京：生活•读书•新知三联书店，2005 年版，第 365 页。

[40] 参见许倬云：《求古编》，北京：商务印书馆，1998 年版，第 38 页。

[41][60][67][106] 胡义成：《银川“萨满”进关中》，收于胡义成等：《周文化和黄帝文化管窥》，西安：陕西人民出版社，2015 年版，第 350—370 页。

[43] 王其亨主编：《风水理论研究》，天津：天津大学出版社，1992 年版，第 26—31 页。

[44][46][48][49][50][51][52]〔德〕卡西尔著，黄龙保、周振选译：《神话思维》，北京：中国社会科学出版社，1992 年版，第 102 页，第 111 页，第 98 页，第 99 页，第 108 页，第 113 页，第 111 页。

[45]〔德〕卡西尔著，甘阳译：《人论》，上海：上海译文出版社，1985 年版，第 58 页，

[47][53][56][65] 王育武：《中国风水文化源流》，武汉：湖北教育出版社，2008 年版，第 107 页，第 60 页，第 34 页，第 201—204 页。

[54][55] 巩启明：《从考古资料看我国原始社会氏族聚落的平面布局》，收于中国人类学学会编：《人类学研究》，北京：中国社会科学出版社，1984 年版，第 218 页，第 220—221 页。

[58]〔美〕奈斯比特著，蔚文译：《亚洲大趋势》，北京：外文出版社，北京：经济日报出版社，上海：上海远东出版社，1996年版。

[59]〔美〕奈斯比特、〔美〕阿伯迪妮著，军事科学院外国军事研究部译：《2000年大趋势》，北京：中共中央党校出版社，1990年版，第174页。

[64][66] 张杰：《中国古代空间文化溯源》，北京：清华大学出版社，2012年版，第319—320页，第320页。

[68] 苏秉琦：《中国文明起源新探》，沈阳：辽宁人民出版社，2009年版，第119页。

[69][82] 中华人民共和国科学技术部，国家文物局等编：《早期中国》，北京：文物出版社，2009年版，第57—62页；李新伟：《考古学揭示“最初中国”的梦想》，《光明日报》2016年5月13日第5版。

[70] 叶舒宪：《玉成中国——以往未知的中国故事》，《光明日报》2016年6月16日第11版。

[71] 王仁湘：《心的旅行 从凌家滩出发》，《光明日报》2016年6月17日第5版。

[72][73] 参见中国社会科学院考古研究所等：《灵宝西坡墓地》，北京：文物出版社，2010年版，第278页，第278页。

[74] 参见中国社会科学院考古研究所等：《灵宝西坡墓地》，北京：文物出版社，2010年版，第296页。其中对墓葬的评价，赫然列有“墓葬价值”一栏。

[75][76][77][78][90] 中华人民共和国科学技术部，国家文物局等编：《早期中国》，北京：文物出版社，2011年版，第18页，第19页，第20页，第26—27页，第18—19页。

[79][86] 胡义成等：《周文化和黄帝文化管窥》，西安：陕西人民出版社，2015年版，第306—316页，第324—325页，

[83] 何新：《诸神的起源——中国远古神话与历史》，北京：生活•读书•新知三联书店，1986年版，第290页。

[84] 见陕西省历史博物馆2016年清明节前后承办“黄帝文化寻踪——杨官寨遗址和石峁遗址考古文物展”。

[85] 王炜林等：《陕西高陵杨官寨环壕西门址动物遗存分析》，《考古与文物》2011年第6期，第13—21页。

[87][88] 李零：《中国方术正考》，北京：中华书局，2006年版，绪论第9页。

[89]《尚书•无逸》。

[91][92] 苏秉琦：《苏秉琦考古学论述选集》，北京：文物出版社，1984年版，第21页，第188页。

[93] 章太炎：《“中华民国”解》，《民报》1907年第十七号。

[94] 曹定云：《华胥氏的历史传说与考古文化史实》，《宝鸡文理学院学报》2009年第1期，第23—34页。

[95][96][97] 刘宏涛：《中华原》，西安：陕西人民出版社,2015年版,第291页，第309页，第73页。

[98][99][103][119] 赵国华：《生殖崇拜文化论》，北京：中国社会科学出版社，1990年版，第215页，第214—254页，第225页，第107—108页。

[100] 胡义成：《再思西安杨官寨遗址文化价值》，收于胡义成等：《周文化和黄帝文化管窥》，西安：陕西人民出版社，2015年版，第320—349页。

[101] 格罗塞：《艺术的起源》，北京：商务印书馆，1987年版，第116页。

[102] 王炜林等：《陕西高陵杨官寨环壕西门址动物遗存分析》，《考古与文物》2011年第6期。

[104] 闻一多：《神话与诗》，天津：天津古籍出版社，2008年版，第109页。

[105] 俞伟超：《古史的考古学探索》，北京：文物出版社，2002年版，第11—21页。

[107]《史记·五帝本纪》。

[108] 路新生：《中国近三百年疑古思潮史纲》，上海：复旦大学出版社，2014 年版，第 405 页。

[110][116][117] 许进雄：《中国古代社会——文字与人类学的透视》，北京：：中国人民大学出版社，2008 年版，第 30 页，第 30 页，第 29 页。

[111] 曹定云：《华胥氏的历史传说与考古文化史实》，《宝鸡文理学院学报》2009 年第 1 期。

[112]《史记·封禅书》。

[113]《史记·秦本纪》。

[114]《史记·五帝本纪》。

[115] 丁山：《古代神话与民族》，北京：商务印书馆，2013 年版，第 157 页。

[118][119][120] 潘雨廷：《道教史丛论》，上海：复旦大学出版社，2012 年版，第 1 页，第 64 页，第 54—55 页。

[127] 张文江记述：《潘雨廷先生谈话录》，上海：复旦大学出版社：2012 年版，第 72 页。

第二节　从逻辑学和人类学看中国最早人居理论源自关中

从逻辑上看，中国人居理论源自关中的根本原因，乃在于关中是中国文明的发源地。黄帝尔后，周公在此“制礼作乐”，最终奠定了中国文明的总体框架[1]，而中国最早的人居科学及其理论，作为中国早期文明的标志之一，只能是周公“制礼作乐”开创的西周文明的有机构成者。

中国商代的人居选址，被文献称为“卜宅”，意指靠占卜确定人居。商代之前，人居选址中巫术色彩会比商代更浓。西周之后，中国成型的人居理论的诞生和发展经历了不同阶段，在不同阶段有不同称呼。其中，它最早在西周时期被称为“相土”（也称“相宅”），并经由周公主导而体制化、模式化。作为中国最早人居科技和理论形态的西周“‘相土’模式”，后来基本是全中国（包括台湾）的人居基因。本节将着重从逻辑推理和文化人类学视角，简论中国人居理论最早源自关中。

一、文献对周人“相土”的记载

在商代“卜宅”格局下，有关于“作邑”“作大邑”的记载。这并非本章所说“相土”。对此，李约瑟已有说明[2]。商周之交，当关中周人登上历史舞台大显身手时，史料中才比较多地出现了关于“相土”的记载。其中，《诗经》《尚书》中的“相土”（或“相宅”）记载就不少。唐代初年，吕才的《五行禄命葬书论》引古籍《宅经》说：“《易》称上古穴居而野处，后代圣人易之以宫室，盖取诸‘大壮’。逮乎殷周之际，乃有卜宅之文。故《诗》称‘相其阴阳’，《书》云‘卜惟洛食’，此则卜宅吉凶其来尚矣。”[3]虽然吕才在这里把《诗经》《尚书》所记殷周之际周人“相其阴阳”的“相土”，笼统地呼为“卜宅”不准确，但他对殷周之际产生中国古典人居科学及其理论的最早形态的分析，的确值得令人重视。吴良镛在以肯定性态度界定“相土”（吴称“相地”）时说，它“是指通过仰观俯察、相土尝水等技术方法，全面了解环境的基本特征，选择适宜的地区作为人居建设之址”，它“在俯仰回环、远观近察的过程并不仅仅是获得对地理环境的感性认识，也包含着测量、分辨、评价等技术活动”[4]。显然，周人“相土”与商人“卜宅”已大不同，它虽含有当时难免的占卜程序，但已有按特定规范实地考察、“相其阴阳”、择优选址等程序，显露着最初的中国人居科学及其理论主含科学要素。

《诗经》《尚书》等可信度很高的文献关于周人“相土”的记载，是殷周之交时周人创行“‘相土’模式”的确证。

（一）《诗经·公刘》

《诗经·公刘》是周族史诗，歌唱周人先祖公刘率部由“邰”迁到“彬”（此字系借用今字今音）后，相度山川与水土，选址建设家园的往事。其中描述的“相土”情节，也可被看成对当时关中周人早期人居行为的实录。

按这首史诗所记，作为周族先人的公刘，当年率领着队伍亲往“彬”地“相土”。他一会儿爬上山冈，一会儿下行河川，终于在考察了“南岗”之后，初步确定了“京师”的选址。在举行典礼仪式之后，公刘又“既景乃岗，相其阴阳”。在这8个字中，“相”字出场了，“相其阴阳”就是踏察所“相”中土地的“阴阳”，以最终确定选址。这8个字所记“相土”的具体状况，在中国人居史上，地位相当重要。它至少表明，“相土”时先要爬山冈，下河川，进行初选，然后须再“相其阴阳”，追求居址“负阴抱阳”，即面南而背靠山岗，迎阳避寒。其实，这个“相其阴阳”最终即导致了中国人居选址一直追求的“负阴抱阳”图式。显然，生活在西北黄土高坡上的周人先祖，根据长期迁徙选居的经验，为了族人的避寒、安全和健康，归纳出了这一套“相土”术。从《诗经·公刘》看，这一套相土术，除当时必需的占卜程序外，其余完全是合理而科学的，包括公刘对“南岗”的考察，以及他仰观俯察，立表于山岗测日形，亲在平壤定方向，看阴阳，尝水质，等等，都没有不可理解之处。这显然已大异于殷商卜宅作邑。中国历代“堪舆学家”推崇《诗经·公刘》，视作“术源之记”，说明中国人居理论最早是实用有效的含科学成分的选址技艺，包括它蕴含着中国最早的测量学、水文学、地质学、建筑学、景观学、规划学等古典人居学科的萌芽。

根据蒙文通先生的推算，公刘生活的时段，大体在商高宗武丁在位时。在这一时段内，公刘率周人起先活动于今甘肃陇东（今庆阳市、平凉市）的宁县、正宁、合水一带，后来又南往彬地“相宅”，促使周人迁到“古彬”，即今日陕西关中的旬邑、彬县、淳化、耀县、宜君、黄陵一带。在这一时段，周人及其生产力获得了很大发展[5]。照此解读《诗经·公刘》所述“相土”，我们可以逻辑地推导出关于“相土”的三条具体结论。

1. 创建“相土”术的主体是周人

作为中国最早的古典人居科学及其理论形态，“相土”术最早起源于周人。此前不见任何非周人的“相土”文献。

2."相土"术最早诞生于陇东和关中西府

"相土"术最早起源于今甘肃陇东和陕西关中西部的黄土高原，最初显然是周人在甘肃陇东及迁徙到关中西部的居住选址的经验总结。由于甘肃陇东实际最早是关中之一部（今甘肃平凉市之北才是关中北门"箫关"[6]），所以，本节仅称"相土"起源于关中。

3."相土"术诞生于早周

它至迟诞生在周祖公刘（商高宗武丁时期）之前，距今至少已有3000多年。大体忆载西周体制的《周礼》，对"相土"体制化之事录载颇多。其中可能有后人若干附会，但它大体也反映出周人继承并发扬了公刘的"相土"模式。在读《公刘》的前提下，读《周礼·地官司徒第三》的如下一段，能使人固化这一理解。它是界定周代"大司徒"之职守的，包括"辨其山林、川泽、丘陵、坟衍、原隰之名物"；"以土地之法，辩十有二之名物，以相民宅而知其利害"；"以土圭之法，测土深，正日景，以求地中"。从中可知，公刘"相土"术，在西周王朝已被升华为一种实用科技体制和官员职守，其技术程序包括"土地之法""土圭之法"等。从文献和考古的情况看，在西周之前，中国确无如此"相土"体制、职界、职业、职官等。

（二）《尚书》中的"相宅"

《尚书》中有关于周公赴洛阳"相宅"的记载（其中，"相宅"二字兼有选择国家首都的含义，因为"宅"最初的含义除指住宅，也指周王居处[7]，但其主体人居含义，大体同于"相土"）。《尚书·召诰》记载，"成王在丰，欲宅洛邑，使召公先'相宅'"，"太保朝至于洛，卜宅。厥既得卜，则经营"。又《尚书·洛诰》载："惟太保先周公'相宅'"，"越三日戊申，太保朝至于洛，卜宅。厥既得卜，则经营"；后来，周公接着又去"相宅"。他回来向成王报告说："我卜河朔黎水。我乃卜涧水东，缠水西，惟洛食。我又卜缠水东，亦惟洛食。"了解"相土"术的人，都知道此处虽连用三个"卜"字，实际上说的还是周公自己在用"卜"的名义选址（详见本书第四章第三节）。

营建洛阳，形成东都，兼用安置殷商贵族，是西周初年一大政治举措。结合《诗经·公刘》和《周礼》来读《尚书·召诰》的这些记载，可知召公和周公在营建洛阳时，都一再前去"相宅"，力求国都选址能保证国人得"食"。在这种人居行为中，我们可以发现，周公等人以得"食"为主要诉求确定城址的缜密理性。

作为对《诗经》《尚书》以上记载的一种考古资料印证，笔者在这里还想举出西周文物"宗周丰京瓦当"上的"四象"，对周人"'相土'模式"具体内容加以索求。这一瓦当最中间是一个"丰"字，显示出它属于丰京遗物；瓦当东边是一条青龙形象，相当逼真生动；东边是龙，西边是虎；北边是玄武，南边是朱雀[8]。这就是周人在"相土"术中奉行"前朱雀，后玄武，左青龙，右白虎"模式选址的物证，是中国人居理论研究中极为重要的文物。鉴于《诗经·文王有声》说"文王受命，有此武功，即伐于崇，作邑于丰"，可知丰京营建于晚商纣王时期。此时，所建丰京的瓦当上，已有如此明确的"四象"图像以表明丰京是"吉地"，可见，至迟到殷周之交，周人之"相土"

术，已经被升华为“前朱雀，后玄武，左青龙，右白虎”的“‘相土’模式”。

（三）《周礼》载“‘相土’模式”含有环保内容

作为成长于黄土高原且信奉“天-仁哲学”的民族[9]，周人“‘相土’模式”还含保护生态环境的内容。据《周礼》记载，西周就设有职掌山林、川泽生态环境保护的官员，如“山虞”“泽虞”“迹人”等，其具体职责是“‘山虞’掌山林之政令，物为之厉而为之守禁。仲冬，斩阳木；仲夏，斩阴木。凡服耜；斩季材，以时入之，令万民时斩材，有期日”；“‘泽虞’掌国泽之政令，为之厉禁。使其地之人守其财物，以时入之于玉府”；“‘迹人’掌邦田之地政，为之厉禁而守之。凡田猎者受令焉，禁麛卵者，与其毒矢射者”[10]。读完这一记载，华人不能不为自己祖宗的这种保护生态环境的高瞻远瞩而骄傲。“‘相土’模式”的确已经渗透着“天-仁哲学”保护生态环境的强烈意识。

对于周人这种保护生态环境意识的真正来源，学界至今有争论。中国景观学家俞孔坚先生认为，周人赖以生存的黄土高原水土流失一直十分严重，生活和生产经验使周人逐渐意识到，森林在防止水土流失方面具有特别重要的价值，因而他们把黄土高原的树木、森林看作“吉祥”的象征；另外，周人赖以生存的黄土高原渭水流域又是一个强地震带，在强地震带长期生活和生产的经验，也使周人觉悟到，森林在躲避震灾时具有很好的可用价值。这两方面的经验，都强化了周人关于树木、森林作为“吉祥”象征的潜意识。《周易》中的某些卦如“涣”卦、“辰”卦等卦辞，就明确标示着森林和保护森林为“吉祥”的判词，正是这种潜意识的显化。周公对成王的遗言亦然。作为对比，西方文明发源地的地中海，就没有黄土高原这种黄土环境和周人把树木、森林看作“吉祥”象征的幸运，所以，西方人及其早期人居科学原理，难以企达中国人自古对树木、森林等绿色环境的特殊喜好和着力保护[11]。

二、国外关于“相土”源自黄土高原的逻辑证明

1988年3～4月，毕业于美国伯克利大学的博士、新西兰教授尹弘基（韩国籍）先生，为探求中国人居理论起源，到陕西关中进行了实地考察。他根据“‘相土’模式”基本原理，结合关中黄土高坡的自然地理概貌，逻辑地推定，中国人居理论最早起源，应即西北黄土高原的窑洞选址。这一结论，与本书关于中国人居理论最早源于关中周人的文献推论，不谋而合。现将尹弘基所写、所讲的逻辑推理要点[12]简单述评如下。

（一）“‘相土’模式”产生发展的价值观三前提

尹弘基认为，“‘相土’模式”是以以下价值观念作为其逻辑前提的。

1. 某个地点比其他地点更有利于建造住宅

显然，这是一个最简单的生活经验。中国最早的人居理论的合理性，以此为首要

价值观选择。

2. 按照"'相土'模式"选择"吉祥地点"

对若干地点进行实地考察比较后才能选择出吉祥居址。在这一前提中，已内在隐含着"'相土'模式"对"吉地"的评价。"前朱雀，后玄武，左青龙，右白虎"模式，虽然在语言表述上巫味儿很浓，但它对于中国西北黄土高原而言，无疑是最符合人居科学原理的模式（详见本书第四章第三节）。

3. 选出"吉祥地点"可带来吉祥

一旦选准了这个"'相土'模式"所谓的"吉地"，生活于其中的人及其子孙，都必然会有"吉祥"命运。这实际上是对第一二条的一种含有迷信成分的理性延伸。对于人的居址选择而言，它不全是迷信，至少因为居住于"吉地"的人家自然环境较好，身体较好，且经济条件也好，子孙亦然，因而其家族命运较好的判断，显然含有合理因素。至于它后来被移用于"阴宅"之"吉地"选择，推衍成《葬书》所谓的"气感而应，鬼福及人"[13]，就成了迷信成分较浓的论断。

综合观之，最早的中国人居理论"'相土'模式"的价值观念前提，合理因素占绝对优势。

（二）"'相土'模式"的三条人居原则

尹弘基以上述三个价值观念为据，进而从人居科学原理层面推论，无论是根据"四象"模式或是别的说法，归根结底，"'相土'模式"的三条人居原则如下。

1. 对地貌的要求

所谓"吉地"的地貌，应呈马蹄式围合状，其北方和东西两方均应有大小山体或高地围护，南面则应临水，是开阔的平坦之地。其中，最吉祥的人居"穴位"即"龙穴"，应当位于北边"玄武"主峯向南的延长线上，但又在水之北岸。这是"'相土'模式"的第一要义。显然，对中国黄土高原黄河中上游秋冬季"北风呼啸"生活有所了解的人，都应当承认这种"前朱雀，后玄武，左青龙，右白虎"的模式，在该地域确具明显的合理性。

2. 对临水的特别要求

"'相土'模式"显示，所谓"吉地"本身应是干燥处，但其不远的南方应当有河流或水源（如泉水）。显然，这一条"前朱雀"原则，源于居处应有生活必需的水源之经验，为"'相土'模式"第二要义即"寻水"。至于后来加进来的"山顿水曲，子孙千亿"之说[14]，乃是对"寻水"要义的升华且加进了审美标准。

3. 对朝向南方的要求

"'相土'模式"所谓"吉地"应坐北朝南，形成非常清楚的南北轴线，这完全合理。

时至今日，在中国，特别是在黄土高原，最好的建筑选向，最好的楼盘，仍是基本坐北朝南者。

在笔者看来，尹弘基归纳出的这三条人居原则，确实抓住了"'相土'模式"作为人居哲学和美学及人居科学原理的要害。

（三）对"'相土'模式"起源的逻辑推理

尹弘基根据以上"两个三条"，按照比较严格的逻辑推理程序，提出了关于国内"'相土'模式"起源地的两条假设。

1. 它由中国"西北人"创设

这一推论的成立是显然的。至少因为在3000年前的中国，只有长期生活于黄土高原且水土流失严重、比较缺水、冬季比较寒冷地区的西北人，才会源自当地黄土高原地理条件和居住实践，在其文明发展比较先进的基础上，省悟到这些只适用于该地域的人居原理，并成为本民族人居的普遍尊奉。当时，同属北部的华北及辽西、青海、新疆等各地也有山区，但即使产生此类人居要求中的某一些，也不可能有关中周族公刘及周公那种强有力的领袖人物加以总结、强力宣传和强力推广。当时，只有西北周人，才会在已有文明发展的基础上，把这样综合性的人居要求作为栖居地选址的原则，通过公刘及周公那种强有力的领袖人物，加以有效总结、强力宣传和强力推广，升华成为神圣的人居律条。综观全国，在3000年前左右，由于地理、水文、纬度等自然条件的不同，全中国当时也没有其他地域会像西北周族这样，能孕育出只适用于西北地域的"'相土'模式"。包括人们不可能设想，当时住在江南平坦水乡的人们，或住在北方非黄土地区平原的人们，会综合上述只适合黄土高原人居的原理作为"相土"依据。这些地理-历史因素，是地处西北的黄土高原作为"'相土'模式"起源地的决定性条件。

于是，按照逻辑推理，"'相土'模式"原则的提出者，肯定是当时生活在西北黄土高原的古代周族居民。

2. 当时可满足"藏风"原则者只有周族

"'相土'模式"中的"藏风"原则，当时只能产生于中国西北气候区内。这个地区比较寒冷，需要利用大小山地"藏风"，即躲避来自北方的寒风，包括来自西北方、东北方的寒风。当然，北中国所有山区、丘陵和沟壑地区，均需"藏风"，包括均需冬季避寒风，因为北中国是西伯利亚寒流和太平洋暖气流"拉锯战"剧烈的地区；在秋冬时节，此种"拉锯战"对当地居民生活构成了巨大威胁。"藏风"以求生，是所有北中国人的自然需求。但一如上述，当时有能力、有组织地把这种包括躲避来自北方、西北方、东北方寒风的需求在内的各种人居需求，总结并升华为全民原则者，非中国关中周族莫属。在公刘时代，北中国的殷人也可能要求"藏风"，但地处中原平地的他们仅靠"卜宅"，不可能总结出完整的"'相土'模式"。

如此等等，尹弘基把"'相土'模式"源地逻辑地锁定于关中"黄土高坡"，是能说服人的。可贵的是，对"黄土高坡"情况不甚了解的尹弘基，还亲自到关中黄陵县实地勘踏，力求验证以上逻辑推论。其实，他当时应该先到陇东考察，但接待他的是一位历史地理学家，对“相土”模式不是很清楚，于是就把他引导至黄帝葬地。不过，黄陵县与陇东的情况近似，故其推论也可信。

3.“‘相土’模式”最早诞生于寻找理想的窑洞选址

尹弘基在黄陵县乡间坡上实地踏察调研后，便提出上述论断，因为西北所有窑洞，几乎都是从靠背的山崖上挖出来的，背靠山(“后玄武”)，前临开阔水源地(“前朱雀”)，是窑洞最主要和最关键的地形、水源要求。由此，尹弘基还认为，“‘相土’模式”中的“龙穴”，起源于“洞穴”意象；可以设想，它是从窑洞居住者那里传下来的一个专用语汇。在山脚下的窑洞前面，通常都有比较开阔的平地以形成阳光充足的“院子”即庭院，以用于备耕、喂养家畜及家人的休闲，附近朝南还应有水源以供使用。尹弘基还发现，黄陵县几乎所有供居住的窑洞，都是朝南（也含朝向东南、西南，因地形而变）的，这也证实了“‘相土’模式”强调南北轴线的根本原因。在尹弘基看来，对于悬崖下的窑洞居住者而言，如果窑洞不能接受阳光，那显然是可怕的，于是，南北轴线被神圣化就成为必然。诸如此类，尹弘基把“‘相土’模式”的基本原理与在黄土高坡寻找理想的窑洞开挖地联系起来，显然是有道理的。他由此认定“‘相土’模式”不是迷信而是实用的中国古典科技，也是有道理的。至于由“‘相土’模式”演变出的理论，后来过多地渗入迷信成分，并不能得出“‘相土’模式”本身只是迷信的结论。

不过，依笔者看，这位美国博士学者的“‘相土’模式”出自“窑洞”说，似乎是把“‘相土’模式”起源中的“窑洞”成分绝对化了。虽然一个“洋人”到了关中北部，面对满眼黄土沟壑及奇异的窑洞景观，对窑洞有了特别深刻的印象，从而把它在“‘相土’模式”起源中的地位绝对化，是可以理解的，也是很有道理的，但应当说，它又是片面的。因为自公刘以来，关中人的居处是窑洞与简陋土木结构的房子并存。如果说在甘肃省庆阳市“周祖陵”时代，早期周族先民的居处是以窑洞为主，那么他们到今天的陕西省关中后，居处则是简陋的土木结构的房子越来越多。一是因为陕西省关中较平坦的地形地貌，与甘肃省庆阳的沟壑纵横颇不同，宜于挖窑洞的地方不太多；二是因为简陋土木结构的房子，可以离农耕处更近，更适应陕西省关中农耕的发展，一般不受地形、地貌的限制。特别是随着生产力的进步，当时周族统治者和中上层人士、知识分子，一般都居住在较像样的房子乃至宫殿中（由木架房子和墙围合形成的“四合院”，就起源于关中，见后述)，窑洞一般是乡间和山地平民和贫困者所居，而后者不可能在“‘相土’模式”原则诞生中成为唯一的主导者，因此，把“‘相土’模式”源头只与“窑洞”相关联，似乎是把复杂的问题简单化了。《易·系辞》已说：“上古穴居而野处，后世圣人易之以宫室。”据此，中国建筑史大师梁思成说，中国古代“宫室与穴居可以同时并存，未必前后相替也”[15]。从《诗经》可知，关中一带人居建筑在周代已“以版筑为主要方法”[16]。进一步的中国建筑史研究也表明，古代关中并非以窑洞居住方式为主的区域[17]。显然，把“‘相土’模式”诞生仅与窑洞关联，也不完全合乎周代史实。可以设想，“‘相土’模式”可能最早诞生于陇东早期周人挖窑洞的实践，后来则是周人在关中选择建造房子和“四合院”地址时的经验总结。

话说回来，笔者倒很赞赏尹弘基的如下见解：如果对“‘相土’模式”没有深刻了解，要研究中国和东方的人居文化是不可思议的[18]。当我们关注中国人居理论时，对“‘相土’模式”下一番工夫，应是题中应有之义。

三、国内关于“‘相土’模式”源自关中的人类学证明

如果说尹弘基到黄陵县调研的结论，表现着一位对中国人居史并不太熟悉的国外学者对“‘相土’模式”源地的一种纯逻辑推导式确认，那么，国内俞孔坚关于“‘相土’模式”源自“关中盆地”的文化人类学解读，不仅显出对中国人居史比较熟悉，而且显出近年中国人居理论史研究对国外“集体潜意识”等理论和国内“周族文明奠定中国文明基因”等研究成果的深度借鉴。

俞孔坚的《理想景观探源》一书相关部分，先是论述“中国原始人类满意的栖息地模式”，然后说明了“中国农耕文化的盆地经验”对“中国原始人类满意的栖息地模式”的“强化”。

（一）关于“中国原始人类满意的栖息地模式”

俞孔坚的书不出意料地依“从森林到森林草原——景观吉凶意识的进化史观”开始。据说，“长达千余万年，占据人类全部进化史的绝大部分时间的疏树草原景观经验，对人类的生理、心理结构的进化和形成，起到了莫大的作用”，在“藏匿和轻慑行为成为丛林动物的进化方向”时，包括人类“生理及体质上的劣势，迫使人类通过选择特殊的栖息地和最有效地利用自然景观，来求得生存和发展”，于是，在狩猎中力求“庇护”和“捍域”（有效捍卫自己的栖息地），成为人类选择栖息地的必然条件。这些条件也就逐渐成为中国原始人理想栖息地的“原型”，并通过生物基因遗传延续下来，演变为中国原始人“理想景观模式”之“依靠围合空间效应”“隔离与胎息效应”“豁口与走廊效应”等特征；鉴于这些特征是通过生物基因遗传延续下来的，所以中国原始人“理想景观模式”的延续，是在“潜意识支配下”展开的，表现为某种似乎远离功利的“神秘性”。这就是中国人选择理想栖息地之价值观念的“深层结构”[19]。

人们在这里当然会问，同是由猿人转化而来，中国人的这种“深层结构”，与非中国人又有什么区别？俞孔坚以印第安人为例回答说：非中国人也拥有这种“深层结构”，“只不过别有它名而已”；但中国文化与欧洲基督教文化确有大异，中西方的区别源于中国人偏爱依恋自然，偏好“藏匿”与“防守”[20]，而“西方文化本质上是一种扩张性文化，对同类如此，对自然也是如此[21]，包括他们偏好“炫耀”与“侵略”，而中国被强化了的“庇护效应”表现为“盒子中的盒子”形状，与欧洲基督教文化的典型建筑偏好“制高点”“视控点”不同，如与法国凡尔赛宫可以“放眼长达 3 公里辐射轴线上的喷水池和巨型雕塑”完全不一样；中国被强化了的“捍域效应”表现为隐匿中的

"'重'关'四塞'"模式，与欧洲基督教文化的典型建筑炫耀意象、外向性进攻战略、凌驾于自然之上等特征大异[22]。俞孔坚的这种解释，自圆其说地区别了中西"深层结构"的不同，值得研究"'相土'模式"时加以重视。至少，"'相土'模式"深度契合俞孔坚所说中国原始人的"深层结构"。但其对印第安人之例的援引，未能顾及他们与中国人同宗同文化的历史渊源[23]，值得再议；对欧洲基督教文化特征的说明，仍然未能令人信服地解开其价值观念"深层结构"形成的最终经济根源，有待再思。至于中外价值观念"深层结构"之差异是否会通过"获得性遗传"保留，也似有待科研证据的支持。在这个问题上，似乎"获得性遗传"之说不如"文化性遗传"更服人。

（二）关于"中国农耕文化的盆地经验"

此处所谓"中国农耕文化的盆地经验"，基于俞孔坚对"周文化在中国文化发展历程中的定型意义"的确认[24]，以及周人当年形成"'相土'模式"时正处关中盆地，其农耕人居文化的经验在"'相土'模式"中成型，又通过"文化基因的复制"而成为中国古典人居科学及其理论核心内容的细思[25]。据说，正是周人农耕人居文化的盆地经验在"'相土'模式"中成型，并在长达3000年的时间里一再被复制，进一步强化了原始中国人的前述"深层结构"，包括"自西周以后到隋唐，关中盆地一直是中华文明之中枢，是中华民族文化的辐射之源。其作为王畿的时间前后历时共1100年，经历11个王朝，几乎占去了中华民族文化从定型发展到烂熟的整个时期"，故"'相土'模式"对中国古典人居科学及其理论的定型发展之"意义不言而喻"[26]。这种解说对思考"'相土'模式"的源自和被复制，也是合理并很适用的，且与上述尹弘基逻辑推导的结论也相当吻合。

四、周人"'相土'模式"学科性质试析

关中周人用武力推翻殷商之后，在中国建立了拟大一统的王国，其统治全国时间至少长达两三百年（此处只计西周前中期，不含东周）。在笔者看来，由于"所有历史都是胜利者的历史"，可以设想，在当时的集权和拟大一统体制中，周人势必要通过或文或武的方式，力求把包括"'相土'模式"在内的周族文明模式推广至全国，"'相土'模式"后来便逐渐历史地积淀为中国古典人居科学及其理论的核心成分且转化为民俗。当然，由于中国南方及沿海自然环境与西北黄土高原有巨大差异，"'相土'模式"后来在南方及沿海的播布，便有一系列变通，例如，"左青龙，右白虎"中的"龙""虎"，往往又被解释为水陆道路；甚至"玄武"也不必一定是北边的大山，可以是一片树林或竹林等，以适应南方的地理地貌特征。鉴于"卜宅"等迷信成分远大于科学成分，故作为中国最早的古典人居科学及其理论形态，"'相土'模式"之"关中源头"说成立的一个前提事实是，至今在全球或全国，都找不到比《公刘》《召诰》等更早的中国古典人居科学及其理论的文献记录。

要在目前通行于国内的学科划分中说明“‘相土’模式”的学科性质，其前提之一，当然是先要弄明白，中国古典科学门类划分，与西方存在根本差异，不能强行完全用西方标准来理解和解说中国人居科学及其理论体系的学科性质，这正如不能用英文完全表达中国唐诗的意境一样。在中国，“‘相土’模式”开其头的中国古典人居科学及其理论，从未像西方那样明确清晰地分化出建筑学、景观学和规划学等，而是始终呈现出某种各有侧重的综合体状态；另外，用今天中国年轻人比较习惯的来自西方的学科划分理解“‘相土’模式”的学科性质，也不是完全错误，至少因为作为综合体状态的中国古典人居科学及其理论体系，毕竟还呈现出各有侧重的某种学科分化特征。吴良镛就说过，“中国古代确有城市、建筑、园林的专门分工”[27]。故本书以下理解便按来自西方的目前通行于国内的学科划分展开。

（一）作为中国最早的古典景观学原理及其哲学–美学理论体系

“‘相土’模式”作为中国最早的古典景观学寄体和哲学–美学理论萌芽，这是毋庸置疑的。吴良镛的《中国人居史》第二章第四节评《诗经•公刘》说，诗中“‘瞻彼溥泉’和‘乃觏于京’反映了古人对台地的需求”,“如果把春秋时期老子《道德经》中所写‘如春登台’，即人最快乐的享受是春天登高观景”联系起来，则知此即中国“地景文化”的源头之一。此外，“‘相土’模式”还以“四象”的形式，提出了关于最理想景观的基本哲学–美学原则，并形成了一个较完整的景观学理论体系。尤其值得注意的是，吴良镛的《中国人居史》第二章第四节还论及“‘相土’模式”中的“仰而观之”环节,“不只是一种身体姿势的自然定位，尤其是用心灵状态取向定位”。吴良镛在这里实际已经多少觉察出了本书第三章中所论的中国人居理论之核心的“人居功能态”。“人居功能态”也是中国景观学理论的核心。与国外相比，可以说，“‘相土’模式”是人类最古老的景观学原理及其哲学–美学理想体系，凝聚着关中和中国人在特定环境之景观学方面丰富的智慧。在此尤其应强调的是，作为景观美学，“‘相土’模式”的产生和发展，与西方美学截然不同（见本章第三、四节）。对西方人和比较习惯于来自西方学科划分的中国年轻人而言，要理解作为景观美学的“‘相土’模式”，是要转换思维模式的。依笔者之见，中国人居理论在中国的传承和转型，关键在于从现在起就转换中国人居科学领域年轻人的思维模式，使之在继承和发挥西方科学长处的同时，从全学科“西化”转向彻底的“中国文化本位化”后的“中西合璧”。

当然，我们不能说古埃及的金字塔、神庙及古希腊“卫城”、古罗马《建筑十书》等不包含景观学理论因素。古阿拉伯的“空中花园”更是景观佳品，体现着阿拉伯丰富的景观文化。至于19世纪西方“工业革命”后的“都市美”运动，也可被看成“景观美学史”之一页。但是，作为3000年前比较系统、成型的理论与实践体系，“‘相土’模式”确是东方景观学之滥觞。至少，由它演化而来的中轴对称的景观原理，重整体的景观气度，富于层次的景观结构，围合封闭的景观安全性，“人作似天成”的景观意境，以及要求曲线美、动态美的审美标准，加上它对山形水势审美的大量经验总结，它的景观“形势”论等，已经构成一个成型的景观学术体系，其中含许多的经验总结，有些至今仍是西方景观学的弱项，也是构建现代中国景观学的宝贵财富。

1883年，有一位在中国的英国传教士出版了一本书，书名叫《堪舆：古代中国神圣的景观科学》，从"理""数""气""形"四方面，论证了民间化形态"堪舆"作为景观学的学科性质。试用美国当代景观学权威西蒙的《景观建筑学》一书为参照系，比对"'相土'模式"，也可发现，它堪称东方景观学体系的核心（限于篇幅，具体对比，本书从略）。在笔者看来，中国现代景观学应把"'相土'模式"作为骨干内容之一加以继承和发挥。

（二）作为中国最早的古典建筑学和规划学原理及其哲学–美学体系

这也不难理解，因为《公刘》《召诰》等所载历史事实已经表明，"'相土'模式"就是直接以中国最早的古典建筑学和古典规划学原理及其哲学–美学而走进中国人居史的。吴良镛的《中国人居史》有的地方不仅已觉察出"'相土'模式"包含着对作为中国人居理论之核心的"人居功能态"的省悟，而且其第二章第四节还提出，"'相土'模式"除含"逝""瞻""陟""觏""相""观""度"等技术"程序"外，又是以"宜"为人居目标的（《史记·周本纪》中就有关于公刘"地行宜"的说法）。这个"宜"对居者而言，当然首先是一种"人居功能态"优化的境界。这是"'相土'模式"作为中国最早的古典建筑学和规划学原理，以及作为它们的哲学–美学体系的一大显著标志。如今，当海德格尔的"诗意栖居论"建筑哲学"走红"全球之际，中国人居科学家应当自信而清醒地看到，早于海德格尔几千年，作为中国古代建筑–规划–景观学原理及其哲学–美学的"'相土'模式"，已经通过"宜"居目标，与海德格尔的"诗意栖居论"思路一致，追求在天、地、人、神四位一体中的诗意栖居即"人居功能态"优化。它们双双将东西互补地构成人类面对生态环境危机时的人居科学及其理论发展的指南针。中国一些只知"西学"的建筑师和规划师，不能再数典忘宗，"端着金碗要饭吃"。

在中国，一个明显的历史事实是，中国人居数千年不辍发展，举凡宫殿、民宅、都邑、城镇、园囿、陵墓、寺观乃至道路、桥梁等，从规划、选址、设计到营造、维护，无不烙有由"'相土'模式"演变而来的中国人居理论指导的明显印痕。因缘于中国人居理论而发明的指南针，作为推动人类文明前行的重要技术成果，也印证了中国人居理论不等于"迷信"。离开中国人居理论，根本说不清中国数千年的建筑史、景观史和城市规划史。可以说，中国人居理论是中国人"诗意栖居"或"人居功能态"优化的丰富经验的表达和提升，是迥异于西方且同时经受了时间考验的中国古典建筑学、规划学原理及其哲学–美学体系。

（三）作为中国古典生态学"原型"

王其亨曾说，由于中国人居理论注重人与自然的有机联系及交互感应，因而注重对人与自然种种关系的整体把握，即整体思维，虽然往往有失粗略，但不乏天才直觉，很早就得出了堪与当代诸如生物圈或生态学等综合性、系统性科学相契合的真知灼见。例如，中国人居理论注重风、水、气、土的种种论述，同现代科学注重地球生物圈中大气循环、水循环、土壤岩石圈及动物植被等生态关系，往往表现出惊人的一致。像中国古代的《日火下降旸气上升图》，就相当典型，所概括的水循环图示，在科学认识水准上，并不逊于现代生物圈或生态循环理论中的同类图示[28]。我国还有论者以美国学者英·玛哈（Ian McHarg）所著的《自然设计》（*Design with Nature*）一书为参照系，对比了“‘相土’模式”所开启的中国人居理论与国外当代生态建筑学体系的异同，发现中国人居理论作为古典生态学原型是当之无愧的。美国学者托德夫妇在所著的《生态学设计基础》一书中，也把“‘相土’模式”所开启的中国人居理论，作为“生态学设计”的一种前提看待[29]。由此观之，把“‘相土’模式”视作中国最早的古典生态学，是有道理的。中国人从古便是有机–生态论者[30]，他们对居址的思考，不能不是生态论的。

中国人自古就把宇宙万物看成一个活的有机整体。所谓“宇宙一‘大我’”“天地一‘大生命’”，说的就是这种意思。在“‘相土’模式”所开启的中国人居理论中，大地和宇宙作为一个“经络活体”且具有“穴位”的看法，十分引人关注。作为中国古典人居理论代表作之一，《葬书》就认为大地之中，山脉的走向有“生气”，它像人体血液一样流动，并随地形高低而变化沉浮[31]。由此生发，中国人居学家讲求“吸地气”，至今不衰，并非完全无理。当代生态学已可证明，地球和宇宙的确可被理解成一个生态整体，包括生物和无生物在内的万物均彼此因缘关联。显然，生态学已经否定了西方近代自然科学把大地宇宙只作为“无机”世界看待的思路，回归于“天地一‘大生命’”的中国思路。由此再反观“‘相土’模式”，它作为中国古典生态学是可以成立的。

（四）作为中国最早的地理学

“‘相土’模式”开创的中国人居理论，在古代又被称为“地理”。实际上，当西方地理学传入中国时，人们用中国人居理论的别称译介它，也是有一定道理的。中国人居理论作为中国古典地理学，不像西方地理学那样以自然地理学为主，而是按中国“天人合一”的哲学，在“天、地、人”的“三合一”中，作为人文地理学、历史地理学、建筑地理学或生物地理学、生态地理学等思考地理学问题。于希贤先生关于“堪舆”作为中国古典地理学的见解[32]，得到国内外（包括联合国有关机构）的广泛认同，也并非无理。中国科学院杨文衡先生也把风水视为中国古典地理学。

近年来，钱学森在倡言建立现代“建筑科学”时，也曾提倡研究“天、地、生、人的相互关系”，“建立现代地理科学基础”[33]。在他的这种呼吁中，人们可以悟出，“‘相土’模式”开创的中国人居理论作为中国古典地理学与西方地理学互补，可以为现代地理科学的建立提供必需的思想资源。

（五）“‘相土’模式”开创的中国人居形式作为中国人居民俗

这更是贯穿于中国古今民间社会的一个基本事实。其原因在于，中国古代人居理性在长期的发展中，逐渐向中国人的潜意识积淀；而年长月久的潜意识积淀，在民间又往往作为民俗呈现出来。其特点是当事者说不清行为的理由，似乎“从来如此”和“必须如此”，这当然是其来自潜意识的后果。

参考文献

[1][9][23] 胡义成等：《周文化和黄帝文化管窥》，西安：陕西人民出版社，2015 年版，第 48—82 页，第 82—90 页，第 353 页，

[2][8][12][18][32] 于希贤，〔美〕于涌编著：《中国古代风水理论与实践》，北京：光明日报出版社，2005 年版，上册第 558 页，52—53 页，第 33—43 页，第 13 页，第 71—78 页。

[3][28][29] 王其亨主编：《风水理论研究》，天津：天津大学出版社，1992 年版，第 20 页，第 4 页，第 243—251 页。

[4][27] 吴良镛：《中国人居史》，北京：中国建筑工业出版社，2014 年版，第 486—487 页，第 486 页。

[5] 张洲：《周原环境与文化》，西安：三秦出版社，1998 年版，第 319—321 页，

[6][30] 胡义成：《关中文脉》（下册），香港：天马出版有限公司，2008 年版，序言第 7—8 页，第 1—10 页。

[7] 葛兆光：《宅兹中国》，北京：中华书局，2011 年版，自序第 3 页。

[10] 转引自李金玉：《周代生态环境保护思想研究》，北京：中国社会科学出版社，2010 年版，第 143 页。

[11][19][20][21][22][24][25][26] 俞孔坚：《理想景观探源》，北京：商务印书馆，1998 年版，第 109—113 页，第 73—88 页，第 94—102 页，第 113 页，第 94—102 页，第 103 页，第 102—104 页，第 102—121 页。

[13][14][31] 顾颉主编：《堪舆集成（一）》，重庆：重庆出版社，1994 年版，第 340 页，第 109 页，第 340 页。

[15][16] 梁思成：《中国建筑史》，天津：百花文艺出版社，1998 年版，第 35—36 页。

[17] 潘谷西主编：《中国建筑史》，北京：中国建筑工业出版社，2004 年版，第 89 页。

[33] 马霭乃：《地理科学与现代科学技术体系》（“钱学森科学技术思想研究丛书”之一），北京：科学出版社，2011 年版，第 1—56 页。

第三节 “周”字最初即“‘相土’图式”

在殷周史研究中，关中“姬周”族群之“周”字称谓的源自，一直存有争议。本节将提出，今体“周”字最早由周人“‘相土’图式”演化而来。此事将从一个特定角度说明，周人“‘相土’图式”诞生，与周初“制礼作乐”紧密关联。它是中国人居科学及其理论的“原型”。

本节内容之所以包括远古居住巫术“理性化”，是因为周人“相土”源自史前中国巫教（见本章第一节），它在周初才随着中华文明的形成而最终完成形式化、图式化、体制化等理性化的过程，质变成为中国人居科技和艺术文化。

笔者在合著《周文化和黄帝文化管窥》（陕西人民出版社，2015 年版）中已说明，早于周人约 2000 多年的关中黄帝族文化，系周文化的地域源头；而前者即史前“巫教徒”。本章第一节又说明，中国史前巫术含有某种人居巫术。由此可知，周公对中国人居理论之功不在初创，而在导引完成史前人居巫术的最终理性化。

一、从中国“‘巫史传统’理性化”审视人居史

这里仅围绕本节主题，先介绍学界关于中西文化某些主要不同点的探讨，再叙述若干相关预备知识，为以下论证做准备。

（一）张光直关于中国史前及文明初期巫教作用重要性的判定

深度思考中西方文明的主要不同点时，史前及文明初期考古成果，是一个极重要的学术切入点。按本书前述的张光直之见，中西方虽在远古均出现过“‘巫’现象”，但在西方“‘巫’是不重要的”，“巫”在中国却是“起大作用的”，这一区别以前“颇被忽视”[1]，而这却是“中国古代考古文明的特殊性”所在[2]。在他看来，中国文明在起始点上的这种特殊之处还包括从文明一诞生，“巫术逐渐被统治阶级所独占”[3]，逐

渐出现“王出于巫”[4]，于是“巫君合一”。中华文明的许多特征，由此派生。

（二）李泽厚“‘巫史传统’理性化说”及周公的重要性

参考考古成果，李泽厚重申了中国“‘巫史传统’理性化”说。这种“理性化”，在哲学上表现为由“巫”至“哲”，即中国哲学致思特征由巫师职业特征即追求“天人感应”所决定，导致了中国“天人合一”哲学的产生[5]，包括区别于西方“逻辑理性”的中国“实用理性”[6]出现。而在西方，“巫”现象经“‘脱魅’而走向科学与宗教的分途”[7]，派生出了“政教分离”及哲学上的“两个世界”（即抽象“物质”与“精神”的二元对立）、逻辑理性等。李泽厚还进一步结合中国政治特征论述了这种“理性化”，认为“中国文明有两大征候特别重要，一是以血缘宗法家族为纽带的氏族体制，一是理性化了的‘巫史传统’”[8]。此处之“史”，指“继‘巫’之后进行卜筮祭祀活动以服务于‘王’的总职称”[9]，即为王室服务的文化官员。在李泽厚的思路中，“‘巫史传统’理性化”成为“中国上古思想史的最大秘密”，“‘中国思想大传统’的根本特色”[10]；“中国思想历史的进程‘由巫而史’，日益走向理性化”[11]，后来“直接过渡到‘礼’（人文）‘仁’（人性）的理性化塑建”[12]。其中，包括“巫术的世界，变而为符号（象征）的世界、数字的世界、历史事件的世界。可见，卜筮、数、易以及礼制系统的出现，是‘由巫而史’的关键环节”[13]；因为“天人不分的巫史传统，没有可能从独立科学基础上发展出高度抽象的‘先验’理念和思维方式。这使得中国人的心智和语言，长期沉溺在人事经验、现实成败具体关系的思考和伦理上，不能创造出理论上的抽象的逻辑演绎系统和归纳方法”[14]，也使“中国数千年没有炽热的宗教迷狂或教义偏执，而唯理是从，‘谁有道理就听谁的’，包括近代中国较快地接受西方科技、文化、政法以至哲理”[15]。在这里，无论是“卜筮”或“数术”，抑或是“易理”和“礼制”，均系殷周之际中国文明最终诞生中独有的民族文化现象。它们是中华文明延续数千年一脉不断的基因所在。尽管中国人没有发展出西方那种高度抽象的“先验理念”式思维方式，尽管中国人的心智和语言“长期沉溺在人事经验、现实成败具体关系的思考和伦理上”，但是，在社会管理、实用科技等方面，中国却长期领先全球。如果它们被纳入“‘巫史传统’理性化”的历史哲学框架内，被置于世界远古历史对比的广阔视野中，那么，中国文明“巫”味浓重的现象，将获得令人信服的新阐释；中国殷周之际的文明历史，也将呈现出与传统“中国经学”诠释完全不同的现代化理解图景。这样，中国学者对中国文化至今有某种“巫”味，再也不必羞羞答答地回避了，而是应当直面史实，包括确认中国“实用理性”与西方“逻辑理性”相比，各有优长。中国人从“实用理性”出发，利用“度”“阴阳”“五行”“中庸”和“未济-既济”等具有实用特色的哲学范畴体系，调节规范着人们日常行为并把握着客体世界[16]，表现出重视“功能”的“生活理性”[17]和重视“经验”的“历史理性”[18]等。它们都是平行于西方“逻辑理性”的中国人的“生活工具”[19]。我们完全没必要只站在西方立场上，一味贬损它们，而应从“实用理性”的历史效果上，理解并肯定、尊重它们，并在吸取“逻辑理性”长处的同时，对它们加以解构-重构化继承。

在李泽厚前后，海内外华裔学者中也有不少人从不同学科和角度，对中国西周初年周公主导的文化大建设，特别是其哲学建构对中国文化的奠基性作用，有所思考和表述。李学勤说：“陕西之在中国文明发展进程中居关键地位，绝非到周以后才开始”，“周代是中国历史的所谓‘枢纽时期’，举凡礼乐典章”均“必须上溯于周”[20]。他还引述了专注西周历史研究的许倬云和杨向奎先生的同见[21]。陈来更明确地说，“我们今天所说的‘中国文化’的基因和特点，有许多都是在西周开始形成的”[22]。与这些见解呼应，李泽厚进而评价周公说：“到周初，这个中国上古‘由巫而史’的进程，出现了质的转折点。这就是周公旦的‘制礼作乐’。它最终完成了‘巫史传统’的理性化过程，从而奠定了‘中国文化大传统’的根本”[23]；“总起来看，‘巫术礼仪’在周初彻底分化，一方面，发展为巫、祝、卜、史的专业职官，其后逐渐流入民间，形成‘小传统’。后世则与道教合流，成为各种民间大小宗教和迷信。另一方面，应该说是主要方面，则是经由周公‘制礼作乐’即理性化的体制建树，将天人合一、政教合一的‘巫’的根本特质，制度化地保存延续下来，成为中国‘大文化’的核心”[24]。其中，包括“周初突出了作为主宰力量的‘天命’‘天道’的观念”，“‘天’即是‘天道’‘天命’，而不是有突出意志、个性的人格神”，“‘天道’‘天命’的基本特征是：永远处在行动中变化中，与人的生存、生命、活动、行为相关联。在中国，‘天道’与‘人道’是同一个‘道’”[25]。在这种表述中，周公哲学已“型塑”了中国文化的精神气质和总体基调；包括中医、“相土”等在内的中国自己的科技体系，就在其笼罩下诞生、形成和发展，呈现出与西方科技完全不同的哲学基础、理论框架和操作体系，故不能完全按西方的模式理解和评判它们。依笔者的看法，这些都是今日中国人居理论研究的重要学术出发点。

李泽厚特别强调周公“制礼”的历史价值，说“周公‘制礼作乐’这件事情，我非常重视。我认为，是周公把真正古老的‘礼’，即把敬天法祖那一套具有巫术功能的礼仪制度化的过程最后完成了。一方面变成‘官制’，另一方面成为‘意识形态’”[26]。针对“新儒家”把周公开创的中国文化偏限于孔孟后的“心性”修养，李泽厚还强调说，“中华民族能够发展”，“主要靠‘外王’”[27]，即首先靠周公开创的“礼制”体系，故对周公“制礼”应进一步加以挖掘、理解和继承。本节所述的周人“相土”理性化、体制化、成周公“制礼”之组成部分，古今似乎无人专门深究，故本节“补论”就显得必要。

另外，李泽厚也自认“‘巫史传统’理性化”理论“只像提纲”，没有“堆大批材料，加上细细的论证”[28]。更有论者批评说“‘巫’这个‘筐’太小了，恐怕装不下这么多内容”[29]。笔者也颇具同感。全面理解周公“制礼作乐”，还得首先从关中黄土高坡当时环境促成的定居农业及早有源自的宗法家庭-家族基础出发，仅凭“巫”现象是难以完全说清楚相关问题的[30]。但李泽厚的观点启示我们，也可从中国文明系“‘巫史传统’理性化”角度，思考周人“相土”的理性化，以谋求对中国人居理论史研究的深化。

（三）“相土”巫术理性化

李泽厚曾提出，“巫”字字形即表示“工匠所持规矩”[31]。由于远古“工匠”主体主要是土木技师，故在“‘巫史传统’理性化”过程中，由于重要土木工程及其规划设计、施工，曾经是族群或国家大事，其设计师本身应即“巫君合一”的体现者。查《诗经·周颂》所讲周族先君对周原的踏勘选址，考《尚书》记周公赴洛阳踏察规划等记录，均可证明这一史实。这些史实显示，与当时工匠难分离的周代“相土”，即孕育于中国的“巫君合一”中；周族先王及周公等人，其实就是中国理性化“相土”的首创者和推行者。本节将要证明的周族以“‘相土’图式”取名而自称为“周”，正是这种历史事实的标志化。

二、若干预备知识

（一）应思考作为“‘相土’思想史事件”的“周”字

这是笔者鉴于“周”字与“相土”有密切关联的记载古已有之，又据日本学者加藤常贤先生关于在汉字中应展开“考古学发掘”之见[32]而提出的命题。

葛兆光先生在引述加藤常贤的观点时就说，古代中国人“不习惯于抽象而习惯于具象，中国绵延几千年的、以象形为基础的汉字，更强化和巩固了这种思维的特征”；汉字“长期的延续使用，使中国人的思想世界始终不曾与事实世界的具体形象分离，思维中的运算、推理、判断，始终不是一套纯粹而抽象的符号”，包括汉字“图像意味依然比较浓厚，文字的独立表意功能依然比较明显”，至今亦然。这就使本节进行“周”字中的“考古学发掘”成为可能。因为“周”字不仅和其他汉字一样，而且它与“相土”有密切关联的记载古已有之，很可能保留了文献来不及记载的思维或历史事件，对其“考古学发掘”可以从中“解释出比经典更原始的或经典未表现出来的意义”。于是，“周”字可以被作为“相土”思想史事件进行“考古”的原因，即告成立。本节将进行的“周”字“考古学发掘”，将重构作为史前巫术的“四方神”和中轴线等，在中国以“相土”形式最终理性化于周初的历史事件。

汉字是“林林总总的世界文字之中”唯一一个“不采用字母来标音”的“意音文字”体系[33]。只有在汉字中，才能进行上述“考古学发掘”。20世纪30年代后，傅斯年先生的代表作《性命古训辨证》，就借助于这种方法，见人未见，使之逐渐成为“国学”研究“范式”。本节不过是沿着前贤之路前进而已。

“周”字系周族之名，而远古中国个人和群体的命名，“不是简单记一个人一个事物的名字”，而往往是通过命名标志一个历史事件或过程[34]。本节对“周”字的“考古学发掘”，目的也在于从周人对自己群体的命名这个特定角度，挖掘中国人居巫术理性化，以及最终以“‘相土’图式”出现和其最初发展的本貌。

（二）“相土”图式化延续的合理性及其“巫味”源自

作为一个学术判断，本节标题中的“‘相土’图式”，首指周人在长期迁徙和居地选址的人居实践中，根据关中地理和气候特征，延续史前人居巫术及其前辈相土经验，逐渐形成的一种关于理想居址环境的固化图样形式，即所谓“负阴抱阳，背山面水”格局，后世把它归纳为“前朱雀，后玄武，左青龙，右白虎”模式。在其原意上，“前朱雀”，指理想居址南边不远处，应有曲美的水源或水流；“后玄武”，说的是理想居址北边，要有熊（即“玄武”）一样的大山挡住寒风；“左青龙，右白虎”，则指理想居址东北边和西北边，均应有小山与北边“玄武”山围成“环护状”，秋冬时可挡住凛烈北风带起的西北和东北冷风[35]（图 4-1）。当然，在“‘相土’图式”被推向全国时，由于各地环境和地理情况不同，故对“前朱雀，后玄武，左青龙，右白虎”模式的解释，也会出现不同，“青龙”“白虎”从“小山包”变成河流、水道（图 4-1）也并非不可思议。

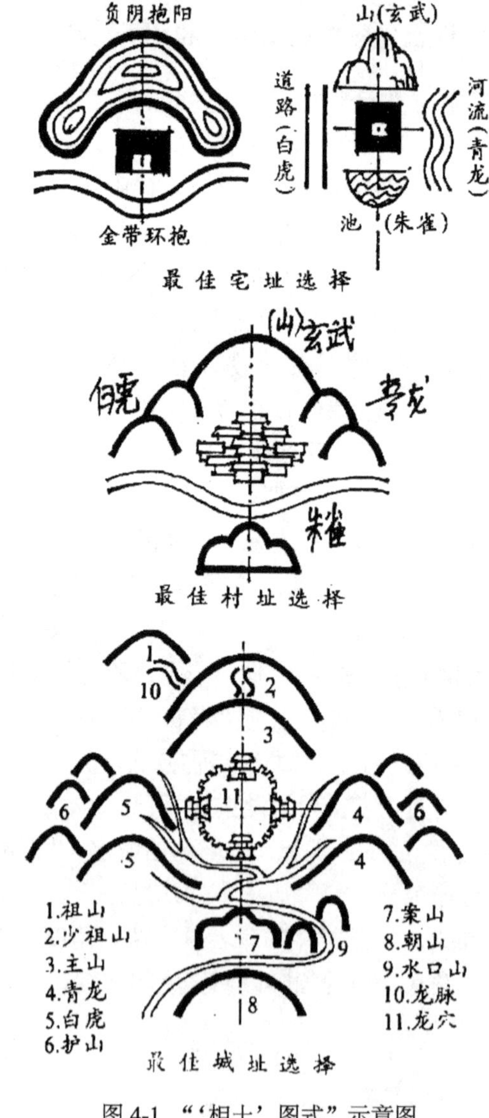

图 4-1 “‘相土’图式”示意图

显然，这种理想居址环境图式的固化和延续，首先植根于本章第一节所讲史前人居巫术对“四方神”和中轴线的既有尊崇，同时也植根于周人实用理性中的生活理性的积淀，既是史前经验与关中地理和气候特征结合而具科学成分的居址选择理性的图式化，同时也是具有中国特色的审美价值固化。其中的“负阴抱阳”，反映着周人对所创“阴阳哲学”的运用，以及对关中居地相关天文-气候知识的提升；“背山面水”，则体现着周人在理想居址环境选择上的“天人合一”哲学，以及其对关中相关地理-地质知识的运用；所谓“朱雀”等“四兽”，既基于远古巫教信仰，同时也是对关中一带理想居址环境日出日落形成四个方向的神化，以及对人兽共生即今日所讲“绿色化”的追求，寄托着对居址环境的理性化认知、美化和神圣化。简而言之，“‘相土’图式”在科技的实用性上和审美上均可理解，虽其表述和遣词留有浓重的“巫味”。

周人何以如此重视“相土”的“图式”化？这在理论上真的可信吗？

1. 周人“感性”向“理性”的积淀及其形式化

从人类“理性”由“感性”积淀形成的社会发展史角度看，当年周人刚从史前和夏商二代蒙昧的巫术-图腾-礼仪文化中走来，面对周原和关中特殊的山水环绕、四塞环护的地理环境，以及它给周人提供的丰沃的生存、生产和生活条件，使周人从中发展出定居农业，生存繁衍，逐渐形成了与周原和关中地理环境相适应的新的巫术-图腾-礼仪文化，并且后来通由周公“制礼作乐”而最终理性化；而这种最终理性化，只能首先表现为某种“理性形式”的出现，它或是类似于西方形式逻辑和数学推导的某种“心理形式”，或是在居址选择上对山水环绕、四塞环护的地理环境的实用性领悟和形式化硬性记忆。周人依其“实用理性”选择了后者，逐渐强化、固化了“负阴抱阳，背山面水”之“‘相土’图式”。在这里，“‘相土’图式”可被看成周人在周原-关中地理环境和巫术-图腾-礼仪文化条件下，通由心理积淀或外在世界的“内化”，而逐渐形成的一种烙有巫术印痕的中国“‘实用理性’形式”。此图式后来反而变成了一种“先验图式”，从“社会认识论”上看，也算是“‘感性’转‘理性’”“‘经验’变‘先验’”之一例。套用李泽厚的话说，以“天人感应”为背景的“‘相土’图式”，可被视为“在科技的发展中对新的形式感的领悟，促成了人对于自己与宇宙协同共在的新的开拓”，提供了“个人与宇宙自然协同共在的‘抽象的’形式感”[36]。因为正是在“‘相土’图式”提供的环境中，文明初年的周人首先是获得了丰收、宜居、安定和温暖，然后是逐渐由物质满足而达致精神的愉悦、飘逸和感恩，反复体悟到“老天爷”对自己族群的眷顾、抚恤和厚爱，不时在“‘相土’图式”的具体形式中，感觉到个人及族群与天地宇宙协同共在，融为一体。这种感觉，在周人首领即姬姓的周文王、周武王、周公姬旦等人那里，尤其深沉鲜明。这样，由于中国古人的实用理性认识往往以形式化方式流传，故“‘相土’图式”就成了周人达致“天人境界”的具体形式，并经西周近300年“一统天下”而传遍神州。“相土”变成“图式”的根本奥秘就在于此。

俞孔坚对“‘相土’图式”的这种形式化，也有较细致的解析。他指出，文明初期的先民在生产-生活实践中，逐渐积累起了关于居址选择须具围护、屏蔽、界缘、依靠、隔离、豁口等特征的理念[37]。这种理念恰逢中华文明曙光在“关中盆地”初现，于是，周人在关中盆地的经验，就进一步强化了这些理念，并诉诸巫术的理性化，于是烙有关中地域特征和巫术印痕的“‘相土’图式”必然出现[38]。应当说，这个结论说明了周人关中盆地经验对“‘相土’模式”强化的意义[39]，在总体上是有道理的。

本书中的“图式”一词，一方面借自瑞士心理学家皮亚杰，因为在这位通过研究儿童心理学而坚持人类心理形成的社会历史性的学者看来，作为心理形式的“图式”，含有“结构”之意，而本书所讲“‘相土’图式”，正好也含有强调“相土”环境立体“结构”之意；另一方面，它也借自对中国“相土”情有独钟的李约瑟，他已把“相土”称为中国建筑“始终如一的‘秩序图式’”[40]。

2. 周人从实用理性之“真”再向实用感性之“美”的升华

在审美上，鉴于当年周族先民刚从巫术–图腾–礼仪文化中走出来而迈进文明理性，又鉴于“审美过程不同于认识”[41]而高于认知，它是作为“理性”的“真”向“感性”的再升华，故周人审美理念的形成，一是周原–关中的宜居事实在生产中反复出现，形成了他们相关的实用理性认知；二是此实用理性日益加深并积淀，逐渐转化成了一种“审美感性”，此即所谓“理性又升华为感性”。与此同时，“‘相土’图式”宜居的具体理性“内容”，又日益沉淀为感性“形式”，此即美学所谓的“内容成形式”。于是，在审美层面上，就诞生了形式化的““相土”图式”。它以感性直观的形式，把周人的情理高度统一起来了，成为周人在审美层面上达致“天人合一”境界的一种“图腾”形式。这就意味着，在周人那里，按““相土”图式”择居，不仅安全而生计无忧，且在感觉上也是最美最爽的。这样，周人把生活也转化成了审美过程。

在“相土”审美上，尤其值得一提的是，“中国艺术和美学特别着重于提炼艺术的形式”，“强调形式的规律，注重传统的惯例和模本，追求程式化、类型化，着意形式结构的井然有序和反复巩固”[42]。猛一看，““相土”图式”其实就是一种纯粹形式即“前朱雀，后玄武，左青龙，右白虎”选址“公式”，但它却是“高度提炼了的、异常精粹的美的形式”[43]。美国符号主义美学家苏珊•朗格也认为，作为审美的“有意味的形式”[44]，任何艺术形式都是表现某一种族或民族文化特征的“功能样式”[45]。只要是中国人，按“‘相土’图式”选择居地，都首先会从审美直觉上满意称快，同时知其功能优秀。在其直觉顶端，就能在符合“‘相土’图式”的宝地中，达致审美本体的“天人意境”。本节结尾将再述之。

3.“‘相土’图式”的“巫味”再析

应当和一切先民一样，周族先民当时出于生存之需，一般对居址及周边环境的地理细节，具有超出今人想象的“死记硬背”能力，对各种地理细节的称呼命名也多得超出今人的想象[46]。为了把这些生存知识传给族人，长者还有义务把这些地理细节，以当时的神秘方式，转告给年轻人[47]。可以设想，他们从陇东迁到周原，一路对主要宜居处地理细节都有“死记硬背”，以及依此进行的形式化归纳。“‘相土’图式”可能首先是他们从大量归纳中总结出的“最宜居图式”。其群山四围的盆地特征，正好适应缓化和阻隔北半球秋冬凛烈寒风之需；其严密的四周围护地貌，正好表达了先民对其他族群入侵的高度警惕心理；其正南正北的选向，正好适应着陇东-关中地区充分利用南来光照之需，以及在靠山南部不远的台地“汭位”处建造最宜居窑洞-房屋的既成经验；其对“朱雀”之重视，则反映着先民对水源的重视和对“水环境”美化环境效果的省察和体悟；对“四兽”概念的利用，也证明着陇东-关中先民对居址方向、方位辨认的极端清醒，以及对“穴”位准确和“天心十字”选择经验的归纳，等等。在这里，“巫”词“巫”语之下，埋藏的首先是周人的实用理性及其向“审美感性”的升华。

按照文化人类学对弗洛伊德学说的推广，先民即使仅仅为了区分人群和凝聚团体，也要寻求和信奉某种图腾并以之命名自己的族群[48]，且深深相信这种图腾与其实物浑然一体，可以神秘地保护并给自己族群赐福[49]。世界文明史研究则进一步证明，先民一般的确对用图腾给族群命名十分在意，因为他们按照“万物有灵论”下的“互渗律”和“感染律”，不仅认为图腾即其原型[50]，而且认为作为自己族群名称的此图腾，也必然与自己族群融为一体，互渗互感，祸福与共[51]，甚至直接就是自己族群的避难所[52]。周人应该也如此，一方面认为用“‘相土’图式”命名自己的族群，这个“‘相土’图式”本身就像周原-关中这块宝地一样，会给族群带来宜居、丰收、欢乐和吉祥；另一方面，则可把“‘相土’图式”已与自己族群融为一体的关系进一步确定下来，延续下去，力求两者继续互渗互感，甚至周人可借以避难[53]。其中，包括源自距今6400余年前的中国巫教“左青龙、右白虎”信仰[54]，也隐含在““相土”图式”中，成了它“巫”味浓重的显著标志。细思可知，其中“龙虎二兽”实质上仅仅起标志东西方向的作用，“汭位”“天心十字”和“子午轴线”等，也只反映陇东-关中环境下对宜居之地具体地理细节的归纳，“巫”味浓重只限于词语表层，其深层蕴含基本仍属于科学及审美的合理性。

中国科技体系中的某些常见概念，往往被西方视为“巫味”，如居址选择中的“汭位”“天心十字”和“子午”等，但其原意并非“巫”事。“子午”实即中国先民依其当时先进的天文知识对南北方向的异称。在中国古典天文学中，“子午线”实是“子午面”与地球表面的交线，包括通过地面某点及地球磁南北极的平面同地球表面的交线，名为“磁子午线”，简称“子午”，并无任何“巫”味。“汭位”则是中国古人对北半球从西向东河流之北岸向南突出之湾地宜居处的古称，其中明显包含着对北半球河流水力学和地质学知识的省悟，也并无“巫”味。“天心十字”，则是对“‘相土’图式”中选定作为中轴的“子午线”与选定东西轴线的垂直交叉点的形象称呼，也不含“巫”味。西方人往往很难理解它们，并往往把自己不理解者简单断成“巫”术。这当然是一种误断，不足为凭。

笔者与他人合著的《周文化和黄帝文化管窥》一书（陕西人民出版社，2015年版）中，有拙文《“银川萨满”进关中》，分析了关中黄帝族文化直接源自巫教教义。周文化来自它。故把萨满教教义最终理性化了的周人“相土”理性留有“巫味”，也应易于理解。

（三）周族以“‘相土’图式”取名的主事者应即周公

中国文字体系不仅在表意、表音特征上，与其他拼音文字体系大不相同，而且因“‘巫史传统’理性化”而使其中许多字词产生的过程与特征，也与其他文字体系大不相同。例如，与阿拉伯文字产生于“为经济来往记账”[55]大不相同，它首先是为了“王事”。本节论证涉及“周”字的完创采用，当然也离不开对汉字这种为了“王事”的特殊性的思考。

1. 中国文明初创时文字创设-使用权集中于王室

殷墟甲骨文研究揭示出，中国文明初创时，一方面文字“使用是限定在统治者的小圈子里面”，文字“是巫觋①的独占知识”[56]。李泽厚也说，中国“最初的文字，就是为了把发生的事情（也就是历史经验）记下来的符号如绳结，慢慢才演变为文字”[57]，“中国在新石器时代最初神权和王权是分离的，后来神权和王权集中在一个人身上，结果是王权大于神权”，“最后，‘王’成为通神的，他集宗教领袖、政治经济领袖于一身”，于是“语言（此指文字）和权力”的关系也很密切[58]。提出中国文字创制和权力关系密切论断的张光直，甚至还撰有专文《文字——攫取权力的手段》[57]。由此可以推想，周族王室成员肯定在前期垄断着周族内部、在后期垄断着全国文字的初创、完善和使用、推行大权。

按照《文字——攫取权力的手段》，中国史前文字首先是作为“族徽”面世的，因为“巫君合一”的王室成员，负责着与祖先神的沟通，而这种沟通首先得借助于“族徽”才能实施，“族徽”才是把今人与先辈智者联系起来的唯一符号桥梁[58]，于是，“巫君合一”的王室成员，就拥有炮制“族徽”的专权，后来，这一权力就演化成了在某种范围内初创、完善和推行、使用文字的大权。而如本节下面所论，特别重视先祖智慧的周人以作为“族徽”的“周”字命名本族群，也正好符合中国文字与王事、“族徽”关系的模式，并非独立于其外的任意猜想。其中，包括周人肯定会认为，凭借“周”字的保佑，周族后人不仅可以享受先祖在居址选择中已带来的福祉，而且还可望在与先祖的沟通中，继续享受先祖带来的其他福祉。这个“周”字在后来伐纣战争中，不仅是周人绘在战旗上的图腾，而且是周人新建王朝的名字，由此其重要地位和作用不言自明。

2. 以“‘相土’图式”为族名的决策者应是周公

这在目前只是一种猜想，但它一方面基于当时文字权集中于周王室成员，其中，西周初“制礼作乐”时期，唯有周公才有此权力；另一方面，鉴于周公作为开国“宰相”，与作为当时国家大事的都邑“相土”的关系十分密切，故此命题应非任意虚构。在中国古代重大的历史转型时期，先民们关注着历史本身，故对很多今日被视为“很大”的历史事件都没有留下文献记录，这也就突出了考古和文献“旁证”的重要性。现举周公与“相土”关系十分密切的一些文献旁证如下。

---

① 即男巫。

1）周公“大聚”谋划

古代中国曾有“国之大事，唯祀与戎”之说[59]，表明当时国家大事首先是祭祀和打仗；要祭祀，就得修筑祭祀场地和设施。于是，在和平时期，完善或修筑国都及其中的祭祀场地及王宫，就成了国家头等大事。甲骨文即有“工载王事”之记[60]。周公建国大事，就是在国家战略规划层面“制礼作乐”，包括谋划王朝都邑建筑-规划体制，亲历亲为大型土木工程。对此，西周文献的记载相对颇详。

专攻周初历史研究的刘起釪先生讲：“周起西土，开拓东土，其势甚锐而民心未能尽服，故经营东土为当前最大问题。武王死后，管、蔡、奄等与武庚、淮夷并起叛乱，所得东土完全失去，其势岌岌。周公东征三年，削平叛乱，归于一统，其功实在武王之上。他力主实现武王遗愿，在洛邑建立新都，即为掌握东方诸国起见”[61]。此即周公当时提出名为“大聚”的全国国土整体规划和利用战略框架的政治背景和急迫性。据《逸周书》记载，他曾具体描述“大聚”说，“闻之文考，来远宾，廉近者。道别其阴阳之利，相土地之宜，水土之便，营邑制，命之曰‘大聚’。先诱之以四邻，王亲在之；宾大人免列以选，故刑以宽，复亡解辱；削赦轻重皆有数，此谓‘行风’；乃令县鄙商旅曰：‘能来三室者，与之一室之禄’，辟开道路，五里有‘郊’，十里有‘井’，二十里有‘舍’；远旅来至，关人易资，舍有委。市有五均，早暮如一，送行逆来，振乏救穷。老弱疾病，孤子寡独，惟政所先。民有欲畜，发令。以国为‘邑’，以‘邑’为‘乡’，以‘乡’为‘闾’，祸灾相恤，资丧比服。五户为‘伍’，以首为‘长’；十户为‘什’，以年为‘长’；合‘闾’立‘教’，以‘威’为‘长’；合‘族’同亲，以‘敬’为‘长’，饮食相约，与弹相庸”，力争达到“仁德”的境界；“若其凶土陋民，贱食贵货，是不知政”，等等[62]。显然，“大聚”是被作为周公“制礼”大事来思考和处理的。他首先从政治上表明，必须遵奉周文王“吸引远方客人和亲爱近邻”的战略，制定全国国土的整体规划和利用方略，并命名其为“大聚”。“大聚”二字，实即“全国人民大团结”之意。而“大聚”规划实施的首要工作，就是利用“相土地之宜”的“相土”科学技术，辨别全国主要国土的“阴”“阳”属性及土地类型、水文地质情况等，为规划建设“国-野”城邑体制提供科技前提。本书用“相土”二字以概括西周人居科技形态，典出于此。“大聚”计划还要以“相土”等为基，谋求城乡治理的规范化，实施“行风”，即先用规划好的城邑四郊，安置王室远近亲戚，要求其管理者政策宽松；然后再“招商引资”，力求做到来三户投资者，即让一户达到有俸禄式的收益。同时，按“五里有‘郊’，十里有‘井’，二十里有‘舍’”的标准，整治、设计、建造“国-野”城邑乡村体系。仔细思之，这个郊-井-舍国土“国-野”城邑乡村体系，恰恰就是“‘相土’图式”的一种复制推行，因为其中的“舍”实即“相土’图式”中的“穴位”，郊-井体系则构成了“‘相土’图式”中“穴位”四周盆地的良田和邑乡系统。在“‘相土’图式”作为“标准单元模式”之下，周公还要求达到市场经营按时按规，对老弱病残和孤子寡独加以抚恤；“国-野”行政体制，则实施国、邑、乡、闾四级管理，融家国为一体，设“族敬”“闾威”“什长”“伍长”等管理职务，力求达到各级组织成员“祸灾相恤，资丧比服”。如果违背这些要求，土地未“相”而呈“凶”象，老百姓生活简陋，吃不饱饭而货物价贵，那么，当地管理者就只能被视为不懂治理（而被罢黜），等等。吴良镛的《中国人居史》第二章第四节引《礼记·王制》记载："凡居民，量地以制邑，度地以居民，地邑民居，必参相得也，无旷土，无游民，食节事时，民咸安其居"，其实也是对“大聚”建立“国-野”体制的又一种记录。《中国人居史》第二章第二节说，“《周礼》每篇都以‘惟王建国，辨方正位，体国经野，设官分职，以为民极’数语起首，而这一方面是城建的总原则，另一方面也是治理天下的基本方法”，“它为后人提供了一个以城邑为据点的空间治理模式”。这种评价是精准的。在这里，我们已经能强烈感受到，周公以“相土”科技，策划“大聚”规划，确实把王朝建筑-规划体制顶层设计与“制礼作乐”融为一体了。

从国家治理层面看，以“相土”支持的“大聚”，其理性化、体制化思路应被肯定。它直指国家建设最基础的国土整治和“国-野”规划工程，体现出相当成熟的城乡规划水平和社会治理经验，包括融家国为一体的国、邑、乡、闾四级管理体系设计，等等[63]，都用心精致，是对“周革殷命”之前后姬周王室在关中长期治理经验加以升华的结果。《中国人居史》第二章第四节还说，西周开始设置的这种“工官”体制，在中国一直延续了几千年，可见其远见卓识。

2）周公以“相土”而“营洛”

周公与“相土”关系密切的最突出事件，是他亲自参与对“成周”（今洛阳）作为西周新首都的战略思考、“相土”选址与建设实施。《尚书》中的《洛诰》《召诰》诸篇，均载此事。它其实就是周公最重大的“制礼”实践之一。《洛诰》载周成王因此赞周公是“首要辅弼元勋”[64]。《中国人居史》第二章第二节说，周公“营洛”带动了当时的“筑城高潮”，这对中华文明的确立意义重大。

为什么当时周公亲自“相土”呢？一方面是为了“就地镇抚”由殷都迁来洛阳的纣王王室成员、贵族及施工杂役等殷人，这是急事；另一方面也是为了实现自己与周武王早已谋划好的建设新首都于洛阳的宏愿，使周朝统治中心居“天下之中”，力求迁都能强化对东土的整体管控，这也是治国首务。按周人的老规矩，姬周王族主要成员一直有亲身“相土”以决策国都迁徙的传统。从古公亶父亲去岐山“相其阴阳”，到周文王建设丰京，周武王设置镐京，均是如此，故周公也须亲自“相土”决策。这是在中国文明史起点上，“开国宰相”亲身“相土”的大事，在中国人居史研究中应被充分重视，包括应对其创建中国人居文明模式的价值，以及若干“相土”细节加以认真厘清。

鉴于周初“卜宅”与“相宅”（“相土”的异称）是城宅选址中的不同环节，内容手段均异，前者属于问卜，后者则别于迷信[65]，故从文献细审周公、召公至洛“相土”“卜宅”细节，可知前者纯属产生于实用理性的科技，后者也含若干理性因素，两者均非纯属迷信。例如：

第一，《召诰》说召公至洛“相宅”，先是“卜宅”，后对所卜之地“经营”，三天之后才又“以庶殷攻位于洛汭。越五日甲寅，位成”。其后，才是周公亲至洛阳，“达观于新邑营”并最后决策。在这个过程中，除似乎纯属迷信的“卜宅”将在后面再议外，还存在着“经营”“攻位”和“达观”等“相宅”环节。按刘起釪的解释[66]，其中

“经营”二字，依王逸注“南北为‘经’，东西为‘营’”；而朱骏声进而由此说它即“量度”，意即召公“相宅”后，马上就对所卜之地展开了尺寸量度。“攻位”二字，系“相土”专用科技术语。朱骏声认为“攻”即“治理”，实应理解为规划；而“位”字，按《逸周书·作洛》“位五宫”之说，在这里应指建王宫选定的准确位置，此说也能读通“以庶殷攻位于洛汭”整句，意即召公按“庶殷”（即被废黜了的殷朝旧例），用五天时间，在“洛汭”选定并规划出了王宫。此“洛汭”，应指东去的洛河向南弯曲折回段的北岸，是洛河北边最不容易被河水冲刷的安全宜居位置。因为按水力学原理，只有在北半球朝东的河流向南拐弯处北岸，水流才不会对河岸形成冲刷，故其地最宜居。“达观”二字，以段玉裁之见，意即再“通看一遍”。在这些“相宅”环节中，没有一个是今人不可理解者。张杰认为，周代“相宅”与“卜宅”不同而各由“不同职业的人”从事[67]，可推知“攻位于洛汭”者定是“相宅”工匠。

上述“相宅”事，在《康诰》中又被说成“周公初基（其）作新大邑于东国洛”，似与前述不同，这是为什么呢？看来，史实是召公去洛阳“相宅”，仅为周公“营洛”总体布局中的一个具体步骤，故前者当时也被视为周公所为。这两种记载在总体上并不矛盾，反而把周公是召公“相宅”背后的主事人挑明了。其实，1963年宝鸡贾村塬出土的“何尊”金文，证明不仅召公“相宅”洛阳，而且周成王当年也曾亲自“相宅”洛阳，并宣告迁都洛阳是按周武王遗愿办事。因为当时周武王就说，“余其宅兹中国，自兹乂民”，意即宣布按周武王希望，把首都建在国家中心部位，从这里治理全国。《逸周书·度邑篇》还记载，周武王就迁都于洛阳而“依天室”之事明确说过，“自洛内（汭）延于伊内（汭），居易无固，其有夏之居。我南望过于三涂，北望过于岳鄙，顾瞻过于有河，宛瞻延于伊洛，无远天室。其曰兹曰‘度邑’”。其意是指，从洛河汭位到伊河汭位，都宜于居住，那里是夏朝的旧都所在，南有三涂山，北有岳山，周边还有黄河、洛河和伊河诸水环绕，而且离天下之中的“天室”山（即今嵩山）不远，确实是迁都的好目标。周武王的话，也表现出周人当时把占据大山名川“相土”形胜，与巩固姬周政权视为一体。《逸周书·度邑篇》明确说武王的这一段话，就是当面给周公讲的。而周公的意见与武王完全一致，表示应当“俾中天下”（《逸周书·作洛篇》），“王来绍上帝，自服于土中”（《尚书·召诰》），并重申洛阳处“天下之中，四方入贡道理均”（《史记·周本纪》），于是“及将致政，乃作大邑‘成周’于土中”，“南系于洛水，地因于郏山，以为天下之大凑”（《逸周书·作洛篇》），等等。后一句话表明，周公营洛时，也遵从了“前朱雀，后玄武”的“‘相土’图式”，“南系于洛水，地因于郏山”即为明证。有专攻周初历史研究者认为，“周公制礼作乐的故事，都由此来”[68]，可知周公“制礼作乐”[69]，即含对“‘相土’礼制”的定型。此事此前较少有人论及，兹补论如上。本节以“相土”为中国人居科学及其理论的首要形态，寓意也在强调这一点。

第二，《洛诰》是集中记载周公营洛“卜宅”的文献，而“卜宅”一向被视为“相土”即迷信的主要标记，故值得再究。在《洛诰》中，周公自述其“卜宅”过程说：“予惟乙卯朝至于洛师，我卜河朔黎水。我乃卜涧水东，瀍水西，惟洛食。我又卜瀍水东，亦惟洛食。”在这里，“河朔”二字显示周公本次“卜宅”，先卜河流之北。据苏轼解说，此“河朔”具体指今黎阳（今河南省浚县境内），那里离殷都朝歌不远，安置怀恋故土的殷民比较方便，故周公先卜之[70]。“涧水”“瀍水”是周公在黎水之北的黎阳未获吉兆后，转而在黎水之南占卜寻找处。前者为洛水支流之一，在今洛阳西南汇于洛水；后者较小，亦为洛水支流之一，在今洛阳东南汇于洛水。而周公占卜选定的“洛师”，具体位置即在涧水之东、瀍水之西。周公还占卜了“瀍水东”并亦获兆，但最终还是选定涧水之东、瀍水之西那片地方。这段话中的“洛食”二字较难解。日本学者加藤常贤认为，此“食”字即“饮食”之“食”，也可视为“禧”字之假借，解释较通顺[71]。其实，笔者认为此“食”字，似不必通过“禧”字假借思路而导向吉兆；作为表达吉兆者，其意直说“在洛地能吃饱饭”。这也反映出周公具有“民以食为天”的思想。总体来看周公这段话，意即我是“乙卯”那天到达京师洛地的，我先占卜了大河以北的黎水地方，没有获得此地“能吃饱饭”的吉兆，于是，我再占卜涧水之东和瀍水之西那片地方，唯在洛水之地获得此地“能吃饱饭”的吉兆；我又占卜瀍水以东之地，在这里的洛水之地也获得此地“能吃饱饭”的吉兆。他最后确定了涧水之东和瀍水之西那片地方，排除了瀍水以东之地，并派人向周成王呈上了地图和吉兆，得到后者认同，于是，“洛师”的具体位置确定下来。

从这些细节看，当时“卜宅”并非全属迷信，而应被视为中国文明初开时，实用理性与巫术迷信的混合体。为什么？从纯粹理论上看，依现代人类学家杜尔干对远古原始宗教产自社会生活之需的学说，卜筮是远古人类都经历过的文化阶段。它的首要社会功能，是提供关乎建立群体秩序的社会权威意识形态，而非提供物理意义上的真实认识。故它在迷信中，含有某种“社会化理性”，人们不必再像弗雷泽、泰勒等人那样贱视它们[72]。具体而言，周公“卜宅”代表的周初卜筮，已经不是巫术中最原始的象占、梦占、杂占等简单的吉凶二元决断术，而是具备成熟程序和知识经验介入环节的实用理性与巫术迷信混合体。无论当时的“龟卜”或“筮占”，均有外于吉凶二元决断术的一些成熟程序，如“龟卜”的入龟、整治、命龟、查兆书等繁复环节，“筮占”的去一、分二、定爻、读辞等步骤，其中具体情况今人虽已难细究，但总可知其吉凶兆象亦由人为促成，其间必然有实用理性知识的介入[73]。即以周公“卜宅”洛地为例，虽然其原拟选择黎阳但未获吉兆，也许是纯然迷信之结果，但确定涧水之东和瀍水之西那片地方，排除瀍水以东之地，就只能是理性知识介入的表现，至少因为瀍水以东之地总体条件不如前者。从周公后来将该地作为“下都”而安置殷族平民的史实，也可悟出这一点[74]。

第三，从上述周成王和召公“相宅”到周公“卜宅”可知，“相宅”与“卜宅”往往是“混搭”进行且职志相异的。有研究者结合《尚书》《史记》《逸周书》相关文献和出土“何尊”金文等指出，洛阳“城方千七百二十丈，郛方七十里”，当时建设显然应分阶段、分项目分工实施；召公“相宅”在成王五年（公元前267年），周公“卜宅”则晚两年，可能分别针对城市选址和规划、王宫及祭祀场所定位，以及具体项目施工等不同项目展开，而周公“卜宅”主要针对城市、王宫及祭祀场所选址和规划[75]，故召公“相宅”应主要针对具体施工项目。稍懂土木工程者由此应悟知，“相宅”针对具体施工项目的设计，必须符合科学；而“卜宅”针对选址和规划，其实质也是在巫术迷信外表下追求科学效果。从周公“卜宅”实践，就可以领悟到这一点。何况，周公决定迁都洛阳的决策本身，完全出于理性，而周公“卜宅”不过是在这种理性的大框架下，亲赴现场踏察和具体规划而已。其中“相土”的科学和审美体验，应占主要成分。虽不能排除其中也含巫术迷信，但细思之，其占比确乎不多。由此也可知，在作为中国体制性“相土”源头的周人“相土”礼制中，“相宅”系施工科技，“卜宅”系规划技艺，前者是科技，后者也含科技成分。互相交叉实施，更可保障其科学性占上风。宋人王应麟就认为，周公“卜宅”，“推其不能决者而令之龟，其法盖止于此”[76]，大体不差。李学勤也说，包括“相土”在内的中国“数术”，并非“伪科学”，而是“原科学”；“长期以来，对于数术，学术界多持拼弃态度，其实古代数术总是包含着值得探讨的内容的。如果把这种书称为‘伪科学’，古代就很难有真科学了”[77]。李零也持同论：中国古代方术“更主要地还是一种知识性的东西”[78]。王其亨也下结论说：“相土”虽含迷信成分，但它“集中而典型地代表和反映了中国传统建筑环境科学与艺术的历史真知”[79]。仅从周公“相土”礼制的内容来看，上述学者见解都是对的。

3）周公领导对“相土”中重要建筑形制、规范的整合定型

虽然吴国桢先生晚年认定《礼经》（含《周礼》《仪礼》《礼记》）系周公亲撰[80]，但《礼经》显然后出，周公撰恐非历史真相。不过，《礼经》所载，许多内容应系对西周社会礼制实况大致如实的录载、忆载[81]。它们总体上也反映了周公在“制礼作乐”中，对周族“相土”中建筑形制、规范等的礼制化细致整合和定型，且已经基本构成了一个关于人居的体制化规范体系。这里仅举《周礼》中的《冬官·考工记·匠人》《天官》《地官》《春官》《夏官》所载几条细则证之。

第一，确立了官员首先围绕落实“‘相土’图式”履职的原则。《周礼》各篇开头，都写着一段几乎相同的话：“惟王建国，辨方正位，体国经野，设官分职，以为民极。乃立天（地，春，夏，秋）官冢宰（司徒，宗伯，司马，司寇），使帅其属而掌邦教（治，礼，禁，政），以佐王均（安扰，和，平，刑）邦国”。这意味着，当时国家主要官员的核心职志，首先是“辨方正位”，其中“辨方”即辨别东南西北方向，是为实施“‘相土’图式”提供前提；“正位”即在实施“‘相土’图式”中“辨方”时，确保《秋官》规定的“其位：王南乡（向），三公及州长、百姓北面，群臣西面，群史东面”，借以突出尊卑上下，发挥“‘相’”图式”为宗法体制服务的功能。官员围绕落实“‘相土’图式”履职，还有一系列细化规定，如《夏官》规定，其“土方氏”职责之一，系“掌土圭之法，以致日景，以土地相宅，而建邦国都鄙”，即规定夏官负责“相宅”事宜，首先要以“土圭之法”，测量日影长短以辨识方向。此所谓“土圭之法”，就是古代“立竿测影”技术，其用途甚多，包括还可进行大地测量，推算被测点之间大尺度距离，以及设立大尺度方格网络而“建邦国都鄙”（汉语“地方”一词即由此诞生），乃至进行天文观测[82]；《地官》规定，其“大司徒”职责之一，系“以土圭之法测土深，正日景，以求地中”，即以“土圭之法”测量日影，在日影最短时确定南北中轴线；《春官》还规定，其“大宗伯”职责之一，系“以玉作六器，以礼天地四方”，包括“以青圭礼东方，以赤璋礼南

方，以白琥礼西方，以玄璜礼北方"，此即把"'相土'图式"后来之"前朱雀，后玄武，左青龙，右白虎"模式，已制度化于官员职责，等等。显然，"辨方正位"，实际上是要求各类官员都围绕落实"'相土'图式"履职。由此也可知，"'相土'图式"在周代礼制中确占有极重要的地位。

第二，制定了城邑及其主体建筑设计规范。《考工记·匠人》规定，王城设计面积应为九里见方，每一面开设三个城门；其中主要道路，沿正南北，正东西方向设置，南北干道为三条，每条设置三车道，东西干道也为三条，每条设置三车道，使城中正南北、正东西方向干道各达九车道；王宫占据中轴线，坐北朝南，其左面设"祖庙"，右面设"社庙"，其前部是朝廷，后面为集市，集市和外朝的面积各一百步见方[83]。《考工记·匠人》还规定，周朝王宫中办公集会的主体建筑是"明堂"，它以长九尺的"筵"为度量单位，东西宽九"筵"，南北进深七"筵"，堂基高一"筵"；王宫中的"门"，分为庙门、闱门、路门等级别，且各有大小尺度规定，等等。据《礼记·明堂位》载，周公就曾在落成的"明堂"会见诸侯，周成王则在"明堂"居中向南接受朝拜，大臣、各级诸侯及各国来使在"明堂"依位依序肃立于东西南边，小国来使甚至站在"应门"之外，面向北而遥拜。对落实王城"'相土'图式"进行如此细致的礼制定型，大体堪比今日中国人居"规范文本"，令人惊叹。

第三，确立了人居设计、施工人员的具体职责分工。《考工记》一开头就写着，在负责国家土木工程设计、施工的人员中，"三公"（即"太师""太傅""太保"）的职责，即"坐而论道"；其下"士大夫"的职责，即"作而行之"；再下者，才"审曲面执，以饬五材，以辨民器，谓之'百工'"，"百工"即低级工匠和工人。而《考工记》对"百工"在王城施工中的具体分工是：用悬绳以"水平法"确定"地平"，然后树立标杆，以悬绳校直而观察日影，再绘图并分别标出日出与日落时竿影的长度；白天参究日中时的竿影长度，夜里考察北极星的方位，借以确定东、西、南、北的方向[84]，等等。由此也可大体推知，周公"卜宅""相宅"，均属人居设计中"坐而论道"即规划层面的行为，主体判断成分较浓，不属于战术行为；而具体落实"'相土'图式"的战术行为，则由"百工"实施。

鉴于"巫君合一"条件下的文字采用权集于王室，再加以上所列周公三条旁证，为周族以"'相土'图式"取族名的决策者就是周公的论断，提供了最基本的史实佐证。在当时周公以"大聚"战略，总揽全族全国，推行"'相土'图式"且亲历亲为的情况下，以"'相土'图式"为族名的决策者，当然就不可能是周公之外的别人，包括不可能是当时"一把手"即年幼的周成王。

三、中国"相土"发明权仅属周人

《尚书·盘庚》虽经周人若干文字加工，但王国维、郭沫若[85]、张光直[86]和专攻《尚书》的刘起釪，都认为它所记应属殷商史实。刘起釪先生还具体论证说："其所以能肯定这些诰语原文是盘庚讲的，还由于从思想内容来看，它确实是商代的”[87]，“并没有掺入周代的后起思想”[88]。本书据之立论。

（一）殷人迁都只占卜而无“相宅”程序

按《盘庚》，殷人前后迁都六次，前五次都因“恪谨天命”即尊卜辞所示，导致水土不宜而再迁徙；盘庚进行第六次迁都动员时，也一方面承认先人只通过占卜而“知天之断命”，但如今奄地又发生水涝灾害[89]，“朕及笃敬共承民命”，尊卜辞所示要迁往殷地；另外，则“处处用上帝的旨意来威吓人民。谁不和自己同心，就是违背上帝旨意，必将受到上帝的责罚。同时又处处以祖宗神灵，来威吓人民”，说“谁不听话，祖先就要降下责罚来”[90]。仔细推敲其词意，再察于前五次所迁地嚣、相、邢、庇、奄[91]，看来殷人迁都只占卜，并无“相宅”之类的程序，故五地皆非宜居“宝地”。这说明他们当时尚未进化到巫术理性化阶段。在《盘庚》中，周人并未把“相宅”之类的程序加到殷人头上。

当然，从杜尔干的占卜理论看，殷人迁都时的占卜，也会掺入某些“社会理性”。刘起釪估计，盘庚迁都往殷，明显是“为了对付”逐渐兴起的西北诸“方国”[92]，但这仅是政治战略考量，盘庚没有派人或亲自对新都“相土”。

（二）周人“相土”程序化和体制化及“图式”的出现

前述何尊金文开头，有个字“字体较繁”，与“省”音近相通，引出歧解。虽其与今日“相宅”二字差异很大，张政烺先生还是终于识读出其确为“相宅”[93]。此事充分显示出，当年周人对“相宅”程序的高度重视，竟须专造特殊字词以示之。由此可知“相宅”确为周人首创。

此一首创，系周人适应所居黄土高坡环境，逐渐悟出的实用技艺。周人先祖起先曾生活在黄土高坡较北部的豳地（“北豳”即今甘肃陇东和陕西长武一带），后迁至“豳”地，即今陕西彬县-永寿一带。近年来，陕西长武碾子坡先周文化遗址出土，绕宗颐先生明确说：“此一文化层面分布于泾水上游，自甘肃平凉、庆阳各地遍及六盘山陇山地带，足为文献所述早期周人居豳，提供考古学重要之实证。”[94]熟悉黄土高坡民俗者均知，在北豳和豳地生活，就离不开窑洞。如到甘肃陇东庆阳市“周祖陵”，就可大致领略周祖当年居北豳时所住窑洞满山遍野的情景[95]。窑洞至今还是比较寒冷的陕甘交界处直到关中部分农民仍居或告别不久的住处，在豳地黄土高坡上至今仍然满山遍野。在近年发掘出的距今5000多年（大约在黄帝时期）的西安杨官寨遗址中，也留存着一批“陶窑”遗迹[96]。本章第二节已述，按尹弘基之见，中国“‘相土’图式”，就诞生于周族先民挖掘窑洞选址之需，因为“‘相土’图式”明显表现出了挖掘窑洞选址的基本理性要求[97]。而遵从巫术的殷人，来自较温暖地区，其地无“挖窑”条件，故不可能提出“‘相土’图式”并据以“相宅”。试看安阳殷都遗址[98]，就可知当年殷人并不按“‘相土’图式”规划殷都。明乎于此，也就不难明白，“相土”及其程序化和体制化，确应属于周族首创。

（三）《诗经》对“‘相土’图式”的生动记述

《诗经》作为始于西周的诗集，与当时在巫术仪式中巫师所唱歌曲集结有关[99]。这也决定了它同时具有记载史前巫术及其理性化历史的性质，呈现着“诗史同源”的特征[100]。本节以下将征引其相关者，以再现周人“相土”和“‘相土’图式”的诞生和最初发展。

《史记·周本纪》说，周人先祖后稷的儿子不窋，在夏代“失其官而奔戎狄之间”（即北豳，今甘肃庆阳–平凉–长武一带[101]），历经鞠陶、公刘时期；后由公刘主持合族迁徙于豳地（今陕西彬县[102]–永寿[103]一带），历经庆节等若干代传至古公亶父，亶父又主持全族迁徙到关中岐山周原，使周族日渐兴隆。亶父次子季历，即周文王；文王的儿子即周武王；周公是武王之弟。文武周公父子们，最终完成了“周革殷命”。《诗经》与“相土”明显有关且最具代表性者有二：《大雅·公刘》歌唱的是公刘带领周人在豳地开发建设的往事；《大雅·绵》则反映的是亶父主持迁徙到周原建设的故事。本章第二节对此二诗已有征引，此处再征引和理解的角度不同。

1.《公刘》

专攻《诗经》研究的夏传才教授，据清人陈启原之论认为，此诗描述周人对包括“北豳”（在箫关之南，原属“关中”）甘肃庆阳–平凉和“豳地”陕西彬县—永寿一带在内的大面积关中土地的开发，以及豳地“京都”宫室建设中的欢快状况[104]，可信。有论者说，“公刘之世，周人朴质未文，其歌诗是否有文字传下，大为可疑”，因“《公刘》诸诗，都用后世追述语气”[105]，似未可俱信。清人姚际恒就说，“若‘笃公刘’之诗，极道岗阜、佩服、物用、里居之详”，“安有去之七百岁而言情、状物如此之详，若身亲见之者？又其末无一语追述之意。吾是以知决为豳之旧诗也”[106]，应可信。按绕宗颐的观点，碾子坡遗址也已表明，《诗经·公刘》所歌当为史实[107]。故今“北豳”庆阳“不窋冢”即“周祖陵”，庆阳市宁县的“公刘邑”等，也当属地望真实的遗迹（不排除后人在遗址上曾加建的可能。起码“周祖陵”大殿即显系后人加建者）。此前周族史诗的许多研究者，往往对“北豳”和豳地的地理地貌不太熟悉，包括有的西周史研究权威竟分不清北豳和陕北，故对《诗经·公刘》等诗多有误解，应纠其偏。按曾亲至其地的绕宗颐所转引李峰先生见解，周人最早即从泾河上游的“北豳”发祥[108]。当地“相土”习俗至今颇盛，其源有自。

《诗经·公刘》也应被视为关于中国“相土”及其体制化、理性化历史的最早文献。对其中首现的几个“相土”专语及其所表“相土”程序，应予关注。

第二段开头有“于胥斯原”一句。此“胥”字，为“相土”的别称，古今对此解无大异议。“相土”完全体制化且官制化，应与周人当年在北豳较严寒地区挖窑洞建房屋选址积累的经验上升为实用理性相关。《诗经·公刘》具体描述了公刘在北豳亲自“相土”选择“京师”之址的情节：一为“陟则在𪩘，复降在原”，即一会儿爬到陡崖，一会儿又“降落”在平原。二为“逝彼百泉，瞻彼溥原，乃陟南岗，乃觏于京”，“于京斯依”，意谓公刘察遍了今甘肃平凉市泾川县所属泾河河道里的水泉，观察了泾河河道里的台塬，又登上河道的南塬到处观瞻，发现了叫作“京”的好台地，于是，周人就在“京”地安家乐居，建筑宗庙祭坛。按《广舆记》《通典》的解释，此处“百泉”，不能被理解为“很多泉水”，而是具体地名，就在泾河河道里[109]，其地较肥沃。据《广舆记》说，这里的地名“百泉”，属“平凉府泾川”[110]，而此地距甘肃庆阳“周祖陵”很近，说明《公刘》所诵，并非周族当时全体迁离北豳，而是开发包括北豳[111]在内的整个豳地大面积土地，包括建设“京师”。“京”字原义指高地楼台[112]；首都为“京师”之称，由此开始[113]。三为“既景乃岗，相其阴阳，观其流泉，其军三单，度其隰原，彻田为粮。度其夕阳，豳居允荒”，这确是对“相土”中测量、规划等程序的具体描述。其中“既景乃岗，相其阴阳”八个字尤为重要。“景”指日影；前八字意即公刘为观测日影须爬上山岗，亲自看哪里“背阴”，哪里“朝阳”，其实是观测日影变化，确定朝向，避开山北阴冷处，选择山南朝阳之地居住。这应是周人“相土”的早期形态，也是其基本程序。由此可推知，《诗经·公刘》应是显示“相土”最早诞生于陇东的文字。后世民间把堪舆师呼为“阴阳”，陇东一带至今仍然如此，应与“相其阴阳”程序相关。“阴阳”二字还演变为中国古典哲学的基本范畴，证明着“相土”与中国古典哲学“原型”曾为一体。“观其流泉，其军三单”，不仅表明“相土”包括观察水情程序，而且表明只能在观察水情程序后，才能确定在那个台地上定居或驻军。事实上，当时周人也是全民皆兵，军民一体，“公刘”中的“刘”字原义与“刀”关联，“其军三单”也印证着周人全民皆兵。“度其隰原”“度其夕阳”，表明“相土”还包括具体量度大面积土地。《诗经·公刘》最后唱道“止旅乃密，芮鞫之即”，指在泾河道里定居的周人越来越多，一直住到了汭（芮）河水湾。泾河之南的汭（芮）河，流经今甘肃平凉市崇信县境，向东在今泾川县城附近汇入泾河，此地已与陕西长武接壤。由于公刘之后，周族在豳地前后经营约300年，故可以设想，在公刘时期即已涌现的“相土”及其理性化，与豳地先民均居于窑洞的地域特征互促互动，互为因果，逐渐发展积淀了约300年，成为本书下面将论的《诗经·大雅·绵》所诵“‘相土’图式”之源。此前研究“相土”而解读《诗经·公刘》及其他周族诗史者，往往对北豳具体地理地貌和居住窑洞的民俗不太清楚，对泾汭河道具体地形地貌更不明白，对陕西长武县（碾子坡遗址所在）与甘肃陇东泾川、灵台、崇信诸县（周族诗史《皇矣》所述阮国、共国，文王所伐密须国，均在这一带）古今地理关系未细熟，经常出现混淆北豳与关中，以及严重无视住窑民俗的“学弊”，故对中国“相土”最早诞生之地和原因若明若暗，始终未说明白。今日“相土”研究者，对此应加彻底厘清，包括也可亲至泾汭河道一带踏堪观察，绝不可再以讹传讹，误导后生。

从《诗经·公刘》可知，诞生于陇东的“相土”，主要是周人实用科技理性的表现，基本不含或少含诡异内容。

2.《绵》

《大雅·绵》一开头就回忆亶父前的先祖时代，周人住地尚无由房屋形成的家园，而居于“陶复陶穴”。按马瑞辰的解释，即居于挖出的“地窨子”和窑洞中。这与《诗经·公刘》相呼应，也与北豳至今窑洞遍山的情况大体相符，进一步佐证着周人"相土"及其体制化，是在周人居窑之俗上逐渐形成的。

其后诗句说到亶父离开豳地，"走马"来到"岐下"，与其妻姜女一起"胥宇"。前已述"胥"者"相"也，"宇"者屋宇也，"胥宇"就是"相宅"，应是"相土"中的一个门类。紧接"胥宇"二字后，"周原"二字出现了。它一显身，就同时出现了周人对它的极度称赞。显然，此处"胥宇"和《诗经·公刘》"于胥斯原"的"相地"，先后展示着中国"相土"程序化、体制化的正式登场。何新先生在《诸神的起源："儒"的由来与演变》一文中另辟蹊径，认"胥"为"需"，进而认其为"儒"字之源，也有人驳之。不论双方对错，何新所说"在《周礼》中，有一种最为多见的官吏，其名为'胥'"，可证本书所论"相土"官制化，因为"相土师"即"胥"，在《周礼》中已正式升格为周王朝职官。

《绵》接着说，先是亶父"率西"越过"水浒"来到"岐下"，这里出现了"水"字和"浒"字。按《毛诗正义》，"浒"即水侧之"崖"，这样，"'相土'图式"所要求的"朱雀"之"水"和"玄武"之"山"，都形象地出场了。按史念海先生所言，周原北靠岐山，东边是杜漆之河，西边则是千河，南对渭河[114]，正好形成了一山三水围合状。其中，大量出土文物证实其为周邑核心的"京当村"，北离岐山只有3公里左右（这个"京当"，应即《诗经》的《大明》《皇矣》均歌之"京"或其孑遗）。《皇矣》曰周"居岐之阳，在渭之将"，此"将"字指河流北岸，说的就是周原及新建周邑在岐山之南，渭河之北，呈现出"'相土'图式"应具有的"背山面水，负阴抱阳"和"玄武山""朱雀水"环境；而周原的"左青龙，右白虎"，也再不是小山，而由千河与杜漆河代替了。"'相土'图式"中的"龙虎"由"山"变"水"，反映着周原"水环境"大异于豳地缺水高坡，故"青龙""白虎"也与时俱进地改换着形象。

接着请细读《绵》对亶父率众设计、建设周原的若干具体描述吧。开头是他们用龟甲占卜，显出"这是好地方，能过上好日子"的吉兆。笔者注意到，《绵》诗给出的"相土"具体程序，是先"相宅"，然后才是"卜宅"。前述周公营洛也是如此。这一点十分重要，证明中国"相土"从一开始，就是有意识地促使人的理性成分占上风，其中"卜宅"仅为"例行程序"而已，也体现着周人聪明于殷人只会"卜宅"。《史记·龟策列传》说"自古帝王将建国受命，兴动事业，何尝不宝卜筮以助善"，于是一些论者只知周王"卜宅"周原，不知其实亶父"相宅"在先，故应予纠误。此后周人就在周原"乃左乃右，乃疆乃理，乃宣乃亩，自东徂西，周爰执事"；"乃召司空，乃召司徒，俾立室家，其绳则直"，意即大家按着既有的周原规划，开发自己的家园，先是从东边到西边，分开"左""右"两区，划开经界，整理田埂，导开沟渠，耕田耕地；然后又由"司空""司徒"督建住屋，大家拉直准绳，绑版施工，建成都邑堂皇的宗庙。细思这里所述细节，知周人在此特别重视田块在东西方向的对称布局，田地不远处即是宗庙住屋，"'相土'图式"被进一步证实了。在本节后面的部分，读者可以看到，今"周"字的左右对称状，正是由此决定的。

《绵》又接着描述由专管"相土"事宜的"司空""司徒"测量建造庙宇，以及王都郭门即“皋门”，王都正门即“应门”，然后修建祭祀地、练武地和道路等。这是对周原中新建“周邑”状况的具体描述（本节下面将说明，今“周”字中的“口”，即确指此“周邑”）。此处“司空”等官职名称，也见之于《周礼》。他们专管“相土”事宜，也表现了周人掌权后对“相土”事宜的体制化和官制化。

3. 从周人“‘相土’图式”的成熟看“相土”体制化

研究《诗经》的专家夏传才说，《绵》“最集中、最突出的内容，是描述规模宏大的营建”。为什么这样呢？因为“豳地人多居住在窑洞，周原一溜大平原，没有能挖窑洞的地方，（周人）初到时只有挖‘地窨子’，所以（《绵》诗）开首云‘陶复陶穴，未有室家’。长久住‘地窨子’是不行的，要长期定居，不能不以住房为主。生活习俗的重大变化，在诗篇中留下明显的痕迹。诗中记述的当时的建筑技术，在建筑史上是很有价值的”[115]。这段话也说明，《绵》对中国人居理论研究也很重要。夏传才曾亲至关中调研[116]，故所言比古今从未到周人故地的周诗研究者“靠谱”。包括他说明了，周人对古传“‘相土’图式”的定型化，是在迁徙到“水环境”较好的周原后逐渐形成的，其中“前朱雀”能凸显出对理想“水环境”的首要要求。但作为外地人，夏传才似乎对周人故地关中的自然地理环境及其决定的住窑洞民俗，仍然理解不准不深，包括关于当年周人在周原“要长期定居，不能不以住房为主”的判断。其实，即使至21世纪之初，在周原乡间，“以住房为主”者仍不是很普遍。之所以如此，并非仅仅因为该地贫穷，主要是因为窑洞的优点和黄土高原的民俗。故言当时周人“不能不以住房为主”，显然不准确。但夏传才关于“周原一溜大平原”，从豳地初来的周人的确面临“生活习俗的重大变化，在诗篇中留下明显的痕迹”，《绵》“最集中、最突出的内容是描述规模宏大的营建”，“诗中记述的当时的建筑技术，在建筑史上是很有价值的”等论述，都是准确的。不过，应把“建筑技术”四字，精确化为“相土”；可把其中“建筑史”三字，进一步准确化为“人居史”。

张杰提出，为进行中国“相土”史研究，对《绵》诗所记周人“‘相土’图式”及其“‘相土’技术”的变化，应予“详细解读”[117]，反映出海归学人对此事的精心。本节所论，即与之同思也。

《公刘》所记周人“相土”，还限于“陟则在巘”“既景乃岗”等程序，反映出当时周人在北豳主要住在崖边山间窑洞，其“相土”术仅处于初级阶段。平凉-庆阳一带虽有泾河河道平地，但主要为黄土沟壑地貌，并少见周原这样大面积的坦平原野，故《公刘》中并无对“井田”即平原大面积“方格田土”开发及其规划的关注，包括对“乃左乃右，乃疆乃理，乃宣乃亩，自东俎西，周爰执事”之类事宜的追求。而《绵》所记，就改变了这一基调，包括“‘相土’图式”细节的变化就颇大。为理解这种变化，让我们再读一下张杰的相关分析。

（1）“《绵》诗中‘曰止曰时’的‘止’，就是后来《葬书》所谓‘形止气蓄，生化万物’的意思。‘止’指山水交会。‘时’有两层含义：一是为‘天时’或‘岁时’，为合时宜之意，是后世堪舆术中盛行的方位与时岁之考虑的滥觞”，《诗经·小雅·定之方中》所诵，即此“方位”选择[118]。此议比较深而细。虽然《诗经·大雅·绵》诗“止”“时”是在龟占形式下被表现出来的，张杰对“止”“时”之析还可再议，但他关于周人“相土”技术极重“方位”和“汭位”的论断，则完全正确。周人此种技艺，正显示出其追求“相土”术的精化。《诗经·大雅·文王有声》歌赞“丰水东注”，“筑城伊淢，作丰伊匹”；《诗经·大雅·卷阿》所颂的“飘风自南”，都表现出了当时周人对“方位”和“汭位”的精化追求。实际上，从作为黄帝时期遗存之西安杨官寨遗址规划平面初步发掘状况看，早于亶父2000年的关中黄帝族都邑建造，就基本已采用正南、正北方向，且把都邑选址在泾河、渭河交汇处[119]，至少表明，作为周人“相土”的主要“基因”，选址中“坐北朝南”和“汭位”格局，早在5000多年前就在关中初步诞生了。到《绵》的时代，才形成关于“方位”和“汭位”的成熟技艺。另一方面，据估计在杨官寨遗址壕沟之内，当时普通居屋的朝向，尚未“坐北朝南”，而是环绕一个“中心大房子”布局[120]。西安半坡遗址和姜寨遗址也均如此[121]。在河南西坡遗址中，住屋之门也均朝向本聚落的中心[122]。至于与关中相距甚远且约同时的辽西“坛庙塚”一体化的女神庙遗址，则采用了完全东西轴向的布局[123]。周人之前的殷人，也并不重视居址南向，似乎还以北向为“正”[124]。凤凰卫视2012年7月20日《文化大观园》节目，则播出了江西赣江流域处于商末的“青铜王国”史实，其中提到，在中国当时的良渚文化、辽西女神庙文化和赣江流域大洋洲文化中，建筑轴线往往是东西方向的，而非南北方向。它们都说明，周人“‘相土’图式”中严格的“坐北朝南”格局，在杨官寨遗址时段的都邑选址中虽有某种萌芽，但尚未在全国普及确立。“相土”中的“负阴抱阳”模式，很可能只是周人迁到周原后，才逐渐最终定型的。它最初只流行于住在关中的周族，后来才随着周朝的建立和“周礼”的普及推向全国。明代学者王廷相说，地理学“相土”之术，在三代以前是没有的[125]。如把其中“三代”二字改为“夏商”，就是确论。

（2）《绵》中的“‘乃慰乃止’（一段）说明了当时建设布局的特征。选址用地的‘中心’确定后，亶父便让众人在左右开地置邑，以便能使民众居住下来。接下来是为不同的人群划定疆界，开垦田地。这一过程是从西向东展开的，它既是周原西高东低地势的自然反映，又是以西北为上的空间文化观念的真实写照”[126]。所谓“在左右开地置邑”，即形成以中轴为界的西东对称，并把周邑置于南北中轴线上，渭河在南而岐山在北，这正好是一个标准的“‘相土’图式”。如果说在《公刘》中，我们还看不到周人对东西方向依中轴对称的酷爱，那么，在周原上，他们逐渐养成了这一审美酷爱。不过，此审美酷爱的形成并非空穴来风，而应是来自周原已存的“井田”格局。从殷墟甲骨文可知，在周人来周原之前，周原的“周”字就只是一块长满庄稼的方形田土组成的“井田”形象[127]，充分证明周原早就存在“井田”格局。周人迁来后，不仅接受了“井田”制且在其中建设了周邑，还把“井田”格局融入了自己的“‘相土’图式”中。下面我们还将进一步说明之。

（3）在《绵》中，“选址和布局完成之后，就是具体的设计和施工。‘司空’是专门掌管设计和建设国邑的官员，而‘司徒’专管组织劳役，监管施工。孔颖达疏说：‘司空’之属有匠人，其职有营国广狭之度，庙社朝市之位。所以‘司空’以绳子丈量尺寸，用立竿测影之法推定方位，按规制设计宫室。宫室的营建顺序是：‘宗庙为先，廄库为次，居室为后’（《毛诗正义》）。这不仅仅是一个建设顺序，而且还是一个动态的设计空间推敲过程。宗庙、廄库的公共性高，尺寸大，居室次之，所以前者成为后者设计定位推敲的依据。接下来是庄严的城郭大门和王宫正门的设计推敲和建造。从使用者的角度看，王宫的主人是从内部向外走的，所以城郭大门的确定要根据中心的宗庙、宫室而定。最后在郊外堆土为社，祀土之神，（因为）‘社’是天子兴师动众出发之前祭祀的重要场所”。张杰在这里结合“设计推敲”，把《绵》后面关于王宫各门的描述也串通起来细讲了。虽然当时周人未必像后来的设计师那么技艺高超而层层推敲，但张杰的观点，确实给《绵》后部关于王宫各门的描绘，提供了充分的设计想象空间。许倬云曾针对《绵》中“司空”职务就说过，“由这个官职名称反映的周人官制，与商制并不相同”[128]，至少表明，周人迁入周原后，就把“‘相土’图式”推向官制化了。“司空”二字，即示“管理空间设计者”，这是中国人居史研究中的一件大事。

（4）张杰的结论是：“《绵》诗为我们完整地描述了古代建筑、城市相地选址、规划布局、建筑设计、营建的空间过程”[129]；“这一过程与后来堪舆术描述的‘寻龙’方法完全一样”[130]。“完全一样”四字还可再议，但至少可以说，中国“相土”及其体制化，在《公刘》里留下了最早的详细记录。如果把黄帝族在杨官寨的“方位”选择也计入，那么，中国“相土”在黄土高原从最初孕育到体制化诞生，至少用了2000年以上的时间，其中饱渗着关中周人居址选择的实践经验和实用理性。

四、周原“王宫”遗址对“‘相土’图式”的印证

（一）许倬云的分析

“最近陕西岐山的凤雏村及扶凤召陈村，分别有周初的大型建筑出土，几乎可说是《绵》诗的注解。”这是许倬云对周原出土王宫遗址与《绵》诗关系的点评[131]。他借助中国古代建筑专家傅熹年、杨鸿勋和王恩田三位先生的成果细述说：①“凤雏村的建筑基址”为“周人在灭商以前建设的都邑”，含有亶父时代的因素；②甲组平面“以门道前堂和过廊构成中轴线”，“左右对称，整齐有序”；③甲组大院子内设“前堂”“后室”，前堂台基夯土筑实，院内设若干台阶，地面是三合土灰浆面；④“全部建筑有良好的排水设施”，“所有台檐外面均有散水”，夯土墙系版筑且“墙面以三合土装饰”，“大量使用沙浆抹面”；⑤“已有土坯砖”，“屋脊用瓦”且出土了“陶瓦”；⑥建筑装饰甚至用“玉石或蚌壳”；⑦“整个建筑构成四合院”，“开后世中国建筑最正统的布局”；⑧“建筑各部分都可与古史记载的名称”符合，系商末周室之“宫殿”；⑨故它“颇堪证实《诗经》‘绵’所描述古公亶父统治岐下的景象”，等等[132]。虽然，凤雏村的建筑基址与《绵》所言，至少在地点上有不尽符合之处[133]，其所取方向实际也并非正南正北，而是至今在国内最常见的“抢阳”即略微偏向东南[134]，反映着周人“择向”更符

合关中的地理气候特征，但许倬云所论确实说明，今日周原考古能在一定程度上印证《绵》。《绵》所表现出的"相土"体制化及其"'相土'图式"绝非虚构。

许倬云进而从中国建筑哲理和建筑学原理层面指出：①"中国中原位居黄土地带"，"是以夯土成为中国建筑上一大特色"，"也许即为了夯土的方便易筑，中国古代建筑从未向石筑方面发展"，其不求高而面向平面的特征也"与土基土墙"相关。这一论断基于关中黄土高坡之地理特征，挖到了"相土"及其体制化的总根子，是深刻的。②"中国古代城市大都采正南正北方向，偶尔有一些与地极歧异者，也可以用极星位置的变异得到合理解释"。此论显示了，中国"相土"科技，也与天文学成果具有密切关系，又挖到了"相土"及其体制化的一个根子，也是深刻的。③中国的"宫殿宗庙建于夯土高台上"，与"'天极'观念"有关，但也是"黄土"条件使然。"天极"导致宫殿宗庙建于夯土高台上，显示王室与"天"靠近，其理能服人。④西周已"屋顶用瓦"，"更值得注意的是城市中的下水道"，这证明周人当时的科技水平并不低。⑤结论是包括"土木建筑"在内的"中国古代科技的特色，在于理论和实用的结合，物理中力学突出，自然与创制器械有关。天文历数，也与观象授时的实用自然分不开。甚至光学的若干讨论，似也为说明官感作用的实证。这种现象，一方面反映中国古代文化中的'利用厚生'的基本思想；另一方面也使中国古代科技有偏于一边的趋向，忽略了纯理论的探讨"[135]。在许倬云的这种分析中，虽然始终未出现"相土"或"相宅"等字样，但其论几乎涵盖了周人"相土"的主要领域，其实也是在人居考古文化层面上，对中国"相土"诞生时即包含科学性及其必然体制化的证明。试对比同在关中的西安半坡遗址居屋环围"大房子"环形排列[136]，可知周人"'相土'体制化"已远胜于"乡前辈"。

（二）张洲的分析

原籍周原的张洲教授，用现代科技手段对作为"周邑"的"京当古城"选址中地理、地质和水文等状况的微观研究，也证明周人"相土"包含科学理性。据张洲的调研，一是它选在今"七星河和美阳河'洪积扇'之间的顶部洼陷地区"，"七星河支流的王家河径流在其间"，可作为"排洪和污水的河道"；此地地下水较浅，"对于京当古城、贺家、云塘等处供水都较有利"。二是它"距离岐山山地仅约 3 公里，城市建筑木材、手工业冶炼、烧制陶器和生活燃料等，完全可依靠砍伐山区的森林材源，运输也方便。同时（岐山山地）也是狩猎的好场所"。三是其地"属大陆性半湿润性气候，土壤肥沃，雨量丰沛，有利于农业发展"，"至今该地仍是粮食的主要产区"。四是"岐山南侧，断层崖壁立如削，山体地形高起"，利于"军事防御"。五是此地"洪积扇"黄土"粘粒成分较高，有利于陶器的制作"。结论是：即使从今日科技的角度看，周人当年"相土"选址也"是正确的"[137]。张洲曾说"周文化是中国古老文化的一个主根"[138]。笔者也愿以张洲的上述成果对应地说，周人"相土"是中国人居文化的主根。2015 年，中国社会科学院评选出的全年"六大考古新发现"之一，就是对周原具有 50 余条"池渠"遗存和水网组成的给排水系统的发现。这也证明着张洲对周原的相关结论可信。

以前述者为前提，本节下面的文字将直接展开对本节标题的证明。它是本节的重心，但其论证自身环节较复杂又含若干曲折，故对撰述逻辑的严密性要求较高。但限于篇幅，笔者对若干其他的学科太细杂的技术性内容仅一提而过，重点关注几个关键环节。

五、作为"'相土'图式"的"周"字的诞生

（一）商周"周"字字义及其历史简描

古今对"周"字字义及其起源、变化的说法和争论较多。本节以下仅关注商周时期的最主要者。

1. 殷墟甲骨文"周"字字义

截至2010年年底，李宗焜先生较完整地搜集到并编号收录于所编著之《甲骨文字编》（以下简称《字编》）中的殷墟甲骨文"周"字，共55个[139]。这批"周"字均带有初创汉字特色，很不规范，从字形上大体可分为三类。（本节各图中的"合集"指《甲骨文合集》）

（1）以今"田"字四个方框里加四个小点为"基本构形"者（图4-2）。

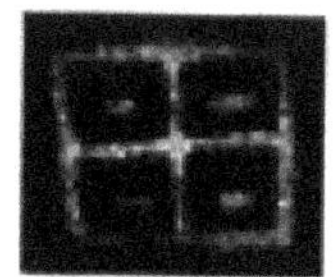
《合集》8854

《合集》4885

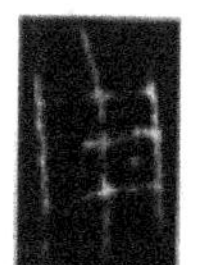
《合集》20074

《合集》8472

《合集》6657

《合集》6649

《合集》6914

图4-2　殷墟甲骨文"周"字举例

有时候，其"田"字写得像今"用"字、"甲"字、"申"字，甚至把今"用""甲""申"都翻转90°，"田"字四个角的90°拐弯都"冒出了头"，"田"字方框里的"十"字有时也会变成"草头"乃至"井"字，等等。据分析，在这些各式"周"字中，如果方框里不加小点，则"田"字四个角的90°拐弯都会"冒出头"，以与"田"字相区别[140]。按民国时周史研究者周法高先生的分析，以今"田"字四个方框里加四个小点为基本构形的"周"字，其初义即"'周'为农业社会，故造字象田中有种植之物以表之。纵横者，阡陌之象也"，"亦取界划之义也"。民国时周史研究者余永梁先生则说，此字"作'周'从田中出来，可见周地是块活壤"[141]。新中国成立后，徐中舒先生、刘毓庆先生和张洲等均持相同思路[142]。

据对此类"周"字所依甲骨相关文字的具体分析，它们主要形成于商代武丁、祖庚、祖甲时期。其意主要指对当时地处今周原的"周方"或"周侯"的称呼，只有一个标私人名字[143]。

鉴于此形"周"字在武丁时已出现，而该时古公亶父尚未迁至岐山，故可知此"周"字不是对亶父所率群体的称呼，而是对周原武丁时期"原住民"的称谓。这又牵涉出当时中国"族'与"姓"并非一事的问题[144]。周原武丁时期原住民周族姓"妘"而非"姬"，他们在亶父进入周原后一直保持着其"妘"姓。《史记》说姬姓周人"邑于周地，故始改国曰'周'"，看来也是真实的[145]，但如下所说，其中曲折颇多，非一言可尽。

(2)"周"字写得直接就像今天的异体字"用"，其中有的"用"字的四个小方框里还加四个小点，也有"用"字四个小方框里并无四个小点，但90°拐弯处都冒出了头，有的"用"字里中间竖杠不出方框（图4-2），等等。

与前一类"周"字比，此形"周"字最大的构形特征，实际是用上部及两边围成的方框三边形，把"田"字包围了起来。鉴于汉字是象形字，前述用"田"字四个方框里加四个小点为基本构形的"周"字，就是个典型的象形字。如果说第二类的这个"用"字中的"田"字，是对周原田连阡陌之象形的话，那么，其方框三边形是象形周原什么呢？这使人不得不想到周原的地理特征。如前所述，周原北靠岐山，东边是杜漆河，西边是千河，南对渭河，故按中国古代地图与今日地图"上北下南，左西右东"方向的标示一致[146]思之，此形"周"字的方框三边形，就应象征周原"北岐山，东杜漆河，西千河"，再加上其中"田连阡陌"。这其实就是一幅周原地貌示意图，指称周原妘姓周族也可矣。后来"周"字具有周围、周边、周密、周全等含义，应与其初义在于描述周原四周围合的环境相关。《山海经·大荒西经》说"有山而不合，名曰'不周'"，就是对"周"字初义的引申反用。

其实，古今均有论者持"'周'字源于周原地理环境说"，但论者往往离周原而他顾。方睿益先生就提出，"'周'之为字，本形象于关中之地形。四围周密，河山四塞之固也，从'口'则并崤涵之险"。笔者同意张亚初先生关于此议"是牵附之说"的批评[147]。因为它虽基于关中地理环境，却是典型的离周原而扩说关中者。说象形关中"四围周密""河山四塞"，那为什么不用一个大"口"字把"田"字套起来呢？

(3)《字编》从30247号B6开始的19个"周"字，或写得像"田"字之下加"++"形，或写得像无上面一点的"门"字内加个今"夫"字(图4-3)，等等。显然，此形"周"字已消失于历史深处，本节不论。

2. 姬姓周人使用甲骨文"周"字略况

在武功"先周"遗址陶文中，出现了前述"田"字形"周"字[148]，说明当时周人是殷商文化的臣属者。在殷末周初的周原甲骨文中，姬姓周人仍与殷墟甲骨文一样，以今"田"字四个方框里加四个小点为"周"字基形使用之[149]，其量颇大。后来，周原姬姓周人甲骨文中的这个"周"字，也有今"用"字、今"田"字加下边"口"字的字形[150]。应特别注意，周原姬姓周人在殷商字形上新加"口"字，是很有讲究的，这将构成本节论说的重心。

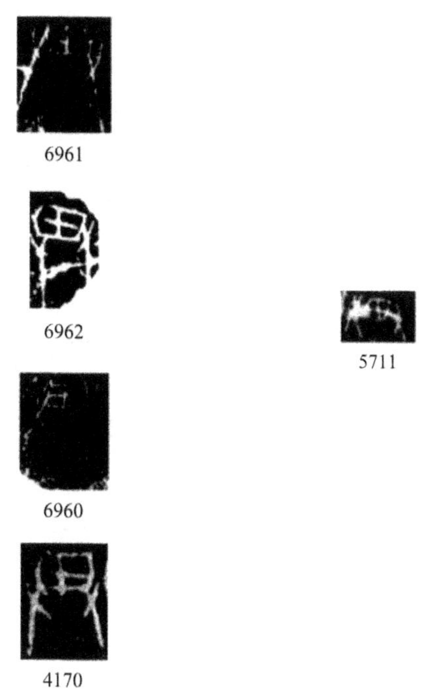

图 4-3　已经消失的“周”字

许慎的《说文解字》认为，“周”字“从‘用’从‘口’”，虽不准，但也是从象形上抓住了“周”字在“田”字下面添加“口”字而形成新“周”字的构形要害。鉴于西周初期，姬姓周人的“金文”就创造、定型了一批新字，其中下部带“口”字的“周”字的诞生，实即“周”字从今“田”字加四点演化而来的最后定型，而“周”字的如此定型，又涉及当时周原妘姓族徽，以及周邑建设、“周”字带“口”字的准确含义等一系列问题，说来颇为复杂。让我们先从当时周原原住民姓氏族徽问题说起。

（二）周原原住民妘姓族徽及其性质

1. 当时的姓氏制度及“族徽”使用简介

1）当时的姓氏制度

中国“姓氏是标志社会结构中血缘关系的符号。当社会结构发生重大变革时，这种符号的形式及其应用法则亦随之发生变化”[151]。秦代前后，中国“姓氏制度”大异。先秦包括殷周之交时，有身份的男性个人，不仅往往隶属于“族”（“族”也就是“氏”，如周族、羌族等），而且往往隶属于“姓”（如姬、姜、妘等），也即同族之人往往属于不同姓氏，不同姓氏者又往往是一族，如本节将说的周原原住人群姓“妘”，属周族，但却与后来进入周原且同属周族的姬姓人群不同姓。另外，同姓者建立不同国号的“方国”也较常见，例如，“祝融之后”的妘姓，就在春秋时期建立了郐、路、邬等国。“姓是世代不变的，氏则是往往改变的”，因为“姓”与私产继承相关，而“氏”只不过表示认同同一“图腾”者，其作用后来日益弱化。据说，当时的“姓”很少，至春秋时期全国也不过只有20余姓；“赐姓命氏都是天子的权利”。要获得族氏，须有“世功官邑”（对本节主题而言，特请注意此“邑”字），身份低贱者自然难得，身份高贵者获得的族氏也为其“方国”之称。“‘姓’的取得要经过命赐的手续”，称举个人要称姓加其名[152]，如周公“姬旦”。当然，其中姓与氏的关系并非如上述理论所言那么清晰，“天子赐姓命氏的权利”也并非时时俨然，往往在社会转型的混乱中，“姓规”与“氏规”均会乱套。

2）当时“族徽”的使用及“族徽”作为汉字源头之一

后至台湾的学者李宗侗先生持“图腾即姓”之说[153]，认为“我国古代象形文字有一部分出自图腾”[154]。许倬云的老师李玄伯先生也持“姓即图腾”见解[155]。看来，他们均多少混淆了“姓”与“氏”，因为“图腾即氏”而非“图腾即姓”，故前引李宗侗所言，前一句似误而后一句则对。

中国远古氏族标志“族徽”就是一种“图腾”，但它们却是我国古代一部分象形文字的来源。学者已意识到，这些文字的特征是“很图形化”而被称为“文字画”[156]，往往明显留有该族居地的环境特征[157]（对本节主题而言，特请注意于此）、衣饰、标志建筑（对本节主题而言，也特请注意于此）等内容。有论者在我国青铜器铭文研究中专列“族徽”内容，说它“首先出现在殷商之前的青铜器上，在周代时依然最为常见”，“大部分都只是一个字”[158]，其作用有点类似于今日的公章，作为氏族标志而与姓名并列[159]。其实，早在20世纪30年代，董作宾先生的《中国文字之起源》，就已把“族徽”视为汉字源头之一了[160]。

2. 周原原住民妘姓周族族徽及其性质功能

这是本节立论的一个主要前提。此前，学界很少关注它。近年来，董珊博士的《试论殷墟卜辞之“周”为金文中妘姓之周》一文（以下简称“董文”），以及其前后王恩田、张天恩、雷兴山、曹玮、尹盛平、曹定云诸先生对“周”字字史的一系列研究[161]，才逐渐找出了周原“原住民”妘姓周族族徽的一些历史线索，使本节得以进一步探索这个问题。

1）殷墟甲骨文“周”字只指称周原原住民妘姓周族

董文较仔细地列举了数十个殷墟卜辞“周”字，表明其至少有15个“田”字加点式的“周”字，被安排在“翦”字等表示“消灭”之意的字样之后；有10个“周”字被安排在“令”字等表示“命令”之意的字样之后，至少有4个“周”字连称“周方”或“周候”，显示出这个所谓的“周方”，系当时隶属商朝的一个“侯爵”级的较有实力的“方国”或“氏族”，殷王室与之的关系似乎并不平常，经常存在王室惩罚、恐吓和胁迫“周方”的记载。董文还较仔细地引述殷墟卜辞断代研究成果，说明上列有“周”国族的卜辞，主要属于商代武丁、祖庚、祖甲三个商王时期，相当于邹衡先生所讲“殷墟文化”的第二期；而姬姓周族在亶父的率领下迁至周原，是在“殷墟文化”的第三期之初，加之《史记》之《集解》和《正义》也皆说姬姓因居周原而取名周族，此前他们“还没有取得‘周’的名号”，故此“周”字并不是指迁入周原之姬姓周族，而是另有所指。具体指谁呢？董文详细引述并综合了王恩田、雷兴山、张懋镕三先生及唐兰、李学勤、曹兆兰诸先生的研究成果，认为此“周”字确指周原“原住民”妘姓周氏，其字初义象形周原田连阡陌、禾苗茂盛。董文推测，在“殷墟文化”第三期初，殷商翦伐周原妘姓“周候”的战争取得成功，周原妘姓衰落，故来自豳地的姬姓周人才能较顺利地进入周原。此外，董文还证明周原曾居住过另一黄帝后裔“鄁”（读音亦如“周”）方国，使周原姬姓周族进入前的历史更厚实。由于董文涉及面较宽，族徽字形断代及文献分析又难免细碎，故本节不再一一赘述。

应当说，董文的材料占有（包括对殷墟甲骨文“周”字的搜集和整理）较完整，学术视野较宽，逻辑清晰，对学术前沿较熟悉，故其结论颇有说服力。虽然有些细节尚可再议，但这并不影响其结论成立。最起码1933年扶风康家村出土函皇父器组和1961年扶风齐家村出土周我父簋铭文，已清楚地表明，当年在周原确实存在着一个妘姓周族方国。张懋镕关于姬姓周人不用族徽也可确立，故董文的结论不仅与史实不悖，而且深化了今人对相关史实的综合性认识。当然，董文对“周”字的研究，基本限于“周革殷命”之前的“周”字，对此后由政治因素引起的“周”字的变化则一笔带过，而这却是本节下面的重心。

本节认同的张懋镕关于姬姓周人不用族徽的见解，在逻辑上也面临着与邹衡关于先周文化存在“双耳分裆鬲”形族徽并可由以追寻周族之源见解[162]的冲突。但细思之，邹衡和张懋镕的见解所指历史时段不同，彼此并不存在同时段性互斥，故本节只截取张懋镕的见解用之。

2）妘姓周氏族徽系周原“‘相土’图式”解析

董文引述的王恩田所述金文妘姓周族族徽，最早系在“‘田’字加四点”的“周”字左右两旁，对称地添加了形似“托举”的两个符号（故以下简称此族徽图形为“‘田’字加托”），后来，它又被简化，成为“‘田’字戴帽”，即其图形为在“田”字上部加了个类似于所戴帽子剖线的线条，线条向下弯曲（图4-4）。

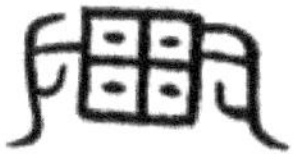

父癸斝（《集成》9220）

父癸卣盖（《集成》5096）

周壬鼎（《集成》1299）

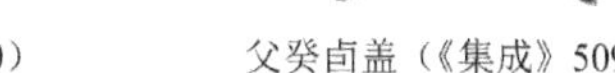

周父庚方彝（《集成》9867）

爵（《集成》7468）

图4-4　妘姓周族族徽

王恩田认为这两种族徽，以及殷墟甲骨文中由“田”字下面加“++”符形成的字，都是“周”字的“异构”。董文却认为，周族族徽除去“++”形部分，“也是‘周’字”。但从族徽系汉字最古来源的角度看，“‘田’字加托”“‘田’字戴帽”和“田”字下面加“++”符形成的字，都应是对当时妘姓周族之称的“周”字的不同书写方式即“异构”，其中，卜辞“田”字下面加“++”符，是对“‘田’字加托”“‘田’字戴帽”形象的文字化处理，包括有的“田”字下面加“++”符的字形，很像“‘田’字加托”原画（后世“田”字下面加“++”之字读为“bi”，表示“给予”，其字形非此字形且字义已与此无关，此不赘述）。商王室卜辞也曾采用“田”字下面加“++”符之字，应表示着它一度对妘姓周方国及其使用族徽的认可。

如果说远古族徽往往明显留有该氏族居地某些主要环境特征，表示氏名的汉字亦然；如果说妘姓周方国“‘田’字加四点”的“周”字，象形周原田连阡陌、禾苗茂盛，那么，妘姓周族族徽在“‘田’字加四点”的“周”字左右两旁，对称地添加了形似“托举”的两个符号，或者在“田”字上部加了个类似于所戴帽子剖线的线条且向下弯曲，又象形着周原的什么地理地貌呢？顺着“‘田’字加四点”的“周”字象形造字思路前推，可以猜想，“‘田’字加托”“‘田’字戴帽”，都是象征周原除了平地田连阡陌、禾苗茂盛外，还有“北岐山，东杜漆河，西千河”的“托举”式或“盖帽”式环护，它们均以周原地理地貌特征为象形对象。除了此解，似乎难有其他解释。可以设想，它们都是对周原“‘相土’图式”的象征性绘画式表达。

这个论断，还主要建立在前已说明的国内外对远古先民使用“图腾”必然性分析的基础之上。一方面，按照当时“万物有灵论”下的“互渗律”和“感染律”，周原原住先民不仅对周原上作为“‘田’字加托”“‘田’字戴帽”的“北岐山，东杜漆河，西千河”有仔细观察和衷心感激，而且认为作为族徽的“‘田’字加托”“‘田’字戴帽”式图腾，必然与自己的族群融为一体，互渗互感，祸福与共，而且它直接就是本族群人们的“避难所”。在这种文化背景下，妘姓周人应该认为用周原“‘田’字加托”“‘田’字戴帽”的完整“‘相土’图式”命名自己的族群，会把周原与自己族群融为一体的关系进一步确定下来，延续下去，力求两者继续互渗互感，包括优良的“相土”环境能给族群带来宜居、丰收、欢乐和吉祥，甚至借以避凶趋吉。

（三）姬姓周人依妘姓族徽新创带“口”符“周”字

本书前已述及姬姓周人在豳地钟情“‘相土’图式”，这里又认为妘姓周人也钟情同形状的“‘相土’图式”，是否牵强？历史地看，应当说并不牵强。因为除了前述史前中国巫教早具人居巫术且由黄帝族带入关中，故完全可能使两者均有大体同形状的“‘相土’图式”外，前述尹弘基也已论证，“相土”的核心选择，是先民挖窑洞之需，而妘姓周族所在的周原，也是“黄土高坡”，与姬姓周人所在的豳地一样，也得常住窑洞，所以，妘姓周族也必然与姬姓周人一样，探寻、归纳并钟情于相近或相似的“‘相土’图式”。从距今五千年以上的西安“黄帝都邑”杨官寨遗址已出土陶窑[163]，到距今3000年左右的妘姓姬姓周人的“‘相土’图式”，其间2000年左右，信奉巫教的周姓先人，在关中黄土高坡长期的窑洞生涯中，应该总结出并彼此交流着这个“‘相土’图式”。同为一姓，完全不交流人居经验是不可能的。不交流，人居模式完全不同，才匪夷所思，故两者“‘相土’图式”相近本在预料之中。另外，细心的人可以发现，比起《诗经·公刘》所描述姬姓周人在豳地的“相土”－“阴阳”术，妘姓周人的“‘相土’图式”更加突出了“水环境”和“井田”式审美，“‘田’字加托”或“‘田’字戴帽”都体现出左右对称的平衡，尤其是“‘田’字加托”的那两个形似“托举”的符号，真像“井田”平面上回环多情的流水，吸人眼球。在笔者看来，《诗经·大雅·绵》所描写的“‘相土’图式”，也包括“前朱雀”，也包括所唱“在左右开地置邑”，形成以中轴为界的西东对称，并把周邑置于中轴线上，应当是姬姓周人到周原后，学习妘姓周人“‘相土’图式”优点的结果。因为如前所述，周原“水环境”使妘姓周人“‘相土’图式”的“水味”更浓，故在人居科学上更先进。姬姓周人入乡随俗，模仿学习，合情合理。

1. 姬姓周人进入周原后建成“周邑”

殷商王室对姬姓周人进入妘姓周人做主之周原的态度如何？今本《竹书纪年》说，它“命周公善亶父，赐以岐邑”；古本《竹书纪年》则说，“武乙三十四年，王赐地三十里，五十谷，马巴匹”。还有记载说，后来殷商王室还因伐戎有功，任命古公亶父的儿子王季为“殷牧师”[164]。再后来，则出现了商周贵族之间通婚的事。顾颉刚指《易经》爻辞关于“帝乙归妹”的记载和《诗经》首篇，均显示出此史实[165]。看来，殷商王室最初鉴于当时妘姓周人的对立情绪和周原临近西戎的复杂局面，为了稳住局势，至少是默认姬姓周人入主周原的，同时在其进入后又进一步笼络之，封官许愿，以求延续殷商王朝在周原的影响力。率众进入周原的古公亶父，也促使全族勤恳建设，首先是在商王的默许下，建设标志其族群权威的城邑。《诗经·大雅·绵》实际就是姬姓周人在周原建设“周邑”的颂歌。

为什么建设“周邑”之事，被如此看重呢？一方面，本章前已述及，按当时的规矩，具有城邑是族群具有权威的标志，故如此看重势有必然。另外，姬姓周人在豳地平稳发展已达300余年[166]，积累了大量文明成果，已发展到确立“城邑国家”的阶段[167]。文明成果丰富的长武碾子坡遗址，就被其发掘主持者视为亶父离豳前夕的遗留[168]；而离碾子坡不远的陕西彬县水北遗址，清理出了可能为关中黄帝部族所属的四坡重檐式的大房子[169]，证明姬姓周人在豳地可能继承着当地先民已有的较成熟建筑智慧，临近文明门槛，到周原后建设标志自己权威的城邑，自然而然。从其“建国立业”的角度看，《史记·周本纪》说来自豳地的姬姓周人当时多“戎狄之俗”，刚到周原，急需脱戎俗而“营筑城郭室屋而邑别居之”，即急需以设有城郭室屋的合格城邑，争得殷商和周边族群的承认，因为当时的“立国”氏族必有“都”，而“都”中必有先君“宗庙”[170]，故为建先君宗庙，也须先建设属于自己族群的“周邑”（“周邑”就是姬姓周人对此邑的专有名称[171]）。据《汉书·地理志》和《说文解字》载，“周邑”的具体地点在岐山“中水乡”，即今日法门寺一带，包括近年发掘出的凤雏和召陈遗址就在其中[172]，前者即为宗庙[173]。据对凤雏遗址木柱灰屑 ^{14}C 测定，“周邑”建设的时间约在公元前1095±90年[174]，正处于本节所论的时段。

2. 从“周邑”的建成理解带“口”符“周”字的形成

中国古代甲骨文目前被确识者不到1/3[175]。其中，今用带“口”符的“周”字初义及形成，一直是个谜。“周”字定形，从不带“口”形的“‘田’字加四点”，到带“口”符的“周”字产生，可被理解成两大阶段。为什么会出现两大阶段？带“口”符的“周”字，为什么最终替换了不带“口”符的“‘田’字加四点”的“周”字？据笔者所知，此前似乎无人深入探讨此事。本节此处从“周邑”的建成理解带“口”形的“周”字的诞生或定形，多少是冒着某些“学术风险”的。好在它只是聊备一说，深信学术是“公器”，最后判定是非曲直者不是自诩“权威”的人，而是时间。当然，如有确凿反证被拿出，那时笔者会修改此见。

1）当时作为汉字构符的“口”形符号的通常含义

据张光直说，甲骨文中的“邑”字，上部是个“口”形四方块，下面是个人，说明“邑”的“基本要素是四面有围墙”，“围墙确实是（‘邑’的）一般特征”[176]。邵英博士也认为，人生活在当时的“邑”中，即“聚居在城墙环绕的‘口’内，四周有壕沟作为屏障，有军队保护；城墙设置有城门，城门上有瞭望的城楼”[177]，因而“古人用‘口’作基本字符，创制了一系列与城邑有关的字”[178]；“甲骨文中关于‘邑’的材料约略有 200 多条，金文中也有不少”；“‘邑’字”，“金文字形均从‘口’”，“表示一个聚落或城邑”[179]，与“国”字字形有类似之处[180]。

王兰博士进而指出，在殷墟甲骨文中，“未见真正从‘邑’的字形，‘邑’作为一个构字能力很强的形符，是在周朝金文中开始体现出来的”[181]。这种情况，尤其应引起注意，因为它是本节下面立论的主要依据。这种情况的出现，也应与西周进入中国成熟的“城邑王国”阶段相关。吴良镛的《中国人居史》第二章第二节“封邦建国”部分就讲，西周初期出现了全国性的“筑城高潮”，而周邑建成就是其开端和主要标志。这种人居发展，也必然反映在当时“一系列与城邑有关的字”的创制上，包括上述用“口”字作基本字符构制与城邑有关的新字。

作为姬姓周人在周原所建周邑的专称，在妘姓周人的族徽下部加上“口”符的“周”字的诞生，即以此为历史文化前提。此“口”符专门凸显着周邑，故它只能诞生在周邑建成之后。

2）从“周邑”建成理解下部带“口”符“周”字的诞生

虽然传世文献并无这方面的任何直接记载，但我们可以从汉字考古成果中，逻辑地推导出这一结论。

（1）带“口”符之“周”字倚周文王而隆重登场。从目前的已知资料看，带“口”符的“周”字，最早出土于周原周邑，是周文王时期（即商代末年）的周原甲骨文字，于 1977 年在凤雏遗址第 11 号灰坑随 17 000 片周原甲骨一起出土。“凤雏甲骨原存于窖穴，片多而零碎，需要仔细加以分析”，第 11 号“坑中有杂物甚至人骨”，系被废弃者[182]。其中 11:84 号和 11:82 号甲骨，都有此“周”字且连为“周方伯”之称[183]。目前，以李学勤为代表，一批学者认为 11:31 号和 11:104 号甲骨，“辞主”应系商王，时间在帝辛时期，是册封周文王为“周方伯”时用的卜辞，后被带回周邑[184]。另有一批学者认为，其“辞主”就是周文王本人，他受封为“周方伯”后，“求太甲之灵庇佑，也是说得通的”[185]。无论这两种读解何者有理，但两者均指向商王此时正式册封了“周方伯”，并承认“周方伯”以带“口”符之“周”字，作为国族的正式名称。带“口”符之“周”字，作为姬姓周族的正式名称，就这样在商周的配合下，隆重登场了。商王正式承认“周方伯”，准许以带“口”符的新“周”字取代周原妘姓周人“‘田’字加四点”的国族名称，这对商王而言，绝非轻易之事，更非书法家换个字体那样轻松，至少是公开正式承认并批准周邑标志着的周原新主人履新，公开正式抛弃周原老主人，势必是经过各方面仔细斟酌而后确定的国家大事。对周文王而言，这也是一件大事，不仅因为这一取名，表示着自己族群以周邑建成已正式登上中原历史舞台，成为周原雄主，正式拥有原妘姓周族拥有的周原沃土，而且这一取名也系自己族群选定的图腾，它将与自己族群同祸福而共命运，故势必也是经过各方面仔细斟酌而后确定的族群大事。显然，如果不存在上述政治内容，用带“口”符之新“周”字，取代“‘田’字加四点”的老“周”字，对商和周均无必要。

（2）周公方鼎又采用了老“周”字。郑玄的《诗谱》云：“文王受命，作邑于丰，乃分歧邦周，‘召’之地为周公旦、召公奭之采地”[186]，即文王将都城从周原的周邑迁至西安丰京时，把周公采邑封于周原一个名叫“召”的地方。现已查明，周公采邑并不在周邑（今法门寺一带），而在今周公庙一带[187]。为在自己采地祀享文王，周公制作了一个方鼎（下称“周公方鼎”）。其中“周公”的“周”字，“作‘田’字方格中加点形”，“不从‘口’”[188]。这有点令人奇怪：既然文王已用带“口”符的“周”字，周公方鼎为何又用“‘田’字加四点”的老“周”字？

周公方鼎是周公一生制作的唯一重器。对于周公而言，绝对不能说什么它用老“周”字是“疏忽大意”或“书法恋旧”。依笔者看，其表意深焉。此事只能证明，当时带“口”符之“周”字，有着极为特定的含义：一是只指周原上建成的周邑，不可用指其他任何地方。在“‘田’字加四点”的老“周”字下面，再加个代指“邑”的“口”符，就表示此字当时只用称周邑，只有周邑才可称“周”，故周公方鼎不能用；二是它只能用以指称周氏国族（如周方、周国）及其最高首领（如周方伯），其他任何人和任何地方均不可僭越冒用，包括周公及其采邑也不可僭越冒用。对带“口”符新“周”字诞生后，西周初年金文中的许多老“周”字，应均如此理解。当时等级森严，必然也在金文用字上体现出来。故只能如此理解，难有他解。

（3）何尊铭文最后定型带“口”符“周”字。它开头就记述了“惟王初相宅于成周”，后面复述了周武王关于“宅兹中国”的遗言，最后还写明制器时间是“周成王五年”。其中，“成周”是指洛阳，用的“周”字就是带“口”符者。鉴于何姓后辈系西周臣工，制器态度毕恭毕敬，故所用带“口”符“周”字，应是当时周朝规制使然，代表着周成王五年（公元前267年）“周”字的官式含义和写法，此后金文“周”字就定型于此（图4–5）。

图 4-5　何尊中带口符的“周”字（右第一行最下）

理解带“口”符的“周”字及其定型，首先牵涉到当时“成周”洛阳、“宗周”丰镐和“周邑”三者的关系及名称专用问题。

不错，在周革殷命后的周武王时期，沿袭周人爱用旧地名称于新居地的老传统（如亶父和周文王时期均用豳地“京”之名称呼周原新王宫），一度曾把新建成的镐京也称为“周”[189]。但这种对“周”字专称“周邑”规矩的淡化，存时极短。成王五年（公元前 267 年），周公实施了营洛。于是，陈梦家先生在前[190]，尹盛平在后[191]，均认为以何尊标出的成王五年（公元前 267 年）为界，“周”字就又专称“周邑”，而“成周”专指洛阳，“宗周”则专指丰镐，三“周”之专名严格后互不混淆。由此，可以称何尊为“中华‘相土’第一器”，不仅因为它就铸着“相宅”新字，而且因为它记载了中国“相土”史中的这个关键环节。它还诱导我们进一步分析何以周公方鼎和何尊所用“周”字不同。

3. 带“口”符“周”字的定型应是周公亲为

《尚书大传》说“周公摄政五年营‘成周’，六年制礼作乐，七年致政成王”[192]。何尊标出的成王五年（公元前 267 年），正是周公摄政的第五年，这一年，周公主持实施成周建设，次年周公又主持“制礼作乐”（狭义），此后的成王七年（公元前 265 年），周公就把执政权力归还给了成王。鉴于成王五年（公元前 267 年）正在周公摄政期间，把洛阳取名“成周”就出自周公的决定，他要以此表示让成王在此地真正完成建国大业[193]，所以应当认为，把“成周”的“周”字定型为带“口”符“周”字，也即周公在决策“成周”取名时的一个附带决策，两者或者只是周公一个决策的两个不同侧面而已。西周金文用字，在规范化、字符调整分工明确化等方面，都比殷墟甲骨文有所进步[194]，出现了一大批新字[195]。我们不必认为其中都有周公的直接参与，但对“周”字定型，使三“周”之专名严格后互不混淆，却只能被看成周公亲为。此“周”字不是一般字，而是周人的族名和国号。这个字怎么写，有着明确的政治和文化象征意义，故把“周”字定型为带“口”符者，使三“周”之专名严格后互不混淆，只能是当年掌大权的周公亲为，别人也没有这样的权威。它与周公摄政时决定把周王称为“天子”[196]一样，都可以理解为广义西周“制礼作乐”的组成部分。

周公定型“周”字，除何尊外，还有两个青铜“成周铃”礼器作证。其一今存北京故宫博物院，铃上铸有突起的“成周王铃”铭文，其中“周”字即下带“口”符；其二今存台北故宫博物院，铃上则铸有凹下阴文“王成周铃”铭文，其中“周”字也下带“口”符。据专家判断，此两铃均系西周早期器，作器时间当在“成周”草创之际。由前述周公营洛史实可推知，此两铃均有“成周”和“王”两词，应即周公营洛时为成王所铸礼器。它共同采用带“口”符“周”字，也可证明确是“营洛”中的周公定型了带“口”符“周”字。在某种意义上，两铃对此事的证明力并不在何尊之下。

（四）妘姓归顺姬姓周人后其族徽在西周依然使用

《史记・周本纪》载，亶父进周原时，“他旁国闻古公仁，亦多归之。于是古公乃贬戎狄之俗，而营筑城郭室屋，而邑别居之”。许倬云认为，《史记・周本纪》记载的今山西芮虞两国争地而求周评判之事表明，当时“陕晋之间姬姓部族不少”，文王时都纷纷归附姬周或与之友好，《诗经・大雅・绵》明唱“有疏附”，即为显例[197]。可以想见，当时曾统治周原但得罪了商王朝的妘姓周人，一方面因与姬姓周人同属周族，另一方面又面对亶父之仁，同时迫于殷商的压力，显然和平地顺附了挺进周原的姬姓周人。从《诗经・大雅・绵》来看，后者进入周原未遇抵抗，确证当时妘姓周人已“有疏附”。《史记・周本纪》又载，姬姓入周原后马上开始“邑别居之”，暗示妘姓不仅顺附，而且成全其“贬戎狄之俗，而营筑城郭室屋”，帮助其建成了“周邑”。“邑别居”三字，也显示姬姓并未抢占妘姓居邑，暗示两姓在周原和平相处。《诗经・公刘》和《诗经・大雅・绵》的对比还暗示，妘姓也把其在较好“水环境”中逐渐形成的“前朱雀”是最要紧的“‘相土’图式”，介绍给了姬姓周人，后者也接受了以水流标示“左青龙，右白虎”的新模式。周文王首先决定在妘姓“‘相土’图式”的族徽下面加一“口”符，表征自己的城邑和国族名称，显然含有姬姓周人全盘接受妘姓“‘相土’图式”并祈求其也能保佑姬姓周人之意。从目前出土的西周青铜器铭文看，如董文所举，至少有4件（即董文第三部分“殷周金文中的非姬姓周族”所列举非姬姓周族制器之第15件至第20件中的4件）铸器铭文系妘姓周人在西周所制，证明妘姓一方面继续长期使用着自己的族徽，时间竟一直延续到西周末期，显示姬姓周人对妘姓采取了宽容团结政策。另外，妘姓则在铭文中一边保留着自己的族徽，一边又明确自称属于带“口”符的“周”族，说明妘姓当时确已归顺姬姓周族，而且以“铭文内证”的确凿形式，表明“‘田’

字加托”和“‘田’字戴帽”族徽，确实是妘姓周族的族徽。董文以此据确认，妘姓族徽可“释读为‘周’”，以及推延而确认殷墟周初甲骨文中“‘田’字加四点”者皆可“释读为‘周’”，在考古逻辑学上确是严密的，无懈可击。董文还引张懋镕的成果，明确认定姬姓周人从不使用族徽，从而也为姬妘二姓在族徽问题上并无冲突提供了前提。

董文第三部分“殷周金文中的非姬姓周族”所列举非姬姓周族制器之第20件（即董文所称《集成》第1299号），系1972年在甘肃灵台县西周墓出土者。其上“‘田’字加托”的族徽，铸造得非常漂亮。此器表明，西周时期，妘姓贵族还曾被姬姓派往西周王朝北边军事重镇今甘肃灵台一带带兵“戍边”；而灵台就是周文王伐纣前“翦商行动”的首战之地——被灭掉的原属商王朝的“密国”所在地[198]。《诗经·大雅·皇矣》在赞颂周文王时，特别自豪地回忆了这场胜仗，而这个被灭的“密国”即为妘姓[199]。妘姓贵族被派驻此地，甚至被称为西周的一个封国[200]，铸妘姓族徽之鼎显威，一方面表现了姬姓周人“以妘制妘”的政治技巧，另一方面也充分证明了西周时期周原姬妘二姓团结中的彼此信任和托付。

六、加“口”符“周”字是当时的“‘相土’图式”

当时周人和世界其他进入文明的族群一样，也都把文字理解为人神沟通的符号系统[201]，故加“口”符“周”字，在当时姬姓周人的眼里，不仅仅是三“周”专称、周国国名和本族族名，更重要的是对西周王朝在这个与祖先沟通的“图腾”的保护下，导向阖族更大福祉的祈盼。

作为上说之一证，请看与带“口”符“周”字诞生大约同时的《周易》卦爻辞，那至少是商周之际“周史”所为[202]。它反映出，周人对祖先神祇充满了敬意和祈盼保佑，而其与祖先神祇沟通的工具之一，就是作为卦爻辞的文字。这种情况确证，当时的周人和世界其他进入文明的族群一样，“经常占据着”他们“思维的那些看不见的力量，可以简略地分成三类：首先是死人的鬼魂；其次是使自然物、非生物赋有灵性的最广义的神灵；最后是以巫师的行为为来源的妖术或巫术”[203]，其中“巫师的行为”，在中国商周之际，就包括摆弄作为卦爻辞的文字。只有在这种迥异于今的文化背景下，才能充分理解当时带“口”符“周”字作为“图腾”发挥“‘相土’图式”作用的价值。更何况，中国“巫”字本身就象形着“匠师手持‘规矩’(即人居设计、施工用具)”[204]，显示中国当时巫君合一者，与人居事务密不可分，而当时人居事务中的最大者，即确立“‘相土’图式”。

既然妘姓周人把“‘相土’图式”升华为本族的族徽，按照当时“万物有灵论”下的“互渗律”和“感染律”，不仅对周原上作为“‘田’字加托”“‘田’字戴帽”的“北岐山，东杜漆河，西千河”有仔细观察和衷心感激，而且认为作为族徽的“‘田’字加托”“‘田’字戴帽”式图腾，必然与自己的族群融为一体，那么可以设想，姬姓周人在该族徽下部加上“口”符形成新“周”字作为“三周”（周邑、宗周、成周）专称和周国国名，虽因不用族徽习俗之限而不能把它变成新族徽，但这个周邑专称和周国国名，也自然含有以它固化和标示姬周族群新"'相土'图式"的含义，也按照当时"万物有灵论"下的"互渗律"和"感染律"，姬周先民不仅对周原上作为"'田'字加托""'田'字戴帽"的"北岐山，东杜漆河，西千河"衷心感激，对"'田'字加四点"标示的周原"井田"及其南北中轴线上的周邑十分眷恋，而且认为作为图腾的"'田'字加托""'田'字戴帽"和周邑，必然与自己的族群融为一体，永保姬周。从这种意义上可以说，带"口"符的新"周"字出现，也显示着姬姓周人对妘姓周人"'相土'图式"及《诗经·大雅·绵》所载旧的"'相土'图式"的继承和创新，对优越于豳地的周原山川地理的满足和对新"'相土'图式"固化的高度重视，对这个新"'相土'图式"将保佑本族群世代幸福安康的寄托，对三"周"象征的周王朝永传不朽的祈愿。这样，加"口"符"周"字，除其所含政治内容外，其实也是作为西周王朝"'相土'图式"体制化和图腾化而发挥作用的。在中国历史上，把作为人居理念之象征的"'相土'图式"抬升到如此高度，也仅此周朝一家。

七、海德格尔"两论"和对"周"字的建筑哲学解读

作为本节结尾，本部分开头将简要介绍德国现代哲学家海德格尔建筑哲学中的"'天地人神'四位一体论"和"诗意栖居论"，同时结合"人居功能态"的概念，以释说姬周把"'相土'图式"固化和图腾化为"周"字的某些深层建筑哲学蕴意及其影响。篇幅有限，"释说"也只点到为止，估计能读至本处的好思读者，已多少可以悟出其中的某些奥秘了。即使目前未悟，来日也会思而悟出。

（一）海德格尔的"两论"

第二次世界大战后的1951年，海德格尔分别发表《筑·居·思》（*Bauen Wohnen Denken*）和《……人诗意地栖居……》（*...dichterisch wohnet der Mensch...*），提出了在现代西方人居哲学中最著名的"诗意栖居论"和"'天地人神'四位一体论"。鉴于本书第五章第一节还要仔细介绍海德格尔的此"两论"，故此处略讲"两论"要点只为"预热"。

（1）"栖居乃是终有一死的人在大地上存在的方式。"[205]在这里，海德格尔独特且明确地异于众说，把人的存在归结于人居，从而对人居展开了独特的哲学沉思。它也反映出哲学日渐走向社会生活的趋势，我们不能说海德格尔的哲思完全不对[206]。除了吃饭是人类必须解决的第一大事外，人的存在当然也须解决居住问题。海德格尔紧紧抓住它展开哲思，与中国《黄帝宅经》的人居理论有所契合，确具某种哲学合理性。

（2）"（人）只有通过筑造才能获得栖居。"[207]这样，一方面是人的本质即栖居，另一方面是人的栖居必须以筑造为手段，于是，筑造作为人实现自己本质之手段的价值，也就确定了；筑造之目的仅仅是为了人的存在，也就确定了。

（3）“就人居住而言，人存在；但这个词同时意味着：爱护和保养诸如耕种的田地，养植葡萄”，即这种建造只是“在爱护和保养意义上的筑造”[208]。这样，环保被嵌进人的存在模式中。

（4）人“‘在大地上’就意味着‘在天空下’，两者一道意指‘在神面前持留’，并且包含着一种‘进入人的并存的归属’。从一种原始的统一性来看，天、地、神、人‘四方’归于一体”。“我们把这四方的纯一性称为四重整体”，“在拯救大地、接受天空、期待诸神和护送终有一死者的过程中，栖居发生为对四重整体的四重保护”[209]。海德格尔这里所谓的“神”，原指西方所讲神灵，在此既可被视为人的价值观念，也可从微观上被看成对“人居功能态”的某种体验、解释和固化。因此，把海德格尔“两论”与“人居功能态”理念结合思考，可以悟出“两论”中的“天地人神”论，其实是以西方宗教的方式，触及到以“天人感应论”为哲学“范式”的中国人居理论对“人居功能态”的省悟。这是它高明于西方其他建筑哲学的关键之处。它是一座建筑哲学理论的“富矿”，亟待开采。

（5）海德格尔还从哲学上思考“人和空间的关系”[210]，阐述了作为其人居哲学精要的“存在（即‘人的’）空间论”：“‘人的场所’是由一个有着水平和垂直向度共构的‘存在空间’被包起来，而且其平面被一个垂直的轴贯穿，形成平面扩延的大地上的中心立轴，依此中心而有路径、领域等，组成了人之日常生活世界之‘具体空间’”[211]。由于人居科学首先关注“空间”和中轴线等，所以此论抓住了人居科学哲学的要害，影响了第二次世界大战以后全球人居科学的整体走向，人居空间科学被提升到新的理性层次。

（6）在海德格尔的脑中，“诗意栖居论”不全是在一般文学含义上讲“诗意”的。为此必须首先弄清“语言的本质”[212]，即语言体现出一个族群的生活及其历史，个人的“言说”只不过是表达着族群生活及其历史的规定而已。基于此，海德格尔说，作为使用语言之一的“作诗建造着栖居之本质”[213]，因为“诗意的词语只是对‘民族之音’的解释”，包括它“维系于诸神的暗示”，因为“诗人之‘道说’是对这种暗示的截获”[214]。“作诗首先把人带向大地，使人归属于大地，从而使人进入栖居之中”[215]；“作诗才首先让一种栖居成为栖居。作诗是本真地‘让栖居’”[216]。对于这些话，既可以从作诗即“替族群言说”必须环保的角度来理解，也可以从日常个人“诗意”挥洒的角度来理解，对其中之“神”也可当作“善良”价值观的载体理解，因为日常“诗意”之“神”，确实也会把个人从世俗境况挽救出来，进至比较达观或进至超脱，不同程度地回皈真正的理性。这也正是本节所讲周人创建以“周”字标志的“相土”体制的建筑哲学的本质之一所在。“诗意栖居”也可被理解成是凭借“‘相土’图式”创造的四合环境对“人居功能态”优化的诱导。

（二）海德格尔的“两论”与“‘相土’图式”契合

这不仅因为海德格尔哲学与周公提供了“原型”[217]的中华哲学契合[218]，而且也因为以“周”字标志的“‘相土’图式”，确实全面、超前且异言地契合着海德格尔的“两论”。以下简介学者解读。

1. 张杰

张杰在专论“相土”的空间意识起源时说：“和其他萨满文化一样，中国古代的宇宙是多层次的。我们的先民将宇宙分为天、地、人、神等几个基本层次，古代礼制的中心思想就是在它们之间建立沟通”，故张杰的论著“分别论述了天、地、人在中国古代时空体系中的影响以及这一体系因此而呈现出的基本特征”，包括“山川作为‘地’的主要构成部分是影响聚落空间轴线、形态的决定因素”[219]，这已经较明确地把周公礼制化、文字化了的“‘相土’图式”，直接与海德格尔联系起来了。为此，他还引用了《周礼·礼记·礼器第十》中的一段话：“礼也者，合于天时，设于地财，顺于鬼神，合于人心，理万物者也。”[220] 由于《周礼》与周公制礼作乐关系密切，故仅凭这一段论述，已可悟出以“周”字标志的周人“‘相土’图式”及其体制与“四位一体论”的紧密关联了。张杰还评价说：“张光直在《连续与破裂：一个文明起源新说的草稿》中指出，作为连续的文明，中国古代文明的突出特点是‘在一个整体的宇宙形成论的框架里面创造出来的’。在这样连续性的文明中，人与动物之间，地与天之间，文化与自然之间的关系是连续的。正是这种连续性使得中国古代文明一直保持着史前原始人‘巫术性’的宇宙观，并渗透到社会生活的各个层面。”[221] 这段话也可被视为对“周”字体现的“‘相土’图式”及其“天地人神”四位一体特征的论说。

2. 潘朝阳

出身于地理学的台湾儒家哲学研究者潘朝阳先生[222]，从学术交叉上研究儒学空间思想，新见不断。他说儒家“原本就是富含敬畏天地鬼神、整合自然生机的环境和空间之哲学与伦理。笔者发现西方人文主义地理学或地理现象学家，其不以心物二元、人文自然对反之环境、空间诠释学，恰可与中土儒家的人与环境及人与空间之道德理想主义甚可会通而富‘体一用殊’之趣”[223]，此论最后一句话其实点明了海德格尔与中土哲学“一体”之秘。笔者已提出，中土哲学“原型”即出自周公[224]，本节实则也以之为基而展开，故潘朝阳点明海德格尔与中土哲学“一体”之秘，实即从哲学层面逼近对“天人感应论”的肯定，是对海德格尔哲学同构于中国哲学的认识。

在《儒家的环境空间思想与实践》一书中，潘朝阳先生由此还公开批评“传统的环境与空间研究及诠释，基本上遵循‘笛卡儿、牛顿典范’，依据科技客观主义，特重心物二元、人文与自然对立观，表现数理几何取向”，包括“空间研究则以自然客观主义为标准，只取其中性的几何形式且加以数据化和抽象化，人则在此运算过程和结果中遭到消解隐没”[225]，并以德国哲学常见的艰涩语言，述评了一批与之相反的现代人居科学领域的海德格尔的追随者，说“深受海德格存在现象学影响的地理学家，抖落了传统的自然科技客观主义的环境和空间认知，透过海氏所强调的‘在世存有’的‘此在’之人于天地之中而与存有者照面参与，而体证了存有之自身，因而筑造‘天地神人’四重安居的环境和空间”[226]。这段话在批评西方人居科学哲学基础的同时，揭示了现代人居科学哲学应当不是“心物二元、人文自然对反之环境、空间诠释学”，实际上也为周公“‘相土’图式”之“心物一体”而“抖落了传统的自然科技客观主义”哲学基础正了名，为周公基于“天人感应论”的“‘相土’图式”和“‘天地人神’四位一体”契合正了名。

（三）海德格尔理论与追求“人居功能态”优化的契合

1.“周”字标志的中国“‘相土’图式”与海德格尔“两论”的契合

作为中国“‘相土’图式”的文字标志，“周”字积沉着姬周先民人居选址和建设的长期经验。本节前面在解析带“口”符“周”字的曲折诞生过程中，实际已经分散而逐步地说明了“周”字及其标志的中国“‘相土’图式”，已经含纳着海德格尔“‘天地人神’四位一体论”的蕴意，包括讲述了作为“周”字的“‘相土’图式”，对天（宇宙星辰、南北方向、天气物候等）、对地（山川大地、土质水流等）、对人（对作为人之“阳宅”的家居、对其避疾和心灵安宁的关怀等）、对神灵（玄武、朱雀、青龙、白虎等“四方神”，包括对“周”字蕴含的祖宗神意等）的处处敬奉契合，证明了作为“‘相土’图式”文字化的“周”字已具有“天地人神”四位一体的内涵。其中，“周”字对“神”的敬奉，也已表明它与海德格尔“诗意栖居论”的契合，因为如海德格尔所说，“诸神的暗示”即是“对‘民族之音’的解释”，而“诗人之‘道说’是对这种暗示的截获”。

在周人那里，“周”字之诗意不仅在于它是美好家园、地肥水沃的诗情画，还是祖先神、四灵神保护着的族群理想之图腾，寄托着周人对将来衣食无忧、阖族安泰、国强民裕的诗性祈盼。从审美上看，“周”字对称，均匀，温馨，围合，是“周到”，为“周密”，表“周全”，示“周天”，说“周礼”，思“周行”，似“周易”，象“周济”，唱“周颂”，展“周道”，有阳光下的田连沃畴，含绿色中的水曲弯婉，呈正南正北的天地大轴，现过往祖先的鬼神佐护，充满周原田野山川之忆，饱含周邑家园宗庙之情，它就是周族之诗，也即中华人居之诗。以“周”字为标志的中国“‘相土’图式”，在周公“天人合一”哲学的导引下，实际在体现“天地人神”四位一体论的同时，确实体现出浓重的“诗意”。从根本上看，这是因为周公“天人合一”哲学的内涵之一，就是人不可以破坏环境，反而必须保护环境。在此哲学掌控下的中国人居设计和筑造，当然以保护环境为前提，即以“诗意”作“舟”而设计，而筑造。

2.“周”字所求境界对“人居功能态”的显露

海德格尔“两论”中蕴含的“诗意”和“神意”，实际上就是对“人居功能态”优化的德国式把握。而作为中国“‘相土’图式”的“周”字中包含的对“神”的敬奉，则是对“人居功能态”优化的中国式表达。后者至少在两个层面上体现出来。其一是对“人居功能态”出现和优化的自然环境条件的直接承载，其二是对“人居功能态”优化的“诗意诱导”。

（1）所谓“对‘人居功能态’出现和优化的自然环境条件的直接承载”，是指作为促进居者身体健康或生理养生的条件标示，“周”字本身储存着对人居必须“背山面水，负阴抱阳”或“前朱雀，后玄武，左青龙，右白虎”，以及具备中轴线等的环境要求，表明它储存着的物理学、化学、生理学和和设计学乃至量子认识论、天人感应论等层面的信息很多，其中许多是形式化的要求。改革开放以来，国内学界在破译“周”字中储存着的这些物理学、化学、生理学和设计学等层面的信息方面，成绩突出，前已论述。其中，包括张杰的《中国古代空间文化溯源》，结合物理学、化学、生理学和天文学等，从设计学层面对中国人居理论中许多形式化要求的说明，以及王其亨对“十分之一”理论源自的破解[227]，都走在前沿，不仅耐读，且堪作指南。

放眼全球，没有一个国家有中国的这种“‘周’字现象”，在一个字词里，竟然能含纳这么多关于促进居者身体健康或生理养生的形式化、图式化、体制化、族名化、国名化的环境条件。

（2）所谓“对‘人居功能态’优化的‘诗意诱导’”，是指“周”字直接承载的前述形式化宏观环境要求，实际上是促使居者在微观层面出现并优化“人居功能态”的必要前提条件，优化实现的中介则是“诗意诱导”。这是中国“‘相土’图式”最令人称奇之处。请注意，中国“‘相土’图式”对人居最高要求设定的目标是“宜居”，此“宜”字即以居者的主观判断为首据，反映着居者在微观层面出现并优化“人居功能态”的情况。其证据，首先是古人留下了按此“‘相土’图式”索居，人居就特别惬意的大量记录，包括大量诗歌散文、禅悟偈颂、哲人短言对“‘相土’图式”导致诗情画意、“孔颜乐处”“天人境界”的唱赞。仅仅从促进居者身体健康或生理养生的层面理解这种环境要求，虽然无错，但却是不全面的。因为这些文献证据表明，中国的人居养生、中国人居理论，都是在“‘天地人神’四位一体”的人居社会中，诉求精神养生和精神超越的，它通由对“神”的敬奉和对“诗意”及“孔颜乐处”等的追求，同时指向对微观“人居功能态”优化的某种省悟和表达。否则，文献中大量按此“‘相土’图式”索居，“人居就特别惬意”的文献记录，就无法理解。由此反观“周”字本身储存的“背山面水，负阴抱阳”等宏观人居要求，我们只能说它首先是促进居者身体健康或生理养生的条件，同时也是在“天人感应论”的背景下，对促进居者微观“人居功能态”出现和优化的宏观环境条件的形式化领悟；而“人居功能态”的优化，是人能淡化或摆脱人世“异化”的唯一途径。此事此前一直无人论及，应是一座亟待开采的理论“富矿”。

为什么“周”字储存的“背山面水，负阴抱阳”等这些形式化环境要求，能够导致居者微观“人居功能态”出现和优化？作为学术假设，其基本原理在本书第三章已有论述。概而言之，它是通由“周”字直接承载的形式化宏观环境要求对促进居者身体健康或生理养生的路径，加上以此为前提而“非线性”形成的精神升华即“诗意诱导”，促使居者在精神上出现“非线性”的层面跃迁，从而获得“人居功能态”的优化。其中，以大量文学（含诗歌）作品对“‘相土’图式”的唱赞表现着的“诗意诱导”，是“‘相土’图式”能促使居者在精神上获得“人居功能态”优化的有力证明，实际上也是人能摆脱尘世“异化”的唯一出路。从数理层面一一破解其具体机理不可能，也无必要。除证明其“非线性”特征外，源自西方的数理模式在“人体功能态”和“人居功能态”研究中便失效了。

参考文献

[1][2][3][4][55][56] 张光直：《中国考古学论文集》，北京：生活•读书•新知三联书店，2013年版，第387页，第396页，第389页，第392页，第390页，第390页。

[5][7][8][9][10][11][12][13][23][24][25][31][69][204] 李泽厚：《己卯五说》，北京：中国电影出版社，1999年版，第164页，第43页，第33页，第48页，第40页，第51页，第43页，第48页，第52页，第59页，第57页，第16页，第52页，第46页。

[6][14] 李泽厚：《实用理性和乐感文化》，北京：生活•读书•新知三联书店，2005年版，第13页。

[15] 李泽厚：《论语今读》，合肥：安徽文艺出版社，1998年版，第65页。

[16][34][36] 李泽厚：《李泽厚对话集：中国哲学登场》，北京：中华书局，2014年版，第180—185页，第82—83页，第200页。

[17][19] 李泽厚：《历史本体论》，北京：生活•读书•新知三联书店，2002年版，第34—39页，第34—35页。

[18][26][27][41] 李泽厚：《李泽厚近年答问录》，天津：天津社会科学院出版社，2006年版，第292页，第18—19页，第27页，第180页。

[20][21] 李学勤：《重写学术史》，石家庄：河北教育出版社，2002年版，第64页，第5—6页。

[22] 陈来：《古代宗教与伦理——儒家思想的根源》，北京：生活•读书•新知三联书店，1996年版，第169页。

[28][29][155] 李泽厚，陈明：《浮生论学》，北京：华夏出版社，2002年版，第215页，第238页，第229页。

[30] 虽然李泽厚先生曾转述朗格，认定巫术“舞蹈是原始生活中最为严肃的智力活动，它是人类超越自己动物性存在那一瞬间对世界的观照，也是人类第一次把生命看作一个整体——连续的、超越个人的整体”，由此李泽厚便提出“巫术礼仪和图腾活动在培育、发展人的心理功能方面，比物质生产劳动更为重要和直接”的新见解（李泽厚：《美的历程，附华夏美学、美学四讲》，合肥：安徽文艺出版社，1994年版，第215—216页），但按笔者之见，这与李泽厚自己的看法也相悖。按李泽厚自己在此前后反复表述的基本见解，在人类心理形式构建方面，根本的决定性因素还应来自人类物质生产劳动，特别是生产工具的改进（见李泽厚：《美学四讲》，北京：生活•读书•新知三联书店，1989年版，第200页），因而说巫术礼仪和图腾活动“比物质生产劳动更为重要”，就过分了。其实，李泽厚从“巫舞”动作中引申出来的关于中国文化的某些致思取向，都可以从当年周人于关中黄土高坡上从事定居农业的生产方式中引出，包括周公“天哲学”的产生，就首先与周人当年“靠天吃饭”直接相关，周公“仁哲学”也源自周人的家庭，对后者李泽厚也是申论再三的。

[32] 葛兆光：《中国思想史（第一卷）》，上海：复旦大学出版社，1998年版，第114—125页。

[33] 李如龙：《汉字的历史发展和现实观照》，《光明日报》2014年12月8日《光明讲坛》。

[35] 尚廓：《中国风水格局的构成、生态环境与景观》，见王其亨主编：《风水理论研究》，天津：天津大学出版社，1992年版，第26—28页。

[37][38][39] 俞孔坚：《理想景观探源——风水的文化意义》，北京：商务印书馆，1998年版，第1—121页，第102—112页，第114页。

[40] 转引自朱狄：《原始文化研究——对审美发生问题的思考》，北京：生活•读书•新知三联书店，1988年版，第181页；〔英〕李约瑟原著，〔英〕柯林•罗南改编，上海交通大学科学史系译：《中华科学文明史》，上海：上海人民出版社，2003年版，第45页。

[42][43][81] 李泽厚：《美的历程，附华夏美学、美学四讲》，合肥：安徽文艺出版社，1994 年版，第 235 页，第 236 页，第 215 页。

[44][45]〔美〕朗格著，刘大基等译：《情感与形式》，北京：中国社会科学出版社，1986 年版，第 42—43 页，第 112—114 页。

[46][47][49][50][51][203]〔法〕列维一布留尔著，丁由译：《原始思维》，北京：商务印书馆，1987 年版，第 106—109 页，第 171 页，第 41 页，第 44 页，第 238—239 页，第 377 页。

[48] 俞伟超：《图腾制与人类历史的起点》，收于俞伟超：《古史的考古学探索》，北京：文物出版社，2002 年版，第 1—26 页。

[52][53] 参见朱狄：《原始文化研究——对审美发生问题的思考》，北京：生活•读书•新知三联书店，1988 年版，第 79 页，第 85 页，第 80 页。

[54] 王育武：《中国风水文化源流》，武汉：湖北教育出版社，2008 年版，第 59—60 页。

[57][58] 张光直：《文字——攫取权力的手段》，收于张光直：《美术、神话与祭祀》，台北：稻香出版社，转引自王铭铭：《人类学讲义稿》，北京：世界图书出版公司，2011 年版，第 614 页，第 178—179 页。

[59]《左传•成公十三年》。

[60][62] 转引自刘雨婷编：《中国历代建筑典章制度(上册)》，上海：同济大学出版社，2010 年版，第 2 页，第 5—6 页。

[61][64][66][68][70][71][74][75][85][87][88][89][90][92] 顾颉刚，刘起釪：《〈尚书〉校释译论》，北京：中华书局，2005 年版，第 1506 页，第 1502 页，第 1431—1455 页，第 1507 页，第 1461 页，第 1462 页，第 1462 页，第 1450 页，第 958 页，第 956 页，第 958 页，第 976—980 页，第 956—957 页，第 981 页。

[63] 晚年倾力周公研究的国民党原文化宣传“高官”吴国桢先生认为，包括《周礼》《仪礼》《大戴礼记》《小戴礼记》四部书在内的“《礼经》”，都是周公亲撰（吴国桢著，陈博译：《中国的传统》，北京：东方出版社，2000 年版，第 450 页），但它们对周公国土规划思路的记载，与此处《逸周书》的描述有许多不同，包括贺业钜先生分析《礼经》中的《考工记》后认为，“周代已形成王城、诸侯都城、卿大夫采邑的三级城邑体系”（转引自张杰：《中国古代空间文化溯源》，北京：清华大学出版社，2012 年版，第 124 页）；张杰分析《礼经》中的《周礼》后又认为，“‘野’为郊外，即王城百里以外至五百里的王畿疆界以内的土地，由‘遂人’掌管，分为甸、稍、县、都。‘野’中的社会组织与郊内的‘比、闾、族、党、州、乡’的制度不同，‘五家为邻，五邻为里，四里为酇，五酇为鄙，五鄙为县，五县为遂’”（张杰：《中国古代空间文化溯源》，北京：清华大学出版社，2012 年版，第 128 页），等等。这种种差异，估计既与《礼经》和《逸周书》由于诞生时间不同而对周公思路理解和记载不同有关，也与解读的论者着眼点不同相关，但它们在总体上均指向“井田制对中国古代的空间规划和都邑设计有着决定性的影响”（张杰：《中国古代空间文化溯源》，北京：清华大学出版社，2012 年版，第 380 页），而“井田制”的形象符号即商代已出的“周”字初形（“田”字四个空框中各有一个小点，既表示“井田”四四方方，又表示田中禾苗成长），故“井田制”其实也是中国人居理论最初诞生发展的一个经济背景。

[65][67][82][117][118][129][130][133][219][220][221] 张杰：《中国古代空间文化溯源》，北京：清华大学出版社，2012 年版，第 314—315 页，第 314 页和第 335 页，第 8—10 页，第 323 页，第 323 页，第 324 页，第 322 页，第 323 页，第 381 页，第 3 页，第 3 页。

[72]〔法〕杜尔干著，林宗锦、彭守义译：《宗教生活的初级形式》，北京：中央民族大学出版社，1999 年版。

[73] 张锡坤等：《周易经传美学通论》，北京：生活·读书·新知三联书店，2011 年版，第 17—20 页。

[76] 王应麟：《汉书文艺志考证·宫宅地形二十卷》，转引自张杰：《中国古代空间文化溯源》，北京：清华大学出版社，2012 年版，第 317 页。

[77] 李学勤：《重新认识古代数术》，收于傅杰编：《失落的文明》，上海：上海文艺出版社：1997 年版：第 148—149 页。

[78] 李零：《中国方术续考》，北京：东方出版社，2001 年版，第 86—89 页。

[79] 王其亨等：《关于风水理论的探索与研究》，收于王其亨主编：《风水理论研究》，天津：天津大学出版社，1992 年版，第 3—4 页。

[80][192][193] 吴国桢著，陈博译：《中国的传统》，北京：东方出版社，2000 年版，第 449—450 页，第 435 页，第 443 页。

[83][84] 译文参见闻人军译注：《〈考工记〉译注》，上海：上海古籍出版社，2008 年版，第 117 页，第 110—112 页。

[86][91][98][160][176] 张光直著，毛小雨译：《商代文明》，北京：北京美术工艺出版社，1999 年版，第 12 页，第 8—9 页，第 62 页，第 20—21 页，第 110 页。

[93] 张政烺：《何尊铭文解释补遗》，《文物》1976 年第 1 期。也可参见顾颉刚、刘起釪：《〈尚书〉校释译论》，北京：中华书局，2005 年版，第 1454 页的相关介绍。

[94][107][108] 绕宗颐：《谈西周文化发源地问题》，收于许倬云：《西周史》，北京：生活·读书·新知三联书店，2012 年版，第 87—88 页，第 55—57 页，第 55—57 页。同时均可参见绕宗颐：《文化之旅》，北京：中华书局，2011 年版，第 51—53 页。

[95][101] 左思科：《周祖史考》，庆阳：庆阳图片社，2000 年版。

[96] 胡义成，孙兴华主编：《黄帝荆山铸鼎郊雍考辨与赋象》，西安：西安出版社，2011 年版，第 13 页。

[97] 参见胡义成：《关中文脉》，香港：天马出版有限公司，2008 年版，下册第 15—20 页。

[99][100] 叶舒宪：《诗经的文化阐释》，武汉：湖北人民出版社，1994 年版，第 32 页，第 272 页。

[102][172][173][187][189][191][199] 尹盛平：《周文化考古研究论集》，北京：文物出版社，2012 年版，第 87 页，第 373—380 页，第 312 页，第 372—373 页，第 292—293 页，第 291—310 页（以及第 310 页，第 377—382 页），第 373—374 页。

[103][104][109][110][111][113][115][198] 夏传才：《诗经讲座》，桂林：广西师范大学出版社，2007 年版，第 219 页，第 219—220 页，第 217 页，第 217 页，第 220 页，第 217 页，第 227 页，第 231 页。

[112][171][177][178][179][180] 邵英：《古文字形体考古研究》，北京：科学出版社，2010 年版，第 137—138 页，第 82 页，第 231 页，第 83 页，第 82 页，第 91 页。

[105][126][128][131][132][162][168][185][197] 许倬云：《西周史》，北京：生活·读书·新知三联书店，2012 年版，第 66 页，第 74 页，第 75—77 页，第 82 页，第 74—77 页，第 68—69 页，第 89 页，第 80 页，第 104—105 页。

[106]（清）姚际恒著，顾颉刚点校：《诗经通论》，北京：中华书局，1958 年版，第 287—288 页。

[110]《御纂诗义折中》，上海：大成书局，1920 年版，第十七卷，第 20 页。

[114] 史念海：《周原的历史地理与周原考古》，《西北大学报》1978 年第 2 期。

[116] 夏传才：《〈诗经〉发祥地初步考察报告》，收入中国诗经学会编：《诗经研究丛刊（第十辑）》，北京：学苑出版社，2006 年版。

[119][120][163] 王炜林：《西安高陵杨官寨遗址考古报告》，收于胡义成，孙兴华主编：《黄帝铸鼎郊雍考辨与赋象——西安古都史新探》，西安：西安出版社，2011 年版。

[121] 巩启明：《从考古资料看我国原始社会氏族聚落的平面布局》，收于中国人类学学会编：《人类学研究》，北京：中国社会科学出版社，1984 年版，第 218 页和第 220—221 页。

[122] 中国社会科学院考古研究所，河南省文物考古研究所编著：《灵宝西坡墓地》，北京：文物出版社，2010 年版，第 12 页。

[123] 郭大顺：《红山文化》，北京：文物出版社，2010 年版，第 94 页。

[124][196] 丁山：《中国古代宗教与神话考》，上海：上海书店出版社，2011 年版，第 53 页，第 213—214 页。

[125] 王廷相：《王氏家藏书 • 雅述 • 下篇》。

[127][140][143][145][149][159] 董珊：《试论殷墟卜辞之“周”为金文中的妘姓之周》，《中国国家博物馆馆刊》2013 年第 7 期。

[134] 王振复：《中华建筑的文化历程——东方独特的大地文化》，上海：上海人民出版社，2006 年版，第 29 页。

[135] 许倬云：《求古编》，北京：商务印书馆，2014 年版，第 172—173 页。

[136] 徐良高：《中国民族文化源新探》，北京：社会科学文献出版社，1999 年版，第 136 页。

[137][138][141][150][167][174] 张洲：《周原环境与文化（修订本）》，西安：三秦出版社，2007 年版，第 118—119 页，自序第 8 页，第 60 页，第 62 页，第 66 页，第 69 页。

[139] 李宗焜编著：《甲骨文字编》，北京：中华书局，2012 年版，第 827—828 页。

[142] 这也是一批学者的见解，参见徐中舒《周原甲骨初论》，收于《四川大学学报丛刊》第十集；刘毓庆：《太王迁周为失去商之保护考》，转引自尹盛平：《周文化考古研究论集》，北京：文物出版社，2012 年版，第 105—106 页；张洲：《周原环境与文化（修订本）》，西安：三秦出版社，2007 年版，第 53—61 页。

[144][152][156][157] 李学勤：《古文献丛论》，上海：上海远东出版社，1996 年版，第 116—127 页。

[146] 李零：《中国方术正考》，北京：中华书局，2010 年版，第 106—110 页。

[147] 方睿益：《缀遗斋彝器款式考释》卷四，转引自张亚初：《商周古文字源流疏证》，北京：中华书局，2014 年版，第 423 页。

[148] 陕西省考古研究所：《陕西武功岸底先周遗址发掘简报》，《考古与文物》1993 年第 3 期。

[151] 马雍：《中国姓氏制度的沿革》，收于丁守和，方行主编：《中国文化研究集刊》，上海：复旦大学出版社，1985 年版，第 23—30 页。

[153][154] 李宗侗：《李宗侗文史论集》，北京：中华书局，2011 年版，第 2 页，第 149 页。

[158][201] 郭静云：《夏商周：从神话到史实》，上海：上海古籍出版社，2013 年版，第 404 页，第 410 页。

[161] 董珊：《试论殷墟卜辞之“周”为金文中的妘姓之周》文所引述王恩田文，中国古文字研究会，浙江省文物考古研究所编：《古文字研究》第二十五辑，北京：中华书局，2004 年版；张天恩：《关中商代文化研究》，北京：文物出版社，2004 年版，第 75—90 页；雷兴山：《由周原遗址陶文“周”论“周”地与先周文化》，《古代文明研究通讯》2007 年总第 33 期；曹玮：《也论金文中的“周”》，收入李宗侗：《周原遗址与西周铜器研究》，北京：科学出版社，2004 年版；尹盛平：《试论金文中的“周”》，收入尹盛平：《周文化考古研究论文集》，北京：文物出版社，2012 年版，等等。

[164] 转引自郭静云：《夏商周：从神话到史实》，上海：上海古籍出版社，2013 年版，第 378 页。

[165] 顾颉刚：《〈周易〉卦爻辞中的故事》，《古史辨》第三册，上海：上海古籍出版社，1982年影印本，第11—15页。

[166] 石璋如：《传说中周都的实际考察》，夏鼐，陈寅恪编辑：《历史语言研究所集刊》，北京：中华书局，第20本下册。

[169] 张天恩：《渭河流域仰韶文化聚落状况观察》，收于中国社会科学院考古所等编：《中国聚落考古的理论与实践》，北京：科学出版社，2010年版，第105页。

[170]《左传·庄公二十八年》。

[175] 于省吾先生语，转引自李学勤著，张耀南编：《李学勤讲中国文明》，北京：东方出版社，2008年版，第266页。

[181][194][195] 王兰：《商周金文形体结构研究》，北京：线装书局，2013年版，第136页，第161页，第165页。

[182][183][184][200][202] 李学勤著，张耀南编：《李学勤讲中国文明》，北京：东方出版社，2008年版，第277页，第288—289页，第278页，第278页，第130—131页。

[186][188] 李学勤：《三代文明研究》，北京：商务印书馆，2011年版，第120页，第119页。

[190] 陈梦家：《西周铜器断代》，《考古学报》第10册，转引自尹盛平：《周文化考古研究论集》，北京：文物出版社，2012年版，第296页，第301页。

[205][207][208][209][210][212][213][214][215][216]〔德〕海德格尔著，孙周兴选编：《海德格尔选集》，上海：上海三联书店，1996年版，第1191页，第1188页，第1190页，第1192—1194页，第1199页，第314页，第478页，第322—323页，第468页，第465页。

[206][218] 见本书第五章第一节。

[211][222][223][225][226] 潘朝阳：《儒家的环境空间思想与实践》，台北：台湾大学出版中心，2011年版，第192—194页，序言第4页，序言第4页，序言第2页，序言第2页。

[217][224] 胡义成：《周公“天—仁”哲学是中华哲学“原型”》，见胡义成等：《周文化和黄帝文化管窥》，西安：陕西人民出版社，2015年版，第82—90页。

[227] 王其亨主编：《风水理论研究》，天津：天津大学出版社，2009年版，第117—138页。

第四节　西安折射出的中国人居理论诞生和成长期

如果说本章前几节对中国人居理论起源于关中的若干方面有所探索的话，那么，本节将进一步说明，作为中国古代最蓬勃强盛的时段，在西安建都的周秦、汉唐等朝代，都这样或那样地继承和发挥了周公"'相土'图式"体现着的中国古典人居科技及其理论体系。其中，在此期西安城市规划和宫殿设计建造中体现出的中国人居理论及其宋后呈现，虽仍然留着"巫味"[1]，但总体上却代表着中国人居理论的主要特征，值得分外重视。它充满着尘世追求幸福生活的勃勃生气，倾力在"天人合一"中追求人间宜居，未在"阴宅"福荫中迷路，即使帝陵和阴宅[2]设计建造也充满俗世关切，故中国人居理论研究的"圣地"，首先是西安。本节的"西安"概念，指今"大西安"①。

余秋雨在从艺术角度盛赞唐代为中华文化的高峰时说："中华文化的格局和气度到了明清两代已经弱了、小了、散了、低了，难以收拾了。"[3]这话也适用于中国人居理论史研究。作为艺术史，中国人居理论史研究也应关注"如何走向大唐"。如果说大唐西安是中国人居理论的青春之歌，那么，明清北京则是中国人居理论的暮年富贵和浩叹。王其亨等对北京反映出的中国人居理论的研究，在某种意义上也揭示出了它的深算及精致。作为其补论，让我们还是听一曲中国人居理论的青春颂曲吧。也许，它并非老谋深算而尚存稚嫩，但生气勃勃，清新活泼，激情四射，给人启迪，诚可鉴也。另外，作为中国独特的科技史研究，中国人居科学及其理论史研究，也要首先关注自己的"原型"究竟如何围绕西安诞生，因为"原型"中总潜藏着事物的根本秘密。

一、西安"黄帝都邑"人居巫术及其理念存痕

传统说法认为，西安建都史起始于周人约公元前200年在西安建置沣、镐两京[4]。但前已述及，近年在西安泾渭交汇处半岛上，出土了杨官寨遗址，以考古实物

① 含今西安、咸阳、杨凌、富平、扶风、黄陵、铜川、渭南、华阴、柞水。

证明，它即5000年前的“黄帝都邑”，故西安建都史可能起始于它[5]。杨官寨遗址的主人即“关中黄帝族”，最早可能是来自银川的“萨满”巫教徒[6]。如本章前述，在中国史前巫术中，便含有人居巫术及其理念[7]；它后来通由周公“理性化”，形成了中国古典人居科学及其理论体系[8]。这一体系在周秦汉唐国都设计建造中日益完善、充实，成为中国人居科学及其理论体系的主体。

据发掘者最初估计，杨官寨遗址中的居处建造，是众多“小房子”围绕着一个“大房子”[9]，还未形成坐北朝南。这种情况，与渭河流域其他史前大遗址居处方向选择基本一致[10]，晋南陶寺遗址也如此[11]。另外，在渭河流域其他史前大遗址中，也广泛地存在着居处建造“坐北朝南”的情况，如半坡遗址中有的房子[12]，扶风案板遗址[13]和甘肃大地湾遗址亦然[14]。可以设想，当时渭河流域的先民巫术人居，正处在房屋建造由“小房子”围绕着一个“大房子”而转向固化“坐北朝南”的过程中。但笔者注意到，杨官寨遗址环壕类似于矩形者，其南部和北部基本平行而均取正东、正西方向[15]（图4-6），说明在杨官寨遗址中，固化“坐北朝南”选向的过程，已经开始体现在“城墙”中。这当然算是居址选向理性化的标志。在地处北纬30°左右的关中，居址“坐北朝南”是最宜的选择。故当时西安巫术人居中理性因素的这一诞生，引人关注。看来，中国巫术人居“东西轴线”和“南北轴线”的形成，可能就在距今5000年前的杨官寨遗址时期后不久，而不是原来说的河南二里头文化时期[16]。当然，二里头文化时期的“中轴线”也是进步于杨官寨遗址轴线的。

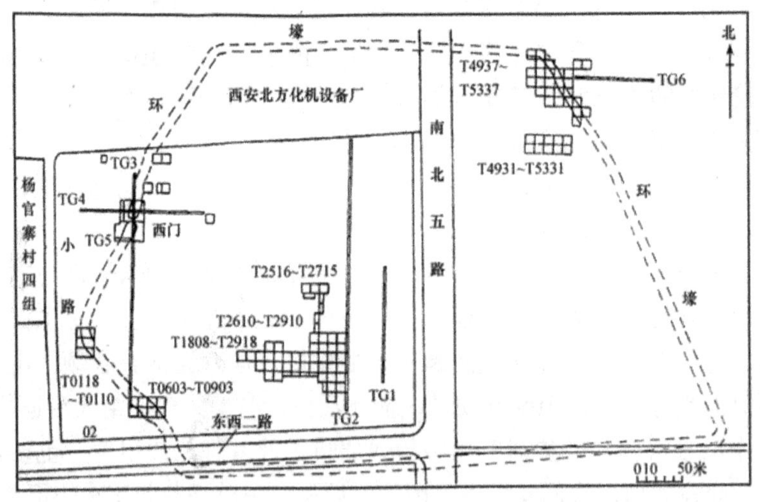

图4-6 杨官寨遗址的类似矩形环壕

中国史前先民固化“坐北朝南”的过程，与他们固化人居“四方神”的过程应是一致的。作为“四方神”，中国“四象”或“四灵”（即龙、虎、朱雀、玄武），最早本属天文学范围，最初的功能是区分星象。1987年在河南濮阳西水坡仰韶文化墓葬中，出土了龙虎图案，位于墓主人骸骨两旁，“东龙而西虎”。李学勤认为，它以实物证明，史前中国已有“四象”存在[17]。被收入《周礼》中的《考工记·辀人》，则首先用文字记载了相近的“四象”，说明在周公制礼后，中国史前“四象”即“四方神”已固化[18]，人居巫术的确已理性化。随后，"四象"于汉初被颜色化[19]。这应与下述周人"'相土'图式"之"前朱雀、后玄武、左青龙、右白虎"形成时限大体一致（该"四兽"提法后出，此仅指"图式"原理）。

杨官寨遗址与其后西安沣、镐二京建成，相距约2000年。在这2000年左右，也是西安人居巫术进一步理性化并在周公制礼作乐中彻底完成的过程。

二、西周沣、镐折射出的人居理论

本节也是从特定角度，补论上一节未叙述者。

（一）简况

"莫道直钩无所取，渭川一钓得三公。"沣、镐两京建成于周人伐纣前，且建置时间早于周公制礼作乐。它们分置于今南北流向的西安沣河的东西两侧，彼此间隔约20里。其建置目的，主要是向东扩张，俟机取代殷商。故许倬云说，它们"最初也许是经营东方的指挥中心，渐渐变为行政中心"，而"周人只有一个'京'，岐下正是'京'之所在"[20]。显然，沣、镐的建置，并非周人认真按"京城"的规矩造成，多少有点"临时指挥部"的味道。镐京建成后，实际上成为西周的政治中心，成王五年后（公元前267年）被称为"宗周"；而沣京此后则逐渐成为祭祀和娱乐场所。每逢大事，周王都要从镐京步行到沣京祭祀祖先。由于后来迁都洛阳未成，"宗周"实际在西周300年左右的时间内，一直是周朝真正的首都。《诗经·文王之声》歌颂了文王、武王父子建造沣、镐二京的功绩，其中也说明沣、镐二京及其宫殿的选址是占卜的结果。沣、镐两京考古至今未找到城墙和王陵[21]，但出土了一些宫殿基址，如镐京一号的方向是坐北朝南[22]，但出土中最大的基址"镐京五号"，中轴线却为东西方向且南北对称[23]，推测可能是"重檐式的高大宏伟建筑"（图4-7，图4-8）[24]，且是岐山周原已出土凤雏宫殿面积的4倍[25]。可能它就是镐京王宫主殿或主殿之一，但其不符合"'相土'图式"，同时两京分置于南北流向的沣河的东西两侧，也不合"'相土'图式"，为什么呢？只能有一个解释，就是两京建成于周公制礼前，其时"'相土'图式"尚未定型。"文王受命，有此武功。即伐于崇，作邑于沣"；"考卜维王，宅是镐京。维龟正之，武王成之"[26]。这些诗句似乎表明，它们的确仅是周人东扩的军事指挥所。"镐京五号"中轴线选东西方向，可能表示指挥所"面对东方"；两京分置于沣河东西两侧，则可能是力求取水便利；至今未见城墙，很可能是当时就没有设置城墙。所有这一切，均表示二京仅为"前线都城"[27]，与《周礼·考工记》中的"王城"规制大异。

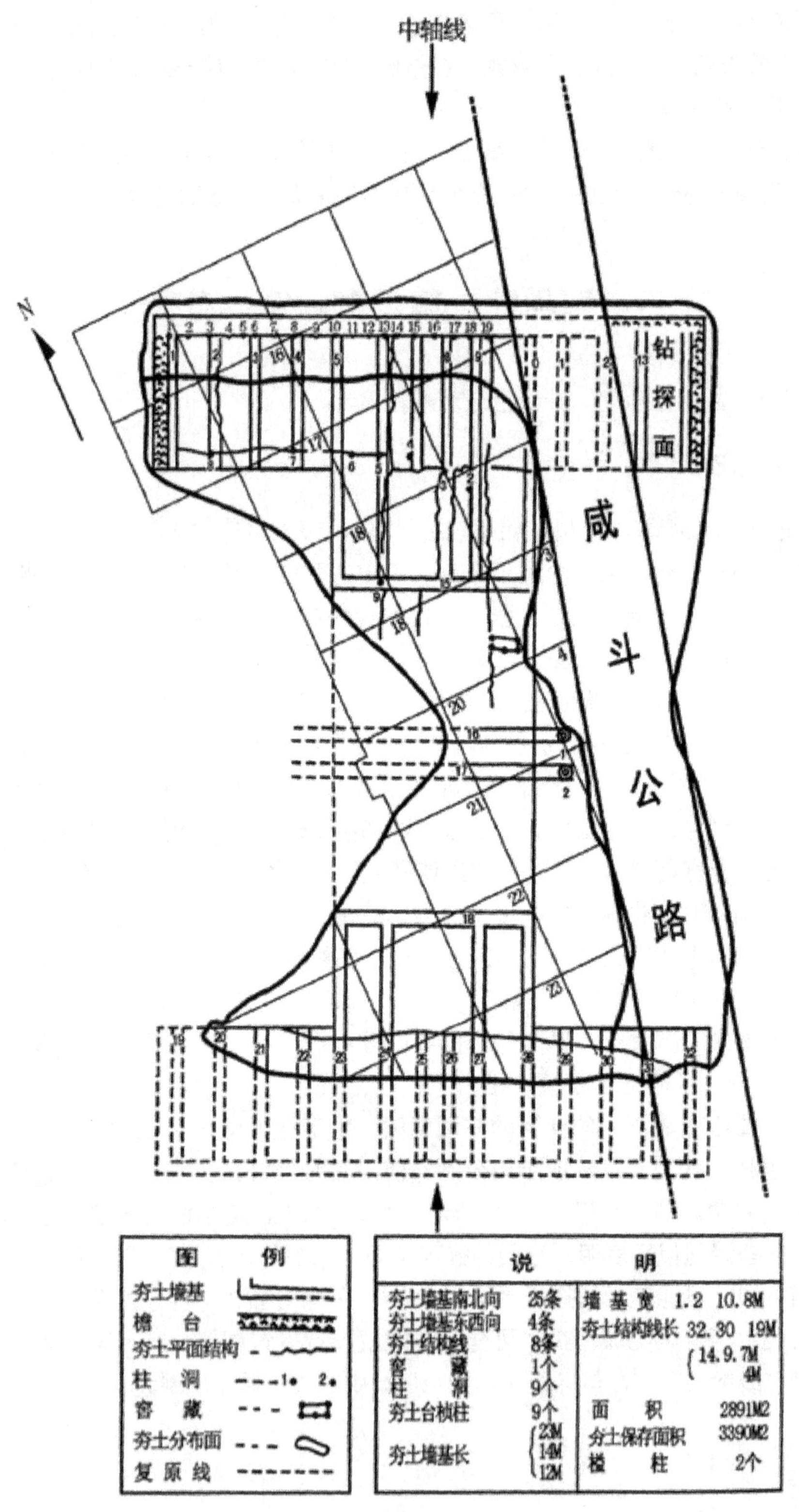

图 4-7　沣京五号遗址平面图

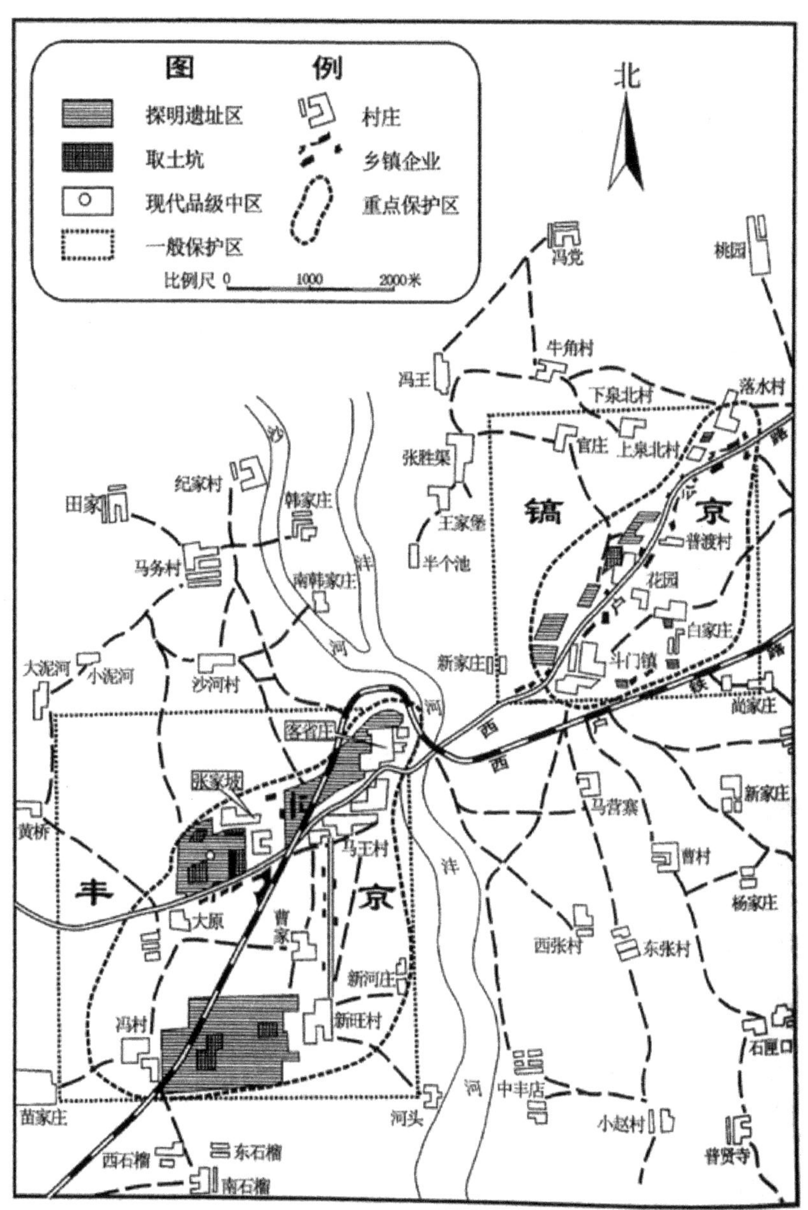

图 4-8　西安沣、镐二京平面图

（二）沣、镐与“圣都”周邑“‘相土’图式”的比较

我们不妨先看一下《诗经·大雅·卷阿》歌颂的岐周“周公旧居”卷阿的“‘相土’图式”。据记载，周文王迁都西安后，“分岐周故地以为周公旦、召公奭之采邑”[28]；武王去世后，周公摄政初期，曾“隐居”于此“卷阿”，躲避“管蔡流言”，“退政”后又曾居此[29]。其地位于岐山县西北凤凰山南麓，倚山傍水，东、西、北三面环山，唯南面与平地水流相接，此即周人最传统的“前朱雀，后玄武，左青龙，右白虎”。《诗经·大雅·卷阿》歌颂说它“有卷者阿，飘风自南”，特别突出了它负阴抱阳、背山面

水的人居格局。《诗经》收录之，也多少显示着制礼前后的周公，对周人“‘相土’图式”的规范和倡导。

（三）《周礼·考工记》再思

《考工记》每篇开头即“惟王建国，辨方正位”。周公制礼作乐的一个重要内容，就是把“惟王建国，辨方正位”的周人“‘相土’图式”理性化、体制化。《考工记》虽非周公亲撰[30]，但其关于王城和其他城市的“营国”设计规范，以及对土木工程设计施工的绵密规定，应多少反映着周公制礼前后周族对人居的范导，其中包含着若干关于人居选向与子午轴线对称、宫室祖社形制等级、城规九宫格局、建筑用色、建筑施工及所用技术工具的内容[31]，甚至包括一些关于室内布置的具体规定[32]，可被视为周公制礼后对人居经验的总结，堪称当时人居的“宪章”。史前人居巫术经由周公制礼而理性化、“宪章”化，并非虚言。

许倬云说“周公费了三年的时间方才搞定东方”，终于“控制住了这一片新征服的地区”，使周人“在东方的土地上扎下了深根”，“把两个民族的文化混合为一，构成中原的文化”[33]。显然其中就包括把周人“‘相土’图式”推向全国。中国人居科学及其理论，在中国数千年不绝，其文明根源就在于周公。

（四）《周礼》“九宫格”作为城规“原型”的价值

周公在城规方面，也给我们留下了可贵的遗产。《考工记》提出的“九宫格”，其实就是中国古代的城规“原型”。

1.“九宫格”简介

《考工记》中“匠人营国”四字，也可被译为“城市规划师营造国家都城”。那一段记载的意思是，国家都城设计的规模，应是九里见方（原话是“方九里”）；东、南、西、北每一面，都应当有三个城门，全城共应当有12个城门。这样，城中的道路，就应当是三纵三横，或者说共计“九经九纬”即“九纵九横”。每一条道路的宽，都应当是能并排行走9辆马车。全城以国王所居的坐北朝南的宫城为中心，其左边设置祭祀祖宗的建筑，其右边则为祭祀“社稷”神的建筑。宫城前部是官员聚会的地方，后面则设置商品交易市场。虽然人们对这一段记载理解至今不一，但对其所讲城规模式即“九宫格”却无歧见。根据《考工记》的其他记载，以“九宫格”为基本模式的国内城规，由于等级不同，其城高和城中路宽等还是不一样的。所谓“方九里”，只是对“王城”即最高等级的城市而言。比“王”次一级的“公”所在城市，“方九里”则应改为“方七里”。比“公”次一级的“侯”或“伯”所在城市，“方九里”则应改为“方五里”。“子”或“男”所在城市，为“方三里”等。

《辞海》说“九宫格”即“摹临碑帖之方格纸”，除未讲其3×3的9个格子整齐排列外，大体不差。其实，后世“九宫格”之称，原是先秦源自天文学的“式图”之一[34]，也有人认其源自“八卦”。李学勤联系远古“河图洛书”之“三阶幻方”数学[35]，认为

“九宫、八卦实质是不能分离的”[36]。后来的《易·乾·金度》在说“八卦”时，讲“太一取数以行九宫”，在“八卦”之外又加上了第九方格，于是才有“九宫格”之称。在周制“王城”平面格中，确实必须安排一个居中央供“王”居住的方形“宫城”，故把全城平面视为“九宫格”，恰如其分。

2. 作为中国古典城规“原型”的“九宫格”

从“九宫格”图（图 4-9）可以看出，它是以城市中轴线呈现标准的南北走向（中国古代称为“子午线”，“子”即北，“午”即南）为前提的。即以“九宫格”为原型的中国古代城市，其街道呈现着正南北、正东西的“棋盘”状，其最中心部分即“宫城”，居民围绕“宫城”而居住在由街道所围成的各个“闾里”之中。这样的城规模式，可被理解成周人“‘相土’图式”在城规上的一种延伸。它有哪些好处呢？

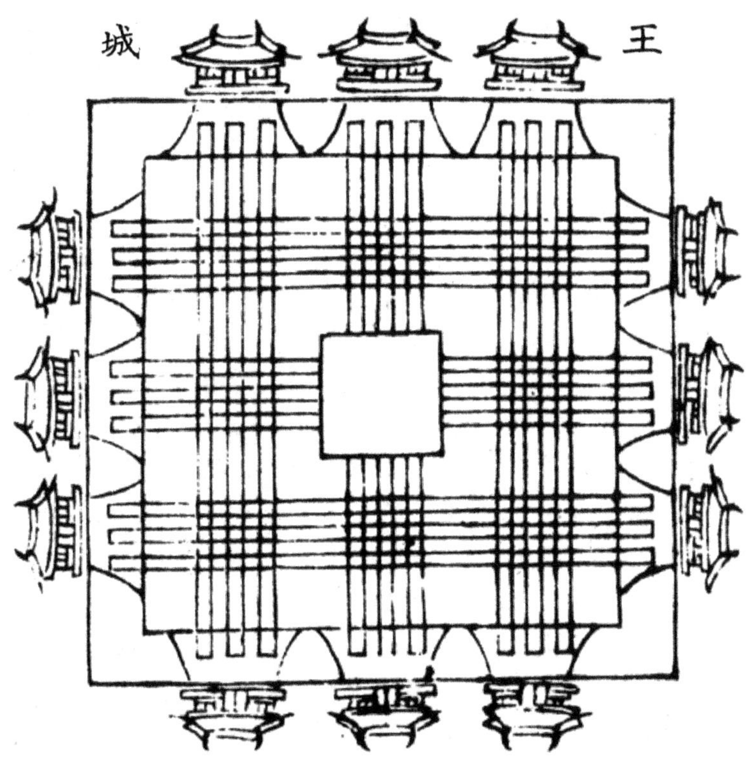

图 4-9　聂崇义《三礼图》中的九宫格“王城图”

（1）它的“子午线”适应着中国地处北半球而应确立南北走向之城市中轴线的需求，为城市及其单体建筑更好地采光奠定了基础，同时也使市民在心理上更加健康。这种南北中轴线，在全球范围内，都是一道独特亮丽的景观，映射着中国人对阳光的喜爱。最近，中国将以北京中轴线申报“世遗”，是精当之举。

（2）使城市交通系统使用便利，可谓“四通八达”。平面几何学即可证明，这种“九宫格”交通网络，比“轮辐式”的罗马和“枝状伸延”的巴黎，更方便居民出行。更何况，它对城中道路宽度也有明确要求，这对人们的出行更是提供了方便。这也是它至今仍具有强大生命力的原因之一，因为它指向“宜居”。

（3）“九宫格”还为中国古代实施城市建设中先进的“模数制”提供了前提。模数制即以某种方便的长度为“模数”，力求城规及建筑中的各种尺寸，都以该“模数”的整数倍数为计数单位，使设计和施工方便。这是中国古代人居业的一大发明。而在“九宫格”中实施“模数制”，至少在技术上是兼容性很大。“九宫格”城规模式，是促成模数制形成和推广的重要因素，使中国的城市建设一直能够较好地适应国力长期强大和城市居民数量庞大的国情。

（4）“九宫格”有利于市场交易。在各方格中适量设置市场，显然会方便交易。周公制礼作乐奠定的“九宫格”城规模式，至今仍具有难以掩盖的科学优势。

城市规划专家韩骥先生认为，“有史以来，每一个伟大民族的首都，都有着自己民族所特有的城乡聚落的图式：棋盘式的雅典，轮辐式的罗马，枝状伸展的巴黎，中心放射的华盛顿，哪个不是灿烂夺目、光照世界，各领风骚数百年？有着五千年悠久文化的华夏民族，也有着自己一脉相承的首都城乡聚落图式，它的形象简洁，但内涵极为丰富，在漫长的历史演变中，与时俱进，但又万变不离其宗。这个图式的名字就叫‘九宫格局’”[37]。

韩骥、张杰等学者认为，“九宫格局”主要源自周初的“井田制”[38][39]，看来可信。韩骥则从艺术上说，城规中的“九宫格局”是“象天法地”，即“摩拟天象，布局地上”，用现代规划城市形态分类学可以“判定：‘九宫格局’是具有宇宙象征主义内涵的城市图式”[40]。他进而引述美国城市规划学家凯文·林奇在《城市形态》中的评价说，全球“两个发展最完善的宇宙模式是中国和印度的。中国人的宇宙观有着巨大的影响，几乎主宰了所有中国、韩国、日本和大部分东南亚城市的布局方式”[41]，包括隋唐两代的西安城市规划就采用了“九宫格”模式[42]。由此他建议，西安新的城市规划也要采用它。最近西安新城市规划，就采用了“九宫格”[43]。吴良镛对此说，应有的中国城市规划“背景是中国传统的‘天人合一’的哲学观和城市选址布局的风水说等理论”；这些中国人居遗产，其实均与现代城市规划科学进展不谋而合[44]。

在笔者看来，中国古代城市规划“九宫格”模式中的“象天”部分，主要应是来自中国南方航海文化的结果[45]，它在秦朝咸阳城市规划中，有很精彩的表现，见后述。

（五）周邑四合院的诗意抒情曲

中国人居科学及其理论最具人情味的环节，是对以“家”为主题的四合院的定型。而20世纪末，岐山周原凤雏村和召陈村分别出土了西周宫殿遗址，给这种四合院又增添了历史厚度。其中，凤雏甲组建筑基址可能是已知的最早[46]且最“正统”（图4-10）[47]的四合院，可称为中国“四合院老祖宗”。本章第三节已述周人“‘相土’图式”对居者的“人居功能态”优化具有促成作用，并往往通过居者出现“诗意”而外现。笔者发现，对中国人而言，作为“‘相土’图式”的家庭化，四合院正好具有这种居者出现“诗意”的特征，故本处将详细论之。

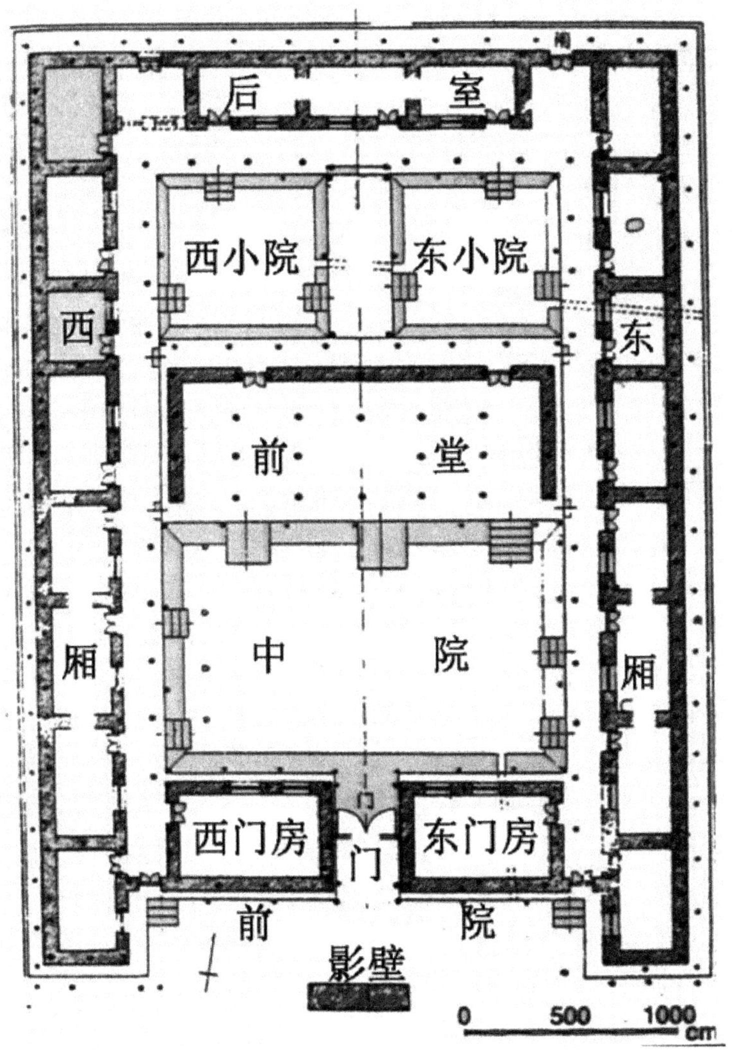

图 4-10　凤雏甲组四合院建筑基址

1. 凤雏四合院

据考古报告和许倬云的《西周史》《求古编》[48]，以及古代建筑专家傅熹年[49]等的研究，凤雏甲组建筑基址是当年一处由中庭、大室、东西庭、寝、闱、塾、屏、门、庑、厢房和回廊等 11 类“建筑构型”组成的“四合院”，很可能是一座宗周“王宫”。它南北长 45.2 米，东西宽 32.5 米，占地约 1469 平方米，正门朝南，有明确的南北中轴线，左右完全对称，符合“‘相土’图式”。其正门之前，横筑一长 4.8 米的“门屏”。门屏的两边是东西“塾”，各有 3 间。“门屏”之外是广场，亦称“外朝”，系“大朝会”时聚会之处，平时则任人通行。入门后见长方形大面积“中庭”，这是王室举行册命及赏赐的地方。中庭北有 3 组台阶，东西各 2 组台阶则为“侧阶”，各与殿堂及厢室相连。中庭北边是作为主体建筑的殿堂，共 6 间且四周由立柱回廊环绕，屋顶即四坡水“庑”，开明清故宫"太和殿"即"庑殿"之先河。殿堂北面是另一个"过庭",分为东西两个小庭,也有过廊和前后建筑相连。基址最北面为5间"寝室"。后檐墙与东西厢房的后墙相连,使整个建筑通为一体。厢房筑于四合院东西两边,对称排列且各有台阶三个与庭院相连,各8间。用后世的话说,这座"王宫"是一座"二进"的大型四合院。

据说,这是最早采用了廊院式设计形式的四合院[50]。它体现出的人居理论,不仅在于中轴线明确和左右对称,也不仅在于四壁围合严谨,而且在于它提供了中国家居环境的一系列"礼制"规范,包括它的几乎所有平面布局、立面推敲、"建筑构型"和室内装饰,甚至细到门内"照壁"的设置,厢房的设置和用途等,均体现出明确的"周礼"规制,既尺度宜人又上下有序,尊卑分明,等级森严。直至巴金写《家》《春》《秋》时,我们还能在成都的那座四合院里,体会到其"礼制"安排的影响力。

从技术上看,它也不简单。一是有散水管及散水面,且地下铺着陶管排水。这表现出了中国人首创陶管排水,意义重大,彻底解决了黄土湿陷的排水难题。水的流向是从西北向东南,北京故宫也照此办理。二是砖形土坯,基址中还出土了大量的筒瓦、板瓦、瓦当、瓦钉等材料和灰墙皮、红烧土等遗物。砖瓦类和陶管建筑材料的发明与使用,以及解决了屋顶的防水渗漏问题,证明了周人当时技术的先进,能大大延长黄土高原上房屋的整体使用年限。三是几乎全部台基、地面、墙面、屋顶内外,都抹有灰面。这在当时是很考究的装饰。四是屋顶用芦苇逐条压紧,等等。

有论者说,这一四合院宫殿体系,再现了《绵》的意境[51],并非无据。这种四合院王宫,后来则成为中国官家、家族常用的形制。有中国人处就有四合院,以"家"为主题的四合院,正南正北,中轴明确,秩序井然,亲情充溢,成为中国建筑平面形制的主要代表。时至近现代,著名的"北京四合院"即由它演变而来,且北京故宫也由它演变而来。它是周公制礼的一大人居硕果。有论者认为它建成于西周早中期[52],故应也是总结其前镐京五号宫殿东西朝向不妥之教训的结果。

2. 中国古代家庭庭院里的温情诗意

由凤雏四合院演化而来的中国家族"多进"大院和家庭四合、三合小院,是一般中国人寄托家庭温情诗意的首选之地。除此之外,"凤雏四合院后裔"还包括家庭式"合院花园"乃至"园林"。它在唐代就发展较迅速,成为中国人寄托诗意的另一重镇。后来在明清两代的江南,更是知识界寄托审美人生的普遍图式。中国家庭合院审美,是中国人居审美的一个重要的发展方向。用前述"人居功能态"理念审视之,可以发现,作为一种家居形式的家庭合院,是最宜居且能优化"人居功能态"的图式,其中应含有居者在家庭合院环境中,在社会宏观层面、通过亲情、人情而形成的"人居功能态"优化,以及在微观层面通过"量子认识论"而形成的"人居功能态"优化,在宇观层面通过"人择原理"而形成的"人居功能态"优化,等等。对这种优化的具体数理计量,似乎已无太大必要。至少,中国人歌颂家庭四合院的文学作品很多,它们就是居者"人居功能态"处于优化状态的外现。

鉴于唐代是中国古代人居文明的巅峰,故我们不妨先从《唐诗三百首》中体味一下当时家庭合院优化“人居功能态”的状态，然后再回到周代《诗经》对“‘相土’图式”温情诗意的印证。

1）庭院是中国家庭“诗意栖居”的最好平面载体

“黄四娘家花满溪，千朵万朵压枝低。”（杜甫诗句）中国古代家庭合院即“庭院”，实际上是“阳光下的起居室”。它兼备寝室要求私密、安全、舒适、散漫和自然山水的开阔、阳光、空气、绿色等两种氛围，是一个最可能催生“诗意”的地方。如果庭院有花，那更是家庭最理想的“客厅”或“起居室”。对于中国人而言，无论是中秋之夜全家团聚的赏月，或者是七夕之际姐妹相偕的月下祝愿，又或是奶奶在枣树下给小孙子讲故事，抑或是除夕之夜少年顽童在长辈面前放“爆竹”，以及男婚女嫁，寿宴喜堂，昏晨课读，妯娌女红，淘气嬉戏，月中对酌，往往都与这个“庭院”有缘。它是中国人最常用且家庭气氛最浓的空间。“天伦之乐”和“家园之情”，都被在这里“储存”“定格”。因此，说它是中国人的“温情诗意储藏室”，并不为过。

无论是中国唐诗，或者是海德格尔评析的弗里德里希·荷尔德林（Friedrich Hölderlin），它们的“诗意”也在空旷的名山大川中寄托着。宏观地看，“诗意栖居”也包括寻访名胜，游历山川。问题在于，山林胜景毕竟离家居远了一些。要说中国常人“诗意栖居”，最适宜的常见空间，还是中国围合式的“庭院”或“故园”。中国的“庭院”，充满了最多的人间“诗意”。它本身就是“家园诗意”的建筑表达。以这种认识再读中国诗词，会发掘出以前人们往往视而不见的一些东西。如果从建筑师、规划师的角度来读它，便可悟出，诗人“诗意”最集中的部分，也包括名山胜景，但首先是“故家庭院”。其中，依附于“故院”或“故园”的“诗意”，已经几乎涵盖了一切最能令人动情的场景。它几乎就是中国人一生“诗意栖居”的缩影。

（1）庭院与亲人天伦融为一体，与儿女恋情化成一片，与中国人心目中最深、最重的情愫不可分割，是最动人、牵情的“诗意”性建筑空间。

“别梦依依到谢家，小廊回合曲阑斜。多情只有春庭月，犹为离人照落花。”（张泌《寄人》）离开作为“家”的“春庭”，离人必然思念亲人，进而思念与亲人化一的小廊、曲阑和春花。“庭院”即亲人，“庭院”即亲情。千古诗句，万载难易啊！“何当共剪西窗烛，却话巴山夜雨时？”（李商隐《夜雨寄北》）“庭院”中的“西窗”之下，对烛夜话，夫妻情深，思忆无限，无时能尽。“寂寞空庭春欲晚，梨花满地不开门”（刘方平《春怨》），这是“小媳妇”在闭门的梨花院内思念离家外出的丈夫。“庭院”就是娇妻，“庭院”就是丈夫，“庭院”就是盛满了夫妻感情的“诗意栖居”处。中国的古今建筑师和规划师，每个人几乎都有这种“人生体验”。在唐诗中，“多情庭院”几乎代表、规范和展示着亲人们一生最动心的时刻。

“妾发初覆额，折花门前剧。郎骑竹马来，绕床弄青梅。”（李白《长干行》）这是庭院门前的夫妻童年，童趣充盈。“瑶阶夜色凉如水，卧看牵牛织女星。”（杜牧《秋夕》），这是待嫁的姑娘们在“七夕”之夜祈祝婚姻美满，青春难忘。“蓬门未识绮罗香，拟托良媒亦自伤。”（秦韬玉《贫女》）这是穷人家的女孩，在庭院门前伤感，皆因为令人伤心的“选婿困境”，古今颇同。“洞房昨夜停红烛，待晓堂前拜舅姑。”（朱庆余《近试上张水部》）这是几乎所有中国古人都要经过的"庭院新婚"场景：一个三代同堂的家族，正在迎来自己的新境，新媳妇在一堆亲人中体味着亲情。其中的天伦，其中的温馨，其中的祈愿，总也吟不尽，忆不完。

"故园东望路漫漫，双袖龙钟泪不干。"（岑参《逢入京使》）说的就是异日逆况下对这种"多情庭院"的回味。"野老念牧童，倚仗候柴扉。"（王维《渭川田家》）庭院内外，是永远的祖孙情深。老爷爷树下讲故事，老奶奶中庭端美食，此情此景，凡华人谁人能忘？当代家庭已成为"数字家庭"，庭院已成为"智慧中庭"，试想，此种"人伦温情"，互联网和鼠标能完全代替吗？

（2）围合式"庭院"也是人与自然和谐共存并导向人世深醇友情的最具"诗意"的建筑空间。孟浩然的《过故人庄》对此有深情的赞颂："故人具鸡黍，邀我至田家。绿树村边合，青山郭外斜。开轩面场圃，把酒话桑麻。待到重阳日，还来就菊花。"其中，作为"场圃"的农家庭院，掩映在周遭山树绿境之中，主客所论，无非农事收成，眼前美景，没有尘世炎凉，更无官场俗套。再衬以尾声中的"重阳菊花"，好一幅世外桃源图画。在这幅诗意充盈的图画中，且勿论"树合山青"的村镇"'相土'图式"，单就"场圃庭院"中的互话"鸡黍桑麻"而言，人世"诗意"，何能过此？有道是金榜题名，有道是金银满钵，瞬间会官场翻船，转眼间就股价飘落，怎及得"场圃庭院"和"鸡黍桑麻"来得踏实？来得潇洒？

杜甫的《客至》，更是一首"倾情于庭院"的千古绝唱：

舍南舍北皆春水，但见群鸥日日来。
花径不曾缘客扫，蓬门今始为君开。
盘餐市远无兼味，尊酒家贫只旧醅。
肯与邻翁相对饮，隔篱呼取尽余杯。

老诗人与邻居在院中畅饮，虽无"远市"的山珍海味，虽无富家必备的名酒，但花径宜人，蓬门情深，群鸥常歌，邻翁意浓。试看，两个"老汉"酒喝没了，又隔着篱笆叫娃娃再送，这真是人间乐事，乐不可支。"诗意栖居"，非此而何？从建筑与规划设计角度看，"花径""蓬门""隔篱""群鸥""春水"等，这是多么好的庭院和诗意充盈的"意象"啊！应当说，在中国人的"栖居诗意"中，天人和谐，亲人和美，是第一位的，是"诗根"。

这种围合式庭院，在诗人的笔下，处处显人韵，时时动友情。"更深月色半人家，北斗阑干南斗斜。"（刘方平《月夜》）这是月光宜人，庭院无眠。是激动得睡不着，还是月光逗人回忆情事？不得而知，反正是无眠之夜，深情难忘。"茅亭宿花影，药院滋苔纹。"（常建《宿王昌龄隐居》）隐者院内野生植物异香撩人，草亭花影更是诱人。看来，后来的"江南园林"，也无非是此种庭院撩人诱人建筑意象的再组合。那位著名的诗人钱起，更是把对庭院里这种浓浓的诗意意象的深情唱到无以复加："泉壑带茅茨，云霞生薜帷。竹怜新雨后，山爱夕阳时。闲鹭栖常早，秋花落更迟。家僮扫萝径，昨与故人期。”（钱起《谷口书斋寄杨补阙》）请注意，这是黄土高坡上关中泾阳谷口的唐代四合院，有茅茨泉甃，有雨后新竹，有薜帷，有闲鹭，等等，庭院与山林合二为一，栖居与自然不分彼此。最后的镜头，又竟是小童子扫着“萝径”，主人在落花时节期待着友人再次光临。这不是人间栖居中最浓的诗意，又是什么呢？

与知己友人在庭院中的相见，确是唐诗歌颂庭院时几乎永恒的话题。“岐王宅里寻常见，崔九堂前几度闻”（李白《江南逢李龟年》）；“相携及田家，童稚开荆扉。绿竹入幽径，青萝拂衣行。欢言得所憩，美酒聊共挥”（李白《下终南山过斛斯山人宿置酒》），都是对“友情”与“庭院”的二重奏赞曲。其实，因为庭院是家，是私密之处，相见于斯者，自然比相见于官场者亲近可托，于是，对庭院的甜忆必然牵出对知己的眷恋，对知己的眷恋是庭院作为“诗意栖居”处的又一个确证。

（3）庭院中保留着每个人奋斗的遗痕，是励志的空间设置，又是守志的预留空间。

笔者最欣赏刘春虚《阙题》中的两句诗：“闭门向山路，深栖读书堂。”在庭院苦读奋斗的青年知识分子的形象，似乎应与四合庭院万古并存。居家学习，家庭作业，这是古今文明教育均不可缺失的意象。因为家庭的功能之一，就是对孩子的教育。庭院既然是家中有阳光的起居室，那么，庭院读书便应是有志青年必然的青春剪影。中年老年回忆，自然再励人志。“雨中黄叶树，灯下白头人”（司空曙《喜外弟卢纶见宿》），即使暮年体衰，睹庭院而忆少年读书，也是人生一乐；“薄宦梗犹泛，故园芜已平”（李商隐《蝉》），即使白头人失意官场，每想励志堂上，课业灯下，也会获得某种心理支撑和宽慰。

“曲径通幽处，禅房花木深”（常建《破山寺后禅院》），在庭院曲径花影中参悟人生，总结经验教训，也是中国人走向理智而“诗意栖居”的表现。在这里，庭院又是人们“守志”的预留空间。僧曰“闭关”，道说“静修”，儒讲“顿悟”，庭院守志，世之常态。即使“空园白露滴，孤壁野僧邻”（马戴《灞上秋居》），只要“志”在，便依然“诗意”盎然。

唐诗的以上倾情赞颂，说明作为周人“‘相土’图式”之一，合院式家庭庭院，确实能在宜居和养生的前提下，促成中国人“人居功能态”的优化。这是中国特有地理、宜居观念、养生传统、家庭文化和唐诗氛围共同作用于中国人“人体功能态”的结果。最能导致“人居功能态”优化之处，即“乡愁”最浓之地。家庭庭院是中国人“乡愁”最浓的象征地。对家庭庭院与“人居功能态”优化之间的关系，似乎不必再借“钱学森式”非线性“人体功能态”破译技术加以呈现，唐诗已担当了此任务。

2）庭院可能使今日市场经济中人情疏远的趋势获得建筑形式上的某种逆转

既然庭院具有优化“人居功能态”的优势，那么，其“凤凰涅槃”就是必然。庭院的“凤凰涅槃”，即重新成为中国人家庭栖居地设计的主导形式之一，会导向对市场经济若干人情弊端的纠正。

从建筑设计或规划角度看，庭院一般具有人际距离较小、彼此交流路径便捷等特点。如果在四合院的转型中继续发挥这一优点，那么，它对于市场经济中日益疏远的人际关系，将产生积极的逆转效应。按照海德格尔的观点，“栖居”是人存在于世上的主要生活形式。在“栖居处”使人与人更方便地交流和融合，无疑大大有利于提升人生质量。试想一家三代人，如有一个类似于南向四合院的空间，把大家近距离地联系在一起，使人人尽享“天伦之乐”，对于提升其生活品质，显然价值不小。

毋庸讳言，庭院是适应中国古代木架构建筑体系而产生和发展的栖居平面式样。当时，木架构建筑体系不可能产生大体量的建筑个体，人们只能以“离散式”布置建筑或规划平面。于是，庭院应运而生，并成为中国家居的主导平面形式。现在钢筋混凝土技术已对木架构建筑体系实施了革命，中国的高层楼房已比比皆是。有人认为，在这种条件下，庭院只能日见衰亡。其实这种看法并不全面。它的失误，在于把当年庭院的具体形式混同于“庭院原则”。在钢筋混凝土技术条件下，“木架构”派生的庭院具体形式日见衰亡，但作为“庭院原则”，在建筑或规划设计中，力求通由新技术条件形成“庭院空间”，以拉紧人与人之间关系的原则，却不可能也灭失掉。吴良镛的“菊儿胡同”设计表明，在中国，“庭院空间”至今仍顽强地发展着，包括设计师或者在高楼各层面上促成新的庭院，院内阳光照样充足；或者把不同高楼围成“两合”“三合”或“四合”，一方面在宏观上造成关于四合院的联想，另一方面又在不同楼层真正地配置“两合”“三合”或“四合”院落，也使阳光照样充足，等等，效果不错。

当然，几十层高楼中的庭院，毕竟不同于平地上的“院子”。但是，可以设想，随着中国人生活方式的演变，高楼中的庭院仍然是中国人最具“诗意”的地方之一。其根本道理，仍如王国维所论：它是亲友之间、邻居之间、陌生人之间最适宜、最方便的交流地点，无可替代。其中，包括高楼“中庭”中的他日互联网，不仅可能成为一层楼孩子们玩耍的趣味中心，也会成为邻居之间聚会谈心的媒介。

3）当代中国设计适度实施“庭院原则”有利于“中国式养老”

在《周礼》中，“孝老”是人间“第一善”。中国目前已经进入老龄化社会。中国的发展不能不面对严峻的养老问题，中国建筑师和规划师应有的善德也不能对此无动于衷。目前，西方的“养老院”在中国有一定的市场，但是，由周公奠定的中国人“家庭式养老”的传统，将成为中国人今日养老的主流模式之一。而在这种模式中，庭院是一个适当的建筑或规划平面设计选择。

由于受西方住宅设计成规的影响，中国目前的一般家庭居室设计，在很长时间内，是以小家庭为单元组织“起居室”的；在这个家庭内，一般只有两代人。这种设计模式是不完全适应中国当前国情及生活方式的一种表现，目前，一些三代、四代人的家庭力求“比邻而居”，但其中包含的若干使用面积浪费是显然的。近年，随着建筑设计师和规划师对市场调研的深入，以“庭院”为核心组织三代人大家庭的住宅设计方案越来越受欢迎。其中，业主不仅是出于亲情和养老的考虑，还出于安全、经济和彼此照料等方面的考虑。西方人的“小家庭”模式很有市场，是经济方式使然。另一方面，也要考虑一部分家庭院落平面。

早在新中国成立前，梁思成就提出：中国人有自己的“传统习惯和趣味”：“家庭组织”，“室内的书画陈设、室外的庭院花木，都不与西人相同”，“这一切表现的总表现曾是我们的建筑”，包括“许多平面部署，大的到一城一市，小的到一宅一园，都是我们生活思想的答案，值得我们重新剖视”，“我们不必削足就履，将生活来将就欧美的部署，或张冠李戴，颠倒欧美建筑的作用。我们要创造适合于自己的建筑”[53]。应当说，梁思成在半个多世纪之前说的这段话，其中包括他对中国生活方式和庭院关系的论述，至今都是对的。庭院是要转型，但转型应以继承和发扬其优势为皈依。

（六）《诗经》中的其他“‘相土’图式”颂歌

如果说唐诗是印证庭院诗意巅峰的载体，那么，当年《诗经》对周公时代“‘相土’图式”之诗意的表达，也往往让人陶醉。其中，今人也能感受到对海德格尔建筑应体现天、地、人、神“四位一体”的远距离呼应，以及“‘相土’图式”的确能优化“人居功能态”的事实。其实，如果把海德格尔所讲之“神”界说成“诗意”中的价值观念，那么，中国“‘相土’图式”直接就是在“天人感应”的模式下导向天、地、人、神“四位一体”者；如果把唐诗对庭院的歌颂看成唐人在庭院中“人居功能态”优化的外现，那么，《诗经》对周人“‘相土’图式”的赞许，也只能被解读为周人在“‘相土’图式”中可达致“人居功能态”优化的确证。由于《诗经》中的先周诗早于唐诗近2000年，古色古香，对“‘相土’图式”的颂赞真情不假掩饰，故更觉得它在“人居功能态”优化中对“天人感应”“四位一体”的体验的表露。本章前面已经对《诗经》歌赞“‘相土’图式”的代表作《诗经·公刘》《诗经·大雅·绵》有较详细的解析，故这里仅述《诗经》中其余代表者。

本书一再关注《诗经》对“‘相土’图式”的表达，是鉴于当时涉及“‘相土’图式”的文字资料，除新出土者，仅有《诗经》和《尚书》。作为诗集的《诗经》虽非专记“‘相土’图式”者，但由于它对当时上、下层日常生活的反映，不能不这样或那样，或深或浅地触及真正的“‘相土’图式”，故才会出现本书对它的一再关注，力求“打通”《诗经》研究与中国人居理论研究的壁垒。更何况，当“‘相土’图式”在今日被笼罩在种种“迷信”误解中时，触摸《诗经》表现出的真正的“‘相土’图式”，还其真貌，就显得尤为重要。《诗经》中的“‘相土’图式”代表性颂歌，之所以在以“关中和西安”为地限的本节论述，也是因为《诗经》最终由陕西人子夏（孔子的弟子）编定于关中。

1.《诗经·周风·鄘风·定之方中》

该诗反映的是老百姓选择居处而确定中轴线后的快乐心境。标题就直接显示出其“相土图式颂歌”的特质。“定”即选择居处时定“方”，即确定方向，“中”者中轴线也。其诗句说：“定之方中，作于楚宫。揆之以日，作于楚室。”毛传曰：“定，营室也。方中，昏正四方。楚宫，楚丘之宫也”；“揆，度也。度日月出入，以知东西。”这几句诗表现的正是周族先民选择居址，首先要准确弄清东南、西北四个方向，包括在平地立标杆或“土圭”，从日出、日落测出正东向和正西向，然后确定南北中轴线，才可盖房子。《周礼·地官·大司徒》曰“以‘土圭’之法测土深，正日景，以求地中”，此之谓也。“土圭”之法，已被中国科学技术协会公布为中国古代的主要科技成就[54]，也确证着周人“‘相土’图式”具有科学性[55]。

诗人在歌唱了中轴线后，接着更唱道：“树之榛栗，椅桐梓漆。爰伐琴瑟，升彼虚矣。”诗的尾部写道：“灵雨既零，命彼倌人，星言夙驾，说于桑田。”讴歌的是盖房子不忘绿化，绿化环境后跟着“爰伐琴瑟”，载歌载舞，这是多么富有情趣和诗意啊！更有甚者，弄琴击瑟后“升彼虚矣”四字，刻画的就是先民在安居中“人居功能态”升华到极致，“望楚与堂，景山与京，降观与桑”，一派吉祥，可谓进入“孔颜乐处”了：有“景山”楼台，有“堂”有“桑”，歌舞升平，房子好，环境美，心情佳，形胜景绝，前路堪托[56]，乐何以支？须知，在自己新建的家园里，中轴线的确定意味着他们已与天地神通；处在天地之间的人，在形胜景绝中与天地神通且安居乐业，已达“升彼虚矣”的天地境界，这不是天、地、人、神“四位一体”，不是“人居功能态”优化的极致，又是什么呢？

2.《诗经·小雅·斯干》

它对“‘相土’图式”的歌赞进一步深化和细化，的确是古今极少见的对“‘相土’图式”慢吟缓诵的佳作。其全文是：

秩秩斯干，幽幽南山。如竹苞矣，如松茂矣！兄及弟矣，式相好矣，无相犹矣！
似续妣祖，筑室百堵。西南其户，爰居爰处，爰笑爰语。
约之阁阁，椓之橐橐。风雨攸除，鸟鼠攸去，君子攸芋。
如跂斯翼，如矢斯棘，如鸟斯革，如翚斯飞，君子攸跻。
殖殖其庭，有觉其楹，哙哙其正，哕哕其冥，君子攸宁。
下莞上簟，乃安斯寝。乃寝乃兴，乃占我梦。吉梦为何？维熊维罴，维虺维蛇。
大人占之，维熊维罴，男子之祥。维虺维蛇，女子之祥。
乃生男子，载寝之床。载衣之裳，载弄之璋。其泣喤喤，朱芾斯皇，室家君王。
乃生女子，载寝之地。载衣之裼，载弄之瓦。无非无仪，唯酒食是议。无父母诒罹。

此诗开头八个字很重要，它实际上进一步丰富了“‘相土’图式”之“前朱雀，后玄武，左青龙，右白虎”的图式，已出现了“案山”。清代乾隆的《御纂诗义折中》说这八个字写“此室临水而面山”[57]，是对的，但应在“临水”前加“向南”二字，因为其中“南”字是“诗眼”。八个字中，“秩秩”状整齐有序貌；“斯”即“此”；“干”者“岸”也（但笔者颇怀疑此“斯干”二字，即今仍在关中乡间广泛被使用着的方言，意指伙伴们前后相随而移行状）；重心落在“幽幽南山”。联系“幽幽南山”句，可知“秩秩斯干”就指居室被选在水的北岸，水岸被修治得很整齐有序，而水的南边，就是深幽渺远的南山。这样，“‘相土’图式”在“前朱雀”之外，就增添了在“朱雀水”南岸的“南山”，居址之南的景观层次更丰富了。“南山”究竟是否为今西安的终南山？清姚际恒的《诗经通论》说“‘南山’自是终南山”[58]，恐嫌“沾泥”，似应解为泛指更佳。

诗的第二段“西南其户，爰居爰处，爰笑爰语”，明确诵及居室门窗设在南边靠西处，似乎表示，只有这样，才会“爰居爰处，爰笑爰语”。本书此前的“‘相土’图式”并未涉及室内布置，但《斯干》首次明确了“门窗南向”，把“‘相土’图式”沿室内细化了，深化了。于是，“室内‘相土’图式”诞生了，明清坊间风水图书大讲室内风水，其根源在此。《斯干》的意义之一，就在于它是中国“室内‘相土’图式”的“初潮”，包括讲了“门窗南向”可导致“爰居爰处，爰笑爰语”。王安石的《诗义钩沉》说，“所以‘西南其户’者，则‘于此居处，于此笑语’而已”[59]。为什么“西南其户”后，就会“于此笑语”呢？笔者估计，这可能与中国远古的巫术习俗有关。按《周易》中的坤卦卦辞，“西南得朋，东北丧朋”，而周人对西南方向的这种崇拜又可追溯自殷商“刚于西南”的祀典，等等。另外，对周人而言，南来之风总是好风。《礼记·乐记》说，“舜作五弦之琴，以歌南风”，其词谓“南风之熏兮，可以解吾民之愠兮”，看来南风有利于健康已是周人的共识。由此，唱《斯干》的诗人也说出了“西南其户”可以使居者心理和生理健康的赞语，“爰居爰处，爰笑爰语”的原因在于此。看来，周人“室内‘相土’图式”基本也诞生于对生活经验的提升。这一段所谓“似续妣祖，筑室百堵”说明，周人室内外“‘相土’图式”，均是达到“似续妣祖”即民族绵延的手段，非含科学不可。

除诗的第三段讲述建筑质量可靠外，第四段和第五段则是该诗吟诵“‘相土’图式”之美的一个高潮。前者用堆砌手法，以“跂”“翚”等各种鸟飞的姿态，反复形容房屋宇栋挺扩、飞檐高耸的灵动华美，证明当时周人木建筑构檐技术和艺术已着力追求舒展如翼、四宇飞张的视觉效果，达到了相当精致的水平，为中国后来的斗拱飞檐审美奠定了基础。较早推出《中国建筑简史》的毛心一先生说，周人木建筑构檐的效果，是“远远地望去，仿佛看见了一只只黑大的鸟们，在展翅翩翩欲飞似的”[60]。这种飞檐高耸，是中国古代单体建筑最浪漫、最飞张的意象。本来屋檐是大体量的沉重木件，重量必然迫使其下沉，而周人的飞檐，却反其道而行，轻盈上翘，灵动张弛，在视觉上特别轻扬爽快。而它的始作俑者，竟是在黄土高坡上诚实地爬在地上以农谋生的周人，多少有点出人意料，但《斯干》铁证如山，不可不信。事实上，当年的周人以“凤鸣岐山”自诩，舒展如翼、四宇飞张的凤凰形象，正是这个新兴族群奋力向上的集体图腾。所以，他们出于潜意识而以木构表达自己的集体图腾，展现自己处在飞檐下“人居功能态”的优化极致，并不难理解。

诗的第五段，进一步开拓着室内“‘相土’图式”的审美宽度和深度。所谓“殖殖其厅”，就是厅堂“直直”，暗含其南向而线条阔直之意，是中国“室内‘相土’图式”的主要意象之一；“有觉其楹”，使人感觉到了厅中廊柱高纵挺拔，暗含回廊寓富贵之意，富贵意象也是中国“室内‘相土’图式”的主要蕴含；“哙哙其正”，则是形容厅堂“挺直明亮”，“哕哕其冥”是形容厅堂“宽阔幽深”。其中，“殖殖”“哙哙”“哕哕”等语，系袭自关中土语的“室内‘相土’图式”的“行话”鼻祖。显然，在中国“室内‘相土’图式”中，只有在这样面积大而装修豪华的厅堂里，“君子”才能感受到真正的安宁，实现“人居功能态”优化。这里的“室内‘相土’图式”，也显然包含着俗世理想对“人居功能态”优化的促成。仅从科学角度解释“室内‘相土’图式”开创的中国室内布置习俗，是片面的。室内布置及其对“人居功能态”优化的促成，首先是民族文化心理的领地。

读《斯干》，人们确实会发现，室内布置装修属于中国人对“人间生活”的感悟和审美升华，其中并不存在对"彼岸"神圣的崇拜和向往。汉宝德就认为，在中国建筑中，从来不存在西方建筑中常见的专供礼拜彼岸之神的那种"具有震撼力的空间"[61]。即使在由周邑四合院演变出的后来的庙宇大殿中，"神像与参拜者的距离是非常接近的，因此并没有神秘的空间感"[62]。务请注意，这是中国室内布置装修的"第一定理"，它决定了中西室内空间概念完全不同。另外，西方"教堂最早是坐西向东，后来是座东向西，其目的在捕捉朝日与黄昏时刻的神秘感"[63]，这更与中国"负阴抱阳"风马牛不相及。显然，中国人室内外人居"图式"渲染追求的，都是对"宜居"及现实世间生活诗意的提升和审美，绝非西方那种超越现实生活的宗教神秘。《斯干》赞颂的"'相土'图式"室内外空间，是人文的空间，而不是超越人间的天堂空间，更非抽象天主所居的空间。西方人难理解周人"'相土'图式"及其开创的中国人居理论，也因两者的空间观完全不同。

《斯干》第六段之后，被姚际恒看成后世俗称的"上梁文"[64]，颇精准。在中国远古，房屋上梁或盖成时，要举行庆贺仪式，常常要念"上梁文"并焚化祈祷宜居幸福，其源甚古，既含巫术内容，也具审美和祈盼、祝福蕴意，是促成"人居功能态"优化的仪式之一，《斯干》可证，此不再赘述。

（七）"'相土'图式"和"木建筑"之源

中国古代建筑为什么基本都使用木材？这是中国建筑史中的一大疑问。国内外答案各式各样，国外者往往不注意中国文化特征对建材使用的决定作用。

1. 中国木建筑的文化根源

美国居住人类学家阿摩斯·拉普卜特（Amos Rapoport）在其《宅形与文化》（*House Form and Culture*）中曾说，作为住宅之空间形态的宅形，"是一系列'社会文化因素'作用的产物"，其中"社会文化影响力"是"首要因素"，因为"建筑物和聚落是对于生活和现实世界轻重缓急的视觉表达，小到一屋一宅，大到一村一镇，都体现了特定社会共有的目标和生活价值观念"[65]。这意味着，"社会共有的目标和生活价值观念"，才是建筑空间处置的决定要素。推而广之，今天看，周人"'相土'图式"理念，才是中国"木建筑"的最后文化根源。周人"'相土'图式"理念之一，是不求建筑永恒以与神沟通，只求建筑在"天人感应"中养生宜居。这实际上也包含着对促成"人居功能态"优化的省悟和体验。这样不选择石材而选择木头，就是中国建材的宿命。这一命题，是中国古今研究"'相土'图式"者往往视而不见者。离开文化根源及周人"'相土'图式"包含的对促成"人居功能态"优化的省悟和体验，只从当时物理-化学层面找原因，中国一直使用"木建筑"原因恐怕永远无解。现试说如下。

虽然"周易"诞生和发展的具体细节，目前还不甚清楚，但在顾颉刚的《〈周易〉卦爻辞中的故事》[66]发表后，周易的诞生和发展与西周初期的政治、文化关系密切，恐怕应无疑问。

在周易64卦中，"观"卦、"大壮"卦互为"错卦"，即两卦之各爻含义互相颠倒。

而“大壮”卦卦象“乾下震上”，被《周易·系辞》解成象征宫室“上栋下宇，以待风雨”。与之互错的观卦卦象“乾上震下”，又被《汉书·五行志》解释成象征皇宫的“地上之木为‘观’”，其中含义不仅是皇者“威仪可观”，而且是皇帝德行应如“木得其性”，即《史记·封禅书》所谓“木德”即“草木畅茂”。“观”卦和“大壮”卦互为“错卦”，实际上已显示着周人对木建筑作为中国“建筑正宗”的功能性和标志性及其“生气勃勃”象征性的承认与尊崇。不仅如此，《易传·系辞》在描述古代“圣人”时，说他们都与创造了供人们使用的木器相关，这也隐含着对所有材料（首先是石材）中的木材的推崇。为何木材被推崇？恐怕也与木材是有机材料，易于与人接触有关。其中，也可能含周人对木材有利于促成“人居功能态”优化的省悟和体验。

2.“木德”和“木建筑”的正宗地位

《礼记·月令》有一段话是：“是月也，以立春。先立春三日，大史谒之天子曰，‘某日立春，盛德在木。’天子乃齐。立春之日，天子亲率三公、九卿、诸侯、大夫以迎春于东郊”，并“命相布‘德合令’”。从这一后人记载，也可省悟出“周礼”对“盛德在木”即“木德”的重视。为什么重视？董仲舒用三个字解释说“木主生”[67]，即“木”象征着生命旺盛，“生气勃勃”。再联系到《周易·系辞》关于“生生之谓‘易’”和“天地之大德曰‘生’”的论断，更可见一部《周易》甚至也应被看成对“木德”的解释，极端地表现出周文化对“木德”不遗余力的推崇。由于周文化是中国文化基因[68]，所以表现着“木德”的木建筑就成为中国建筑的正宗。后来，中国少数建筑出于种种原因而使用了包括石材在内的非木材料，但设计者往往用技术方法力求让它们看起来是木材，这就是中国建筑中奇特的“仿木构”现象[69]。它也曲折地表现着周人人居理论决定的中国木建筑顽强的生命力。

（八）再论“‘相土’图式”的科学特质

之所以“再论”，是因为“原型”往往决定该历史现象以后的性质，故对作为中国人居科学及其理论“原型”的周人“‘相土’图式”的特质，应该仔细辨别，以利于人们面对各种歧见时，能更准确地把握中国人居科学及其理论的真正性质。

前已说明，周人“‘相土’图式”是一种具体地址选择形式。此形式承载着周人的历史经验。与这种“内容变形式”并存的，是“‘相土’图式”也即“经验变先验”“历史变理性”[70]。在此思路中，无论是“经验”“历史”或“内容”，都表明它首先是一种科学。张杰评价它“是一门总结中国古代以山川为核心的空间模式的知识体系，它倡导山水环绕的理想聚落空间模式，这种模式贯穿所有聚落类型”[71]，评价精当。

笔者发现，作为中国人居科学“原型”，周公标志的周人“‘相土’图式”除了操作程序上包括的“占卜”（或“问龟”）等巫术外，其他内容大体符合科学道理且均在西周体制内操作化。正如一系列拙文和本书所述，基本可以认为，周人“‘相土’图式”内容是阳宅的“形法”，它是“江西派”之“阳宅堪舆”的真正源头。而如笔者所说，周人“‘相土’图式”操作程序上包括的“占卜”（或“问龟”），事实上处于辅助地位，故可以说，作为中国人居科学“原型”的周人“‘相土’图式”，主要成分是科学或具有科学性。

支持此论的论据，除上述者外，还有“‘相土’图式”不含“阴宅”内容。其中，包括含周公在内的所有周人首领有案可查者，均既无关于“阴宅”可“福荫子孙”的言论，也无特别谋划建设自己“阴宅”举动的文字记录。其成因之一，并非极重视祖先崇拜的周人无“祖先厚葬”之类的信念，而是周人当时基于家族体制而实施“族葬”制度。据《周礼》记载，当时周王葬前要“卜墓”；周族还设了一个吏位叫“冢人”，其职责即掌管王族墓地，包括要保证先王之墓居中央，然后按“昭穆之制”安排其子孙和功臣等，其坟垄的大小、高低和应植树木等，均按爵位等级区别。后一“等级记载”可能是渗入后人理念的结果，因为《汉书·楚元王传》就说，文武周公等皆无坟垄，且人们至今均未发现其坟垄可证[72]。据说，“周公在丰，将没，欲葬成周。公薨，王葬于毕”[73]，周公墓多次被探寻而至今未现。宋人王应麟就认为，“古卜地之法，周始居豳，相其阴阳，观其流泉，度其湿原，择地利以便人事而已。其作新邑也，卜涧水东，瀍水之西，又卜瀍水之东，则推其不能决者而令之龟，其法盖止于此。彼风水向背附着之说，圣人弗之详焉”[74]。何晓昕女士也在分析西周文献后认为，周人采用汭位、使用土圭等“‘相土”科技，“摆脱了”巫术，“初具‘科学’意念”[75]。张杰则由以说，“秦汉以前”的相土、堪舆等“主要用于阳宅”[76]，张齐明先生也持同见[77]。如把这里的“秦汉以前”用语精确化为“西周”，那就是确论。说中国人居科学及其理论最早即含阴宅“鬼福及人”等内容，至少难以面对上述情况。至于硬说堪舆术“并非为了营建活动的实践而产生的”，汉魏六朝时期是中国古代堪舆信仰的确立时期；中国人居科学及其理论体系的基本形成”是在“以墓法为核心的吉凶推演体系”形成后[78]，也难以面对周公相宅等西周史料，更难以面对中国文明形成于巫术理性化时代潮流中的“中国历史大框架”，仅是给“中国人居科学及其理论即迷信”提供历史论证而已。堪舆中关于阴宅“鬼福及人”的内容，是后来被人为地加入中国人居科学及其理论“原型”中的，不是该“原型”本身所含者。

正如笔者提出周公“天–仁哲学”是中国哲学“原型”[79]一样，笔者也认为周公标志的周人“‘相土’图式”是中国人居科学“原型”。这两处“原型”概念完全相同，均指最早并形塑后来的文明成果。在某种意义上，前一个“原型”命题已孕育了后一个“原型”命题，周人“‘相土’图式”是中国人居科学“原型”，也可从周公“天–仁哲学”是中国哲学“原型”命题中被推导出来，因为周人“‘相土’图式”也是在周公“天–仁哲学”的制约下成形的。只要这个“天–仁哲学”体系不是纯粹迷信而是对天–人世界较全面体认，那么，在周公“天–仁哲学”的制约下成形的“‘相土’图式”，也就是在人居方面对天–人世界的较全面体认。

（九）作为审美的“‘相土’图式”的“非美”表象

本书前已述及，中国第一哲学是美学，中国人以审美作为人生终极追求，而中国哲学和中国人的人生观均由周公奠定“原型”。吊诡的是，作为周族后裔为主体的聚居区，关中方言有一个奇怪点即“非‘美’性”，就是经常把通常意义上的“美”混同于“善”，如说一个人很善良，就说“这个人美得很”；说一件事情很好，就说“嗬事真美”，等等，以至《考工记》里都有建筑“材有美，工有巧”的奇异说法。似乎至今还把“美”与质量“好”混同，说一个女孩或东西很漂亮，就说“嗬女子真好看”“嗬东西真好”等。这似乎暗示着关中土著先民没有清晰地形成关于“美”的概念。王贵祥的《中国古代人居理念与建筑原则》甚至有一节的小标题即“中国人的非美观”，说古代中国人“有一种‘非美’的观念倾向”，证据之一便是关中理学家吕坤的非美之论。它还引述了别人的话说，“对‘美’的讴歌是贯穿西方传统美学的一个主旋律。中国传统美学便不存在这样一个主旋律”[80]。在笔者看来，此种现象出现应与作为中国文明基因的关中周族先民没有清晰地形成关于“美”的概念相关。这样，周人“‘相土’图式”一方面实际上是以“美”为追求的极致，另一方面又表现出语言上的某种“非‘美’性”，似乎彼此矛盾，如何解释？笔者看可借用《红楼梦》中“太虚幻境”门联下联的一句话便可说清：“无为有处有还无”，可理解为周人“‘相土’图式”话中的“无”正是事实上的“有”，事实上的“有”在话中却成为“无”；周人“‘相土’图式”在概念和语言上没有对“美”的倚重，但它却开辟了中国人居审美达致审美人生的极致境界。

三、秦始皇和中国人居理论的“审美化质变”

秦始皇标志的秦国、秦朝，不仅兵谋文治有许多练达老到之举，包括其一统中国之后，在政治上废分封设郡县，国家治理模式传2000年，确令中国人刮目相看，而且他在人居上，确定了咸阳城“天象”审美和始皇陵“如生”审美，使人惊叹至今。

咸阳“天象”审美和秦始皇陵“如生”审美的表层是政治，是秦始皇为保江山传于万代而找出的“迷信”借口，但从中国人居理论发展史看，其深层却是中国人居理论主体向审美化的质变。如前所述，周人的“‘相土’图式”重在实用，虽开辟了通由人居审美达致审美人生的方向，但其审美毕竟弱于实用，可秦始皇就不然。他使中国人居理论的主体质变为审美化。多少年了，人们一提到咸阳“象天”审美，一提到秦始皇陵奢侈愣大，都因其欲传政权于万世而嗤之以鼻，殊不知它却是中国人居理论跨过初生期的稚嫩，迈向较为成熟的标志之一。秦始皇兵马俑的出土震惊了全球，也是秦始皇陵体现出的中国人居理论审美升华的一个旁证。有的论者说秦始皇破除宗法封建制，使中国在国家治理模式上前进了一大步，代表着新兴势力的方兴未艾，那么，笔者愿接过这个话头，说咸阳“天象”审美和秦始皇陵“如生”审美设计，在审美层面上也表现着这种新兴势力的文化特征：生气勃勃，激情浪漫，夸张壮美。这是中国人居理论主体审美化的一次“壮丽日出”。

深层地看，秦始皇标志的中国人居理论的“审美化质变”，实际上也是本书前述杨官寨遗址一带黄帝族群以花为图腾之审美基因的一种延续。

（一）秦文化的起源

嬴秦族群确曾是从甘肃天水一带东进而入关中的，蒙文通就说“秦为戎族”[81]。新中国成立后史学界传统的看法是，秦人系来自西戎的“马背民族”，一直保留着“野蛮”文化和落后习俗，后倚蛮力强势而统一六国，其政治特征如杀赵国降卒40万、焚书坑儒，以及咸阳、秦始皇陵、长城建设工程浩大等，均与其野蛮文化有关。这种看法的潜台词是，在多次“政治运动”中，往往受到一些伤害的中国知识分子，对这位“焚书坑儒”的皇帝，都没有多少好感。但这是秦史的全貌吗？“如果我们把秦文化看成仅仅是在西方的戎族里产生的一种文化，仅仅是一种戎族以暴力武力为基础的文化，那么它就是一个比较落后、比较封闭的文化。秦的统一说起来的话，用秦文化统一中国，从整个历史上来看，就没有一种进步发展的作用。这一点是值得我们现在特别考虑的”[82]，即应反省此种思路。研究秦人人居理论，这一点当然也值得反省。如果秦在文化上是个落伍者，那么，说它在审美上使中国人居理论主体质变提升，无异于自讨没趣。

好在2008年入藏且记载了许多新史实的“清华简”[83]，确凿地揭示出了秦人族源真相，令人深叹“秦史”之波诡云谲。据李学勤的介绍，“清华简”有一段简文明确说，周成王平定“三监之乱”后，“西迁商奄之民”包括“秦先人”于今甘肃甘谷、礼县一带[84]。事实上，当时周成王年幼，平定三监之乱诸事，均系摄政者周公亲为[85]。这就意味着决定西迁秦祖先者，就是周公本人。这也算是中国历史上的“轶事”一件，秦始皇“焚书”主焚周公之书《诗经》《尚书》的根本原因终于大白于天下。由此，李学勤认为，“秦人最早的先人”，“不仅仅限于秦人的君主，包括秦人一些核心的成分，是从东方来的。从东方怎么来的呢？是由于‘商奄之民’当时曾经反对周朝体制，然后被强迫迁到”甘肃戎族地区，“这一点是过去任何史料都没有的，是过去我们谁也想象不到的”。“商奄这个地方本来就是殷朝的首都，后来他们起来反周，我觉得这是很自然的。而把‘商奄之民’作为秦人的核心，迁到西方，这是非常大的一件事，就是说保持殷商基本传统的人到了秦，他们的文化里一定包括着殷商文化的因素，因为迁来的就是反周的那些人，而到了西方之后，又形成了西方的文化，特别也吸收了周的文化，所以整个嬴秦文化的发展过程，应该说是一个‘文化大融合’的过程，这是过去我们没有充分意识到的。它是一个大融合的过程，它的人民是以东方包括殷商和一部分东夷文化为基础，然后吸收了一些戎的文化，再吸收了周的文化，最后移到宗周的废墟之上，继承了周人的传统。这个过程反映了我们中华民族传统文化的最大特点，这是一个互相融合包容、而且有多元化特点的文化传统。所以秦的统一不是偶然的，特别是从文化组成来看不是偶然的，也不是仅凭武力的战胜，而是继承了我们整个中华民族发展延续和进步的一个过程。”李学勤还说，以前有论者认为，秦人统一中国，“是由于秦的霸政造成的，秦文化在当时不是一种最先进、最发达的文化，那是一种比较落后、比较保守封闭的、通过武力来征服的文化。这些观点是很长时期存在的”，但却是片面的[86]。这个点评完全正确。只是此前学术界并非一点都不知道嬴秦的起源。20世纪80年代出版的林剑鸣先生的《秦史稿》，就根据当时既有文献，明确提出秦人源自东部沿海，以及其先人曾参与“商奄叛乱”而被罚西迁的结论[87]，只不过其历史细节论述，并不像“清华简”那样确凿细致。看来，面对“清华简”和《秦史稿》，今日对秦文化的研究，确应跃上新的层面。笔者在2008年出版的《关中文脉》一书中，曾提出“关中文脉”在政治-文化层面存在着“周秦互补”模式[88]，但当时也未料及周秦竟在如此血泪深仇中达到“互补”。今天看来，对在政治-文化层面存在着的“周秦互补”模式的理解，以及对其在中国人居理论领域延伸形成的“周秦互补”的理解，都应提升到一种新境界才行。由“周秦互补”模式决定的秦人人居理论，首先是统一六国后国都咸阳设计体现出的人居理念，势必跃上新的精神境界，包括审美化质变。这也正是本书此处首先关注的。

如同周人一样，秦朝也极端重视王城、首都及郡县规划建造工作。历史文献显示，秦朝设有“将作少府”以“掌治宫室”，其官设“两丞，左右中候”“五校令”，以及“司空”“工师”等[89]。此前，秦还设有权近“宰相”的“大良造”之职，其职名中的“良”字就取自《考工记》中关于“天有时，地有气，材有美，工有巧，然后可以为‘良’”的说法，“大良造”三字表明其所管事务主在建筑工程。商鞅当年启动变法时就曾任此职，首建咸阳[90]，被秦作为国都长达143年[91]。

（二）秦都屡迁

1. 秦都屡迁和秦人逐渐接受周文化

秦人被周公命令西迁到今天水一带与西戎混居后，逐渐掌握了西戎的养马技术，于周孝王时因养马有功被封为周朝“附庸”，“邑之秦”（“秦”是今甘肃清水县东北部地名），“使复续嬴氏祀”[92]。于是，嬴秦族群又一次登上中国历史舞台。西周亡国之君周幽王被犬戎杀掉后，丰、镐两京也被犬戎践踏。公元前770年，秦襄公等拥戴周平王东迁洛阳有功，被封为“诸侯”，嬴秦族群由“附庸”进入“建国”阶段，后国都迁至关中凤翔县南“雍城”。“雍城”紧靠周原，秦国在此经营近300年，在周人腹地进一步深入接受周文化，并为进一步迁都咸阳做好了准备。

秦接受周文化的主要表现，就是秦穆公亲口所说“秦国以礼、乐、诗、书为政”[93]。须知，周朝用软硬两手长期统治中国，像嬴秦这类原来属于商文化圈的族群，即使原来反周的倾向浓烈，也在时间的流逝中，不能不逐渐接受作为先进且主流之意识形态并强势输出的周文化。殷商后裔孔子与嬴秦先人一样，都是今山东曲阜一带人[94]，后来竟都变成周公意识形态的“铁杆粉丝”，令人不得不慨叹“时代大趋势”的威力。

当时关东的殷商文化仅有辨别方位之阶的人居理论。试看殷都安阳城平面布局，彼地似乎不存在成体制“负阴抱阳”之类的安排（图4-11）[95]，可为一证。

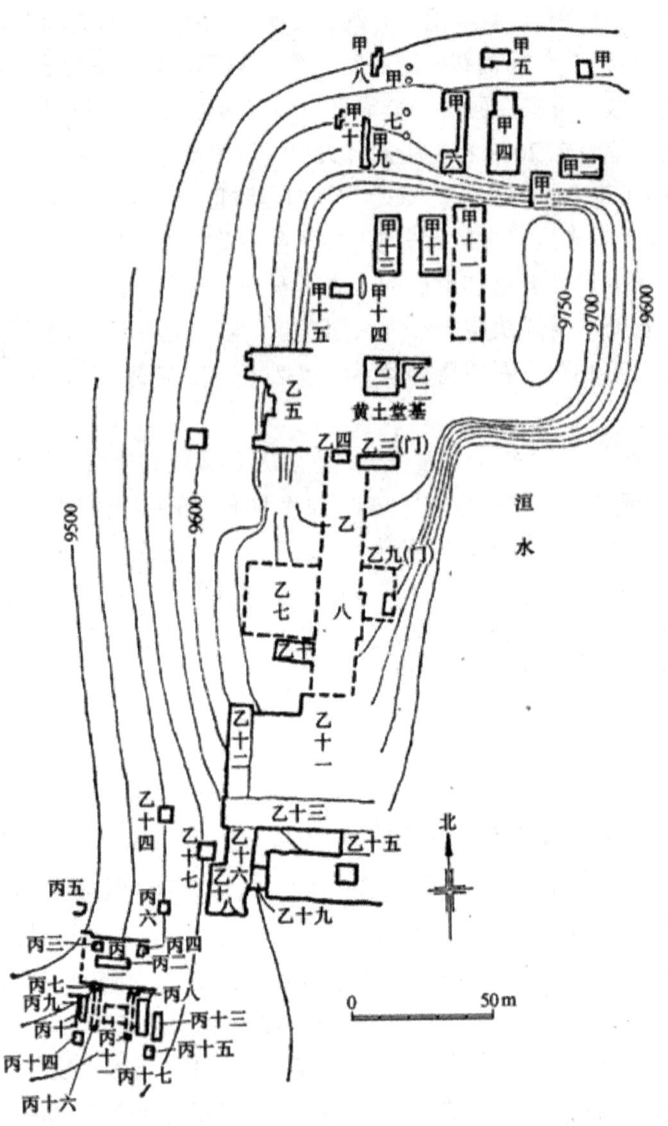

图 4-11 殷都安阳平面布局

但秦人既然长期习诗、书、礼、乐，那么，他们处在与周人完全相同的地理环境下，在人居实践中逐渐接受周人“‘相土’图式”，也应在预料之中。秦始皇本人就亲口对人说：“吾闻周文王都丰，武王都镐，丰镐之间，帝王之都也”[96]，羡慕和力争超越之情溢于言表，就可以证明这一接受。

2. 秦入关中后的长期都城雍城

雍城遗址城墙之内的 8 条干道将全城分成 25 个方格（此即“里坊”的雏形），其中，主干道有 3 条，南北向主干道仅 1 条，与雍城中轴线重合。“穆公时秦之宫室已壮大矣”[97]，其中作为主建筑之一的宗庙四合院，位于全城中部，平面呈坐北朝南轴向，东西对称（图 4-12）[98]，似乎是对凤雏四合院的发展，符合周人的“‘相土’图式”。

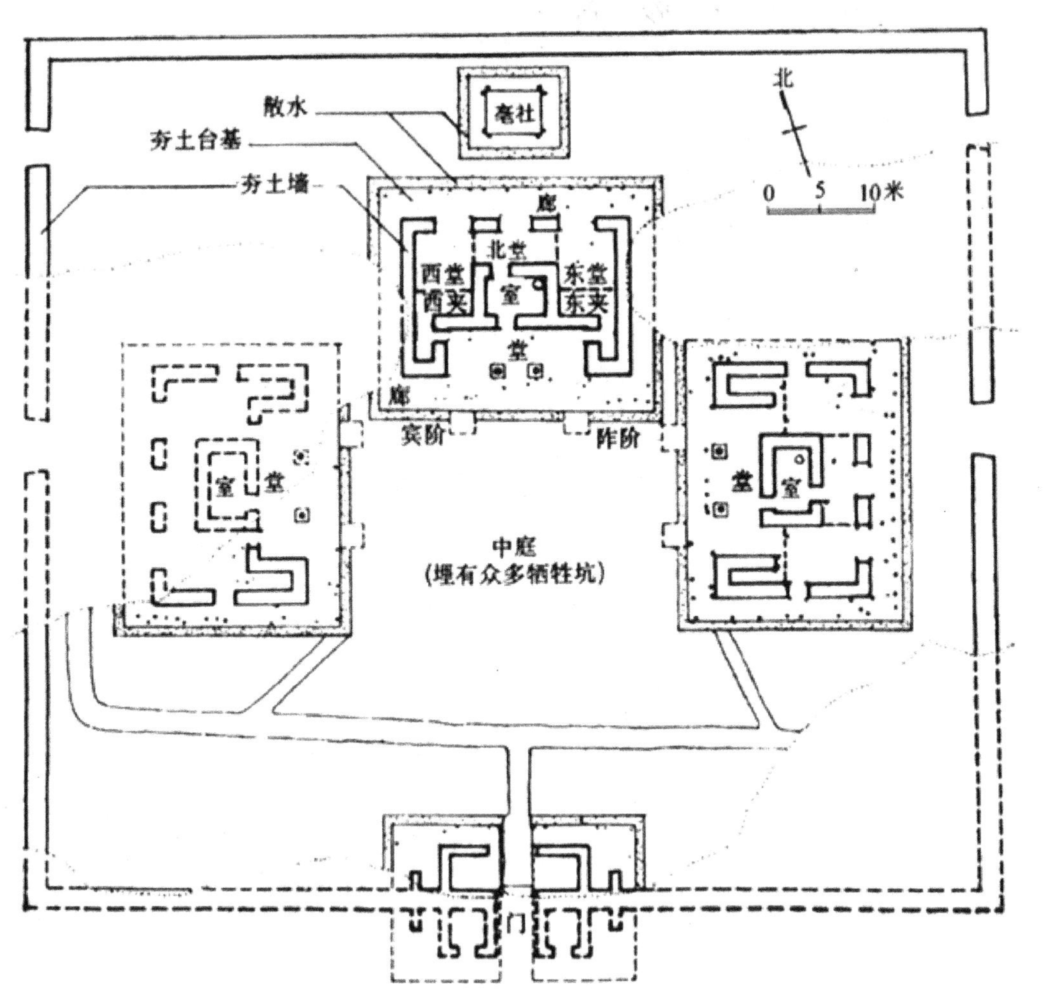

图 4-12　雍城宗庙四合院

雍城陵园出现“族葬”，共出土了 14 座陵园，其中除 1 座“丰”字形大墓是坐北朝南外，其余大墓均呈东西轴向，包括“秦公一号大墓”亦然（图 4-13）[99]。其中，坐北朝南大墓，为什么与其余大墓轴向大异？包括“秦公一号大墓”在内的秦人葬墓为什么基本呈东西轴向？它表现着嬴秦的何种文化特征？

雍城秦始皇陵中唯一坐北朝南者，被推测为秦穆公墓 [100]。如果真如此，则对其轴向不难解析。因为他不仅已自认“以礼、乐、诗、书为政”，故按“周礼”选择墓穴为南北轴向应在预料之中；有些秦人不认同他 [101]，其墓穴轴向独特，可以理解。雍城秦陵墓穴选向，还表现着周秦文化之间曾经有较量。

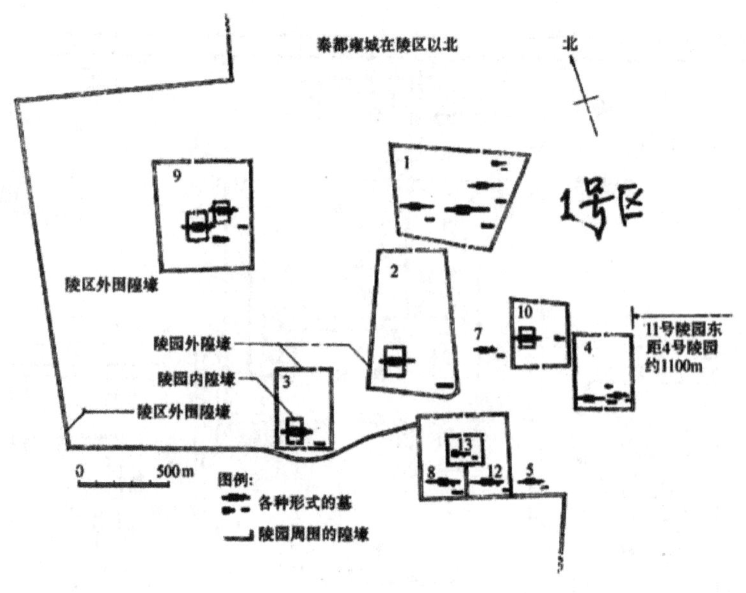

图 4-13　雍城秦人陵园区

（三）秦代首都咸阳扩建的“总设计师”是秦始皇

离开接雍都的关中栎阳，公元前 350 年，秦乘大变法之际，在“大良造”商鞅的主持下，咸阳被作为新的秦都开始建设。当时商鞅所任“大良造”一职，原来是按“周礼”设置的一个主司大型土木工程的职务。“咸阳”之名，也取自周人“‘相土’图式”之“山南为阳”“水北为阳”的规则。据《三秦记》载，咸阳地处九嵕山之南，渭水之北，山水均占“阳”，故名“咸阳”，意谓“阳光之都”。公元前 221 年，秦始皇灭六国，结束了长期以来诸侯各国割据混战的局面，并以“郡县体制”，建立了政治治理上的君主专制中央集权制度。此时秦朝百废待兴，鉴于图新改革、建设发展的需要，重新建设国家首都咸阳就显得很必要。于是，秦始皇挟统一六国雄风，在其亲自主导下，重建咸阳开始（图 4-14）。在某种意义上，如果可以说商君是战国时期作为七国之一的秦国国都咸阳的主任设计师，那么，秦始皇本人就是秦朝首都咸阳的总设计师。

《史记·秦始皇本纪》和其他相关文献，对于秦始皇扩建咸阳的记载很多，但均非从人居角度所撰，故今日中国人居理论研究者须对之进行“穿透性阅读”，才能品出其中的蕴意。

中央电视台 10 频道曾播放过专注于秦咸阳的节目《阳光之城》，其中不仅把它直接与商君秦始皇实行变法相联系，而且根据文献和咸阳无城墙等考古特征，突出了它东西长 800 里、南北宽 400 里的“愣大”规模，涵盖全关中。无论如何，周人“‘相土’图式”中没有这种“愣大”审美倾向。在笔者的印象中，人居学界对此“愣大”倾向，都已“熟视”，但却基本“无睹”。秦人审美为何如此“愣大”？值得探究。或许，一方面是作为海边族群后裔的秦人，曾经沉溺和追求海边“海市蜃楼”的情景，此习俗在人居设计建造上积淀形成了“愣大”的审美偏好；另一方面则可能是他们又长期生活在辽阔无比的草原，易于形成“大尺度”偏好。以上历史文化的积淀，使“愣大”可构成对外的精神震慑力，对内的精神凝聚力。咸阳重建，就是秦始皇“愣大”审美倾向的集中展示。

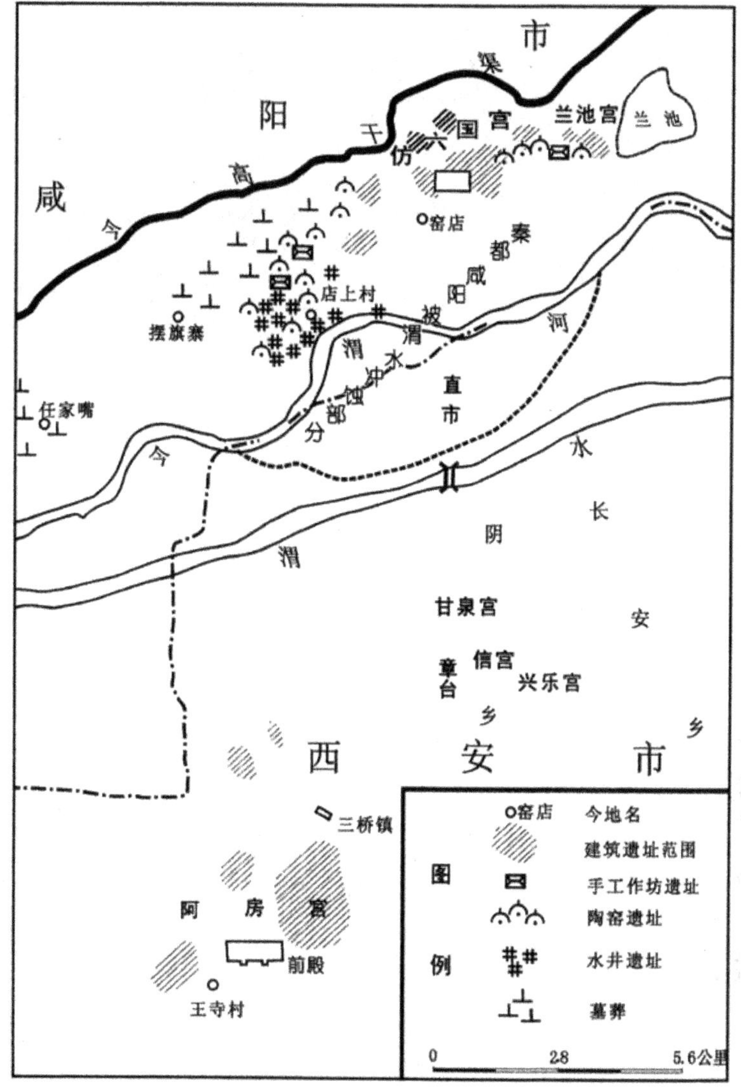

图 4-14　咸阳平面图

（四）咸阳扩建设计的“象天”原则

确立“象天”原则，从政治上看，主要是基于夏、商、周“三代”以来中国人的“天命”意识，包括周公竟把国家首脑尊为“天子”的既有理念。“天之子”就是要居于离“天”最近之处，于是，咸阳扩建必须确立“象天”原则。这也成为此后中国古代所有都城设计的不变套路。它形成了周秦人居审美转折的最大特点，也是中国人居理论主体质变的节点，值得细议（图 4-15[102]）。

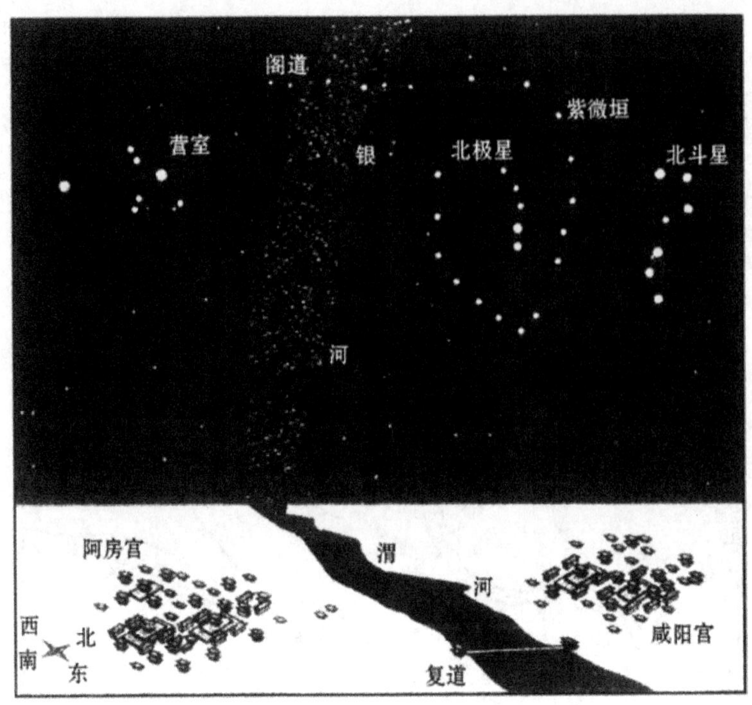

图 4-15　咸阳“象天”示意图

1.“象天”的文化渊源

本来建筑人类学已揭示出，中外先民了解周围世界以选建居处，均须先从认识日出日落、判定东南西北及晨昏四季等开始，其中，最早均从理解天文现象起步。可以设想，作为中国文明起源的亲历者，中国黄帝族于5000多年前在西安建设杨官寨“都邑”前后，就一直谋求理解远古天象。顾炎武据《诗经》说，先民经过长期的观察和积累，“三代①以上，人人皆知天文”[103]。这不是说什么远古“科技普及”，而是如实记录了远古先民掌握谋生技巧的实况。此处的“天文”，仅指先民日常生产生活必需的普通天文知识。而在当时诸多必备的天文知识中，先民首先要掌握的，应是如何辨识方向，首先是如何确定作为“某一时代北天中的不动点”的“天极”以确认北方[104]；而由于北斗星非常接近“天极”，故中国“古人借助观测北斗来确定天极”[105]。现在已知，北斗星并非“天极”，它不移动的原因，只是由于地球自转轴所指方向不变而已。但周秦时代乃至尔后很久，人们并不了解这种道理，误把北斗星视为宇宙中心，可以理解。一旦人们通过北斗星把北方确认了，东、西、南三个方向也就跟着好确定了。如果说后来的先民在白天还可以通过本书前述周人“土圭”测日之类的方法，确定东西方向，那么，此前先民很可能只能靠辨识北斗星来确定方向。当时，诸如此类的天文知识与谋生的密切程度，使中国先民在岁月积累中，日渐形成了对某些已知“天文数字及其比例”，即所谓“天数”的迷信和崇拜，此即中国“敬天文化”的起源。例如，远古先民就这样逐渐形成了对来自远古天文现象的“9:5”比例和30°～60°夹角的潜意识敬

① 指夏、商、周。

畏和膜拜。前者实即《周髀算经》所讲，测影中“冬至晷影”与“二分晷影”的比例为9:5；后者实即“‘二至’日出入角与正南的夹角接近60°”及其推衍出的30°等，同时建筑平面中的30°～60°夹角也是最宜于人眼的生理角度[106]。基于这种“敬天文化”，中国古人就在巫术思维模式中，把“9:5”比例和30°～60°夹角之类的“天数”，理解为“符合天意”或能达致“天人感应”的神秘数字，不仅表现在“上达于天”的玉琮等祭器尺寸及形制设计上，而且往往表现于祈其能达到“天人感应”效应的人居尺寸数字、比例及意象象征设计上[107]。这显然是一种“巫术思维”，但其已经成为中国远古先民乃至周人人居理论的潜在内容之一。例如，前述周原凤雏四合院遗址、关中姜寨遗址，以及秦雍城秦公一号大墓、秦始皇陵兵马俑遗址等，都被解析出在设计上全都采用了这些“天数”[108]。“如果说‘黄金比例’是古希腊人从人体的比例推演出的美学原则，那么，‘九五’之比和30°～60°的方位角度，就是我们的先民从人的视觉心理规律归纳出的美学法宝”，这就是中国人居理论所谓的“象天”即“仰取象于天”[109]。其中最常见的“取象于天”，是力求“象天极”，即力求被规划的首都象征北斗七星。吴良镛的《中国人居史》第二章第四节认为，中国人居规划中的“‘天–地’关系值得琢磨。这一点在《四库全书》中就已经指出。‘仰而观之’不只是一种身体姿势的自然定位，尤其是用心灵状态取向定位，古人面对天象怀有崇敬之心”。所谓“用心灵状态取向定位”，应即期冀“天人感应”。秦始皇在咸阳设计中尊奉“象天”原则，正是如此。他力求咸阳象征北斗七星[110]，期冀由“天人感应”而保嬴秦江山永固，其源盖在于中国远古的这种“敬天文化”，是对“天人感应论”的误用。

2. 秦始皇“象天”与周人“‘相土’图式”的区别

为什么在周人“‘相土’图式”中，“象天”并不十分突出，而在秦始皇这里，就变得这么突出呢？其实，作为较发达定居农业的产物，周人“‘相土’图式”一方面是直承主祭“土地”而不是主祭“天”的仰韶文化[111]而来，该文化是在远古天文知识已经较普及且开发土地已成为人类主要谋生手段的情况下出现的，另一方面“‘相土’图式”又是在远离海洋的中国北方内陆产生的，与秦始皇祖辈的海洋渔猎经济不同，而在渔猎经济中，显然掌握天象知识比在陆地定居农业活动中要重要得多。这两个前提决定了“‘相土’图式”虽已把“象天”作为前提内含于自身，但并不特别突出它，包括《周礼》虽也与“地官”并行设置了“天官”，但事实是随着古代社会对天文知识的积累和普及，天官的地位逐渐衰弱，而地官的地位作用在不断强化[112]，周人“‘相土’图式”正好对应着它。而源自东海岸边的嬴秦族群，却出于渔猎经济传统，对天象知识比周人重视得多，故在咸阳以“象天”而大异于周人，本属正常。

其实，这种“正常”还包含着秦始皇的政治谋划。西周初年，周公与周武王商定，将迁都洛阳，其出发点是洛阳居“地中”；但依咸阳而横扫六合的秦始皇，显然不想离开咸阳，于是，他就决定离开周人“地中”理论，另建“天象”原则，给自己不想离开咸阳提供“地中”理论之外的依据[113]。何况，皇帝既为“天子”，秦始皇的“象天”就成了尊“天”的表现。于是，我们在咸阳扩建谋划中，又发现了“周秦互补”的现象。

它比较集中地表现了中国人居理论发展中西北方陆地定居农业文明的成分，与东部渔猎文明成分的互融互济。正是这种互补，才使中国人居理论获得质变提升，并得以在中国各地普及，同时，也进一步埋下了来日中国人居理论民间化中"形法"派与"理法"派两者相异的种子。周人人居理论最早即为"相土"，重在谋求地理、山川、环境与人的和谐，其间的"天人感应"可触可摸，是为"形法"原型；而在秦人借用周人"'相土'图式"并发展而出的新型人居理论中，其政治特点却是把星象与人间政权兴衰直接关联，其审美的合理性与其迷信成分直接合一。

3. 秦始皇"象天"的两次大实践

秦始皇在咸阳具体贯彻"象天"原则，前后分两次，一次比一次显得"愣大"、雄伟。

《史记·秦始皇本纪》记载第一次说："(二十七年)，始皇作'信宫'渭南，已更命'信宫'为'极庙'，象'天极'。自'极庙'道通骊山，作甘泉前殿。筑甬道，自咸阳属之。"看来，他第一次扩建的目标，是指向咸阳南边渭河南岸地域。这是因为当时位于渭河北岸的咸阳，"毕竟临水背塬，平原面积有限，难以形成与秦始皇内治外拓的赫赫功业相匹配的大都市。而与咸阳隔河相望的渭河南岸即今西安，平原辽阔，水资源十分丰富，早已是周人营建都城、秦人的'上林苑'所在"[114]。从秦皇后来亲口说"吾闻周文王都丰，武王都镐，丰镐之间，帝王之都也"可知，他当时已对开辟渭河南岸成竹在胸，故开头就把扩建目标直指渭河南岸。《史记》中所讲的"甬道"，即一种秘密通道，其外筑墙，皇帝行于其中而外人不知。秦始皇要求这种秘密通道要从渭河南岸的"信宫"一直通达骊山和渭河北岸的咸阳。位于渭河南岸的"极庙"，原来是商鞅建在渭河对岸的"信宫"，这一次动工改建为象征北斗七星的"极庙"。在秦始皇的这种"设计政治"中，天帝住在"天极"，而自己住在"极庙"，天上、地上两位帝王彼此感应，能使"天象"保佑自己帝位传之久远。显然，他力求通过"象天"设计及若干建造新法，达致"秦朝天下永固"的政治期冀。在当时的情况下，使"极庙"象征北斗七星，修建联系"极庙"和渭河北岸咸阳及骊山的秘密"甬道"，都是相当浩大的工程。其中，使"极庙"象征北斗七星，在中国人居理论发展史上，是一种前无古人的象征主义设计创新，工程浩大无疑。但秦始皇对这次扩建还不满意，问题可能出在"极庙"审美尺度仍难达到其理想。

记载第二次的原文是："(三十五年)始皇以为咸阳人多，先王之宫廷小，(说)'吾闻周文王都丰，武王都镐，丰镐之间，帝王之都也。'乃营作'朝宫'渭南上林苑中，东西五百步，南北五十丈，上可以座万人，下可以建五百旗，周驰为阁道，自殿下直抵南山，表南山之巅以为阙。为复道，自阿房渡渭，属之咸阳，以象天极阁道绝汉抵营室也"，于是，"关中计宫三百，关外四百余。于是立石东海朐界中，以为'秦东门'"。这是中国人居史上一段十分重要的记载，但似乎很少有人从人居理论研究角度咀嚼回味，现予补说。

看来，第一次"象天"后，秦始皇仍有感咸阳局面不大，嫌"宫廷小"，实际是嫌自己"御定"改建的"极庙"尺度小，不满意，于是，八年之后，又实施了规模更大的渭河南岸“象天”设计和建造。这一次弃“极庙”，另建位于“上林苑”中的“朝宫”，是空前的“大动土木”，仅其中的阿房宫前殿就大得吓人。所谓“东西五百步，南北五十丈，上可以座万人，下可以建五百旗”，气派多大！杜牧的《阿房宫赋》形容说，它“覆压三百余里，隔离天日。骊山北构而西折，直走咸阳。二川溶溶，流入宫墙。五步一楼，十步一阁。廊腰缓回，檐牙高啄。各抱地势，钩心斗角”，虽有艺术夸张成分，但阿房宫“覆压”关中三百余里建筑群的“愣大”气派，已足令人惊叹。虽然近年考古证明，阿房宫前殿当时并未建成[115]，但所留“东西长1200米、南北宽410米、面积492 000平方米、高于地面7～9米的巨大夯土台基”，显示它就是“世界上规模最为宏大的夯土建筑台基”[116]，此即阿房宫前殿遗址。从《史记》看，其前殿周围还建设了象征“阁道星”的“阁道”建筑，即形如闭廊者而使之直达终南山山巅，又在山巅建“阙”作为标志，且回来时又有“阁道”式“复道”，从阿房宫渡过渭河，直抵（渭河北岸的）咸阳，以此象征“‘北斗七星’之间的‘阁道星’横渡‘天汉银河’而到达‘宫室星’”，意味着作为天子的秦始皇，已经一统了战国七雄，也可以像天帝一样，从“紫宫”出来，途径“阁道”，横渡作为“天河银汉”的渭河，直达所营之皇帝宫室。在这种超巨型建筑群的象征体系中，北斗七星者，即七国一统之兆也。为实现此“象天”设计，秦始皇竟在关中内外配套建造了700多座宫殿，其中，“象天”者也应不少，如咸阳东侧的兰池宫与紫宫星东侧的咸池星对应，上林苑与银河南侧之天苑星对应，等等。尤其令人意外的是，他还在咸阳直东千里之外的山东临朐东海边立石碑，称“秦东门”，谓为“天地尺寸”，并不为过。秦始皇此类“象天”规划创意，令人印象最深的，是胆极“大”而势极“愣”，实在是空前绝后的人居象征主义“大手笔”。《史记•天官书》描述这种“象天”景象时说“众星列布，体生于地，精成于天，列居错峙，各有所属。在野象物，在朝象官，在人象事”，信非虚言也。

今人也许对天上的“紫微垣”及其中“北斗七星”的重要文化地位难有体验。不过，它们在古代却具有相当重要的人间影响力。因为在对“天人感应”的巫术式理解中，远古的星球一律与地上的人间事物、人物一一相应、互感。“紫微垣”及“北斗七星”是地上皇宫和皇帝的对应互感物。虽从西周始，皇帝被尊为“天子”，但皇帝及其皇宫与天上何物对应，还无定论。秦始皇生活的时代，记载中国星象的《石氏星经》已问世[117]，这给秦始皇扩建咸阳时采用“象天”方案提供了前提，于是，秦始皇以建筑实物的形式，第一次把天上的“紫微垣”及“北斗七星”，具体地与地上的皇宫和皇帝相对应。这也是中国人居象征设计史上的大事。

4. 对秦始皇“象天”的人居科学解读

（1）它继承并创新了周人“‘相土’图式”中“负阴抱阳”“背山面河”的模式。不仅考古遗址证明，主建筑阿房宫前殿设置为南北轴向（《史记》说阿房宫为东西轴向，从出土情况来看有误），而且首次在国家首都规划的层面上，把后世所谓“前朱雀”之南的“朝山”（在咸阳扩建工程中，即渭河南岸作为秦岭余脉的终南山）凸显了出来。在唐诗中十分耀眼的终南山的人居地位，其实首由秦始皇奠定。在秦始皇的这种创意中，我们也首次看到了贯穿于关中南北直抵终南山的“子午（即南北）中轴”，它就是阿房宫与终南山巅之“阙”的连线；首次看到了新咸阳以终南山为南大门，为首都“朝山”，据其险而扼其要，象征“万邦来朝”；首次看到了这条子午中轴线向北伸展，又越过渭河，直达九嵕山巅，象征秦朝雄镇“玄武”，坚不可摧。这条被大大扩展了的轴线，显然就是象征嬴秦江山永固的“天轴”线。无论如何，秦始皇的这条子午中轴线，气势恢弘，担山携水，远非周京丰镐“子午轴线不清”可比。这条子午中轴线派生出的“朝山”图案，对《葬书》之类中国人居理论民间化书籍据“生气”说而讲“玄武垂头”“朱雀翔舞”之审美意象的形成，显然也具有某种奠基作用。隋唐长安设计师宇文恺在大兴城的策划中，把这类子午中轴线与周易卦爻相对接，完满建成当时世界最大的都会，这类子午中轴线就尤其显出可贵。据报道，目前，我国正拟以北京中轴线申报“世遗”，而其“原型”，就是秦皇创意的咸阳子午中轴线，可知秦皇创新周人“‘相土’图式”之功，尤显巨大。

张杰曾说，“中国古代的空间意识是超大尺度的”[118]，这当然与我们的先祖最初在艰难的环境中，为获取必需的天象知识以生存下去而进行的大尺度活动（特别是海上的大尺度活动）有关。今人可能难以想象，中国北方萨满是如何通过白令海峡“殖民”到美洲的[119]；更难以理解，华南“南岛语族”是如何在波涛汹涌中把后裔撒遍南太平洋各岛屿的[120]。这些确凿的历史事实已告诉人们，中国先民尤其是海边族群曾从事“超大尺度活动”不可否定，故其具有“超大尺度的空间意识”也不可否定。这也许就是秦始皇“大”且“愣”的“空间意识”的主要文化来源。除去其政治蕴含外，这种“大”且“愣”的“空间意识”在今日某些人居设计中的确值得珍惜。因为它也使我们能感受到中华文明新生时代的雄豪威猛。

正是在秦始皇“超大尺度的空间意识”中，我们可以悟出，秦都咸阳之所以至今未找到“城墙”，乃是因为它本身就不限于“一座城”，而是被秦始皇冲破《周礼·考工记》所定的“王城”规范等一切城规旧制，把咸阳作为“关中城市群”来规划的，大国的豪迈气派跃然于三秦大地，开今日“京津冀一体化”规划之先河。它在中国人居史特别是城规史上的启示作用，在城市群突现的今天，将越来越明显，惜乎学界似乎迄未彻底悟此。

（2）创制了作为“国家‘相土’图式”标志的“国家子午中轴线”和“国家东西向中轴线”。

《史记·六国表》说：“始皇三十五年，为直道，道九原，通甘泉。”又据《史记·秦始皇本纪》，当年“除道，道九原，抵云阳，堑山湮谷，直通之”。按史念海的研究，“直道”是秦代一个专有名词，仅指秦皇为抗击匈奴，所修从咸阳附近的云阳出发直抵内蒙古包头附近“九原”的军用快速道路[121]，虽不笔直，但大体取南北直向[122]。今日宏观看之，它也是以咸阳子午中轴线为据形成的直指国家正北方的“国家子午中轴线”承担者。秦始皇这样的设置，是周人“‘相土’图式”的子午中轴线完全难以比拟的，的确是对它的巨大发展，隐含着秦始皇把中国人居理论从谋一城、一乡、一户，猛然升华到“谋国”层面的雄心。于是，烙有秦始皇印记的“国家‘相土’图式”诞生了。

这种升华，虽也包含着使中国人居理论完全政治化、虚空化的风险，但另一方面，也确实使它适应了国家层面的治国理政之需，把地质地貌之外的政治、经济和文化因素统合含纳进来，使中国人居理论被提升到崭新的层次。

尤其令人想不到的是，秦始皇“国家子午中轴线”，还真有垂直于它的东西方向轴线。前已述及，它从咸阳一直向东“大”且“愣”地延伸到山东海边“泰腒”，并明确以泰腒海岸为“东大门”，从而创制了横贯全国的“国家东西向中轴线”，在中国人居理论适应治国理政的历史上，这两条国家级轴线的创立，无论如何都是应当大书特书的创新。它使周人“‘相土’图式”从原有重在“相地”“土圭测影”“汭位选择”等科学技术层面跃出，迈进治国理政之境。宋明理学的集大成者朱熹，就接受了秦始皇的此创，在论说北京人居图像的言论中[123]，把这种国家层面的人居“象天”理论进一步明确化，使此后中国人居理论也能直面国家治理。

5. 作为一种全新艺术表达方式的秦始皇的“象天”设计

从《史记·秦始皇本纪》文字的表层看，咸阳“象天”审美设计，确乎是“巫术”的大泛滥。但通过“穿透性阅读”，我们还应悟及其文字表述下的深层含义。从作为美学的中国人居理论发展的宏观脉络看，秦始皇“象天”，可不可以被视为一种全新的艺术或民俗表达方式呢？答案应当是肯定的。也许秦始皇的政治本意在以“象天”真心追求“天帝”对自己家族传江山予“万世”加以护佑，但从中国人居审美民俗史角度看，其“象天”手法，一方面继承了周人“‘相土’图式”的基本原则，另一方面又较大地突破了后者越来越僵化的“法地”模式，力求在“象天”新的审美模式中，使中国人居审美向更高层面跃升，从而离开对土地审美的依赖，在仰首观天而展开“象天”设计的新境界中，获得更自由、舒展、浪漫、激情的审美或民俗表达。因为这里的“象天”，从中国人居理论也是美学或艺术上看，完全可以被理解为一种“象征主义”手法。《周易·系辞传下》早就说，先民曾经“仰则观象于天，俯则观法于地”；秦始皇突破周人的“‘相土’图式”，凸显“观象于天”环节，使人居规划中的艺术想象从“法地”而拔升到“象天”，借助北斗七星等在内的“天象”的宏大气派、瑰丽奇谲和幻怪漂渺，达到一种崭新的审美意象，表达出冲破旧体制之后的新兴势力思想解放、意气风发、斗志昂扬、前程远大、生气勃勃的精神状态。在这个意义上，咸阳“象天”设计，不仅不能被等同于迷信，而且应被看成中国人居继“‘相土’图式”后，另一种以“巨型象征主义”艺术手法为特征的新兴模式，即秦始皇“‘象天’模式”的崛起。它根源于周人的“‘相土’图式”而又超越之，基于黄土审美而升华到“天象审美”。以前，中国人居理论研究者往往仅从秦始皇本人使用的政治语言中推断其为迷信，没有进行“穿透性阅读”，没有悟出其人居审美的深层意蕴，现在是弥补这种缺憾之时了。

支持上述“穿透性阅读”的又一力证，是作为扩建最主要标志建筑的“阿房宫”这个令人意外的轻巧调皮的取名。在中国人居中，取名往往表达着主人的情趣，是人居设计意图的艺术化外显。“阿房宫”三字仅基于对关中“俗话”（方言）的审美表达，不像周人后来那样沉重。当然，由于史无明载，学界至今对“阿房”何意，仍存异见。

有人认为"阿房"根源于此宫殿的形状是"四阿旁广"，秦地"阿"之古义也含"曲折""曲隅""庭之曲"等意，故"阿房"即指"四阿旁广"的巨型四坡水宫殿，而"四阿"作为一种四坡水屋顶形式，在古代即属人居理论术语。《史记》之《索引》就照此思路解"阿房"，显示着其人居理论本义。学界更有人据《汉书·贾山传》之"阿者，大陵也"的说法，解"阿房"为"建在巨型'大（音读如"剁"，系关中方言）陵'上的宫殿"，而出土"阿房"台基为巨型"大陵"可证此解不虚。而关中"大陵"之谓，也出自"俗话"（方言）的审美表达。民间更有解者引关中农村至今天天还说方言"阿"字（音读如"沃"），它调皮地意指"那边那一个""另一个"等，故"阿房"源自秦始皇对关中"土话"的审美表达，即指渭水南边的"那一个房子（即宫）"而已，显露着某种"举重若轻"。此"举重若轻"不仅证实着新兴力量蔑视一切的胸襟，而且还蕴含着秦始皇以关中"俗语"自娱而蔑视关东文化的傲慢。

6. 从美学看作为"壮美"风格的秦始皇的"象天"设计

如果说周人"'相土'图式"追求的是建筑与周边环境和谐的"中和"之美的话，那么，秦始皇"'象天'模式"追求的，则是由超巨量建筑群体拥戴一个标志性超巨构筑形成的"壮丽之美"。试看当时关中内外，以阿房宫为超巨构筑，以700余座各式宫殿为超巨量建筑群体，秦始皇确实是在追求着"壮美"。在一定意义上，它一方面奠定了尔后中国建筑以群体、巨量取胜的传统，另一方面，从政治心理学的效果看，它以阿房宫超巨构筑，打破周人建筑较小较矮的前则，力求以巨型体量引起人们的敬畏、惊恐和赞叹，使观瞻者不得不折服于它。

记得德国大哲康德在《判断力批判》中，就曾以埃及金字塔为例解析过"壮美"[124]风格。在他的笔下，"壮美"的对象，一般都表现出"数量上"及"力量上"的巨大难比，必然引起审美者的惊恐和赞叹[125]。在此种审美中，审美者虽体验出"愿意对它实施抵抗，而一切的抵抗都是无效的。（于是），道德君子敬畏着上帝，而不（必）对它害怕，因为反抗上帝和他的训条的想念是他不会有的事情（了）"；这样，"从一个重压里解放出来的轻松是一种愉快。而这种愉快，因为它是一个从危险的解脱，就会同时抱定主意，不再去冒那个险了啊"[126]。换句话说，这其实也正是秦始皇追求"壮美"的目的。因为他的"象天"设计体现着的审美，确实追求着"数量上"及"力量上"的巨大难比。从当时和后世众多赞叹，不难看出人们对其"壮美"的佩服。按照康德的观点，"壮美"审美境界的出现，与一般"美"不同，是以人的某种"思想"为出发点的[127]，而当时秦始皇、李斯等君臣一体，在法家思想的持续推动下，已经统一六国并形成了举国上下严法治国的政治格局和思想一统的意识形态，故在此前提下，渭河南岸阿房宫标志的建筑群，就不能不展现出审美上超乎人想象的"壮美"。看来，康德的"壮美"美学，秦始皇似乎早在近2000年前就付诸实践了。康德大概不会想到，秦始皇付诸实践的"壮美"意象，并不是自己所说的自然界"无形式"的巨型景象[128]，反而是他很不熟悉的北斗七星。而这却正是中国文化特色所致。中国人的"壮美"，自有中国人自己的特殊意象。可惜的是，由于反感秦始皇焚书坑儒，许多中国人居史研究者和中国美学史研究者竟对秦始皇“壮美”的审美创意一直不置一词，对其体现出的“壮美”的特殊性也不甚了了。无论如何，这是过分的，应予补论。

康德论“壮美”，“恰好配合了当时刚兴起的欧洲浪漫主义的巨大思潮，对后代文艺起了重要影响”[129]。其实，康德论“壮美”，本身就是赞颂和认同欧洲刚刚兴起的启蒙思潮。作为审美境界的“壮美”，只能是新兴势力的专利。康德在“壮美”中发现了当时欧洲的新兴势力，难道我们不能在秦始皇的“壮美”模式中发现当时中国的新兴势力吗？康德在论“壮美”的文字后有个“附录”，认为作为事物外观形式的美，会比事物真实走得更远，“有着不可代替的意义和价值”[130]。他讲对了，秦皇的“壮美”比阿房宫等“走得更远”，永远地“定格”着中国人的审美胸襟。

（五）咸阳扩建设计的“王气”原则

关于“王气”的最早故事是，秦始皇东巡至金陵（今南京），听人说“金陵地形有王者都邑之气”，于是便采取了皇权下的人居环境极端改造行动,“掘断连岗”以灭其“王气”[131]。破金陵“王气”，意在保咸阳“王气”。什么是“王气”？首先值得注意的是，“金陵地形有王者都邑之气”的说法。仔细揣摩,“王气”说的理论基础应即人居环境“生气”说，因为秦破金陵“王气”中的“王气”，实际应是当时突出表现于金陵人居环境的宜居且“生气勃勃”的江南一带自然、政治、经济、文化繁荣的综合状况。秦始皇觉得它已对咸阳“王气”构成威胁，于是破之，借以保卫咸阳“王气”。这表现出他对重点地域人居环境质量与政权稳定的关系极端看重，十分敏感，显然继承了周人“‘相土’图式”天、地、人、神四位一体中的某些要素，要求秦都人居地形地貌十分宜居，且显出极端的生气勃勃，以聚成“王者都邑之气”，别的都会均不能超越它。

1. 人居“气论”首次登场及其两重性

在秦始皇的“王气”说中，我们首次发现了作为中国人居理论哲学“范式”的“气论”。周人朴实的“‘相土’图式”及其理念，不存在“气论”。作为“天人感应论”载体的“气论”，被秦始皇套用于人居规划直接以说明宏观的人世事务，已直接踏进迷信泥淖。另外，“气论”又成了秦始皇人居审美的理论重器。他在咸阳扩建中，力求“壮美”，而“壮美”即“生气勃勃之美”的一种表现。秦始皇为了破金陵“王气”，派人“掘断连岗”，事实上就是使其在审美上不再具有“生气”，甚至变为“死气”。显然，对“王气”说及其所据人居“生气”说，如揭去其政治外衣，说来说去，都是人居环境审美问题。对于中国人居理论史而言，秦始皇的“王气”原则，与其“壮美”原则配套，具有划时代的价值，不可小觑。因为中国人居审美的关键，就是讲求“生气”。秦始皇的厉害，就在于他聚焦于此，不仅首提“气论”笼罩下的“‘生气’聚‘王气’原则”，而且把审美“生气”一下子提升到了国家治理的“王气”层面，赋予它极强烈的政治象征内容，形成了中国人居理论史上“最好”和“最坏”一并呈现的拐点。“最好”，是指他空前地突出了人居“生气”审美及其“气论”基础，并促成中国人居理论与国家治理相结合；“最坏”，是指他的“王气”说也开中国人居理论骨子里迷信化的先河。

2. 以“气论”为基的“王气”原则的首倡者是秦始皇

秦始皇灭“王气”虽非正史记载，但在正史中也有迹可寻，主要是《史记·高祖本纪》说，秦始皇“常曰‘东南有天子气’，于是因东游以‘厌’之”。据《史记·秦始皇本纪》，他当皇帝后，五次离京巡游，三次就到东南，暗示他将“东南天子气”一直放在心里。今天来看，此所谓“天子气”，应指南京一带经济、文化和人居环境总况越来越繁荣，将超过咸阳。所谓“厌之”，即采用“厌禳”办法消除其“天子气”，包括挖断某些山岗，借水流“冲气”，等等，实际就是破坏相关地形地貌，使东南人居环境“生气”转化为“死气”。这其实是源于远古的一种巫术。秦故地天水睡地虎《日书》就载有相关内容[132]，可知秦始皇“厌禳”至少有其故乡影响巫术的原因。另外，《史记·封禅书》则说明，秦始皇当时确实信奉着战国邹衍“五德始终说”，并以“水德”承担者自认；而据秦吕不韦的《吕氏春秋·应同》载，“五德始终说”包含着“五德”与“五气”直接相关的内容，如周文王对应着“火气”，秦皇对应着“水气”等，故秦始皇信奉“五德始终说”，也势必信奉“气论”笼罩下的“王气”说，相信自己的“水气”，故开掘了秦淮河想压住“金陵王气”。本来，一个地域经济、文化发展总况，既与其人居环境相关且也常常主要通过后者表现出来。如把战国期间系统化的“气论”用在这里，那么，“王气”就与人居环境相关且也常常主要通过后者表现出来。秦始皇省悟于此，并进行横向比较，确有合理成分。但改变一地人居环境若干要素，并不能完全改变其经济、文化发展总况。秦始皇在这里，把与人居审美相关联的“人居生气”不仅扩展至国家治理层面，且赋予它“王气”内涵，把“王气”仅仅等同于人居环境，力求通过改变一个地域的“人居生气”要素，彻底改变其经济文化发展总况，这就成了“政治巫术”。

后世一些文献，也从不同角度记录了秦始皇曾到东南“厌禳”。其一是《三国志·吴志·张紘传》引《江表传》说，“昔秦始皇东巡会稽，经此县，望气者云，‘金陵地形有王者都邑之气’，故掘断连冈，改名‘秣陵’”，影响也很大。这一记录显示，当时已有“望气者”，说明通过战国时期的学术讨论，作为中国人居理论哲学“范式”的“气论”，已经较为成熟并已逐渐职业化。在“望气者”的导引下，秦始皇显然也接受了这种“气论”，并以自己的巨大影响力，促使“气论”普及化。对于秦始皇的“王气”，唐人许嵩的《建康实录》也载：“秣陵，楚威王所置，名为‘金陵’，地势冈阜连石头。故老云，昔秦始皇东巡会稽，经此县，望气者云金陵地形有王者都邑之气，因掘断连冈，故名‘秣陵’。今据所见存，地有甚气，象天之所会，今宜为都邑”[133]。许嵩这里又引出战国时即有楚王雄商已把“王气”论与“厌禳”法相结合，而“埋金于（南京）龙湾”且名其地为“金陵”的先例[134]。其二是《宋书·符瑞志》说，秦始皇因金陵地形有王者都邑之气，当时命令“囚徒十余万人，掘污其地”。据说包括“使赭衣徒凿云阳北冈”，“凿龙目湖中长冈”[135]；挖成秦淮河以“水德”胜“金德”[136]；改其地名为“秣陵”，喻其地已成“牧马地”[137]。三是《地理志》[138]、《艺文类聚·卷十·符命部》《太平广记》第一百九十七卷等，也均有基本情节相同的记载。看来，人居中的“气论”“生气”说和“王气”说的皇权首倡者，就是秦始皇，其在后世影响很大，应是中国人居理论史的一个转折点。有论者忽视了秦始皇首倡“生气”说，移之于《葬经》作者郭璞，且由以确认郭璞所处的东晋为中国人居理论发展的“高峰”[139]，是一种学术误解。

3. 秦始皇“望气”的审美实质及其政治化

今天看来，秦始皇的故事所谓“望气”，包括“望人居生气”和“望王气”，其实都是一种帝王式人居审美，即站在帝王地位或立场“以目观形，以理察气”[140]。后世一些堪舆师，对“望气”秘而不宣[141]，其实是不得不如此。因为作为审美体验，它也无法以言教人。其中，包括作为审美对象的“地形”虽同，但各人之“理”即审美理念却各不相同，“望气”的结果会南辕北辙，师徒如何以言传授？“望气”带有很强的主观色彩，往往成为政治家表达自己相关见解的可用工具。清人赵翼就借“地气”变化说过，“秦中自古为帝王州，周秦西汉递都之”，“唐因之，至开元、天宝，而长安之盛极矣”，此时，“盛极必衰”，“‘地气’自西北转东北之大变局也”，“故突生安史以兆其端”[142]。在赵翼这里，用今天的话说，“地气”实际指某地政治、经济、文化的综合情况；所谓对某地“望气”，就是综合评价某地政治、经济、文化情况，这当然也是一般没有相关经验者难以胜任的，有经验的堪舆师秘而不宣，也可以理解。秦始皇认同“金陵地形有王者都邑之气”，实际上反映着这位经验丰富的政治家已觉察到，当时中国东南一带的政治、经济、文化发展水平已经接近关中。后来刘邦、项羽均出身东南而反秦，就多少验证了秦始皇判断确具某种可信性。但把如此复杂的政治判断框在一个“气”字中，只能使政治问题迷信化。

后世民间堪舆师对帝王政治兴趣不浓。他们更感兴趣的是服务于民间的堪舆完全审美化。

4. 中国人居理论主体从此转向审美

这是秦始皇实际开创的人居理论与周公人居理论的一个根本区别，也是中国人居理论史一个根本性、全局性的大转折。从此之后，中国人居理论呈现出“周秦互补”的总格局，即以周人为代表的科技理性，与以秦人为代表的审美感性互融互济，推动着中国人居理论的不断发展。可惜此前中国人居理论史研究者对此基本未予以关注，或者如李约瑟仅把中国人居理论视为审美，完全无视周人“‘相土’图式”及其包含科学内容；或者完全忽略了秦始皇的人居审美化，硬用西方自然科学的框子，套评秦后的中国人居理论。

其实，中国人居史与西方完全不同。来自西方的建筑-景观-规划学的逻辑，对它并不适用，故我们思考中国人居理论及其历史，只能征以中国具体史实。人们对“秦及其后的中国人居理论主体转向审美”命题的思考，也只能首先从中国史实出发。

为什么中国秦后人居理论呈现着“周秦互补”的总格局，原因也并不难理解。因为中国当时的人居技术基础，包括最早的窑洞，随后的木结构、夯土技术等，在周秦期间已经大体定型；而周公之后500年左右的中国政治-文化已大变，以秦始皇为代表的新兴势力急需以新的人居艺术表达自己，凝聚社会，于是，在新的技术突破未出现时，中国人居理论便只能适应社会发展需求，转向以审美为主体。傅熹年就认为，中国以“木构建筑为主流”，“这个体系是在中国社会的礼法制度（宗法观点）、政治体制（等级制度）、传统观念（不追求永恒）制约下形成的，具有较强的稳定性，故能基本固定下来，一直延续到近代”[143]。张钦南先生也说，中国基本的构筑类型，主要是“木架樑柱结构和砖墙承重结构”两大类[144]，这表明“中国的建筑构筑，和中国的文字语言一样，其‘历时性’的变化较为缓慢。中国建筑的个性美，往往是靠非物质手段（意境）实现的”[145]，它“使中国人能以最少的几种基本构筑类型，来建造多种功能类型的建筑”[146]。由于技术基础一致、稳定而长期无革命性巨变，甚至“秦砖汉瓦”一直沿用到近年，故“周秦互补”一直延续到清末民初。其中，包括中国大量民间人居理论书籍里所载的理论、口诀、图式、故事案例等，基本都是维绕民居审美“生气”内容而具体展开的，其“变”只在针对不同时间、地点和环境的审美感受和处理方法各异，还归纳出了许多审美模式和图式、通俗口诀等，故国内外均有严肃的学者认为，中国人居理论仅是审美。这虽是一种误解，忽略了周人“‘相土’模式”，无视中国人居理论中的确包含的科学内容，但其对中国秦后人居理论特质的概括，却大体精当。当然，中国人居技术，在秦后也在缓慢进步，所以秦后中国人居理论也含有科学技术方面且有一定的调整和推进（如《营造法式》等书所记），但就中国秦后人居理论主体而言，则它主要作为中国人居审美理论而存在和发展。

秦后中国人居理论发展之所以采取了这种形态，也与中国文化的精神特质密切相关。中国文化实质上是一种“乐感文化”。中国各派哲学均“以不同方式呈现了对生命、生活、感性、世界的肯定和执着”，故“审美而不是宗教，成为中国哲学的最高目标”[147]，中国人的人生态度实质上是一种“审美的人生态度”[148]。这一精神特质，决定了中国人居理论主要是一种审美理性。因为在中国人这里，人居成品即其人生主要寄托之一，《宅经》所谓“故宅者，人之本”，“人因宅而立，宅因人得存，人宅相扶，感通天地”，已经把这层意思说出。只有中国人居理论的主体是审美的，中国人的审美人生才会在“衣食住行”四件事中的“住”里落到实处。也因为如此，不是从纯粹科学技术角度加以简单批判，而是从审美角度整理研究中国民间大量人居书籍里所载理论、口诀、图式、故事、案例等，是目前中国人居理论史研究面对的繁重任务之一，因为这里埋藏着中国古代民间审美人生最鲜活的人居素材。

（六）咸阳扩建设计的“南北对应”原则

此原则包括在渭水南岸“象天”的同时，又“写放”被灭六国“宫室”于“北坂”。《史记》所谓“徙天下豪富于咸阳十二万户，诸庙及章台、上林皆在渭南。秦每破诸侯，写放其宫室，作之咸阳北阪上，南临渭，自雍门以东至泾、渭，殿屋复道周阁相属。所得诸侯美人钟鼓，以充入之”，即记此事（图 4-16[149]）。

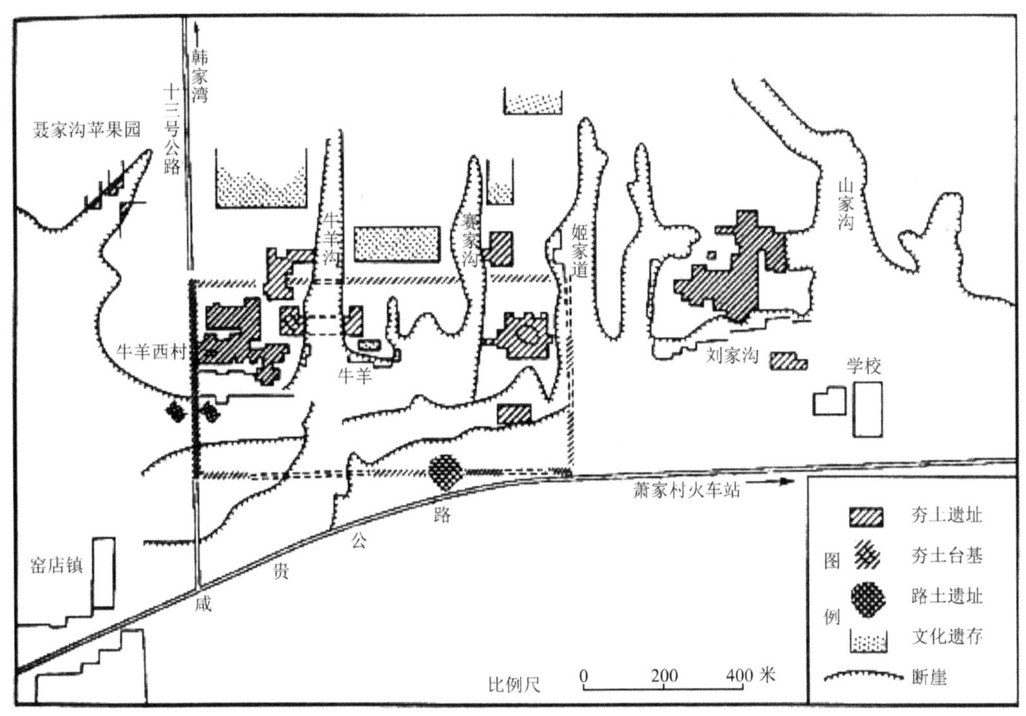

图 4-16　咸阳北坂六国宫殿群

这则记载说明，秦始皇在咸阳渭河南岸，迁徙了天下富豪人家 12 万户监视居住，然后把祖庙及章台宫，包括阿房宫在内象征北斗七星的上林苑，以及步寿宫、宜春宫、华阳宫、召阳宫、信宫、兴乐宫、芷阳宫等，都建筑在这里。而与此相对应，在咸阳北部的渭河北岸即“北坂”，他要求每消灭一个诸侯国，都要完全按照该国宫廷的建筑样式和尺寸，在此仿造一处该国王宫。新建的这些诸国王宫，比华赛富，奇形怪状，向南濒临渭水。从雍门往东看去，直到泾、渭二水交汇处，所有明堂、宫殿、室屋鳞次栉比，有天桥和环行长廊将其互相连接起来。在灭六国战争中，从诸侯那里俘虏的美女和钟鼓乐器之类，都集中安置到这里。

在咸阳仿造六国王宫，从人居发展史看，也有利于秦人吸收关东建筑成果及其智慧，为咸阳建设引进全国各地风格和样式服务。另外，按秦始皇的“五行”思路，关东六国总属东方之“木”；把“木”植于北地，象征促其枯萎也；与之对应，把秦朝所代表的“水德”置于咸阳南部，是“水归其位”也。咸阳南部的“七星高照”，更象征着它是全国最高权力所在地。

此原则反映着秦始皇一统天下的政治胸襟。这种南北对应，力求国家首都在“五行”象征、人员构成和建筑样式上，包容关中内外，形成真正的全国一统象征。扩建咸阳的这一规划，确实气吞天下，想象瑰丽，前无古人，后无来者，虽未实现，亦可惊叹矣。

（七）咸阳扩建设计的“超越丰镐”原则

秦始皇说过，“吾闻周文王都丰，武王都镐，丰镐之间，帝王之都也”，接着便营建“象天”和南北对应的咸阳宫殿群。显然，他的第四原则，就是远远超越周京丰、镐。周公曾强力主张迁徙秦祖于西戎，从秦始皇焚书坑儒的举措看，他对周公“制礼作乐”完全否定，故他在建筑上也力求超越周京丰、镐，以示雪耻，可以理解。

从纯粹的人居理论演变看，秦始皇扩建咸阳，实际一方面承接周人“‘相土’模式”，宫殿设计建造及仿造，均负阴抱阳，坐北朝南[150]，且其“焚书”也不针对周人讲“‘相土’图式”的书籍[151]；另外，他又使商君按“背山面水”模式规划的咸阳城跨越了渭河，使渭水成为咸阳城内河，从而形成横贯河汉的天地象征，这本身就是跨越了周人“‘相土’图式”。中国城市建设理论，由此跨入“城内有河，跨河建城”的新境，借秦始皇“巡泰山刻石”语，谓之新人居“法式”亦可。

当然，秦始皇超越周京，是以500年左右的社会进步和科技推展作为背景的。以此为契机，他在“象天”“王气”和南北“对应”的原则下拟扩建的咸阳城，不仅在规模和科技上已经远超丰、镐，而且在设计上也已经空前绝后。为了实现此超越，秦始皇把天下接受过宫刑、徒刑的70多万人，分别派去修建首都。这些人从北山开采来山石，从蜀荆各地运来木料，在关中内外总共建造宫殿700多座，周京丰、镐何能望其项背。

专叙秦汉长安往事的《三辅黄图》说：“始皇穷极奢侈，筑咸阳宫，因北陵营殿，端门四达，以则紫宫，象帝居。渭水贯都，以象天汉。”该书作者认为，引入“天象”，使“渭水贯都”，给予中国人居理论以诗意阐释，使宏伟壮观的秦都咸阳，更加具有仙境色彩、神话意蕴。咸阳地面景观，不仅是天上星宿与人间宫殿的对应关系的融合，更是其建筑蕴含的“天人感应”哲学的直接呈现。天帝是宇宙最高主宰，住在紫微垣（紫微宫）。天子是天帝在人世间的代理者，秦天子始皇帝住在咸阳宫。天上紫微宫与地下咸阳宫，一上一下，位置对应，吻合着“天子”的皇权神授。那众多的宫殿堂室分布在渭河南北，渭河把都城的宫阙与苑囿一分为二，正与天体星空中的“天汉”（银河，亦称天河）交相辉映。把地上的渭河比喻为天上的天河，河水在都城内流经，这便是对秦始皇“渭水贯都，以象天汉”的解读。秦始皇的这种“天人感应”，明显是对现代物理学中“天人感应”原理的附会和曲解，不足为凭。《三辅黄图》的作者没有悟及，“渭水贯都，以象天汉”，其实与秦始皇在政治上信奉“五德”-“五气”循环论相关。据说，他“以为周得火德，秦代周德”，是为“水德”，“方今‘水德’之始”，于是需要改服制（秦朝官员均着黑服）、改颜色、改冠尺，等等。“渭水贯都，以象天汉”，显然也是令国都城市规划“合五德之数”[152]的表现。但它在客观上也打破了周人“‘相土’图式”，把水景引入大型城市中心地带，大大地改善了大型城市的水环境，促使中国“山水城市”逐渐形成。

（八）近人对咸阳扩建设计的评价简述

梁思成的弟子王世仁认为，秦代与宋、清两代并肩，构成了中国古代建筑史上的三个“高峰”[153]。李泽厚则说，秦咸阳宫的修建，表明“中国建筑最大限度地利用了木结构的可能性和特点，一开始就不是以单一的独立个别建筑物为目标，而是以空间规模巨大、平面铺开、相互连接和配合的群体建筑为特征的。它重视的是各个建筑物之间的平面整体的有机安排”；在审美上，“‘百代皆沿秦制度’。建筑亦然”[154]。在中国人居理论史的视野中，就秦始皇刷新周人“‘相土’图式”而言，这些评价均很有道理。本书把它提升到中国人居理论史“转折点”的高度，比上述见解评价更高。宋、清两代，其实仍在“周秦互补”的模式中发展，中国人居巨变出现在清末至今。

（九）咸阳考古

1959～1982年，在今咸阳市渭河北岸的窑店镇牛羊村附近，即秦时“北阪”，发现了宫殿遗址，出土了一批珍贵文物。包括在毛王沟附近宫殿遗址出土的楚国瓦当，在怡魏村附近宫殿遗址出土的齐国瓦当，在柏家嘴村附近宫殿遗址出土的燕国瓦当等，印证了秦始皇每消灭六国任一诸侯国后，都要在咸阳北坂上仿造其宫殿的记载真实。据报道，作为佐证，六国宫殿遗址如今也被发现。考古学家在东西长60米、南北宽45米、高出耕地面6米的台地上，挖掘发现一号建筑群是一处台榭式建筑，台高约6米，平面呈曲尺形，尺柄向东，另一端向北，这是另一国的“象天极”。其第一号室是主体宫殿，为两层的高层建筑，台顶主体宫室之厅堂部分，有压磨光洁的朱红色地面。周边有上、下两圈围房，共11个宫室，包括居室与盥洗沐浴的用房和贮藏室，以及走廊过道与4个排水池，7个窖穴。其1～7室的地面为光滑、平整、坚硬、表面施朱红色的“丹池”，其他室的地面则用方砖铺成。方砖上有的为素面，有的有几何纹饰，显然是诸侯宫殿。可惜其国已灭，其宫已湮，观其人居遗痕，令人不禁长太息。事实上，这些考古遗存，只是当年秦都咸阳极少的一部分，因为遍布关中的大小宫殿群，早已湮没难寻了。

（十）“秦皇阴宅模式”及其“首创”效应

骊山下的秦始皇陵，高大阴森，以其封土体积达1120万立方米[155]，表现着秦始皇“千古一帝”的威势，以及它是中国“第一帝陵”的事实。据说，修成它花了近40年时间，征调民工最多时达72万人，所费工量相当于全国每个劳力每年平均要服役120天[156]。

1. 秦始皇陵“前身”已打破周制

作为此陵前身，雍城秦公一号大墓即已打破周人“不封不树”的成规，在夯土台上设有“堂”[157]。秦始皇陵由“堂”变为“山陵”且空前绝后，应是秦始皇一统六国气势空前绝后在陵墓建造上的反映。

2. 秦始皇陵园概况

秦始皇陵园古今巨变，屡遭破坏，今日所存已非原形。我们只能根据遗痕，知其概况。它的总面积约为 213 万平方米。陵上封土原高约 115 米，现仍高达 76 米。陵园城垣选正南正北方向[158]，呈南北向的长方形，有内外两重城垣。其中，内城垣长 1355 米，宽 380 米，周长 3870 米，北边有两个城门，其余三边各有一个城门；外城垣长约 2185 米，宽 970 余米，周长 6320 米。两重城垣呈“回”字形。内外城垣均有高 8 ～ 10 米的城墙，今尚残留遗痕。陵冢在内城垣南部，周围分布着一些大型陪葬坑；陵冢的北边是陵园的中心部分，寝殿和便殿建筑群均在其西边，其东边则是陪葬墓区。内外城垣之间，又可分为东、西、南、北四个小区，东部小区是陪葬坑；西部小区从南向北分布着陪葬坑、陪葬墓、园寺吏舍；北部小区发现有大面积附属建筑遗址；南部小区尚未发现遗存和遗物。

出外城垣，是俗称的“陵区”，约 50 平方千米。其东侧，已发现百余座小型马廄坑、17 座陪葬墓，还有一组兵马俑坑即今俗称的“兵马俑”，它位于陵园东侧约 1500 米处。由此，埋葬在地下 2000 多年的惊世宝藏得以面世，被誉为“世界第八奇迹”。“陵区”北侧已发现铜禽坑、府葬坑及鱼池建筑群基址；西侧发现了石料加工厂遗址、窑址、修陵人墓地等；南侧则有防洪堤。历年有 5 万多件重要历史文物出土。

秦陵门外有今人一副对联曰：“一代伟皇，七尺晔光，横扫九州真霸主；千秋巨匠，四军耀武，长留万马壮秦风。”西汉的刘向也早说过，“自古至今，葬未有盛如始皇者”[159]，确是实话。西周天子皇室，至今均未现封土陵寝[160]，可能与其“不封不树”的葬俗有关。而秦始皇陵横空出世，空前而绝后，对比太强烈了。文献说，秦陵两任主事者是吕不韦和李斯[161]，不过，应当说它的总设计师实际就是秦始皇本人。它直接反映着秦始皇本人的“阴宅”观，即前述“秦皇模式”在“阴宅”上的折射。对中国人居理论研究而言，它揭示了许多问题，包括它对中国“阴宅”理论的首创作用，以及它在中国人居理论史上的转折性效应等。

1）秦始皇陵标示中国“阴宅”问题日益突出

秦始皇陵是首座中国非“族葬”巨型封土皇帝个人“阴宅”。它一方面继承了嬴秦先人和雍城“阴宅”的若干因素，另一方面又创制了贯穿于中国 2000 年历史的帝王官僚“阴宅”机制和理论，在“象天”“王气”之外，加上了“鬼福及人”之类漂渺迷信的东西，是中国人居理论史研究必须面对的一大关键“节点”。前已述及，本书之所以把中国“阴宅”问题作为人居问题处理，是因为它起源于中国人“事死如生”的生死观，“阴宅”其实是“阳宅”的某种投影。

清人徐乾学认为，“族葬”体制是秦朝取消的[162]，符合史实。“秦统一六国后，废除东周的分封，推行宗法制度，取消了‘族葬’之礼，择地而葬不再为王权和贵族所特有”[163]，于是，个人“阴宅”逐渐流行。吴良镛的《中国人居史》第二章第三节也说，此后“周代以来宗法制下的聚族而居式变成了秦汉以后的一对夫妻附携其子女的小家庭模式”，这必然导致“阴宅”逐渐推广。秦始皇体制对周人人居模式的最大冲击之一，就是“阴宅”问题日益突出。本来，周人也面临着“阴宅”问题，但由于当时的家族体制及“族葬”办法，故个人“阴宅”问题被掩藏在“族葬”之中，“阴宅”问题尚未凸显。秦始皇则使个人“阴宅”问题日益突出后，又以本人所建秦始皇陵而对个人“阴宅”树立了样板。从此之后，在民间，周人“‘相土’图式”逐渐与秦始皇的“阴宅”模式混合。其中，秦汉之际，战乱频仍，老百姓挣扎于生死线上，“阴宅”成为平民寄托精神的最后空间，各种各样的“阴宅”迷信就进一步肆意泛滥起来。

2）秦始皇陵设计建造的政治“反周”原则

秦始皇陵如今展示出的真实格局是，南依骊山，北临渭河；其东，则是一道经人工筑坝改造形成的“鱼池水”；其西，仍有一水。此即秦始皇陵“反周”格局：所有人居元素置放均与“周制”相反，即把周制“负阴抱阳”改成“负阳抱阴”，把“背山面水”改成“背水面山”，把“青龙”“白虎”均由“砂”而改为“水”。

《史记·秦始皇本纪》记载其陵寝的文字说：

> 始皇初即位，穿治骊山。及并天下，天下徒送诣七十余万人，穿三泉，下铜而致椁，宫观百官奇器珍怪徙臧满之。令匠作机弩矢，有所穿近者辄射之。以水银为百川江河大海，机相灌输，上具天文，下具地理。以人鱼膏为烛，度不灭者久之。树草木以象山。

这一段著名文献中的“宫观百官奇器诊怪”八个字，尤其引人深思。它意味着，秦陵设计建造的基本原则，除必须“反周”外，还有如下原因：一是“事死如生”。它集中体现在秦陵“宫观百官奇器诊怪徙臧满之”，“以人鱼膏为独，度不灭者久之”。前者表现出使死后的秦皇如生前一样，享受“始皇帝”具有的豪华奢侈、富贵尊荣生活；后者则体现出使死后的秦始皇入夜如生前夜晚一样，明烛高照，永远不灭，为此还不惜以“人鱼膏”作蜡烛，极尽稀贵。“事死如生”本来就是周礼对远古民俗绵延作出的承认[164]，但把它固化在个人“阴宅”设计建造中，显然是秦始皇创制的。这一规制既延续着民俗，又基本适应小农经济，在中国流传2000余年，成为中国“阴宅”第一原理，且为“阴宅”理论推衍出了一系列迷信基石，即“生死感应”“鬼福及人”“生死轮廻”等。二是秦陵设计建造要“若咸阳”国都，包括既要“象天”，又具“地理”。三是必须表现皇权至尊[165]。

3）秦始皇陵“山水格局”再解读

秦始皇陵的“山水格局”在“反周”原则之外，还遵循“五行”中“水火不容”的原则。原来，周人人居理论诞生发展时，虽《尚书·洪范》已载有“五行”之说，但当时“五行”尚未推广并与“制礼”挂钩，故周人人居理念不见“五行”学说之痕。到秦始皇时期，“五行”之说盛行国中。他迷信“五行”，便信奉了“周为火德”而“秦为水德”[166]。“水火不容”，故他必须反周。焚书坑儒时，他下令尽烧《诗》《书》，完全禁绝集中表现周公文化的《诗经》和《尚书》，背周而行，极为明显。在秦始皇陵的选址上，他采“负阳抱阴”“背水面山”，也背周而行。另外，在“五行”学说中，又有“金克木”之说，且“金”在西而“木”在东，秦国处西土而六国尽在关东，“金克木”正好是秦国一统六国的象征，于是，他就咬住“金克木”，一定选择“金”地而葬，象征“金”能“克木”。

恰好，骊山“其阴多金，其阳多玉”[167]，于是，秦陵就选址于骊山之北，以占“金”位。胡亥后来之所以在骊山山巅建秦始皇庙[168]，原因也在这里。后世“诟秦书生”，虽注意到了秦始皇陵所倚之骊山“其阴多金，其阳多玉”的特征，但均以秦始皇“贪婪”[169]论之，是不解“五行”寓意和秦始皇当时“五行”的语境。

4）秦始皇陵轴向再议

秦始皇陵主轴方向，是秦陵“山水格局”的主项之一。按周人人居理念，秦始皇陵应当坐北朝南。但一方面由于秦陵“反周”倾向明显，难以坐北朝南；另一方面，由于秦陵陵丘平面几乎呈正方形（南北略长一点），且迄今尚无关于其轴向的文献记载，故对其正方形陵丘主轴方向可有多种理解。虽曾有人以陵丘在秦始皇陵城垣之南为由，认为可能是坐北朝南[170]，但由于秦始皇陵城垣“南门面山，不可能是正门”[171]，故目前学界已不存在坐北朝南的理解，秦始皇陵主轴轴向“反周”已是定论。目前，争议主存于“坐西朝东”方向和“坐南朝北”方向之间[172]。

（1）坐南朝北。主要理由是：其一，秦始皇陵选址在山北水南，故陵丘应坐南朝北；其二，秦始皇陵城垣南北长而东西短，地面建筑集中于陵丘之北，故轴向应坐南朝北；其三，秦始皇陵城垣北门置两个门洞，其他三边仅置一门，门洞状况证明着其坐南朝北。

（2）坐西朝东。主要理由是：其一，前述“金克木”的选址原则，决定了其轴向必然坐西朝东；其二，物理探测结果表明，墓道只在东西各置一条，南北并无墓道[173]，这是“坐西朝东”的一个决定性证据；其三，“在陵东面有巨大的兵马俑坑，表明始皇陵是东西向的，正门向东”[174]；其四，秦始皇陵地面建筑寝殿、便殿均呈东西方向[175]；其五，陵区东部地势开阔，而其他三个方向并不如此[176]；其六，秦始皇陵城垣南北长而东西短，呈现着其主轴为东西方向；其七，嬴秦在雍城葬地祖俗如此；其八，傅熹年[177]和秦始皇陵研究专家袁仲一先生[178]，均认定其“坐西朝东”（图 4-17）。

笔者认同“坐西朝东”。它给中国尔后的“阴宅”理念也提供了杂依“五行”、习俗和周人模式的总思路。

5）对秦始皇陵墓穴格局的物理探测结果

对于《史记》所述秦始皇陵墓穴的情况，《汉书》《〈水经〉注》《博物志》《括地志》《三秦记》《三辅故事》等书，均有类似或更怪异的记载。秦始皇陵墓穴实况究竟如何？这也是人们至今关心的问题。由于墓穴尚未打开，所以我们可以先借助前后几次物理探测成果及其与文献的比照，多少了解一些相关实况。

2002 年 11 月 23 日，秦始皇陵考古补充增加的“考古遥感和地球物理综合探测技术”子课题正式启动。结果宣布，秦始皇陵地宫位于其封土堆下，距地平面 35 米深，东西长 170 米，南北宽 145 米，主体和墓室均呈矩形，而墓室位于地宫中央，高 15 米[179]。又据 2012 年 12 月 1 日《西安日报》介绍，当时还在城垣西北部发现了一个十进院落宫殿群，中轴线明确，似可被看成明清北京“紫禁城”的前身。请注意“十进院落”，这显然比周原凤雏那个四合院幽深高档得多；它的轴向竟然是坐南面北。几乎与此同时，《西安日报》2012 年 10 月 26 日转载《北京日报》的报道说，已探明秦始皇陵城垣内外墙长与宽的比例均为 1:0.63，而其城垣内外面积比例则为（1:0.63）²，这是一组值得关注的数字，应当有某种文化内涵，待深入解析。

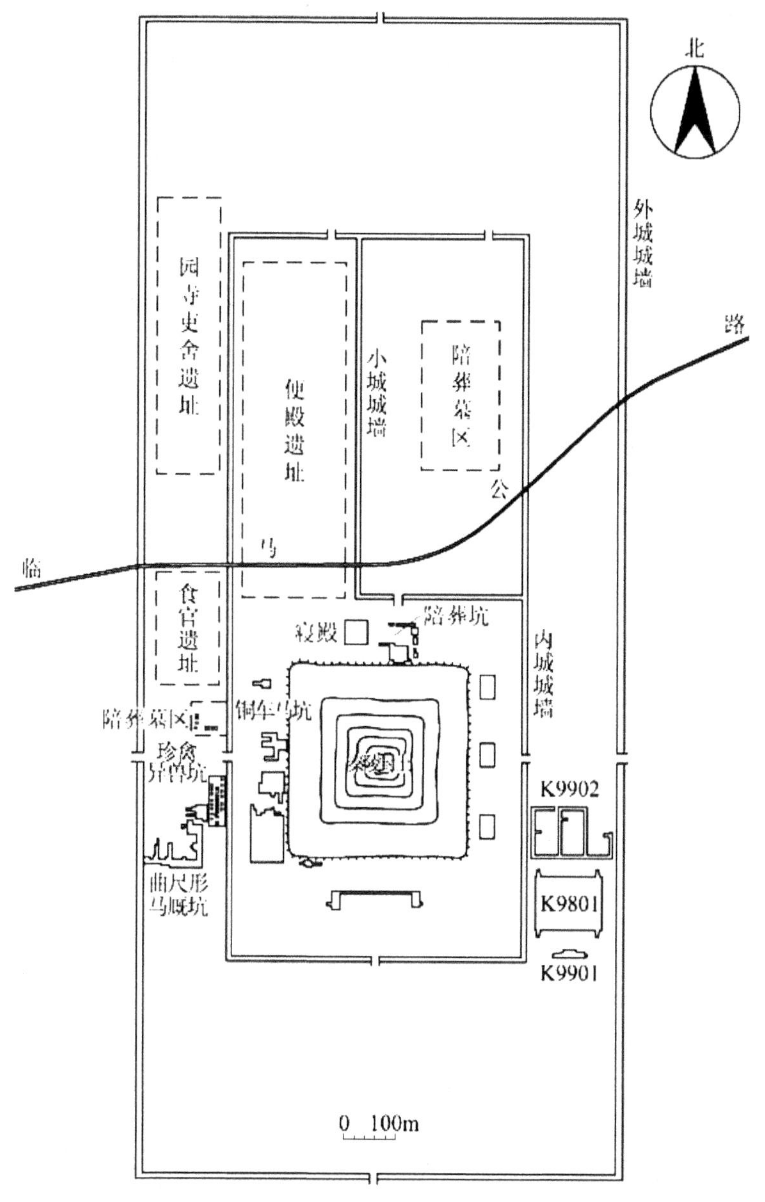

图 4-17　秦始皇陵平面图

6）作为大地-景观艺术的秦始皇陵

一说到秦始皇陵，人们都首先想到它作为政治强权象征物的“高大蛮横”，以及秦始皇所依之想的荒唐可笑。问题是，当人们把咸阳扩建“象天”原则视为一种审美境界时，对秦始皇陵，当然也就应视之为一种“象征性大地艺术”，其蕴义之一是展现新兴势力代表的大地人居-景观审美理想。李约瑟当年就说：“皇陵在中国建筑形制上是一个重大的成就”，它们的“整个图案的内容，也许就是整个建筑部分与风景艺术相结合的例子”[180]。秦始皇陵正是如此。作为“象征性大地艺术”，它实际上以山水作为“创作主体”，展示创作者纯中国式的生死观，即一方面是秦始皇希求江山万古而虽死犹生，另一方面表现出人生只是自然生态链上的一环，“人由五土而生”又必“归葬五土”，故“葬者，乃五行之返本还原”，“一体于青山”，供后来者在壮美景观中仰怀前人而已[181]；秦始皇陵审美严求的“阴宅生气”理论，即由此而立。《史记·楚世家》中有言曰：“秦为大鸟，负海内而处，东面而立，左臂据赵之西南，右臂缚楚焉郢，膺击韩魏，处即形变，势有地利”，移之以形容秦陵通过大地艺术所蕴秦皇功业，不亦宜乎？

（十一）秦始皇陵奠基的中国“阴宅”模式在民间迅速发酵

1. 秦国王室成员樗里子“阴宅”故事再思

《史记·樗里子甘茂列传》讲了一个故事，说秦国王室成员樗里子，智勇双全，英武善战，屡立奇功。他晚年为自己在渭河南岸章台选择了一块墓地，并说“一百年后，会有当朝天子来陪伴我，他在这里建造左右宫殿，会把我夹在两殿中间”。果然，在他死后百年，刘邦建立汉朝后，在渭河南岸章台建筑宫殿，长乐宫建在其东，未央宫建在其西，印证了他的预言。后世有人由此认为，樗里子就是中国“阴宅”理念之祖。

樗里子的故事显然是西汉人造“神话”。悟得出来，它与“王气”之类“秦皇模式”的影响密切相关。其一，其“谶语”应验时间，已至西汉高祖时修完两个宫殿之后，与《史记》的作者大体同时，表现出秦始皇陵“阴宅”模式在秦汉民间迅速发酵，连“史圣”司马迁竟然都相信了它。其二，“章台”是秦朝在渭河南岸修建的一处著名宫殿，樗里子在此选坟地，明显留有秦始皇影响的印痕。更可悲的是，连以批评“阴宅”著名的王充在评论此事时，也说它“见方来之验也。如以此效圣，樗里子圣人也”[182]，令人嘘唏，也令人深感秦始皇陵“阴宅”模式在当时的影响之巨。

2. 秦“日书”析

秦汉“日书”，即当时老百姓日常使用的“老黄历”[183]。近些年秦代竹简出土较多，包括一批“老黄历”，如湖北云梦秦简《日书》，甘肃天水放马滩、睡地虎秦简《日书》等。对中国人居理论研究而言，秦简《日书》提供了一批观察秦始皇时期官民双方相关巫术迷信及其互动的文献资料。特别是当秦始皇陵“阴宅”理念在中国人居理论史上的转折性地位较为清晰的时候，这一批《日书》也恰好反映着秦始皇陵人居理论与民间迷信在一个时间断面上的互渗、互补、互动，从而会使我们对秦始皇陵“阴宅”理论在中国人居理论史上的转折性地位理解得更深、更准。

秦简《日书》的内容显示，它们为在周初已经理性化的中国人居理论在某种程度上重返巫术语境，提供了一批民间资源。据李零说[184]，作为秦国故地文献，天水放马滩秦简《日书》相关内容包括“建除”，即用者只要依表查得某日“地支”当“建除”某日，即可知道该日可否干什么事情，包括可否动土建修房屋。再如，“室忌”，即讲究盖房屋的四时和方向吉凶，禁忌杂多。又如，“选择”和“杂忌”，其“选”其“忌”都奇奇怪怪，莫明其妙，“土忌”即选择动土（修路、建筑等）的宜忌；“行日”即需考虑方向、时刻以谋吉凶，决定是否出行及于何时出行，等等。在许多情况下，秦简《日书》对所有这些“宜”与“忌”，都不讲原因，包括不讲“八卦”“五行”之类，只是直接把事情与吉凶效果挂钩[185]。《史记·秦始皇本纪》说过，“秦俗多忌讳之禁”，看来并非虚言。估计此种“秦俗”来源甚古，或可追溯到史前秦族海边源地及西戎巫术，同时也是吸取春秋战国各地民俗杂糅而成。另外，秦国故地的某些秦简《日书》中，也包括“一天”“二地”“三人”“四时”“五音”等哲学化内容[186]，甚至有《五行占》线图[187]。据绕宗颐考证，在秦简《日书》中，的确出现了“五行”“五音”字样[188]。这证明春秋战国时“五行”等阴阳家学说，已进入秦国本土，并向民间“日书”渗透。秦始皇统一六国后，开始正式把齐国阴阳家邹衍等的阴阳五行数术[189]，引进国家管理层面和咸阳规划层面，与秦简《日书》应是上下彼此互动、互补和互融的关系。鉴于由秦简《日书》演变而成的汉代之后敦煌《日书》对宜忌均讲道理，正式引入了八卦、五行之类，故知秦国上下当时的这种努力，使以后中国历史推进，终于走进八卦五行模式。其中，秦陵“阴宅”理念则是这种官民上下互动、互补和互融的集中表现，也是中国人居理论从原来实用向审美大转型的标志。此一“阴宅”理念能在中国流传2000年，也与它深深扎根于民俗相关。

（十二）秦始皇对中国人居理论发展具有某种决定性影响

秦始皇对中国人居理论发展具有决定性影响，主要体现在他首先把中国人居理论引进“主体为审美”的新阶段。如果从艺术上说，周人人居理论是趴在“地”上展开艺术想象，那么，秦始皇人居理念则是飞跃到“天”上进行创作。由此，中国人居理论基本结构即“周秦互补”才得以诞生，中国人居理论中周人代表的现实主义和秦始皇代表的浪漫主义，各有源自而互补推进。这样，作为中国古典人居科学的哲学-美学和基本理论部分，中国人居理论就向兼备“天”“地”知识且向“实”“虚”互补方向发展。秦始皇咸阳“象天”所具有丰富想象力的浪漫主义和“大地艺术”成分，以及它明显的巫术神话和动物的“古拙”风格等，亦对中国此后的人居设计，富有启迪价值。大阁杂殿，人神杂处，重楼叠桥，怪诞妖异，辽阔荒忽，奇兽巨人，天上人间，星斗飘移，魂兮归来，神兮助我。这种夸张的审美境界，这种“人能服天”的气势，这种琳琅满目的世间生气，确是对周人人居理论后来逐渐拘谨、呆板倾向的冲击和再铸。秦人人居理念在审美上的主题，就是人对客体的征服，就是人从地上拔起而进入天上神境。这里的“神”并无苦愁，仅具潇洒和幸福。这是横扫了六合的族群的大气、意气和雄气。中国人居理论被它贯注，被它重新铸进生气、大气、意气和雄气，亦为一幸。

当然，秦始皇没有留下著述，但他的影响主要是在实践中表现出的倾向，它在当世比著述更有力。

秦始皇对中国人居理论的决定性影响，还在于其以秦始皇陵开创了中国“阴宅”模式。秦始皇陵矗立中体现出的迷信、杂糅着丰富想象的“阴宅”理念，与秦简《日书》诸多禁忌上下呼应，掀起了中国人居理论重返巫术语境且审美化的大潮，借秦汉之际的社会混乱和民俗精神寄托的需求，迅速大面积普及。于是汉代尔后，“相墓之书层出不穷，致使今天我们只能主要从与相墓相关的堪舆书籍中寻索中国古代与聚落营建有关的设计内容，后来的堪舆术也逐渐将原先‘卜宅’与‘相宅’两个过程合二为一”,“《葬书》的作者、东晋著名学者郭璞”的言行，说明当时“卜”与“相”已完全融合在堪舆理论中。在这种历史中，“阴宅”理论一方面是一种充斥着巫术迷信的民俗，另一方面，它又是中国人特有的一种“大地艺术”，寄托着中国人对“天人合一”和“审美人生”的祝福。

这样，比起周人的“‘相土’图式”，中国人居理论终于更丰富而成熟了，同时也更驳杂而浪漫了。它兼为中国养生理念的特殊分支，在中国古典人居科学的哲学–美学和基本理论层面，更充实了，更具“两端成对”的意蕴了，且因驳杂而植根于民间。它完全异于西方，遵循着“天人合一”哲学，一方面倾力保护环境，另一方面又最早觉察并致力于追索“天人感应”之踪即“人居功能态”优化，在几千年的人居实践中摸索前行，留下了某些部分我们至今也许还不甚理解的丰富的中国古典科学和美学遗产。

四、西汉长安轴向调整和隋唐长安城设计理念

鉴于本章此前对“周秦互补”的中国人居理论基本结构已有说明，以下的论述与其他相关著述不同，将对作为艺术高峰的汉唐两代“删繁就简”，把汉唐两代合而简论之，重点讲述西汉长安轴向调整和隋唐宇文恺大兴城设计中采用的“卦爻模式”，以及唐代阎立本兄弟大明宫设计建造的“尊周”和创新，对东汉至唐前诸事不论。之所以如此，是汉唐两代这三件大事情，在文化气质上，较大地推进了“周秦互补”的定型和深入发展，且唐代在审美上已达高峰，此后便是中国人居理论夹杂着迷信在民间普及、延伸。

诚然，汉唐期间，人居的科技含量和构筑规模远胜周秦，值得人居史家高度重视，但本书首先着眼于中国人居理论及其历史的宏观文化结构。从这个着眼点看，“周秦互补”已表征了中国人居理论最基本的宏观文化结构和精神气质，那么，汉唐人居理论在科技含量、构筑规模和审美上的作用，就在推进着“周秦互补”模式进一步定型、丰富和发展，它们本身不会游离于“周秦互补”模式之外。

（一）西汉长安轴向“由东改南”和中国人居理论著作初次面世

汉高祖刘邦及其元老萧何、吕后等人，以及与之抗衡的项羽集团核心，与周公秦始皇崛起于黄土高原不同，都是来自“东南王气”中的群雄。他们作为楚人后裔，固有楚汉浪漫雄风。对此，只要对读一下《诗经》和《楚辞》，就能获得某种体悟。汉高祖他们作为秦始皇事业的实质继承者和新兴势力的代表，兼备精明和大气，是携着《楚辞》的浪漫和“大风起兮”的豪情，迈进关中的。当汉高祖面对萧何讲说新建的长安

皇宫“非壮丽无以重威”[190]时，当汉武帝在秦上林苑故址修成充满神仙气的建章宫极尽奢华而“艳压群芳”，并且与未央、长乐两宫以“阁道”相连时，当汉武帝掀起汉代建设高潮，连续修筑北宫、桂宫、明光宫，并首开漕渠和昆明池改善长安的水环境时，当刘汉君臣竟然用五大宫殿占去长安城绝大部分面积，又在长安郊区设置了7个“陵邑”卫星城时，以及当汉武帝大气地接受“西域文化”且借其追求“营千门万户之宫，立神名通天之台”[191]时，人们可以从中悟出，秦始皇人居审美中的“人居生气”和“壮美”选向，在刘汉君臣这里获得了真正有效的延续。在许多方面，刘汉“壮美”比之嬴秦“壮美”有过之而无不及，就在于其“壮美”首先出自其南楚的审美感性，自然而然，非被迫服从“黄土实用理性”。另外，刘邦他们也并非中国人居理论源地黄土高坡上的“土著”，当其听信士兵娄敬建言，离开周公认定的“地中”洛阳，决定以咸阳南岸为新王朝首都基址时，他们的楚汉浪漫对产自黄土中的中国人居理论，还有一个缓慢的适应过程。本部分将要论述的西汉长安轴向由东改南的调整，实际就典型地表现着这个过程。本来，相信周公认定的“地中”，也表现着来自“东南王气”中的刘邦等人认同着周人人居文化，但任何异质文化间的认同，均非一蹴而就。当刘邦进入新都长安，其来自东南的文化禀赋，就会对周人人居模式形成某种冲击。新都长安城初建时坐西朝东的轴线取向，就表现着这种冲击；而这种冲击后来反弹，又象征着楚汉浪漫已融入了中国主流人居模式。

本来人居选向只是人居建设的初级内容，但它在中国的定型，却一波三折，其间与巫术遗存、族群习俗等纠缠在一起，反复进退，故本书对此也描述再三，意在强调人居选向问题在中国人居理论中的极端重要性。

1. 西汉长安城初建的“坐西朝东”轴线

由于此事其实已涉及汉高祖等对“礼制”的违逆，故当时及尔后儒家文献都对之有所讳言。加之，古典文献撰写者一般均无人居科学修养，往往忽视或漏写主要专业环节，或者仅把它们藏于字里行间，故仍需对文献实施“穿透性阅读”。本段文字实施这种阅读的历史前提是，西汉初期的政治指导思想，是源自南楚的“黄老之学”，在后来的汉武帝时期，才改为“罢黜百家，独尊儒术”；真正在体制细节上全面“尊儒”，已是更晚的事情了。

汉初在长安建都时，战事未断，所以事前并无关于长安的整体规划，只不过先在秦始皇扩建的咸阳渭河南岸利用原有宫殿而已[192]。其地背渭水而面南山，并不符合周人“‘相土’模式”[193]。更令人意外的是，刘瑞博士的《汉长安城的朝向、轴线与南郊礼制建筑》一书，已经列举了相当丰富的考古和文献资料，并引用了杨宽等专家见解，主要抓住汉“阙”标志构筑物朝向立说，证明西汉初年的长安城，在人居选向上是“坐西朝东”的“东向时代”（图4-18）[194]。据说，其时实施了“崇东原则”，主要证据是：西汉主要宫殿“未央宫、长乐宫、建章宫均以‘东阙’为正门，朝向为东；汉长安城东门外均建设‘东阙’，以东为上；汉长安城东西向大街为全城最宽道路；汉代帝陵以东为上等”，故知“从汉初到汉代中期，汉长安城是朝东的城市”，包括“汉武帝时期修建建章宫时仍然以‘东阙’为正门”[195]。

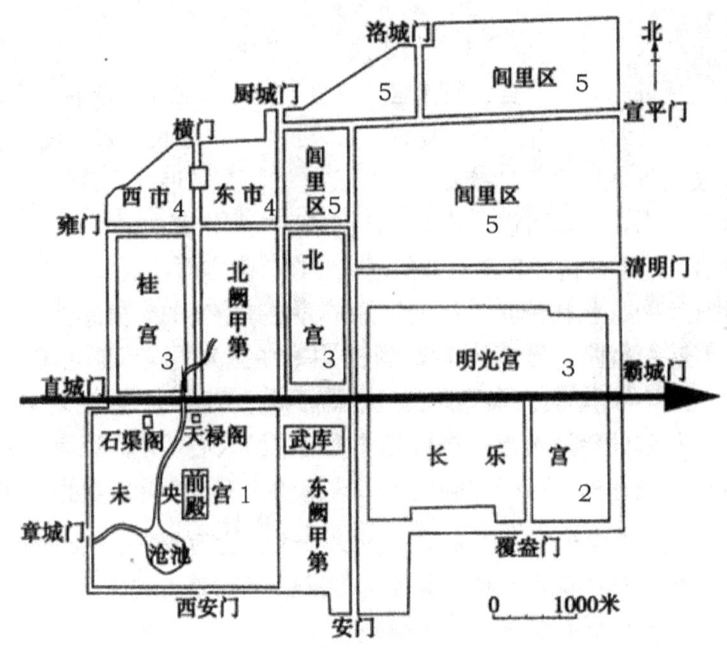

图 4-18　汉初长安“坐西朝东”示意图

“‘尚东’思想和在它影响下修建的建筑，由于同后来逐渐占据主流的儒学思想并不一致，故到西汉晚期，就不断遭到儒生出身官员的激烈抨击和反对，直接导致西汉晚期对汉代祭祀系统和宗庙制度的大调整”[196]；“汉长安城由‘东向’转为‘南向’的标志，大体是汉长安城南郊礼制建筑的日渐营造，而这个过程又经历了很长时间。从文献资料看，在西汉晚期，朝廷中持续出现对旧有祭祀系统和宗庙制度进行大规模整理的声音，并在不同皇帝或太后的支持或否定下几起几落，汉长安城城市的方向转向就随着这个过程而逐渐变化”[197]，“西汉末期‘经学’在政治斗争中的胜利，使长安城南北郊祭祀的局面正式形成，长安城的朝向也就在这样的指导下发生了九十度变化——由创建时期的东向转变为南向”（图 4-19）[198]。

那么，汉初为什么“崇东”呢？根据《史记•礼书》的记载，似乎这是“袭秦”之果，看来未必。因为秦始皇扩建的咸阳，有终南山之阙和直道标志的南北中轴。故真正的原因，一方面可能如《史记・封禅书》所记，汉初高祖以蚩尤后裔自居，曾在长安立蚩尤祠，显示出与关中土著黄帝文化的区别。长安城最初向东，应与高祖君臣自觉继承南方文化传统相关。后来汉武帝时，鲁人公孙臣才建议汉朝应继承黄帝文化，从而认为“秦得水德”，“汉当土德”，这样才逐渐融入关中土著黄帝文化和周人人居文化中。另外可能与汉初信奉的“黄老之学”和“阴阳五行”理念有关。长安朝东，是象征迎接东方朝日（在远古，先民往往崇拜太阳而崇奉东向[199]）；按“五行”，东方属“木”，坐西朝东也象征汉朝如“木”一样朝气蓬勃。但坐西朝东毕竟不合周人“‘相土’模式”，继承“周礼”的汉代儒生们当然尊崇坐北朝南的轴向，于是，随着“独尊儒术”的落实，长安终于按儒生要求，改成了轴向坐北朝南。

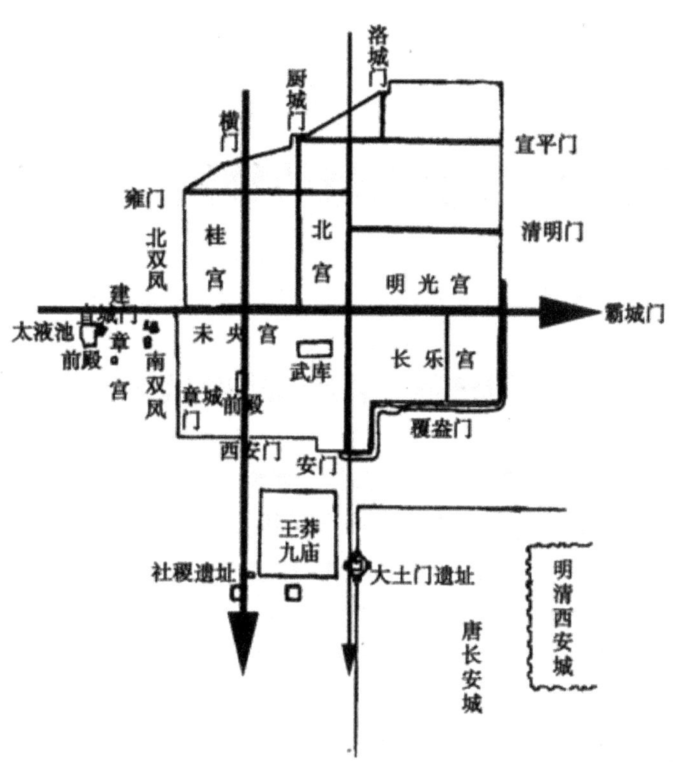

图 4-19　西汉末期长安“坐北朝南”示意图

2. 解读西汉长安轴向的改变

西汉长安人居史表明，刘汉王朝的楚汉浪漫主义曾与周人人居模式有过长达 200 年左右的较量。较量的结果是，周人“‘相土’模式”也“转世”为被独尊的儒家理念，以政治的方式，最终把楚汉浪漫主义慢慢融进“周秦互补”的结构中。以前相关研究者，对此视而不见，故严重忽视了中国人居理论发展中的政治性。其实，从周到秦再到汉，中国人居理论从来都是政治文化的内在因素。完全无视其政治决定性，离开周公和秦始皇等政治人物，只在“书生意气”中思考中国人居理论史，说什么《葬书》作者郭璞是中国人居理论的“始祖”，或者说唐末杨松筠是中国“形法”鼻祖，等等，越说越离奇，中国人居理论简直成了某些畸人操纵的“私家货”，纯属“在水杯中观大海”。

3. 西汉长安城的“尚方”吊诡

西汉长安城轴向朝东中，有一个吊诡的事情也应被“穿透性阅读”揭示出来，即长安城当时设计中还潜藏着一个“崇尚方形”的审美原则。据《汉书·高帝纪》，刘邦于高帝七年（公元前 200）命萧何“治未央宫，立东阙”，显系要建造坐西朝东的大宫殿。当时萧何聘请了“军匠”出身的“少府”阳城延主持其事[200]，结果建成了的未央宫，东西 2250 米，南北 2150 米，近乎正方形。它几乎成了汉代及其后中国国家主要礼制建筑的通用模式，如汉末长安南郊宗庙建筑群即为边长 1400 米的正方形，其中 11

座小院落也“均为方形”；汉代帝后陵亦“均为方形”；各诸侯王的“国都”、郡城乃至某些重要县城，“平面也是方形”[201]。萧何离世后，整个长安城据说都是阳城延设计督造的[202]，今天回头看，它确系不规则的方形[203]。

从人居设计技术看，方型平面并不理想。为何当时“尚方”？可能源自都城“象天”设计中的“天圆地方”理念。西汉南郊明堂“辟雍”，就被有意设计成在圆形夯土台基上建方形建筑[204]，以象征“天圆地方”，堪为一证。《周礼•考工记》早说过，“轸①之方也，以象地也。盖之圆也，以象天也”。照此思路，与天上玉帝皇宫对应的地上皇宫及其他礼制建筑，当然应“尚方”，以对应“‘地道’曰‘方’”之训[205]。实际上，这种“象天”的“地方”理念，也潜藏着阳城延在规划设计中“玩弄”人居理论的“狡猾”，因为他不可能不知道周人“‘相土’模式”关于王城须坐北朝南的礼制，以及长安地区建筑及城市朝南的必要性；另外，面对来自南楚之地的刘汉君臣，他又不得不遵奉朝东象“木”的“黄老之术”，于是，以“天圆地方”为由，把长安主要宫殿和整个长安城设计为方形，既符合“向南”的周人“‘相土’图式”，不怕权势日隆的儒生们非议，同时又可满足刘汉君臣的审美偏好。于是，当时这个“尚方”而不见文字记录的“潜模式”就诞生了。阳城延也不用多作文字解释，只要上级审查通过就行。古今许多史家都误认为西汉长安也朝南[206]，证明它会被各种倾向的审查者通过。这种“潜模式”，的确也为后来长安“轴向改南”预留了空间，阳城延好“聪明”啊！

4. 长安主要单体建筑朝南与整体朝东的辩证处理

这也是萧何和阳城延“政治聪明”的体现。如长乐宫、未央宫两个主要宫殿，以所修“东阙”为标志，整体上均朝东[207]，但其中的前殿却均朝南，连汉武帝重点抓的建章宫前殿亦然[208]。考古学家刘庆柱先生说，这些前殿的特点不仅是朝南，而且是“居中”“居高”“居前”，也为长安奠定了南向轴线，且首次为中国首都礼制设计中的“左祖右社”提供了先例[209]。据《三辅黄图•未央宫》及其注说，“营未央宫因龙首山以制前殿”，“疏山为台殿，不假板筑，高出长安城”，显系也借山势表现皇宫的雄伟壮丽。在笔者看来，“居中”“居高”“居前”的长安主要单体建筑，其雄伟壮丽不减秦始皇而超乎秦始皇，进一步体现了处于上升中的中华民族大气、乐观、向上、浪漫的精神气质，使秦始皇因“祚短”而未臻完善的中国人居理论主体审美化追求，通过汉初君臣而跃上新台阶。萧何和阳城延在中国人居理论主体审美化这个问题上，的确花了很多心思，包括终于想出了“‘整体东’和‘个体南’互补”的人居设计妙方，给中国人居理论“周秦互补”模式注入了新的血液，同时又为中国人居理论尔后兼容于儒家体制探索出了新路。

（二）中国人居理论著作在西汉初现

《汉书•艺文志》是首先录载人居理论著作目录的文献。它以确凿的证据显示，中国人居理论著作至迟在西汉出现。由此可以认为，经过周秦两代千年以上的孕育，中

① 即车厢底部四面的横木。

国人居理论此时在“周秦互补”的框架下，基本成型且降生。这与中国文明发展的某些内在机缘适时合聚相关，其中，包括在中国文明气质的塑造上，周人功不可没；在国家治理方式的定向上，秦人居功难代；而在文化成型上，汉代雄视百代，不仅以“独尊儒术”立起中国“大文化”传统的脊梁，而且催生了最初的中国人居理论著述面世。从《史记·日者列传》看，当时中国人居理论中的“堪舆家”，与“建除家”（主求《日书》所讲禁忌者）、“五行家”（即讲“五德始终说”者）、“丛冢家”（专论私人墓葬问题者）、“历家”（历法研究者）、“天人家”（可能是星象家）、“太乙家”（专供神仙“东皇太乙”者）等“人居理论九流”混处，说明中国人居理论著述从一开头，就因其专业类型而被置于杂学之中，甚至连“子学”之一的资格都没有，令人嘘唏。但仔细思之，这也合理。因为虽然周秦汉时期人居理论是皇家必抓的“大工程项目”的理念表现，但它毕竟寄体于人居科技，不是纯粹的主流意识形态，故也只能如此。西汉时期的这些中国人居理论著述，虽然是周秦汉千年以上中国人居科学实践和思考的遗留，但由于甫一成型，就被置于“数术–方技”类中，在理论质量预期上很不理想，但它们毕竟是“千年妖怪终成精”，值得重视。

西汉科技著作的最高代表，是中医经典《黄帝内经》，而《黄帝内经》的哲学基础之一，即“天人感应论”。《黄帝内经》也是中国科技哲学“原型”的载体。另外，当时董仲舒也出发于天体、星象、气候与人间农业收成紧密相关，而收成又决定人的命运的经验，在哲学层面倡言“天人感应论”。在此背景下，西汉出现的中国人居理论著述，都会这样或那样地接受《黄帝内经》及董仲舒“天人感应论”哲学，从而使中国人居理论著述从一开始，就与中国养生医学难解难分。应当看到，在涉及人的健康和养生问题时，“天人感应论”是有效的，因为人的健康和养生是在宇宙学“人择原理”的大背景下形成和发展的，又是在量子层面上与认识、审美等活动交叉展开的，所以，中国人居理论关涉人的健康和养生目标，不能不接受“天人感应”哲学的滋润[210]，包括它借用《黄帝内经》的“脉”“穴”等术语。同时，这种“天人感应论”的滋润还会在中国人居审美的艺术想象中被普适化，当然，其中也会有不少迷信成分。故对中国人居理论著述中的“天人感应论”，也要一分为二，不能仅从汉代迷信盛行出发，从源自西方的宏观科学层面一概否定它，当然，对于其中超越“天人感应论”适用范围的迷信说法，也应坚决予以批评。

《汉书·艺文志》录载的人居理论著述虽均已湮灭，但这种录载毕竟给中国人居理论史研究留下了一些信息，包括使今人了解到它们当时尚被“数术”包裹着。今天看，在汉代诞生的人居理论著作，至少有被列在“数术略·五行”类中的《堪舆金匮》十四卷；被列在“数术略·形法”类中的《宫宅地形》二十卷，《国朝》七卷，《山海经》十三篇；被列在“兵书略·兵阴阳”类中的《地典》六篇等。有论者认为，西汉的人居理论著述较少受“五行学说”影响；其中《山海经》《国朝》和《宫宅地形》，可能代表着当时中国人居理论著作的三大类型[211]，兹分述之。

1.《山海经》表征的“九州大势类”

在笔者看来，它们即在周公“营洛”、秦皇“望气”和战国诸子（特别是纵横家、鬼谷子等）的熏陶下，特别是在萧何、曹参等汉初大臣在人居科学家的帮助下，以及以政治家气魄从事首都建设的现实启发下，专门致力于观察思考国家政治-文化-地理演变大趋势的“帝王堪舆”，开启了后世在“国家政治”和“中国人居理论”交叉领域发言的政治流派，如诸葛亮的“隆中对”，朱熹从全国“龙脉”走势论“燕都”北京“好风水”，刘伯温从全国政治看南京“王气”等。这是已变性的中国人居理论分支，在尔后的民间有相当的影响，包括常被政治人物利用，也助推着中国人居理论在民间的普及。

2.《国朝》表征的“邦国城邑”人居理论类

这一类即班固所谓的“大举九州之势以立城室舍形”，近乎现今“城市选址和规划”，或风景园林选址和规划设计著述。西汉晁错评价此类设计家“相其阴阳之和，尝其水泉之味，审其土地之宜，观其草木之饶，然后营室立成，制里割宅，正阡陌之界”，可知其所关注者合乎科学。张杰曾引述《钦定四库全书总目·子部》说，“《汉书·艺文志·形法家》始以《宫形-地形》与《相人-相物》之书并列，则其数术自汉始萌，然尚未专言葬法也”[212]，这也意味着西汉“邦国城邑人居理论”类的著作，一般并非讲“阴宅”者。从现有文献分析，仅西汉之前有案可查的中国“城市选址和规划”设计师，西周就有召公（据《诗经·崧高》，他曾为申伯规划新城），西汉就有规划“新丰”的胡宽，设计顺陵的魏霸，规划营建豫章城的章文，营筑长安的阳城延等[213]，他们均与“阴宅”无关。周“灵台”和秦汉“上林苑”的出现，说明中国当时也有专业的风景园林规划设计者，他们也与“阴宅”无关。这些人或其助手、后裔，把其“城市选址和规划”中的经验、体会（包括“象天”）留于文字，是中国人居理论著述中最宝贵的科学内容之一。班固所谓“大举九州之势以立城室舍形”，接着称其“以求生气、贵贱、吉凶”，表明这种“邦国城邑人居理论”著述，也确实含有难用今日宏观科学理解的“人居功能态”审美和想象、体验的内容，需谨慎对待。我们绝对不能用科学来要求审美。

3.《宫宅地形》表征的单体建筑人居理论类

由于古代单体建筑设计师量大面广，故这是中国古代人居理论著述的主要类型。仅西汉之前有案可查的中国著名“单体建筑”设计师，就有春秋时鲁国的奚斯、匠庆、梓庆，宋国的皇国父，齐国的敬君，西汉的公玉带、仇延、杜林等[214]。这些人或其助手把其设计经验、体会留于文字，也是中国人居理论著述中最可宝贵者。如同“邦国城邑人居理论”类一样，该类著述肯定也含有难用宏观科学理解的“人居功能态”审美和想象、体验的内容，也不能仅以传统宏观科学理解评价之。

《艺文志》还表明，在周、秦、西汉三代中国人居理论发展中，“阴宅”问题并非其关注者。无视这一基本历史事实，说中国人居理论专门关注“阴宅”而宣扬迷信，至少不符合周、秦、西汉三代史实。至于东汉王充《论衡·诘术篇》所批评的“图宅术”，仅关注宅主之姓的发音方式（即“五音”，就是发音之“五声”宫、商、角、徵、羽[215]）与“五行”的关联匹配，“以‘五音宅姓’为核心，保留了‘择日’内容，专论阳宅”，“可能与战国《日书》中的卜宅知识有关。它们经过五行思想的系统化、精密化而得到发展，最初以阳宅为主”[216]。显然，即使“图宅术”，也并非专门关注“阴宅”者。在笔者看来，这种关注宅主之姓发音方式的“图宅术”数术，很可能并非源自《日书》，不仅因为已出《日书》少见发音“五声”禁忌内容，而且因为关注发音“五声”者，很可能源于中国远古闽台“南岛语族”巫术文化向北方渗透中出现的“发音巫术”，显然不是源自黄土高原的中国人居理论固有元素[217]。它“由先秦两汉间（以）宅居为主要对象”，“逐渐发展为宅居、冢墓并重的选择术，而随着冢墓荫泽后代思想的流行，冢墓选择术得到极大发展”[218]，才会有魏晋后郭璞《葬书》之类专讲“阴宅”理论的著作出现，但《葬书》之类专讲“阴宅”时，实际却这样或那样地折射出对“阳宅”的关注。

五、隋唐长安城和大明宫设计体现出的人居理论

从艺术上看，隋唐已进入中国人居理论的黄金时期。繁荣的经济、社会发展，是支持这个黄金时期的基础。而繁荣的经济、社会发展之上的诗歌、绘画等艺术门类的巅峰状态，对人居设计建造艺术进入巅峰状态，也提供了借鉴和氛围。

（一）宇文恺在长安设计中的“卦爻模式”

“不睹皇居壮，安知天子尊？”唐初骆宾王的这句诗，上承西汉萧何答高祖问，证明了唐代长安建筑对“汉风”的继承和发展。宇文恺以卦爻模式设计的隋唐首都长安城体现出的人居理论和唐代其他人居理论成果，不仅显示着五行、周易及卦爻模式等中国哲理已经完全渗透融合于中国人居理论之中，使之体现出的中国“天人合一”哲学更加深刻全面，而且证明五行、周易及卦爻模式等新加入中国人居理论中的中国哲理，被用于城市规划及建筑和景观规划设计，可以获得巨大成功，从而使中国人居理论具有了新的哲理操作面。

1. 结合成熟的模数制与“卦爻模式”

傅熹年已多次证明，从《周礼·考工记》开始，“我国至迟已有二千四百年以上的传统”，“在城市规划和建筑上使用按一定倍数增减的模数和扩大模数”，包括“都城以宫城为模数，宫殿以后寝为模数”，在“建筑的立面、剖面设计上以檐柱高为模数”[219]。其中，隋大兴（唐改称“长安”）城总设计师宇文恺也采用了这种先进的模数制（图 4-20）[220]。这也证明着中国人居理论自从诞生起，就在其科技基础的理性化追求方面与时俱进，积累了丰富的科技经验，取得了巨大成功，只是某些方面至今还未被揭示出来和加以深刻理解而已。宇文恺规划长安体现出的人居理论，除了追求模数化外，还引入了八卦易理，表现出较强烈的恢复周人“‘相土’图式”的倾向，宇文恺甚至公开上表，称赞周公“‘相

土’模式”中“乃卜瀍西，爰谋洛食，辨方面势，仰禀神谋，敷土濬川，为民立极”[221]，体现了他回皈“‘相土’图式”的明显倾向。

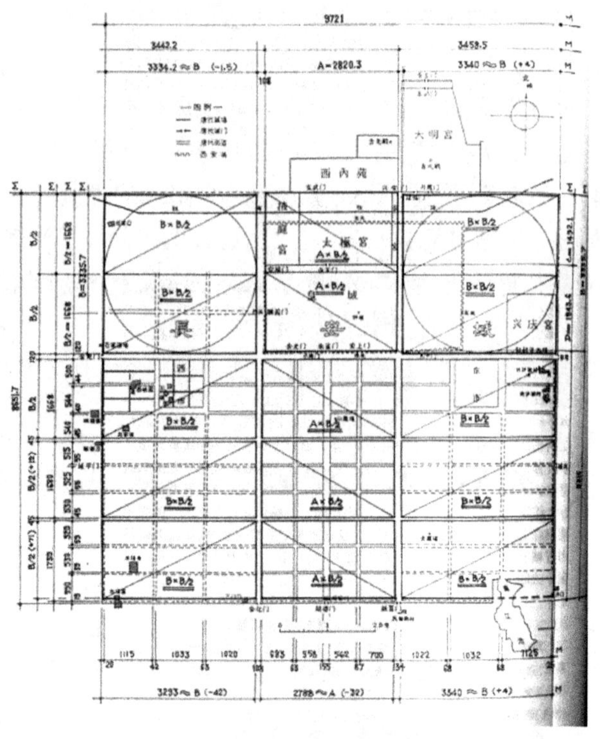

图 4-20　隋唐长安设计的模数制

从宇文恺之例可知，西汉长安城轴向改变的往史，促使唐代人居设计总结经验教训，在儒家成为主流意识形态的条件下，更加突出了儒家认可的周人“‘相土’图式”的权威性，甚至把它上升到中国人居理论最高原则的地步。与此同时，唐代人居理论又通过大明宫等设计实践，能把秦汉至魏晋南北朝人居理论审美化的优异成果完全接受过来，并按唐人特有的气势发扬光大，从而使中国人居理论在否定之否定的辩证循环中，与周人“‘相土’图式”首尾相衔，在“周秦互补”结构中，达致成熟境界。潘谷西先生主编的《中国建筑史》教科书说，唐代建筑具备了六大特点，即“规模宏大，规划严整”，“建筑群处理愈趋成熟”，“木结构解决了大面积、大体量的技术问题，并已定型化”，“设计与施工水平提高”“砖石建筑有进一步发展”，“建筑艺术加工的真实和成熟”[222]。常青先生则进一步说：“隋唐的又一次大统一，将同中有异的南北朝建筑制度再加整合，把对周制的考释与汉魏以来的建筑遗产相融合，在城市、宫殿、坛庙、寺观、园林、民居等方面都有新的变化。特别是颁布《营缮令》，实行宫城-皇城-都城的‘三重城’制度、里坊制度、纵列的宫廷三朝制度、离宫别苑制度、高度汉化的佛教寺院制度，以及依稀可辨的营造用材制度等，都将古风时期的建筑演变推向了高潮。唐朝兼容华夷，崇尚博大，因而‘唐风’建筑的雄浑豪劲，确实是有其时代缘由的，与当时的诗词、书法、绘画等文艺作品在风骨上可作类比。可以想见，唐朝的城市与建筑制度及其风范，已为后世奠定了基型。”[223]这些论断均显得精当。作为周人严谨的"'相土'图式"与汉魏审美人居理论融合物的唐代人居理论，亦成为中国人居理论艺术高峰或艺术"基型"。不过，本书在这里也只能"删繁就简"，仅重点说明其若干节点。

2. 设计的人居地理和哲理背景

隋初首都仍在西汉原长安城，该城已历 780 年，在战乱中破败，隋朝必须择地再建都城。隋文帝不想离开原地，故其迁都诏说，"此城从汉，凋残日久，屡为战场，旧经丧乱"，而比邻之"龙首山川原秀丽，卉物滋阜，卜食相土，宜建都邑"，令有司"随事条奏"[224]。鉴于汉长安周围一带黄土高原切割严重，不大的土塬均呈沿西北到东南方向的切割起伏，"只有灞、浐、潏河之间的这块平原最为开阔"[225]，于是因具"巧思"[226]受命的宇文恺就在汉长安之东南 30 里[227]的新址，展开了新首都"大兴"城规划设计。大兴城建筑面积达 83.1 平方千米，是汉长安城的 2.4 倍，明清北京城的 1.4 倍，比同时期的拜占庭王国都城大 7 倍，较公元 800 年所建的巴格达城大 6.2 倍。在当时的世界是第一大都市[228]（图 4-21），反映着隋唐中国国力的鼎盛及其决定的劲挺雄壮的审美观。

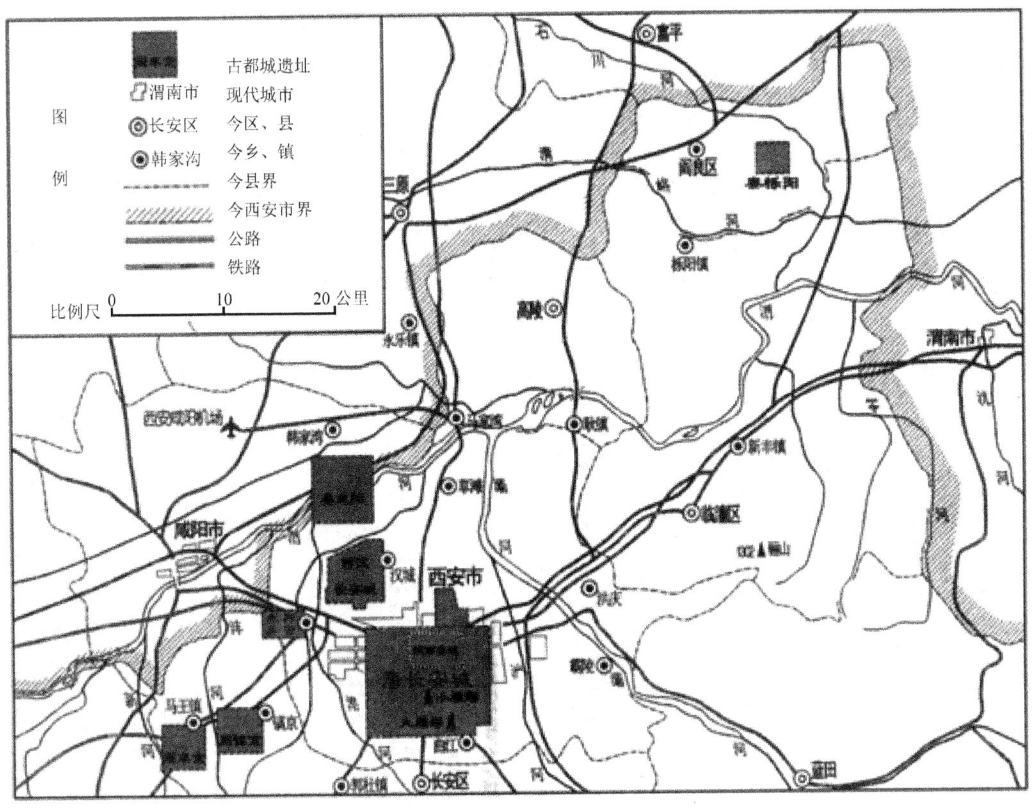

图 4-21　西安一带周秦汉唐首都位置图

宇文恺系今陕北靖边人，官至隋工部尚书。由于他"尊周"，故在大兴城规划布局中，不仅崇奉周人"'相土'图式"，而且引入了春秋战国尔后逐渐兴盛的"周易"哲学及其中的六爻、八卦、阴阳及“五行”等理念。鉴于两汉之际，中国人居理论中尚未及吸取周易哲学及“五行”等理念，故很显然，宇文恺是根据当时人居理论哲学思想的最新进展，在新首都规划中采用了最“前卫”的方法的。这种“前卫”的人居设计方法，包括以易理“乾卦”的卦爻辞为据，巧妙地在新首都中轴线上合理配置使用功能。“乾卦”被置于首卦，是周易区别于“‘归藏’易”和“‘连山’易”的标志性结果[229]，宇文恺借“乾卦”规划新首都，明显展示着其人居理论“尊周”的取向。

3.“卦爻模式”的要点

据唐代李吉甫《元和郡县志》称：“初，隋氏营都，宇文恺以朱雀街①南北有六条高坡②，为‘乾卦’之象，故以‘九二’置殿以当帝王之居，‘九三’立百司以应君子之数，‘九五’贵位，不欲常人居之，故置‘玄都观’及‘兴善寺’以镇之。”《元和郡县志》是较严肃的著作，由此可以看出，宇文恺大兴城设计采用的“卦爻模式”，实际上采用了“功能理性”思考和艺术象征主义相结合的手法，借用当时受尊奉的“乾卦”卦爻辞，充满智慧地解决了长安朱雀大街轴线居住功能配置的难题，同时也从审美上解决了当时全球第一都市的朱雀大街沿线空间高度政治象征和节奏旋律等问题。

宇文恺当时为什么只用“乾卦”，而不用其他六十三卦呢？为什么那六道坡坎就象征着“乾卦”六爻呢？这里存在着一个当时的中国哲学理论及其象征问题。在“周易”六十四卦中，“乾卦”为首且只有“乾卦”的卦象六爻都是“阳爻”，在“卦象”上才能与那东北—西南方向的六道黄土坡坎互相呼应，故只能用“乾卦”。更重要的是，在周易“卦理”与唐代政治现实的对应上，“乾卦”是六十四卦当中最充满“阳性”即“极阳”（或按八卦中两个“阳卦”重叠而视为“重阳”）之卦，其卦爻无一“阴爻”，故只有这个“极阳”卦象，才能被用以象征包括“天子”宫室在内的首都南北中轴即“天轴”，而且在其中“天子”宫室按理应被置于鸟瞰全城的高处，以象征其居高临下的政治地位，同时其北又应有“后玄武”即“靠山”，象征大隋帝国靠山牢固，国势强盛，而恰好只有从“乾卦”卦爻辞中，才能解读出如此象征意蕴，其他的六十三卦卦爻辞，全无如此全面象征的“消息”。现略具体阐述之。

4.“卦爻模式”细释

按“易学”术语，“阳爻”称“九”，故乾卦卦象中的六个“阳爻”，从上到下（对应朱雀大街中从北到南），分别被称为“初九”（或“九一”）、“九二”“九三”“九四”“九五”“上九”（即“九六”），且各有卦爻辞为其释义。同时本书为叙述形象起见，也把上述朱雀大街从北向南的六道东北—西南走向的黄土坡坎即“高坡”（图4-21）[230]，依次称为“九一高坡”（即今西安龙首原黄土梁与今“光大门”黄土梁连为一体者）、“九二高坡”（即今西安劳动公园黄土梁）、“九三高坡”（即今西安槐芽岭黄土梁）、“九四高坡”（即今西安古迹岭黄土梁）、“九五高坡”（即今西安交

---

① 中国汉唐以降，较大城市南北中轴线大道，通常被称为“朱雀大街”，唐长安也如此，因为它象征着周人“‘相土’图式”的“前朱雀，后玄武，左青龙，右白虎”口诀中的“前朱雀”。

② 实即被流入渭河的支流在此冲刷成多道沟壑而形成的六道东北—西南方向的黄土坡坎。

大黄土梁和今乐游原–兴善寺黄土梁，这两个高坡之间的“洼地”不明显，故合并为一个高坡）、“九六高坡”（即今西安大雁塔黄土梁）。

现在，让我们再依序看“乾卦”卦爻辞原文和宇文恺对它们的比附式“解读”[231]：

“九一”卦辞：“潜龙，勿用。”宇文恺的解读是：不应在此布局建筑物，因为“勿用”二字，就显示着“不做安排了”。今察知，龙首原黄土梁是六个黄土梁中最北端者，宇文恺须把它作为“后玄武”即“靠山”处理，故不宜在此布局建筑物，否则，其政治象征问题无法处理。

“九二”卦辞：“见龙，在田。利见大人。”宇文恺的解读是：此处可设置宫殿而作为宫城，因为“见龙”显示，这里的“龙”即帝王的起居处，“大人”就是皇帝。在这种比附解读中，周公把族群首领称为“天子”后的秦始皇“象天”模式，再次被极力凸显。宇文恺内心的“人居盘算”是：此处较高，应是“天子”宫室所在，故“太极宫”应被置于鸟瞰全城的高处，以象征皇帝居高临下的政治权威，同时其北又有“后玄武”即龙首原“靠山”，起码有利于皇宫避寒。

“九三”卦辞：“君子终日乾乾，夕惕若。厉，无咎。”宇文恺的解读是：此地应设官府办公机构。因为卦辞提示着居此者，每日都要努力奋进、自强不息，时时警惕并严格要求自己，居安思危，忠正勤恳敬业，正好象征着朝廷诸官应有的修为。这一安排，也使“太极宫”与官员办公机构紧靠，利于联系，同时也利于统治层居处与市集、市民隔离，实施一体保安[232]（图 4–22，图 4–23）。

“九四”卦辞：“或跃或渊，无咎。”宇文恺的解读是：此处设置可进可退，均无害，有极大的余地，如建造达官显贵的府宅私寓之类。

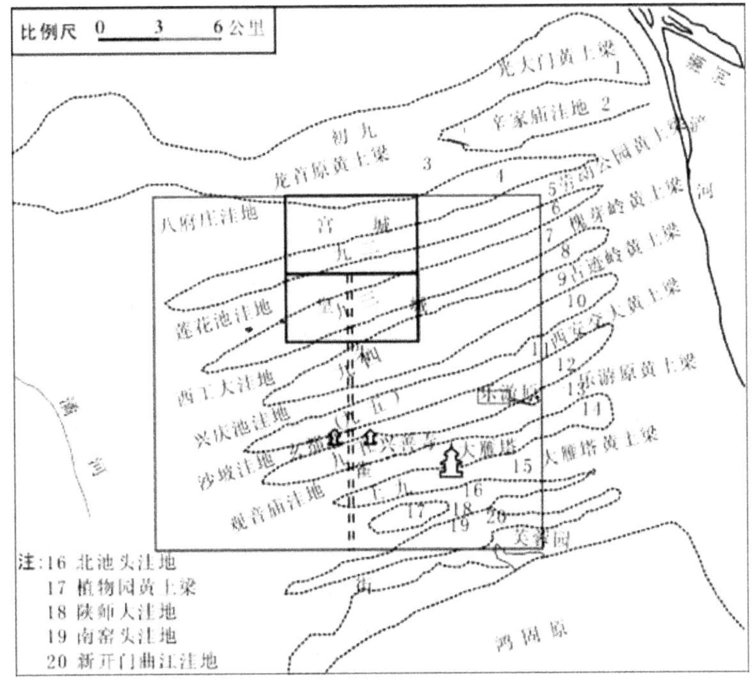

图 4-22 长安设计“卦爻模式”示意图

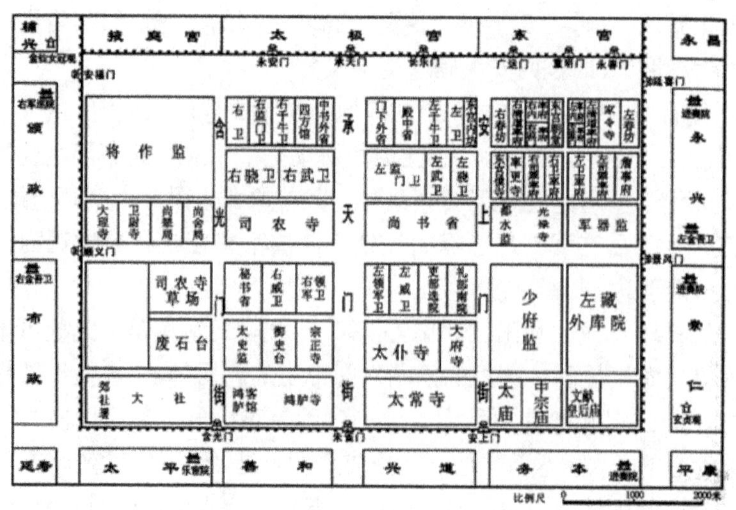

图 4-23　唐代长安官府平面图

最有趣的解读在“九五”。据颜延年的《三月三日曲水诗序》说，当年作为朝廷重臣的裴度曾住在此地“永乐坊”，时曾遭人攻讦说，此地“名应图谶”，而裴度“宅据冈原，不召自来，其心可见”，意指其心在谋图不轨[233]，足以旁证此地“‘九五’至尊”，在世人心目中非神圣无以居占。本书前已述及，中国人的“敬天文化”把源自“天象”的“九”和“五”之比，视为“‘九五’天数”，所以，裴度宅据“九五”冈原，被视为“谋逆”，在秦始皇之后人居审美象征大行其道的意义上，并非不可理解。且“九五”卦辞也说，“飞龙在天，利见大人”。“天龙”高高在上，象征着其地位极高。宇文恺对“九五”的解读是：此处确是长安最尊贵的人居位置，不是平常人能居住处，应留给象征“飞龙”的“蹈虚”高人。于是，这里便成为唐代尊崇的佛道二教著名寺观所在地。佛教汉地密宗祖庭兴善寺，即设在此处（即今西安南郊小寨兴善寺。2015 年印度总理莫迪访华，习近平主席专赴西安陪同游览重点之一，即此寺院），其山门至今犹存的“五冈唐镇”题额，证明着宇文恺的这一解读，并非后人虚构[234]。兴善寺至今仍是名刹，周围虽均为高楼，但周遭文教机构仍比比皆是，“文气”极盛，寺院香火也千年不衰，至今梵呋弥漫与书声朗朗交相辉映；宇文恺在其西还设置道场“桃花观”，唐刘禹锡“桃花观里桃千树，尽是刘郎去后栽”，写的就是这个“风水宝地”，今为笔者供职的陕西省社会科学院院址所在。当年“蹈虚”高人与其地文气互接互通至今，西安南郊小寨已成高校科研机构聚集处，堪称“福地”。在“九五高坡”的东部，当年宇文恺还设置了著名的“乐游原”，是鸟瞰西安的最高处，供市民游览。唐李商隐的《登乐游原》吟道：“向晚意不适，驱车登古原。”在乐游原南缘，宇文恺还十分人性地设置了“灵感寺”，用于追祭当时修城中搬迁之坟墓主人的亡灵，后成著名的青龙寺。“九五高坡”的东北部即胭脂翡翠坡，也是当年文人进出的繁华地，实是当年歌妓聚集处。

“九六”卦辞是“亢龙有悔”，意指勿得意忘形，物极必反。宇文恺的解读是：此处“悔地”也不宜安排坊里住宅之类，似可继续留给“蹈虚”者。后来，此处东部成为大雁塔和慈恩寺所在，极具魅力的曲江游览区也于此形成，宇文恺当含笑九泉。这样，长安南北中轴线规划有序展开，层次清晰，空间等级明确，巧妙而充分体现出了盛唐首都功能的政治性和多样性。包括宇文恺在设计中连带创制的“里坊制”，也已成中国古代城市管理先进的物证（图 4-24）[235]。隋唐长安城，是“人类在进入现代社会之前所建最巨大的都市，竟由一位 28 岁的青年完成其规划，不可不说是奇迹，而宇文恺的天才和卓越的水平也可以想见”[236]，包括在审美上，宇文恺的“卦爻设计”也是中轴线高度错落有致，且预留曲江景观供隋文帝“厌胜”[237]。有记录显示，宇文恺对绘画也很在行，为洛阳城规划而绘制的《洛阳图》，被列为唐代“名画”。由于中国绘事与风景诗都和中国人居理论密不可分，故宇文恺的人居理论与唐诗、唐画几乎同时出世惊艳，不难理解。曲江景观的唐诗佳句与宇文恺的人居审美互为孕育者，宇文恺的人居理论已与唐诗并艳。

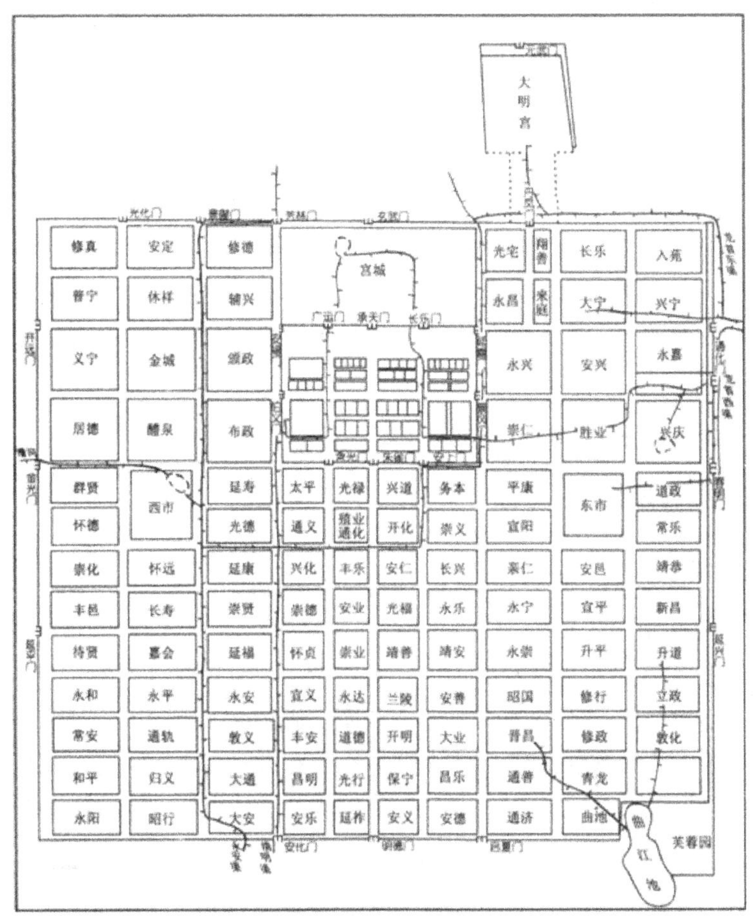

图 4-24　唐代长安平面图

5.“卦爻模式”也说明中国人居理论汇集了各族智慧

宇文恺本人为鲜卑族，他的人居理念及大兴城设计中体现出的中国人居理论融合了包括少数民族在内的中华各民族智慧的文化结构特征。在宇文恺这里，中国人居理论“周秦互补”被进一步扩充了，丰富了。当时真实的历史是，鲜卑族领袖宇文化及因为谋反被杀，连累及其“本家”宇文恺也要被杀，多亏惜才的隋帝怜才施救，才给中国保留下了这么一位人居设计天才。被赦后的他，势必把鲜卑族的“野性”即草原宽阔的“大气”和马背颠簸的“豪气”，带进首都设计之中。其实，他设计出的大兴城，就其“综合北魏洛阳、北齐邺南城和北周所崇尚的周礼王城制度而成”[238]言之，明显留有北方少数民族文化的痕迹。余秋雨从审美发展角度曾说：“走向大唐，需要一股浩荡之气。这气，秦汉帝国曾经有过，尤其是在秦始皇和汉武帝身上。但是，秦始皇耗于重重内斗和庞大工程，汉武帝耗于五十余年与匈奴的征战，元气散失，到了后来骄奢无度又四分五裂的乱世，更是气息奄奄，尽管有魏晋名士、王羲之、陶渊明他们延续着高贵的精神脉络，但是，越高贵也就越隐秘，越不能呼应天下”，因此，就需要“浩荡之气”注入，而“这种浩荡之气”已经“无法从宫廷和文苑产生，只能来自于旷野”的“蛮力”[239]，即北方草原民族文化。而宇文恺正好适应了这种时代要求。中国人居理论发展至南北朝后，随着来自草原的少数民族南进，其“浩荡之气”也就南进，给人居审美注入了“野性”的“蛮力”，使长期陷入文苑的羸弱不振的中原审美习惯，在撕心裂肺的世事震荡中为之提振。宇文恺人居理论的“大气磅礴”，就源自“野性”的“蛮力”注入。另外，宇文恺在规划建造东都洛阳时，还曾按隋炀帝喜好，吸收六朝以来迅速发展的江南人居文化，“兼以梁陈曲折，以就规模”[240]。这使他兼备草原雄浑和江南阴柔，达到新的审美意境，长安由以得福。宇文恺事迹证明，中国人居理论不仅融入了中华各族人居智慧，且一再反复融入了大江南北、长城内外各色睿灵或雄壮的“文气”，堪称一绝。

6. 设计的科学性和审美特征

唐代“诗佛”王维描写长安城说：“云里帝城双凤阙，雨中春树万人家。”宇文恺的卦爻设计，确实给全球献上了中国古典人居理论的绝世美艳。但有人一提到其卦爻设计模式，总要说是表现着“迷信”等，并不准确。也许从形式逻辑上看，上述宇文恺的六爻设计及其歪曲“乾卦”的卦辞原义均系附会，但殊不知，作为审美艺术家，宇文恺主要是在考虑功能合理的前提下，通过卦爻设计采用了象征手法。人们无权要求他的象征手法处处时时按西方逻辑理性办事，就像人们无权严加指责唐诗某些诗句为什么不合乎今日的物理学一样。李白的“黄河之水天上来”，符合物理学吗？白居易的“白发三千丈”，符合生理学吗？既然人们都认同这种象征主义，说这些诗好，那么，又为什么说宇文恺的卦爻设计仅是“迷信”呢？

其实，作为隋代官阶最高的人居科学家兼人居艺术家，宇文恺对象征手法在设计中的使用一直情有独钟。他曾针对首都主要构筑设计“象天”的构思写道：“在天成象，‘房心’① 为布政之宫；在地成形，景午② 居正阳之位。观云告月，顺生杀之序；五室九宫，统人神之际”，故须“尽妙思于规摩”，应求“天符地宝，吐醴飞甘，造物资生，澄源反朴”[241]。这完全是一位胸怀“天人感应”哲理的象征派诗人的浪漫吟唱，其“象天”

① 此指天上一个星宿。
② 此指首都中轴线上的景观面向。

味道比秦始皇更浓。其大兴城总平面设计，也按周礼“九宫格局”铺开，处处含寓意，也可被看成这种人居艺术象征手法的结晶。他把隋唐首都设计成由宫城、皇城、外郭城三部分组成，平面设计完全采用沿南北中轴线东西、左右对称的布局，形成了以“宫城”为核心、以“皇城”为辅冀、以“外郭”城为铺垫的“三层城建体系”，规模宏大、规划整齐、秩序井然。其中，有宫城象征与云空天象之“北辰共存”，皇城与官署象征环绕北辰的“众星捧月”格局，外郭城象征东南西三面向北环拱的“群星瞻礼”场面。这种地面建筑与天体星宿互应的意象，是宇文恺进一步推进秦始皇“象天”的大胆创意。至于他在皇城之南设四坊，取意“年有四季”；在皇城两侧外城设南北十三坊，象征“年有闰月”，等等，都是诗境的创设。白居易的《登观音台望城》唱长安“百千家似围棋局，十二街如种菜畦。遨认微微上朝火，一条星宿五门西”，令人如进图画中，有何不好？卢纶的《长安春望》更高唱着“川原缭绕浮云外，宫阙参差落照间”，反映出长安总令游子断肠，“乡愁”何其贵也！中国“‘乡愁’原型”何其贵也！

作为与唐诗和唐代书法几乎同时出现且互相滋润的人居艺术品，作为用当时全球最先进的中国人居模数制设计出的人居科学精品，宇文恺的隋唐长安作为首都320余年，西安人至今仍住在“宇文恺的‘乡愁’图画”中，日本人还把它复制在该国平城京和平安京，这都是对他的最好致敬。本书标题取“‘乡愁’原型”，也是对他和他的中国古今同行的致谢、致敬。“他的中国古今同行”，首先包括本书论述的周公、秦始皇、唐代阎氏兄弟，还有本书一再援引的钱学森和吴良镛两位院士等。

据《隋书·宇文恺传》说，宇文恺在完成大兴（西安）城设计后又设计了“东都”洛阳城，“总集众论，勒成一家”。传他撰有《东都图记》二十卷，还著有《明堂议表》。可惜前者已佚，使中国人居理论痛失代表性经典之一，令国人扼腕。

（二）画家兼建筑学家阎氏兄弟参与设计唐大明宫

跨过隋代宇文恺的巨大创意，我们将进入中国人居艺术理论的巅峰时段：盛唐。

1. 绘画和人居理论集成的中国“山水人居文化”

王其亨认为，包括唐代“诗佛画仙”王维在内的中国古代“山水绘事”者及其理论，与中国人居科学及其理论关联密切，如堪舆“地理景观图”乃“山水画的先声”，作画亦讲堪舆是中国艺术史上的“基本事实”，它表现着中国人居理论具有“美学性质”，与“山水绘事”共同构成了中国传统的“山水文化”[242]。与此相对应，一方面是钱学森早在20世纪末，就提出中国城市规划应走“山水城市”之路的建议[243]；另一方面，则是2013年年末中央召开的中国首次“城镇化工作会议”，也公开提出，城规“要体现尊重自然、顺应自然、天人合一的理念，依托现有山水脉络等独特风光，让城市融入大自然，让居民望得见山，看得见水，记得住乡愁”[244]，响鼓重锤，推进着中国城市发展走“山水城市”之路，也凸显出了中国人居艺术理论与中国绘画的紧密关系和互融。而唐代画家兼建筑学家阎立本、阎立德兄弟设计建造的盛唐大明宫中的“人居画意”[245]，就为此提供了历史确证。“唐画”和“唐代人居画意”，在阎氏兄弟身上“二位一体”，彼此互补而发展到艺术极境。

2. 阎氏兄弟“家学”与其均参与大明宫设计

阎氏兄弟系隋代画家兼建筑专家阎毗之子。阎毗官至殿内少监，后为隋工部尚书。两兄弟均“传家业”，也均曾任唐工部尚书。这一家“父子三人工部尚书”，精通并推动着中国人居科学及其艺术理论的发展，在中国人居史上空前绝后。唐末张彦远在所著《历代名画记》中评论说，“国初，二阎擅美，匠学扬展，精意宫观，渐变所附，尚犹状石则务于透雕，如冰澌斧刃；绘树则刷脉镂叶，多栖梧菀柳；功倍愈拙，不胜其色”[246]，把阎氏兄弟与绘画和“匠学”（即中国人居理论）紧密结合说得很形象。傅熹年也认为，“虽然唐书本传不载”阎氏兄弟参与规划建造大明宫之事，但“阎立德几乎主持了太宗和高宗初期绝大部分重大工程，贞观八年营永乐宫（即后来的大明宫）之事，虽史无明文，但他当时已是‘将作少匠’，应是也参与其事的”；其弟阎立本也“通晓建筑。虽然唐书本传不载其营建方面事迹，然从龙朔二至三年修大明宫时他正任‘将作大匠’或工部尚书的情况看，他应当是参与了大明宫的规划和建设的”[247]。另据《长安志》，唐高宗最初还曾命当时“司农少卿”梁孝仁“董营大明宫”[248]。大明宫规划建设有包括阎氏兄第在内的众多名家参与，取得巨大成功并非偶然。

3. 大明宫设计简况

大明宫建造，最初也源于宇文恺设计疏漏，主要是太极宫“北有隆起的龙首原，南有起伏的岗阜，宫城一带因地势低下而极易积水，变得潮湿，不适宜居住”[249]，故居于其中的“太上皇”李渊年老更不适应，于是大臣建议唐太宗再建新宫[250]。贞观八年（公元634），在长安城墙外东北角的龙首原高地上，唐太宗为太上皇避暑修建了夏宫。在建中，李渊病亡，营建停工。唐高宗李治于龙朔二年（公元662）继续修建，直至建成大明宫。李治因患“风痹病”，需远离潮湿，便住入其内。此后，大明宫还有过多次增修补建，是唐代统治中心和国家政权的象征。唐代的21个皇帝，就有17位在这里居住、听政和理朝。200余年间，大明宫一直是唐代中央权力的所在地和象征者。

大明宫坐北朝南，向南居高临下，东西长1.5千米，南北长2.5千米，略呈楔形。共有11座城门，周长7628米，面积3.3平方千米，是唐长安城也是中国古代规模最大的皇家宫殿区。从下述面积对比中可悟出其大：它是明清皇宫即北京紫禁城面积的5倍，法国凡尔赛宫的3倍，俄国克里姆林宫的12倍，英国白金汉宫的15倍（图4-25）[251]。它也采用先进的模数制设计施工[252]，其中轴线南起丹凤门，北至玄武殿。中轴线上，丹凤门北面是一个相当巨大的“殿前广场”，在离丹凤门610米后始设“三殿”。“三殿”自南而北，首先是“正殿”含元殿，系举行国家仪式和大典之地。它矗立于高于地面约15.6米的台地上，殿基面阔11间，近76米，进深4间，40余米；四周有副阶围廊；台基之南，则设有三条平行阶道即“龙尾道”；台基两侧，又向前伸出两座阁阙，东名“翔鸾阁”，西名“栖凤阁”，以一个“凹”字形空间，环抱着巨大的含元殿殿前广场，构成了具有强烈视觉冲击力和心理威慑力的空间氛围，象征着大唐皇帝的无比权威。含元殿大约建成于龙朔三年（公元663）[253]，其时阎立本正在任上[254]。可以想见，作为画家的他，在含元殿广场设计上必然浮想联翩，画意昂然，诗想激扬，“舍我其谁”，挥毫“主刀”。这个极具创意的殿前广场设计，以及其形成的超巨型空间氛围，表现出了阎立本的人居艺术理论修养，已达“炉火纯青”的境界，包括在画意超凡中，在诗情漂渺中，在理智冷峻中，对空间超巨尺度的精准把握，对“场所心理”效果的精敏彻察，对现场视觉艺术特殊表达的领悟，对“形”与“势”比例的体认默诵，对“天人感应”美感境界的趋奔，等等，均非此前不知绘事的人居设计家可比，也均非此前虽怀雄略但不深黯艺术的秦皇汉武可比，甚至宇文恺也应折服。看来，周公开其端的中国人居理性化，秦始皇开其端的中国人居理论审美化，中经汉武帝建章宫设计建造中的极度浪漫夸张，直到阎氏兄弟这里，才乘大唐国势和唐画、唐诗共推猛进的艺术潮流，把高度美感和高度理智合二成一，“揉抟成精”，终于真正臻于圆熟。唐世、唐画、唐诗，对于中国人居艺术理论成熟攀至高峰，功莫大焉。一座大唐含元殿，千秋中国人居歌！

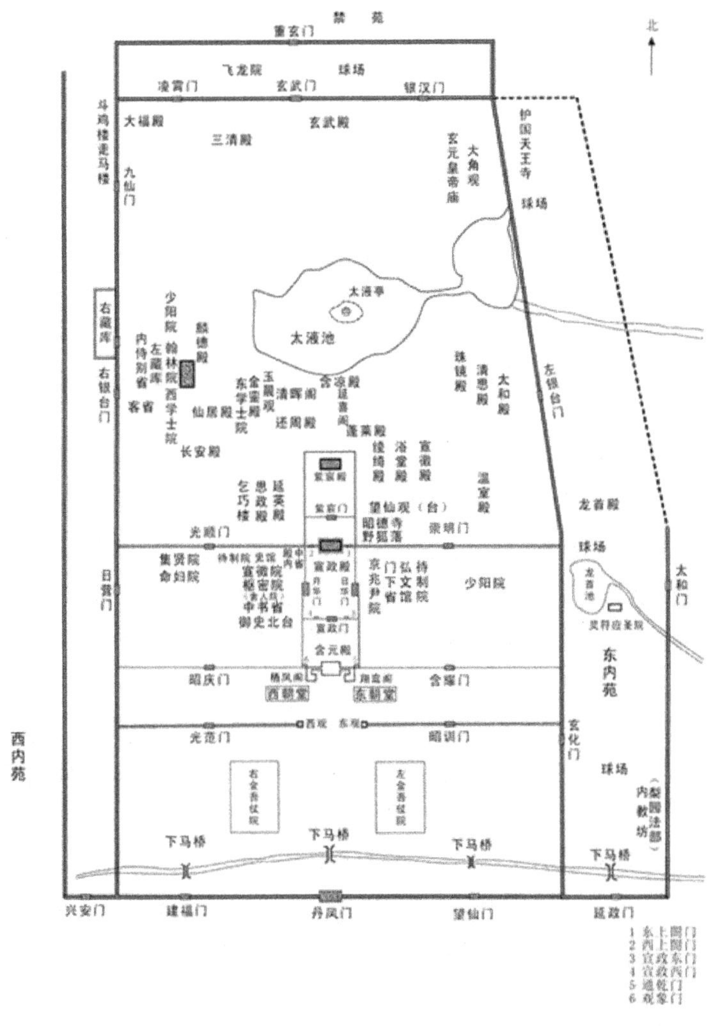

图 4-25　唐大明宫平面示意图

含元殿之北约300米，为“中朝”宣政殿，其北95米，即“内朝”紫宸殿。此二殿与含元殿一起，共构成了“‘前朝’三大殿”。中朝、内朝也均设有较大的“殿庭”。紫宸殿往北，中轴线直抵太液池，再无其他建筑。宣政殿左右则按太极殿原制，置有“中书”“门下”两省及“弘文馆”“史馆”两馆。

王维形容大明宫是“九天阊阖开宫殿，万国衣冠拜冕旒”。元旦、冬至日大朝会，外国使节谒见及新帝即位，王朝改元，国家贺典，大赦，以及阅兵等重大庆祝活动，均在此处进行，盛况盖世。唐人权德舆描写大明宫说“直城朱户相纚连，九逵丹毂声阗阗。春宫自有花源赏，终日终南当目前”[255]，可见终南山也成为它的“借景”，大明宫真是中国人居艺术理念进入巅峰的象征。

三大殿之北设有“太液池”，又名“蓬莱池”。仅“蓬莱”二字，就促人粘念秦皇汉武东海“蓬莱”遇神往事。它也是在皇宫设计中首次有意导入大型水景的“画意必然”，舍画家难以胜任其设计，舍唐诗山水诗意也难以企达该意境。其取名就已把“秦皇想海”之豪和汉武建章之梦蕴纳于内，确属“绘事”携诗意滋润着中国人居理论的千古佳话。“蓬莱池”还有东、西池之分，两水面间似断似续，颇具秦始皇“东临碣石”的意象，又类似于汉武昆明池操兵茫境，超越秦汉上林苑山水余韵，是唐代最为重要的皇家水面池苑。中国人居理论即“‘乡愁’原型”，舍水就不成“体统”。“水”回归人居，人居始成“‘乡愁’体统”矣。太液池周围尚有宫殿、廊院、水榭；池内置岛，岛上有亭，风光极其绮丽柔媚。依笔者之见，此太液池设计创意，既是开元年间曲江游览区设计之母，也是中国人居理论超越黄土原型跨进海域-水中的标志，更是中国人居理论山水审美比西方山水审美早现千年的显著标志。它不仅下开宋徽宗“艮岳”之雄，而且成明清私家园林创意之祖，在中国园林史上也彪炳千秋。中国园林审美，是中国人居理论的一座美学“富矿”；唐代园林审美，更是中国美学“极品”之一，亟待来者研究。

太液池西边隆起的高地上，另有“麟德殿”，用于举办国宴、观看歌舞表演与皇帝接见外国使节等。它基于高台，殿起二重，长130余米，宽近80米，飞檐点金，壮丽宏伟。其规模竟也是明清故宫太和殿的3倍[256]，是大明宫中能比美含元殿的另一单体建筑极品。麟德殿仿前朝三殿，也分前、中、后三殿。据记载，唐玄宗曾在麟德殿之后殿院落中打马球[257]，可想其庭院空间也相当广阔。

总之，大明宫“北据高岗，南望爽垲，终南如指掌，坊市俯而可窥”[258]，确堪匹配大唐盛世。它既是中国古代宫廷建筑史上的典范，也系中国古代规模最为宏大、风格最为独特的古典大型宫殿群。在哲学-美学层面，它充分体现出唐代的中国人居理论已达到艺术高峰。中国人居理论源自周人对远古巫术的理性化，初以“相土”而呈现出理性腾越，经秦始皇极倡“象天”而转向审美化后，于汉代又遇楚文化融入而发生文化震荡，且于汉武“独尊儒术”落实中，又归“周秦互补”，于隋朝宇文恺“尊周”中近乎走过一个“轮回”。这个“轮回”，在阎氏兄弟这里，终于因缘于唐世、唐画、唐诗，而把中国人居艺术理论的“周秦互补”模式推上了最高峰。

笔者特别注意周人“‘相土’图式”被秦始皇“象天”浪漫主义否定之后，汉唐两代人居理论又向周人“‘相土’图式”的回皈，形成一个“轮回”。在这里，中国人居理论的发展呈现出了明显的“否定之否定”态势。在这个“否定之否定”中,“周秦互补”更圆润了，更丰满了，终于在盛唐攀上了艺术巅峰。

4. 大明宫艺术设计的巅峰成就

阎氏兄弟虽然不像宇文恺那样，自己就出身于草原民族，但其家族也来自草原边缘的陕北榆林。那里是沙漠、湖泊和游牧、农耕杂陈之旷野，地域文化具有天生的“蛮霸豪意”，再加上其父阎毗长期担任隋朝御用建筑师，阎氏兄弟甚至不仅双双以画著名，且均前后任工部尚书，必然空前地赋予这兄弟俩以粗犷辽阔且精准细腻的“审美先件”，包括画意诗情促成的壮美、广远、缥缈、凝重和艳丽，故迄今为止，中国还未发现在规模和审美意境上超过大明宫的作品。它集中反映了大唐盛世的经济发达，文化繁荣，人居科技精湛，居于世界领先水平。作为艺术的中国人居理论最高峰的物质证物，就是大明宫。它的确对唐以后的宫廷设计，包括最早由朱棣亲信太监越南人阮安操持的北京故宫设计，乃至中国其他唐后公共建筑的设计，均产生了巨大甚至决定性的影响。在某种意义上，北京故宫设计其实是越南设计师模仿发展大明宫设计的结果。

(三)唐代“阴宅”理论在“尊周”中分化

唐为中国人居理论成熟期的另一表现，就是“阴宅”理论也返回“尊周”模式且空前大发展。不仅唐代帝陵一反秦汉的“东向”，全部坐北朝南，其北均依山，四门均取“四象”为名[259]，南为“朱雀门”，北为“玄武门”，东为“青龙门”，西为“白虎门”，人居规划布局严谨，后来还力求在陵山两边出现“左青龙，右白虎”的意象[260]，而且唐代民间“阴宅”理论也空前繁荣。

唐太宗昭陵，是当时身为工部尚书的阎立德设计建造的[261]。他把周人人居模式“负阴抱阳”理念引入“阴宅”设计，事有必然，也为此后唐陵设计奠定先例。唐高宗武则天乾陵所依梁山有三峰，北峰最高，海拔1047.9米，乾陵就建在北峰，左右“龙”“虎”维护，全系“周制”，远望巍峨高大，近观气势雄伟壮观。傅熹年评论说,“乾陵主峰梁山高出周围诸山，轮廓浑厚对称，山南小岭及岭南端二小山丘恰可建双阙及神道”,“极大地衬托出主峰陵墓的气势”,“是中国古代陵墓选址最成功的例子之一”（图4-26）[262]。在笔者看来，明清皇室陵寝，基本上遵循乾陵模式。

作为唐陵的辅助装饰，形制风格各异的“神道”石刻，是皇家陵墓最具有艺术观赏价值的部分。如规划者在四门布局石狮，一般为左牡右牝，对称平衡。在“朱雀门”至山陵寝宫道旁，放置石刻两行，依次布局有华表、翼马、鸵鸟、仗马、石人等。此种建造格局，从乾陵开始形成定制，唐诸陵尊仿。可以设想，这是进一步把与画家同贵审美的石雕家引进“阴宅”建造的结果，也应源自作为画家的宇文恺和阎氏兄弟。

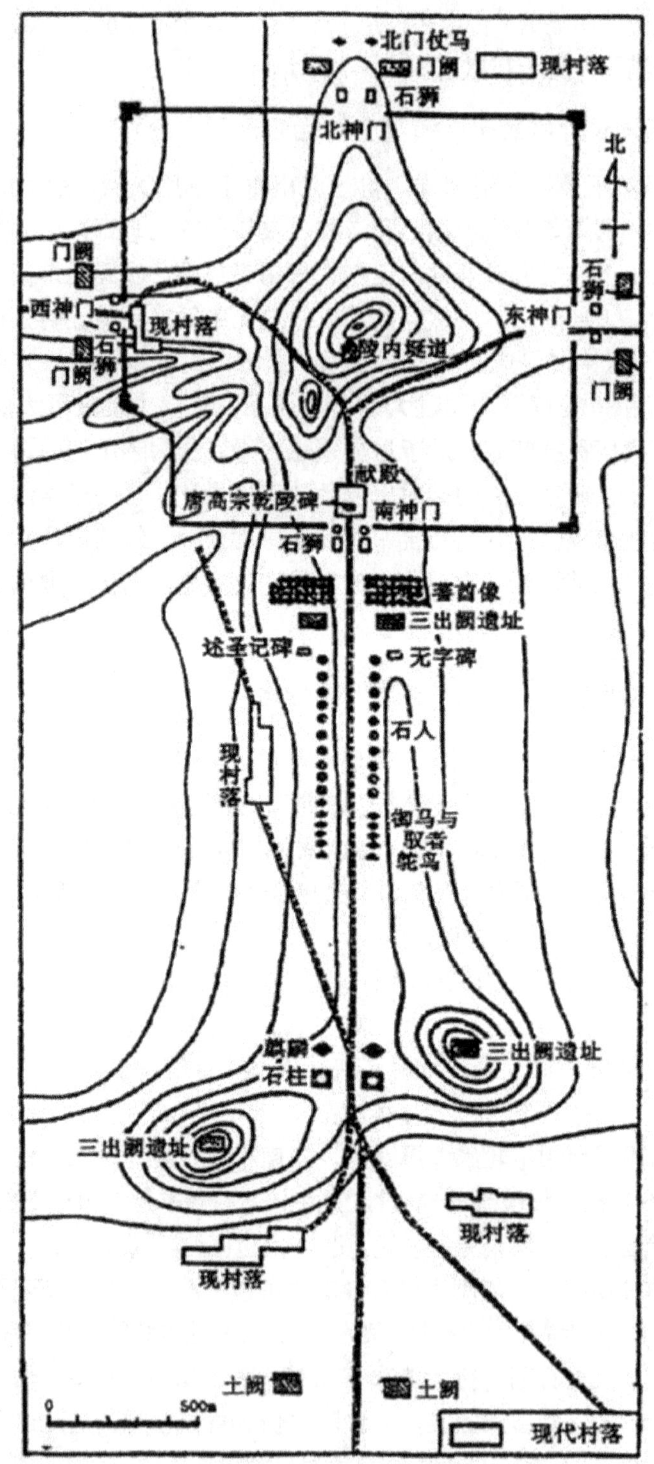

图 4-26　乾陵平面图

从宇文恺和阎氏兄弟均给皇家设计建造陵墓的情况看[263][264]，由于经济政治进化，族葬至唐已进一步萎缩，个人择地安葬大面积普及；在“秦陵象天”之后，唐陵纷纷委托建筑名人设计建造，“阴宅”建造至唐已进一步被上下重视，且已与“阳宅”理论模式基本重合。这就是中国人居理论中的另一个文化结构——“阴阳互补”。此“阴阳互补”，实际上是把“阴阳二宅”统归周人“‘相宅’图式”。

人居理论大普及之时，即分化之日。中国人居艺术理论至唐走向巅峰，同时也走向分化，主要是上下层大分化。一方面，是宇文恺和阎氏兄弟之类“人居理论上层”，往往在知识专门化的前提下，“形成一个营建世家”，专力为“官家”服务，自己既当官又搞专业设计，且只在家族内部传授人居科学及其理论知识，抟集力量[265]，还均涉足“阴宅”设计，使之日益“尊周”，包括吕才奉命驳斥完全离开周制的“阴宅”迷信[266]。这反映了中国人居艺术理论在唐代已经上升到成熟阶段，有自身独特的体系[267]。这种“营建世家”模式虽断断续续延至清代“样式雷”家族，但因儒学日益挤压而未能留下较多相关文字，使中国人居理论成果水平未获应有的系统化突破，据说主要是未能产生今人眼中严整完善的理论专著。对此，笔者认为不必太拘泥于西方式“严整完善的理论专著”模式，因为那仅是西方长于抽象思维和形式逻辑的表现。而中国人居理论著述，应按中国方式进行，包括既以随笔、札记、点评、眉批、短章、诗话等形式呈现，今人也可依这些形式串成著作；既可讲抽象思维和形式逻辑，也可不讲它们而随意挥洒，而且按此方式已经诞生了丰富的成果，既包括南宋理学家蔡元定的《发微论》，明代计成的《园冶》等，也包括宋元明清许多民间堪舆书籍，只是西方人居科学及其理论模式至今不承认它们罢了，我们不必自惭形秽。

当然，令人遗憾的是，像秦陵、隋唐长安城和大明宫规划设计这样的大型工程项目，竟然没有留下任何相关文字、理论记录，只有在它们的遗址被清理出来后，人们才大吃一惊，浩叹于其中体现出的人居艺术理论水平高超，但基本已无法窥其理论原貌。显然，这与儒家贱视工程科技有关。

另一方面，则是唐宋后人居理论“下层”在儒家的挤压下，更加游弋于社会边缘和沉入社会基层，为谋取食资而兼理“阳宅”“阴宅”（现在看，可能直到唐末，中国下层人居理论文献还以“阳宅”为主，“阴宅”为辅[268]），不仅以人居理论“上层”成果为皈依，主在推动“尊周”的“形法”发展，而且往往还接受来自闽台的“南岛语族”巫术人居理念[269]的影响，往往也沉溺于阴宅“鬼福及人”等迷信[270]。其主要特征是，更加注意在小农经济环境中，倾力琢磨各地域小尺度环境中人居理论的细节，重在从审美上归纳各种小尺度环境的人居审美模式，给中国人居理论此后的发展提供了基本取向，故在小尺度人居审美模式总结方面的普及性成果越来越多，越来越细，小尺度人居审美图式也越来越繁复、庞杂，泥沙俱下，说法更加神秘多样，且由于“唐韵”普及而日益口诀化，连傅熹年也觉察到“唐以后木构建筑中官式与地方形式”的分化[271]。唐末杨松筠携人居理论典籍南逃江西的传闻，实际上是唐代人居理论以周人“‘相土’图式”为主而信奉者较多[272]的漫画式反映，也是中国人居理论民间化后来自北方的“形法”大规模南传并与来自南方的“理法”分歧显化的折射。

六、若干推论

中国人居理论研究中的许多争论，实际上均可在对其“原型”寻访中找到答案[273]。本章倾力于中国人居理论的诞生和成型期研究，目的也在于先从中国“大文化”的宏观背景下，探索和寻找相关争论的答案。现在某些中国人居理论研究，特别是坊间“风水热”，完全陷入片断的“小文化”模式，罔顾真实而全面的中国宏观历史及其中真正的中国人居理论历史原貌，出于各种误解，抽刀断水，往往是只抓住中国人居理论史中的某个流派（如人居理论民间化后形成的风水“理法”“形法”）、某个人物（如郭璞、杨松筠）、某些著作（如《葬书》）、某些时段（如中国人居理论民间化风水启动期的魏晋南北朝时期），甚或某种审美偏好（如风水“形法”喜好“山圆水曲”）立论，“自说自话”，提出各种令人难以认同的全称判断。该是对此（特别是坊间“风水热”）进行反思之时了。

虽然中国人居理论研究者均精力有限，不可能也不必要人人均先关注全面的中国宏观历史及其中的中国人居理论历史全貌，也没有必要让研究者均只关注中国人居理论的诞生和成型时段研究，但任何相关研究，却必须具备起码的“史识”，力求首先对宏观的中国文明历史及其中的中国人居理论历史，持一种尽量全面、尽量真实的态度，千万不能对一些自己多少应知道的最基本的宏观历史特征和事实视而不见，有意无意“抽刀断水”，“自说自话”，误人误己。离开自己应多少知道的最基本的相关历史事实，界定中国人居理论之始之终；离开自己应多少知道的中国文明异于西方的基本特征，界定中国人居理论的特征；跟着西方人之后，完全否定中国古代也存在人居科学及其理论（含审美理论）的必然性；仅把中国人居理论看作服务于“阴宅”事务的巫术，等等，就是故意“抽刀断水”，应加以戒防。这里的若干推论，由此生发。

（一）“‘相土’图式”是中国古典人居科学“原型”

中国人居理论起源和早期的发展史表明：郭璞的《葬书》并非中国人居理论的起点；仅关注“阳宅”问题的周人“‘相土’图式”，才是中国古典人居科学及其理论的“原型”，至少因为它已经充分地体现了对“人居功能态”优化的追求。“阴宅”理论是秦汉特别是唐宋后，才随着大家族瓦解而大量出现并发展出来的中国人居理论民间化类型之一。故从历史事实看，中国“阳宅”人居理论的出现早于“阴宅”人居理论[274]。只抓住“阴宅”以界说全部的中国人居理论，包括不顾周人只关注“阳宅”的“‘相土’图式”，以及周公“制礼作乐”对其的理性化；不顾秦始皇对周人“‘相土’图式”审美化转型的实践和贡献，更不知中国人居理论“周秦互补”和“阴阳互补”的基本结构，仅据郭璞的《葬书》等界说思考中国全部人居理论，甚至只认“阴宅”理论才算中国人居理论，显然片面，不足为凭。

台湾汉宝德的《风水与环境》一书认为，中国“传统的堪舆术乃以葬法为主”，而“阳宅的吉凶是自不同来源推演出来的”[275]，这个来源就是“周末以来就有宅子吉凶的记载，可知是自远古迷信中逐渐推演出来的”[276]；“到后来，阳宅与墓穴渐融于一体”，但“大部分堪舆著作中，阳宅所占不过篇尾而已”[277]。这个判断，把中国人居理论史上的许多问题，包括“周秦互补”“阴阳互补”的特征弄混了，或弄错了，甚至弄丢了。此论一方面仅基于区分“堪舆”与“阳宅”概念，不仅不符合“堪舆”的本义，且未从中国整体文明史层面上，观察思考内在于它的中国人居理论从诞生到成型的全过程。汉宝德的著作对中国人居理论之起源，尤显少知或视而不见。它在周公那里已是明明白白，有文献，有实物，怎可说它源自“周末”且“是自远古迷信中逐渐推演出来”的呢？难道《诗经》所写周人的“‘相土’图式”及其理论等，均可被略而不计吗？至于汉宝德先生又说“宅法”是“先有”所谓“禁忌”，也是把秦时《日书》视为“宅法”源头的误解。周人的“‘相土’图式”及其理论，比《日书》禁忌早得多。不错，在明清部分民间人居理论书籍中，确实出现了“阳宅所占不过篇尾”的情况，但这并不能证明阳宅人居理论在中国人居理论全部历史中总是附庸。其实，即使明清民间人居理论书籍，也有不少以“阳宅”为主者。

（二）中国人居理论与中国文明主流先“合”后“离”

中国人居理论起源和最早期的发展史表明：它最早就是史前巫术[278]，在周公“制礼作乐”时才以理性化形式，隶属于国家主流体制[279]，甚至由王室成员亲履亲为。在西周，它就是后世所谓的“经学”（《尚书》《诗经》等）的有机组成部分。它在中国能在几千年内如此根深叶茂，包括出发于“经学”的儒家也对之容忍一再[280]，甚至连朱熹这样的“大儒”，也亲叙人居理论（见后述），朱明“国师”刘伯温也以人居专业见长，没有周秦汉唐的“大文化”背景，没有它作为“周公型模”有机成分的“牛气”[281]，没有它作为中国古典人居科学技术理论的必不可少，是不能设想的。

中国人居理论在周秦汉唐的“高贵出身”，也暗示研究它要像研究诸子学一样，必须结合甚至融入“经学”[282]。只有在《尚书》《诗经》及周公言行等最早的古籍文献中，人们才能窥见中国人居理论“原型”和诞生的真相或全相。离开《尚书》《诗经》及周公言行，仅仅抓住郭璞的《葬书》说中国人居理论起源，就像研究儒家仅仅抓住王阳明说其起源一样可笑。在古代，随着中国人居理论越来越沉入民间和儒家越来越视之为“末技”，有一些儒生甚至说“五经”中“实无谈及”中国人居理论者[283]。这明显是其力图拉开自己与中国人居理论民间化的距离的掩饰之词，不可据以理解中国人居理论史。

后来，只是随着蔑视技艺的儒家独尊和土木工程在国家治理中的重要性迅速下降，它才在中国人居理论“上下层分化”加剧中，渐渐隐去，其下层越来越难隶属于儒家，儒家也更加视之为“末技”，最后甚至降为民俗。拐点可能就出现在“阴宅”问题更加严重且据说基本无真正“正式国家意识形态”的唐代。

（三）中国人居理论兼具科学和审美两重性

中国人居理论起源和早期发展史表明：如果说周人“‘相土’图式”中实用科技成分多一些，那么，在秦汉人居理论中，审美成分就更多一些。至隋唐时期，以大兴（长安）城和大明宫设计为标志，中国人居理论就深化、固化地形成了“周秦互补”的结构，充分体现出中国人居理论兼具科学和审美两重本质属性的全貌。这种二重性基于“人居功能态”优化本身就需从科学和审美两重途径实现。由此可知，只承认中国人居理论具有科学属性，不承认中国人居理论也是一种中国人特有的人生审美方式；或者反过来，只承认中国人居理论是中国人特有的人生审美方式，不承认它也具有科学成分，都是片面的。当然，以上见解均不排除，中国人居理论也含有大量巫术迷信成分，也应予揭示和清理。

同中国人居理论所含科学成分一样，被作为人生审美方式的中国人居理论，显然也是一座未被充分开采的“理论富矿”。现在中国人居理论研究中存在的大问题，不仅是由于“两矿”均未被充分评价和充分开采，而且是由于一个“矿井”里的人总想“独霸全矿”，总琢磨着抨击、抹黑甚至损毁另一个“矿井”里的操作者，对此也应加防范。

“独霸全矿”目前往往在学术上表现为思考中国人居理论时，或者只知有“科学”和“迷信”的二分法，或者只知有“美”和“丑”的二分法，且均难兼容其他思路和见解。殊不知，中国人居现象的历史呈现，往往可能是“迷信”与“审美”结亲，“科学”与“丑”订婚，甚或是三种、四种成分杂然“同居”，包括“科学”与“迷信”孪生，不时令人茫然。其中最典型的例子，就是秦始皇的咸阳“象天”规划。过去有不少论者只说它充满着迷信，表达着秦始皇力求其一家统治地位千秋万代永传的政治荒诞。笔者却同时也认其为艺术上的象征手法，且以此为基，解释中国人居理论的“周秦互补”模式，原因就在于应当承认中国人居理论中常见的“迷信”与“美”结亲。它也是中国民俗中最常见的现象之一；“迷信”往往就是催生“美”的“巫婆”；你要“美”，就得同时要“巫婆”，力争化“巫婆”为“美婆”。这种现象可能基于中国古人往往通过对“天人感应论”的误读和误解，而进入人生审美极境。在那里，天、地、人、神四位一体的杂然呈现就被视为“美”[284]。此外，由于任何人的认识和审美，也均是“量子现象”，而在量子层级，在宇宙学“人择原理”范围内，“天人感应”现象确实存在[285]，故中国人居理论中还可能潜藏着对我们今日理解不了的量子层级认识和审美现象的描述。它们是今日宏观科学根本面对不了的。我们不能因为今日宏观科学不能理解它们，就贸然判之为“迷信”。更何况，据2015年6月26日《光明日报》发表的郑玉敏先生的文章介绍，目前科学已经发现，“宇宙中‘普通物质’仅有4%，其余23%是‘暗物质’，73%是‘暗能量’。也就是说，宇宙一半以上都是被‘暗能量’包裹着的！‘暗能量’才是宇宙真正的‘主宰者’！”如果这是真的（中国专门探测“暗物质”的卫星已于2015年年末上天，说明“暗物质”应很可能是科学事实），那么，以“天人感应论”为哲学基础，表现着极敏感于量子层级和宇宙学“人择原理”层级中“天人感应”现象的中国人居理论，未必完全不会极敏感于“暗能量”和“暗物质”现象。显然，只拿懂4%的“普通物质”中某些部分且不知其量子层级的宏观科学理解它，也早应被看成“过时”。当然，我们对中国人居理论的这种理解，并不意味着完全否认秦始皇咸阳“象天”规划也充斥着迷信，也表达着其“千秋万代”统治中国企盼的荒诞。中国人居理论史实总是多棱体，只从一面一角的“二分法”视之论之，难免陷入“一根筋”而走偏。目前，中国人居理论研究确需“思想大解放”才行。

在笔者看来，目前中国人居理论研究中的“走偏”，还常会表现为用既有宏观的“科学理论”强行解释中国人居理论。其实，中国人居理论中作为一种人生审美意境表现的成分，是用任何科学都难以完全解释的纯“精神现象”。它不是目前科学应当“管”的事。强行用目前宏观科学全面解释中国人居理论，就会出现几种不应出现的情况：一是牵强附会。例如，“天人感应”只在量子尺度和宇宙学“人择原理”的条件下成立，在人类社会的宏观尺度上则失效[286]。但总有人半懂不懂地直接用“天人感应论”解释宏观人类社会的人居现象，或者直接引述中国古代学者用“天人感应论”错误地解释人居现象的话，都明显是一种附会。当然，人类社会的诸种现象都与人相关，而人的认识和审美等既属量子现象，也属于社会现象，故考虑用“量子认识论”解释某些人居现象，不是完全不行，但也须说话精确，有分寸。鉴于目前人类对量子现象的研究尚未全部完成，仅部分了解了量子“超时空传递”等性质，能否用它和如何用它恰当地解释中国人居理论中的“天人感应”现象，目前尚存在不少科学和逻辑缺环。把话说满了，说偏了，不仅是牵强附会，而且会变成给迷信“背书”。包括随意说星座与地球上某些人形成“天人感应”，星座决定着这些人的命运，等等，就明显是为迷信“背书”。二是制造“虚假科学”，即自己有意或无意地引进或制造非科学、反科学的所谓“科学理论”，或者把明显非科学、反科学的理论硬说成“科学理论”，还有人把科学界正在讨论的某些假设，在缺乏确证的情况下，也硬要说成是“科学定律”或真理，力求使之能更好地解释中国人居理论。例如，目前自然科学界关于“爱–哥之争”，也正在寻找确证及展开进一步讨论，但有些中国人居理论论著却抓住其中某些显然幼稚的假设，如“宇宙统一律”之类，随意上升为中国人居理论的“核心规律”等。试想,“爱–哥之争”也仅基于对宇宙中4%的“普通物质”的理解，其余96%的物质性质、规律至今不明，你弄出的那个“宇宙统一律”之类，怎么能让人信服呢？

（四）人居“气论”的科学–审美二重性

作为“天人感应论”的一个具体承担者，中国人居理论所倚凭的“气论”，本身也体现着中国人居理论具有科学和审美两重属性。

“气”本来也是中国哲学的主要范畴。它后来逐渐演化出管子、张载等人所讲的“元气”和孟轲等人所讲的“生气”。前者往往用于表述“道体”，后者则往往用于表述审美或伦理现象[287]。把“气论”作为中国人居理论依据是对的，包括因为中国人居理论民间化中的“两大流派”，均认可“一个‘气’字”[288]。但从中引出的理论教训是，作为中国人居理论哲学范式的“气论”，实际上也体现着科学和审美两重性质，切忌只偏于一端，误读或误解它。

1. 人居“气论”的审美侧度

按于民先生的说法，由“气论”衍生出的“生气论”形成了中国美学理论，时间大约在魏晋时期[289]，可能不准确。因为如前所述，秦始皇早就宣示了“人居生气”和

“王气”论。“人居生气”论在秦始皇后进一步融入中国人居理论，首先可能是通由画师必讲的“气韵”“气象”等概念，经画师与人居设计的密切关系而完成的[290]。延至隋唐宇文恺-阎氏兄弟设计，乃至宋徽宗“艮岳”设计等，都是身兼画家和权力者的人居设计师所为，也可佐证此况不虚。

要证明秦后特别是唐宋后的中国人居理论主体是“生气”审美理论，最简单的办法是一一枚举典籍。而这确实是一个基于海量文献的历史事实，枚举不完，也无需一一枚举。在笔者看来，唐朝后的中国民间人居理论书籍，以郭璞的《葬经》奠基，无论讲阳宅，还是讲阴宅，无论是讲理论，还是讲口诀，无论说图式，或是列禁忌，等等，几乎全以“生气”论作为核心理念。仔细体味，这种“生气”论虽神乎其神，其实都是根据《周易》所讲“天地之大德曰‘生’”，表述如何获取具体的“生气勃勃”之审美意象。

1）《周易》作为中国人居理论美学根据的社会性质及其“时间理论”

作为中国人居理论重要哲学、美学根据的《周易》，其实是中国跨进文明门槛时的先进者周族的一种形式化哲学、美学体系[291]，它也给中国人居审美形式化预设了理性空间。如果说西方哲学偏于理性，其哲学的形式化表达于形式逻辑，那么，中国偏于审美的“天人合一”哲学，其形式化的首要表达，就是《周易》。这两种形式化哲学，常常无法通约。如果说形式逻辑规范着人们的理性思维要步骤明确，逻辑清晰，那么，《周易》就在某种程度上规范着中国人的人生态度必须遵循“‘生生’之为‘易’”。潘雨廷说“识‘生生’景象为明《易》”[292]，即说明《周易》已规范了中国人生气蓬勃的人生态度和审美取向。中国人居理论把《周易》作为自己重要的哲学、美学根据，是中国人居理论赐福中华民族的理论要害之一。

《周易》其实还隐含着一种粘连于“气论”且与西方截然有别的“时空观”，即不仅空间与时间总浑然一体，而且其“创化生生原理”主要通过时间展示，“大道系万有时间的总和”，“时间衍生历史”，其义在显示“人的不朽性”；“在中国哲学家的心目中”，时间就是“万物之究极”，“人的不朽性”的“带动”者[293]。这种易理“时空观”，与西方时间和空间两分的“时空观”完全异质。从这两种哲学“时空观”中延伸出的中西两种科学和审美体系，差异巨大。在两者的对比中，理解中国人居审美理论的特点，是一个很具理论深度且具有吸引力的哲学、美学论域。以往中国人居理论研究似乎很少涉足于此，亟待弥补。目前，该论域至少存在这样一些与中国人居理论研究关联且有待解决的理论问题：其一，已经有论者提出，源自《周易》的“中国艺术追求的是生命气韵所显示出来的时间美”，而“西方传统艺术”则“以表现审美对象的空间美为主要目标”[294]。其中“气韵”二字已把“时空观”与“气论”融为一体。证之以西方人居科学中曾经长期存在的那种抽象化“物理空间”概念，对此议至少可进一步展开探讨。与西方那种抽象化的“物理空间”概念迥异，中国人居理论中的空间概念，其实都是具有俗世人文意蕴的具体“场所”。这是否是中国人居理论高明于西方的地方之一呢？其二，《周易》实际展现了一种“时间价值论”，包括“中国艺术追求的是生命气韵所显示出来的时间美”。那么，中国的“时间美”或“时间性审美”，能否体现或抓住美的本质呢？如果答案是肯定的，那么西方追求的“空间美”又应被置于何处？是“时间的瞬间转化（凝化）”吗？其三，从现代耗散结构理论开始，西方自然科学新进展，在坚持其传统“线性时间观”的同时，已经延续到海德格尔在哲学层面上揭示着“时间价值论”[295]。这种“时间价值论”虽然也与《周易》的“时间价值论”有所契合，但《周易》中的“时间”却并非“线性时间观”，而是“循环时间观”。汉宝德就说过，中国人的时间观是“环状”的，西方则是“线性”的[296]。国内更有论者进而认为，翁文灏先生以易理所建“预测学”的不凡成绩，证明了中国“环状时间观”的正确[297]。面对此况，“时间价值论”究竟采用“线性”模式好，还是采用“循环”模式好？其四，近来美籍华裔哲学家成中英先生指出，海德格尔的《存在与时间》“揭示时间为存在之所依，这一认识不仅将康德哲学摆到了一个全新的基础上，而且在康德和孔子①之间，建立了真正的比较，使二者能够互相诠释”[298]。而写作过《批判哲学的批判——康德述评》的李泽厚，近年也热心于表述不提“时间价值论”概念的“时间价值论”[299]，但却未明确所述采用“线性”还是采用“循环”模式，更未述其原因。看来，哲学论界均面临如何处理时间之“线性”或“循环”模式的关系。中国人居理论中的审美价值观研究，与此根本理论问题的解决关系颇大。例如，冯时先生就说，中国古代“时间的精确化必须以古人对方位的精确化为基础，方位的对称性决定了时间的对称性”[300]。如此理解中国人居理论中的方位及对称，对不对？其五，与西方“时间观”基于物理学和化学（如耗散结构理论）而呈“线性”相反，钱学森通过研究重视时间问题的中医说，其医理中存在“生物节律”[301]，包括存在“人的时间节律”[302]，它是“人体这个系统形成的”[303]。潘雨廷则进而提出，“生物钟比化学钟②更深”[304]，故“时间观”应为“可逆-不可逆-可逆，如此进步”，因为“二难永远不能废”[305]。这是否意味着，研究中国人居哲学中的“时间观”和“时间价值论”，也需采用“可逆”与“不可逆”辩证统一的“时间模式”？笔者认为，应当如此。中国人居“生气论”往往来自易理中的“卦气说”，而源自汉代的“卦气说”[306]，是以《周易》中实际存在的“环状-线性时间观”为据的。看来，如何用“环状-线性时间观”述评中国人居审美理论，的确是值得关注的一个深层理论难题。中国人居审美理论研究，来日方长。

2）中国人居“生气论”审美侧度举例

被称为唐后民间化人居理论经典的《葬经》，开始就说“葬者，乘生气也”，尔后马上就从理论上明确提出“阴阳之气”概念，说明它“行乎地中而为生气”；又接着论析土地是“生气”之母，而水也以“生气”为寄，等等[307]，可以被理解为一部从“生气勃勃”审美理念出发而讲述各种选址中的“生气勃勃”审美意象的著述，典型地代表了此后中国大量人居理论书籍的美学特征。剥去其中关于“鬼福及人”[308]之类的迷信，所述各类“生气勃勃”的审美意象，均可被看成对中国人居审美理念的细析和追求。在古代中国人居理论书籍中经常出现的“寻龙”“查砂”“问水”“点穴”及“聚气”“藏风”等概念或步骤，其实就是根据各地不同地理地貌要素和审美程序，在“阴阳”哲

① 此借指孔子所整理过的《周易》及其哲学。

② 指耗散结构理论所据化学中的“耗散结构”周期性。

理和“五行”“四方神兽”，以及“脉”“穴”等中医哲学术语的包裹下，用中国人特有的审美意趣，讲述如何才能获取“生气勃勃”的人居艺术意象。其中，所谓“堪舆宝地”的标准，说来说去，神秘兮兮，实质上往往就是一条：在审美上应当达到生气勃勃。由于各人在审美理念上的积淀和体悟很难同一，所以在讲述选择“堪舆宝地”时，即使对同一山水局面，对同样的地貌要素，评品者也会人言人殊，各有其理，故只能呈现着“神秘兮兮”。在秦后特别是宋后民间堪舆师渐渐沉于社会底层的背景下，不仅由于中国南北东西各地山水风土“脉”“穴”要素千差万别，而且中国人居理论“形法”“理法”思路异趣，何况民间堪舆师专业修养不同，学问深浅落差很大，各种美学流派家门独特，所以中国人居理论书籍中的“生气”追求，五花八门，波谲云诡，官方对此领域又常常鞭长莫及，的确一直呈现着“百花乱放，百家杂鸣”的景象，也为中国人在人居环境中的人生审美，留存了大批各种观点的珍贵资料。其中最可贵者，是积存了大量来自民间的完全形式化了的审美图式和口诀，它们或者代表着不同地域人们的审美经验、偏好和民俗，或者体现着不同阶层人们的理想审美意象，或者是对某些独特审美意象的探究归类，等等，都有鲜明的中国人居美学色彩，值得花工夫整理和研究，引为今日借镜，包括在“互联网＋”的技术支持下加以利用[309]。

台湾汉宝德的《风水与环境》一书，列举了大量史实，详细说明了中国古代特别是明清人居理论典籍往往是人居审美作品。笔者曾对其仅认为中国人居理论为美学提出异议[310]，但至今认为其说明明清人居理论典籍往往是美学作品部分无误，且相当精彩。学界力主中国人居理论直接就是美学的见解，在这个意义上也是可以成立的。

3）作为中国人居理论“生气论”民间化审美重要形式的“十二杖法”和“喝名”

“十二杖法”是唐代杨松筠独创[311]，《杨松筠“十二杖法”》也被视作“寻‘穴’的经典作”[312]，而其要点在于强调堪舆师亲临现场踏察，以所持之“杖”力求选择出最佳审美意象，然后还要“喝形点穴”[313]，即“以生气行而有止，聚而不散为的”，最终选定“穴位”[314]，故它是中国人居理论民间化后“生气论”审美的一种重要形式或程序。民间堪舆师亲临，求取最佳审美意象，其实就是以其审美观为准，以合乎人类的尺度选择“穴位”，并通过艺术想象，以“喝形”的方式对所选景观或“穴位”给出动态的形象化命名，如“二龙戏珠”“鲜虾泔水”“龙蟠”“飞龙”“虎踞”“卧佛”“华盖”之类，然后“由大众普遍应合”[315]。在笔者看来，这多少有点类似于西方今日所谓的确定“地区基本的公共意象”[316]，亦即获得某种地域性审美认同。故可认为，“十二杖法”其实就是具有中国特色的确定“地区基本的景观或规划公共意象”的一种程序。

中国人居理论民间化后产生的大量审美图式，遍布于唐后堪舆书籍。它们应是民间堪舆师使用“十二杖法”等审美程序过程中积累的审美经验的归纳和总结。他们对不同地域、不同风景区类、不同地质构造特点等，反复实施“十二杖法”等，总会摸索出一些相关景观、“穴位”的审美类型并加以分级。如汉宝德就举金代《重校正〈地理新书〉》对所论区域水景观，就分为9类，即“流水”“潢滘”“带剑”“箭水”等[317]；汉宝德的书的末尾，对建筑轮廓之吉凶，也附有审美图式[318]；汉宝德的著作最后还把相关图式附录讨论[319]。作为中国各地域人居审美理论归类遗产，这些图式显然十分珍贵，本书已建议整理、研究并利用电子技术加以开发[320]。

4）作为中国人居理论“生气论”审美主要形式的象征主义

为什么中国人居“生气论”审美的主要形式是象征主义？这是由中国人居审美理论的特质决定的。一方面，中国人居理论所据的中国哲学，本身就是以美学为第一构成的“乐感”哲学，崇奉“生气勃勃”乃是它的本质规定，故中国人居理论就力求以象征主义手法表达“生气勃勃”的意象；另一方面，中国人居理论所据的《周易》，本身就是一个象征主义哲学体系。这就从出发点上决定了中国人居理论审美只能走向象征主义。如前所述，中国人居审美在天、地、人、神四位一体中实施；作为审美主体的人，不能不与形象化了的天、地、神混杂相处。其中，有许多禁忌，也有许多对宜居幸福的向往。这些禁忌、向往，都与形象化了的天、地、神一一适位对应。在今天看来，这就是中国人居理论审美中以象征主义手法为主要艺术凭借的文化原因之一。例如，在“阳宅”堪舆中，必须用“木”象征东方，又以东方象征“生气勃勃”；以“朱雀”象征水，又以水象征财富，等等，整个审美充满了“连环象征”。民间堪舆师判断吉凶，就依照这种“连环象征”进行[321]。其中，包括对在“连环象征”中被认为“丑”即“凶”的意象，一定要加以预防。如民间堪舆师称其为“冲”的“尖角”意象，就不宜对着人体[322]；象征“红颜薄命”的桃树，就不能在家里庭院种植[323]。在“阴宅”理论中，象征更比“阳宅”复杂得多[324]，往往“为常识所不能理解”[325]。总之，中国人居审美理论就是实施“形式象征的原则”[326]，这当然只能被视为象征主义。

5）唐代是中国人居“生气论”审美的巅峰

作为内在于人居科学的中国人居理论，当然在不断进步，无所谓“巅峰”。但作为艺术理论，中国人居理论当然就有“高峰”。正如中国其他艺术种类特别是诗歌、书法都在唐代达到“高峰”[327]一样，以宇文恺隋唐长安城和阎氏兄弟大明宫设计为体现的唐代人居理论，就是中国“生气论”审美的巅峰。其首要原因，是唐代市场经济繁荣，其次是北方“蛮霸之气”灌入中原人居建造。中国明清民间人居理论，仅为其下滑式延续而已。

隋唐出现的宇文恺、阎氏兄弟人居设计及其艺术人才集群产生，是唐代人居理论为中国人居审美高峰体现的显著标志之一，惜乎至今很少有人深究之。

6）中国人居审美“生气论”中的“厌胜”和“辟邪”

中国人居中的“厌胜”和“辟邪”普遍被看成迷信，这在科学视角中并无错误。但如前所述，在中国民俗中，“迷信”往往与“美”有缘。作为审美表达，中国人居民俗的厌胜和辟邪，在排除其迷信因素的同时，至今还可被作为审美对象。中国许多“非遗”作品，均能至今还在发展，原因就在这里。

2. 人居“气论”的科学侧度

中国人居理论中的“气论”，也完全可以从其科学方面破解。周人“‘相土’图式”和民间“形法”等，均主张天、地与人通过“气”的呼应彼此影响，已经能被许多人在传统物理学或化学领域内接受。按于民之见，即使作为审美范畴的“生气”，也应有其人体科学的前提[328]。在“天人感应论”背景下，对中国人居“气论”进行科学破解，也是许多中国人居理论研究者的努力方向。

其中，钱学森带头破译“气功”之“气”的自然科学机制，包括认识到它还可能是人体的某种“功能态”[329]，就在这个方向上具有开辟之功和奠基之效。原子物理学家何祚庥先生，在所撰的《唯物主义的“元气”学说》一文则指出，中国哲学中的“气”，“更接近现代科学所说的‘场’”[330]。与王其亨一起完成国家自然科学基金相关研究项目的徐苏斌先生也说，中国人居理论中的“气”，其实就是一种“心理场”[331]。《建筑风水学研究》的作者强锋先生，则引用李卫的《建筑哲学》等文献说，中国人居理论中的“生气”就是一种与“虚物质”作用相关的“气场”[332]。这种理解，对“虚物质”（实即“暗物质”）的触及，已经与全球科学前沿对占宇宙96%的“非普通物质”即“暗物质”的追踪衔接，令人关注。不过，像强锋那样，把中国人居理论中某些不能用现代自然科学解释的理论主张，完全推给“暗物质”现象，笔者觉得还早了点。一切还要留待来日的科学检验。

刘长林也提出，中国人所说的“气”，从科学上看即“另一种性质的实在”，“它与有形的物质完全属于另一个层面，具有另一种性质”，中医经络及其“气”的存在，一些人可以辟谷，以及“心灵感应”现象的存在，这三项就是对它的确证[333]。这种论证，也基于目前自然科学界正在着力破译的“暗能量”和“暗物质”性质，同时基于对量子现象和宇宙演变的新理解，确是启人深思的。它与钱学森关于中医医理与现代系统科学关系的研究[334]彼此呼应，启示着人们，我们以前对中国人居理论之“生气”论科学性，理解得太浅了。这里显然是一个很出人意料的科学新天地，有待拓荒者。

在这方面也着力颇勤的余卓群先生，从“气场”的科学性等科学原理出发，把宇宙学中的“人择原理”视为“宇宙气场”，说在中国人居理论中，宇宙通过电磁波对建筑物“气口”与人的身体产生影响[335]；中国人居理论所讲之“水”，实际能“吸收各种波能”[336]，故也能对人的身体产生影响；中国古代的堪舆处理，实际上就是进行“气场调整”[337]，等等。他还关注对中国人居理论中的“冲”“煞”等禁忌进行科学解释，认为它们即因“驻波”产生的“心理疑忌”[338]，故避开“冲”“煞”等“不顺眼的物象”，如“孤阳煞”“独阴煞”等[339]，“不是迷信”，而是“达到心理平衡的最佳选择”[340]，故“要防止视觉上的冲煞”[341]，等等。由此出发，他还整理了中国人居理论典籍中的许多“冲”“煞”意象，包括“五箭之地”等[342]，建议消解和避免。此见符合科学，不仅富有创意，而且有利于人居科学教学纠正全盘“西化”，虽然其中有的地方尚可再议。如果把其中那些较好理解者与对“暗物质”和“暗能量”性质的理解整合升华，那么，中国人居理论“生气论”的科学研究将进一步与时俱进。

（五）中国人居理论以“生气论”为主体及其现代转型

包括中国明清时期民间堪舆典籍在内，中国人居理论著述的主体成分，实际上一直是以“生气论”为主的审美表达，包括它在民间化中也越来越形式化、图式化、通俗化和口诀化。

正是这种“下基层”的历练，也为中国传统民间审美文化保留下了一份极其珍贵的遗产。中国人居典籍中那些形式化、口诀化而表现以“生气论”为主的审美内容，其实是中华民族“正能量”的深刻体现。它不像佛门那样，审美中总显着空寂；也不像道门那样，审美中总显着冷峻的“道”，而是在审美生活中，总显着对“此在人生”的赞美，对生气勃勃的情深，对俗世幸福的追求，特别是对人融于自然景观环境的品咂、颂赞和忘情，因而在几千年日常艰难的年月里，给中国民众以期冀和希望，以及亲切可及的憧憬。中国文明能历经千难万险而延续至今，应与保存在民间人居典籍中的这种灭不掉、斩不断的“正能量”息息相关。这种遗产目前在其他国家尚未发现，或较朦胧，故可视之为中国人居理论创造出的精神文化奇迹之一。这一批人居审美图式，经过整理、归类和数字化处理，在云计算和“互联网＋”条件下，正好为中国人居理论的继承发挥且赶上互联网时代列车，提供了契机。中国人居理论现代化的显性途径之一，被年轻一代接纳以提升其存在质量的“通途”之一，首先可能就在这里。

（六）《葬书》是秦后民间化“阴阳宅互补”的奠基之作

从周秦汉唐中国人居理论发展的状况可知，在“秦陵”初次突现“阴宅”问题以后，随着“族葬”体制逐渐衰落和小农经济条件下的个人殡葬越来越普遍，民间“阴宅”问题便越来越突出。盛唐时期，“阳宅”理论整体回皈“周制”，也使民间“阴宅”理论沿“周制”发展。此前晋代郭璞所著《葬书》的真正价值，是在秦陵突现“阴宅”问题后，顺应民间“阴宅”越来越普及之势，在小农经济及个人殡葬条件下，直启后世“尊周”且审美化的“阳宅-阴宅互补”理论模式（学界对郭璞是否作《葬书》存在争议，本书不涉，暂认其作）。在某种意义上，也可以称之为周秦汉“阳宅”理论的“阴宅”化、小型化和民间化代表作。它一改汉代以来中国人居理论中极流行的“纳音五行”术，回归周公理性。而这个过程，正值儒家日益成为主流意识形态之时。儒家按孔子遗教，“不语怪神”，与“阴宅”理论“鬼福及人”颇有距离，也对民间人居科学及其理论和从业者采取鄙视态度，故儒家只能与中国人居理论进程渐行渐远，后者则与同时沉入民间的道家越靠越近。

《葬书》在中国人居理论史上确具重要价值。它把“生气”作为“阴宅”审美的“第一范畴”，不仅引导着中国民间墓葬在“生死界面”仍保持积极、乐观、向上的态度，充分体现出中华民族“乐感文化”的不褪本色，而且在文化最深层，多少以儒家理念抵制着民众滑向虚空的“彼岸”，也不陷于过分悲凄和绝望，仍然尊重“此在人生”，祝福逝者再生，勉励生者乐生。笔者在这里不说西方全不如此。吴良镛的《中国人居史》第二章第五节“中西人居文明遥相辉映”之“德化的力量”部分，就在对比中西时，引述美国著名人居科学家芒福德写到，西方也一直把“墓地”理解为人居聚落的“核心”，因为对逝者的尊敬是人类道德凝聚力的来源之一。问题是，尊敬先辈逝者的道德，可以有不同思路。中国《葬书》所取，是珍视现实人生；而西方宗教所选，则是祈福逝者“投入上帝怀抱”。于是，《葬书》引导中国民间墓葬以积极、乐观、向上的态度尊敬逝者，在世界范围内，就有自己独特的人生审美文化优势。

当《葬书》在民间又常被作为“阳宅”设计普及书籍对待时，它也能在宜居环境选择的确定上，于科学和审美两个方面，延续并普及周秦汉“阳宅”理论，深化了中国人居理论“阴阳互补”的模式。李定信先生的《四库全书堪舆类典籍研究》一书，紧抓《葬书》“生气论”立言[343]，是有眼力的。在中国文化发展史中，《葬书》的文化地位，在某种意义上，并不在与之同时的“魏晋玄学”之下。以往它被忽视，仅仅因为它身在民间，事关“阴宅”。现在看，正是上层魏晋玄学和民间《葬书》美学，通过社会运行中的互补，才使中国在那个特殊的转型年代，显得既浪漫又温馨，既达观随性又生气勃勃，并为中国文化踏进唐宋市场经济，提供了某种人生观储备和预警。张杰认为它是“‘形势宗’最早的著作”[344]，就后来民间“两流派”分化而言，定性也是准确的。

据盛唐房玄龄撰《晋书》郭璞本传记载，他字“景纯”，是山西闻喜人。经历西晋灭亡，随潮南逃，虽曾担任过西晋太守参军、东晋尚书郎等职务，但一生不仅多次建言利民，后竟被军阀王敦杀害，而且勤于笔耕，著作颇丰，是一位“游仙诗”作者兼训诂学家，所著包括文学评论、创作、易理探讨、字典注释、音韵研究、《山海经》等古籍整理等。他并无从事大中型人居工程的实践，也不以堪舆为业，故其《葬书》也可能是作为学者的他，在业余进行民间堪舆活动的基础上，对中国当时北南葬俗“尊周”潮流和“贵生”思想的一种美学提升和规导。清乾隆帝的《御制读〈晋书·郭璞传〉》说：“景纯好经学，兼妙阴阳理”[345]，把其“尊周”取向和业余从事人居理论撰述的状况写出了。

“抽刀断水”地把《葬书》从中国人居理论史中孤立出来，过分夸大它的影响力，在中国人居理论即“阴宅”理论的定性下，把它抬升为中国人居理论最早、最重要的经典，无视其前周秦汉中国人居理论作为主流意识形态的悠久发展和成果积累，在中国人居理论研究中只认郭璞的《葬书》，以郭璞的《葬书》为最高皈依，如《四库全书堪舆类典籍研究》那样，断言郭璞“乘生气”堪舆术的产生，标志着古代中国人居科学理论的创立[346]，依笔者之见，这是片面的。另外，无视《葬书》流传于民间的巨大文化作用，不承认其“民间人居经典”的地位，甚至像梁启超当年那样，评它是“诬罔怪诞之说，汩溺人心者”[347]，也颇轻率。实际上，《葬书》移“阳宅”理论于“阴宅”，在思想和体例上，奠定了尔后中国民间“阳宅”和“阴宅”著述重“生气”的“基本通用框架”，包括托名杨松筠的著作，也为其后延[348]。

与周公、秦始皇、萧何、汉武帝和宇文恺、阎氏兄弟等唐代之前“中国上层人居理论家”相比，郭璞身处乱世而被杀，民间悲剧色彩浓重，是“中国下层人居理论家”的代表。其《葬书》倡言“鬼福及人”[349]，对民间鬼神迷信推波助澜，是其最遗憾之处[350]。但它同时尊奉周公“‘相土’图式”，对中国老百姓宜居“阴阳家园”建设，确是有功的。

（七）唐后中国部分主要人居理论著述鸟瞰

中国人居理论实际与中国文明同步发展，同生同旺。盛唐尔后，它经历了中国社会平稳发展及最后逐渐衰落的过程，几起几落，也逐渐苍老，目前正在经历“凤凰涅槃”。从本书主旨出发，现对唐代及其后某些人居理论主要人物、著述加以“鸟瞰”。

1. 唐代《黄帝宅经》提出中国“人居科学原理”

这是与唐代作为中国人居艺术理论巅峰相匹配的中国人居科学现象。作为中国人居艺术之巅峰，唐代不仅在上层出现了大明宫体现着的人居理论，确乎“一览众山小”，而且在下层也诞生了中国人居理论的一个代表作《黄帝宅经》。研究表明，直至唐代，民间“阳宅”书籍都比“阴宅”书籍多[351]。从敦煌出土的唐代《黄帝宅经》与后世《黄帝宅经》文字对比看，大体可知《黄帝宅经》最初诞生于唐代[352]，是当时民间“阳宅”书籍的代表。

《黄帝宅经》的理论贡献，一是在继承中国人居哲学“天人感应论”和“气论”的前提下，从人居即“养生之法”[353]出发，进一步明确提出了“中国人居科学原理”，即“人因宅而立，宅因人得存，人宅相扶，感通天地，故不可独信命也”；“故宅者，人之本，人以宅为家居，若安即家代繁昌，若不安即门族衰微”[354]。这几句话，基本讲清了人与人居之间的关系，即一方面是在“感通天地”的条件下，“人因宅而立，宅因人得存，人宅相扶”，“故宅者，人之本”，可简称为“天人感应”模式下的“人本为宅论”。这种“人本为宅论”揭示了人居对人的健康的极端重要性，远早于海德格尔及与其同思路的人居哲学①；另外则重申发挥了孟子的“居移气”论，说“宅非宅，气由移来相数以变之”[355]（此据敦煌本加“相数”二字，标点逗号则据语气新断），进一步强调了“天人感应”模式下住宅能够“移气”的重要功能，并由此推出了“人以宅为家居，若安即家代繁昌，若不安即门族衰微”的结论。后一句确实把话说过头了（这也是中国古代人居理论常见的弊端），似乎居址优劣可以决定这一家人世世代代的命运，但它跟定孟子“居移气”论，进而申言“宅吉即人荣”[356]，宅为“阴阳之枢纽，人伦之轨模”[357]，实际上是省悟到了住宅优劣对“人居功能态”的重要影响，却是完全对的，即使在今天也堪当人居科学“第一原理”。早在唐代的中国，就能诞生人居科学这个“第一原理”，充分证明了中国人居科学及其理论的前瞻性。在西方，直至第二次世界大战之后，德国海德格尔才于战火纷飞后的废墟上多少省悟出了与这条“第一原理”相近的说法。在发表于 1951 年的《筑 • 居 • 思》中，海德格尔才力求“把筑造纳入一切存在者所属的那个领域中”，首次提出“就人居住而言，人存在”，“栖居乃是终有一死的人在大地上存在的方式”，“人的存在基于栖居”，而在栖居中“天、地、人、神‘四方’归于一体”。他还由此批评此前“栖居并没有被经验为人的存在；栖居尤其没有被思考为人的基本特征”[358]。殊不知，这种批评只适用于西方，而中国早在唐代就已经基本达到了这一理解，且其对“天人感应”模式的把握还超越了如今的海德格尔。

《黄帝宅经》的理论贡献之二，是把周人“‘相土’图式”进一步规范化和口诀化，进一步明确了“左青龙，右白虎，前朱雀，后玄武”的“模式口诀”[359]。虽在西周丰京已经出土“四象”瓦当，由周人“‘相土’图式”奠定的“‘四象’模式”早在中国流行。但这个模式作为口诀在《黄帝宅经》中的进一步明确，不仅表明中国人居理论中的“周

① 参见本书第五章第一节。

秦互补”结构，历经从周至唐的一系列跌宕起伏，至《黄帝宅经》终于完成了“螺旋式上升”的一个“循环”，周人“‘相土’图式”仍然发挥着“原型”作用。另外，我们也看到，被郭璞（或其《葬书》改定者）固化了的周人“‘相土’图式”中的“青龙”和“白虎”，在《黄帝宅经》中都“变了味”，两者原指居址东北和西北方的小山包，但在《黄帝宅经》中却变成了道路和水溪[360]，可知作为中国人居理论“原型”的周人“‘相土’图式”，也是“与时”“与境”俱进的，并非一成不变者。在唐代民间人居理论史研究上，《葬书》与《黄帝宅经》的理论关系，其实也是一座有待开发的“富矿”。

《黄帝宅经》的理论贡献之三，是其对宅内“阴-阳辩证法”的开拓。其所谓的“阴宅”，并非后世之墓茔“阴宅”。其“阳宅”和“阴宅”，专指宅内方位，并细化为“二十四山”即宅内的二十四个不同的“阳位”“阴位”，并且提出了“阳不独王，以阴为德；阴不独荣，以阳为德”[361]的室内布局辩证法。虽然“二十四山”理论中巫味颇浓，但其中的“阴-阳辩证法”毕竟含有合理因素，不像后世民间人居理论普及读物那样光怪陆离。王贵祥说它“并没有掺进居住者的生辰八字、星神游年等”迷信因素，“可为我们了解中古时代普通人居所的方位理念有所帮助”[362]。

2. 朱熹及其弟子蔡元定人居言行简评

宋明理学集大成者朱熹及其弟子蔡元定，身处“阴宅”问题更加突出且战争频仍的南宋时期。其有关“阴宅”的理论和言行，也反映了作为民间人居理论典籍的《葬书》对当时哲学上层知识分子的巨大反作用。这在中国古代哲学学术景观上，在中国人居理论史上，都是一道“异景”，但此前并未引起学界的注意，现值得深究。仅凭朱熹及其弟子蔡元定，笔者即可认定宋明理学与《葬书》深层哲理兼容于“天人感应论”。

作为宋明理学大家，朱熹和蔡元定的人居理论著述、言论，在中国人居理论史上的影响十分巨大。“自宋之后，《葬书》之大盛，与朱子的态度有关，朱子崇信风水之说，因使该术在统治阶级中渐被公然接受”[363]；“《葬书》‘自齐至唐，君子不道’，到了宋朝，却受到理学家的鼓励，大大地流行”[364]。由这些评价可悟知，宋明理学与《葬书》的哲学基础一体，有互融互借之史，包括理学家在学理本质上，先天就有相信《葬书》哲学的倾向（这仅指“学理本质”，不排除理学家中很多人不信《葬书》哲学）。因此，到了宋代，《葬书》哲学作为中国人居理论主体，在“体用两方面都很完备了”[365]。这不能不迫使我们再思中国哲学整体与中国人居理论的整体互融关系。但这至今在一定意义上还是中国学术研究的一处空白，以致人们一般不思考中国哲学整体与中国人居理论的兼容互融细节。现在，对此不能再沉默了。笔者在此仅为抛砖引玉之简评。

1）述评朱熹及其弟子蔡元定的中国人居理论著述、言论的两个学术前提

（1）朱熹和蔡元定的人居理论著述言论，迫使我们应当由之进一步思考中国哲学与中国人居理论“深度一体”的理论细节。这是一个巨大的学术工程，深度、广度均巨。如果说周公创制的“天-仁哲学”及其形式化表述《周易》，与中国人居理论的诞生，均是作为中国文明“原型”的“周公型模”中密切关联的组成部分，那么在中国文明的后来发展中，作为周公“天-仁哲学”后继者的宋明理学，虽因儒家对中国民间人居

理论的隔膜和两者身处社会上下层的落差，与中国民间人居理论的关系不像周公时期那样密切，但朱熹和蔡元定的中国人居理论著述言论，仍多少显示着两者原初孪生后来仍互融互通的一体性关系。本书第一章第三节已对李约瑟认为朱熹哲学为“有机哲学”有所肯定，因为李约瑟的本意主指朱熹哲学即“天人合一”下的“天人感应论”和“气论”，故朱熹理论与中国人居理论“深度一体”，十分自然。他从“天人感应论”和“气论”出发，阐发中国人居理论，在总思路上并无错误。朱熹之错，在于把适用于微观世界的“天人感应论”和“气论”，直接套用于宏观社会生活，形成比附式谬误。此错其实是中国古代人居理论研究阐发者的“通病”。此病曾被导向否定中国古代人居理论哲学范式“天人感应论”和“气论”合理性的思路，显然不对。“天人感应论”和“气论”的合理性，与它们被误用是两回事。

总体来看，唐后中国上层和民间的人居哲学，本质上就是中国哲学。中国哲学体系在发展变化，中国唐代后上层和民间古典人居科学的哲学体系也随之发展变化。朱熹师徒的事迹说明，两者在本质整体上兼容同一，是确凿的史实。现在，须从哲学细节上进一步证明之。

（2）应当承认中国人居理论作为中国人“审美人生观”表达的正当性和合理性。中国人具有自己独特的“审美人生观”，即把人生视为一种审美过程，故中国人居理论典籍对中国人审美人生观的表达，也与西方人居理论大异。西方人并不像中国人一样，深刻广泛地在人居中寄托自己的审美人生。文艺复兴之后，西方美学发展突飞猛进，审美活动在绘画、雕塑和建筑等领域日新月异，但由于其人生观和审美观与中国大异，包括西方古代被宗教挟裹着的审美行为很弱势，很难与中国古代在人居中寄托审美人生相比，故不能套用西方审美观（包括其美学）分析中国人的人居审美理论。

中国人居审美理论的特征之一，是出发于“天人感应论”，显出东方式天、地、人、神四位一体的神秘、飘逸和浪漫。而如本书其他部分所述[366]，今天看来，在“量子认识论”和宇宙学“人择原理”的含义上，“天人感应论”成立，又鉴于人居活动的确与人的审美、求善、认识等微妙的心理活动交织重叠，其中量子现象和宇宙“人择”过程，势必有所呈现，故中国古人在人居理论中，按照“天人感应论”，也会敏锐地觉察或发现一些只能从量子现象和宇宙“人择”过程解释而显得可贵的感应和感受，故中国人的这种神秘、飘逸和浪漫，并非全无科学倚托。更何况，中国古人在人居活动中，也许会敏锐地觉察或发现一些人居过程中的“暗能量”和“暗物质”对人的作用。如果果真如此，中国人居理论的性质就更需从科学前沿把握。另外，这也不等于中国古代人居审美理论依据的“天人感应论”当时直接就是科学原理。中国“阴宅”审美中的“天人感应论”，实际上是把微观物理理论硬套用于解释宏观人事，一方面仅限于审美中的某种比附，另一方面则是给“鬼福及人”迷信找借口，故对其不能无前提地肯定。同时，由于审美活动不是认知，不能被依科学而一一严加追问，故也不能对中国“阴宅”审美中的“天人感应论”依科学而一一严加追问，正如不能依科学严加追问毕加索绘画中的各种奇怪意象一样。中国人居审美理论中的“天人感应论”，往往也是中国人对其审美人生的一种诗意表述。本书第二章第二节已经说明，中国人在审美中的“天人感应论”，也是其在寄托“孔颜乐处”人生态度，因为中国人信奉“天人合一”，以“天”为“人”的最高皈依；只有在“天人感应”中，中国人才能完成其精神的最高升华，这种最高升华只能是审美层面的。在此前提下，要求审美符合科学，无异于要求李白按数学方程答案写诗。

这样，我们也就会看到，中国唐后的人居理论著述，包括朱熹和蔡元定相关著述言论，都并非只是迷信的载体，反而应是中国古人审美人生的一种浪漫记录和经验表达，也是一座“中国古代美学富矿”，应倍加珍爱。也只有这样，我们才会领悟到，以前被判为“唯心主义”和“迷信”的唐代之后的那些“堪舆大家”或堪舆著作家，不仅包括朱熹及其弟子蔡元定等人，也包括被尊为中国堪舆“祖师”或“派祖”的郭璞、杨松筠、王伋、胡舜申、赖文俊、廖禹、杨益等人，包括“形法”（江西派）诸家，也包括“理法”（福建派）诸家，大体都是中国古代活跃于人居领域的审美专家及审美文献。西方古代尚无与此对应的美学专家类型。西方今日的人居审美专家，依笔者之见，由于其以“彼岸人生”为皈依，也往往不能领略中国人居审美理论以“此岸人生”为贵、在“天人感应”中完成此岸精神升华的文化蕴涵，故而在审美上也与中国人居理论难以通约。中国人居理论典籍的撰写者，理当在中国古代美学史和中国人居理论史上，占据其应有的尊荣。其中，对朱熹和蔡元定师徒更必须予以充分重视。

2）朱熹主要人居言行俯瞰

大名鼎鼎的朱熹，一生著述极丰，虽直论人居者较少，却对“阴宅”理论笃信不疑，坊间也流传着他的许多相关故事。遍察其书，这里仅举其两段相关言论以为俯瞰。

（1）朱熹对秦始皇的“帝王堪舆”① 情有独钟。在这个问题上，他也与唐后主流一样，基本基于周人“‘相土’图式”，同时又“秦皇味”浓烈。例如，他曾评论长安堪舆形势说：“秦时在渭水之北居，但作离宫之类于渭南。汉时宫阙在渭水之南，终南之北，背渭面终南。隋时此处水皆堿，文帝遂移居西北，稍远汉之都。唐都在隋一偏，西北角。唐宫殿制度正当甚好。”[367] 另一次他还说：“周公营都，意主在洛矣，所卜‘涧水东，瀍水西’，只是对洛而言，其他事惟尽人谋，未可晓处，方卜。”[368] 看来，他对周代两处“相土”故事颇熟。正是由此切入，他说出了几段关于应选择北京为首都的议论，其一曰：“冀都是正天地中间，好个风水……前面一条黄河环绕，右畔是华山耸立，为虎……嵩山是为前案……泰山耸于左，是为龙。”[369] 这是仿秦始皇的思路，把周人“‘相土’图式”中的“四兽”位置放大到全国。今天看，其中也包含着对全国文化地理乃至对“王气”内容的思考。据说，朱熹论冀都的本意，在当时是“希望统治者北上统一中国”[370]，但后来元朝选都果然为北京。据说刘秉忠设计元都，也是按朱熹的堪舆思路进行的[371]。北京作为首都，历经元、明、清三朝至今，正好证明着朱熹重“王气”的“帝王堪舆”，在综合思考文化地理、经济、政治等因素方面是颇具水平的，令人叹服。

（2）重申郭璞的人居哲学。作为南宋朝臣的他，针对皇陵选址写的奏折《山陵议状》[372]，是他在“阴宅”理论上重申郭璞人居哲学的典型。其中，朱熹明确认可《葬书》

① 或曰“国家堪舆”。

的哲学思路，认为堪舆“术家之说，亦不为无理”；皇帝有功于世，“宜得吉土，以奉衣冠之藏，垂裕后昆，永永无极”，故须“广求术士”，“博访名山”，以求“形势之善”而达“子孙盛”，否则，就会有“子孙死亡绝灭之忧”，等等。看来，这位宋明理学的集大成者，在“鬼福及人”的问题上，的确重申着郭璞。

朱熹重申郭璞哲学，在理论上也并非轻易表态。他曾从理论上说：“神杀之类，亦只是五行旺衰之气，推亦有此理。但是后人推得小了，太拘忌耳”，但“不晓底人，只是孟浪不信。”[373]《朱子语类》中，此类说法不止一处，都是以“气论”发挥“天人感应论”，既有误解（主要是把在微观层面合理的“天人感应论”直接推用于宏观社会的人事），也有“深耕”（朱熹误解并不能掩去中国古人对“天人感应论”觉悟的“早慧”）。可以认为，他的“气哲学”与中国传统“阴宅”哲学一体不二。明清时期，儒生和官府均笃信“阴宅”理论中的“鬼福及人”，其真正的哲学基础，就在朱熹这里。中国唐后的“气哲学”与中国的“阴宅”哲学一体不二，是中国人居理论研究中的一个尚待深垦的领域。在笔者看来，问题关键仍在如何理解和运用“天人感应论”。

（3）蔡元定的“阴宅”著作《发微论》及他修《葬书》事粗议。著名理学家之中专门写出“阴宅”理论著作者，唯朱熹大弟子蔡元定撰《发微论》[374]，值得关注。仔细读之，感慨系之。原来，通用于“阳宅”和“阴宅”的《发微论》继承着《葬书》，也倾力于“阴宅”审美辩证法理论研究且有许多创见，确为尔后元明清“阴宅”普及中的审美化奠定了理论基础，是一件至今未被中国美学思想史研究者和中国人居理论史研究者深思的一个不小的“学术事件”。

以笔者之见，就其为“阴宅”理论而言，它是全球仅见的表现人类在“阴阳界面”上仍应坚持精化“审美人生”的美学专著。它的出现并不突然，而是中国“乐感文化”的必然产物。按照后者，中国人“活着”就信仰“天人合一”及“天人感应”，即使人生处哀，一世艰辛，也要以审美方式审视人间岁月，因为天地与我同在同乐。这即中国人特别是儒者特有的“天地境界”，实即对艰难人生的审美超越。苏轼的《水调歌头》所谓“人有悲欢离合，此事古难全”，“但愿人长久，千里共婵娟”；张载的《西铭》所谓“存，吾顺事；殁，吾宁也”，都表达着这种审美式生死观。而《发微论》正是以这种中国独特的审美式生死观，审美地处理“阴宅”的。据笔者所知，国外至今未见同类型著作，故怎么评价其美学价值都不觉过分，特别是在恐怖主义和新的冷战思维的影响下，它促使我们觉察到理学与中国“阴宅”理论的关系，值得再究。限于篇幅，本书这里仅点到为止，期盼来者。至于蔡元定修订郭璞的《葬书》，更反映出蔡元定对《葬书》哲学及中国生死观的重视和进一步完善。其间许多学术细节研究，也期盼来者进行。

3. 宋徽宗的“艮岳”和《园冶》

宋徽宗在开封建“艮岳”，始于1117年，建成于1122年。作为由书画家兼皇帝的宋徽宗设计建造的皇家园林，“艮岳”继承了秦始皇“上林苑”的设计思路，又纯属在大都会中人工创制的超巨型“叠石园林”，包括把中国人的“太湖石审美”提升到极致。

虽然对“艮岳”二字，堪舆家说标示着赵宋皇室在开封东北“艮方”建造“叠石园林”可致皇祚绵延，含有明显的迷信味道，但书画家兼皇帝的宋徽宗，首先是个有品位的艺术家，故他不会认真地遵守既成模式的束缚，以“无模式”为模式，于是，从“艮岳”开始，包括皇家和私家园林在内的中国园林，特别是明清江南私家园林，就自外于既成中国人居理论，形成了中国人居理论中极独特的一个分支，其“石山曲水审美”与郭璞的“阴宅”审美互补，形成了中国人生死审美中乐观且浪漫的独特格局。对此，哲学史界似乎至今未深加涉足，亟待补论。中国园林以“无模式”为“模式”，以“不在中国人居理论模式中”为“在中国人居理论模式中”为本质标志，因为它的骨子里，流淌的还是中国景观理论的自由浪漫血液，虽然它在明清的江南以玩“太湖石”而显示出远离关中的地域特色。不过它作为中国景观学理论极致的体现，确也已以极端自由浪漫而与中国人居模式若即若离了，成为中国近世“景观理论极品”了。明代计成所撰《园冶》，实际就是它的理论“儿子”。

这个“儿子”的出世，也注定中国人居理论目前将进入“凤凰涅槃”。

参考文献

[1]（宋）朱熹：《山陵议状》，《朱子全书》第 20 卷，朱杰人，严佐之，刘永翔主编：《晦庵先生朱文公文集（壹）》，上海：上海古籍出版社，合肥：安徽教育出版社，2001 年版，第 729—733 页。

[2]（宋）蔡元定：《发微论》，呼和浩特：内蒙古人民出版社，2010 年版。

[3][239][327] 余秋雨：《中国文脉》，武汉：长江文艺出版社，2012 年版，第 350 页，第 238 页，第 266—276 页。

[4] 候甬坚等：《长安城——人类史和自然史研究之圣地》，西安文理学院长安历史文化研究中心编：《长安历史文化研究（第一辑）》，西安：陕西人民出版社，2009 年版，第 37 页。

[5][6][9][44][68][79][119][273] 胡义成等：《周文化和黄帝文化管窥》，西安：陕西人民出版社，2015 年版下册，第 262—305 页，第 350—370 页，第 213 页，第 288 页，第 82—91 页，第 82—91 页，第 350—370 页，第 82—90 页。

[7][45][217][269][278] 参见本书第四章第一节：史前源头。

[8][279] 参见本书第四章第二节：“周”字最初即“‘相土’图式”。

[10][15] 张天恩：《渭河流域仰韶文化聚落状况观察》，见中国社会科学院考古研究所等编：《中国聚落考古的理论和实践（第一辑）》，北京：科学出版社，2010 年版，第 105 页。

[11][16] 中华人民共和国科学技术部，国家文物局编：《早期中国——中华文明起源》，北京：文物出版社，2009 年版，第 66—67 页，第 139 页。

[12][180][181][242][246][287][290] 王其亨主编：《风水理论研究》，天津：天津大学出版社，1992 年版，第 215 页，第 143—144 页，第 8—9 页，第 198—213 页，第 205 页，第 91 页，第 91 页。

[13] 吴汝祚：《中原地区中华古代文明发展史》，北京：社会科学文献出版社，2012 年版，第 64 页。

[14] 何炳武：《黄帝文明的文献与考古学观察》，见朱恪孝，谢阳举主编：《黄帝与中华文化学术研讨会论文集》，西安：西北大学出版社，2008 年版，第 44 页。

[17][19] 杨弃：《中国古代四象崇拜的流变》，《中国社会科学报》2014年4月2日第5版。

[18][111] 张光直：《中国考古学论文集》，北京：生活•读书•新知三联书店，2013年版，353—354页，第116—121页。

[20][47] 许倬云：《西周史》，北京：生活•读书•新知三联书店，2012年版，第107页，第76页。

[21][22][23][25][52] 李忠武等编著：《西周都城丰镐》，西安：陕西人民出版社，2002年版，第95页，第24页，第78页，第78—79页，第80页。

[24][102][149][225][228][232] 朱士光主编：《西安的历史变迁与发展》，西安：西安出版社，2003年版，第116—122页，第164页，第167页，第255页，第4页，第258页。

[26]《诗经·大雅·文王有声》。

[27] 潘明娟：《周秦时期关中城市体系研究》，北京：人民出版社，2009年版，第62页。

[28]（宋）朱熹：《〈诗〉集传》。还可参见郭周礼主编：《周文化与周公庙》，西安：陕西人民出版社，2003年版，第114页。

[29] 郭周礼主编：《周文化与周公庙》，西安：陕西人民出版社，2003年版，第71页和第119页。

[30] 吴国桢著《中国的传统》一书（北京：东方出版社，2000年版），对周公研究着力多多，功不可没，但其认为《周礼》全为周公亲撰（第450—478页），则可能陷于"尽信古人"。

[31] 参见张杰：《中国古代空间文化溯源》，北京：清华大学出版社，2012年版，第6—10页、第121—124页和第323页。

[32]《隋书·卷六·礼仪志一》称颂周公"五礼"曰："未有入室而不由户者。"

[33] 许倬云：《求古编》，北京：商务印书馆，2014年版，第10页。

[34][132][183][184] 李零：《中国方术正考》，北京：中华书局，2006年版，第101—104页，第55—64页，第33页，第156—167页。

[35][36] 李学勤：《古文献丛论》，上海：上海远东出版社，1996年版，第225页，第241页。

[37][38][40][41][42] 韩骥：《九宫格局》，见西安市城乡建设委员会等编：《论唐代城市建设》，西安：陕西人民出版社，2005年版，第33页，第36页，第37页，第39—40页，第33页。

[39][51][71][74][76][105][106][107][108][109][118][162][163][164][212][266][300][344] 张杰：《中国古代空间文化溯源》，北京：清华大学出版社，2012年版，第380页和第132页，第323页，第382页，第317页，第316—317页，第3页，第1—70页，第1—70页，第47—54页，第57页，第71页，第316页，第316页，第313页，第317页，第319页，第31页，第320页。

[43] 和红星编著：《西安於我（9）》，天津：天津大学出版社，2010年版，第83页。

[46][91][95][98][203][222][235] 潘谷西主编：《中国建筑史》，北京：中国建工出版社，2009年版，第23—24页，第54页，第24页，第27页，第54页，第35—37页，第49页。

[48] 许倬云：《西周史》，北京：生活•读书•新知三联书店，2012年版，第74—77页和第265—268页；许倬云：《求古编》，北京：商务印书馆，2014年版，第192—201页。

[49][143][150][157][171][174][175][177][204][262] 傅熹年：《中国科学技术史•建筑卷》，北京：科学出版社，2008年版，第70—73页，"前言"第4页，第127页，第82页，第147页，第147页，第149页，第147页，第140—141页，第289页。

[50] 魏兴兴等：《周发祥地周原》，西安：三秦出版社，2005年版，第178页。

[53] 梁思成：《中国建筑史》，天津：百花文艺出版社，1998年版，第6页。

[54] 中国科学院自然史研究所研究组：《85项中国古代重要科技发明创造》，《光明日报》2015年1月28日第6版。其列表注明，圭表的创制年代"不晚于西周"。

[55] 王慎行：《古文字与商周文明》，西安：陕西人民教育出版社，1992年版，第168—169页。

[56]（清）吴闿生：《诗意会通》，北京：中华书局，1958年版，第39页。

[57]（清）乾隆：《御篡诗义折中》，上海：上海大成书局，1920年版，第十二卷。

[58][64]姚际恒：《诗经通论》，北京：中华书局，1958年版，第199页，第200页。

[59]王安石著，邱汉生辑注：《诗义钩沉》，北京：中华书局，1982年版，第159页。

[60]毛心一，王璧文：《中国建筑史》，北京：东方出版社，2008年版，第9页。

[61][62][63]汉宝德：《中国建筑文化讲座》，北京：生活·读书·新知三联书店，2008年版，第243页，第244页，第203页。

[65]〔美〕阿摩斯·拉普卜特著，常青等译：《宅形与文化》，北京：中国建筑工业出版社，2007年版，第46页。

[66]顾颉刚：《〈周易〉卦爻辞中的故事》，顾颉刚编著：《古史辨（三）》，上海：上海古籍出版社，1982年影印本，第1—44页。

[67]（汉）董仲舒：《春秋繁露·五行之义》。

[69]赵明星：《中国北方地区仿木构墓葬发现与研究综述》，《中州学刊》2010年第2期。

[70]李泽厚：《该中国哲学登场了吗？》，上海：上海译文出版社，2011年版，第79页。

[72][75][215][267]何晓昕，罗隽：《中国风水史（增补版）》，北京：九州出版社，2008年版，第10—16页，第21页，第78页，第109页。

[73][89][97][135][138][167][169][192]刘雨婷编：《中国历代建筑典章制度》上册，上海：同济大学出版社，2010年版，第5页，第46页，第109页，第105页，第105页，第101—103页，第101—103页，第107页。

[77][78]张齐明：《亦术亦俗——汉魏六朝风水信仰研究》，北京：中国人民大学出版社，2011年版，第17页，第259—260页。

[80][362]王贵祥：《中国古代人居理念与建筑原则》，北京：中国建筑工业出版社，2015年版，第400—401页，第179页。

[81][83][84]李学勤：《初识清华简》，上海：中西书局，2013年版，第142页，第140页，第141页和第143—144页。

[82][86][94]李学勤：《夏商周文明研究》，北京：商务印书馆，2015年版，第426页，第425—426页，第407页。

[85]顾颉刚，刘起釪：《尚书校释译论》，北京：中华书局，2005年版，第三卷第1506页。

[87]林剑鸣：《秦史稿》，上海：上海人民出版社，1981年版，第14—25页。

[88]胡义成：《关中文脉》（上册），香港：天马出版有限公司，2008年版，第232—250页。

[90]《史记·商君列传》《史记·秦本纪》。

[92][101]《史记·秦本纪》。

[93][99][100]王长虎等：《秦发祥地雍城》，西安：三秦出版社，2004年版，第152页，第112—114页，第113页。

[96][110][123][151][152][166][168]《史记·秦始皇本纪》。

[103]顾炎武：《日知录》（卷三十）《天文》。

[104]冯时：《中国天文考古学》，北京：中国社会科学出版社，2007年版，第127—146页。

[112][189]李零：《中国方术续考》，北京：中华书局，2010年版，第69—79页，第80页。

[113][117][139][370]王子林：《紫禁城风水》，北京：紫禁城出版社，2010年版，第15页和第87页，第87页，第15页，第95页。

[114][115][116]向德主编，西安市文物局编著：《西安大遗址保护》，北京：文物出版社，2009年

版，第 19 页。

[120] 焦天龙，范春雪：《福建与南岛语族》，北京：中华书局，2010 年版，第 23—46 页。

[121] 史念海：《河山集（四）》，西安：陕西师范大学出版社，1991 年版，第 452—458 页，第 435—438 页和第 490 页。

[122] 史念海：《河山集（四）》，西安：陕西师范大学出版社，1991 年版，第 456 页。

[124][129] 李泽厚：《批判哲学的批判》，北京：人民出版社，1979 年版，第 374 页，第 371 页。

[125][126][127][128]〔德〕康德著，宗白华译：《判断力批判（上册）》，北京：商务印书馆，1964 年版，第 86—100 页，第 100—101 页，第 85 页，第 83 页。

[130]〔德〕康德著，曹俊峰、韩明安译：《对美感和崇高感的观察》，哈尔滨：黑龙江人民出版社，1990 年版，第 16 页。

[131][133][371] 王子林：《皇家风水》，北京：紫禁城出版社，2009 年版，第 145 页，第 145 页，第 147—148 页。

[134][136][137][140][141][142] 金身佳：《中国神秘文化——风水》，长沙：湖南美术出版社，2010 年版，第 167 页，第 167 页，第 102 页，第 102 页，第 117 页。

[144][145][146] 张钦楠：《特色取胜》，北京：机械工业出版社，2005 年版，第 134 页，第 129 页，第 133—134 页。

[147] 李泽厚：《中国古代思想史论》，北京：人民出版社，1986 年版，第 310 页。

[148][154] 李泽厚：《美的历程》，合肥：安徽文艺出版社，1994 年版，第 282 页，第 66 页。

[153] 王世仁：《理性与浪漫的交织》，北京：中国建筑工业出版社，1987 年版，第 52 页。

[155][159][160][172][176] 王双怀：《陕西帝王陵》，西安：西安出版社，2010 年版，第 46 页，第 30 页，第 12 页注，第 49 页，第 49 页。

[156][158][161][165][170][173][178][179] 何利群：《图说秦始皇陵》，重庆：重庆出版社，2006 年版，第 46 页，第 48 页，第 44—45 页，第 65 页，第 69 页，第 56—57 页，第 67—69 页，第 54—55 页。

[182]（汉）王充：《论衡 • 实知》。

[185] 赵瑞民：《关于堪舆术的一个比较》，见江林昌等主编：《中国古代文明研究与学术史》，保定：河北大学出版社，2006 年版，第 144 页和第 145 页。

[186][187][188] 黄儒宣：《〈日书〉图像研究》，上海：中西书局，2013 年版，第 29 页，第 35 页，第 23—24 页。

[190]《史记 • 高祖本纪》。

[191]《汉书 • 西域传》。

[193] 颜廷真：《中国风水理论演变和实践》，西安：陕西师范大学出版，2011 年版，第 58 页。

[194][195][196][197][198][199][207][208] 刘瑞：《汉长安城的朝向、轴线与南郊礼制建筑》，北京：中国社会科学出版社，2011 年版，第 28—29 页，第 28 页，第 31 页，第 36—37 页，第 45 页和第 67 页，第 30 页，第 13 页，第 35 页，

[200] 完颜绍元：《风水趣谈》，上海：上海古籍出版社，2005 年版，第 39 页。

[201][209] 刘庆柱：《汉长安城考古发现所反映的礼制文化》，《文史知识》2013 年第 4 期。

[202][213][214] 杨永生编：《哲匠录》，北京：中国建筑工业出版社，2005 年版，第 18 页，第 10—22 页，第 7—22 页。

[205]《大戴礼记 • 曾子天圆》。

[206] 张杰：《中国古代空间文化溯源》，北京：清华大学出版社，2012 年版，第 145 页；王子林：《皇家风水》，北京：紫禁城出版社，2009 年版，第 136 页；刘庆柱：《汉长安城考古发现所反映的礼

制文化》，《文史知识》2013 年第 4 期，封 2。

[210][284][285] 参见本书第二章第二节：董仲舒和“天人感应论”的现代确立。

[211][216][218] 潘晟：《汉唐地理数术知识的演变与古代地理学的发展》，《中国社会科学》2011 年第 5 期，第 56—78 页。

[219][220][236][238][240][245][247][252][254][264][265][271] 傅熹年：《傅熹年建筑史论文选》，天津：百花文艺出版社，2009 年版，第 497—498 页，第 170—176 页，第 335 页，第 335 页，第 335 页，第 338 页，338 页，第 283 页，第 338 页，第 338 页，第 337 页，第 497 页。

[221][226][248][261][263] 朱启钤辑：《哲匠录》，北京：中国建筑工业出版社，2005 年版，第 46 页，第 44 页，第 71 页，第 59—60 页，第 44—60 页。

[223] 常青：《话说建筑史》，收于王明贤主编：《名师论建筑史》，北京：中国建筑工业出版社，2009 年版，第 74 页。

[224]《隋书・文帝本纪》。

[227] 郭湖生：《西汉长安》，收于本书编委会编：《建筑理论・历史文库》，北京：中国建筑工业出版社，2010 年版，第 247 页。

[229] 完颜绍元：《风水趣谈》，上海：上海古籍出版社，2005 年版，第 34 页。

[230][231][233][237] 李令福：《隋大兴城的兴建及其对原隰地形的利用》，收于西安文理学院长安历史文化研究中心编：《长安历史文化研究（第一辑）》，西安：陕西人民出版社，2009 年版。

[234] 朱鸿：《长安新考》，北京：中国社会科学出版社，2014 年版，第 139 页。

[241] 冉万里编著：《隋唐考古》，西安：陕西人民出版社，2009 年版，第 7 页。

[243] 鲍世行编：《钱学森论山水城市》，北京：中国建筑工业出版社，2010 年版。

[244] 新华社记者报道，《光明日报》2013 年 12 月 13 日头版。

[249][251][256][257][258] 贺从容编著：《古都西安》，北京：清华大学出版社，2012 年版，第 114 页，第 113—114 页，第 119 页，第 121 页，第 114 页，

[250] 杨玉贵，张元中编著：《大明宫》，西安：陕西人民出版社，2002 年版，第 3—4 页。

[253] 尚民杰：《关于大明宫的几个问题》，收于西安市城乡建设委员会等编：《论唐代城市建设》，西安：陕西人民出版社，2005 年版，第 439 页。

[255] 程国政编注：《中国古代建筑文献精选》，上海：同济大学出版社，2008 年版，第 340 页。

[259][260] 王双怀：《荒冢残阳——唐代帝陵研究》，西安：陕西人民教育出版社，2000 年版，第 71—74 页，第 89 页。

[268][270][351][353][359[360[361] 关长龙：《敦煌堪舆文书研究》，北京：中华书局，2013 年版，第 17 页，前言，第 17 页，第 171 页，第 164 页，第 164 页，第 172 页。

[272][345] 郭彧编著：《风水VB问》，北京：华夏出版社，2012 年版，第 203—216 页，第 6 页。

[274][332] 强锋编著：《建筑风水学研究》，北京：华龄出版社，2012 年版，第 35 页，第 239 页和第 279—300 页

[275][276][277][280][288][296][310][312][313][315][317][318][319][321][322][323][324][325][326][363][364][365] 汉宝德：《风水与环境》，天津：天津古籍出版社，2003 年版，第 130 页，第 178 页，第 130 页，第 8 页，第 34 页，第 97 页，第 19 页，第 121 页，第 28 页，第 167 页和第 185 页，第 149 页，第 150 页，第 193—258 页，第 165 页，第 137—148 页和第 165 页，第 170 页，第 132 页，第 108 页，第 148 页，第 11 页，第 14 页，第 30 页。

[281][291] 参见胡义成：《“周公型模”论》，收于胡义成等：《周文化和黄帝文化研究》，西安：陕西人民出版社，2015 年版，第 48—81 页。

[282] 参见钱宗武：《〈书〉学大道，必兴中华》，《光明日报》2016 年 5 月 23 日第 16 版。

[309][320] 参见本书第五章第二节：中国民间“形法”的数字化探索。

[283]（清）陈召：《双桥随笔》卷九，转引自程建军，孔尚朴著：《风水与建筑》，南昌：江西科学技术出版社，1992 年版，第 171 页。

[286][295][366] 参见本书第二章第三节：钱学森重申“量子认识论”。

[289] 于民：《气化谐和》，长春：东北师范大学出版社，1990 年版，第 262 页。

[292][304][305] 张文江记述：《潘雨廷先生谈话录》，上海：复旦大学出版社，2012 年版，第 9 页，第 376 页，第 148—149 页。

[293]〔美〕成中英：《中国文化的现代化与世界化》，北京：中国和平出版社，1988 年版，第 187—193 页。

[294][297][333] 刘长林：《中国象科学观》，北京：社会科学文献出版社，2008 年版，第 800—802 页，序第 2 页，第 661—666 页。

[298]〔美〕成中英：《合外内之道》，北京：中国社会科学出版社，2001 年版，第 15 页。

[299] 李泽厚：《李泽厚对话集：中国哲学登场》，北京：中华书局，2014 年版，第 249—256 页，

[301][302][303][329] 钱学森：《人体科学与现代科技发展纵横观》，北京：人民出版社，1996 年版，第 339 页，第 178 页，第 245 页，第 399—400 页。

[306] 高怀民：《两汉易学史》，桂林：广西师范大学出版社，2007 年版，第 73 页。

[307][308][311] 顾颉主编：《堪舆集成（一）》，重庆：重庆出版社，1994 年版，第 340 页，第 340 页，第 358 页。

[314][346][349][350] 李定信：《四库全书堪舆类典籍研究》，上海：上海古籍出版社，2011 年版，第 115 页，第 11 页，第 187 页，第 192 页。

[316]〔美〕凯文·林奇著，方益萍、何晓军译：《城市意象》，桂林：华夏出版社，2011 年版，第 121 页。

[328] 于民：《气化谐和》，长春：东北师范大学出版社，1990 年版，第 18—23 页、第 63 页和第 430—432 页。

[330] 何祚庥：《唯物主义的“元气”学说》，《中国科学》1975 年第 5 期。

[331] 徐苏斌：《风水说中的心理场因素》，收与王其亨主编：《风水理论研究》，天津：天津大学出版社，1992 年版，第 107—116 页。

[334] 参见本书第三章第五节：钱学森的启示。

[335][336][337][338][339][340][341][342] 余卓群：《建筑与地理环境》，海口：海南出版社，2010 年版，第 156 页，第 141 页，第 157—159 页，第 191 页，第 254 页，第 134 页，第 66 页，第 271—288 页。

[343] 李定信：《四库全书堪舆类典籍研究》，上海：上海古籍出版社，2011 年版，第 40 页、第 196 页、第 252 页、第 251 页和第 192 页。

[347] 梁启超：《论中国学术思想变迁之大势》，扬州：江苏广陵古籍刻印社，1990 年版，第 61 页。

[352] 关长龙：《敦煌本堪舆文书研究》，北京：中华书局，2013 年版，第 163—165 页；王贵祥：《中国古代人居理念与建筑原则》，北京：中国建筑工业出版社，2015 年版，第 179—180 页。

[354] 关长龙：《敦煌本堪舆文书研究》，北京：中华书局，2013 年版，第 168—169 页；顾颉主编：《堪舆集成（一）》，重庆：重庆出版社，1994 年版，第 1—3 页。

[355][356] 关长龙：《敦煌本堪舆文书研究》，北京：中华书局，2013 年版，第 180 页；顾颉主编：《堪舆集成（一）》，重庆：重庆出版社，1994 年版，第 4 页。

[357] 关长龙：《敦煌本堪舆文书研究》，北京：中华书局，2013 年版，第 168 页；顾颉主编：《堪舆集成（一）》，重庆：重庆出版社，1994 年版，第 1 页。

[358] 孙周兴选编：《海德格尔选集》，上海：上海三联书店，1996 年版，第 1188—1192 页。

[367][373]（宋）黎靖德编，王星贤点校：《朱子语类》，北京：中华书局，1986 年版，第 3283 页，第 3289 页。

[368] 束景南编：《朱熹佚文辑考》，南京：江苏古籍出版社，1991 年版，第 520 页。

[372]（宋）朱熹著，刘永翔等主编：《朱子全书（修订本）：晦庵先生朱文公文集（第 20 卷）》，上海：上海古籍出版社，合肥：安徽教育出版社，2001 年版，第 729—733 页。

[374]（宋）蔡元定：《发微论》，呼和浩特：内蒙古人民出版社，2010 年版。

第五章 现代人居设计中的中国人居理论

在全球环境危机下，以“天人合一”为致思取向的中国人居理论表达的人居哲学和人居科学原理，正在全球人居理论巨变中迎来“凤凰涅槃”。限于篇幅，本章第二节对中国人居理论“凤凰涅槃”的具体讨论，只能以“中国县域‘中小景区传统景观资源开发评价软件’研制”为一个典型例子展开。其实，其中可展开处尚多，只好留待来者了。

第一节 第二次世界大战后的人居文化和中国人居理论的地位

人居科学及其理论除了具有自然科学的属性外，也属于人文和社会科学学科。在某种意义上，其理论部分（人居科学哲学、美学，人居科学原理，人居科学中的技术原理）的差异则整体上取决于各民族、各国家哲学的不同，以及由这种哲学决定的文化学的不同。第二次世界大战后，随着全球和平建设的推进，人居理论与全球各国哲学、文化学频繁互动，内部也不断调整，已经成为影响全球文化格局的重要因素之一。其中，中国人居理论的地位和作用日渐凸显。

一、德国海德格尔的“人居哲学”产生

《三国演义》说过“分久必合”的话。现代全球人居理论与哲学、文化学等学科的“分久必合”和不解之缘，大体是从第二次世界大战之后被进一步明确凸显并展开的。

面对“生死劫”，每一个人都会在某种程度上“回皈哲学”。试回想凭借高度发达的科学技术（包括原子科技）的第二次世界大战所造成的亿万伤亡和遍地瓦砾吧。劫后余生者，以自己习惯的思维方式，呼天喊地，痛不欲生：亡人居址在，音容何依托？人们不能不追问生死、居住、亲情、人生意义等问题，并在它们之间建立某种“哲学联系”。当然，20世纪中期，人们的这种“类行为”，是在不同的“文明级别”上进行的。不可能设想，北中国小山村中的老大妈，在这种“类行为”中能留下什么像样的哲学表述。由于专业所限，虽然文学艺术家是这种“类行为”中的佼佼者，他们以情感的力量拨动人类心弦，把对“瓦砾＋尸体”场景的反思升华到感性极致，但最能充分表达这种“类行为”者，必定是伟大的哲学家。

（一）海德格尔及其哲学简介

德国人海德格尔便是适应时代需要的这种伟大哲学家。在现代西方哲学史中，他

往往被看成存在主义的创始人之一。本书从自己的主旨出发，认为他应同时被当作现代人居哲学大师看待。

海德格尔于1889年生于德国，故乡与瑞士、法国毗邻，“黑森林山脉”横亘其地。父亲是神职人员，使海德格尔幼年与教堂、钟声结下了不解之缘，且心灵深处烙有故乡“黑森林山脉”美景的烙印。在高中的最后一年，他读到了同样歌颂这一家乡美景的诗人荷尔德林的作品，构成了他晚年哲学沉思的一个主要灵感源泉。1909年，他考入弗赖堡大学。由于胡塞尔现象学的影响，他从神学转向哲学，并于1927年出版了其早期代表作《存在与时间》。

在法西斯统治期间，1933年年底，海德格尔被任命为弗赖堡大学校长，但只干了10个月便辞职。大体在这段时间，他的哲学思考从早期进入较成熟阶段。期间他对中国道家哲学的接触和学习，使其哲学转型具有“体系转换”性质。可以说，他是借鉴中国道家哲学而对西方哲学体系进行全面、彻底改铸的最伟大的西方现代哲学家之一。有人认为，晚期的海德格尔哲学代表着人类对战争浩劫和技术统治的最深刻反思，是当代可持续发展战略的哲学源头之一。

不仅由于语言隔膜，而且由于体系和文化背景的巨大差异，对于中国人而言，海德格尔哲学多少是个“迷宫”。作为屋宇的人居物及其规划，是一种具体感性的存在，海德格尔却从中悟出了人生意义，更增其神秘。这里仅十分粗略地对其“德国特色”哲学尤其是其人居哲学若干要点加以最简单的“中国式”述介，也可从中悟出海德格尔人居哲学与本书前述中国唐代《黄帝宅经》提出的人居哲学和“人居科学原理”的类似。中国唐人在千余年前觉察到的问题，被海德格尔重新提出，并影响到全球人居理论发展的趋向。

（二）以异于西方传统哲学的方式追问“此在”

无论在现代西方还是现代东方，“哲学唯物论”把“存在”界定为“物质”，把“哲学唯心论”则界定为“精神第一”。在中国古老的文化中，“道”哲学在“天人合一”的框架内，以“道”的“氤氲缘构”展示了第三条哲思之路，但在西方学者看来，由于对“道”中的主客体及其关系未进行过所谓“周延的哲学反思”，据说“道”之理便多少现出粗陋和“神秘”。这当然是误解，中国哲学为什么必须用西方哲学阐释呢？

在这种全球哲学有差异的背景下，海德格尔凭借德国传统哲学资源对主客体及其关系探究既深且久的优势，借鉴现象学，首先对“存在”进行了异于传统的哲学反思。

在他看来，存在就是存在，不是“物质”，也不是“精神”，也不是“在者”；人们不能询问“存在是什么”，而要反思“存在”为何是“自明的概念”。传统哲学追问“存在是什么”，混淆“存在”和“在者”，造成了“存在”实际被遗忘。在他的大脑中，西方传统哲学的最大理论失误，是把“存在”当作“在者”，用对“在者”的反思代替对“存在”的反思。

放弃把“存在”当作“在者”，不等于人们可以直接通达“存在”。在海德格尔心中，“此在”是“存在的澄明”，即人们通达“存在”之途，必须由“此在”加以“澄明”。那么，

“此在”是什么呢？

海德格尔用德国式的哲学语言，对此绕了很大的弯子。用中国式简洁的话说，海德格尔的“此在”，便是作为一种特殊“在者”并与“存在”相关联的“人”。对“存在”意义的探寻，只能通由“人”这种“为自己本身的存在而存在”的特殊“在者”即“此在”展开。因为只有这种“在者”，才是对存在之意义进行探寻者，也是回答存在之意义者；离开这种“此在”，存在之意义便无从探寻，成为虚设。

海德格尔的《存在与时间》称自己的本体论是“‘此在’本体论”。据说，在这种本体论中，“此在”比其他“在者”（如物质、精神等）拥有“优先”性，包括它本身就是“存在”,“此在”即“生存”，等等。可以说，海德格尔哲学就是一种“人的哲学”，似乎与中国周公开创的“仁哲学”颇近似。

依笔者之见，在一定意义上甚至可以说，海德格尔“‘此在’本体论”也许是中国道家“天人合一”哲学（含“道”哲学）的某种德国版。如前所述，它优于中国“道”哲学的地方，是它以德国哲学对主客体及其关系的反思作为自己的理论前提。虽然这种反思因对立“物质”“精神”或对立“天”“人”而必须转向，但其对主客体的解剖，毕竟触及“存在”的某个层面、某种结构；如其作为“填料”被吸纳于“‘此在’本体论”结构中，那么，这种“‘此在’本体论”一方面会吸取中国“天人合一”哲学的合理性和优越性，另一方面又当然精细于只讲“天人合一”而对主客体-主客观侧度缺乏仔细解剖的中国哲学，形成某种超越东西方哲学对立的现代新哲学。

包括中国“仁哲学”在内，现代全球“人的哲学”遍地都是。海德格尔的“‘此在’本体论”，与这些“人的哲学”又有何异呢？据笔者解读，海德格尔的“此在”，多少相似于中国周公创制的“天人合一”哲学即“天-仁哲学”之“天”“气”“道”等范畴，是混“天”“人”于一体的“在者”。此外的许多“人的哲学”，大皆是裂“天”“人”者。由于其“此在”是“天人合一”者，不是对立于“天-仁”者，所以，就显出其哲学优长。

（三）反对西方“人类中心论”哲学

1946年秋，第二次世界大战刚结束不久，当海德格尔与一位来自中国的学者合作翻译中国《老子》一书前后，他公开发表了《论“人类中心论”的信》。这封公开信中的“人类中心论”，以前在我国被译为“人道主义”[1]，所以在我国就出现了“海德格尔公开反对人道主义”的误会。这是需要纠正的。海德格尔反对的只是在西方传统哲学中一直居于主导地位的“人类中心论”[2]，不是一般地反对人道主义。

海德格尔的核心论点是：“人不是存在者的主宰；人是存在的看护者。”[3]为了确立这一论点，海德格尔向西方哲学延续了数千年的“唯主客体”设定“开火”，一再批评西方哲学的这种设定是以“人类中心论”为基础的，因而只能导出“人是存在者的主宰”这类结论。为了确立“人不是存在者的主宰”的结论，人们就必须彻底抛弃主导西方哲学的“唯主客体设定”。

海德格尔写道：“迄今为止的欧洲越来越清楚地被迫坠入的危险大概就在于，首先是欧洲的思想在逐渐展开的世界‘天命’的本质进程中落后了。”[4]请注意其使用的

“天命”一词，它正是中国周公所创“天人合一”哲学的时代立脚点。海德格尔在这里，实际以否定“唯主客体设定”的名义，既向“哲学唯物主义”挑战，也向“哲学唯心主义”挑战，明显地趋于一种“主客合一”或“天人合一”的“天命”哲学、“天道”哲学。对于西方人来说，这是一个全新的东西。但中国人不难从中悟出，从致思趋向看，海德格尔趋向的这种“天人合一”哲学，也正是因缘于中国的《老子》哲学思路。当时，海德格尔正与《老子》“亲近”而翻译它，故他因缘于《老子》哲学不难理解。

把海德格尔这封信看成当代可持续发展战略（尤其是实施生态环境保护战略）的哲学纲领[5]，是有道理的。这封信给我们的一大启示是：当代生态环境保护的哲学基础，看来不能由西方传统唯物或唯心主义哲学给出，而要由中国“天人合一”的哲学思路提供。对全球而言，这将是文艺复兴以来人类思想的又一次大解放。可惜，相当多的人至今对此并不是很理解，在人居哲学领域尤其如此。须知，要由中国“天人合一”的哲学思路提供当代生态环境保护的哲学基础，也意味着中国人居哲学将逐渐承担起引领现代人居理论发展的重任。

（四）海德格尔《筑·居·思》提出独特的人居哲学

1951 年 8 月，在以建筑学、规划学学者为主的“人与空间专题会议”上，海德格尔发表了论文《筑·居·思》。其人居哲学集中表述于该文[6]，且实际开创了西方人居理论的新时代，很值得中国人居理论界再三寻味。

1. 极端重视人居哲学

《筑·居·思》开头即指出，它对人居的思考不属于人居工程学，而是属于人居哲学，因为它要“把筑造纳入一切存在者所属的那个领域中”。接着，海德格尔按照德国方式，说明了其人居哲学的两大论域，即“什么是‘栖居’”，以及“在何种意义上‘筑造’归属于‘栖居’？”

从海德格尔“‘此在’本体论”的大体思路可以推想，在前一个论域中，海德格尔将把“栖居”作为“此在”的特质来看待，为其人居哲学奠定最根本的前提；而在后一个论域中，海德格尔将进一步展述“筑造”作为“人化自然”的“此在”本质，包括展述作为属人空间的人居物与人的“缘构”关系。由于“此在本体论”区别于此前西方的一切哲学本体论，所以，海德格尔对这两个论域的展开，呈现出一种对西方而言是完全崭新的人居哲学。

2. 把人居活动升格为“人在大地上存在的方式”

对于“什么是栖居”，海德格尔以德国方式，给出了三句话：“一，筑造乃是真正的栖居；二，栖居乃是终有一死的人在大地上存在的方式；三，作为栖居的筑造展开为那种保养生长的筑造和建立建筑物的筑造。”这三句话可以被理解为海德格尔所倡“当代人居哲学”的纲要。结合“‘此在’本体论”来把握这三句话，那么，大体可以分为以下方面。

第一，海德格尔一方面只把“栖居”视为“人在大地上存在的方式”，包括把“住”提升到了“人的存在方式”的高度，这在西方人居哲学上是空前的，且具有一定的抽象合理性；另外，海德格尔又把“筑造”视为“真正的栖居”，于是，人类的人居活动，便直接被升格为“人在大地上存在的方式”，这在西方“人居哲学”上也是空前的。当然，作为人的本质，人的实践活动结构复杂，远远不限于人居行为，故“筑造”不是其中唯一最重要的活动。海德格尔把“栖居”和“筑造”的历史地位抬得如此之高，使之唯一化，当然难避“片面”之嫌。不过，在西方哲学中流行着关于“片面才深刻”的“行话”，因为哲学家只能用抽象的方法把结构复杂的世界之核心内容简化，有意无意地为特定目的“舍象”另一些结构要素，片面突出一些或一个结构要素，以保持特定的哲学深刻性。同是德国哲人，马克思、恩格斯首先抓住了人的“吃、穿、住”及其社会生产作为唯物史观的第一原理（李泽厚称之为“吃饭哲学”，并非全无道理），海德格尔的三句话则在其中抓住了人的居住问题作为“人居哲学”的基本原理，也很深刻，故具有一定的哲学合理性。

“三句话”的最大理论贡献是，它首次在西方把“筑造”与“人的存在方式”相关联，使人居的属人本质鲜明地突出出来。在海德格尔之前，西方虽有智者也把“住”看得相当重要，但并无人把“筑造”直接界定为“人在大地上存在的方式”。在一定意义上可以说，“三句话”也是对马克思和恩格斯唯物史观某一局部的抽象强调和深化。人们可以发现，海德格尔把“筑造”直接界定为“人在大地上存在的方式”，与中国的《黄帝宅经》开头说“宅者，人之本”，有点殊途同归，深度契合。

第二，“三句话”的最后一句，把“筑造”展开为两部分：其一是“保养生长的筑造”；其二是“建立建筑物的筑造”。对于前者，海德格尔明确解释说：“在爱护和保养意义上的筑造，不是制造”，它指“爱护和保养诸如耕种的田地，养植葡萄”，等等。今天可以说，它直接就是保护生态环境，亦即“守护着植物从自身中结出果实的生长”。尤其令笔者眼球一动的是，海德格尔还说：“栖居的基本特征就是这种保护”，这种保护最重要。显然，他反对因建造而破坏生态环境。须知，写这些话的时候，人类刚从战争的硝烟中走出不久，还未有如今天一样“保护生态环境”的高度自觉，因此，海德格尔在这里把“筑造”看成建造建筑物和保护生态环境的统一体，以保护生态环境为“基本特征”，十分深刻，表现了其人居哲学的超前性，以及海德格尔向中国“天人合一”哲学的大幅度靠拢。

3. 提出了“四位一体”论

为了展开“筑造”作为保护生态环境和建造人居物的互补过程，海德格尔还特地提出了其著名的“四位一体”说，成为其人居哲学的“亮点”。所谓“四位一体”，即“筑造”作为“人在大地上存在的方式”，包括把“天空、大地、诸神、终有一死者（人）”四者“归于一体”。其中，海德格尔依然强调“基本特征乃是保护”，“栖居着的保护也是四重的”，包括作为“栖居者”的人要“拯救大地”，而不是“征服大地”；要“接受天空之为天空”；要“护送终有一死者”的人在良好的生态环境中“得一‘好死’”；要“期待诸神"，等等。如果我们在永远保持健康的人生观、核心价值观的意义上理解这里的"期待诸神"，那么，海德格尔的"四重保护"，实际上便是对人类栖居的生态环境及对自身精神环境的全面保护。作为海德格尔人居哲学的精髓之一，"四位一体"及其"四重保护"说，实际上是把生态环境及精神家园的全面保护作为"筑造"的前提对待的。而如本书前述，中国"'相土'图式"所开启的古典人居理论，正是在"四位一体"及其"四重保护"中体验理想人居的。无论在古今还是以后,"四位一体"及其"四重保护"都是不可移易的最深刻的人居哲理。在中国的《老子》中，有"人法地，地法天，天法道，道法自然"的命题。在笔者看来，海德格尔的"四位一体论"，也可以被理解成改造并发挥《老子》这一命题的结果。只不过在其中，海德格尔的按照西方文化的特征，用"神"取代了《老子》的"道"。

4. 提出新的空间理论——"场所论"

作为对"在何种意义上筑造归属于栖居"问题的回答，海德格尔的人居哲学进入了最切近人居本质并至今被人居科学家普遍珍视和常常征引的部分，即其新的类似于中国的空间理论——"场所论"。

在海德格尔看来，作为人居之处的建筑物，首先只是"作为位置而提供一个'场所'的那些物"，"它们为'四重整体'提供一个'场所'，这个'场所'一向设置出一个空间"。不过，在它们的"本质"中，既包括了"位置和空间的关联"，"也包含着位置与在位置那里逗留的人的联系"。于是，对人居本质的探寻，实际上可以归结为"思考人和空间的关联"。在前述各前提下，把人居哲学的主干界定于"场所"即"人的空间"问题，是海德格尔对现代人居哲学的一大理论推进。在西方，从《建筑十书》开始，人的空间问题就已被"他移"，空间往往是可以离开人而存在的物理空间。海德格尔把人与空间不能剥离的关系作为人居哲学的主干问题，是很有眼力的。因为作为"位置"的建筑物，一方面存在着"位置与空间"的关系，另一方面，又必然存在人居为人而筑造的本质，于是，"人的空间"问题，也就不能不是人们构建人居哲学的主干。中国《黄帝宅经》所谓的"人因宅而立，宅因人而存，人宅相扶，感通天地"，虽无"空间"之词，但也早含此意。中国人居理论中的"空间论"一直实即"场所论"，其中根本没有离开人的"物理空间"的地位。在现代中国，不少哲学家和人居科学家至今不太理解、不太重视海德格尔这一实际根源于中国的人居哲学命题，令人遗憾。

按照海德格尔的观点，人居"空间绝不是人的对立面"，因为"当我说'一个人'并且以这个词来思考那个以人的方式存在——也即栖居——的东西时，我用'人'这个名称已经命名了那种在寓于物的'四重整体'中的逗留"；"诸空间以及与诸空间相随而来的'这个'空间，总是已经被设置于终有一死者的逗留之中了"。这是十分精辟的"人居空间理论"，值得现代中国每一个以"人居科学家"和"人居理论家"自命的人三思。

海德格尔在这里是以自己的语言，阐释了人居作为某个具体空间与某个具体居住者的彼此统一。当建筑物作为属人的筑造品时，它的空间只能是"属人的空间"，而人也只能以在此空间中的栖居表现自己“生存的方式”。在这里，“空间与人统一”是必然的。于是，海德格尔说：“人和空间的关系无非是从根本上得到思考的栖居。”这也就是说，人在大地上的存在方式，便是在筑造中实现“人与空间融一”。这也是当代人类关于人居的一个最根本的哲学命题，它使人居哲学提升了一大步。中国式的“天人合一”，在这里具体展现为“空间与人融一”。

在海德格尔的人居哲学中，“人与空间融一”构成了所谓的“场所”，“场所”是一个核心概念。因为任何一个具体的建筑物，均“以那种为四重整体提供一个场所的方式聚集着四重整体”。在这里，“场所”是以“四重整体”的姿态呈现的，首先是以“人与空间融一”的形态呈现的；“人与空间”的分离或对立不是“场所”，包括以超人尺度筑造的建筑物对人而言，均不具有“场所感”。于是，人居设计的最佳境界是实现“场所精神”，使建造物“场所化”，具有“场所感”。这实际也是第二次世界大战以后全球一些人居设计师的不懈追求，海德格尔对此种“场所”哲学的促进功不可没。由追求“场所精神”，可以很顺利地引申出追求人居的“地域风格”“历史元素”等思路，它们十分有力地促进着当代人居的进步。笔者认为，对于海德格尔所讲“场所精神”在人居哲学上的巨大贡献，无论怎样估计均不过分。它也是当代人居哲学最耀眼的理论旗帜之一。

5. 提出“诗意栖居说”

海德格尔人居哲学的又一精华，是提出不仅人要“学会栖居”，而且人要追求“诗意地栖居在这片大地上”（以下简称“诗意栖居说”[7]）。

按照海德格尔的“诗意栖居说”，“人类此在在其根基上就是‘诗意的’”。因为“人之存在，建基于语言”，“而‘原语言’就是作为存在之创建的诗”。这样作为“存在的创建”，“诗意”便成为人在大地上生存的核心，“诗意栖居说”便得以确立。笔者佩服海德格尔关于“诗意”是人类“原语言”的哲理提升，它暗合中国乐感文化，十分深刻，千万不可小看。因为“诗意”代表着文明的最高本质，在某种意义上是比真、善更高的东西。这是因为人类社会发展总是在历史主客体的对立统一中前进的，历史客体对历史主体的“异化”永远不可避免，在此基础上，只有“诗意”才能弱化并可望在某种意义上克服“异化”，而真、善则不能克服“异化”。至少，诗意才可以使人获得自由，摆脱与世界的实用的功利性关系：实用性是不自由的，功利性是不愉快的。在以市场体系为经济基础的当代文明中，由于各种物欲力量的片面发展，使人类的“市场理性”彻底抑制了其感性的需要。这种“异化”使当代人的生活格外沉重，不自由，不愉快。要想改变或减轻当代文明的这种“异化”，首先需要改变至今广泛流布的轻视“诗意”的实用主义态度，承认诗意与审美价值代表着当代文明的“最高本质”。正是在这个意义上，海德格尔的“诗意栖居说”不仅是人居哲学的一大突破，而且依笔者之见，在整个当代价值哲学中也是一大突破。其中，尤其令笔者赞叹的是，按照海德格尔，“诗意”的获得，毫无疑问地以保护生态和心灵环境为最重要的前提；“可持续发展战略”也由此得以确立。

有论者认为，“后期海德格尔把目光完全转向大地自然事物，他用人在大地上的诗意般的居住问题，取代了《存在与时间》中的‘存在于世’的问题”[8]，此议大体上是可以成立的。“诗意栖居说”是海德格尔价值哲学的制高点，也是其人居哲学的精华。中国唐代《黄帝宅经》关于“人因宅而立，宅因人得存，人宅相扶，感通天地”[9]的人居科学原理，乃至周秦互补且天、地、人、神“四位一体”的中国古典人居理论①，其实在海德格尔这里都获得了遥远的异民族反响。中国古人的诗意追求，中国人居理论对“园林”意境的青睐，在这里实际也被改造升华，也可以说标志着中国人居诗意在欧洲的“凤凰涅槃”。

6. 海德格尔的人居哲学面对现实

海德格尔还提醒人们：“栖居的真正困难都并不只在于住房匮乏”；“真正的栖居困境”在于人们“首先必须学会栖居”[10]。他是指弱势者和一般民众住房问题的困难，不仅是存在资金等方面的缺乏，尤其是存在人居哲学上的迷乱。此话一语中的。

海德格尔的上述人居哲学体系，在西方人居科学及其理论界立即获得强烈而广泛的呼应。许多学跨建筑学、景观学和规划学和哲学的人，把海德格尔的人居哲学由于专业隔阂而难以细化的部分，进一步细化、精化了。其中，包括挪威学者斯蒂安·诺伯格-舒尔茨的《场所精神——关于建筑的现象学》(*Genius Loci, Towards a Phenomenology of Architecture*)、《存在·空间·建筑》(*Existence, Space and Architecture*)、《建筑的意向》(*Intentions in Architecture*)等专著，发挥海德格尔，为当代人居哲学的健康发展也作出了贡献。后现代主义人居设计师，更是高举海德格尔大旗，发起了对“现代主义建筑学”的批判，把人居哲学推向了更新的层次。

当然，海德格尔最终也未触摸中国古代人居理论所倚寄的“天人感应论”及其倾力的“人居功能态”优化问题思考，故他也只能被看成西方人居哲学家。

二、从希腊“人类聚居学”到中国吴良镛搭建现代人居科学框架

稍后于海德格尔，在20世纪六七十年代，欧洲又几乎同时出现了由希腊城规设计师康斯坦丁诺斯·道萨迪亚斯先生主导的“人类聚居学”创建潮流，且几十年后，在中国人居设计界获得了强烈呼应，吴良镛在道萨迪亚斯的启发下搭建的现代人居科学框架初步成形。如果说作为人居设计外行，海德格尔所提的建筑哲学，立基于对第二次世界大战灾难和战后危机的宏观式哲学反思，人居设计专业内容缺乏，那么，作为人居设计内行，道萨迪亚斯可以被理解为人居专家对“战后重建导致灾害”的专业性反思和建树；中国的吴良镛则“接棒”而进一步搭建了具有中国特色的现代“人居科学”框架，由此获2011年中国最高科学技术奖。期间，作为中国人居设计界“圈外人士”

① 见本书第四章第四节。

的钱学森，则对搭建此框架提供了最精当的哲学和方法论支撑，居功甚伟焉。本书对钱学森居功甚伟的论述颇多，这里不赘述。

（一）道萨迪亚斯创建“人类聚居学”

道萨迪亚斯1935年毕业于雅典工业大学，后在德国获博士学位，曾在希腊城市规划管理部门任职。第二次世界大战中参加反法西斯抵抗运动，战后，他作为希腊人居重建工作领导者之一，主持城乡建设。后患重病修养，返国后于1950年创办“雅典人类聚居学研究中心”，于1955年创办《人类聚居学》杂志，开始研究并推动建立“人类聚居学”，且在全球从事城规设计，如希腊西海岸及雅典海岸线旅游发展研究，法国“地中海地区发展研究”，巴基斯坦新首都伊斯兰堡规划等。从20世纪60年代开始，他完全潜下心来全力从事人类聚居学理论创新，在短短10多年的时间里，推出了20多部著作，在希腊国内外发表了大量专业论文，创建了人类聚居学。期间，与“雅典人类聚居学研究中心”相关联的“世界人居环境学会”，于1963～1973年，在台劳斯举办几乎年届一次的“人类聚居问题国际讨论会”，每次均发表《台劳斯宣言》（*Delos Declaration*），其内容后被《人类聚居学》杂志按道萨迪亚斯所讲人类聚居的“五要素”（即“自然”“人”“建筑”“社会”和“联系网络”）分类归纳发表，影响广泛，也形成了关于人类聚居学的重要文献。但也要看到，一方面，至今仍然囿于旧的人居专业划分中的西方相关学术界，对生活在不甚发达国家希腊的道萨迪亚斯人类聚居学，尚难完全接受，其中包括囿于旧的相关专业划分的“学术权威”，有的人多少对道萨迪亚斯有所拒斥；另外，人类聚居学从哲学方法论到专业细节设计，也确实存在一系列漏洞，故西方推出的相关评述，对道萨迪亚斯往往保持沉默，致使其长期难以在全球广泛传播。

所谓“人类聚居学”，就是“以包括乡村、集镇、城市等在内的所有‘人类聚居’（human settlement）为研究对象的科学”，它“强调把‘人类聚居’作为一个整体，从政治、经济、社会、文化、技术等各个方面，全面地、系统地、综合地加以研究，而不是像城市规划学、地理学、社会学那样，仅仅涉及人类聚居的某一部分、某个侧面。学科的目的是了解、掌握人类聚居发生发展的客观规律，以更好地建设符合人类理性的聚居环境”[11]。对本书而言，它的如下内容尤需得到关注。

1. 对全球城市化浪潮的准确预见

作为面对全球项目从事设计的城市规划设计师，道萨迪亚斯从专业实践中，敏锐地发现了战后人居中强劲的“城市化”潮流。他说：“从无组织的原始聚居发展到村落、集镇和静态城市，这就是18世纪工业革命以前人类聚居的发展过程。工业革命以后，由于生产力的迅速发展，农村的剩余劳动力不断增加，向城市集聚，同时，现代技术和现代化交通的发展为城市的扩展提供了可能，这样，原来城市中的静态平衡被打破了，城市迅速突破了以前的边界，向乡村扩展。尤其是本世纪以来，城市更是以前所未有的速度增长”，“人类聚居的发展变化越来越快”，包括出现了“城市连绵区”[12]。

对此，1963年《台劳斯宣言》还呼应说：“纵观历史，城市是人类文明和进步的摇篮。今天，就像其他所有的人类机构一样，城市被极度地捲入了一场袭击整个人类的迄今为止最为深广的革命之中。”[13]

包括近年中国在内的全球人居发展趋势表明，道萨迪亚斯的这一预见是精准的。中国当前大力推进城镇化建设，在某种意义上也是对道萨迪亚斯此一预见的某种认同。城市文明将使中国进入文明新态。

2. 建立综合性的人类聚居学

面对战后重建导致越来越突出的人居危机，人类聚居学对西方传统人居学科中建筑学、城市规划学和景观学等各自独立而难以综合应对危机提出批评，并适时追求建立综合性的人类聚居学，在专业上有所建树，但也存在巨大失误。

1）创建“人类聚居学”的合理性和专业贡献

回顾第二次世界大战后大规模重建导致的“城市危机”，以及它后来表现出的四个“爆炸”（即“人口爆炸”“郊区爆炸”“高速公路爆炸”和“游憩地爆炸”[14]），道萨迪亚斯首先深感当时人类聚居理论总体思路落伍：“我们正处于一个在建筑的观念和实践上都完全混乱的局面，这是因为我们正处在一个演变的时代，演变妨碍了我们澄清观念。”[15]在道萨迪亚斯眼里，全球人居理论落后的突出表现之一，是传统的建筑学、城市规划学和景观学等“各管一摊”，各行其是，不能综合把握人类聚居问题的整体，包括“建筑师们关心的仅仅是建筑的外观和内部空间的形状，而很少去考虑人们在建筑中是否生活得满意；并且，建筑师对于人类生活环境的影响范围很小，其工作只涉及对城市中心区的那些纪念碑式的建筑和有钱人的住宅”，故建筑师们“对于创造更好的人类生活环境只作出了微不足道的贡献”。那么，城市规划师又如何呢？道萨迪亚斯也明显感到他们“仅涉及城市实体形态”，“主要是处理工业革命后出现的城市问题的一种技巧，而没有能力去面对世界不同地区的处于不同发展阶段的问题”，所以它也“没有成为一门科学”[16]，等等。于是，他有针对性地提出了“聚居病理学”概念，说它主要研究现代聚居中的“疾病”[17]；另外则针对当时建筑学、城规学和景观学等专业分割批评说，“人们总是把构成人类聚居的基本元素分开来考虑，每次只考虑其中的一项”，“从未想到从整体入手来考虑我们的生活系统”，“没有认识到真实的聚居中同时包含着所有元素”，而目前“专业越分越细，对人类聚居进行研究的有建筑学、规划学、地理学、生态学、经济学、社会学、政治学、人类学等多门学科”，“建筑师只看到建筑物，规划师只看到城市的平面布局，工程师只管公用设施和各类结构，经济师和社会科学家也只是考虑他们自己感兴趣的问题”，这种“过分的专业化”导致了“无法将人们的行动在总体上协调起来”，“情形只能是越来越混乱”。当我们“在过度专业化的道路上越走越远的时候，我们丢掉了聚居的主要目的：人类的幸福”，“忘记了综合的必要性”[18]。在道萨迪亚斯脑中，上述过分专业细分的局面，只能造成人居发展之灾，需针锋相对地用新建一门综合学科的方法来缓解应对。道萨迪亚斯的这种思路，基于第二次世界大战后人居建设实践及教训，确实有合理性。

一般而言，科学中的学科划分，在某种程度上是直接或间接对人类社会分工（包括后来的智力劳动分工）的模拟和某种固化。古典科学学科往往比较笼统，但随着社会分工的日益深化，就形成了后来众多的学科划分且日益细化。在历史上形成的学科划分，一般基于社会分工，均有其存在的理由；社会分工总格局不变，这种学科划分就会继续存在并深化发展。但是，随着社会分工的深化，又逐渐出现了对“社会综合功能”的需求，包括原有的学科划分不能完全适应时代关于“社会综合功能”的要求时，建立某种综合性学科，也就成为历史的必然。从社会史和科学史角度宏观地看，战后出现的实际情况是，社会分工深化又指向对社会综合的需求，“分工”与“综合”两种需求并行不悖。于是，在学科建设中，也出现了专业划分越来越细，与综合（或交叉）学科日益涌现且综合程度越来越大的两种趋势并行不悖，平行发展。因此，作为战后“综合”需求的一种体现，道萨迪亚斯提出“创立一门以完整的人类聚居为对象，进行系统综合研究的科学”即“人类聚居学”[19]，并把仍然完全坚持旧的人居学科专业划分和仍按其授课、进行设计的做法，称为“陈旧的观念”[20]，并非全无道理。对此，《台劳斯宣言》的表述是：“需要建立新的人类聚居学科，其目的在于强调人类在变化和日趋城市化的新环境中的困难，它将各种孤立的解决途径综合在一起，使其协同作用，以解决人类聚居在急剧增长的变化中所产生的新问题。就一国而言，需要有特别的公共机构，在不同层面上将各个方面支离破碎的政策，联结为人类聚居的统一战略，作为研究、规划、财政和行动方面的准则等等。”[21] 这当然也是合理的。道萨迪亚斯及《台劳斯宣言》在专业建设层面上，对此也作出了一系列努力，初步建立了人类聚居学体系。应当说这是一种专业创新。它的好处是，可以弱化、缓解甚至抵消原有专业分工细化导致的一些人居建设弊端，在专业层面增强人居工作者应对危机的能力。

在总思路上，这个综合思路，其实也是在向中国古典人居科学传统回归。因为如本书第四章第三四节所说，从西周开始，中国人居建设就由政府机构统一严格筹划和管理，其所凭依的中国古典人居科学并未明显分化，且一脉相延，虽其从业者确实逐渐各有侧重，但其综合性确实较高，保护环境的价值观明晰。应当说，其中有一些要素对进一步完善人类聚居学还是有借鉴价值的。继承道萨迪亚斯的吴良镛其实已经悟出了这一点，后来推出《中国人居史》扩充所创人居科学内容，就是一个证明。

2）如何处理人类聚居学与传统分立的人居各学科的关系？

道萨迪亚斯思路面临的一大问题，是如何处理新建综合性学科与原有分立学科两者之间的关系。从科学史看，这种情况一般存在两种应对倾向：一是在专业建设中力求两者并存，因为原有分工需求及现在的综合需求，在社会实践中表现出并行不悖，故新建综合性学科与原有分立学科在专业领域也应并行不悖；二是绝对对立的两者，或“以前吞后”，或“以后吞前”。这是无视原有分工需求及现在的综合需求在社会实践中并行不悖的结果。从学术层面看，催生后一倾向形成者，往往是纯粹的逻辑理想主义，即不顾社会实践，陷入对纯粹的逻辑推理的过分迷恋。我们看到，道萨迪亚斯正是沿着后一倾向发展人类聚居学的，从正确的出发点向前多跨了几步，把新学科建设导入某种“误区”。其最主要的表现，就是把人类聚居学与传统学科完全对立起来且放弃各学科“圆桌会议方案”，并使人类聚居学滑向完全形式化的错误思路。

针对战后人居建设中由于专业分割形成的危机，有人曾提出把原有各专业人员组织起来开“圆桌会议”以共同解决问题的方案。道萨迪亚斯不同意，说“人类聚居是一个综合体，由五项要素（自然，人，社会，建筑，支撑网络）组成，涉及人类聚居问题的学科可归纳为五个基本方面：经济学，社会科学，政治行政学，技术学科和文化学科，它们结合在一起有25个结点①，而这些结点共有33 554 431种结合方式，仅仅靠圆桌会议式的学科之间的综合是毫无意义的”。其结论是完全废弃“圆桌会议方案”，即在决策层面上，完全“消灭”原有分立的各人居学科，其依据主要是纯逻辑推算出的33 554 431种结点结合方式涉及太多的专业及相关人员，所以，这样的“圆桌会议”不可行[22]。与此同时，他又完全打破传统各学科旧有的知识体系，按西方形式逻辑体系，把构成人类聚居的五项元素在知识上一一加以分解并加形式化处理，包括实施量化研究和评价，如把“自然”“社会”和“建筑物”均分解为7个分项，“人”4个，“支持网络”6个，等等[23]，还按照表现西方形式逻辑的典型学科几何学的模式，提出了54条“定理”作为人类聚居学的原理或逻辑出发点，其中包括有关“聚居发展”的“定理”20条，如定理1即“人类聚居是为了满足居住其内的人和其他人的需要”；有关“聚居内部平衡”的“定理”5条，如定理21是“在聚居的每一个部分，五项元素都趋于平衡”；有关“聚居实体物质特性”的“定理”29条，如定理26是“聚居的地理位置是由它自身的功能和它在整个聚居系统中所担负的作用决定的”[24]，等等，力求用这个包含了“分析”和“综合”且完全形式化了的人类聚居学知识体系，把握和处理人居中的一切问题。在这里，道萨迪亚斯没有注意到，这种脱离社会实践的纯逻辑推演，根本不能自立；并且其完全形式化的导向，在知识论上也存在重大缺陷。

（1）从“实践检验”的角度看。学术中相关逻辑推演合理性的大前提，是它必须与社会实践相符合。在目前的社会实践中，“五项元素”涉及的政治活动家、经济工作者、社会工作者、科学技术工作者和文化工作者均存在着，甚至其个性越加强化，虽其界限也有所变动和互融，但并未出现这些社会分工将被完全取消的大趋势。即使在人居设计内部，传统的建筑师、景观设计师和城市规划师分工，也仍然存在着且分工越来越细，虽然确需人类聚居学之类再综合之，但另一方面也并未出现三者分工界限完全消失的趋势。可见，战后社会发展，确实呈现出分工-综合双向强化的辩证总态势。无视社会实践“双向发展”的真实情况，仅凭纯逻辑推演下结论，在认识论上是唯心的。无视社会实践中分工、综合双双强化的全貌，只关注其中一种趋势，对另一种趋势视而不见，仅凭纯逻辑推演下结论，在方法论上也是片面的。

目前，社会之所以呈现出上述“双向发展”状态，一个根本原因是，人的精力和能力毕竟是有限的。道萨迪亚斯设想一个人对“五项元素”涉及的经济学、社会科学、政治学、技术学科和文化学科全都熟悉，包括熟悉前述25个知识结点和它们的33 554 431种结合方式，且能在人居建设中综合应用。这不是真实的个人，而只能是一种空想中的“人居神”。基于“人居神”而设想人类聚居学的方法，当然只会走向失败。

① 一门学科研究一个方面的问题形成一个结点，五个基本方面彼此交叉形成的结点共为5×5＝25个。

与道萨迪亚斯不同，中国的钱学森基于现代社会分工实际而建立的现代系统科学方法，即被吴良镛在人居科学中专门作为方法论采纳的“开放的复杂巨系统”方法[25]，在“社会工程”领域所采用的“从定性到定量的综合集成厅”模式，一方面主张跨学科的综合，另一方面又实际并未废除原有传统学科专家开“圆桌会议”的办法①。其理由不仅在于原有传统学科及其专家（特别是政治家）至今存在于社会实践中，其作用至今无法取代，而且在于钱学森认识到，即使逻辑和数字计算能力很强的“电脑”，也难以代替专家的人脑的功能。其潜台词就是，纯形式逻辑难以真正抵消和取代人脑所具有的功能。在学科方法论上，道萨迪亚斯显然不如钱学森。

（2）从知识形式化的局限性看。作为城市规划专家，道萨迪亚斯可能压根儿没有想到，他所追求的人类聚居学完全形式化走向，也存在严重局限，难以自立。

早在道萨迪亚斯之前，面对在西方学界极盛一时的“知识完全形式化”大潮，数理逻辑学家哥德尔于1931年已经发现，“数论的所有一致的公理化形式系统，都包含有不可判定的命题”[26]。这个定理的另一种表述是：任何内部一致的公理化形式系统，都是不完备的，即一个内部一致的公理化形式系统“无矛盾性”的证明，不可能在本公理化形式系统中实现[27]。被称为“哥德尔定理”的这个论断，后来在获得诺贝尔经济学奖的“阿罗定理”中[28]，在获同奖的库普曼著述中[29]，在美国学者休伯特•德雷福斯所著的《计算机不能做什么》[30]一书中，均获得了进一步的显示。它们实际也从哲学方法论层面暗示，在人类知识体系中，任何内部一致的公理化形式系统，都不能自我判定其对错，其对错最终需靠实践检验；任何内部一致的公理化形式系统，都是由持某种价值观的人给出的，故都是不完备的，都应最终接受实践的检验，不存在内部一致而完备自立的形式化知识系统。这些推论，均指向对道萨迪亚斯力求建立内部一致而完备的形式化人类聚居学知识系统的否定。在某种意义上，可以说由于脱离社会实践，道萨迪亚斯已建立的形式化人类聚居学知识系统很不完备，难以自立。它在表现出专业建树的同时，也是道萨迪亚斯面对战后人居危机而陷入某种综合知识形式化空想的表现。

（3）从人类聚居学中的“综合性思维”缺乏非线性特征看。道萨迪亚斯的形式化人类聚居学知识系统，虽然也倡言在“分析”中的“综合”，且对于如何“综合”，也提出了一些思路，包括对研究对象进行数量型动态分析，进行历史考察等，但始终却未挑明，作为对具有“线性”特征的“分析”层次的一种超越或飞跃，这种“综合性思维”应具有“非线性”特征，并非从“分析”的结果中能“线性”推出者。其中，包括它所提的54条“定理”，实际就是道萨迪亚斯脑中“分析”结果中的“非线性”涌现者。由于对“分析、综合”之中的“综合”所具“非线性”特征未挑明，故迄今为止，人类聚居学中的“综合”仍为弱项之一，包括它对“综合”的理解，多少仍然陷在“线性形式化”的泥潭中，即力求由各种“分析”结论逻辑地导出“综合”性结论，故连道萨迪亚斯自己也承认其综合性动态分析尚未把握住人居发展规律[31]。人类聚居学长于分析而弱于综合，较为显然。可以说，其方法论与其所要达到的目的，并不匹配。

① 参见本书第三章第三节。

本书第三章说明的钱学森“开放的复杂巨系统”方法也显示出，在“分析”的基础上，作为人的创造性思维的“综合”，应表现出“非线性”特征，这暗示人类聚居学中的“综合”性结论，应不是从分析结论中依原有的线性形式化体系推导出的，而是从中“非线性”猛然涌现出的“智能”。这正如宣传“哥德尔定理”的著作所说，“智能行为”的“灵活性来自大量不同规则和规则的层次”之间的转换即非线性过程，其基础则是“生物面对着成千上万的完全不同类型的情况”，于是“一定是在各个不同的层次上有不同的规则”，“无疑，包含着那些直接或间接地改变自己的‘怪圈’，是智能的核心”[32]。道萨迪亚斯把作为“怪圈”即非线性的智能，硬要框进其线性形式化体系，是又一失误。

这种失误的典型表现，就是道萨迪亚斯在预测未来城市发展趋势中关于“安托邦”的论述。由于空想的“乌托邦”不可行，目前思路导向的“底死托邦”不可为，道萨迪亚斯线性地导出只有“安托邦”才是出路[33]，其具体设计也就只能陷于片面乃至误区了。原因如下：其一，对未来城市发展趋势的估计，不能仅按逻辑推理，因为实践远远大于逻辑推理；仔细观察城市发展动态，目前，似乎难见“安托邦”出现踪迹。其二，“安托邦”的具体设想，包括关于所有住宅“最好是二层楼”且前有花园后有游泳池等期冀[34]，关于标示大同社会的“普世城”的描绘[35]，关于大都市均建在沿海地带的预想，等等，也都带有严重的空想色彩。起码，在有13亿多人口的中国，推行二层楼且前有花园后有游泳池的住宅，国土面积就容不下，所以不可能。大家都到沿海居住，内地建设如何展开？这种种片面性的出现，从方法论看，是其思维缺乏高水平的综合功能保证所导致的。其三，他所言之“安托邦”，据说会指向人的幸福、安全、人性的发展和权利平等[36]，起码缺乏社会哲学的可行性。其中，“人性的发展”只是个模糊概念，如没有相关具体社会条件的支撑，就什么都不是[37]；被孤立设置的“权利平等”，也难以面对社会中“平等悖论”无处不在的既定局面[38]。

至于中国人居理论所倚寄的“天人感应论”及其倾力的“人居功能态”优化问题思考，更是当时道萨迪亚斯的线性形式化体系难以企及的。

3. 对“目前人类聚居面对的最大问题是保护环境”的问题预见不足

道萨迪亚斯的学说是把“人的需要”作为其“第一出发点”和最终判据的[39]。在逻辑上，从希腊哲学背景上的“人的需要”，根本导不出把人居建设须融进环境保护的结论。因而在人居哲学上，道萨迪亚斯远不如海德格尔。

当然，随着当时南欧“罗马俱乐部”对全球生态环境危机的突现，道萨迪亚斯的人类聚居学在最后阶段，确实也对这个“最大问题”给予了充分注意。其晚年推出的《生态学与人类聚居学》一书，明确提出“应当在生态学中引入人类聚居单位的概念”[40]，就很了不起。在这个意义上，道萨迪亚斯人类聚居学比美国“环境派”仅通过设计方案“地穴化”追求“绿色化”[41]，更具深度、广度。但在总体上看，“尾巴”不代表“全身”，道萨迪亚斯晚年对这个“最大问题”的重视，不等于其人类聚居学一直重视之。事实是，在他的理论分析框架中，其哲学出发点、评价的判据等，均不是把这个“最大问题”

放在核心位置。吴良镛师生述评道萨迪亚斯时就说："在道萨迪亚斯晚年，有一个问题引起了道萨迪亚斯深切关注，这就是人类聚居同全球自然环境之间的平衡问题。"[42]这也证明：在道萨迪亚斯晚年之前，他并未把"人类聚居同全球自然环境之间的平衡问题"置于其学说的核心。道萨迪亚斯晚年省悟到它极端重要，不等于此前的人类聚居学理论框架已经转换成以"人类聚居同全球自然环境之间的平衡问题"为核心了。今天来看，这是人类聚居学最主要的不足。如实地说，人类聚居学本质上是面对战后重建引起的危机，业界对于传统的相关学科分化细化的一种综合性专业重建，目标是力求把相关学科知识统一为一门学科即人类聚居学。由于此整合的确可增强人类面对危机的综合知识能力，所以它可以成为建构现代人居科学的专业参照；但由于它在哲学上的局限，建构现代人居科学必须对其思路有所突破，包括借鉴中国"天人合一"哲学和融于自然的人居思路，真正把现代人居科学的"范式"和整个思路，完全地转移到解决环境保护问题上来。中国吴良镛的思路，几经波折，最终就是这样。

（二）吴良镛搭建现代人居科学框架

吴良镛最早搭建现代"人居环境科学"框架，就是受道萨迪亚斯启发的结果[43]，包括人类聚居学最早启发吴良镛在人居理解上"从'房子'走向'聚居'"[44]。但吴良镛对道萨迪亚斯学说的不足也有较全面的省悟，认为"道萨迪亚斯理论由于体系庞大，往往难以抓住问题的核心，并留有一些机械的线性思维的痕迹"[45]，说自己至少在"方法论和哲学基础上"与道萨迪亚斯"有不一致之处"[46]，所以他在整合传统人居各学科时，一方面能克服道萨迪亚斯废弃"圆桌会议方案"的思路，在引进钱学森"开放的复杂巨系统"方法作为人居科学方法论[47]的基础上，实际上引进了其所包含的"圆桌会议方案"，克服了道萨迪亚斯学说完全走形式化道路的若干毛病。近年，吴良镛还明确认为，人居科学不能仅关注"数字化""定量化"的方向，因为至少其中还有人文内容，而人文内容却是不能以"数字化""定量化"的方式研究表达的[48]。这实际上也等价于对道萨迪亚斯学说完全形式化倾向的否定。另一方面，吴良镛又能从一直未分化的中国古典人居科学借鉴其"天人合一"哲学和相关整合性优点，包括最初把搭建的新学科命名为"人居环境科学"，其中"环境"就明确标示出保护环境是其核心追求[49]，故所搭建的人居科学框架，能达到与时俱进且东西方优势互补。

当然，吴良镛完全吸收了道萨迪亚斯人居"五项元素"（自然，人，社会，建筑，支撑网络）理念，并由以建立人居科学，包括认为人居科学中含有政治学，似乎暗示人居科学家应身兼政治家，显示出了他对道萨迪亚斯脱离社会分工现状而陷于空想的缺陷还未完全悟透[50]。如果说吴良镛认为人居科学含政治学仅指人居科学家应多少懂点政治，能理解政治，而不是一身兼二任，那么，这倒是对的，只是需要特别研究和说明，不能像目前这样在表述上近似于道萨迪亚斯。至于以西学为背景的吴良镛对中国古代人居理论倾力的"人居功能态"优化问题也未着墨，对"天人感应论"含糊其辞，也均可理解。鉴于本书对吴良镛的论述已不少，此不再赘述。

三、后现代主义对现代主义的批判

在希腊道萨迪亚斯创建人类聚居学和中国吴良镛搭人居科学框架前，第二次世界大战后的人居理论界，还出现了后现代主义对现代主义的批判。

（一）现代主义建筑学被批判的主要原因

在西方建筑学中，“柱式”和《建筑十书》统治了2000多年。在启蒙运动中，建筑学又以“文艺复兴”相号召。只是到了20世纪初，钢筋混凝土技术才催生了针对“复古”的“现代主义建筑学派”。它起源于德国沃尔特·格罗皮乌斯（Walter Gropius）创办的“包豪斯”学校（Staatliches Bauhaus，国立包豪斯学校），主要代表人物有密斯·范德罗（Mies van der Rohe，精细主义建筑学的创始人）、勒·柯布西埃（Le Corbusier，粗野主义建筑学的开山祖）等。在20世纪30年代初，“包豪斯”学校鉴于大量“弱势群体”居住问题难以解决，以新兴的钢筋混凝土技术为依托，提倡人居设计及其教育现代化，提倡人居建设工业化，在人居设计领域反对“复古”，极大地改变了人居设计及人居产业的面貌。在一定意义上，可以认为，现代主义建筑学是钢筋混凝土技术的产物，是人居产业中工业革命的建筑学表现。当希特勒向“包豪斯”发难之际，沃尔特·格罗皮乌斯等人逃往美国，与美国“芝加哥学派”结合，终于凭借美国强大的工业、技术和文化力量，掀起了普及现代主义建筑学的国际大潮。第二次世界大战后，现代主义建筑学横扫全球。

现代主义建筑学从美国出发成为全球大潮后，后来受到后现代主义的批判，是多种原因促成的。

1. 现代主义建筑学受制于资本主义体制

作为关注空间分配的科学，“现代主义建筑学”最早更多地代表着一种人居新技术、新生产力，但由于空间仅能以“人的场所”的形式存在，所以以抽象物理空间为理论基础的“现代主义建筑学”也只能在资本主义体制内存在，后来又不能不受制于资本主义体制，成为加剧全球居住状况“两极分化”的力量，在许多方面暴露出对“弱势人群”空间利益的漠视，以及由此派生的人居设计以难以降解的混凝土制品对生态环境的某种破坏，以及“非人文化”、僵化、垄断等特征。随着知识经济初现端倪，这种情况仍不断延续，更加暴露出“现代主义建筑学”对社会发展的严重不适应。它遭到批判，应该说只是早晚的事。

“现代主义”反对复古，追求“功能主义”，反对“非功能性装饰”，一个著名的口号是在装饰上“少即多”（出自柯布西埃）。对此，人们不应一概否定。问题在于，随着生产力的发展和人们精神需求的日益丰富，“少即多”口号反而成了“后现代主义”向它发难的突破口之一。因为挟西方文化霸权，“现代主义”设计的确很少考虑历史文脉和作为“场所”的人居空间的地域文化特征。它的“功能主义”，也基本限于物质方面，较少注意生产力进步条件下各民族人们从精神需求出发而产生的对民族文化装饰的追求等。在这里，我们看到了“事物在历史进程中向自己反面转化”的一个人居实例。

2. 现代主义建筑学缺乏哲学思考

现代主义建筑学代表人物，基本都是人居设计师，都以人居设计作为主业，很少对人居给以深刻的哲学思考。可以说，在受到后现代主义建筑学的狙击之前，它在哲学上的确逐渐贫困化，包括很难适应突破全球生态环境危机之需。当海德格尔的人居哲学流播时，“功成名就”的现代主义建筑学大师，对它很不熟悉，很不理解。这些人居设计师根本无兴趣也弄不明白海德格尔的那些抽象哲理思辨，也不熟悉乃至本能地抵制中国钱学森、吴良镛尊奉的“天人合一”哲学。于是，他们在人居哲学上便只能越来越落后于时代。

笔者并非认为现代主义建筑学没有人居哲学著述，事实上也不是这样。至少，柯布西埃于 1923 年便推出了《走向新建筑》(*Towards a New Architecture*)。但这本书与其说是人居哲学专著，不如说是新技术时期人居设计师的激情宣言。其中，缺乏海德格尔对人居及其空间的那种哲学思辨的深度和力度，有的只是人居设计师的较直白的激奋、热情和号召。也可以说，在人居科学中，它“什么都有，就是没有哲学”。它只是现代主义建筑学的一种大声呐喊，并未从哲学上深刻触及人与建筑的关系问题，以及更深刻的与自然的关系问题。后来，1933 年，柯布西埃所提的“功能城市”理论，仍然无视全球各地建筑的历史文脉和“场所精神”，引起年轻一代反感和批判，是必然的。

现代主义建筑学缺乏先进人居哲学的弊端，随着 20 世纪 60 年代以来由海德格尔、道萨迪亚斯，以及符号学、结构主义理论等代表的人居文化创新大潮的出现，更加显示出自身“意义的危机”。中国的钱学森、吴良镛在人居领域的彻底刷新，更使其危机雪上加霜。它留给当代人居设计师的一个启示就是，第二次世界大战后，任何人居设计师要想“事业大成”，都必须同时下工夫于人居哲学创新。事实上，海德格尔、道萨迪亚斯，中国的钱学森、吴良镛，以及后现代主义建筑学大师，大体上均是在人居哲学上独树一帜的人士。他们对现代主义的批判或超越，首先表现为在人居哲学层面对它的扬弃和创新。例如，后现代主义的首要代表罗伯特·文丘里（Robert Venturi）的代表性作品文丘里母亲住宅，体量并不大。他的学术地位首先是由其 1966 年发表的人居哲学著述《建筑的复杂性与矛盾性》(*Complexity and Contradiction in Architecture*）奠定的。此书的着力点，是分析建筑中的各种矛盾及其解决办法，包括强调建筑中历史文化要素的重要性，批判现代主义无视矛盾、无视各民族历史文脉的失误。在后现代主义的批判声浪中稳住阵脚的现代主义新一代，例如，以 20 世纪七八十年代美国“纽约五人”为代表的“白色派”，也长于人居哲学著述[51]。在一定意义上，可以说，当代人居科学的进步，是以人居哲学创新为首要突破口的。

（二）“后现代主义”批判思潮简说

由于要特别强调历史“文脉”，后现代主义对现代主义的批判，应当首先来自人居文化历史积淀深厚的国家。在西方，作为古罗马建筑文化直接继承者的意大利，便成为首先实施这种批判的适当地域。

海德格尔的人居哲学面世不久，20世纪60年代，文艺复兴重镇米兰、威尼斯和罗马，便成为人居理论界以人居的历史要素批评现代主义的著名地方。其中，威尼斯大学建筑学院形成了一个理论研究中心，矛头直指现代主义。著名建筑学家阿道·罗西，集中全力关注建筑中的历史要素问题，以创新的建筑类型学享誉全球（见后述），使意大利的后现代主义建筑学站稳了脚跟。

作为现代主义根据地，美国人居界出现批判现代主义运动，也是可以预料的，其中，包括产生了对现代主义持批判态度的曼哈顿“建筑和都市研究所”以及它的刊物《天际线》，还有后来出现的“芝加哥建筑和都市主义研究所”等[52]。此外，作为哲学突破对人居科学突破具有重要意义的“隐喻”，美国还有一位获得哲学学位但无任何人居科学学历的菲利普·约翰逊，原本属于现代主义，后来以美国电报与电话公司总部大楼（后曾为日本索尼公司大楼）的“断烂山花”设计而成为后现代主义的代表作[53]，也耐人寻思。哲学、文化学与建筑学的紧密关联和互融，以另一种形式在这个学术个案中凸显出来。

现代主义建筑学是以钢筋混凝土技术作为技术基础的人居科学思潮。在这一技术基础目前还具有历史合理性的背景下，它不可能被完全取代。可以说，后现代主义对它的批判，虽然一度剑拔弩张，声势浩大，但它实际上对形式和枝节问题的追求大于对空间之外的根本哲学内容的探寻，只能是以“反对者”面目出现的“补天者”，“理论寿命”和理论厚度均远逊于中国的钱学森、吴良镛在人居领域的刷新。其中，包括它把现代主义忽略的“场所精神”及建筑的文脉性和地域性，建筑与生态环境保护的密不可分性，建筑在新条件下的人文关怀等，以自己的形式，补充进现代主义之中，构成现代主义的新形态。依笔者看法，之所以如此，根本原因在于后现代主义并不具有自己独立的技术-产业和文化基础。在兴盛了二三十年之后，如今后现代主义建筑学已成明日黄花，但它的某些哲学功绩将永被铭记。它追求多元化和个性化，追求装饰，具有浪漫性、娱乐性、戏谑性及较为浮夸等特点，也将会被新形态的现代主义建筑学批判和吸收。其中最典型的事件，是作为现代主义正宗传人的美籍华裔建筑大师贝聿铭先生，在近年创作建成的中国苏州博物馆，其立面采用简单几何形体以表达苏州文脉，实际与意大利后现代主义大师罗西按照其建筑类型学用简单几何形体以表达威尼斯文脉的思路（见后述）完全一致。此事表明，现代主义已经把建筑类型学等消化、吸收了。

钱学森认为，西方未来学家所讲的“后工业社会”，可能是介于今日社会与共产主义社会之间的“过渡性社会形态”[54]。仅从技术基础上看，这种理解也有道理。在这个意义上，自称适应后工业社会的后现代主义建筑学，是否便可以被认定为超越了现代主义建筑学的新型人居科学呢？这是可以再讨论的。前已述及，在现代，人们难以排除信息技术在人居方面对原有钢筋混凝土技术形成某种或全面超越。在互联网和云计算等新技术的支持下，“智能建筑”大潮的出现，更令人深思。中国的钱学森、吴良镛在人居领域的刷新，似乎与钢筋混凝土、信息技术双重支撑着的现代人居建设更贴近。

中国青年建筑师马岩松先生用“非线性技术”设计的玛丽莲·梦露大厦走红一时，王澍先生以中国传统人居思路设计的作品获美国普利克茨奖，都顺应了当代“非线性建筑”思潮和人居文化民族化时潮，似乎也兆示着对现代主义建筑学的中国式超越。由此，笔者不敢说现代主义建筑学面对信息科技和非线性技术，以及面对世界各地的传统人居思路，特别是面对3G打印技术对人居施工技术的某种颠覆，等等，也一定不会被扬弃。问题在于，新科技革命对现代主义建筑学的超越，是否必然表现于后现代主义？是否必然表现为后现代主义论者对现代主义建筑学的那种革命式决裂，而不是如中国的钱学森、吴良镛在人居领域的刷新那样，一方面继承现代主义建筑学中的合理方面，另一方面凸显中国传统人居智慧与信息技术的融合与渐变？

四、现代人居理论中的“文脉”理论揽胜

由后现代主义作为批判现代主义首要内容而提出的“文脉”理论，是与当代人居理论与信息技术导致的越来越突出的“文化民族化”相适应的产物，也与中国的钱学森、吴良镛在人居科学领域的刷新相契合，值得珍视。

（一）“文脉”概念界说

在汉语中，“脉”或“脉络”是中医名词。“脉”指人体血管或像血管一样连贯而自成系统的网络物。“脉络”，则指人体中隐蔽的“经络”，它是中医针灸等借以实施的“气学”前提。随着中医被神秘化，“脉”字往往表示“隐型”而不易觉察但又确实存在的因缘、联系、线索、因果、链环或继承性等。再后来，在汉语中则有“文脉”一词出现，其基本含义初指“文章脉络”，后指某民族、某地域的“文化脉络”等，表述文明或文化的自然-历史连续性或前后继承性，也表述某种文明或文化现象深层“隐型”因素的前后关联性，表征人们对某种生存策略“集体记忆”的延续，等等。

在中国人居理论史研究中，“地方文脉”则指“以地方作为一个生命活体，其内部有独特的个性，有生命活力，有作为内动力的地方精神。它是地方特有的山水、地方特有的动植物灵生界以及地方特有的历史文化精神，天、地、人三者结合。它是地方山水灵气和人文灵气综合产生的地方精神，以及这种地方精神的可视性物质实体”；“地方文脉也就是地方文化生命的基因”，是“山川灵气、地理背景、自然环境与人文心理交相感应的文化积淀。它是一个地方特有的文化气质、文化特征、特有的民风民俗，是与此相应的人居环境和地理风貌”，是“物化了的地方精神”[55]。这种界定不确切，但大体意思也可供参考。

后现代主义在批判现代主义时所使用的英语单词contextualism，可译为“历史脉络”或“文化脉络”，目前在人居科学界，它往往又被译作“文脉”或“文脉主义”；英语单词the historical context，可译为“历史连贯性”或“文化连续性”等，目前在人居科学界，人们往往转义式地将其译为“文脉性”。这些词汇已成为后现代主义的理论

标志之一。应当说明的是，以上两个英文单词并非人居科学专有术语，在汉语中也很难找到与之完全对应的词汇。在语言学中，它往往被汉译为“语境”；在哲学中，有时它被看成与“因缘关联”差不多的意思，等等。显然，它突出了事物与它周围相关条件的不可分割性，其中包括事物与其历史因素的高度相关性。因此，汉译为“文脉”，不是很理想，但也没有大错。

本书所用“文脉”一词，在概念界定上是中西合璧，具广狭二义。在狭义上，它相当于后现代主义建筑学所讲的“文脉性”，是人居科学专有术语。在广义上，它相当于中国人所讲的“隐型文化脉络”，在文化学上与“隐型文化”术语的内涵和外延大体交叉重合，只是人居哲学色彩更浓一些。

（二）后现代主义“文脉”理论的出场

与世界上的其他工艺或工业产品一样，建筑也具有历时性、共时性两个方面。前者往往体现于它的“文脉性”，后者则以其“结构性”的特征被表现出来。正如人们在社会历史研究中往往碰到“历史”和“逻辑”的对立统一一样，在人居哲学中也会碰到人居的文脉性与结构性的对立统一，甚至可以说，人居的“结构性”实际上也就是“人居逻辑”。就一般研究方法论而言，人居中的“文脉性”与“结构性”是彼此转化的；在一定的意义上可以说，“文脉性”不过是表现在纵向时间轴线上的“结构性”延续，而“结构性”不过是“文脉性”在某一时间断面上的瞬时状态而已。

无论作为一种艺术现象，还是作为一种产业现象，人居均是其文脉性与结构性的对立统一。现代主义建筑的结构性或“技术逻辑”，即它作为钢筋混凝土技术的工艺特征，也是人类从古至今的建筑技艺在特定时段上积淀的表现，根本不能说它不具有文脉性。面对后现代主义的批判，作为新型现代主义者的“纽约五人集团”曾指出，现代主义并没有切断历史文脉，它们符合了时代历史的要求，正体现着对“文脉”的积极把握[56]，也不是无理的狡辩。现代主义在文脉性问题上的失误点在于，随着钢筋混凝土技术对传统建筑材料和建筑工艺革命的实现，给人们造成了一种印象，似乎现代主义建筑成了与传统建筑根本不同的、全新的东西，其文脉性为“零”。乍一看来，情况确实如此。但问题在于，任何一种文化现象均不可能被“革命”一刀割断，前后判若两类。何况，古罗马早已有混凝土技术。事实是，即使无视上述钢筋混凝土技术本身的文脉性，无论是东方还是西方，在现代主义建筑之中，仍然保留着许多传统建筑的要素。它们虽然依附于钢筋混凝土技术而以崭新的面貌呈现，但它们毕竟是传统建筑的历史性、文化性成分，也体现出现代主义建筑的文脉性。当然，这种情况的实际存在，与现代主义建筑设计师在哲学理论上是否明确强调它，是两码事。

一如前述，从“包豪斯”开始的现代主义对建筑文脉性的强调是很不够的，甚至后来成为它的一个“理论盲区”。之所以如此，很可能是因为从文艺复兴以来，直至现代主义产生发展，在人居科学之中，一直是复古主义思潮强劲，于是“矫枉过正”必然产生。文艺复兴本身就是以“复古”形式出现的。以后两个世纪流行于欧美的古典复兴、浪漫主义和折中主义思潮，仍然如此。面对如此强劲的文脉延续之潮，从“包豪斯”开始，现代主义只能凭依新的技术基础，尽力强调人居的现代化，并把现代化与传统对立，把场所与空间对立，尽力不给复古主义喘息之机。是的，这是一种“矫枉过正”，但这是一种必要的“矫枉过正”，非如此不能改变“积重难返”。今天看，现代主义的失误，在于它矫枉过正地立定脚跟之后，未及时调整人居哲学，弥补自己的一系列失误，包括把现代化与传统对立，在人居理论上对文脉性的忽视。从柯比西埃1923年推出《走向新建筑》一书后，它也似乎没有像样的人居哲学成果面世，有的只是设计方案的多产和弊端日深。于是，这种人居哲学的缺漏，只好由后现代主义来纠正了。

这种纠正的思路，最早是由美国人居设计师文丘里、罗伯特·斯坦恩（Robert Stern）和查尔斯·詹克斯（Charles Jencks）等提出的。虽然西方后现代主义人居哲学源自海德格尔，但它只能是由人居科学学家推动的专业性思想运动，所以，它也就只能出发于海德格尔，以在哲学思辨水平上逊于海德格尔而在专业知识上优于海德格尔的面目出现，有进有退。海德格尔重点在强调生态环境保护，现代主义建筑学中的赖特和阿尔托等已经用设计实践积极回应了这一点，于是，后现代主义建筑学理论家只好首先抓住“文脉性”问题发难了。人们普遍认为，“文脉”问题是这两个学派的分水岭和最大不同。这是有一定道理的。

1. 文丘里的著作《建筑的复杂性和矛盾性》

文丘里发表于1966年的《建筑的复杂性和矛盾性》，针对现代主义人居设计强调现代化思路的单一性，提出了“建筑的复杂性问题”，包括提出了在当代人居设计中也应采用历史元素的问题。它在“建筑的矛盾性”论域，则指出了后现代主义建筑学与现代主义建筑学在人居哲学上的三对矛盾：一是“纯粹性”（单一性）和多元性之间的矛盾；二是“直截了当”的表达手法与“扭曲”手法之间的矛盾；三是追求“清晰”与“模糊”的矛盾。在后来的《向拉斯维加斯学习》（*Learning from Las Vegas*）中，文丘里不仅提出了后现代主义建筑学采用的“象征性”手法与现代主义建筑学的“表述性”手法的对立，而且还针对现代主义建筑学对通俗商业文化的忽视，提出在人居设计中纳入后者的建议。

后来，作为“哲学-建筑学家”，设计了美国电报与电话公司总部“断烂山花立面”的罗伯特·约翰逊写道：后现代主义建筑学的思想和运动“都来自文丘里的那本书”①，我们“都感到”，“我们的设计应和旧建筑具有联系”，“具有更多的文脉性”[57]。看得出来，作为人居设计家的文丘里避开了需要思辨的“场所精神”问题，直接由设计经验导出对文脉性的凸显。

2. 斯坦恩凸显“文化记忆”

斯坦恩从1977年开始，发表《后现代历史主义者潮流》和《美国现代建筑的新方向：“现代主义”边缘的附言》（*New Directions in American Architecture*）等著作，在文

① 指文丘里著《建筑的复杂性和矛盾性》。

脉性问题上，则突出了"文化记忆"的理念。

似乎是作为对海德格尔孤立凸显人生即"栖居"的纠偏，斯坦恩阐释了人居作为社会"文脉"大系统中的一个"子系统"的若干特征。在他看来，人类社会或某地域历史发展形成的"文脉"，是一个复杂庞大的"巨系统"，而作为其中的"子系统"的人居，则是对于这种"文脉"的一个"回应"，或者可以说是对于这种"文脉"的一种"表现"；对于人居，只有把它置于特定的时空条件下，才能获得意义；脱离时代和"文脉"关联的人居，是毫无意义的。

可以看出，斯坦恩的"文脉"理论也是高明的人居哲学。在笔者看来，它多少与"以人为本的唯物史观"贯通。本书某些内容采纳了它，包括把作为子系统的中国人居"文脉"的考察，放在中国文明发展"巨系统"中来展开，而不是孤立地关注中国人居"文脉"，更不是抓住中国人居"文脉"中的某个片断作论自娱。斯坦恩从其"巨系统"论推出，后现代主义建筑学并非简单抛弃现代主义建筑学，而是要把现代主义建筑学割裂了的理性和历史、功能和"文脉"加以整合。按笔者之见，斯坦恩的这种人居哲学所含的若干真理性，已被当代人居史所验证。

3."文脉"理论在意大利的深化

作为人居文化大国，意大利以古罗马和文艺复兴人居文化极其繁荣而自负。该国人居设计师一般也比美国后现代主义者思想深沉。事实上，他们一直未把自己从总体上划入现代主义人居理论家，从未完全跟着美国某些"文化暴发户"的指挥"跳舞"。

当"包豪斯"影响日益扩大之时，在意大利，以朱塞普・特拉尼（Giuseppe Terragni）为代表的人居科学家没有"一刀割断旧乾坤"，而在倾力于把古罗马以来的本民族的古典人居文化与"机器时代的结构逻辑"进行理性综合。当20世纪60年代美国后现代主义建筑学大有席卷环球之势时，他们也并非"跟潮而上"。以阿尔多・罗西（Aldo Rossi）和乔治・格拉希（Giorgio Grassi）为代表，他们以久远的人居文化资源深化着"文脉"理论，包括寻找一种基于文化传统的"人居生成原则"，产生了罗西的"文脉类型学"（见后述）等。其中，格拉希的《建筑的逻辑结构》（*The Logical Construction of Architecture*）一书，具有相当的哲学深度。从书名及其对"文脉"强调的内容可以悟出，它在理论上展开了从人居的历史性或文脉性向其同时性或"逻辑结构"的转化工作。这一转化，使文脉性成为当代人居自身固有的"逻辑结构"，而不是外在强加的因素，在人居哲学理论上价值不小。

4.后现代主义建筑学凸显装饰的"文脉性"

针对现代主义建筑学只顾功能而反对装饰的"少就是多"的口号，强调也要装饰的后现代主义建筑学头号论者文丘里，甚至喊出了"少则烦"三个字[58]。通过后现代主义建筑学的创作，人们可以发现，其装饰主义是被作为文脉性的体现而登场的，装饰主义与文脉主义形成了一种互补结构。这是可以理解的，因为装饰的历史文化色彩很浓；在钢筋混凝土技术的基础上，当传统人居的材料和结构已不再适用时，用装饰象征或传达人居的文脉性，是有效的选择。

5."文脉"理论突出地域主义

由于文化或文明只能地域性地产生和发展，所以，任何"文脉"都只能是地域性的，只能是"地域文脉"。当代"全球化"也只能是市场经济全球化，不可能是文化全球化，或是"文脉"一体化。因此，后现代主义建筑学的"文脉"理论，只能以承认人居的地域性作为自己的既定前提。故在后现代主义建筑学中产生肯尼斯·佛朗普顿（Kenneth Frampton）的"地方主义"理论，是合乎逻辑的。事实上，人居总是以气候、地理条件为转移的，现代主义建筑学的单一思路也不得不容纳地域主义盛行。在北欧，无论是现代主义建筑学或是后现代主义建筑学，人们总是在"场所精神"的合理性中凸显地域性，从而展示人居的文脉性。近年来，现代主义建筑学对"文脉"理论的接受，也是通过对人居地域性特征的逐渐凸显而实现的。因此，对人居地域差异性的强调，无论是以复兴或发展古典人居元素的形式出现，或者是以重新诠释古典人居元素及凸显民俗的形式出现，在当代均成为实现人居文脉性的一种形式。乡土"地域"也只能以其"文脉"显示自己。

值得注意的是，在当代不发达国家中，人居理论家对地域文脉的强调，往往成为该国人民抵制西方霸权的"人居标志"，从而大面积广布，西方实在难以抵制。

五、意大利"文脉"理论中的建筑类型学和建筑符号学

前已述及，与美国后现代主义建筑学不同，意大利"威尼斯学派"建筑师罗西以建筑类型学丰富了"文脉"理论。事实上，久负盛名的意大利建筑符号学也是如此。作为西方人居"文脉"的首要承载国，意大利出现这些理论，也是历史的必然。

（一）罗西的建筑类型学

任何有关人居的思考，都不能不面对在人居的价值传达中必然出现的"风格"（即此处的"类型"）、"功能"和"构造"三大问题。在西方，从古希腊和古罗马开始，"风格"一直是人居设计关注的重点，建筑类型学一直比较"热门"。但现代主义建筑学却转而强调功能。这是由"包豪斯"时期人类面对的社会条件所决定的。在钢筋混凝土新科技出现后，要解决人们对住室的大量需求，当然首先是满足人们对居住功能的要求，艺术"风格"只能居于次位。问题在于，现在生产力发展了，人们新的精神需求进一步凸显出来了，僵守"功能第一"已经逐渐落后于时代了。于是，后现代主义建筑学必然会以对"风格"或"类型"的强调，向现代主义建筑学的落伍发难。此外，如果说"功能"和"构造"是人居"技术逻辑"体现的话，那么，"风格"或"类型"实际上就是人居的"历史逻辑"。罗西凸显"建筑类型学"，也是他强调"文脉"的一种有效选择。他以1966年出版的专著《城市建筑》（*The Architecture of the City*）奠定了在世界当代人居理论史上的地位，并不出人意料。

1. 引入“集体潜意识”理论

精神分析学派开创者弗洛伊德的弟子荣格的“集体潜意识”理论，在当代文化学研究中被广泛使用。如果说当代语言学和语义学对“语法”作为语言现象“深层结构”的揭示，展现了文化现象中“显型文化”和“隐型文化”的彼此对立统一，那么荣格的理论，则与之对应地在心理学中印证了它：“集体潜意识”实际上就是某一人群心理活动的“语法规则”。既然语言学和语义学的结论对文化研究适用，那么,“集体潜意识”理论当然也适用于文化研究。而“建筑类型”作为一种文化现象，也可以用“集体潜意识”理论加以解析。基于这一点，罗西把荣格理论引入建筑类型学，是有道理的。

人居类型是人居文化的一种“深层现象”。为什么古代西方人居喜好“柱式”？为什么中国古代宫庙建筑常见“大屋顶”？为什么中国古建筑从“天人合一”的“中国人居理论”出发，而西方古建却遵照《建筑十书》？所有这些，都只能从民族文化深层特征及其历史发展出发，才能说清楚；而“集体潜意识”理论，正好是对民族文化特征的一种深层心理学揭示，它对说明民族或国家意义上的“人居类型”显然是必要的。

在罗西看来，“建筑的本质是文化的产物，建筑的生成联系着一种深层结构，而这种深层结构存在于由城市历史潮流积淀的集体记忆之中，是一种‘集体潜意识’。它隐藏了共同的价值观念，具有一种文化中的‘原型’特征”[59]。罗西的这种理解，应当说是接近科学的。

它之所以接近科学，是由于它基于人居文化历史生成的原则。任何文化，只能是历史生成的。任何文化，都不能用对立于“历史生成原则”的方式来全面把握。现代主义建筑学曾经从对钢筋混凝土技术“革命性”的错觉出发，在人居哲学上滑向完全忽视人居文化的“历史生成原则”，是错误的。混凝土技术产生于古罗马；钢筋混凝土技术只是一种技术革命成果，它不可能完全割断人居文化的历史连续性。因此，用荣格的“集体潜意识”理论重申人居的“历史生成原则”，是正确的。当罗西说人居类型是“历史性地生成的、亘古不变且无法再减的基本人居要素”时[60]，他的话包含着某种合理性。

2. 把“人居类型”锁定在最简单的几何形体上

对城市或地域而言，罗西把由该地人群“集体潜意识”所决定的“人居类型”，锁定在一些最简单的几何形体上。

作为经验丰富的建筑师，罗西自称这种理解是他依照历史经验，从城市和地域人居实例中抽象出来的[61]（作为对这种见解的印证，他为1980年的“威尼斯双年展”设计的“水上剧场”，把他所抽象出的作为威尼斯“城市人居类型”的特定几何形体“原型”，与这个城市的“水意象”结合于一体，据说可以使人们一眼即可看出威尼斯的文化特征）。

几何形体是一切人居的基本形式语言之一。在这个意义上，“人居类型”当然也可以按照几何形体“原型”特征来划分。按这种思路，罗西对地域人居类型的上述探寻，也是有合理性的。它的可贵之处在于，把由历史积淀形成的地域“文脉”，通由“集体潜意识”的“原型”理论的中介，转化成了一种“设计技术逻辑”。也可以说，在罗西这里，“文脉”已经几何化，“时间”已经转化为“空间”。罗西理论与建筑设计的操作很贴近。

但它存在的问题也不容忽略。本来在精神分析学派那里，“原型”理论就曾大受质疑，许多人认为其论域不清晰，带有神秘色彩。罗西依之为据立论，基础不是很牢固。试想，对某一地域或城市而言，如果只能有几种特定的几何形体人居“原型”亘古存在，那么，这种僵定的人居场景，怎么能让今天的人接受而共识为某地人居“原型”呢？更何况，人居设计师究竟把什么样的几何形体“原型”与某地域或城市文化相链接，看来，也缺乏应有的可信的逻辑。其中，包括“集体潜意识”作为一种“潜意识”，是怎样被建筑师的“显意识”所把握的，在理论上也很模糊。显然，罗西的“水上剧场”之类的设计思路，可以作为城市或地域纪念性人居设计时体现该地“文脉”的一种“技法”存在（例如，当前在西安人居设计中也可适当出现一些“大屋顶”，或按中国人居理论设计的园林，等等），但不宜把它作为人居哲学倡言。因为它显然不具有普适性。看来，罗西是从真理向前多跨了一小步。

当然，罗西也占有真理的某些成分。跟着他的思路的瑞士建筑学家博塔、德国建筑师昂格尔斯、卢森堡克里尔兄弟等，对地域“文脉”理论的贡献均不可一概否定。其设计实践所体现的探索精神，它们对人居设计风格多样化格局形成的促进，也均值得肯定。

（二）艾柯的建筑符号学

1. 符号学简介

简单地说，符号学就是有关“记号”和“记号”过程及“记号”功能的研究。或者，可以更简略地说，符号学就是研究“记号”（符号）的科学。

符号学的发展与后现代主义建筑学的产生发展几乎同时，始于20世纪60年代。一般而言，此前的语言学和语义学的大突破，包括弗迪南·德·索绪尔（Ferdinand de Saussure）和诺姆·乔姆斯基（Noam Chomsky）对语言“深层结构”的揭示，是它长足发展的一大契机。因为语言是人类一种最重要的符号；语言学和语义学的突破，势必对一般符号学大发展给予强有力的推动。人们发现，不仅是语言，而且是人类一切活动及其认识，包括文化，均可以被纳入符号学的框架之内，加以重新理解，于是，文化符号学应运而生。所谓文化符号学，指对不限于语言表现的各种文化对象的符号学研究。据说，社会文化中各种物质的、精神的和行为的现象，均可被视作符号系统，按照符号学方法加以研究。这样，符号学大体上呈现为“语言符号学”“一般符号学”和“文化符号学”的递进系列。其中，“文化符号学”又由“文艺符号学”“电影符号学”等“部门符号学”组成。

2. 建筑符号学简介

既然作为表达社会信息和价值的语言是一种符号，那么，同样也可表达社会信息和价值的人居，为什么不能是一种符号呢？

作为符号学头面人物之一，结构主义人类学大师克劳德·列维-斯特劳斯（Claude Lévi-Strauss）就说过，人类社会活动的任何结构要素均具有被作为符号看待或成为符号的潜在可能性，因而人类实践-认知活动也可以被当作“符号活动”来研究。因为人类实践-认知活动系统的特征之一，便是“用一套行为记号系统来意指另一套记号系统”，这当然是典型的“符号活动”[62]。在这种思路中，人的人居活动自然也是一种文化符号活动，其中，包括人居本身也可以被当作一种文化符号来对待。于是，“建筑符号学”呈现出某种合理性。

意大利是世界符号学研究的重要国度之一。该国学者翁贝托·艾柯（Umberto Eco）是“一般符号学”重镇，著有《符号学理论》（*A Theory of Semiotics*）。这本书最早是从研究建筑符号学入手的，并在一些地方比较多地涉及建筑符号学的具体内容：

（1）可以“把建筑符号界定为所制造的客体和环境化的空间”[63]。这样，“建筑符号”也是一种“客体（符号）系统”；在与审美主体的互动中，它是一种“交流手段”[64]。因此，以语言学和语义学为借鉴的“一般符号学”关于“代码”和“符号生产”的理论，对人居的解读也是适用的。因为作为艺术作品的人居，“具有和语言相同的结构特征”[65]。

（2）可以“提出一种有关建筑客体成分分析的模式，比如一根柱子的情况”[66]。在人居审美中，“具备修辞手段的复杂建筑，借助隐喻之间的想象作用而把全部不言自明的真理译解出来”[67]。不难看出，语义学关于修辞的分析模式，被艾柯移植于建筑符号分析之中。

（3）艾柯在“提出一种有关人居客体成分分析的模式”时，“同时还考虑到许多语境和环境选择”，“给有关客体增加了许多‘考古’和‘历史’方面的内涵”。在这个意义上，人居不仅是符号，而且是“人居文本”[68]。《符号学理论》还以楼梯为例，指出它作为符号至少需要具有“风格手段”“程序化刺激”“矢量手段”等特点，构成关于这一符号的“生产特征”，才可以被分析，故“人居文本”的分析十分复杂[69]。它还以“意大利文艺复兴时期的宫殿”为例，说明了这种人居审美：“不仅仅理解需要时间，而且这种理解强加了一种转换视角，进而把时间作为人居经验的一条不可或缺的因素引入进来”，这样，就出现了比物质层面更深的内容即“下位结构”或“语义系统”[70]。在这里，“物质承载了文化含义”[71]。

（4）由于在人居审美中“物质承载了文化含义”，所以如上所述，“审美符号所依赖的代码，同样有可能以系统方式听命于深入的分割方式”，“在其基本物质内部有一种次形式和次系统所赖以分离出来的深层空间”，此即“美学超编码”[72]。显然，乔姆斯基语义学关于语言“深层结构”和“浅层结构”彼此转换的思路，在这里再一次被拓展和应用。可以说，艾柯正是力求通过对这种“美学超编码”规则的破译，达到对人居语言之“语法”的把握的。在这个“语法”体系中，“时间”或“历史”将成为一个关键指标。

我们从艾柯的观点可以看出，意大利的符号学研究一开始就直接是从“建筑符号学”切入的。应当说，这种情况的出现，与意大利从古罗马至文艺复兴的人居文化一脉相传、兴盛不绝大有关系。这也促使意大利的建筑符号学从一开始就注意人居的“时间”因素即“历史”特征。这样，其“文脉”理论便在产生于“硬”科学的“符号学”中被凸显出来。

当然，作为一种形式化的方法，符号学对“文脉”内容的把握显然极有限。因为历史是人的活动的延绵，形式主义的方法对它只能触及若干表层，故它远不如吴良镛的现代人居科学。

六、找回现代城市规划中的“文脉”和“人情”

如希腊道萨迪亚斯所言，由于长期缺乏透彻的哲学追问，也由于发展势头太快太猛，现代城市发展中的问题极多。人们对现代主义规划学城市理论的批评，此起彼伏。后现代主义规划学对现代主义规划学的批评，无论从理论上看，还是从设计实践上看，最能站得住脚的是其关于城市规划的论述部分。与道萨迪亚斯理论并存，后现代主义规划学城市理论对找回城市“文脉”和“人情”的理论呼唤和设计实践，都可圈可点。

后现代主义规划学学者经常在文章中使用“66号公路模式”和“主街模式”对立的说法，表示现代主义规划学与他们的分歧。这是很形象而深刻的说法。“66号公路”是第二次世界大战前美国贯穿东西方的主要公路干道。当年美国的“西部大开发”形成的一批城镇，往往沿“66号公路”摆开。可以说，这类自发性城镇选址及规划，与现代主义规划学城市规划理论和实践吻合。因为它们也把功能摆在首位，其中没有对地域“文脉”及历史文化风格的任何思考，有的只是对“功能-经济效益”的追求，以及服从于“功能-经济效益”的城市规划。与此不同的“主街模式”，则自发地凸显了地域“文脉”和城市中的温馨人情。因为所谓“主街”，是当年美国市场经济发展初中期形成的美国大部分中小城市或社区的主要干道，基本上是当年的步行商业街区所在；当年美国市民大体环绕这些商业街区居住，形成了富有美国特色的传统“宜居文化”，强调“人居”在各方面都应方便舒适。后现代主义规划学提倡“主街模式”，意在首先强调城市规划要注意地域“文脉”和温馨人情，反对只强调经济功能，包括反对在城市规划中有意建立以小汽车为前提的“功能区”。显然，对人居而言，“主街模式”至今仍优越于“66号公路模式”。

实际上，截至20世纪60年代，以功能第一原则规划建设的全球许多城市，纷纷出现危机，已经从实践上显示了“66号公路模式”难以为继。其中，典型的例子，是美国洛杉矶、纽约曼哈顿及英国伦敦等。

洛杉矶规划东南、西北长度超过200公里，国民生产总值达5000亿美元。该市人口达1100万，以家庭小汽车为前提，拥有800万辆小汽车，市内高速公路密密麻麻，停车场更是遍地开花。当时全市严格分为商业区、工业区和住宅区等。但长期的实践证明，这个规划毛病很多，因为它造成了一系列难以克服的“城市病”，包括整座城市实际上是一个“钢筋混凝土森林”，不宜人居；离开小汽车，人们寸步难行；人际关系淡漠，等等。针对这种状况，美国人居科学家戴维斯的《石英城》和克莱因的《失忆史》等专著，专门建立了“洛杉矶学”，从哲学和方法论层面探讨大都市规划的改进问题。与此同时，《美国大城市的生与死》《无地的地理学》等规划哲学著述，在反对大都市规划实施“功能区”划分的同时，也都批评“现代主义规划学”模式，主张“新都市主义”，等等。后现代主义规划学进而提出了城市规划理论中的“文脉主义”“主街主义”和“当代城市模型”等，纠正现代主义规划学之偏，力求重建宜人居住的当代城镇体系。

当年在美国出现的“城规困境”，数十年后，在目前的中国似乎又重演了。后现代主义规划学所说，对目前的中国显得也颇为适用。

（一）后现代主义规划学中的“文脉主义”

美国托马斯·舒玛什（Thomas Schumacher）在 1971 年首次提出了都市规划中的“文脉主义”口号。对这一口号补充具体规划学内容者，是其老师罗威和科勒。此二人吸收学生的创意，提出“拼合城市”理论，认为当代城市规划应当参考 17 世纪的罗马规划，尽量避免采用“超人”的大尺度，以延续本地“文脉”，同时采用“拼合”模式，考虑整合彼此对立的趋向，例如，私人与公益、创新与传统、简单与复杂等，包括不要以小汽车为基础规划建设都市“功能区”，力求在一个社区中“拼合”规划、建设宜人的各种功能设施，务求使城市和社区尺度宜人，等等。论者显然有意地使用矛盾普遍性和矛盾和谐性的哲学思想指导规划，显示出在规划哲理上的高人一筹。

西班牙后现代主义规划学家里卡多·波菲尔（Ricardo Bofill）在主张“文脉主义”时提出的规划学主张，是利用“中间庭院”以密切邻里关系，以及大量利用古典建筑符号以体现传统文化，等等[73]。这一思路，也可能是吸取中国“四合院”经验的结果。

反对城市规划采用苏联式的“极权模式”，提倡百花齐放的民主化规划，以延续“文脉”，是“两德”合并之后原东德城乡规划专家的普遍诉求。这对当代中国城乡规划也具有很大的启发意义。

挪威的后现代主义建筑学家斯蒂安·诺伯格-舒尔茨则接过海德格尔的“场所精神”理论，提出城市规划也应以“场所精神”为指导而形成所谓的“地点结构”，用以延续城市的地域文脉。应当说，这是对城乡规划先进方法的有效哲学提升。

在城乡规划中重视保护或体现当地民俗建筑风格，是佛朗普顿的主张。他认为，民俗建筑是历史上产生并整体体现当地“文脉”的人性空间，有效保护和重视它们，实际上是实施“文脉主义”的一条捷径。这无疑是深刻的见解。

人们可以发现，随着市场经济“全球化”的推进，当代世界大中城市风格趋同地成为“钢筋混凝土大森林”的倾向越来越明显。当前的中国也如此，的确令人担心。“文脉主义规划学”正是救治此病的一剂良药。当然，如国内外许多城市规划建设经验教训所示，“地域文脉”是一个“巨系统”，表现为一种整体的社会风貌，若脱离整个文化建设而只在一个局部人工建造“文脉”，效果均不佳，应予戒防。

（二）后现代主义规划学中的“新都市主义”

第二次世界大战以后，挟强大的经济实力，现代主义规划学在美国规划设计了一系列大中城市，并有力地带动了全球城市建设。但是，随着新技术革命的深入推进和生产力的不断提升，以及随着自由市场经济弊端的不断积累，在美国和西方世界，当代大中城市危机越来越多。其中，作为美国“金元帝国”标志的纽约曼哈顿（即“9·11”事件中被毁的“世贸大厦”所在地），以及华盛顿、洛杉矶等，都出现城市发展的“险象”。其中，包括曼哈顿第42街一度成为“红灯区”，成为罪犯、毒贩猖獗之处，市民大量外迁，治安每况愈下；洛杉矶市中区也一度成为无业游民和罪犯的聚集地，市民大量外迁，几乎使之成为“废城”。当然，当代城市险象的积聚，不能全由现代主义规划学担责。因为它首先是社会体制问题。但是，城市规划学无疑应从中吸取教训。后现代主义规划学以之为例，展开批评，提出“新都市主义”城规理论，完全必要。美国曼哈顿和洛杉矶等城市实施“新都市主义”后，获得佳绩，包括在大中城市“老城”改造方面积累了一系列成功经验，也值得总结和借鉴。

看来，美国在某些城市实施“新都市主义”中，保持“老城”“旧城”当年宜人的尺度；有意维护和续建旧有的城市建筑风貌，以延续原有“文脉”；以现代化的需求目标改造旧城市区使之具备新功能；基本上不搞“新建”，坚持在原建基础上的改建、重建和修饰，等等，都是可行的做法。日本在这方面做得比美国还自觉，效果也好。显然，城市发展中“休克”式的“大拆大建”，是当代城规城建之大忌，目前的中国尤应引以为鉴。

七、美国当代著名规划学家关注中国古典人居理论

在钢筋混凝土技术加上市场运作的条件下，全球城市规划建设究竟如何成功避免已暴露的种种弊端，显然不是后现代主义规划学的上述批判和若干实践所能独立完成的。在这种背景下，美国当代权威的规划学家凯文·林奇，在其所者《都市意象》[74]一书中，也把寻求出路的目光投向中国“天人合一”的人居理论和实践。显然，其背景是西方人居科学以“天人分裂”哲学为基础，给全球人居造成了许多危机，于是西方有识之士力求用中国“天人合一”的人居思路加以补救。

凯文·林奇说，包括堪舆在内的中国人居科学及其理论，是“一门前途无量的学问”，希望“教授们组织起来，予以研究推论”，等等。在笔者看来，这是很有眼力的一种人居科学探索。至少因为包括“‘相土’图式”、堪舆等在内的中国古典人居科学及其理论，在“天人合一”及其“天人感应论”的指导下，着重人的宜居和安康，包括特别注重人的心理和居处构成的“微环境”对人的“人居功能态”优化的保证，从本源上与海德格尔的“诗意栖居说”融合，对克服目前的环境危机，很有借鉴价值。它的某些方面，至今仍被挟扣在“迷信”帽子之下，但甩去这个“迷信”帽子，露出的将是中国人在“天人合一”中建设城乡的数千年智慧。

对国外的这种见解，中国学界很快就作出了反应。中国人居理论研究，在近二三十年成为国内最活跃的领域之一，不仅参与学者较多，而且研究成果也数量多、质量佳。

八、“互联网＋”中的“数字城市”和当代全球人居文化巨变

美国著名未来学家奈斯比特在《2000年大趋势》（*Megatrends 2000*）一书中专设一章，题为“生活方式全球化和传统文化民族化”[75]，提出了关于信息社会中将出现“生活方式全球化”大趋势，与之并行不悖的，是“传统文化民族化”大趋势。因为随着信息技术使全球经济一体化，从而使生活方式全球化，但“相互影响越深，就越想保持自己的传统”，“不论是宗教的，文化的，民族的，语言的，还是种族的特色”[76]。其中的道理颇深，非奈斯比特说得那么单纯。生活方式全球化和传统文化民族化两极端并行互融，也成为近年全球人居文化大趋势。本部分文字，将把“互联网＋”中的“数字城市”，作为“生活方式全球化”在人居文化中的体现，而本书此前关于中国的钱学森、吴良镛等吸取中国古代人居智慧，搭建人居科学框架的努力，也可以被看成中国人正在以人居文化民族化与人居科学现代化（包括“互联网＋”中的“数字城市”建设）相结合的方式，追求中国传统人居智慧与西方人居智慧的融合。如本章第二节所讲，它包括着以“互联网＋”形式展现堪舆在内的中国传统人居智慧的最新态势。

所谓“互联网＋”，最初源自中国“腾讯”董事会主席兼CEO马化腾先生2015年向全国人大提出的建议，认为作为技术战略，“‘互联网＋’战略”即全国尽力利用互联网平台代表的信息通信技术，把互联网和包括传统行业在内的各行各业结合起来，在新的领域创造一种新的“技术生态”[77]。后来，“互联网＋”概念的内涵和外延迅速变化，不仅确实演变为中国国家经济-技术战略，而且也影响到人居科学发展战略，并且通由中国国家经济-技术战略而传遍全球。显然，马化腾的“互联网＋”概念，是对全球业已长期存在发展的信息技术与经济关系的一种形象概括。作为技术事实的它，早已改变着人类社会。近年，“互联网＋”和“数字城市”，在技术基础的层面给全球人居文化也带来了新一波的冲击，促使其巨变。事实上，主要基于“互联网＋”的“数字城市”的出现，是现代人居科学面对的最大变局之一。人居理论研究，也将因之出现某种革命。这种革命将作为数字技术支撑的知识经济时代的有机组成部分，在某种程度上于21世纪改写全球人居史。人居理论正处于巨变的前夜。

本部分文字仅从本书议题出发，以“简化纲要”的形式对之略陈一孔之见。

（一）E生存·“数字城市”·现代人居科学

近二三十年，基于有意在全社会利用信息技术的“互联网＋”经济方式，使全球特别是中国城市建设，被卷入“数字化”时代潮流。呼应人类聚居学的《台劳斯宣言》在近半个世纪前就说，“网络是建设或者毁坏城市的关键性因素”，它的“发展深深地

影响着社区的规模和形态，后者又决定着人们的行为。我们强调网络建设与合理的土地利用规划之间的互惠关系”[78]。如果说此前在人居科学领域，尚无什么技术能够撼动钢筋混凝土的“霸主”地位，那么，“数字城市”出现后就不再如此了。数字技术与钢筋混凝土技术的融合，彻底改写了现代人居技术基础，也在某种程度上逐渐把人的生存方式改变为“e化生存”(即人的“数字化生存”，狭义而言就是以互联网“在线”的方式生存[79])。包括“数字人居”逼近，某种现代“人居革命”的来临，已经无可回避。最早在国外(特别是在美国)，后来在国内，人们对数字技术支撑的知识经济时代，包括某种人居革命，已经写下了许多文字。其中的主题词包括“后工业社会”、知识经济(知识代替资本)、第三次浪潮；数字城市；“环太”崛起；e化生存；大数据；云计算；地球村；知识轴心；经济全球化和文化民族化并行不悖；“非线性科学”或复杂性科学；虚拟社会和虚拟空间；地理或人居信息系统；“高技术与高感情相平衡”；“电子家庭”；“电子社区”；宗教复兴；数字鸿沟；人的“碎片式”异化；“宅男宅女”；人文精神的回皈；诗意栖居；创客；三D打印；等等。

其中，人们特别从不同学科和角度研究着作为人居新态的数字城市问题。据说，关于数字城市的定义，目前已达30余种。从纯粹技术角度看，随着高分辨率卫星遥感技术突飞猛进，空前提高了人类获取、更新和利用地理信息的能力，构成了人居革命的技术前提；随着以宽带光纤和卫星通信为基础的互联网的迅速普及，极大地扩大了人类信息通信和交换的能力；分布式数据库和共享技术的发展，飞速提升了人类对信息存储和管理的能力；仿真和虚拟技术的成熟，酝酿着信息应用技术的划时代变革；量子通信技术日新月异，与电子技术互补，促成人类信息通信和交换能力跃上崭新平台，等等。在这些技术基础之上，数字城市就是城市信息化的技术基础，也是城市现代化和信息化水平提升的一个重要标志。从城市建设侧度看，数字城市就是指在城市规划建设与运营管理及城市生产与生活中，充分利用数字化信息处理技术和网络通信技术，将城市的各种数字信息及各种信息资源加以整合并充分利用的一种系统工程或管理模式。其中，包括从人居设计和管理看，数字城市即充分利用包括地理信息系统、房产信息系统、大数据、云计算等在内的信息技术，进行城市、建筑和景观设计、规划和建设，并对之进行现代化管理、预测。在学术争鸣中，中国还出现了对“大数据”哲学含义的剖析，认为目前“数据被赋予了世界本体的意义”，它不仅“使得复杂性科学①方法论成了可以具体操作的方法工具”，而且还“用相关性补充了传统认识论对因果性的偏执，用数据挖掘补充了科学知识的生产手段，用数据规律补充了单一的因果规律，实现了唯理论与经验论的数据化统一，形成了‘大数据认识论’”，从而使现代人类“思维方式从还原论思维走向了整体论思维”[80]。显然，在上述种种观察思考中，数字城市就是21世纪城市生存发展的最新态，也是城市现代化的首要标志，包括它在认识论上为人类生存方式革命奠定了基础。

从人居科学层面研究数字城市，也是全球相关学界的前沿，代表人物包括格雷姆和马文。他们侧重研究数字技术和城市规划的关系，提出今后的城市规划将转化为“城

① 即钱学森所讲的“非线性科学”。

市信息规划”，在其中实现包括设置“信息区”“电子村”在内的城市空间的重组[81]。另有人从建筑学角度，研究了“电子家庭”等设计细节，等等。

刚从西方列强坚船利炮中感受了“千年未有之变局”并奋力追赶上来了的中国人，在数字技术中又似乎遇见了“千年未有之变局”。不过，这一次中国人从容多了，也自信多了，包括中国目前建设数字城市绩效显著，在许多方面可以笑傲当今。近年，作为其技术基础之一的城市“地理信息系统”及其数据建设日新月异，包括利用“无人机”的城市移动测量技术也迅速发展，实现了“天地两栖联动”移动测量，使数字城市建设及建筑、景观、城规数字化设计如虎添翼。

（二）“流空间”和“场所”

从人居理论较深层面思考数字城市，目前最尖端的理论难题之一，就是如何理解和处理人居建设中的“流空间”和“场所”的关系。这是本节前述关于“场所”概念的创新在数字城市背景下的深化。最早提出并在全面研究网络社会的基础上，专门深入研究这个问题者，是人居学者卡斯泰尔、格雷姆和马文等。

本来，在卡斯泰尔之前，从“新马克思主义者”列斐伏尔开始，到新的“新马克思主义者”哈维和卡斯特等，都着重从资本主义社会内容上剖析现代城市空间及其新的社会蕴涵。他们主张的“空间是社会的产物”、社会实践决定“空间形式”等理论，不乏合理因素，也有一定影响。卡斯特由此明确承认，信息时代带来了新的“城市空间形态”[82]。

这种理论冲击，促使作为人居理论主轴之一的“空间”概念，跳出原有的抽象性，融进现代信息社会日常生活。

按照卡斯泰尔的观点，数字技术使我们必须用“流空间”概念来理解经验观察到的现代城市“实体空间”的意义，因为在数字技术造成的“地球村”内，“信息流”带动着“物流”四处播散，“流”成为社会运作的主导形式，于是，人居空间就被改造成了“‘流’空间”；之所以在这里仍然采用“空间”概念，是因为一是“信息流”带动“物流”形成的“流”，并未脱离具体的地域空间；二是“信息流”带动“物流”，在本体上均属“物质”之“流”，故它们在理论上不能脱离物质空间；三是“信息流”带动“物流”形成的“流”，其实以实践为基础改变或扩充了原来的“空间”概念，“空间也是与实践共同存在的概念”，于是，新的“空间的定义应该是：空间是和时间共享的社会实践的物质支持”，“这种物质空间具体地依赖于‘流’的网络目的和特征”。于是，“‘流’空间”概念应时出现，其具体表现是电子网络信息系统及相关场所等。另外，与现代人居理论从“空间”到“场所”概念的创新对应，和这种“‘流’空间”并存的，还有“场所的空间”，它“扎根于文化和传承的历史之中”，“是日常生活的空间以及社会和政治控制的空间”。在网络社会中，“普遍的‘流’的空间支配着场所的空间”，因为“建构‘流’的空间也就形塑了场所的空间”。“流空间”和场所的这种关系，“导致了都市区内的二元性，这是社会或地域排斥的最重要形态”，它形成了对当代都市管理最关键的挑战[83]，包括“数字鸿沟”在发展中国家尤其突出。目前，中外都市管理，均面临着这种二元性的巨大挑战。

而格雷姆和马文则认为，“城市场所”和“电子空间”实际上是在不断地被“共同生产着”，新的信息技术的未来发展会极大地改变城市空间状况，但它并没有游离于“城市场所”，它与城市场所相辅相成，并被限制在城市场所的范围之内[84]。这些争论，反映着数字社会中的人居设计师，目前确实面临着某些深层理论困惑。问题的解决，大概只能靠数字社会实践进一步展开。据笔者所知，中国人居理论界目前对此也已有回应。

另外，在“数字城市”浪潮中，中国人居理论也应保持自信和“定力”，深信中国“天人合一”人居哲学及其科学原理的规导对“数字城市”浪潮也是必要而及时的。目前，城镇化已成为中国发展的最大动力之一，故保持这种自信和“定力”显得尤为重要。

参考文献

[1]〔德〕海德格尔著，熊伟译：《反对人道主义》，收入中国科学院哲学研究所西方哲学史组编：《存在主义哲学》，北京：商务印书馆，1963 年版，第 12—15 页。

[2][3][4][5][8] 宋祖良：《拯救地球和人类未来》，北京：中国社会科学出版社，1993 年版，第 226—253 页，第 226—253 页，第 243 页，第 112 页，第 232 页，第 180 页。

[6][10]〔德〕海德格尔著，孙周兴译：《海德格尔选集》（下册），上海：上海三联书店，1996 年版，第 1188—1204 页，第 1204 页。

[7]〔德〕海德格尔著，孙周兴译：《荷尔德林诗的阐释》，北京：商务印书馆，2002 年版，第 46 页。

[9]《黄帝宅经》，收于顾颉主编：《堪舆集成（一）》，重庆：重庆出版社，1994 年版，第 3 页。

[11][12][13][14][15][16][17][18][19][20][21][22][23][24][25][31][33][34][36][39][40][42][45][46][47][49][50] 吴良镛：《人居环境科学导论》，北京：中国建筑工业出版社，2001 年版，第 222 页，第 257—261 页，第 17 页，第 224 页，第 299 页，第 222 页，第 269 页，第 222—226 页，第 225—227 页，第 225 页，第 383 页，第 225—226 页，第 242—271 页，第 272—277 页，第 3 页，第 258 页，第 324 页，第 325 页，第 324 页，第 277 页，第 319 页，第 310 页，第 15 页，第 69 页，第 3 页，第 69 页，第 40 页。

[26][32]〔美〕侯世达著，郭维德等译：《哥德尔、艾舍尔、巴赫》，北京：商务印书馆，1996 年版，第 22 页，第 35 页。

[27] 胡义成：《哥德尔定理和灵感的互补机制》，《求是学刊》1988 年第 3 期，第 45—49 页。

[28][60] 胡义成：《不要冷落阿罗定理》，《经济日报》1995 年 5 月 22 日。

[29]〔荷〕库普曼著，蔡江南译：《关于经济学现状的三篇论文》，北京：商务印书馆，1996 年版，第 142 页。

[30][62]〔美〕德雷福斯著，宁春岩译：《计算机不能做什么？——人工智能的极限》，北京：生活•读书•新知三联书店，1986 年版。

[35] 吴良镛：《人居环境科学导论》，北京：中国建筑工业出版社，2001 年版，第 262 页，第 283 页，第 285 页和第 329 页。

[37] 胡义成：《“以人为本”论纲》，《合肥工业大学学报（社会科学版）》2008 年第 1 期。

[38] 胡义成：《人道悖歌》，北京：华夏出版社，1995 年版，第 165—194 页。

[41] 王受之：《世界现代建筑史》，北京：中国建筑工业出版社，1999 年版，第 416 页。

[43] 吴良镛：《人居环境科学导论》，北京：中国建筑工业出版社，2001 年版，第 20 页、第 35 页和第 69 页。

[44] 吴良镛：《广义建筑学》，北京：清华大学出版社，2011 年版，第 5 页。

[48] 吴良镛等：《人居环境科学研究进展》，北京：中国建筑工业出版社，2001 年版，第 139 页。

[51][52][53][56][57][58][73] 王受之：《世界现代建筑史》，北京：中国建筑工业出版社，2000 年版，第 417 页，第 317 页，第 347 页，第 320 页，第 319 页，第 315 页，第 376 页。

[54] 钱学森：《谈新技术革命》，《科技日报》1999 年 3 月 3 日。

[55] 于希贤，〔美〕于涌编著：《中国古代的风水理论与实践》，北京：光明日报出版社，2005 年版，第 230 页。

[59] 罗小未主编：：《外国近现代建筑史》，北京：中国建筑工业出版社，2004 年版，第 348 页，第 350 页。

[61]〔荷〕库普曼著，蔡江南译：《关于经济学现状的三篇论文》，北京：商务印书馆，1996 年版，第 142 页。

[64] 全国现代外国哲学研究会编：《现代外国哲学论文集》，北京：商务印书馆，1982 年版，第 259 页。

[63][65][66][67][68][69][70][71][72]〔意〕乌蒙勃托·艾柯著，卢德平译：《符号学理论》，北京：中国人民大学出版社，1990 年版，作者序及第 13 页（以及第 367 页，第 350 页），第 310 页，第 350 页，第 299 页，第 351 页，第 297 页，第 303—304 页，第 305 页，第 307 页。

[74] 方益萍等译，北京：华夏出版社，2001 年版。另有译本名为《城市的印象》。

[75][76]〔美〕奈斯比特、〔美〕阿伯迪妮著，军事科学院外国军事研究部译：《2000 年大趋势》，北京：中共中央党校出版社，1990 年版，第 138—185 页，第 177 页。

[77] 王君超：《“互联网＋”与“互联网－”》，《光明日报》2015 年 11 月 11 日。

[78] 转引自吴良镛：《人居环境科学导论》，北京：中国建筑工业出版社，2001 年版，第 395 页。

[79] 鲍宗豪主编：《数字化与人文精神》，上海：上海三联书店，2003 年版，第 225—233 页。

[80] 黄欣荣：《大数据时代的哲学变革》，《光明日报》2014 年 12 月 3 日。

[81][83][84] 转引自孙施文：《现代城市规划理论》，北京：中国建筑工业出版社，2007 年版，第 540 页，第 538—539 页，第 540—541 页。

[82] 方环非等：《新马克思主义的城市空间构想》，《社会科学报》2015 年 10 月 20 日第 2 版。

第二节　中国民间“形法”的数字化探索

本节所谓的“形法”，指中国古代民间人居科学技术（或后来的“堪舆”“风水”）中的一个主要流派，其“原型”是本书已论的周人“‘相土’图式”，据说唐代南传以后主要盛行于江西一带，故又称“江西派”。其理路是在居住选址中，主要考虑居址与周边山川、水流、形势与居住者健康的关系，包括要相土尝水，讲求“峦头形势”和“虎虎生气”，追求“形法宝地”等，其中可能也包括着中国古人对居住者“人居功能态”优化的某些省察。宋、明、清时期，“形法”的代表典籍包括《阳宅十书》《管氏地理指蒙》《地理全书》等。在一部分现代人居理论研究者眼中，按传统物理学、化学等科学，形法流派所含科学成分似乎多于或大于中国民间人居理论中的另一流派“闽派”（即“福建派”或“理气派”）[1]。当然，形法中也含有迷信成分，本节相关研究研制，将注意尽力克服之。

至于本节选择“中国县域中小景区”作为实施数字化的突破点，则是因为它作为景区选择比较单纯，所考虑的因素较少，只要符合“相土”中形法的标准，如本书此前所讲“前朱雀，后玄武，左青龙，右白虎”等条件的景观资源，即可被视为“传统景观资源”，从而实施本节所讲的数字化开发。

在形法古籍中，有大量类似于今日“地理环境平面示意图”的绘图，如《管氏地理指蒙》中就留存着一大批此类平面示意图[2],《地理全书》亦然（图 5-1 ～图 5-3）[3]。它们是中国民间人居科学景观文化的一批重要遗产，往往标示着古代民间“堪舆先生”对理想的景观环境的平面临摹，或标示着他们对这些理想景观的分类和不同评价等，是中国古代景观选址和景观审美经验的某种特殊总结，值得珍爱和利用，本节统称为中国古代民间人居科学“景观图式”（简称“图式”）。

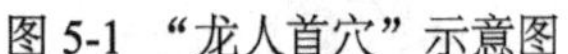

图 5-1 “龙人首穴”示意图

图 5-2 “天巧穴”示意图

图 5-3 “外案重秀”示意图

一、目前我国相关“大数据条件”发展状况

本节所讲“大数据条件”，首先具体指目前在互联网、大数据、云计算等高新技术背景下，我国已在大面积使用着的“地理信息系统”（geographic information system, GIS），以及其他各级各类信息系统的“大数据”资源。“GIS 系统”及其他各级各类信息系统，在相关条件的支持下，不仅可以随时随地提供山川、高程、水流、水源、气候、阳光、温度、湿度和相关构筑周边环境、经济、文化等种种信息，而且可以按照使用者的要求，进行统计、分析和预测，包括目前已可以进行建筑选址、规划评估等咨询服务。

据报道，2014 年年中，由国家测绘地理信息局提供的“天地图 2014 版”已上线运行，它新增“多时相地图对比浏览”和“二维码识别”功能，国内外数据全面更新[4]。作为目前中国列入“智慧城市试点计划”9 城市之一的重庆市，其“地理信息中心”现在甚至可以按群众的需求，每一周提供一种专用“地图”[5]，显示目前中国地理信息的大数据利用极具潜力和发展空间。照此趋势，目前中国在进一步挖掘大数据资源的同时，由 GIS 系统和“天地图”等提供中国县域“中小景区传统景观资源开发评价软件”所需景区主要相关地理信息，已基本不成问题。

钱学森早就提出了中国现代化建设中“地理建设”应并行于物质文明建设、政治文明建设、精神文明建设的设想[6]。作为专注人地关系的“地理建设”，在某种意义上即相当于目前中国的“生态文明建设”的一个组成部分，它既是中国现代化建设的地理环境物质基础，又与人居设计建造关系极其密切。“地理信息系统”作为中国现代人居设计的空间信息基础，可成为为“形法”实施数字化服务的重要技术前提。

二、国内外相关软件研究研制现状述评

本节所讲“研究研制”相关软件，在专业理论上不仅涉及“中国县域中小景区传

统景观资源开发评价”的理论和实践，而且涉及较新潮的“景观资源开发软件”制作及其应用等，实际是两个时空位置相距甚远的学科之间的“对接”。其深层含义，是谋求中国古代民间人居科学及其理论的数字化利用。

目前，国内外中国“中小景区传统景观资源开发评价软件”研究研制已有启动，略况如下。

（一）国外

目前，国外景观美学研究与数字技术结合并不鲜见，也有一批相关软件面世。另外，则是西方景观学界对中国古代民间人居科学及其理论也较有兴趣，美国麻省理工学院建筑学家凯文·林奇的《城市意象》[7]对中国“堪舆意象”的肯定性评价即为代表之一。目前，在发达经济体采用 GIS 系统进行商业建筑选址已非常普及的背景下，西方学界在“形法”景观选址及审美评价数字化研究和相关软件制作方面，也有若干启动迹象。不过，其中往往由于对中国形法景观模式理解上存在较多误解乃至错解，尤其是对中国各地“‘相土’民俗差异”“地域堪舆”的把握很不精确，故估计其研制成果很难直接应用于中国目前的实践。

（二）国内

目前，国内相关研究研制进展显然快于、深于国外。一方面，中国人居科学及其理论研究近 20 多年推进较快，包括王其亨多次主持完成国家自然科学基金相关项目，提出中国堪舆学虽含有不少迷信成分，但它本质上应是一门包含了中国古典人居科学、地理学等学科内容在内的“综合性自然科学群”的定性或界说[8]。此后，俞孔坚著《理想景观探源》[9]，凸显了“堪舆景观学”的理论价值。尔后更进一步，则是吴良镛在接过传递钱学森“山水城市”建议时，进而发挥说：“中国城市把山水作为构图意象，山水与城市浑然一体，形成这些特点的是中国传统的‘天人合一’的哲学观和城市选址布局的‘风水说’等理论”[10]，实际以国家科技最高奖获得者的身份和影响，肯定了中国古代民间人居科学及其理论在当代城市规划中的巨大价值，并有力地推动了其在城市规划实践中的继承发挥。2012 年，清华大学张杰又推出《中国古代空间文化溯源》一书[11]，更从深层文化理论上拓展了王其亨、俞孔坚、吴良镛等肯定中国古代民间人居科学及其理论的思路，等等。

以此为大背景，在接纳学界相关研究成果的基础上，中共西安市委和西安市政府于 2005 年公布《西安国际化、市场化、人文化、生态化发展报告》，明确肯定了作为堪舆构成元素之一的“九宫格局说”，指出“古长安城创立了中国城市营建的基本形制，其‘九宫格局’百代不易，影响深远”[12]。据此，西安市第四轮城规和“大西安”城规，就明确肯定并采用了“九宫格局”，目前已获国务院批准执行[13]。

在形法景观学与数字技术结合的实践上，随着作为 3S 系统之一的 GIS 系统在城市规划、建筑选址等领域的广泛使用，特别是随着 2014 年 6 月 5 日万科、百度两商业巨头之间关于后者向前者提供商业建筑选址、商业信息分析数字技术支持的协议达成后，国内“地理信息产业链”迅速成形。不仅已有一批“商业地理信息系统软件”诞生（如“选址赢家”等），而且目前也产生了一些关于县域中小景区传统景观资源开发和评价的理论研究和实践探索，包括已诞生了一些基于GIS系统应用的中小景区传统景观资源开发和评价软件。有的人就把后者直称为“电子堪舆先生”。此前，2013年年末，全国城镇化会议提出“把城市放在大自然中，把绿水青山保留给城市居民”口号后[14]，在国内城市规划中采用“形法”已相当流行，2014年后“电子堪舆先生”使用又渐成潮流。

但细审这种潮流，其所用软件研制模式与国外一样，一般都是直接套用GIS系统，由相关软件使用者按其所知形法模式进行传统景观选址评价，似乎至今还少见对形法景观选址和审美过程具有形式化、仪式化、模式化（以下简称“三化”）特征的深度理论思考，更少见在软件研制中仔细比照中国古代典籍相关图式与GIS系统图像资料，以确定“‘形法’景观评价等级”的技术构成。本节即力求弥补这一缺漏，意在充分利用图式遗产，追求形法的数字化推广。

三、相关研究研制的价值及理论说明

（一）相关研究研制的价值

形成上述缺漏的主要理论障碍如下：其一在于学界普遍忽视“三化”图式的科学-审美价值，包括严重忽视了它们对中国各地传统景观选址和审美评价经验的“三化”式归纳，包含着令人值得重视和继承的民族文化内容；其二在于学界曾经普遍认为，作为“人的审美活动”的传统景区资源开发评价，根本不应被形式化和模式化，故在软件开发中仅把传统景区资源评价程序留给使用者，其隐含的前提是，这种评价不可能被数字化。而本节相关研究的意义和价值，正在独创性地冲破这种国内外长期存在且势力至今强大的学界“思维定势”，承认并实施传统景区资源开发评价数字化。它至少有利于全国中小景区资源开发沿着中国传统文化既有的形式展开，符合中国人延续了千年以上的形法审美习俗，同时又使之搭乘了数字化的“时代列车”。

（二）相关图式“三化”特征的合理性和可利用性

对于“三化”图式的合理性和价值，本书第四章已有较详细的历史举例和理论说明。从某个方面看，人类任何审美感受都是对审美对象形式和规律的把握，即对自然秩序的领悟；而这种把握，也是人类在长期历史实践中产生的“原始积淀”导致人的感官与情感与外物“同构对应”的结果[15]；此种“同构对应”的极致，就是中国人在“形法”审美中对“天人感应”及其神秘性的仪式化、程式化省悟和默许、认同。在这里，作为景观选址评价中的一个侧面，其形式化、仪式化、模式化是必然现象，不仅合理，而且合情。这种“三化”与景观选址评价中的“非三化”（即非形式化、非仪式化、非模式化）方面，构成了古代中国人形法景观选址评价的全貌。的确，景观选址评价完全形式化、仪式化、模式化，与审美作为人的自由的体现，是难以兼容的。显然，在“形法”景观选址评价中存在着其“三化”侧面与“非三化”侧面的互补或曰“辩证统一”。国内外学界普遍忽视了中国堪舆典籍相关“三化”图式的科学–审美价值，以及国内外学者普遍认为作为“人的审美活动”的传统景区资源开发评价根本不应被形式化和模式化，等等，都只是抓住了人类认知和审美活动的一个方面而否定了另一个方面的合理性，故不足取。

从中国传统景观发展史和对其审美特殊性的总结中可以悟出，作为“中国人的审美活动”的中国传统景区资源开发评价已有数千年的历史，并在中国独特的山水审美“诗意形式化”“过程仪式化”和“唱名模式化”延续中，通过大量堪舆、相土书籍及堪舆先生师徒传习等方式，积存了大量可运用统计数学、模糊数学等方法加以处理的传统景观图式。在人类一切审美活动中，像中国古代民间堪舆、相土书籍这样以巨量的形式化、仪式化、模式化审美图式留存至今者，是极少见的，甚至可以说是全球“仅此一例”。它奠定了中国目前县域中小景区传统景观资源开发评价资料可进行数字化处理的历史、民俗和科学、审美前提。另外，目前又有基于大数据、云计算等技术的现成的 GIS 三维及二维图像可供与之比照，那么，形成本节研制的相关“软件”就同时具备了技术可行性。

（三）相关“图式”利用中的技术困难及其解决思路

中国古代形法景观“图式”均无现代绘图中必备的比例尺约定，故其比例尺不定，难以与 GIS 系统所提供的图像比照，这使其数字化处理存在较大困难。

不过，这种困难不是不可克服的。目前，似乎可以考虑利用统计数学、模糊数学等现代方法及一一破译归纳等“笨”方法，按不同需求，找出不同等级、种类的古代“图式”一般的比例尺使用大体范围或规律，然后再使之数字化，力求使之可与 GIS 系统中的二维平面图像进行数字化比照。其中，在没有其他办法时，也可采用一一破译归纳等“笨”方法“兜底”，总可保证找出古代“图式”一般的比例尺使用大体范围或规律。例如，古代“图式”中有少量标明具体地名的示意图，今人可把这些示意图与尚存的景观平面图进行比照，找出它们使用比例尺的范围或规律，并推广于对其他“图式”比例尺的破译，等等。再如，可从与“图式”同时期的古地图所用比例尺（这不难破解）中，摸索出某些“图式”所用比例尺的可能范围，等等。还有其他“笨”办法。故对这些“图式”进行二维数字化处理，在技术上也是完全可行的。它也基本可满足一般软件制作的需求。

还可进一步设想，在摸索“图式”平面数字化规律的基础上，再摸索古代“图式”立体数字化，力求使之可与 GIS 系统中的三维立体图像进行数字比照。当然，这中间存在着许多技术关口需要突破。但在战略上，这些关口的突破并不存在难以逾越的瓶颈，包括也可采用一一破译归纳等“笨”方法“兜底”，故对这些“图式”进行三维数字化处理至少在技术思路上也是可预期的。

（四）相关软件结构–功能的设计

进行数字化处理时形成的相关软件，主要结构至少似乎应具有“利用GIS系统输入的所选‘形法’景区二维三维图像模块”（此即“景区模块”），“古代‘形法’景区二维三维‘图式’储存模块”（此即“判据模块”，可再细分为“形法”“理法”两大类型），“国内外‘形法’景区选择评价典型案例模块”（此即“案例模块”），“中国各地‘形法’景区选择偏好资料模块”（此即“参考系数模块”）等，在技术上至少应保证各模块所储资料之间全部图像比照、参考、评价能顺畅实施。

软件主要功能不仅可用于确定形法景观初步选址，而且可完成对相关形法景观美学价值的数字化评估。后者包括如下方面：一是对相关形法景观美学类型等作出数量化判断，例如，应表明某形法景观，在多大比例上已达到某种理想形法景观标准，主要优缺点何在；二是依据典型案例或理想形法景观标准，对其初步设计思路提出建议，包括应靠近何种理想景观，需弥补何种不足等。

软件的最终使用者，应是中小型景观区建设者和设计者，包括目前在中国乡镇形法景观规划设计中起作用且具现代科学头脑的乡镇负责人、“村官”、中小型景观区公私投资者及“堪舆先生”等。

四、相关研究研制实施的思路及技术路径

本研究的总思路是，在理论上完成“图式”三化具有合理性和可利用性证明的基础上，尽量收集古籍中的“图式”，最终将在市场化运作层面，首先形成数字化处理大量“图式”的招标书（参见本节附录部分），在其完成合格后再形成“中国县域中小景区传统景观资源开发评价软件”制作的招标书。它也意味着相关软件的最终“出炉”，因为本研究为其制作选择的具体技术路径可行，故在市场运作中定会完成。

（一）主要“技术瓶颈”是数字化处理大量“图式”

本研究形成的软件与其他同类软件的不同之处，首先是要数字化处理古代典籍中的大量“图式”，包括在二维乃至三维水平上，使之可与目前我国已有的GIS系统等图像形成数字化比照，从而实现对大量“图式”的数字化利用。其中，对大量“图式”的数字化处理，是首要技术瓶颈。

（二）突破主要“瓶颈”的技术路径

初步设想出的突破此瓶颈的技术路径是：通过对图式的逐步收集和规模化整理研究，包括逐类逐层进行前述的统计数学、模糊数学处理和采用“笨”办法破译其比例尺化奥秘，包括破译其二维、三维奥秘，借以积累形成相关软件“判据模块”应储存的适量“图式”，技术化标明其适用的南北区域及其地形、地貌、水流、审美特征等，有的还应配有“‘形法’口诀”。

对这一技术可行设想的实施，应采用市场化招标方式展开。在此基础上，还可通过市场方式再对相关软件制作进行市场招标。应标者不仅应具备较好的现代图像学研究制作水平，而且要具备较好的中国古籍图式理解辨识水平，特别是对不同古籍不同地理图式比例尺的理解和一一辨识的高水平，包括采用前述“笨”办法的定力、耐力和人员储备。对此一定要严加把关，宁缺毋滥，宁慢勿快。可以说，本研究的成败和质量高低，一决于此。

至于软件制作招标书，不仅要根据软件等级和使用对象，写清可供其“判据模块”储存的图式数量、质量，而且尤其是要明确写清对软件必具的其他技术结构-功能（如具有“判据模块”“案例模块”等）的具体要求，包括：一是对其“案例模块”储存的国内外形法景观案例及其分点平面（二维）图、立体（三维）图等质量、数量的要求；二是对其“参考系数模块”将储存的中国各地使用者形法偏好、地域形法特征、形法经验系数等，一一列明质量、数量具体要求；三是要求其输入接口应很容易地输入作为被评估之景观表达而有明确比例尺的地理信息系统（即GIS系统）图像，以及作为GIS系统图像补充的各种既有航拍图（三维）、“部门图像”（三维）乃至手绘图（二维）等；四是要求在技术上确保使之与上述各模块资料尽快实现图像层面和平面层面的一一准确比对，包括当其各模块或部分模块储有资料时，从输入被评估之景区表达资料到给出结果的具体时限，以及各类精确度等的要求（请注意，无论二维或三维层级，此“精确度”要求技术含量均很大，特别是三维层级，故务必谨慎仔细提出）；五是写清使用者未输入其资料时，此成果软件各模块也可独立存在的要求；六是对软件制作提出如下要求，即不同具体使用者可对其各模块顺利输入不同层级的资料及不同层级的被评估景观表达图文，软件均应给出相关结论；七是要求当该软件只有1个模块储有资料时，仍能在输入被评估资料时给出某种结果的要求，等等。

五、相关软件和现代化“倒杖法”的配合使用

上述软件制成后，是否就可据以最终确定景区“穴位”即“点穴”呢？看来还不行。如前所述，上述软件依据形式化、仪式化、模式化的中国古籍之“图式”与地理信息系统图像的比照结果给出结论，还未顾及“形法”景观选址和审美评价中非形式化、非仪式化、非模式化的人的科学及审美的自由裁量方面，故还不能据以“点穴”。“点穴”还必须顾及诸种自由裁量，其中包括使上述软件使用与设计师或堪舆先生“倒杖法”等现场踏察体验相配套。

（一）现代“倒杖法”简介

“倒杖法”实际上是形法“点穴”程序中最常使用的一种兼具科学、审美双重意蕴的选址方法，又称“杖法”“十二杖法”（江西派创始人杨松筠把“倒杖法”的具体形态归纳为十二种，如“顺杖”“逆杖”“缩杖”等[16]，故名），等等。形法古籍对它的记

载议论颇多，解释往往各异。据清代沈镐的《地学·天心十道》[17]对“倒杖法”的具体记载，以及今人高友谦先生的《住宅方位艺术》[18]所述及强锋对高友谦先生的再述[19]，“倒杖法”以堪舆先生亲身体验后的主观判断确定“穴位”为主，其确定以“正脉取斜，斜脉取正；横脉取直，直脉取曲；急脉取缓，缓脉取合；双脉取单，单脉取实；散脉取聚，伤脉取饶；硬脉取软，软脉取硬；脉正取中，脉斜取侧；阴来阳受，阳来阴受；顺中取逆，逆中取顺；饶龙减虎，更看强弱”为基本原则[20]，事实上关注的是人与环境构筑物在“六合”之间极细微的阴阳平衡和辩证和谐。其形象化的取名，源自古代堪舆先生勘探形法环境时登山涉水所用手杖之“倒置”。“倒杖法”实施的大前提是，堪舆设计中的寻龙、察砂、看水、立向四步骤均已完成，该进行“点穴”了，“倒杖法”即“点穴”之法。鉴于在本研究研制中，上述形法四步骤均已靠中国县域“中小景区传统景观资源开发评价软件”完成，故“倒杖法”实施需在该软件确定“穴场”后进行，且与现代设计的“现场勘察”融为一体，称为“现代倒杖法”可矣。

（二）“点穴”软件需和现代“倒杖法”配合使用

寻龙、察砂、看水、立向四步骤通过软件的完成，使“穴场”或“穴地”大体确定[21]。此处所谓的“穴”，是形法中很关键的一个概念，一般指传统景观选址和审美中“阴阳平衡、利于万物生长的场所”[22]，即符合“图式”要求的中心地域，它至少要四面山水围合，能符合“前朱雀，后玄武，左青龙，右白虎”或其变形，且能使人明确感受到其地具备审美上的“虎虎生气”。古代著名中医缪希雍在所著的《〈葬经〉翼·穴病篇》中就说：“穴者，山水相交，阴阳融凝，情之所钟处也”；“夫山止气凝，名之曰‘穴’”。《葬书·内篇》也说：“山水合翕是为全气之地。”由此可知，作为四面围合而成的一种小环境或“小气候”的“穴场”或“穴地”，既须符合科学要求，又须符合审美习惯。《周官·地官司徒》中所讲“天地之所合也，四时之所交也，风雨之所会也，阴阳之所和也”的“地中”，包含着后世“形法”所讲的“穴场”或“穴地”，可见其在建筑-景观-规划中历史之悠久，地位之显要。

张杰认为，用“倒杖法”以“点穴”，其实也“是在一个较小的范围内的竖向设计工作”[23]，包括它要求穴位为平坦地，但“平坦的地上有凸起的地方”，或像马蹄凹下者，以及像梅花落下者[24]，显然也是在垂直方向追求一种科学的适宜和审美的平衡，从而在垂直方向上确定最高的“天穴”、居中的“人穴”和最低的“地穴”[25]。用“倒杖法”以“点穴”在审美上最突出的特点是追求环境的“虎虎生气”。缪希雍在《〈葬经〉翼·望气篇》中就说：“凡山紫气如盖，苍烟若浮，云蒸霭霭，四时弥留，（山体）皮无崩蚀，色泽油油，草木繁茂，流泉甘冽，土香而腻，石润而明，如是，气方钟而未休。”这是一位中医医生把防疾治病中追求虎虎生气的美学理想移植于“点穴”的一种纯美意境。它再一次证明了中国民间人居科学也作为养生学分支而与西方环境科学大异的实况。显然，以形式化、仪式化、模式化的“图式”为凭形成的软件结论，是难以顾及只有人的亲历才会领悟的“虎虎生气”的。因此，“点穴”还必须顾及相关软件使用与今人“倒杖法”使用相配套。

一般而言，作为“点穴”主法的“倒杖法”，实施目的在于最终从科学和审美两方面确定“穴位”。“点穴”就是寻找“穴位”，或曰寻找“天心十字”。“天心”本来是中国古代天文学概念，指北极[26]，后被形法移植而表示“穴场”或“穴地”中阴阳最平衡之点，即最后被确定的阳（阴）宅及景观中心位置。堪舆先生所谓的“但寻真气归何地，看取天心十道全”，指的就是最后被确定的“穴位”，“前后左右的应照要周全”[27]。是否“前后左右应照周全”，只有亲临现场的懂形法者才可心领神会。当然，亲临现场的今天的建筑-景观-规划设计师，不一定全按古代“倒杖法”行事。他可以按现代设计对设计师现场科学体验及审美体悟的要求进行某种平衡再设计，但在设计哲学上，这种再设计其实可被视为使用了“倒杖法”，因为本节所讲“倒杖法”的要害，在于设计师亲临现场展开科学和审美的仔细体验，最终确定“穴位”，而不在于其具体实施方式。

在“点穴”中，“倒杖法”实施的具体步骤是，一由堪舆先生在基本选出的“穴场”持手杖向北“指定来脉入路，以定其‘内气’”。二由他转身向南“看杖所指，以察其‘外气’”。三是他把杖后对“峦头”之“圆顶”，杖前对朝山（即“朝砂”）及案山（即“案砂”）的交会点，并把杖倒放在地上，沿其走向用石灰标画出一条“纵线”，接着根据左右“护砂”的形势，垂直于上述“纵线”画一“横线”，这“纵线”与“横线”的十字形交点即“天心十字”。四是将手杖竖在“天心十字”上，“前看后看，左看右看，察其来脉，想其性情”，若脉来不急不缓，则“定穴”于此；否则，就进行“微调”：脉来急者“穴位”向南移，脉来缓者“穴位”向北移，“脉斜来推左，则向左移；脉斜来推右，则向右靠，直到满意为止”[28]。细思这个过程，可悟出其中无论是“定其‘内气’”“察其‘外气’”，或者是“前看后看，左看右看，察其来脉，想其性情”，以及左右“微调”等，都是只有身临其境者才会体验到的审美境界；仅靠形式化、仪式化、模式化的“图式”所锁定的位置，不可能具有这种身临其境者才会体验到的精致。所以，相关软件得出的结论，必须通过现代“倒杖法”更细微的校正检验，才能最终确定“穴位”。其中，“倒杖法”若干环节在某种程度上体现着人在审美上的自由裁量。

笔者建议现代县域中小景观设计师也使用此软件，因为其中保存了中华先人的审美习俗，包括可能留有先人对优化“人居功能态”的若干揣摩和体验。当然，这些设计师也须自觉保留上述的“自由裁量权”。

附录 中国县域“中小景区‘形法’景观资源开发评价软件”研制招标要点

本文件表示相关“软件”研制采用市场化方式。

一、研制项目最终成果形式

形成一个或一系列软件或软件应用件，其功能是凭借中国“互联网＋”（含我国已在大面积使用的“地理信息系统”即“GIS 系统”，以及其他各级各类信息系统）完成对相关“形法”景观“中华科学价值”“中华美学价值”的数字化评估，包括：一是对相关景观科学美学类型等作出数量化判断（要求应具体化罗列仔细）；二是对其初步设计思路（如景观天际线总体修整的“形法”战略等）提出具体的（如含方向调整、沙水调整等）文字或数字化建议。

二、成果使用者

其最终使用者是中小型景观区的建设者和设计者，包括目前在中国乡镇“形法”景观规划设计中起作用且具现代科学头脑的乡镇负责人、“村官”、中小型景观区公私投资者，以及经政府认可的相关机构培训合格的中国传统人居理论从业者等。达到使用的具体步骤及形式，由招标者与研制者商定，并将充分保护其创意者和制作者的合法权益。

三、对成果必须具备的技术–功能的要求（具体细节面谈）

第一，其“判据模块”储存的“形法景观图式”（如本书图 5-1 ～图 5-3）的数量、类型可随时变化，最多可达 ×× 幅。图式由课题组提供一部分，均无比例尺，其彼此之间表达形式和比例尺也异，仅仅是中国古代“形法”景观类型平面（二维）示意图，有的还配有“形法口诀”。它们将构成软件完成任务的主要判据之一。

第二，其“案例模块”储存的国内外“形法”景观案例数量也随时变化，最多可达××件。部分案例由课题组提供，内容可包括“形法”景观及其分点平面图、立体（三维）图、文字等。它们将构成软件完成任务的重要参考。

第三，其“‘形法’资料模块”将储存使用者的“形法”偏好、地域“形法”特征、“形法”经验系数等。它们也将构成软件完成任务的参考。

1）其输入接口应很容易地输入作为被评估之景观表达而有明确比例尺的航拍图（三维及二维）、“国土部地图”（三维及二维）乃至手绘图（二维）等，以及我国已在大面积使用的“地理信息系统”等合法相关图像（三维及二维），并使之与上述各模块资料一一比对，最后综合完成任务（务必请注意，这里存在较大的技术难关，包括中国古代“形法”景观类型二维平面示意图如何与有明确比例尺的现代二维图像一一比对）。

2）当使用者未输入其资料时，此成果件也可独立存在。不同具体使用者可对其各模块输入不同的资料及被评估景观表达图文。

3）当其各模块或部分模块储有资料时，从输入被评估之景观表达资料到给出结果，时间最多不得超过 ×× 分钟，当然越快越好。

4）当该件只有 1 个模块储有资料时，仍能在输入被评估资料时给出某种确定性结果。

参考文献

[1] 王贵祥：《中国古代人居理念与建筑原则》，北京：中国建筑工业出版社，2015 年版，第 178 页。

[2] 顾颉主编：《堪舆集成（一）》，重庆：重庆出版社，1994 年版，第 194—201 页。

[3] 不详：《地理全书》，北京：华龄出版社，1997 年版，第 102 页、第 146 页、第 202 页。

[4]（记者）袁于飞：《天地图 2014 版上线运行》，《光明日报》2014 年 7 月 11 日第 1 版。

[5]（记者）袁于飞：《如何唤醒“沉睡”的大数据》，《光明日报》2014 年 7 月 24 日第 6 版。

[6] 马蔼乃：《地理科学与现代科学技术体系》，北京：科学出版社，2011 年版，第 12 页。

[7]〔美〕凯文·林奇著，方益萍、何晓军译：《城市意象》，北京：华夏出版社，2011 年版。

[8] 王其亨等主编：《风水理论研究》，天津：天津大学出版社，1992 年版，第 2 页。

[9] 俞孔坚：《理想景观探源》，北京：商务印书馆，1998 年版。

[10] 转引自和红星编著：《西安於我（第二卷）》，天津：天津大学出版社，2010 年版，第 530 页。

[11] 张杰：《中国古代空间文化溯源》，北京：清华大学出版社，2012 年版。

[12] 中共西安市委西安市人民政府：《西安国际化、市场化、人文化、生态化发展报告》，西安：西安出版社，2005 年版。

[13] 参见和红星编著：《西安於我》，天津：天津大学出版社，2010—2011 年版。

[14] 新华社记者：《中央城镇化工作会议在北京举行》，《光明日报》2013 年 12 月 15 日第 1 版。

[15] 李泽厚：《美学四讲》，北京：生活·读书·新知三联书店，1989 年版，第 190—194 页。

[16] 杨松筠：《十二杖法》，见顾颉主编：《堪舆集成（一）》，重庆：重庆出版社，1994 年版，第 358 页。

[17] 沈镐：《地学》，台北：武陵出版有限公司，2009 年版，第 227 页。

[18] 高友谦：《住宅方位艺术》，北京：团结出版社，2007 版。

[19][20][28] 强锋编著：《建筑风水学研究（上）》，北京：华龄出版社，2012 年版，第 350—353 页，第 350—351 页。

[21][22][23][24][25][26][27] 张杰：《中国古代空间文化溯源》，北京：清华大学出版社，2012 版，第 343 页，第 335 页，第 336 页，第 337—338 页，第 346 页，第 342 页，第 343 页。

人名索引

名词索引

跋

正当本书“杀青”时，恰是“墨子”冲天日。

潘建伟教授主导研制的中国量子卫星“墨子”号成功升空运行，李传峰团队研制的“非局域性量子模拟器”又告成功，“量子纠缠”技术化应用蕴含着的“量子哲学”推理，等等，看来都暗示着中国老先人的“天人合一”哲学体系，以“强‘天人合一论’”即“天人感应论”为哲学范式的中国古典科技体系，不应再自惭形秽，应当适时在全球“登场”了。

天佑吾华，天佑中国知识精英中涉足“量子”的钱学森、潘建伟、李传峰等人的创新思路，天佑本书主论点即钱学森肯定的“天人感应论”被进一步证实且技术化确立。天佑者，还包括海内外一直继“天人合一论”之“绝学”的中国哲学研究宣扬者，如本书所论英国学者李约瑟先生，为本书作序的美籍华裔学者成中英先生等人的思路。阿门！

亢奋之余，瞧见“老砚台”里还有几滴余墨，于是，挟“吉气”蘸着再写几句题外话吧。

殊途同归和一炷心香

晚年钱学森以鲍姆和“量子认识论”等为依托研究“人体功能态”，被其同学批判为“唯心论”，断了支持。而同样基于量子力学的潘建伟的“墨子”能够耗巨资而冲天，首先是因为它可以在避窃听的前提下创建中国领先的量子通信系统。钱学森、潘建伟的思路大体一致而境遇有异者何？技术“突破口”选择不同也。钱学森受限于专业和经费而选择了人体科学，极易引致“迷信”之议；而出身维也纳“量子高地”的潘建伟，则选攻量子安全通信，其为国家之急需，易于立项获资，建功立业。我认为老少二人在科学深层理论上实际上是殊途同归。“火树风来翻绛艳，琼枝日出晒红纱。回看桃李都无色，映得芙蓉不是花。”（白居易《山枇杷》）接着在“墨子”冲天之后，也必将使与钱学森同样被困的基于量子力学的“人体功能态”假设及研究，包括中医医理和“真正的建筑学”研究等，逐渐迈入佳境，因为潘建伟的卫星和李传峰的“模拟器”都已成现实；对量子现象和“量子纠缠”，你认也得认，不认也得认；再有人扣什么“唯心”帽子，都挡不住认可量子现象和“量子纠缠”及其哲学蕴涵的时代潮流。在这个意义上，钱学森晚年虽被误解甚至被批而更荣。本书以钱学森的观点为主据，也益觉踏实且前卫。

当然，在爱因斯坦和哥本哈根学派论争近百年后，本书所述钱学森对论争的总结发挥，以及他依所创“开放性超巨复杂系统理论”提出“人体功能态”假设并力求确证，显然只能是今日“量子百家”中处于前沿地带的一家。在我看来，钱学森虽多少预见到潘建伟和李传峰的进展，实际也为潘建伟和李传峰的前进扫清了部分理论障碍，包括钱学森也承认了“多维时空认识论”（见本书表2-1《关于物质世界五个层次结构及其认识论的示意表》），但李传峰“模拟器”的“非局域”特质，与钱学森的“多维时空认识论”能否兼容？还需拭目以待。不管怎么说，钱学森所预见的新的科学革命、技术革命和产业革命（或他所说的“第二次文艺复兴”）确是进一步呼之欲出了。人居理论研究也应当勇敢地拥抱它，人居科学中的中国学派应当注目量子理论启示，继续探索“人居功能态”优化论题。本书能援钱学森而首论，为此略尽绵薄之力，不胜欣慰。

本书提及钱学森自称“二愣”。没有“二愣”精神，哪有科学“原创”？凭着这种“二愣”精神，他参与领头铸成了“国之重器”。凭着这种“二愣”精神，他晚年竟然敢向作为“人体功能态”研究的“精神现象学”发起冲锋。我十分敬服并力求学习钱学森的这种“二愣”精神。记得1987年年初，针对钱学森当时关于“灵感思维”的若干论述，我把一篇标题中含量子力学“互补”术语而表达不同思路的拙文直接寄给钱学森，附信说明“我的看法与您略有不同”云云，真是“愣得可以”。没想到，这位大师竟完全不计较后辈小子这种愣头愣脑，很快复信（见本书书前影印件）。当我捧着他的亲笔回信，看着大师工工整整的笔迹，尤其是他竟对我以“您”相称，不禁潸然泪下。几个月后，当时权威的《新华文摘》第4期将拙文全文转载。此后，我苦读钱学森的著作，在在处处，钱论常导；劫劫生生，慈音萦怀，且总想拿出比较“结实”的书以申钱意。本书相关思路和资料，钩元提要，突于前沿，别入洞天，自成一说，包括关于钱学森是中国改革开放后科学哲学领域“第一小提琴手”的省察，就是这种参悟的结果。

“出师未捷身先死，常使英雄泪满襟。”大师过早的走了，我只能以这本书，这段回忆，在大师灵前，献上一个“愣得可以”的后辈学人的一炷心香。

跳出传统专业天地宽

有一次在火车上碰到一位先生，鬓已飞白，自称建筑学教授，自诩获建“方案”不少，但当谈起堪舆时，此君竟连呼“迷信”；再议及吴良镛的相关见解，此君竟谎说彼是“不起眼”的“小人物”，用以掩饰未读未知吴良镛的浅薄，可见此君对“真正的建筑学”理论及其代表性学者完全陌生，是建筑学界那种典型的“方案匠”。

另有一次在学术研讨会上碰到北方某城建筑设计院一位年轻的总师，询知我近读钱学森的著作而写中国人居理论，惊曰“建筑学专业还干这事？”我亦大惊曰“总师咋说这话？”

显然，建立人居科学中的中国学派，不能靠这种局面太小的“方案匠”。钱学森以所创“开放性超巨复杂系统理论”切入“人体功能态”研究并启示吾人说明，建立中国学派，要求研究者“跳出传统专业天地宽”。

当然，给中国获诺贝尔奖的屠呦呦研究员提供了主要灵感的葛洪早就说过，各人“才有清浊，思有修短，虽并属文，参差万品，或浩瀁而不渊谭，或得事情而辞钝”，“非兼通之才也，闇于自料，强欲兼之，违才易务，故不免嗤也”（《抱朴子·辞义》）。学者的才能各式各样，对于擅长狭窄学问技艺者而言，“强欲兼之”是不对的。故我们应当尊重各式各样专精一门传统狭窄学问技艺的学者，同时要尊重思兼广域的“通儒”。专精一门者不能讥讽“通儒”是“杂家”，“通儒”也不能视前者为“拘儒”，彼此尊重才能使科学百花越开越艳。另外，当今时科技革命蕴酿初现之际，包括人居科学及其中国学派草创之际，跨学科研究将是全球知识的主要生长点。对目前建立人居科学的中国学派而言，恐怕还是主要得依靠擅长跨学科研究的“通才”和“帅才”。

循此思路，本书所论，几乎与传统建筑学专业教科书风牛马不相及，而是巡天遥看，碧落黄泉，瞬时万里，杂采各家，试寻新境，最终逼近“人居功能态”优化学说。原稿中本来还包括周公哲学源自，朱子代表的宋明理学与堪舆、风水的关系，中国人的人居（含“阴宅”）审美特质再思，回评当年中国的“科玄论战”，述评台湾建筑学者汉宝德的专著《风水与环境》，以及剖析西方“有机功能主义”“场所精神”等理论实际上对“人居功能态”优化学说的依附等内容，尤其是有一组闪记遥距离跨专业相关灵感的札记，由于学科跨度太大，也限于篇幅和主题，均被删去了。

愣愣地建立“中国学派”的话语主导权

如果说“墨子”号使中国“天人合一”哲学强势“登场”，并把西方“天人二分”哲学作为特例含纳于自身，那么，在此背景下，实施“语境突围”，“弘扬中国人居精神”，“迎接中国人居体系的伟大复兴”，为“全球人居的发展模式提供中国经验”（吴良镛《中国人居史》第 1 页，第 543-544 页），即以“天人感应论”为哲学范式，力求建立人居科学“中国学派”的话语主导权，“以中化西”，为人类留住“乡愁”，也就成为中国人居科学界的一大任务。显然，这将是中国人居科学界以新的科技 - 产业革命为依托的一次“学术长征”。在某种意义上，本书很愣地拈出中国“人居功能态”优化说，其意也在力求建立中国的某种专业性话语权，是焉非焉，只好凭时间老人裁判。

建立人居科学“中国学派”的话语主导权，要求中国人居科学界不仅要有人居文化自信，而且要有钱学森的“二愣”精神，敢于和善于攀登人居文化顶峰。如果再像前述“设计匠”那样，只知道弄个“方案”捞点钱；或者像前些年“职称书”潮流显示的，许多人还在“写垃圾”，那么，所谓的“话语主导权”云云，只能是句空话。我祈人居科学界的钱学森、潘建伟、李传峰们愣愣地早日现身。

申　　谢

十分感谢被公认为"新儒家第三代"的代表人物成中英先生为本书写序。这是一种学者间的"心灵感应"，因为如其序所言，本书中的许多思路的确与成中英"不谋而合"。早在2008年出版的《关中文脉》一书中，我就述评了成先生主持风水研讨会的创举。正如序文所说，他"把风水看作环境生态并重视其内涵的基本原理"，认为"中国古典人居文化及其改善理论，包括阴阳五行风水在内，与中医相似，确是中国传统哲学形上应用学的载体之一"。我由"国内哲学诸家从无此一先进看法"而确实认为，请他为本书作序"最为合适"。序中有一段话说："观乎胡书总体思考，似乎正是借着研究中国人居理论，一方面沿着出发于西方的现代系统科学之'开放的复杂巨系统'等理论，另一方面又沿着中国天人合一哲学及其孕育下的人居理论思路，努力促进两者相向而行，力求彼此初步'形成一个相互依存的本体诠释圆环'，同时给'人的存在基础和本体性根源，毕竟不能被认识'留下余地，即力求使康德的'二元'能在深层思虑中多少转化为'一本'。我对胡君此一认识深感欣慰。"谢谢成先生这么理解：知我者，成先生也。读着这段话，我转疑：为什么在求学的路上我总能愣愣地碰到钱学森、成中英这样的"好'大人'"呢？

本书依托的课题所在单位是西安欧亚学院。感谢其对课题研究和本书出版的配套资助。近年来，我出版的书，包括2008年《关中文脉》上下册（独著，香港天马出版有限公司版），2011年主编的论文集《荆山铸鼎郊雍考辨和赋象——西安古都史新探》（西安出版社版），2015年合著论文集《周文化和黄帝文化管窥》上下册（拙文多，下册尤然，陕西人民出版社2015年版），以及一批论文的发表，均获得了其不同方式的支持资助，故再申谢忱是自然的。

笔者原单位陕西省社会科学院对本课题完成和本书出版也提供了许多帮助，包括批准本书列入"陕西人文社会科学文库"。那里是刘禹锡吟唱过的唐时"桃花观"所在，旧时庭院，旧时花径，旧时豪情，念之依依，应申谢忱。

本书责任编辑付艳女士、苏利德先生和高丽丽女士对本书出版付出了巨大辛劳，包括他们认真审读文字，推敲再三，与我协商，指出本书原文许多待改之处，帮助查补外国学者外文姓名、书名，并查寻到《地理全书》和许多图片，建议书内增加"建筑树"示意图，且与作者就封面设计及其中的"墨子号"卫星－示意反复协商修改，等等，力求本书完善，特申谢意。

在此还应感谢我的老伴杨启军女士，她当年用自己微薄的工资供我这个穷娃娃上大学，现在她又包办了所有家务，陪我蹓弯，喊我起床，还教我用电脑，打字，做课件，促我专心于学问。

良辰美景奈何天，赏心乐事吾家院。想起当年劫难，不禁失笑：卖入此院门票而已，“碧桃花外看两劫，诗情逍遥吟双尘”。吾今与谁相纠缠？“烧丹道士坐禅僧”，吾愿足矣。不过，量子生而纠缠，我还会与国内外古今“烧丹道士坐禅僧”们继续纠缠下去的。

2016 年 8 月 26 日